annual reports
in organic
synthesis - 1996

ANNUAL REPORTS IN ORGANIC SYNTHESIS

ANNUAL REPORTS IN ORGANIC SYNTHESIS-1970
John McMurry and R. Bryan Miller, Eds.

ANNUAL REPORTS IN ORGANIC SYNTHESIS-1972
John McMurry and R. Bryan Miller, Eds.

ANNUAL REPORTS IN ORGANIC SYNTHESIS-1973
R. Bryan Miller and Louis S. Hegedus, Eds.
John McMurry, Series Editor

ANNUAL REPORTS IN ORGANIC SYNTHESIS-1974
Louis S. Hegedus and Stephen R. Wilson, Eds.
R. Bryan Miller, Series Editor

ANNUAL REPORTS IN ORGANIC SYNTHESIS-1975
R. Bryan Miller and L. G. Wade, Jr., Eds.

ANNUAL REPORTS IN ORGANIC SYNTHESIS-1976
R. Bryan Miller and L. G. Wade, Jr., Eds.

ANNUAL REPORTS IN ORGANIC SYNTHESIS-1978
L. G. Wade, Jr., and Martin J. O'Donnell, Eds.

ANNUAL REPORTS IN ORGANIC SYNTHESIS-1980
L. G. Wade, Jr., and Martin J. O'Donnell, Eds.

ANNUAL REPORTS IN ORGANIC SYNTHESIS-1981
L. G. Wade, Jr., and Martin J. O'Donnell, Eds.

ANNUAL REPORTS IN ORGANIC SYNTHESIS-1982
L. G. Wade, Jr., and Martin J. O'Donnell, Eds.

ANNUAL REPORTS IN ORGANIC SYNTHESIS-1983
Martin J. O'Donnell and Louis Weiss, Eds.

ANNUAL REPORTS IN ORGANIC SYNTHESIS-1984
Martin J. O'Donnell and Louis Weiss, Eds.

ANNUAL REPORTS IN ORGANIC SYNTHESIS-1985
Martin J. O'Donnell and Eric F. V. Scriven, Eds.

ANNUAL REPORTS IN ORGANIC SYNTHESIS-1986
Eric F. V. Scriven and Kenneth Turnbull, Eds.

ANNUAL REPORTS IN ORGANIC SYNTHESIS-1987
Eric F. V. Scriven and Kenneth Turnbull, Eds.

ANNUAL REPORTS IN ORGANIC SYNTHESIS-1989
Kenneth Turnbull and Daniel M. Ketcha, Eds.

ANNUAL REPORTS IN ORGANIC SYNTHESIS-1990
Kenneth Turnbull, Philip M. Weintraub, Daniel M. Ketcha,
and James Keay, Eds.

ANNUAL REPORTS IN ORGANIC SYNTHESIS-1991
Philip M. Weintraub and Kenneth Turnbull, Eds.

ANNUAL REPORTS IN ORGANIC SYNTHESIS-1992
Philip M. Weintraub, Kenneth Turnbull,
Daniel M. Ketcha, and Raymond Gross, Eds.

ANNUAL REPORTS IN ORGANIC SYNTHESIS-1993
Philip M. Weintraub, Kenneth Turnbull,
Daniel M. Ketcha, Raymond S. Gross, and Tony Yantao Zhang, Eds.

ANNUAL REPORTS IN ORGANIC SYNTHESIS-1994
Philip M. Weintraub, Kenneth Turnbull,
Daniel M. Ketcha, Raymond S. Gross, and Tony Yantao Zhang, Eds.

ANNUAL REPORTS IN ORGANIC SYNTHESIS-1995
Philip M. Weintraub, Kenneth Turnbull,
Daniel M. Ketcha, Raymond S. Gross, and Tony Yantao Zhang, Eds.

annual reports in organic synthesis – 1996

edited by

Philip M. Weintraub
*Marion Merrell Dow
Research Institute
Cincinnati, Ohio*

Daniel M. Ketcha
*Wright State University
Dayton, Ohio*

Gary W. Morrow
*University of Dayton
Dayton, Ohio*

Kenneth Turnbull
*Wright State University
Dayton, Ohio*

Raymond S. Gross
*Marion Merrell Dow
Research Institute
Cincinnati, Ohio*

ACADEMIC PRESS
San Diego   New York   Boston   London   Sydney   Tokyo   Toronto

This book is printed on acid-free paper.

Copyright © 1996 by ACADEMIC PRESS

All Rights Reserved.
No part of this publication may be reproduced or transmitted in any form or by any means, electronic or mechanical, including photocopy, recording, or any information storage and retrieval system, without permission in writing from the publisher.

Academic Press, Inc.
525 B Street, Suite 1900, San Diego, California 92101-4495, USA
http://www.apnet.com

Academic Press Limited
24-28 Oval Road, London NW1 7DX, UK
http://www.hbuk.co.uk/ap/

International Standard Serial Number: 0066-409X

International Standard Book Number: 0-12-040826-0

PRINTED IN THE UNITED STATES OF AMERICA
96 97 98 99 00 01 BC 9 8 7 6 5 4 3 2 1

Contents

PREFACE ix
JOURNALS ABSTRACTED xiii
GLOSSARY OF ABBREVIATIONS xv

I. CARBON–CARBON BOND FORMING REACTIONS
   A. Carbon-Carbon Single Bonds (see also: I.E., I.F., I.G., I.H.) 1
      1. Alkylations of Aldehydes, Ketones, and their Derivatives.. 1
      2. Alkylations of Nitriles, Acids and Acid Derivatives............. 3
      3. Alkylations of β-Dicarbonyl, β-Cyanocarbonyl Systems, and Other Active Methylene Compounds.......................... 7
      4. Alkylations of N-, P-, S-, Se and Similar Stabilized Carbanions... 11
      5. Alkylations of Organometallic and Related Reagents (see also: I.B.3., I.B.4., I.F., I.G.)..................................... 13
      6. Other Alkylation Procedures... 19
      7. Nucleophilic Addition to Electrophilic Carbon................ 21
        a. 1,2-Additions.. 21
          (1) Aldol-Type Condensations............................ 21
          (2) Addition of N-, P-, S-, Se and Similar Stabilized Carbanions... 29
          (3) Addition of Organometallic and Related Species..... 31
          (4) Other 1,2-Additions....................................... 43
        b. Conjugate Additions... 47
          (1) Enolate-Type Carbanions.............................. 47
          (2) Organometallic and Related Reagents.......... 51
          (3) Other Conjugate Additions............................ 57
      8. Other Carbon-Carbon Single Bond Forming Reactions......... 61
   B. Carbon-Carbon Double Bonds (See also: I.E.1)............................ 65
      1. Wittig-Type Olefination Reactions................................. 65
      2. Eliminations... 67
        a. Alcohols and Derivatives.. 67
        b. Halides.. 70
        c. Other Eliminations.. 72
      3. Other Carbon-Carbon Double Bond Forming Reactions......... 73
      4. Vinylations.. 79
      5. Allene Forming Reactions.. 83
   C. Carbon-Carbon Triple Bonds... 85
   D. Cyclopropanations... 88
      1. Carbene or Carbenoid Additions to a Multiple Bond......... 88
      2. Other Cyclopropanations... 90
   E. Thermal and Photochemical Reactions.................................... 94
      1. Cycloadditions.. 94
      2. Other Thermal Reactions... 112
      3. Photochemical Reactions.. 114
   F. Aromatic Substitutions Forming a New Carbon-Carbon Bond.. 120
      1. Friedel-Crafts Type Aromatic Substitution Reactions........... 120
      2. Coupling Reactions to Form an Aromatic-Aromatic Bond... 124

      3. Other Aromatic Substitutions and Preparations.................. 127
   G. Synthesis via Organometallics... 135
      1. Synthesis via Organoboranes.. 135
      2. Carbonylation Reactions... 137
      3. Other Syntheses via Organometallics.................................... 142
   H. Rearrangements.. 145
      1. Claisen, Cope and Similar Processes....................................... 145
      2. Other Rearrangements.. 150

II. OXIDATIONS
   A. C-O Oxidations 157
      1. Alcohol → Ketone, Aldehyde... 157
      2. Alcohol, Aldehydes → Acids, Esters....................................... 160
   B. C-H Oxidations.. 160
      1. C-H → C-O.. 160
      2. C-H → C-Hal.. 164
   C. C-N Oxidations.. 165
   D. Amine Oxidations... 165
   E. Sulfur Oxidations.. 167
   F. Oxidative Additions to C-C Multiple Bonds................................... 168
      1. Epoxidations.. 168
      2. Hydroxylations.. 170
      3. Other Oxidative Additions to C-C Multiple Bonds................. 172
   G. Phenol-Quinone Oxidation... 174
   H. Dehydrogenation.. 175
   I. Other Oxidations.. 177

III. REDUCTIONS
   A. C=O Reductions (see also III.F.1)... 180
   B. C-N Multiple Bond Reductions.. 186
      1. Imine Reductions... 186
      2. Reduction of Heterocycles.. 187
   C. Reduction os Sulfur Compounds.. 188
   D. N-O Reductions... 188
   E. C-C Multiple Bond Reductions... 189
      1. C=C Reductions.. 189
      2. C≡C Reductions.. 192
   F. Hetero Bond Reductions... 193
      1. C-O → C-H.. 193
      2. C-Hal → C-H.. 196
      3. C-S → C-H.. 197
   G. Reductive Cleavages... 199
      1. Oxiranes... 199
      2. N-O Cleavage... 199
      3. Other Reductive Cleavages... 200
   H. Reduction of Azides.. 202

IV. SYNTHESIS OF HETEROCYCLES
A. Oxiranes, Aziridines, and Thiiranes 203
B. Oxetanes, Azetidines, and Thietanes 206
C. Lactams 207
D. Lactones 215
E. Furans and Thiophenes 222
F. Pyrroles, Indoles, etc. 231
G. Pyridines, Quinolines, etc. 240
H. Pyrans, Pyrones, and Sulfur Analogues 251
I. Other Heterocycles with One Heteroatom 256
J. Heterocycles with a Bridgehead Heteroatom 259
K. Heterocycles with Two or More Heteroatoms 263
   1. Heterocycles with 2 N's 263
      a. 5-Membered 263
      b. 6-Membered 266
      c. 7-Membered 270
   2. Heterocycles with 2 O's or 2 S's 271
   3. Heterocycles with 1 N and 1 O 272
   4. Heterocycles with 1 N and 1 S 278
   5. Heterocycles with 1 O and 1 S 282
   6. Heterocycles with 3 or more N's 283
   7. Heterocycles with 2 N's and 1 O 285
   8. Heterocycles with 2 N's and 1 S or 1 Se 286
L. Other Heterocyles 286
M. Reviews 289

V. PROTECTING GROUPS
A. Aldehyde and Ketone Protecting Groups 295
B. Amino Acid Protection 297
C. Amine Protecting Groups 298
D. Carboxyl Protecting Groups 301
E. Hydroxyl Protecting Groups 302
F. Other Protecting Groups 307

VI. USEFUL SYNTHETIC PREPARATIONS
A. Functional Group Preparations 309
   1. Acetals and Ketals 309
   2. Acids and Anhydrides (see also: I.G.2.) 312
   3. Alcohols and Related Species (see also: II.B.1., III.A., V.E., VI.A.9.) 314
   4. Aldehydes and Ketones (see also: I.A.1., I.G.2., II.A.1 317
   5. Amides 320
   6. Amines and Carbamates 323
   7. Amino Acid Derivatives 328
   8. Azides 334
   9. Esters (see also: I.G.2., IV.D., V.D., VI.A.3.) 337
   10. Ethers 340
   11. Halides (see also: II.B.2.) 343
   12. Nitriles and Imines 349
   13. Other N-Containing Functional Groups 352

B.	Additions to Alkenes and Alkynes	356
C.	Nucleotides, etc.	359
D.	Phosphorus, Selenium and Tellurium Compounds	361
E.	Silicon Compounds	364
F.	Sulfur Compounds	367
G.	Tin Compounds	372

VII. REVIEWS

A.	Techniques	374
B.	Asymmetric Synthesis and Molecular Recognition	376
C.	Reactions	383
D.	Reactive Intermediates	384
E.	Organo-metallics and -metalloids	388
F.	Halogen Compounds and Halogenation (see also: VI.A.11.)	397
G.	Natural Products	399
H.	Others (see also: IV.M.)	407

VIII. SELECTED TOPICAL AREAS

A.	Fullerene Chemistry		414
	1.	Diels-Alder Type Cycloadditions	414
	2.	Other Cycloadditions	415
	3.	Photochemical Reactions	416
	4.	Other Fullerene Chemistry	417
B.	Taxol and Related Taxane Chemistry		421
C.	Enediyne and Dienediyne Chemistry		422
D.	Total Syntheses of Selected Natural Products (see also: VIII.B and VIII.C)		423
E.	Combinatorial Chemistry		426

AUTHOR INDEX 431

PREFACE

One of the most difficult problems facing chemists today is that of "keeping up with the literature." For several reasons, the problem is particularly severe for the synthetic organic chemist. Bits of information of potential use are scattered throughout common chemistry journals and can be found in any paper, not just those dealing strictly with synthesis. Thus, synthetic chemists must read a large number of journals and must organize and index what they read to make the information available for future reference. All synthetic chemists do this, but the task is becoming more difficult each year as the flow of information increases.

The problem, however, is shared to some extent by all. Most organic chemists are at some time faced with the problem of synthesizing a desired material, and for many the problems are formidable. Non specialists faced with the synthetic problem are not likely to have kept pace with the developments in synthetic chemistry that may well solve their problems, and they will not have the necessary information in their files, despite the capabilities of on-line searching.

Thus, we felt that an organized annual review of synthetically useful information would prove beneficial to nearly all organic chemists, both specialists and non specialists in synthesis. It should help relieve some of the information storage burden of the specialist and should enable the non specialist who is seeking help with a specific problem to rapidly become aware of recent synthetic advances. Ideally also, it should appear as promptly as possible after the close of the abstracting period. As in the past years, we have placed particular emphasis on keeping the abstracts as concise as possible, while indicating the generality of the reactions involved. We have tried to combine similar publications into inclusive abstracts. This practice has allowed us to include a larger number of references without a substantial increase in the book's length. It should be noted that where multiple references are included in the abstract, the first mentioned refers to the equation presented. The remaining references are closely related but not identical. To further aid the readers, we have separated related but less similar references from that represented by the graphic by the phrase "see also:". We have allowed for two such separations per graphic. In a number of cases we have attempted to further elucidate the contents of these multiple references by including a statement below the graphic. If this statement is enclosed in square brackets (e.g. I.A.3-10, I.A.5-6 and IV.E-120 then it pertains to data from the references following the lead reference. If no square brackets are employed (e.g. IV.G-15) then further information about the lead reference is being provided.

The year has been omitted from each reference as presumably all are from 1995. Any references from 1994 (journals received after our February 1 cutoff date) are noted appropriately. In an effort to be more space efficient, we have adopted letter abbreviations for the journal references from Katritzky's Handbook of Heterocyclic Chemistry. See the List of Abstracted Journals for definitions of these letter abbreviations; they are alphabetized by the abbreviations rather than the journal name. The name of the Journal of Organic Chemistry (USSR) was changed to the Russian Journal of Organic Chemistry which is reflected by the letter abbreviation RJOC.

In producing *Annual Reports in Organic Chemistry–1996* we have abstracted 47 primary chemistry journals, selecting useful synthetic advances. We have tried to present the information in an organized manner, emphasizing rapid visual retrieval. The purpose of this emphasis is to aid the reader in scanning the book. The mind is capable of absorbing a whole picture in an instant, but is considerably slowed by having to read sentences. If the pictures presented catch the reader's interest, he or she should then seek details from the original paper. Only the common journals received by our libraries have been abstracted. Any journal received after February 1, 1996 will be covered in the next volume. We have also exercised selectivity in choosing which papers to abstract. Our general guidelines have been to include reactions and methods that are new, synthetically useful, or reasonably general.

The author index is based on the name of the senior author or sometimes the first author. No subject index is included because we feel the Table of Contents serves that function. Chapters I–III are organized by reaction type and, hopefully, the organization is self-explanatory; thus, there should be no difficulty in locating a new method of oxidation or a new cyclopropanation procedure. Chapter IV deals with methods of synthesizing heterocyclic systems. Where fused ring systems bearing multiple heterocyclic rings are synthesized, we have chosen to categorize the heterocyclic system by the ring formed in the reaction. Chapter V covers the use of protecting groups. Chapter VI deals with those synthetically useful transformations that do not fit easily into the first three chapters. In Chapter VII, the reviews have been divided into sections to help the reader to quickly find a review on a specific topic. Heterocyclic reviews may be found at the

PREFACE

end of Chapter IV. Chapter VIII, Selected Topical Areas, is a new addition to this year's Annual. We chose several areas that we felt were "hot" topics and collected titles of papers in these areas. While not an all inclusive listing, we hope it will prove useful to workers in these areas.

Any undertaking of this type involves a series of compromises. We have chosen to emphasize reasonable cost and rapid visual retrieval of information at the admitted expense of detail and beauty.

Comments (negative or preferably positive) or suggestions from the reader will be well received by the senior editor.

Senior and Contributing Editor
Philip M. Weintraub

Contributing Editors
Kenneth Turnbull
Daniel M. Ketcha
Raymond S. Gross
Gary W. Morrow

JOURNALS ABSTRACTED

AA	Aldrichimica Acta
ACR	Accounts of Chemical Research
ACS	Acta Chemica Scandinavia
AG(E)	Angewandte Chemie International Edition in English
AJC	Australian Journal of Chemistry
BCJ	Bulletin of the Chemical Society of Japan
BSB	Bulletin de Societies Chimiques Belges
BSF	Bulletin de la Societie Chimique de France
CB	Chemische Berichte
CC	Journal of the Chemical Society Chemical Communications
CCC	Collection of Czechoslovakian Chemical Communications
CI(L)	Chemistry and Industry (London)
CJC	Canadian Journal of Chemistry
CL	Chemistry Letters
COS	Contemporary Organic Synthesis
CPB	Chemical and Pharmaceutical Bulletin
CRV	Chemical Reviews
CSR	Chemical Society Reviews
G	Gazzetta Chimica Italiana
H	Heterocycles
HCA	Helvetica Chimica Acta
JACS	Journal of the American Chemical Society
JCR(S)	Journal of Chemical Research (S)
JCS(P1)	Journal of the Chemical Society (Perkin I)
JCS(P2)	Journal of the Chemical Society (Perkin II)
JFC	Journal of Fluorine Chemistry
JHC	Journal of Heterocyclic Chemistry
JMC	Journal of Medicinal Chemistry
JOC	Journal of Organic Chemistry
JOM	Journal of Organometallic Chemistry
JPR	Journal fur Praktische Chemie/Chemische Zeitung
LA	Liebigs Annalen der Chemie
M	Monatschefte fur Chemie
OM	Organometallics
OPP	Organic Preparations and Procedures International
OS	Organic Synthesis

RCR	Russian Chemical Reviews
RJOC	Russian Journal of Organic Chemistry
RTC	Recueil des Traveaux Chimiques des Pays-bas
S	Synthesis
SC	Synthetic Communications
SL	Synlett
ST	Steroids
T	Tetrahedron
TA	Tetrahedron Asymmetry
TCC	Topics in Current Chemistry
TL	Tetrahedron Letters

GLOSSARY OF ABBREVIATIONS

9-BBN	9-borabicyclo[3.3.1]-nonane
18-Cr-6 = 8-C-6	18-crown-6
AA	amino acid
Ac	acetyl
acac	acetonylacetone
ad	adamantanyl
ADDP	1,1'-(azadicarbonyl)-dipiperidine
AIBN	azobisisobutyronitrile
All	allyl
Alloc = ALOC	allyloxycarbonyl
An	*p*-anisyl
aq	aqueous
Ar	aryl
ATD	aluminum tris(2,6-di-*tert*-butyl-4-methylphenoxide)
ATPH	aluminum tris(2,6-diphenylphenoxide)
BCN	N-benzyloxycarbonyl-oxy-5-norbornene-2,3-dicarboximide
BDPP	(2*R*, 4*R*) or (2*S*, 4*S*) 2,4-bis(diphenylphosphino)-pentane
BER	borohydride exchange resin
BINAL-H	LiAlH4/ethanol/1,1'-bis-2-naphthol complex
BINAP = DINAP	2,2'-bis-(diphenylphosphino)-1,1'-binaphthyl
Bip	biphenyl-4-sulphonyl
BLA	Bronsted acid assisted chiral Lewis Acid
Bn	benzyl
Boc	*t*-butyloxycarbonyl
BOM	benzyloxymethyl
BPO	benzoyl peroxide
bpy	bipyridyl
BQ	benzoquinone
BSA	bovine serum albumin
BSA	*N,O*-bis-silylacetamide
Bt	1- or 2-benzotriazolyl
BTEAC	benzyl triethyl-ammonium chloride
BTFP	2-bromotrifluoroisoprene
BTMA	benzyltrimethyl ammonium
BTS	bis(trimethylsilyl)sulfate
BTSP	bis(trimethylsilyl) peroxide
Bu	butyl
Bz	benzoyl
CAN	ceric ammonium nitrate
cat.	catalyst
Cbz	benzyloxycarbonyl
CCE	constant current electrolysis
CHD	cyclohexadiene
Chx$_2$BI	dicyclohexyl iodoborane
cod	1,5-cyclooctadiene
cot	cyclooctatriene
Cp	cyclopentadienyl
CPTS	collidinium-*p*-toluene-sulfonate
Cr-PILC	chromium-pillared clay catalyst
CRA	complex reducing agent
CSA	camphor sulfonic acid
CTAB	cetyl trimethyl-ammonium bromide
CTMS = TMCS	chlorotrimethyl-silyl
Cy	cyclohexyl
Δ	heat
D	day
DABCO	1,4-diazabicyclo[2.2.2]-octane
DAMFA	(diethylaminoethylene) hexafluoroacetylacetone
DAST	diethylaminosulfur-trifluoride
DATMP	diethylaluminum 2,2,6,6-tetramethyl-

	piperidide
dba	dibenzylidene acetone
DBAD	di-*tert*-butylazodicarboxylate
DBH	di-*tert*-butyl hyponitrite
DBS	dibenzosuberyl
DBU	1,5-diazabicyclo[5.4.0]undec-5-ene
DCA	9,10-dicyanoanthracene
DCB	dichlorobenzene
DCC	dicyclohexylcarbodiimide
DCE	1,2-dichloroethane
Dcpm	dicyclopropylmethyl
DDQ	2,3-dichloro-5,6-dicyanobenzoquinone
de = d.e.	diastereomeric excess
DEAD	diethyl azodicarboxylate
DEPC	diethyl cyanophosphoridate
DET	diethyl tartrate
DHQD	dihydroquinidine
DIAD	diisopropylazodicarboxylate
DIB	(diacetoxyiodo)benzene
DIBAH = DIBAL	diisobutylaluminum hydride
DIOP	2,3-*O*-isopropylidene-2,3-dihydroxy-1,4-bis(diphenylphosphino)butane
dippp	1,3-bis(diisopropylphosphino)propane
DMA	N,N-dimethylacetamide
DMAD	dimethyl acetylene dicarboxylate
DMAP	4-(N,N-dimethyl)aminopyridine
DMB	2,3-dimethylbuta-1,3-diene
DMD	dimethyl dioxirane
DME	dimethoxyethane
DMF	dimethylformamide
DMI	1,3-dimethylimidazolidin-2-one
DMM	dimethoxymethane
DMN	1,5-dimethoxynaphthalene
DMP	2,6-dimethylphenol
DMPS	dimethylphenylsilyl
DMPU	*N,N'*-dimethylpropyleneurea
DMSO	dimethylsulfoxide
DMT	4,4'-dimethoxytrityl
DMTr	dimethyltrityl
DPC	diphenylphosphoro chloridate
DPDC	diisopropyl peroxydicarbonate
DPDM	diphenyl diazomethane
DPEDA	1,2-diphenylethane-1,2-diamine
DPPA	diphenylphosphorazidate
dppb	bis(1,4-diphenylphosphino)butane
dppe = DPPE	bis(diphenylphosphino)ethane
dppf	dichloro[1,1'-bis(diphenylphosphinoferrocene)]
dppp	1,3-(diphenylphosphino)propane
DPS	*t*-butyldiphenylsilyl
dr	diastereomeric ratio
ds	diastereoselectivity
DTBB	4,4'-di-*tert*-butylbiphenyl
DTBP	2,6-di-*t*-butylpyidine
DTE	dithioerythritol
E	general electrophile
EDAC	ethyldimethylaminopropylcarbodiimide
EDCP	ethylene dicarboxylic diphosphonic acid
EDTA	ethylenediamine tetraacetic acid
ee = e.e.	enantiomeric excess
en	ethylene diamine
Et	ethyl
EWG	electron withdrawing group
F_c	ferrocenyl

GLOSSARY

FDP fructose-1,6-diphosphate
FePHEN tris(1,10-phenanthroline)iron(III)hexafluorophosphate
fl flavin
flosyl = Fs fluorosulfonate
Fmoc 9-fluorenylmethoxycarbonyl
fod 6,6,7,7,8,8,8-heptafluoro-2,2-dimethyl-3,5-octanedione
Fs = flosyl fluorosulfonate
FTT 1-fluoro-2,4,6-trimethylpyridinium triflate
FVP flash vapor pyrolysis
Gr graphite
h hours
Hap hydroxyapatite
hfacac hexafluoroacetylacetone
HFIP 1,1,1,3,3,3-hexafluoro-2-propanol
HGK 4-hydroxy-2-ketoglutarate
Hmb 2-hydroxy-4-methoxybenzyl
HMDS 1,1,1,3,3,3-hexamethyldisilazane
HMPA = HMPT hexamethylphosphoramide
hv irradiation with light
HTIB [hydroxy(p-tolylsulfonyloxy)iodo]benzene
IBX o-iodoxybenzoic acid
IDCP iodonium dicollidine perchlorate
INOC Intramolecular Nitrile Oxide Cycloaddition
Ipc2 diisopropylcamphyl
L-selectride lithium tri-^{s}butylborohydride
L.R. Lawesson's reagent
LAH lithium aluminum hydride
LDA lithium diisopropylamide
LDBB lithium 4,4'-^{t}butylbiphenylide

liq. liquid
LTMP lithium 2,2,6,6-tetramethylpiperidide
MABR methylaluminum bis(4-bromo-2,6-di-^{t}butylphenoxide)
MAD methylaluminum bis-(2,6-di-^{t}butyl-4-methylphenoxide)
MAPh methylaluminumbis(2,6-diphenoxide)
MBT 2-mercaptobenzothiazole
MCPBA m-chloroperbenzoic acid
Me methyl
Mek methyl ethyl ketone
MEM β-methoxyethoxymethyl
MEPY methyl 2-pyrrolidone-5(S)-carboxylate
Mes = mesityl 2,4,6-trimethylphenyl
MMPP magnesium monoperoxyphthalate
MOM methoxymethyl
MPD 1-methylpyrrolidone
MPM methoxy(phenylthio)methyl
Mpm = PMB p-methoxybenzyl
MS molecular sieves
Ms methanesulfonyl
MSA methanesulfonic acid
MSH o-mesitylenesulfonyl hydroxylamine
MTO methyltrioxorhenium ($MeReO_3$)
MTPA methoxy-α-trifluoromethylphenylacetyl
MV^{2+} methyl viologen
MVK methyl vinyl ketone
mw microwave
NaBMGS sodium butylmonoglycosulfate
Naph = Np naphthyl
NBS N-bromosuccinimide
NCS N-chlorosuccinimide
N_f nonafluorobutylsulfonyl

NFOBS	N-fluoro-O-benzenedisulfonimide	PPTS	pyridinium p-toluenesulfonate
NHPI	N-hydroxyphthalimide	Pr	propyl
NIS	N-iodosuccinimide	psi	pounds per square inch
NMO	N-methylmorpholine-N-oxide	PTAB	phenyltrimethylammonium perbromide
NPM	N-phenylmaleimide	PTC	phase transfer catalysis
NR	no reaction	PTS	p-tolylsulphonate
Nuc.	general nucleophile	PTSA	p-toluenesulfonic acid
[O]	general oxidation	pyr	pyridine
Oxone	potassium peroxymonosulfate	rac	racemic
		RaNi	Raney nickel
PBP	pyridinium bromide perbromide	R_f	perfluorinated alkyl
		rt	room temperature
PCC	pyridinium chlorochromate	Salen	N,N'-ethylenebis(salicylideneiminato)
PDC	pyridinium dichromate	SAMP	(s)-1-amino-2-methoxymethylpyrrolidine
PEG	polyethylene glycol		
Pf	9-phenylfluorenyl		
pfb	perfluorobutyrate	SEM = TEOC	β-trimethylsilylethoxymethyl
Ph	phenyl		
Ph-H	benzene	SES	2-[(trimethylsilyl)ethyl]sulfonyl
Ph-Me	toluene		
PhTRAP	2,2'-bis[1-(diphenylphosphino)ethyl]-1,1'-biferrocene	Sia	Siamyl
		SMEAH	sodium bis(2-methoxyethoxy)aluminum hydride
pic	2-pyridinecarboxylate	TASF	tris(dimethylamino)sulfur(trimethylsilyl)difluoride
PIDA	phenyliodonium diacetate		
PIFA	phenyliodo bis(trifluoroacetate)		
PLAP	porcine liver acetone powder	TBAB	tetrabutylammonium bromide
PMB = Mpm	p-methoxybenzyl	TBAF	tetrabutylammonium fluoride
PMP	1,2,2,6,6-pentamethylpiperidine	TBAHS	tetra-n-butylammonium hydrogen sulfate
PMP	p-methoxyphenyl	TBCO	tetrabromocyclohexadienone
PNB	p-nitrobenzyl		
PNZ	p-nitrobenzyloxycarbonyl	TBDMS = TBS	t-butyldimethylsilyl
PPA	polyphosphoric acid		
PPHF	pyridinium polyhydrogen fluoride	TBDPS	^{t}butyldiphenylsilyl
ppp	poly(p-phenylene)	Tbfmoc	Tetrabenzo[a,c,g,i]fluorenyl-17-methyloxy-
PPSE	polyphosphoric acid trimethylsilyl ester		

GLOSSARY

	carbonyl
TBHP	^{t}butyl hydroperoxide
TBME	^{t}butyl methyl ether
TBP	tributylphosphine
Tbs	4-methoxy-3-t-butyl-benzenesulphonyl
TBSOP	N-^{t}butylcarbonyl-2-(^{t}butyldimethylsiloxy)-pyrrole
TBTH	tributyltin hydride
TBTSP	t-butyl trimethylsilyl peroxide
TCAA	trichloroacetyl anhydride
TCF	trichloromethyl chloroformate
TCNE	tetracyanoethylene
TCNEO	tetracyanoethylene oxide
TCPC^{TFE}	(tetrakis(2,2,2-trifluoroethoxycarbonyl)palladium cyclopentadiene
TDS	dimethyl thexylsilyl
TEA	triethylamine
TEBA	Benzyl trimethylammonium chloride
TEOC = SEM	β-trimethylsilylethoxymethyl
TEP	triethylphosphite
TES	triethylsilyl
Tf	trifluoromethanesulfonyl
TFA	trifluoroacetic acid
TFAA	trifluoroacetic anhydride
TFE	trifluoroethanol
TFMSA	trifluoromethanesulfonic acid
TFP	1,1,1-trifluoro-2-propanol
TFP	tris-2-furylphosphine
TFPZ	trifluoroisopropenyl zinc
THAH	tetrahexylammonium hydrogen fluoride
thexyl	2,3-dimethylbutly
THF	tetrahydrofuran
THP	tetrahydropyranyl
TIPPSe-Br	(2,4,6-triisopropylphenyl)selenium bromide
TIPS	tri-^{i}propylsilyl
TMABr	tetramethylammonium bromide
TMAF	tetramethylammonium fluoride
TMAO = TMANO	trimethylamine N-oxide
TMEDA	tetramethylethylenediamine
TMG	1,1,3,3-tetramethylguanidine
Tmob	2,4,6-trimethoxybenzyl
TMP	2,2,6,6-tetramethylpiperidine
TMS	trimethylsilyl
TMSA	trimethylsilyl azide = azido trimethylsilane
TMSDEA	N,N-diethyltrimethylsilylamine
TMU	tetramethylurea
TNM	tetranitromethane
Tol	tolyl
Tos = Ts	p-toluenesulfonyl
TPCD	tetrapyridine cobalt(II) dichromate
TPP	Tetraphenylporphyrin
TPP	triphenyl phosphine
TPP	triphenylphosphate
TPPTS	m-sulfonated triphenylphosphine
Tr = trityl	triphenylmethyl
TSE	2-(trimethylsilyl)ethyl
TT Co(II) Pc	tetrabutylammonium cobalt(II) phthalocyanine-5,12,19,26-tetrasulfate
UHP	urea-hydrogen peroxide complex
wk	week
Z	benzyloxycarbonyl
Ⓟ	polymeric support
〖((c·	= US ultrasound

XIX

I
CARBON-CARBON BOND FORMING REACTIONS

I.A. Carbon - Carbon Single Bonds
(see also: I.E., I.F., I.G., I.H.)

I.A.1. Alkylations of Aldehydes, Ketones and Their Derivatives

I.A.1-1 Bulman Page, P.C. et al., *JCS(P1)*, 2673.

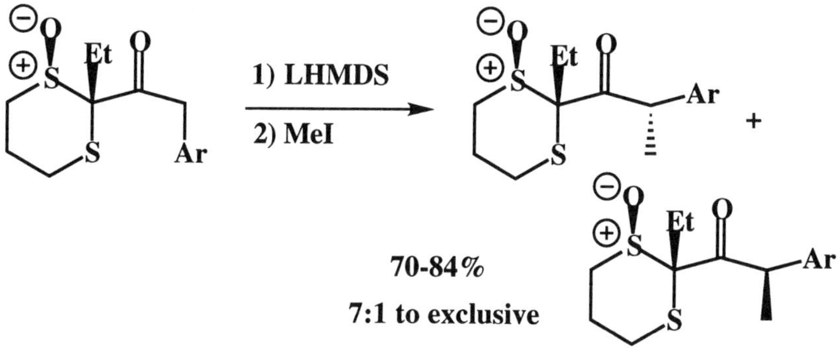

70-84%
7:1 to exclusive

I.A.1-2 Yokoyama, Y. and Mochida, K., *JOM*, 499, C4.

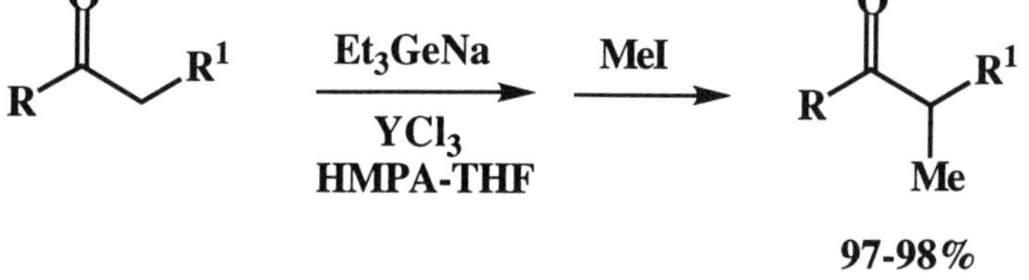

97-98%

I.A.1-3 Narasaka, K. and Yamamoto, I., *CL*, 1129.

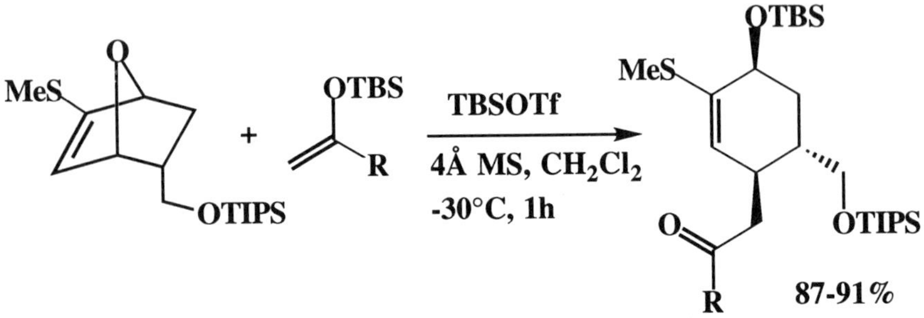

[Reaction: 2-methylthio-7-oxanorbornene with CH2OTIPS substituent + CH2=C(OTBS)R → cyclohexene product with MeS, OTBS, CH2C(O)R, CH2OTIPS substituents; TBSOTf, 4Å MS, CH2Cl2, -30°C, 1h; 87-91%]

I.A.1-4 Kohno, Y. and Narasaka, K., *BCJ*, **68**, 322.

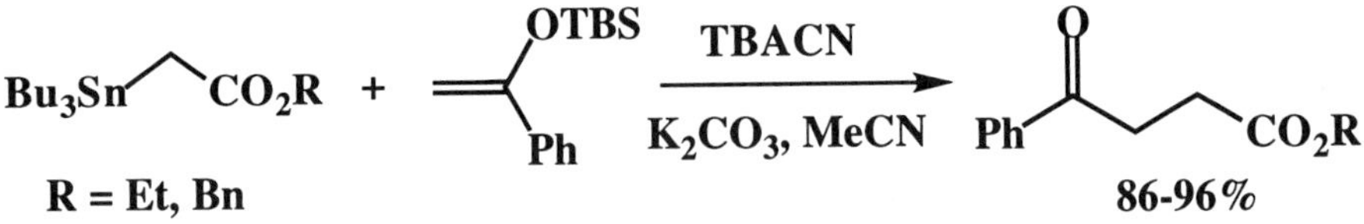

Bu$_3$Sn−CH$_2$−CO$_2$R + CH$_2$=C(OTBS)Ph $\xrightarrow[\text{K}_2\text{CO}_3, \text{MeCN}]{\text{TBACN}}$ Ph−C(O)−CH$_2$CH$_2$−CO$_2$R

R = Et, Bn   86-96%

I.A.1-5 Nakai, T. et al., *SL*, 447; see also: Tyrrell, E. et al., *SL*, 714.

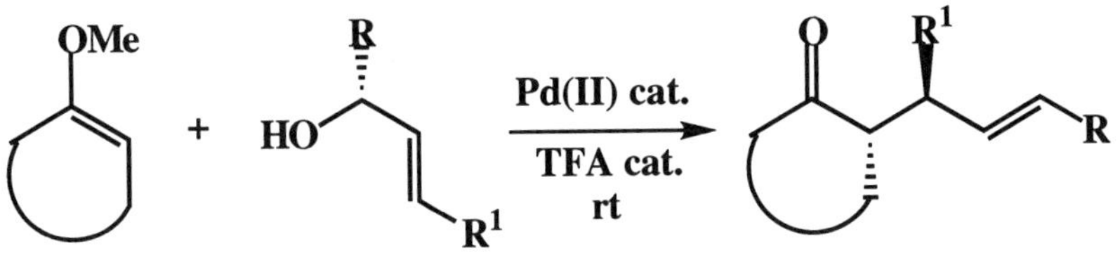

[Reaction: 1-methoxycycloalkene + HO-CHR-CH=CH-R^1 → cycloalkanone with CHR^1-CH=CH-R substituent; Pd(II) cat., TFA cat., rt]

[similarly with α-methoxyalkynes / Co$_2$(CO)$_8$ then BF$_3$•OEt$_2$]

I.A.1-6 Cho, L.Y. and Romero, J.R., *TL*, **36**, 8757.

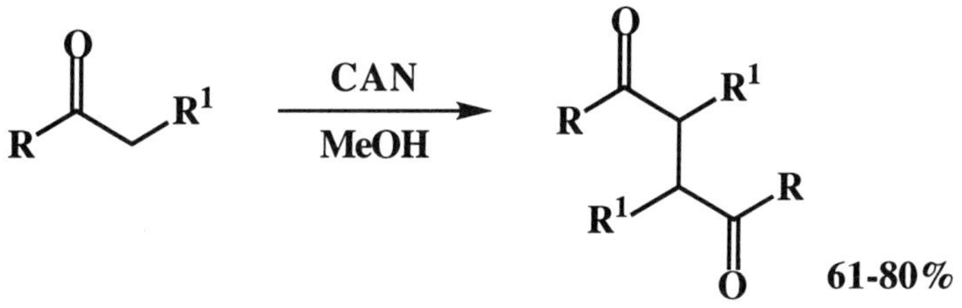
CAN
MeOH
61-80%

I.A.1-7 Hwu, J.R. et al., *JOC*, **60**, 2448 and **see also:** 856.

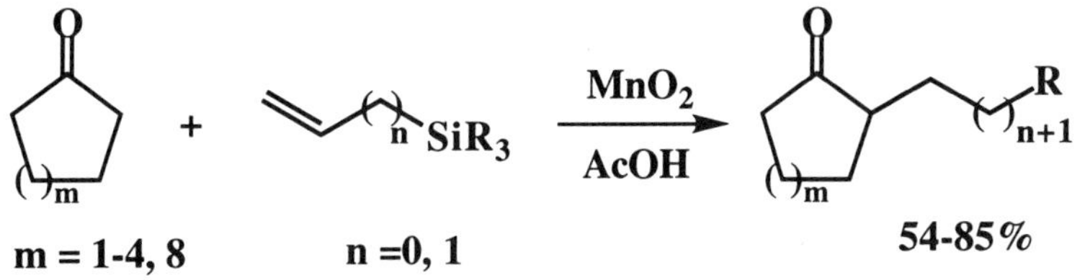
MnO2
AcOH
m = 1-4, 8
n =0, 1
54-85%

I.A.2. Alkylations of Nitriles, Acids and Acid Derivatives

I.A.2-1 Kusumoto, T. et al., *TL*, **36**, 1071.

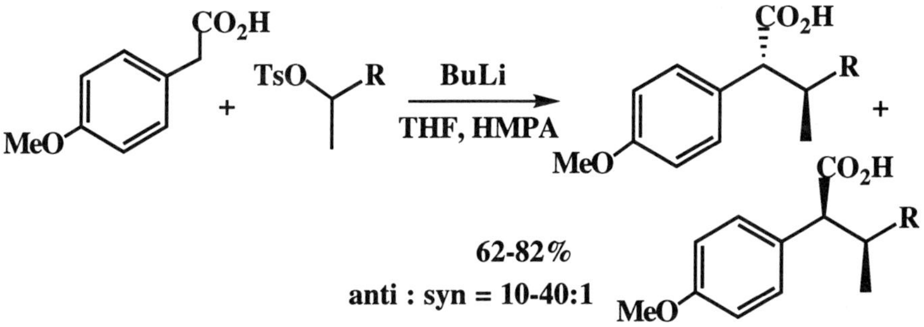
BuLi
THF, HMPA
62-82%
anti : syn = 10-40:1

I.A.2-2 Daly, M.I. and Proctor, G., *TL*, **36**, 7549; **see also:** Uenishi, J. et al., *TL*, **36**, 5909.

[Reaction scheme: lactone with SiMe$_2$Ph and OH/R substituents → LDA, THF, -78°C, HMPA, R^1-X → alkylated lactone with R^1, SiMe$_2$Ph, OH, R; 51-87%]

I.A.2-3 Falck, J.R. et al., *SL*, 1127 and *TL*, **36**, 5691.

$PhO_2SCH_2CO_2Me$ + ROH $\xrightarrow[\text{2) Mg}]{\text{1) ADDP, Me}_3\text{P}}$ RCH_2CO_2Me

41-91%

I.A.2-4 Ohba, M. et al., *CPB*, **43**, 26.

[Reaction scheme: cyclopentenyl diol with OH, OTBS, and Me substituents + CH$_2$=C(OTBS)(OMe), LiClO$_4$, Et$_2$O → substituted cyclopentene with CO$_2$Me, OTBS, Me; 96%]

I.A.2-5 Iseki, K. et al., *TL*, **36**, 3711; Decicco, C.P. et al., *JOC*, **60**, 4782.

[Reaction scheme: oxazolidinone with R^1 and acyl-CH$_2$R group → 1) LDA 2) CBr$_2$F$_2$, Et$_3$B → oxazolidinone with R^1 and acyl-CH(CF$_2$Br)R group; 42-60%, 68-92% de]

[similar displacement of chiral triflates]

I.A.2-6 Kanno, H. and Osanai, K., *TL*, **36**, 5375.

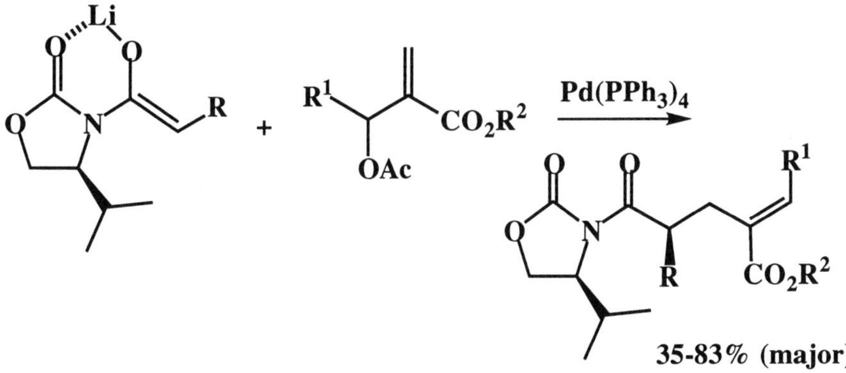

35-83% (major)

I.A.2-7 Davies, S.G. et al., *RTC*, **114**, 175.

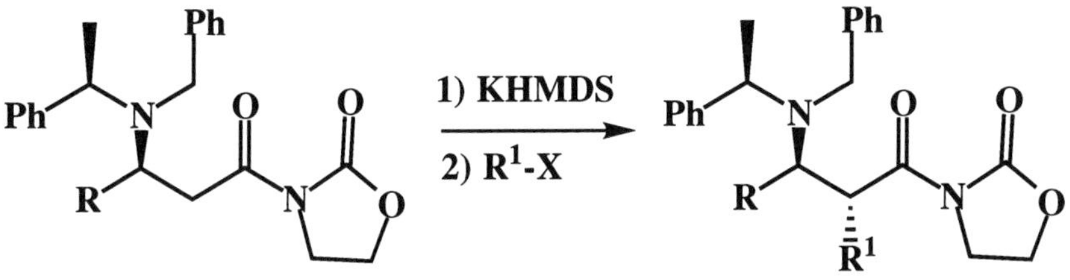

63-79%, 0 to >90% de

I.A.2-8 Kise, N. et al., *JOC*, **60**, 1100.

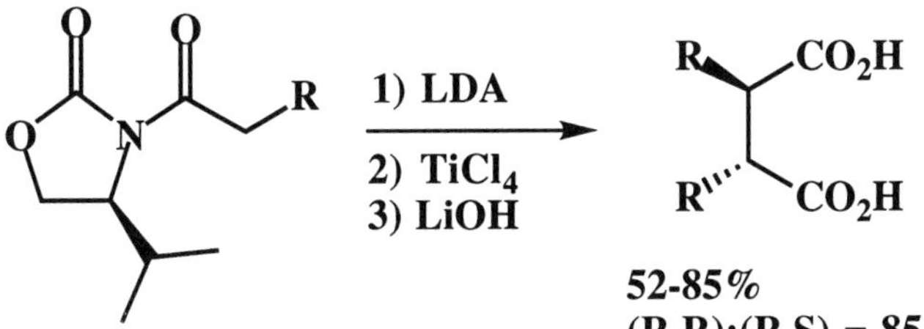

52-85%
(R,R):(R,S) = 85:15 to 95:5

I.A.2-9 Seebach, D. et al., *HCA*, **78**, 1185.

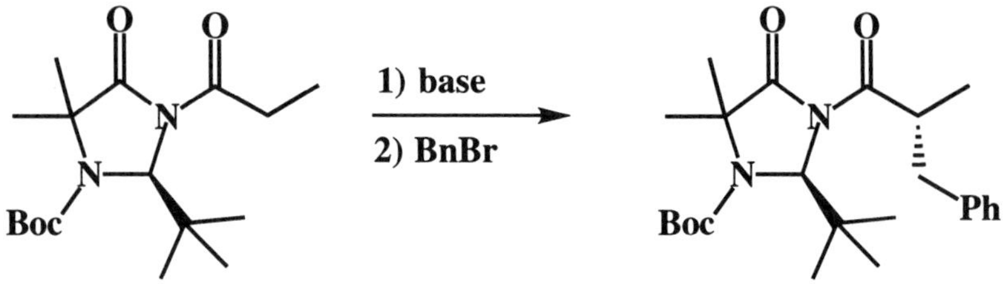

49-89%, up to 22:1

I.A.2-10 Norman, B.H. and Kroin, J.S., *TL*, **36**, 4151.

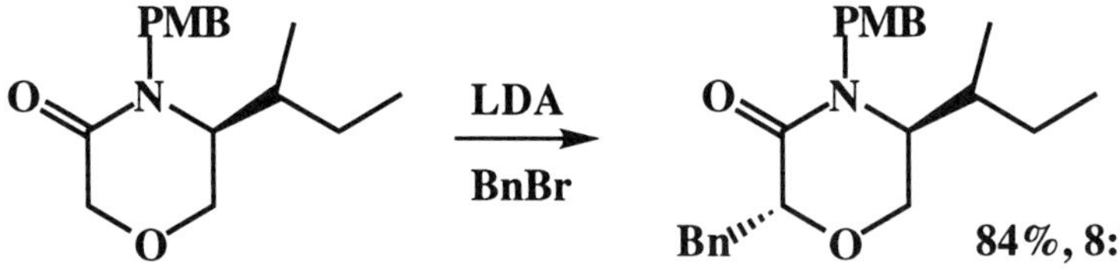

84%, 8:1

towards methylene ether dipeptide isosteres

I.A.2-11 Schultz, A.G. et al., *TL*, **36**, 4551.

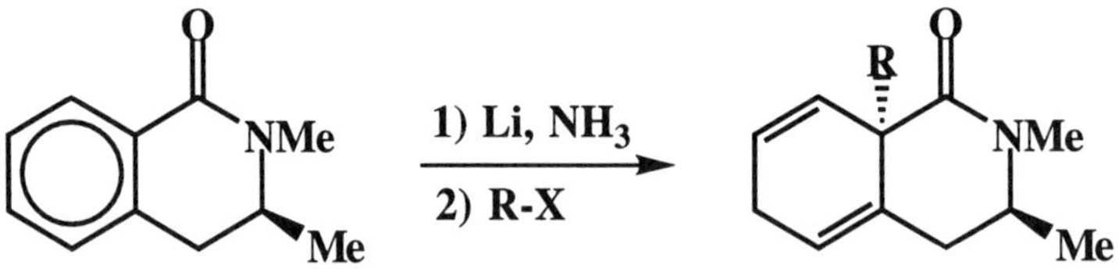

R = Me, allyl, Bn   66-72%

I.A.2-12 Schafer, H.J. et al., *AG(E)*, **34**, 189.

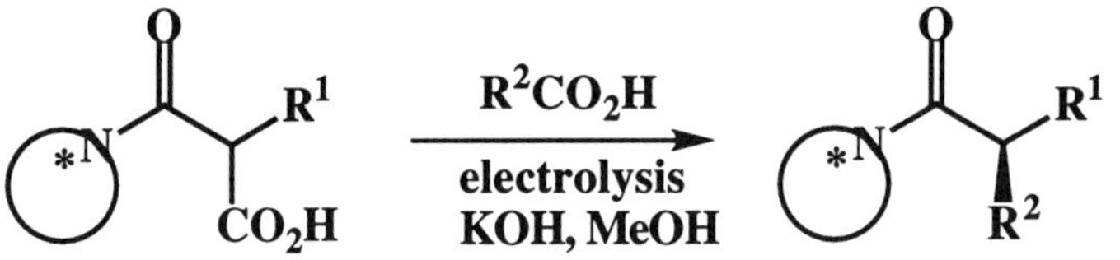
O
R^1
*N
CO_2H
R^2CO_2H
electrolysis
KOH, MeOH
O
R^1
*N
R^2

chiral auxiliary

13-69%, 20-80% de

I.A.3. Alkylations of β-Dicarbonyl, β-Cyanocarbonyl Systems and Other Active Methylene Compounds

I.A.3-1 Fuji, K. et al., *S*, 1069; Salunkhe, M.M. et al., *BSB*, **104**, 643.

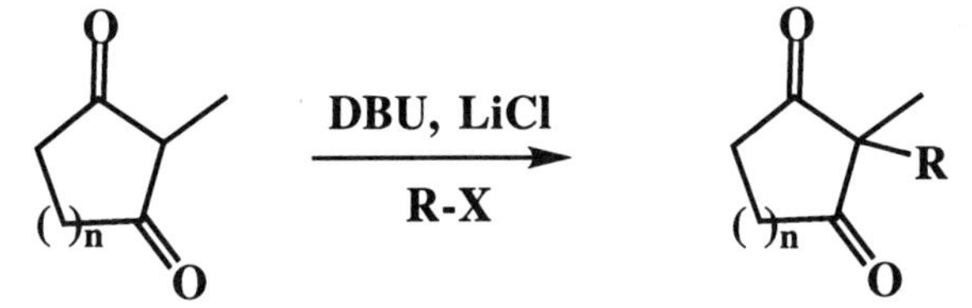
O
( )n
O
DBU, LiCl
R-X
O
R
( )n
O

n = 1, 2

73-95%

I.A.3-2 Sprules, T.J. and Lavallee, J.-F., *JOC*, **60**, 5041.

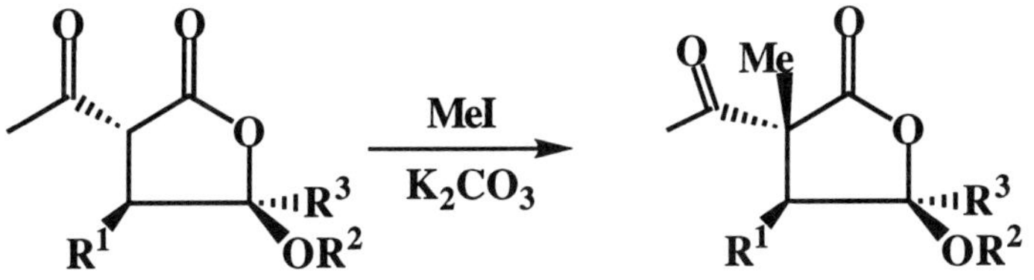
O
O
O
R^3
R^1
OR^2
MeI
K_2CO_3
O
Me
O
O
R^3
R^1
OR^2

contrasteric alkylation

40-95%, up to 91:9

I.A.3-3 Sato, T. and Otera, J., *JOC*, **60**, 2627.

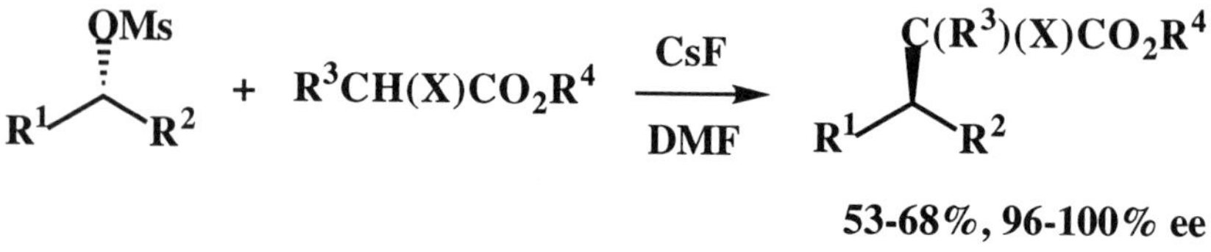

$$\underset{R^1}{\overset{OMs}{\diagup}}\!\!\diagdown_{R^2} + R^3CH(X)CO_2R^4 \xrightarrow[DMF]{CsF} \underset{R^1}{\overset{C(R^3)(X)CO_2R^4}{\diagup}}\!\!\diagdown_{R^2}$$

53-68%, 96-100% ee

I.A.3-4 Pfaltz, A. and Lloyd-Jones, G.C., *AG(E)*, **34**, 462.

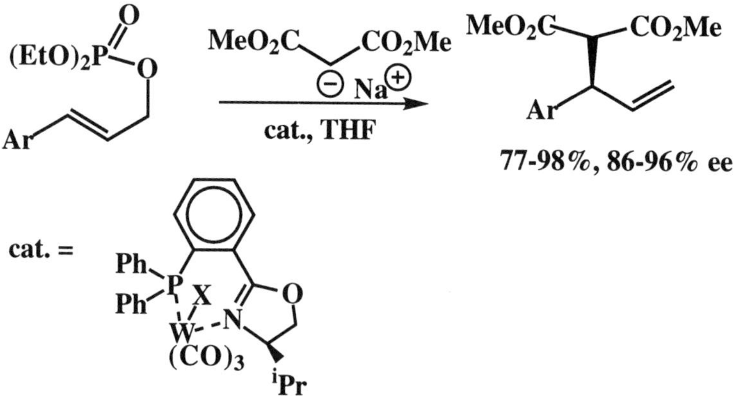

$$(EtO)_2P(O)O-CH_2-CH=CH-Ar + MeO_2C\underset{\ominus\,Na^{\oplus}}{\diagup}\!\!\diagdown CO_2Me \xrightarrow{cat.,\,THF} \underset{Ar}{\overset{MeO_2C\diagdown\diagup CO_2Me}{\diagup}}\!\!\diagdown CH=CH_2$$

77-98%, 86-96% ee

cat. =

Ph$_2$P—(C$_6$H$_4$)—C(=N-oxazoline-iPr)—W(CO)$_3$X

I.A.3-5 Zoretic, P.A. et al., *TL*, **36**, 2925 and 2929.

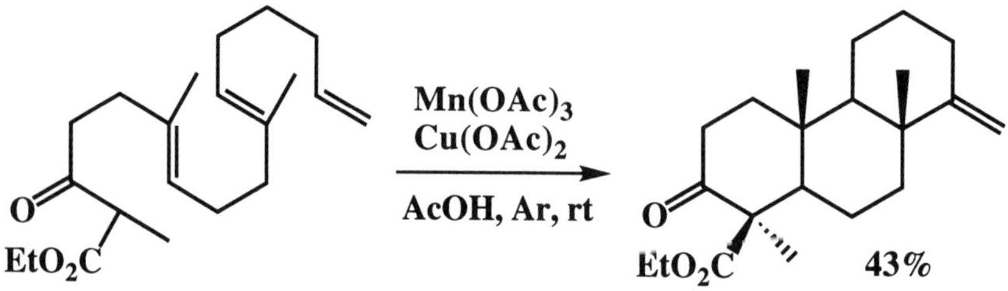

$$\text{(polyene-}\beta\text{-ketoester, EtO}_2C) \xrightarrow[AcOH,\,Ar,\,rt]{Mn(OAc)_3,\,Cu(OAc)_2} \text{(tricyclic product, EtO}_2C)$$

43%

I.A.3-6 Kim, Y.H. et al., *TL*, **36**, 5027.

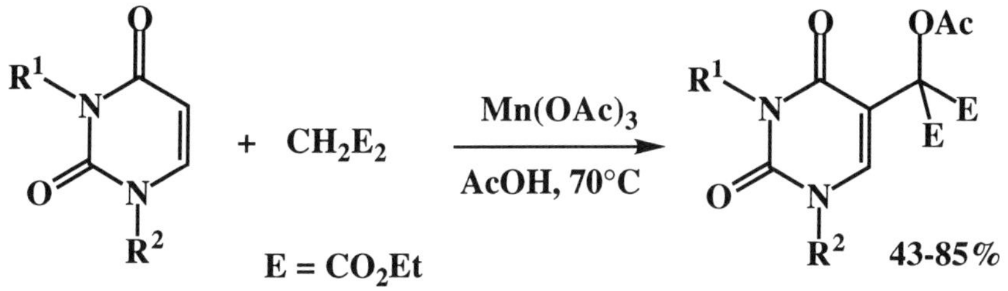

$$\text{Uracil}(R^1, R^2) + CH_2E_2 \xrightarrow[\text{AcOH, 70°C}]{\text{Mn(OAc)}_3} \text{5-substituted product} \quad 43\text{-}85\%$$

E = CO$_2$Et

I.A.3-7 Nakanishi, S. et al., *TL*, **36**, 5211.

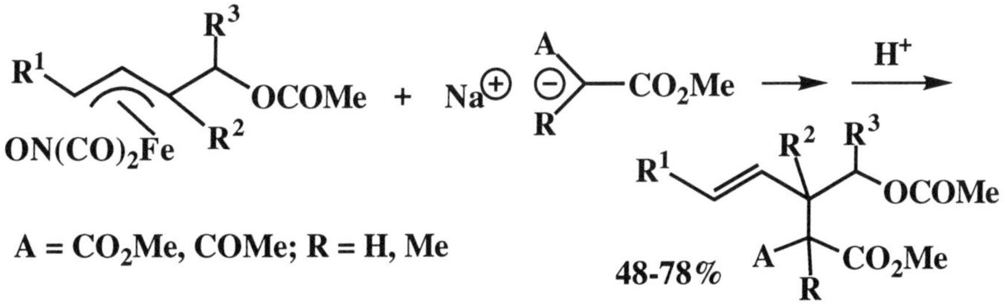

$$\text{allyl-Fe(CO)}_2\text{NO complex with OCOMe, } R^1, R^2, R^3 + Na^{\oplus} \; ^{\ominus}C(A)(R)\text{-CO}_2Me \xrightarrow{} \xrightarrow{H^+} \text{product} \quad 48\text{-}78\%$$

A = CO$_2$Me, COMe; R = H, Me

I.A.3-8 Mukhopadhyay, M. and Iqbal, J., *TL*, **36**, 6761; see also: Iqbal, J. et al., *TL*, **36**, 4877.

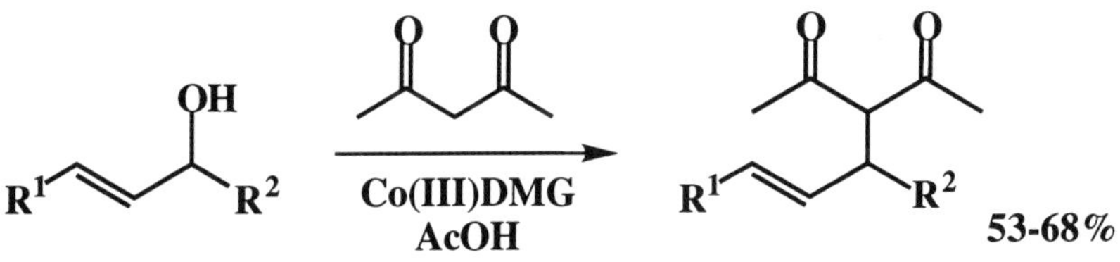

$$R^1\text{-CH=CH-CH(OH)-}R^2 + \text{acetylacetone} \xrightarrow[\text{AcOH}]{\text{Co(III)DMG}} \text{product} \quad 53\text{-}68\%$$

I.A.3-9 Balme, G. et al., *TL*, **36**, 8019.

Z' = CO_2Me, COMe, CN, SO_2Ph
R = Ar, vinyl; X = I, Br

I.A.3-10 Trost, B.M. et al., *JACS*, **117**, 7247; Lemaire, M. et al., *TA*, **6**, 1109; Minami, T. et al., *TA*, **6**, 2469; Bolm, C. et al., *JOM*, **502**, 47; Uemura, M. et al., *JOM*, **503**, 143; Legros, J.-Y. et al., *T*, **51**, 3235; Pfaltz, A., Zehnder, M., Pregosin, P.S. et al., *HCA*, **78**, 265; Seebach, D. et al., *HCA*, **78**, 1637; Helmchen, G. et al., *CC*, 1845; Shibasaki, M. et al., *TL*, **36**, 8035; O'Donnell, M.J., Andersson, P.G. et al., *TL*, **36**, 4205; Williams, J.M.J. et al., *TL*, **36**, 461; Shi, G. et al., *TL*, **36**, 6305; Braun, M. et al., *SL*, 1174; **see also:** Yamamoto, Y. and Fujiwara, N., *CC*, 2013; Malacria, M. et al., *TL*, **36**, 2487 and **see also:** 6447.

[similarly with other chiral ligands & nucleophiles]

I.A.4. Alkylations of N-, P-, S-, Se and Similar Stabilized Carbanions

I.A.4-1 Renaud, P. and Bourquard, T., *SL*, 1021.

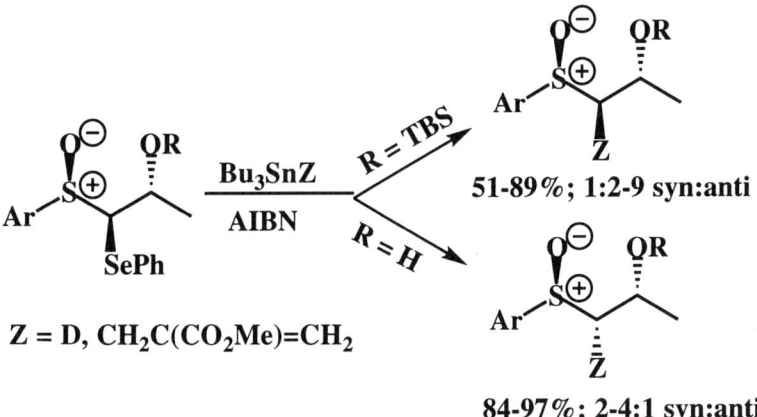

Z = D, CH₂C(CO₂Me)=CH₂

51-89%; 1:2-9 syn:anti

84-97%; 2-4:1 syn:anti

I.A.4-2 Falck, J.R. et al., *TL*, **36**, 8577.

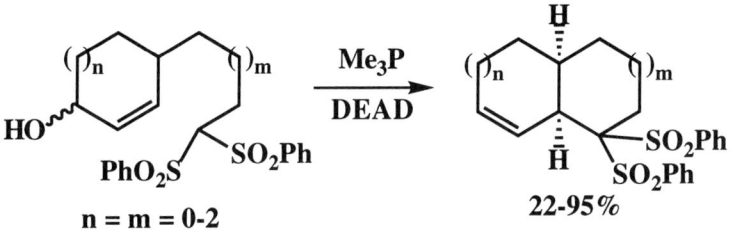

n = m = 0-2

22-95%

I.A.4-3 Trost, B.M. et al., *TL*, **36**, 1361 and *JACS*, **117**, 5156.

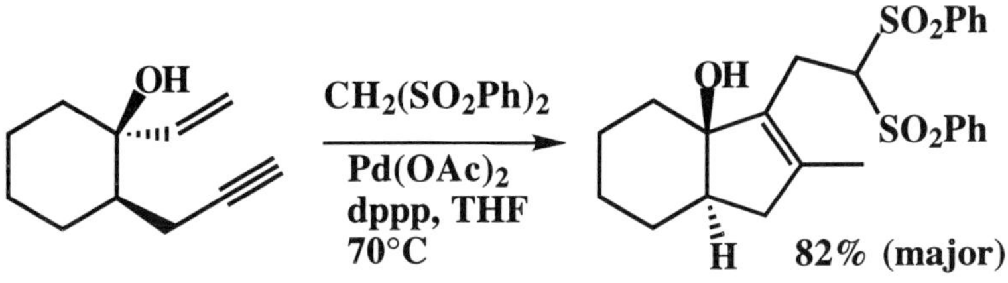

82% (major)

I.A.4-4 Kim, T.H. and Park, K.M., *TL*, **36**, 4833.

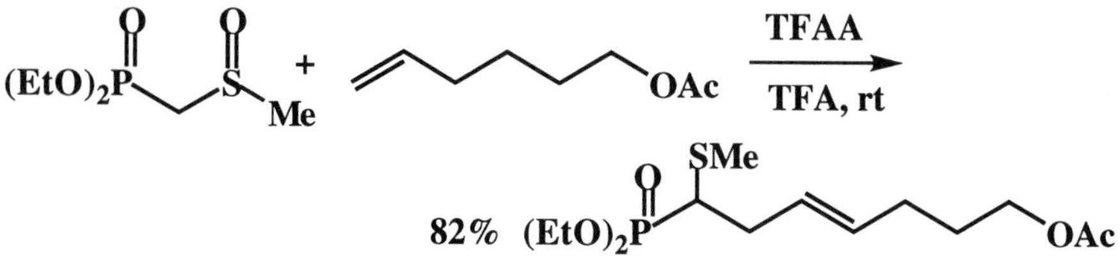

$(EtO)_2\overset{O}{P}\overset{}{-}\overset{O}{\underset{Me}{S}}$ + /\\/\\/\\OAc $\xrightarrow[\text{TFA, rt}]{\text{TFAA}}$ 82% $(EtO)_2\overset{O}{P}$–CH(SMe)–CH=CH–CH$_2$CH$_2$–OAc

---

I.A.4-5 Jommi, G. et al., *T*, **51**, 1817; Shioiri, T. et al., *T*, **51**, 12731.

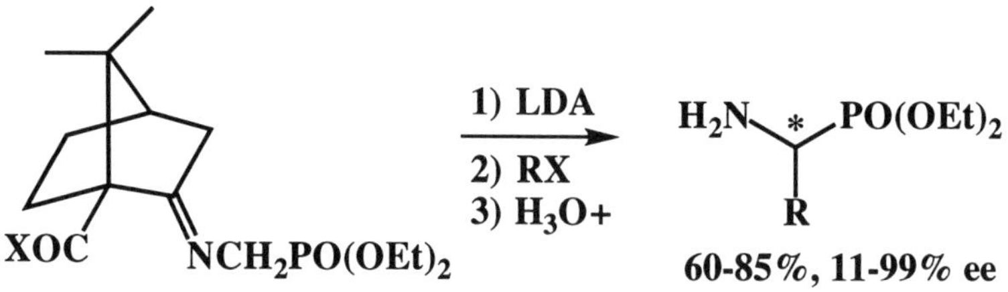

XOC–N=C(camphor)–CH$_2$PO(OEt)$_2$ $\xrightarrow[\text{3) H}_3\text{O+}]{\text{1) LDA, 2) RX}}$ H$_2$N–*C(R)H–PO(OEt)$_2$

60-85%, 11-99% ee

[another chiral auxiliary used similarly]

I.A.4-6 Eddine, J.J. and Cherqaoui, M., *TA*, **6**, 1225.

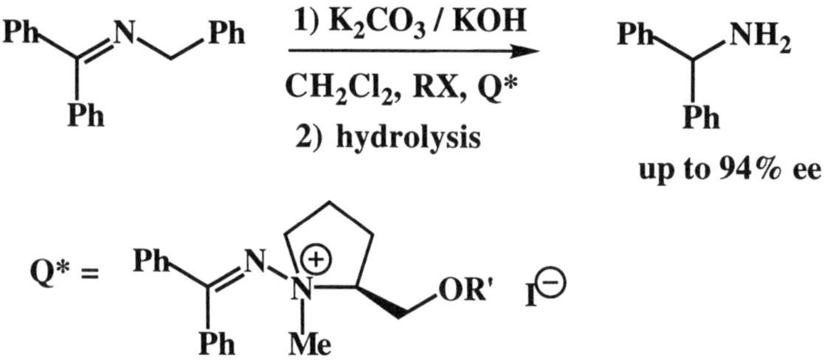

Ph–C(Ph)=N–CH$_2$–Ph $\xrightarrow[\text{2) hydrolysis}]{\text{1) K}_2\text{CO}_3\text{ / KOH, CH}_2\text{Cl}_2\text{, RX, Q*}}$ Ph–CH(Ph)–NH$_2$

up to 94% ee

Q* = Ph–C(Ph)=N–N(pyrrolidinyl-CH$_2$OR', Me)$^+$ I$^-$

I.A.4-7 Katritzky, A.R. et al., *JOC*, **60**, 7612, **see also:** 7619, 7605 and *TL*, **36**, 5491.

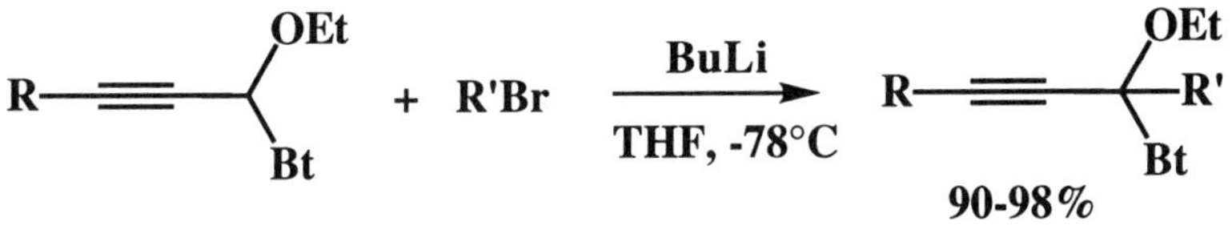

R—≡—C(OEt)(Bt) + R'Br →[BuLi, THF, -78°C] R—≡—C(OEt)(R')(Bt)   90-98%

I.A.4-8 Gawley, R.E. and Zhang, Q., *JOC*, **60**, 5763.

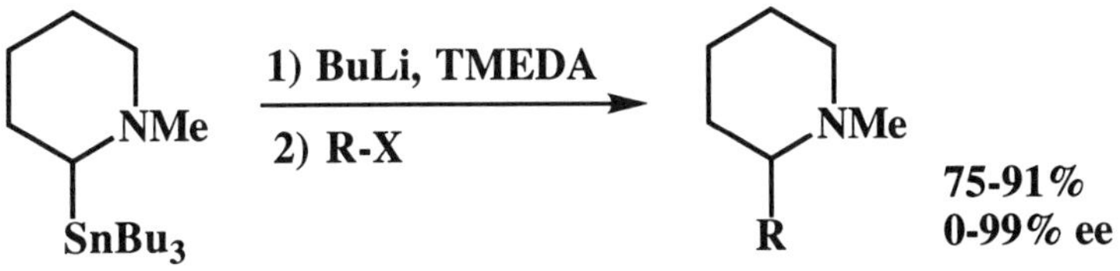

[piperidine-NMe, 2-SnBu$_3$] →[1) BuLi, TMEDA; 2) R-X] [piperidine-NMe, 2-R]   75-91%   0-99% ee

I.A.5. Alkylations of Organometallic Reagents

(see also: I.B.3., I.B.4., I.F., I.G.)

I.A.5-1 Smith, K. and Hou, D., *JCS(P1)*, 185.

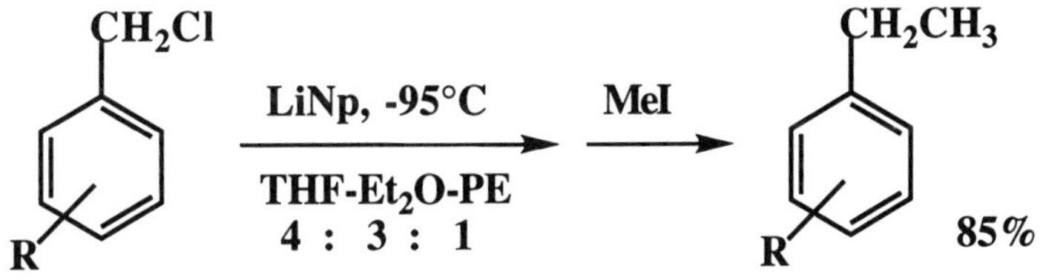

Ar(CH$_2$Cl)(R) →[LiNp, -95°C, THF-Et$_2$O-PE 4:3:1] →[MeI] Ar(CH$_2$CH$_3$)(R)   85%

I.A.5-2 Azzena, U. et al., *TL*, **36**, 5641; **see also:** Tso, H.H. and Chen, Y.J., *H*, **41**, 13.

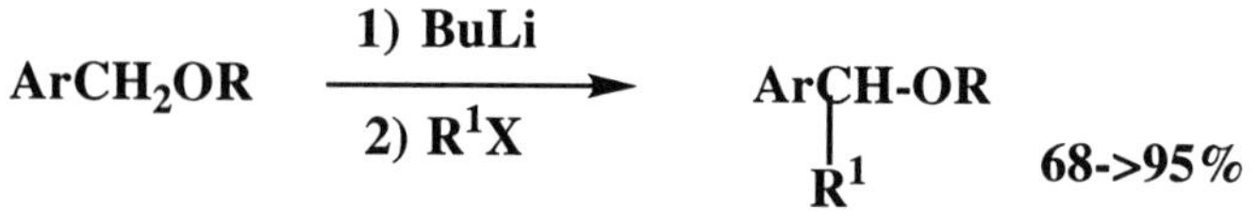

$$\text{ArCH}_2\text{OR} \xrightarrow[\text{2) R}^1\text{X}]{\text{1) BuLi}} \text{ArCH-OR} \quad 68\text{-}>95\%$$
$$\qquad\qquad\qquad\qquad\quad\; |$$
$$\qquad\qquad\qquad\qquad\;\, \text{R}^1$$

I.A.5-3 Rock, M.H. et al., *TL*, **36**, 5003.

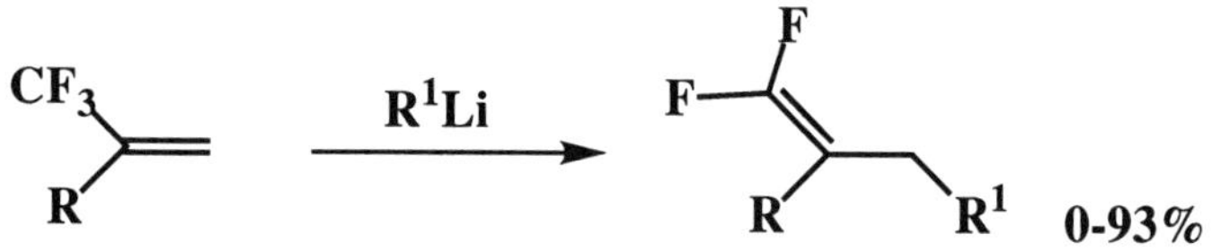

0-93%

I.A.5-4 Yamamoto, H. et al., *SL*, 841.

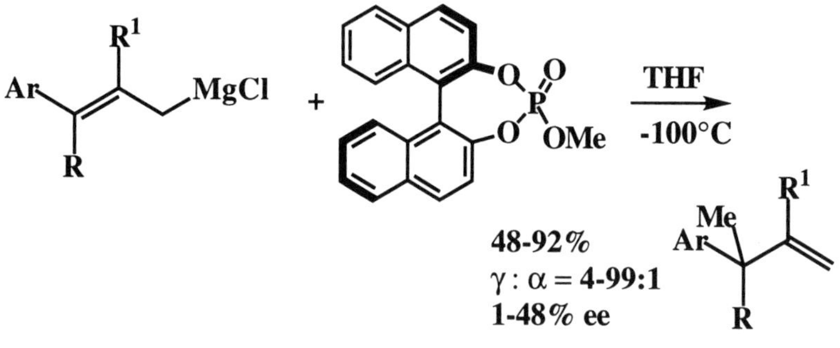

48-92%
γ : α = **4-99:1**
1-48% ee

I.A.5-5 Johnson, D.K. et al., *TL*, **36**, 8565.

$$\text{X—R—X'} + \text{BrMgCH}_2\text{CH=CH}_2 \xrightarrow[\text{or Li}_2\text{CuCl}_3]{\text{Li}_2\text{CuCl}_4} \text{X—R—CH}_2\text{CH=CH}_2$$

35-82%

I.A.5-6 Sinou, D. et al., *CC*, 1103; Lindermann, R.J. and Chen, S., *TL*, **36**, 7799; Hoveyda, A.H. et al., *JACS*, **117**, 7273.

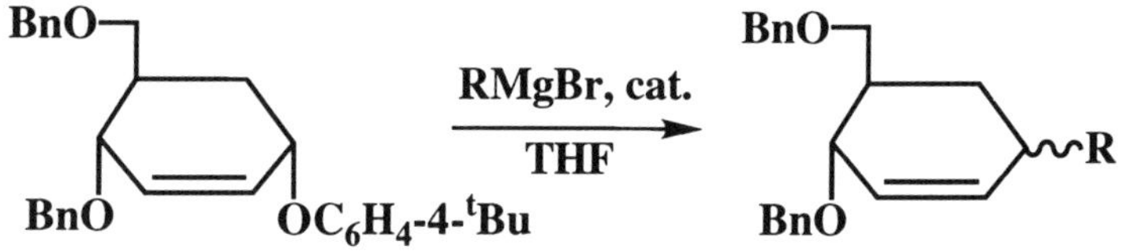

<chemical scheme>

cat. = PdCl$_2$(dppf) 70-95%
α:β = 100:0
cat. = NiCl$_2$(dppe) 64-85%
α:β = 0:100

[similarly with organocuprates and acetals and, as above, but with methyl allyl ethers]

I.A.5-7 Kang, S.-K. et al., *SC*, **25**, 1659.

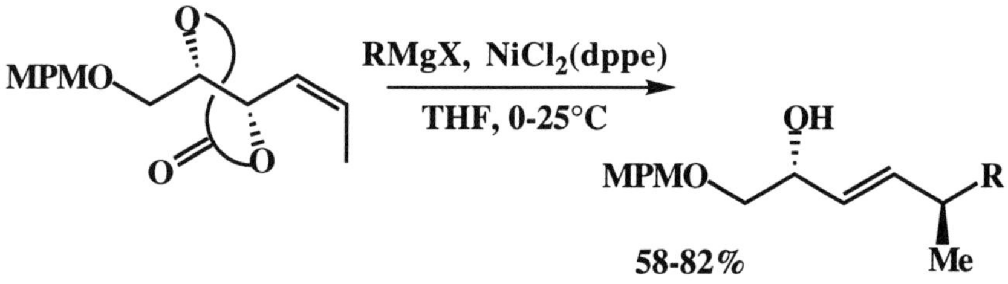

<chemical scheme>

RMgX, NiCl$_2$(dppe)
THF, 0-25°C

58-82%

I.A.5-8 van Koten, G., Backvall, J.-E. et al., *TL*, **36**, 3059; **see also:** Akita, H. et al., *CC*, 2001; **see also:** Jackson, R.F.W. et al., *JOC*, **60**, 2210.

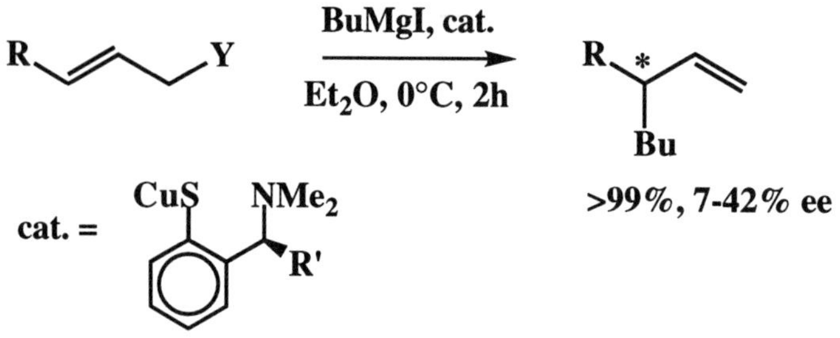

R—CH=CH—CH₂—Y →(BuMgI, cat. / Et₂O, 0°C, 2h)→ R–*CH(Bu)–CH=CH₂

cat. = 2-(CuS)-C₆H₄-CH(NMe₂)(R')

>99%, 7-42% ee

[other cuprate S$_N$2' reactions reported with allyl epoxides and with allyl halides to make amino acids]

I.A.5-9 Normant, J.F. et al., *JOC*, **60**, 863; Nakamura, E. et al., *JACS*, **117**, 1179.

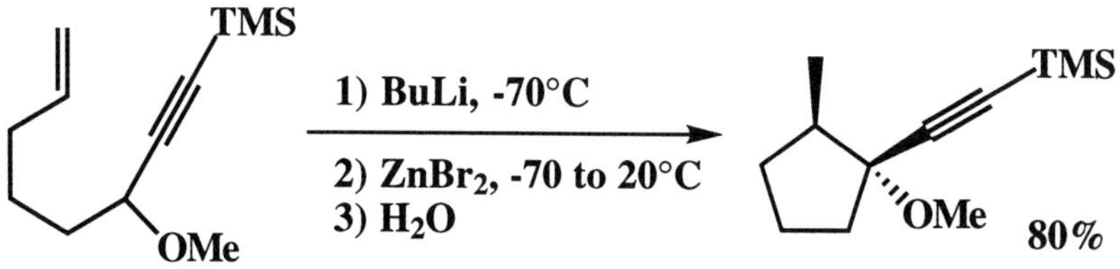

1) BuLi, -70°C
2) ZnBr₂, -70 to 20°C
3) H₂O

80%

I.A.5-10 Marek, I. et al., *SL*, 723.

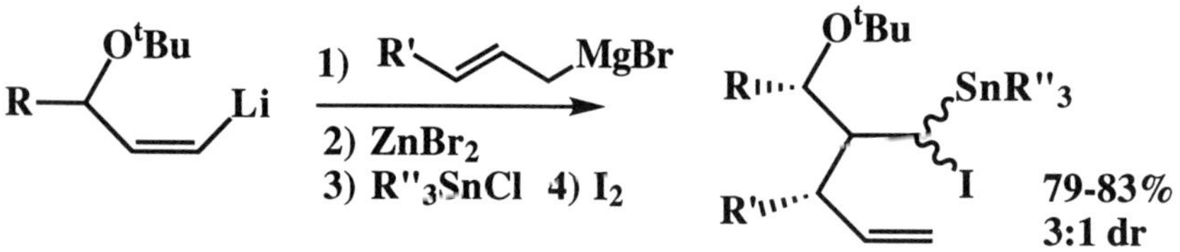

1) R'CH=CHCH₂MgBr
2) ZnBr₂
3) R''₃SnCl 4) I₂

79-83%
3:1 dr

I.A.5-11 Butsugan, Y. et al., *JCS(P1)*, 549.

$$\underset{R^2}{\overset{R^1}{\diagdown}}\!\!=\!\!\diagup\!\!\text{Br} \xrightarrow[\substack{\text{rt, 3h, THF / ether} \\ n = 1,2}]{\text{Li}\left[\text{InR}_{4-n}(\diagdown\!\!=)_n\right]} \underset{R^2}{\overset{R^1}{\diagdown}}\!\!=\!\!\diagup\!\!\diagdown\!\!\diagup\!\!= \quad 76\text{-}98\%$$

I.A.5-12 Rieke, R.D. and Sell, M.S., *SC*, **25**, 4107.

Ph–CH=CH–CH=CH–Ph $\xrightarrow[\substack{M^* = \text{Ba,Sr,Mg} \\ n = 1\text{-}4}]{M^*,\ \text{Cl-(CH}_2)_n\text{-Cl}}$ Ph–CH=CH–[cyclopropane (CH$_2$)$_n$]–Ph 51-99%

I.A.5-13 Hiyama, T. et al., *TL*, **36**, 1539.

$$\underset{\text{OCO}_2\text{Et}}{R\!\!\diagup\!\!\diagdown\!\!\diagup} + \text{F}_2\text{MeSi}\!\!\diagup\!\!=\!\!\diagdown R^1 \xrightarrow[\text{Ph}_3\text{P, DMF}]{\text{Pd(OAc)}_2} R\!\!\diagup\!\!=\!\!\diagdown\!\!\diagup\!\!=\!\!\diagdown R^1$$

73-78%

I.A.5-14 Jung, I.N. et al., *JOM*, **499**, 159.

$$\underset{}{\overset{R}{\diagdown}}\!\!=\!\!\diagup\!\!\text{TMS} + R^1\!\!-\!\!\equiv\!\!-\text{Ph} \xrightarrow{\text{AlCl}_3} \text{TMS–C(R}^1\text{)=C(Ph)–CH}_2\text{–C(R)=CH}_2$$

26-66% (major)

I.A.5-15 Pellisier, H. and Santelli, M., *CC*, 607.

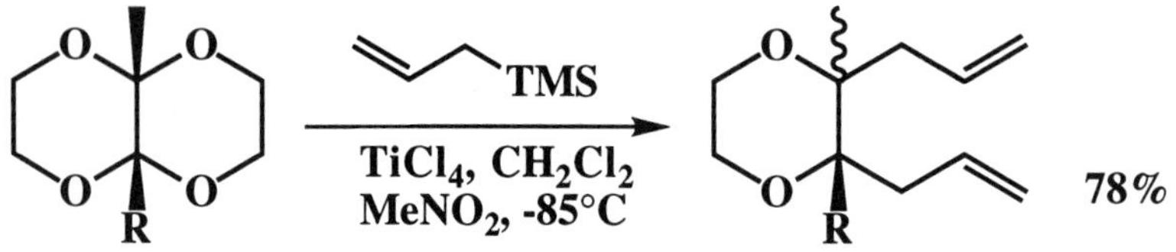

78%

I.A.5-16 Yokozawa, T. et al., *TL*, **36**, 5243.

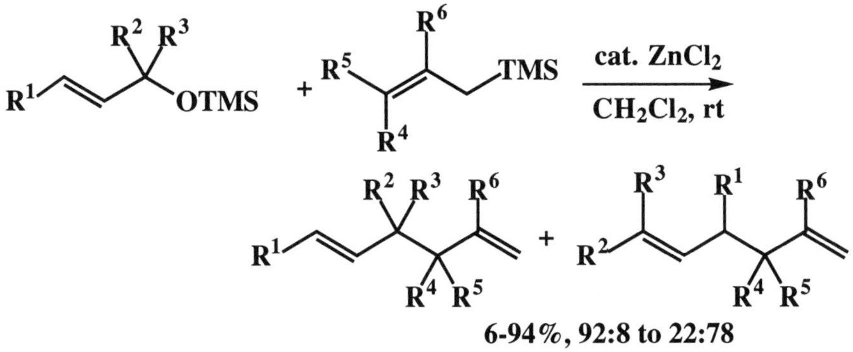

6-94%, 92:8 to 22:78

I.A.5-17 Tsuji, Y. et al., *JOC*, **60**, 4647.

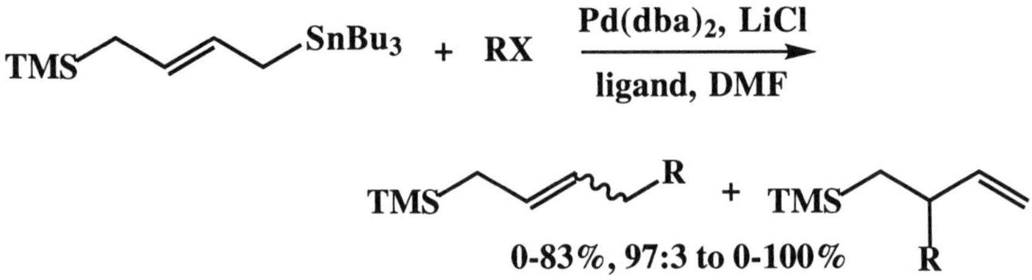

0-83%, 97:3 to 0-100%

I.A.5-18 Guindon, Y. et al., *SL*, 449; Falck, J.R. et al., *JACS*, **117**, 5973.

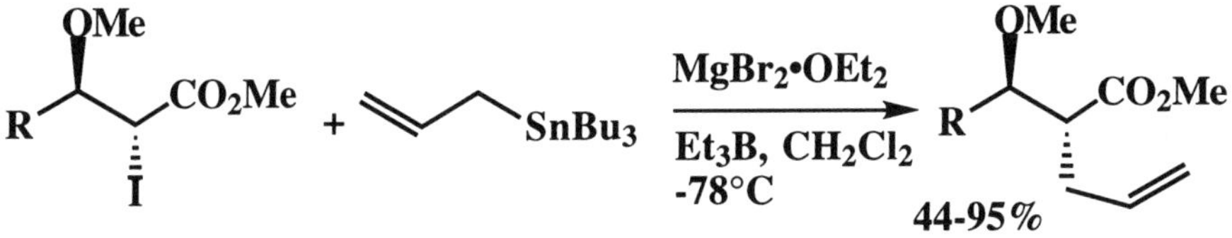

$$\underset{I}{R\overset{OMe}{\diagup}\diagdown CO_2Me} + \diagdown\hspace{-2pt}\diagup SnBu_3 \xrightarrow[-78°C]{MgBr_2 \cdot OEt_2,\ Et_3B,\ CH_2Cl_2} R\overset{OMe}{\diagup}\diagdown CO_2Me\diagdown\hspace{-2pt}\diagup$$

44-95%

[CuCN also used to catalyze similar reactions]

I.A.5-19 Dillon, M.P. et al., *TL*, **36**, 5469.

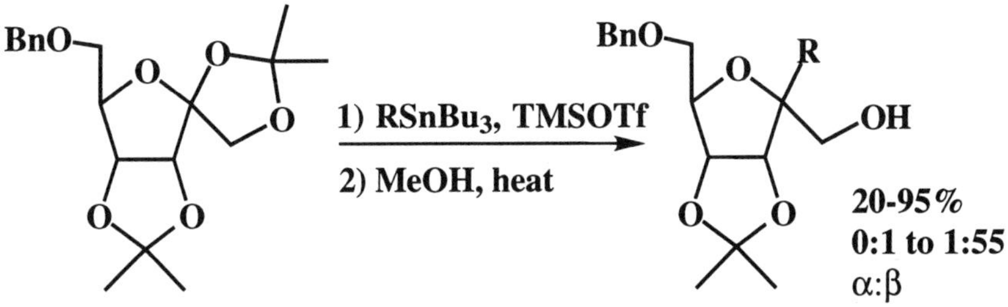

1) RSnBu$_3$, TMSOTf
2) MeOH, heat

20-95%
0:1 to 1:55
α:β

I.A.6. Other Alkylation Procedures

I.A.6-1 Nedelec, J.Y. et al., *JCR(S)*, 278.

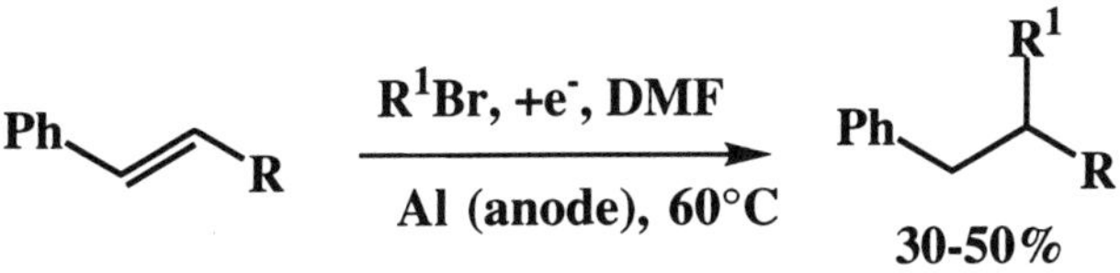

$$Ph\diagdown\hspace{-2pt}\diagup R \xrightarrow[Al\ (anode),\ 60°C]{R^1Br,\ +e^-,\ DMF} Ph\diagdown\overset{R^1}{\diagup}\diagdown R$$

30-50%

I.A.6-2 Hoffmann, R.W. and Stiasny, H.C., *TL*, **36**, 4595.

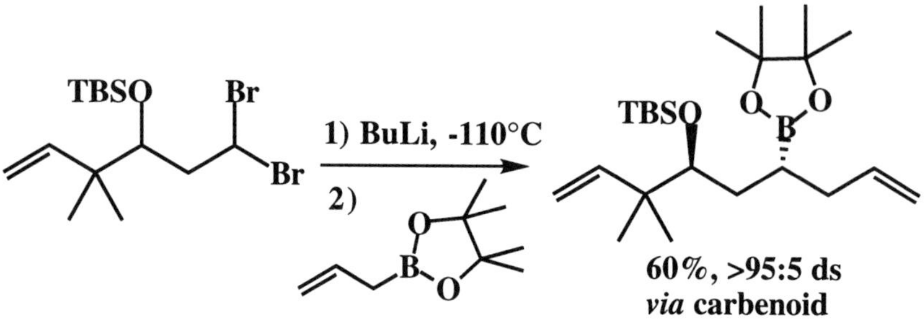

60%, >95:5 ds
via carbenoid

I.A.6-3 Buszek, K.R. and Jeong, Y., *TL*, **36**, 5677.

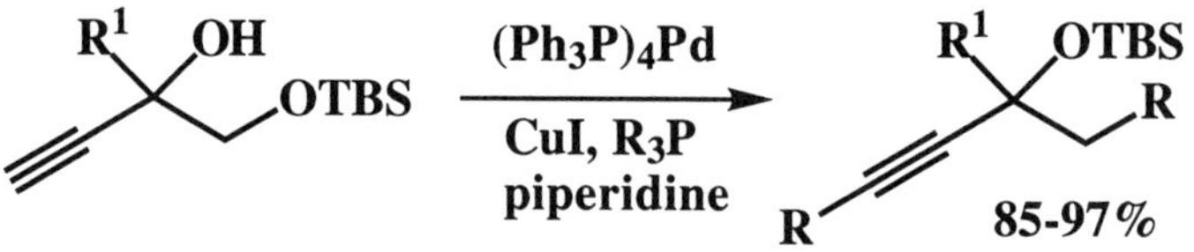

85-97%

only coupling of R to the alkyne with ^{i}Pr$_2$NH

I.A.6-4 Fukuzawa, S. et al., *SL*, 1077.

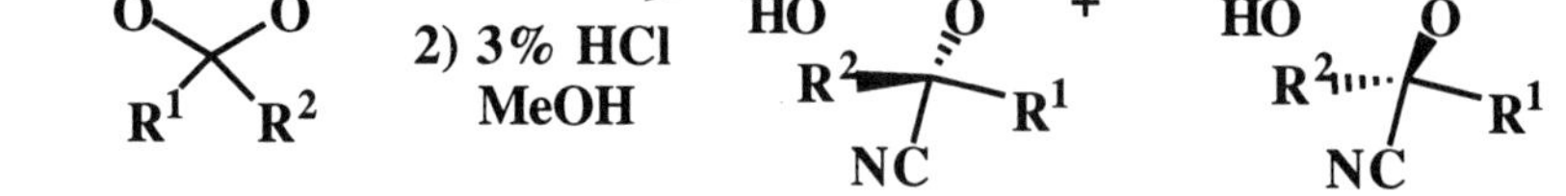

66-99%, 3:1 to 95:5

I.A.7. Nucleophilic Addition to Electrophilic Carbon

I.A.7.a.1. Intermolecular Aldol-Type 1,2-Additions

I.A.7.a.1-1 Perlmutter, P. et al., *AJC*, **48**, 1535; Hirama, M. et al., *TA*, **6**, 1241; Perlmutter, P. and Tabone, M., *JOC*, **60**, 6515; Cyrener, J. and Burger, K., *M*, **125**, 1279; Basavaiah, D. et al., *JCR(S)*, 267.

$$RO_2C\text{-CH=CH}_2 + Ts\text{-N=CH-Ar} \xrightarrow[\text{neat, 45-80°C}]{\text{DABCO}} RO_2C\text{-C(=CH}_2)\text{-CH(Ar)(NHTs)} \quad 53\text{-}70\%$$

[other Baylis-Hillman type reactions reported with aldehydes and, in one case, with a chiral modified DABCO analogue]

I.A.7.a.1-2 Barrett, A.G.M. and Kamimura, A., *CC*, 1755.

$$CH_2=CH\text{-CO-}R^1 + R^2CHO \xrightarrow[\text{cat.}]{\text{PhXTMS}} R^2\text{-CH(OH)-CH(XPh)-CO-}R^1$$

cat. = [iPrO, O^{i}Pr substituted aryl ester with CO$_2$H and BH oxaborolidine]

0-59%, up to 98.2 ds
X = S, Se

I.A.7.a.1-3 Carlier, P.R. et al., *JOC*, **60**, 7511.

$$RCHO + ArCH_2CN \xrightarrow[-78°C]{\text{LDA, THF}} R\text{-CH(OH)-CH(Ar)(CN)} \quad (\text{anti}) + R\text{-CH(OH)-CH(Ar)(CN)} \quad (\text{syn})$$

70-97%%, anti:syn = 2.7-60:1

I.A.7.a.1-4 Mateos, A.F. et al., *TL*, **36**, 961.

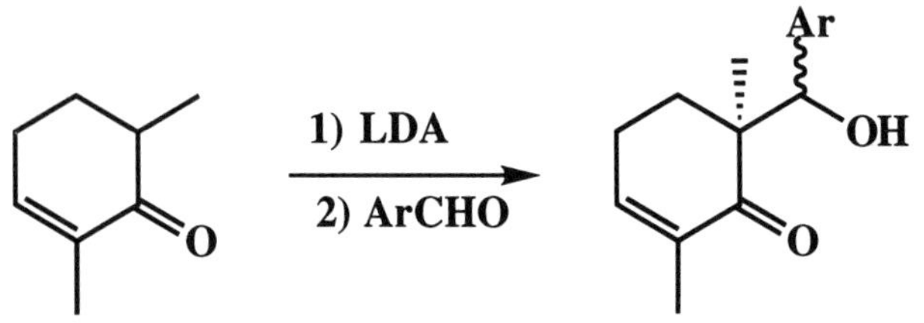

57-81%; threo:erythro = 1.5-99:1

I.A.7.a.1-5 Ishihara, T. et al., *TL*, **36**, 8267.

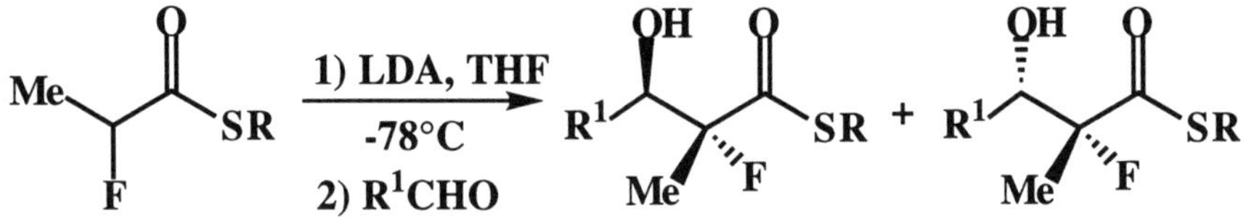

51-94%, up to >97:3

I.A.7.a.1-6 Takeda, K. et al., *JACS*, **117**, 6400.

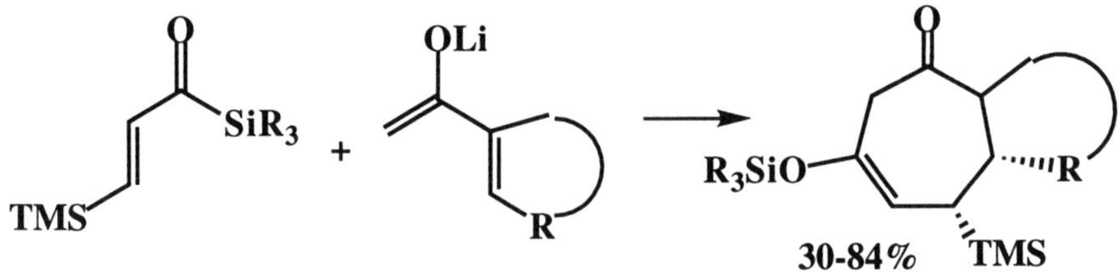

30-84%

I.A.7.a.1-7 Simpkins, N.S. et al., *TL*, **36**, 1545.

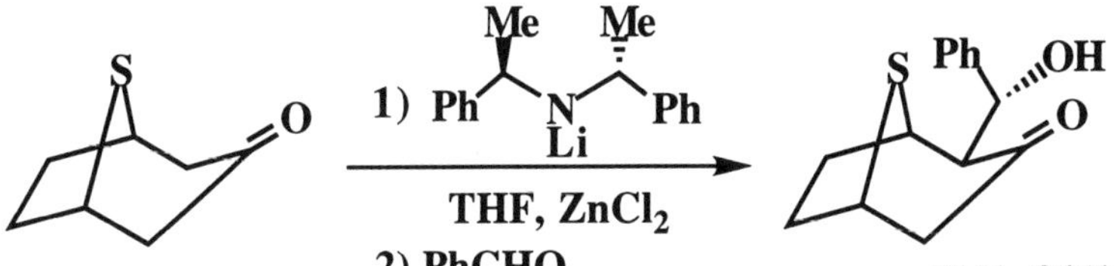

[Reaction scheme: bicyclic thioketone with ketone treated with 1) PhCH(Me)-N(Li)-CH(Me)Ph, THF, ZnCl₂; 2) PhCHO gives aldol product, 71%, 84% ee]

I.A.7.a.1-8 Oshima, K., Utimoto, K. et al., *TL*, **36**, 5353.

[Reaction scheme: α-iodo acylsilane with Et₃B, RCHO gives β-hydroxy acylsilane]

10-79%, 6:94 to 94:6
erythro:threo

I.A.7.a.1-9 Raimundo, B.C. and Heathcock, C.H., *SL*, 1213.

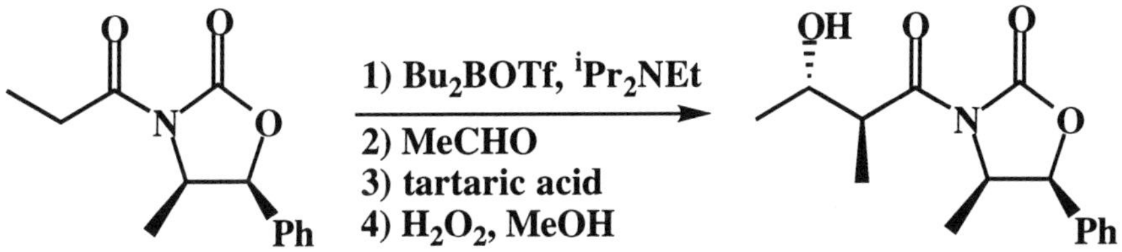

[Reaction scheme: N-propionyl oxazolidinone (Ph-substituted) treated with 1) Bu₂BOTf, ⁱPr₂NEt; 2) MeCHO; 3) tartaric acid; 4) H₂O₂, MeOH gives aldol product]

86%, anti:syn = 92:8

I.A.7.a.1-10 Chibale, K. and Warren, S., *JCS(P1)*, 2411; **see also:** Bartroli, J. et al., *JOC*, **60**, 3000; Sibi, M.P. et al., *TL*, **36**, 8965; **see also:** Yan, T.-H. et al., *JOC*, **60**, 3301.

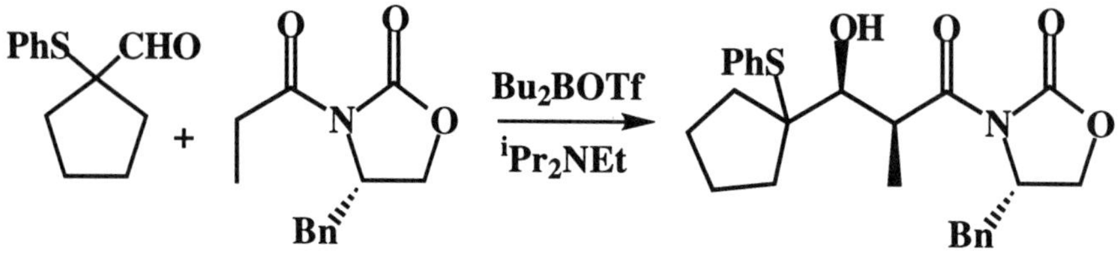

88%, syn:anti = 32:1

I.A.7.a.1-11 Luke, G.P. and Morris, J., *JOC*, **60**, 3013.

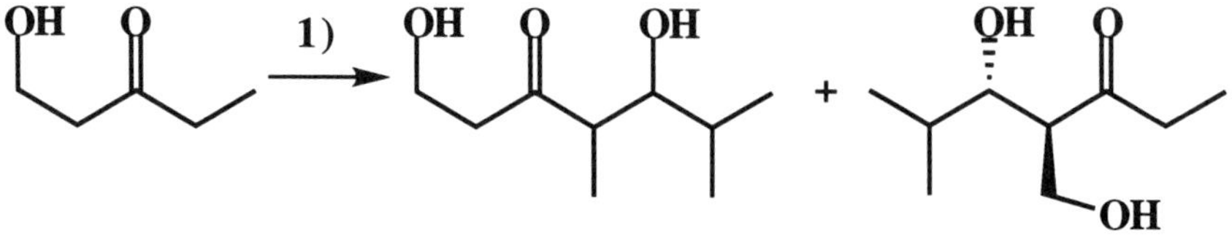

1) = a) $TiCl_4$, $^i Pr_2 NEt$ 35%, 100:0
   b) $^i PrCHO$ 92:8 syn:anti

1) = a) $PhBCl_2$, $^i Pr_2 NEt$ 59%, <5:95
   b) $^i PrCHO$

I.A.7.a.1-12 Enholm, E.J. et al., *JOC*, **60**, 1112 and *TL*, **36**, 9157.

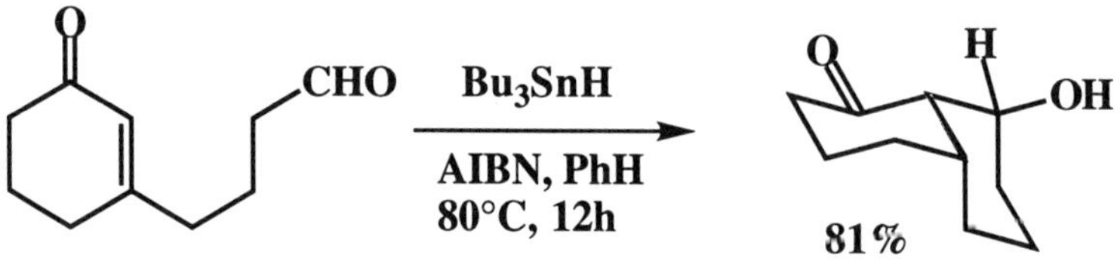

81%

I.A.7.a.1-13 Yamamoto, Y. et al., *TL*, **36**, 5023.

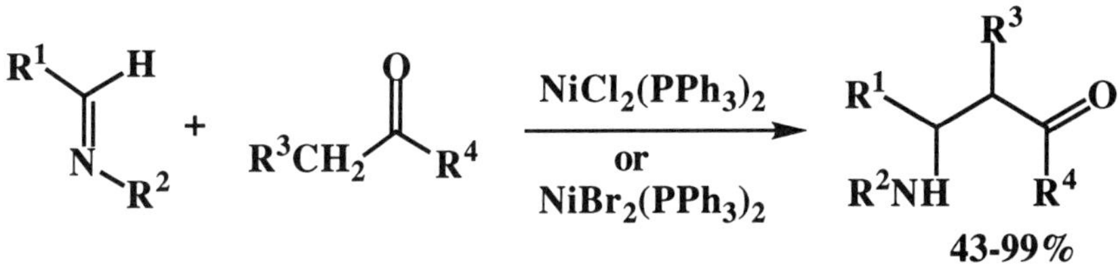

$$R^1CH=NR^2 + R^3CH_2C(O)R^4 \xrightarrow[\text{or NiBr}_2(PPh_3)_2]{\text{NiCl}_2(PPh_3)_2} R^1CH(NHR^2)CH(R^3)C(O)R^4$$

43-99%

I.A.7.a.1-14 Carreira, E.M. et al., *JACS*, **117**, 3649 and 12360.

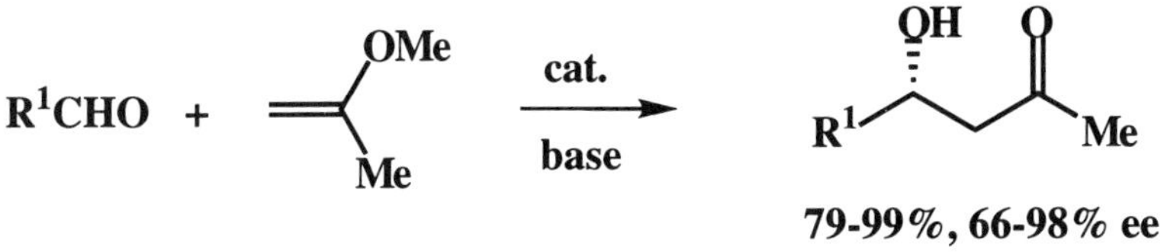

$$R^1CHO + CH_2=C(OMe)(Me) \xrightarrow[\text{base}]{\text{cat.}} R^1CH(OH)CH_2C(O)Me$$

79-99%, 66-98% ee

cat. = a chiral Ti species
base = 2,6-di-t-butyl-4-methylpyridine

I.A.7.a.1-15 Kobayashi, S. et al., *CC*, 1379 and *TL*, **36**, 5773.

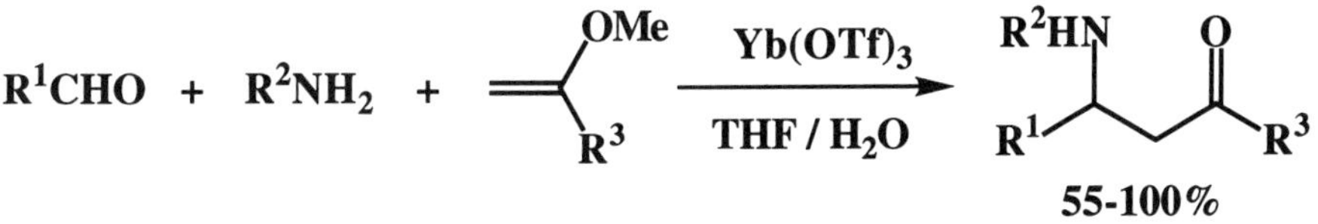

$$R^1CHO + R^2NH_2 + CH_2=C(OMe)(R^3) \xrightarrow[\text{THF / H}_2\text{O}]{\text{Yb(OTf)}_3} R^1CH(NHR^2)CH_2C(O)R^3$$

55-100%

[similarly with a TMS ether]

I.A.7.a.1-16 Buonora, P.T. et al., *TL*, **36**, 4009.

Control of the Aqueous Aldol Addition Under Claisen-Schmidt Conditions

I.A.7.a.1-17 Yamamoto, H. et al., *BCJ*, **68**, 1721.

Tris(pentafluorophenyl)boron as an Efficient, Air-stable and Water Tolerant Lewis Acid Catalyst

---

I.A.7.a.1-18 Gung, B.W. et al., *JOC*, **60**, 2860.

Transition State of the Silicon-directed Aldol Reaction: An ab Initio Molecular Orbital Study

---

I.A.7.a.1-19 Taguchi, T. et al., *T*, **51**, 12217.

$$\underset{F}{\overset{F}{>}}=\underset{R}{\overset{OMe}{<}} \;+\; R^1\underset{}{\overset{O}{\underset{}{\|}}}R^2 \xrightarrow{SbCl_5} R^1\text{-}R^2\text{-}C(OMe)\text{-}CF_2\text{-}C(O)R \quad 20\text{-}95\%$$

I.A.7.a.1-20 Kobayashi, S. et al., *CL*, 1029 and *SL*, 675.

$$RCHO \;+\; \underset{SEt}{\overset{OTMS}{>}}\!\!\!= \xrightarrow[\text{chiral diamine}]{Sn(OTf)_2,\; Bu_2Sn(OAc)_2} \underset{R}{\overset{OH}{}}\!\!\!\!\!\overset{O}{\underset{}{\|}}SEt$$

70-93%, >99% ee

I.A.7.a.1-21 Suh, K.H. and Choo, D.J., *TL*, **36**, 6109.

Alkene (R, H, OTBS, S-2-pyr) + PhCHO in CH$_2$Cl$_2$:
- BF$_3$·OEt$_2$, rt → Ph-CH(OH)-CH(R)-C(O)-S-2-pyr, 40-80%
- TiCl$_4$, -78°C → Ph-CH(OH)-CH(R)-C(O)-S-2-pyr, 58-76%

I.A.7.a.1-22 Denmark, S.E. et al., *JACS*, **117**, 7026.

Silyl ketene acetal (tBu-Si-oxetane, OMe, Me):
1) RCHO
2) HF, THF
→ MeO-C(O)-CH(Me)-CH(OH)-R (syn) + MeO-C(O)-CH(Me)-CH(OH)-R (anti)
80-95%, syn:anti = 13-99:1

I.A.7.a.1-23 Mikami, K. et al., *SL*, 1057; Shibasaki, M. et al., *JOC*, **60**, 2648; Yamamoto, H. et al., *SL*, 41; see also: Shioiri, T. et al., *SL*, 1033.

CF$_3$CHO + CH$_2$=C(OTMS)(S^{t}Bu)
1) cat., PhMe
2) HCl
→ ^{t}BuS-C(O)-CH$_2$-CH(OH)-CF$_3$, 56%, 90% ee

cat. = (binaphthol)TiCl$_2$

[similarly using other TMS enol ethers and PdCl$_2$[(R)-binap]/ AgOTf; Bronsted-assisted chiral Lewis acids or Ph$_4$P$^+$ HF$_2^-$]

I.A.7.a.1-24 Evans, D.A. et al., *TL*, **36**, 9245.

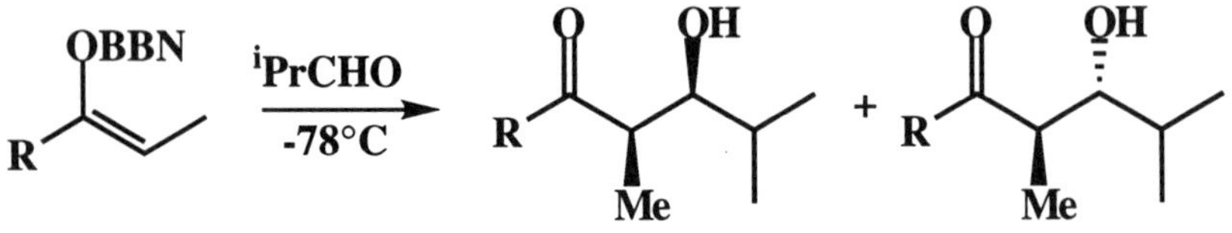

R–C(OBBN)=CH–CH₃ + ⁱPrCHO, −78°C → R–C(O)–CH(Me)–CH(OH)–CHMe₂ (syn) + R–C(O)–CH(Me)–CH(OH)–CHMe₂ (anti)

66-89%, 99:1 to 82:18

I.A.7.a.1-25 Shibasaki, M. et al., *TA*, **6**, 71.

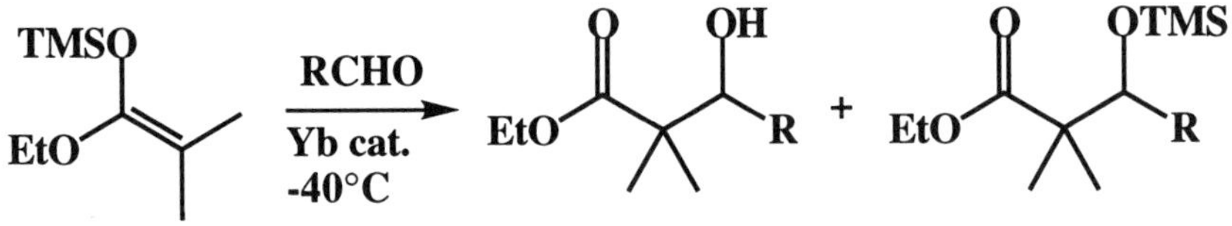

TMSO–C(OEt)=CMe₂ + RCHO, Yb cat., −40°C → EtO–C(O)–CMe₂–CH(OH)–R + EtO–C(O)–CMe₂–CH(OTMS)–R

5-41%, 29-51% ee   16-93%, 1-48% ee

I.A.7.a.1-26 Wong, C.-H. et al., *JOC*, **60**, 2916; **see also:** Gijsen, H.J.M. and Wong, C.-H. et al., *TL*, **36**, 7057; Turner, N.J. et al., *CC*, 2475.

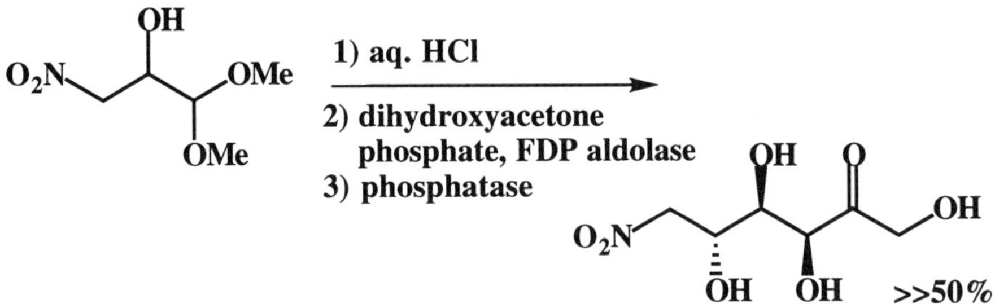

O₂N–CH₂–CH(OH)–CH(OMe)₂

1) aq. HCl
2) dihydroxyacetone phosphate, FDP aldolase
3) phosphatase

→ O₂N–CH₂–CH(OH)–CH(OH)–CH(OH)–C(O)–CH₂OH

>>50%

I.A.7.a.1-27 Wong, C.-H., Kajimoto, T. et al., *TL*, **36**, 4081 and 5063; Wong, C.-H. et al., *JACS*, **117**, 7585.

$$H_2N\text{-}CH_2\text{-}COOH + RCHO \xrightarrow{\text{L-threonine aldolase}} \underset{NH_2}{\underset{|}{R\text{-}CH(OH)\text{-}CH\text{-}COOH}} + \underset{NH_2}{\underset{|}{R\text{-}CH(OH)\text{-}CH\text{-}COOH}}$$

various yields and selectivities

I.A.7.a.2. Addition of N-, P-, S-, Se and Similar Stabilized Carbanions

I.A.7.a.2-1 Shibasaki, M. et al., *JOC*, **60**, 7388.

$$RCHO + R^1CH_2NO_2 \xrightarrow[\text{THF}]{\text{cat.}} \underset{NO_2}{\underset{|}{R\text{-}CH(OH)\text{-}CH\text{-}R^1}} + \underset{NO_2}{\underset{|}{R\text{-}CH(OH)\text{-}CH\text{-}R^1}}$$

cat. = a chiral La / Li tris binaphthoxide

65-97% ee

21-97%, 3-16:1

I.A.7.a.2-2 Kiyooka, S. et al., *TL*, **36**, 6531.

$$PhCHO + \underset{Me}{\overset{OTMS}{C=N\text{-}O}} \xrightarrow[\text{2) H}^+]{\text{1) Rh(II), EtNO}_2} \underset{NO_2}{\underset{|}{Ph\text{-}CH(OH)\text{-}CH\text{-}Me}}$$

92%

I.A.7.a.2-3 Yuan, C.Y. and Huang, W.S., *JCS(P1)*, 741.

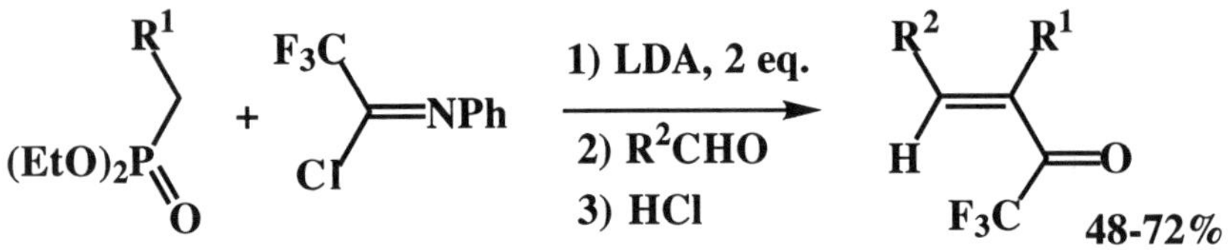

$(EtO)_2P(O)CH_2R^1$ + $CF_3C(Cl)=NPh$ →
1) LDA, 2 eq.
2) R^2CHO
3) HCl
→ $R^2(H)C=C(R^1)C(O)CF_3$ 48-72%

I.A.7.a.2-4 Blase, F.R. and Le, H., *TL*, **36**, 4559.

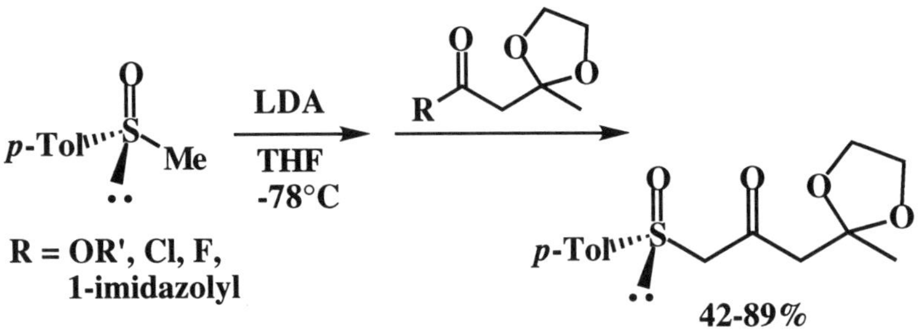

p-Tol-S(O)-Me $\xrightarrow{\text{LDA, THF, -78°C}}$ R-C(O)-CH_2-(2-methyl-1,3-dioxolan-2-yl) → *p*-Tol-S(O)-CH_2-C(O)-CH_2-(2-methyl-1,3-dioxolan-2-yl) 42-89%

R = OR', Cl, F, 1-imidazolyl

I.A.7.a.2-5 Uguen, D. et al., *TL*, **36**, 8011.

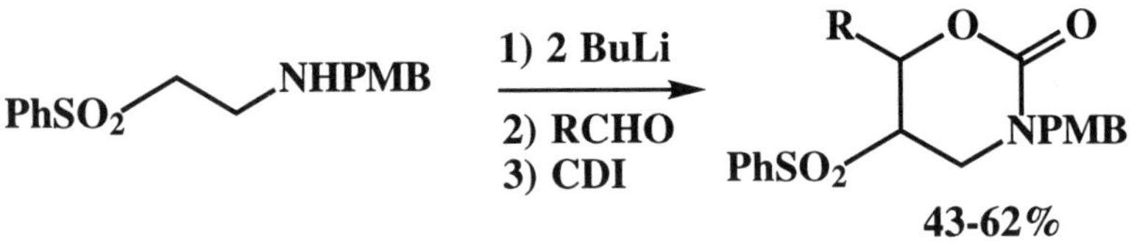

$PhSO_2CH_2CH_2NHPMB$ $\xrightarrow{\text{1) 2 BuLi; 2) RCHO; 3) CDI}}$ [cyclic carbamate with R, PhSO_2, NPMB substituents] 43-62%

cleaved to an (E) allyl amine with Hg/Na

I.A.7.a.3. Addition of Organometallic and Related Species

I.A.7.a.3-1 Denmark, S.E. et al., *JOC*, **60**, 4884; North, M. et al., *TL*, **36**, 7885; **see also:** Handel, H., *TL*, **36**, 6063.

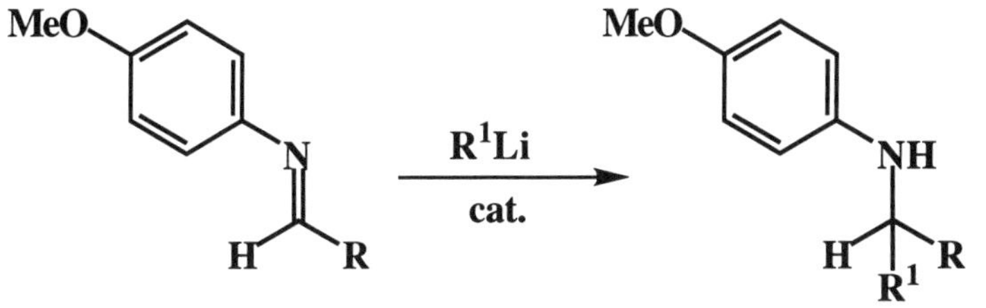

[Scheme: 4-MeO-C₆H₄-N=CHR + R¹Li (cat.) → 4-MeO-C₆H₄-NH-CHR(R¹)]

81-99%, 51-91% ee

I.A.7.a.3-2 Hashimoto, Y. et al., *CL*, 235;.Enders, D. and Schankat, J., *HCA*, **78**, 970; Betz, J. and Heuschmann, M., *TL*, **36**, 4043.

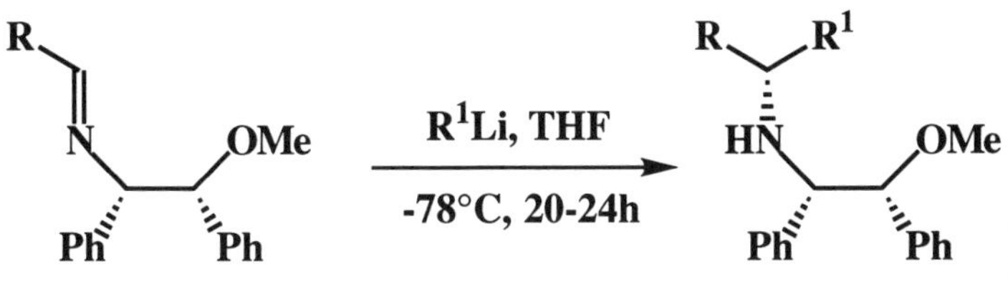

[Scheme: R-CH=N-CH(Ph)-CH(Ph)-OMe + R¹Li, THF, −78°C, 20-24h → HN-CH(R)(R¹) with CH(Ph)-CH(Ph)-OMe]

43-89%
>95% de

[similarly with RLi / CeCl₃]

I.A.7.a.3-3 Moody, C.J. et al., *T*, **51**, 11473 and *SL*, 445.

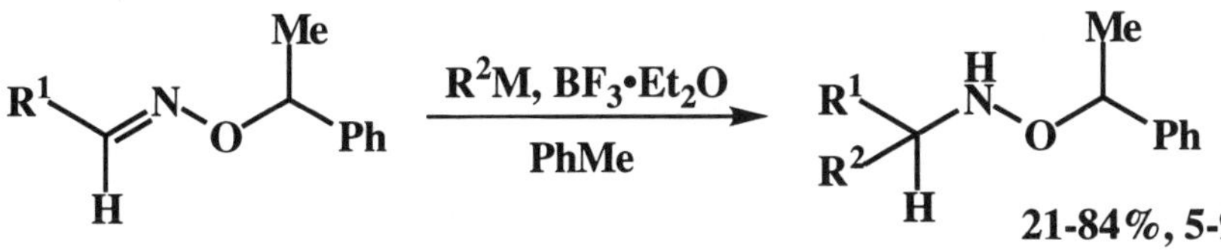

[Scheme: R¹-CH=N-O-CH(Me)(Ph) + R²M, BF₃·Et₂O, PhMe → R¹R²CH-N(H)-O-CH(Me)(Ph)]

21-84%, 5-95% de

I.A.7.a.3-4 Thompson, A.S., Corley, E.G. et al., *TL*, **36**, 8937; **see also:** Yoon, N.M. et al., *JOC*, **60**, 6173; Han, Y. and Huang, Y.Z., *TL*, **36**, 7277; **see also:** Tani, S. et al., *TL*, **36**, 3707.

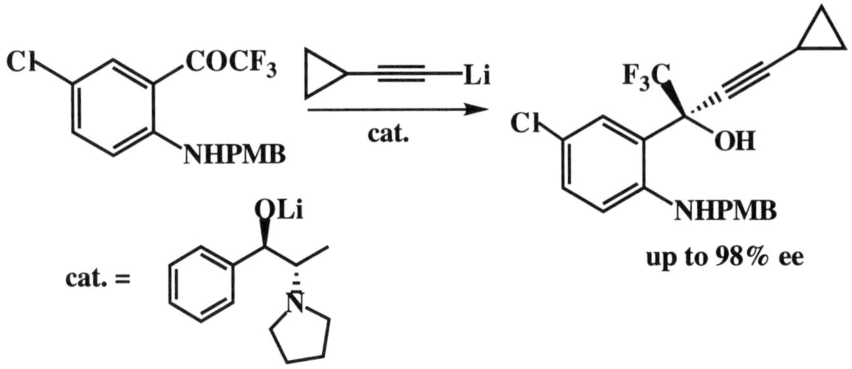

[alkynylations also reported with terminal acetylenes and NaH_2AlEt_2 or GaI_3 or with alkynyl samarium compounds]

I.A.7.a.3-5 Paquette, L.A. et al., *TL*, **36**, 2369 and *JACS*, **117**, 1451 and 6799.

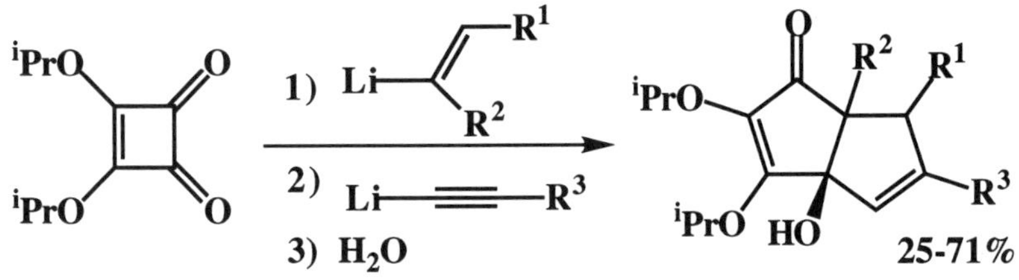

I.A.7.a.3-6 Percy, J.M. et al., *CC*, 757.

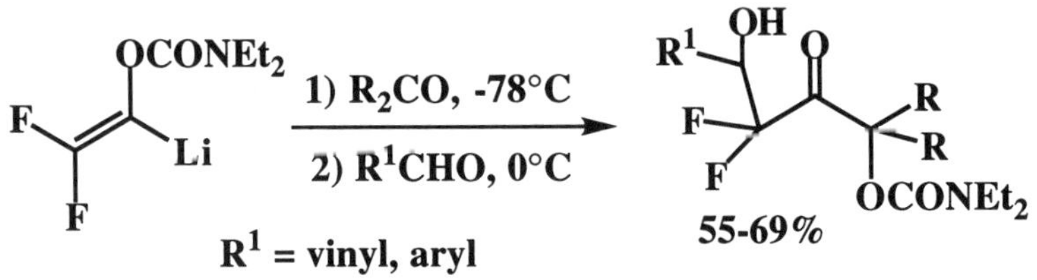

R^1 = vinyl, aryl

I.A.7.a.3-7 Venturello, P. et al., *JCS(P1)*, 2757; Huang, Y.-Z. and Mo, X.-S., *TL*, **36**, 3539.

$$\underset{\text{Ph}}{\text{R}}\!\underset{\text{OMe}}{\text{OMe}} \xrightarrow[\text{THF, -95°C}]{\text{LICKOR}} \xrightarrow[\text{2) H}_2\text{O}]{\text{1) E}^+} \underset{\text{Ph}}{\text{R}}\!\!\!\!\!\!\!\!\!\!=\!\!\!\!\!\!\!\!\!\underset{\text{E}}{\text{OMe}}$$

LICKOR = BuLi / ^{t}BuOK
E = RR^{1}COH

57-95%

[similarly with butyl lithium and vinyl tellurides]

I.A.7.a.3-8 Cohen, T. et al., *SC*, **25**, 33 and *TL*, **36**, 4459 and 4463; Takeda, T. et al., *TL*, **36**, 1495; see also: Yus, M. et al., *T*, **51**, 2699 and *TA*, **6**, 1907; Krief, A. et al., *TL*, **36**, 8111 and 8115.

$$\underset{\text{SPh}}{\diagup\!\!\!\diagup\!\!\!\diagdown\!\text{Et}} \xrightarrow[\substack{\text{2) MnCl}_2 \\ \text{3) RCHO}}]{\text{1) LDDB, THF, -78°C}} \underset{\text{HO}\diagdown\text{R}}{\diagup\!\!\!\diagup\!\!\!\diagdown\!\text{Et}} \quad 47\text{-}84\%$$

[similar reductive anion formation, and subsequent reaction with aldehydes, with "Cp$_2$Ti"; PhSO$_2$ compounds and Li / NpH; epoxides and LiDTBB and selenides and LiAr]

I.A.7.a.3-9 Charette, A.B. et al., *TL*, **36**, 8557 and 8561.

[structure: tetrahydropyran with OBn and OCH$_2$C(O)R^1 substituents] $\xrightarrow[\text{2) R}^2\text{MgX}]{\text{1) MgBr}_2\cdot\text{OEt}_2}$ [product with HO, R^1, R^2]

64-82% (major)
1.3:1 to >50:1

I.A.7.a.3-10 Katritzky, A.R. et al., *JOC*, **60**, 3405.

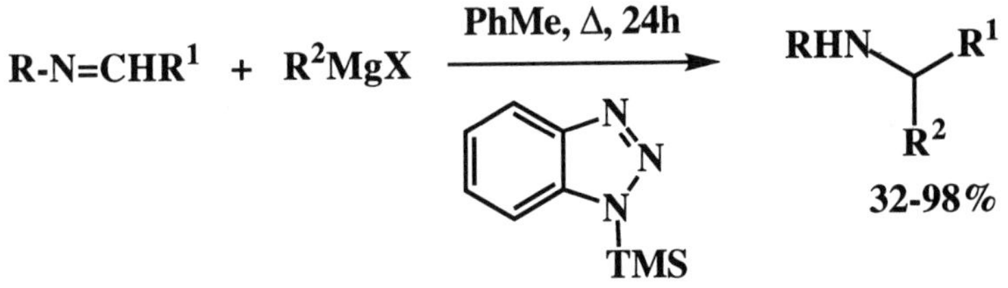

R-N=CHR^1 + R^{2}MgX →(PhMe, Δ, 24h; benzotriazole-TMS) RHN-CHR^{1}R^2 32-98%

I.A.7.a.3-11 Rieke, R.D. et al., *JACS*, **117**, 5429.

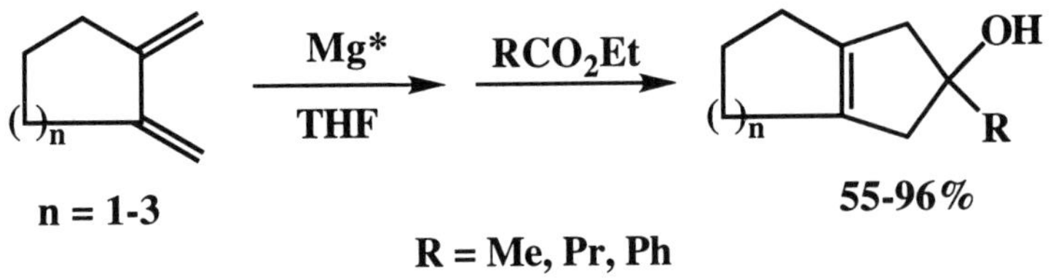

(bis-methylenecycloalkane, n = 1-3) →(Mg*, THF) →(RCO$_2$Et) bicyclic alkene-OH,R   55-96%

R = Me, Pr, Ph

I.A.7.a.3-12 Klix, R.C. et al., *TL*, **36**, 1791.

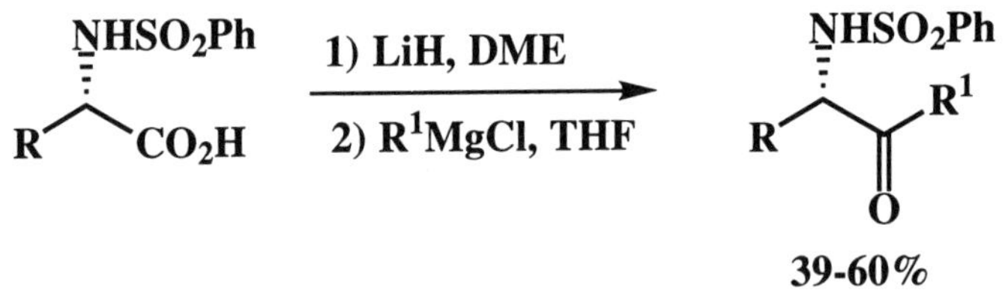

R-CH(NHSO$_2$Ph)-CO$_2$H →(1) LiH, DME; 2) R^{1}MgCl, THF) R-CH(NHSO$_2$Ph)-C(O)-R^1 39-60%

I.A.7.a.3-13 Huang, Y. et al., *TL*, **36**, 1287; Cahiez, G. and Metais, E., *TL*, **36**, 6449; Marchese, G. et al., *TL*, **36**, 7305; Malanga, C. et al., *TL*, **36**, 9185; Evans, P.A. et al., *JOC*, **60**, 2298.

$$R_3Ga \xrightarrow[\text{THF, hexane}]{R^1Li, 0°C} [R_3GaR^1]Li \xrightarrow[\text{0°C to rt}]{R^2COCl} R^2\text{COR}$$

34-90%

[similarly with t-BuMnCl; RMgBr•CuBr•LiBr; RMgX / NidppeCl$_2$ or t-BuZnCl / Pd(0)]

I.A.7.a.3-14 Einhorn, C., Luche, J.L. et al., *T*, **51**, 165; Noyori, R. et al., *JACS*, **117**, 4832; Zhang, X. and Guo, C., *TL*, **36**, 4947; Soai, K. et al., *RTC*, **114**, 145; Wirth, T., *TL*, **36**, 7849.

$$RCHO + Et_2Zn \xrightarrow{\text{catalyst}} R\text{-CH(OH)Et}$$

catalyst = chiral amino alcohol   44-100%, 82-97% ee

[various other chiral catalysts used for similar transformations]

I.A.7.a.3-15 Knochel, P. et al., *TL*, **36**, 1023 and **see also**: *JOC*, **60**, 3311.

Hex⟶ $\xrightarrow[\text{Ni(acac)}_2]{Et_2Zn, COD}$ Oct$_2$Zn
50°C, 3h   45%

Ph⟶CHO + (cyclohexane-1,2-di-NHTf) ⟶ Ph⟶CH(OH)Oct

76%, 89% ee

I.A.7.a.3-16 Basavaiah, D. and Krishna, P.R., *T*, **51**, 12169.

[Structure: cyclohexyl-OAr ester of PhC(O)C(O)O-] → RZnCl, Et$_2$O, -78°C → KOH → HOOC-C(R)(OH)(Ph)

71-76%, up to 97% ee

I.A.7.a.3-17 Tamura, Y. et al., *AG(E)*, **34**, 787.

R-CH=CH-CH(R^1)(OBz) → Et$_2$Zn, PhCHO, Pd(PPh$_3$)$_4$ → major homoallylic alcohol + minor

<95%   major   minor

I.A.7.a.3-18 Ranu, B.C. et al., *TL*, **36**, 4885; Makosza, M. and Grela, K., *TL*, **36**, 9225; **see also:** Knochel, P. et al., *JOC*, **60**, 2762; Procter, G. et al., *TL*, **36**, 8103; Das, N.B. et al., *TL*, **36**, 7119; **see also:** Molander, G.A. and Harris, C.R., *JACS*, **117**, 3705.

R-C(O)-R^1 + allyl-Br → Zn dust, THF, rt → HO-C(R)(R^1)-CH$_2$-CH=CH$_2$ **76-94%**

[Barbier-type reactions also reported with activated Zn, CrCl$_2$ and LiI or NiCl$_2$, Cu(II) / Mg or SmI$_2$ / HMPA]

I.A.7.a.3-19 Tani, K. et al., *TL*, **36**, 6495.

$$\underset{Ph}{\overset{O}{\underset{\|}{C}}}Et \quad \xrightarrow[\text{rt to }\Delta]{\overset{\diagup\!\!\!\!\diagdown Br}{\text{Zn dust, VCl}_3(\text{thf})_3}} \quad \underset{\underset{64\%}{Ph\ \ Et}}{\diagup\!\!\!\diagdown\!\!\!\diagup\!\!\!\diagdown}$$

I.A.7.a.3-20 Braun, M. et al., *L*, 1447; **see also:** Oshima, K. et al., *CL*, 463.

$$\underset{F\ \ F}{\overset{O}{Br\!\!\diagdown\!\!\diagup\!\!\!\overset{\|}{C}\!\!\diagdown OMe}} \quad \xrightarrow[\underset{Me_2N\quad OH}{\text{2) Me}\diagdown\!\!\diagup Ph, \text{PhCHO}}]{\text{1) Zn, THF}} \quad \underset{\underset{61\%,\,84\%\ ee}{F\ \ F}}{Ph\!\!\diagdown\!\!\overset{OH}{\underset{\|}{C}}\!\!\diagup\!\!\overset{O}{\underset{\|}{C}}\!\!\diagdown OMe}$$

[Reformatsky-type reactions also mediated by organolithium, magnesium or boron species]

I.A.7.a.3-21 Utimoto, K. et al., *CL*, 197; Ohta, A. et al., *JCS(P1)*, 689; Mori, N. et al., *SC*, **25**, 389.

$$\underset{R}{\overset{O}{Br\!\!\diagdown\!\!\overset{\|}{C}\!\!\diagdown OEt}} \quad \xrightarrow[\text{2) }R^1R^2C=O]{\text{1) SmI}_2,\,-60°\text{ to }-50°C} \quad R^1\!\!\overset{OH}{\underset{R^2}{\diagdown}}\!\!\diagup\!\!\underset{R}{\diagdown}\!\!\overset{O}{\underset{\|}{C}}\!\!\diagup\!\!\underset{R}{\diagdown}\!\!CO_2Et \quad 82\text{-}98\%$$

I.A.7.a.3-22 Kim, Y.H. et al., *TL*, **36**, 1673.

$$\underset{}{\overset{O}{Br\!\!\diagdown\!\!\overset{\|}{C}\!\!\diagdown OR}} \quad \xrightarrow[\text{THF}]{\text{SmI}_2} \quad \underset{62\text{-}72\%}{\overset{O}{\diagdown\!\!\overset{\|}{C}\!\!\diagdown}CO_2R}$$

I.A.7.a.3-23 Fukuzawa, S. and Tsuchimoto, T., *TL*, **36**, 5937.

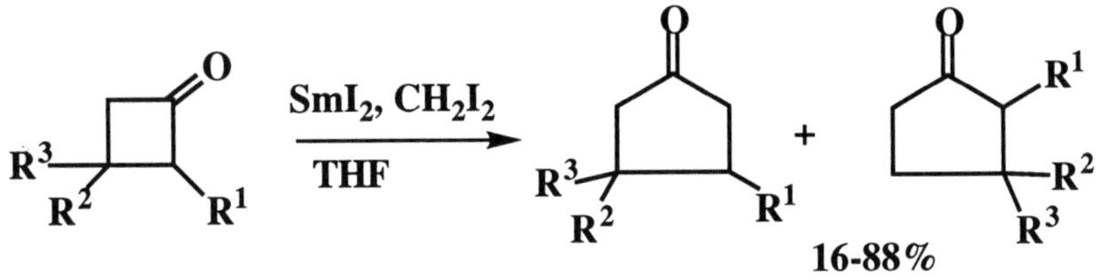

I.A.7.a.3-24 Undheim, K. et al., *T*, **51**, 3665.

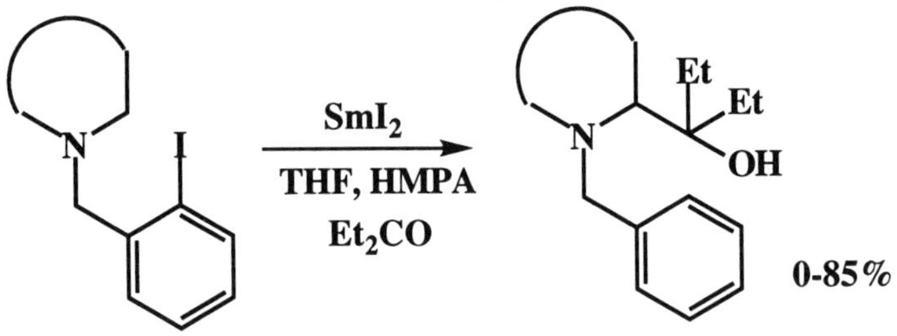

I.A.7.a.3-25 Oehlschlager, A.C. et al., *TL*, **36**, 4765.

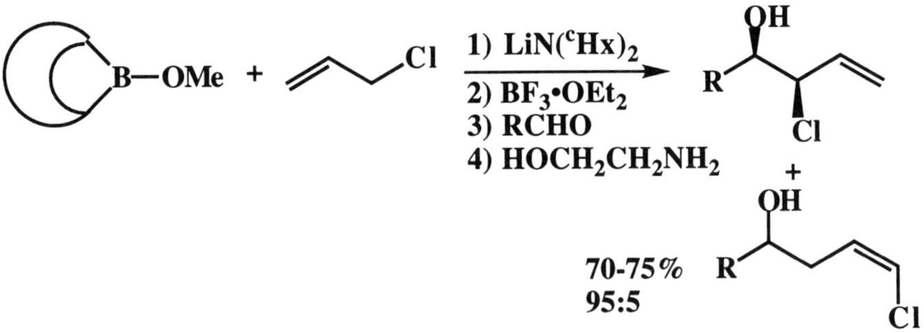

I.A.7.a.3-26 Kocovsky, P. et al., *JOC*, **60**, 1482.

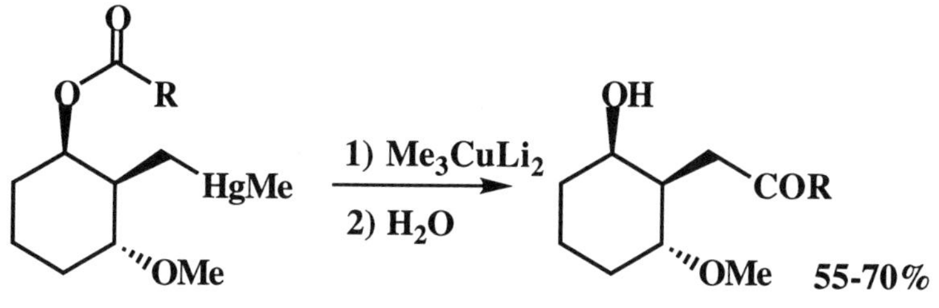

I.A.7.a.3-27 Kang, S.-K. et al., *SC*, **25**, 1359.

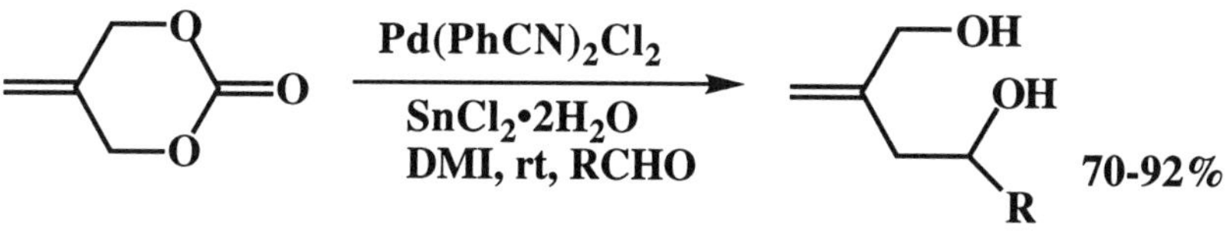

I.A.7.a.3-28 Maier, M.E. and Oost, T., *JOM*, **505**, 95; Sato, F. et al., *TL*, **36**, 3203 and 3210; **see also:** Zheng, B. and Srebnik, M., *JOC*, **60**, 3278.

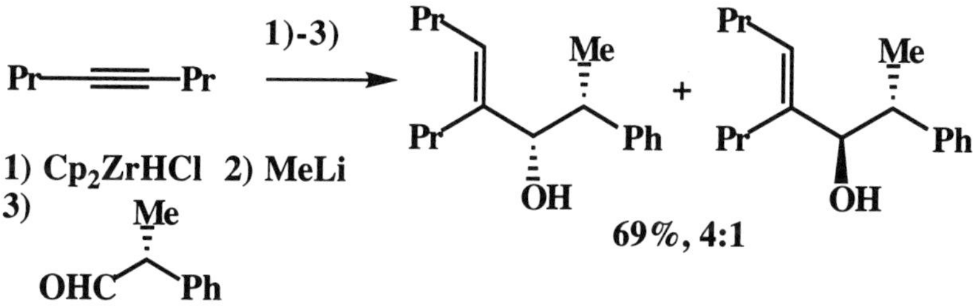

I.A.7.a.3-29 Chan, T.-H. et al., *JOC*, **60**, 4228, *CC*, 1003 and *TL*, **36**, 8957; Li, C.-J. and Lu, Y.-Q., *TL*, **36**, 2721.

$$R^2\text{C(O)}R^1 + \text{CH}_2=\text{C(CH}_2\text{Br)CO}_2\text{H} \xrightarrow{\text{In}} R^2\text{C(OH)}(R^1)\text{CH}_2\text{C(=CH}_2)\text{CO}_2\text{H} \quad 0\text{-}93\%$$

I.A.7.a.3-30 Mosset, P. et al., *TL*, **36**, 6055.

$$R^1R^1\text{N-CH=CR}^2R^3 + \text{CH}_2=\text{CHCH}_2\text{Br} \xrightarrow{\text{In, THF}} R^1R^1\text{N-CH(CH}_2\text{CH=CH}_2)\text{CR}^2R^3\text{H} \quad 12\text{-}82\%$$

I.A.7.a.3-31 Moise, C. et al., *S*, 815; **see also:** Sato, F. et al., *TL*, **36**, 5595; West, F.G., Ernst, R.D. et al., *JACS*, **117**, 8490; Collins, S. et al., *JOM*, **497**, 133.

$$\text{CH}_2=\text{CH-C(OTMS)=CH}_2 \xrightarrow[\text{2) RCHO}]{\text{1) }(\eta^5\text{-Cp})_2\text{TiCl, }^i\text{PrMgCl}} R\text{-CH(OH)-CH(CH}_3\text{)-C(OTMS)=CH}_2 \quad 57\text{-}68\%$$

I.A.7.a.3-32 Sato, T. and Otera, J., *SL*, 351.

$$R^2(\text{SPh})(R^1)\text{CHCHO} \xrightarrow{\text{MeTiCl}_3} R^2(\text{SPh})\text{C}-R^1\text{CH(OH)} + R^2(\text{SPh})\text{C}-R^1\text{CH(OH)}$$

58-79%, 99:1

I.A.7.a.3-33 Hagiwara, T. and Fuchikami, T., *SL*, 717.

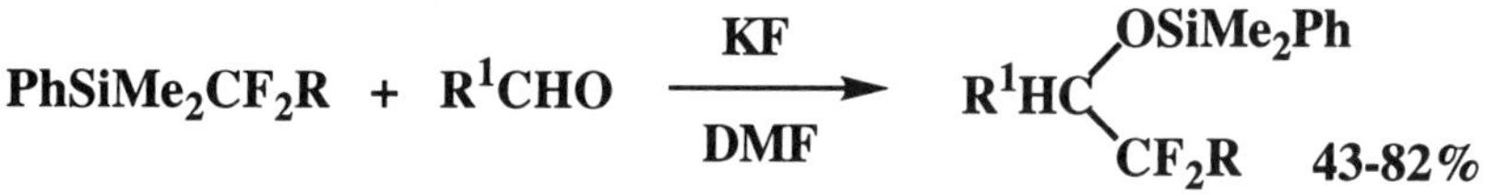

$$PhSiMe_2CF_2R + R^1CHO \xrightarrow[DMF]{KF} R^1HC\underset{CF_2R}{\overset{OSiMe_2Ph}{\diagup}} \quad 43\text{-}82\%$$

I.A.7.a.3-34 Pellissier, H., Wilmouth, S. and Santelli, M., *BSF*, **132**, 637; **see also:** Monti, H. et al., *JOM*, **486**, 69; Panek, J.S. et al., *TL*, **36**, 8727; **see also:** Mayr, H. et al., *L*, 1583.

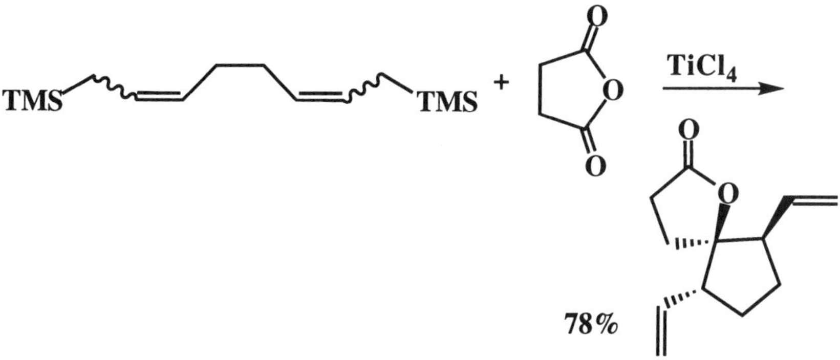

[various other carbonyl containing substrates and catalysts used for allylsilane reactions]

I.A.7.a.3-35 Tietze, L.F. et al., *JACS*, **117**, 5851.

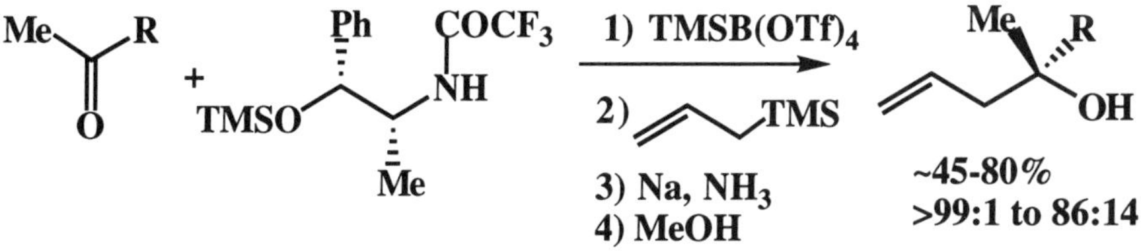

Reagents: 1) TMSB(OTf)$_4$ 2) allyl-TMS 3) Na, NH$_3$ 4) MeOH

~45-80%
>99:1 to 86:14

I.A.7.a.3-36 Majetich, G. et al., *JCS(P1)*, 453.

[Reaction: TMS-CH2-C(=CH2)-CH2-SnBu3 + PhCHO, -78°C to 0°C, with Et3Al gives TMS-CH2-C(=CH2)-CH2-CH(OH)Ph, 42%; with BF3·Et2O gives Bu3Sn-CH2-C(=CH2)-CH2-CH(OH)Ph, 57%]

I.A.7.a.3-37 Wu, S.-H. et al., *SC*, **25**, 3081; Masuyama, Y. et al., *CC*, 1405; **see also:** Yamamoto, Y. et al., *CC*, 1273; Gruttadauria, M. and Thomas, E.J., *JCS(P1)*, 1469; Wang, D.-K., Dai, L.-X. and Hou, X.-L., *TL*, **36**, 8649; Cozzi, P.G. et al., *TL*, **36**, 7289.

[Reaction: RCHO + allyl bromide, Sn, TMSCl, 4h, rt → R-CH(OH)-CH2-CH=CH2, 64-89%]

[similarly with SnBr2 or with allyltributyl tin species and aldehydes or imines with various catalysts]

I.A.7.a.3-38 Tagliavini, E. et al., *TL*, **36**, 7897; Kobayashi, S. and Nishio, K., *TL*, **36**, 6729.

[Reaction: RCHO + allyl-SnBu3, (S)-cat., MS → CH2=CH-CH2-CH(OH)-R, 15-81%, 85-93% ee]

(S)-cat. = a chiral binaphthol Zr(O^{i}Pr)$_2$ compound

[similarly with diallyltin dibromide and a chiral diamine]

I.A.7.a.3-39 Marshall, J.A. et al., *JOC*, **60**, 2662 and 1920; Nishigaichi, Y. et al., *TL*, **36**, 3353.

$$\underset{R}{\overset{O}{\underset{H}{\bigwedge}}} + \underset{\overset{|}{SnBu_3}}{\bigwedge\!\!\bigwedge}\!OTBS \xrightarrow{BF_3 \cdot OEt_2} \underset{\overset{|}{OTBS}}{\bigwedge\!\!\bigwedge\!\!\bigwedge}\!\!\overset{OH}{\underset{R}{|}}$$

79-87%, 97:3 to >99:1 syn : anti
20->95% ee

[other chiral allyl tin species used with InCl$_2$ or i-PrOTiCl$_3$]

I.A.7.a.3-40 Baba, A. et al., *CL*, 167 and *TL*, **36**, 9497.

$$\left(\diagdown\!\!\diagup\right)_2\!SnBu_2 + RCHO \xrightarrow[MeCN, rt, 1h]{TMSCl} \underset{OTMS}{R\diagdown\!\!\diagup\!\!\diagdown\!\!\diagup}$$

57-99%

[similarly with alkynyl tin species]

I.A.7.a.4. Other 1,2-Additions

I.A.7.a.4-1 Mikami, K. et al., *CC*, 2391 and *SL*, 411; **see also:** Suzuki, K. et al., *SL*, 1183; Takeshita, H. et al., *BCJ*, **68**, 2679.

$$\diagdown\!\!\!\diagup\!\!=\!\!\diagdown + \underset{H}{\overset{O}{\bigwedge}}\!CO_2R \xrightarrow[4Å\ MS, -30°C]{cat.} \diagdown\!\!=\!\!\diagdown\!\!\diagup\!\!\overset{HO}{\underset{|}{\bigwedge}}\!CO_2R$$

70-95%, 92-99% ee

cat. = modified binaphthol Ti catalyst

I.A.7.a.4-2 Hosomi, A. et al., *JOM*, **499**, 155; **see also:** Weinreb, S.M. et al., *JOC*, **60**, 5366.

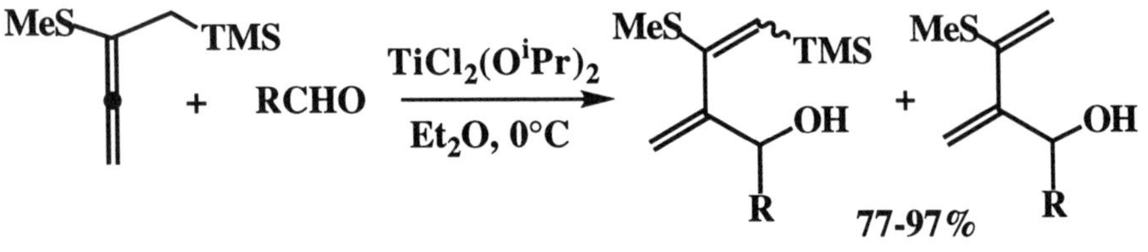

MeS-C(=CH$_2$)-CH(TMS) + RCHO $\xrightarrow[\text{Et}_2\text{O, 0°C}]{\text{TiCl}_2(\text{O}^i\text{Pr})_2}$ MeS-product + MeS-product, 77-97%

I.A.7.a.4-3 Kiyooka, S.-i. et al., *TL*, **36**, 2821.

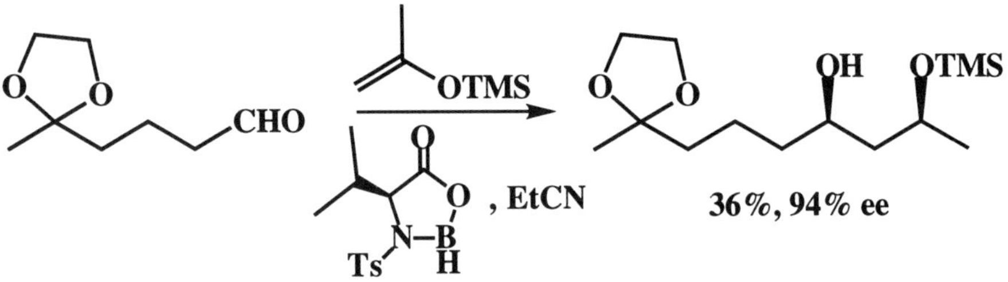

dioxolane-(CH$_2$)$_3$-CHO + CH$_2$=C(CH$_3$)-OTMS $\xrightarrow{\text{oxazaborolidine (Ts, N-B-H, iPr), EtCN}}$ product, 36%, 94% ee

I.A.7.a.4-4 Buchwald, S.L. and Kablaoui, N.M., *JACS*, **117**, 6785; Kashimura, S., Shono, T. et al., *TL*, **36**, 5041; Cossy, J. et al., *TL*, **36**, 7877.

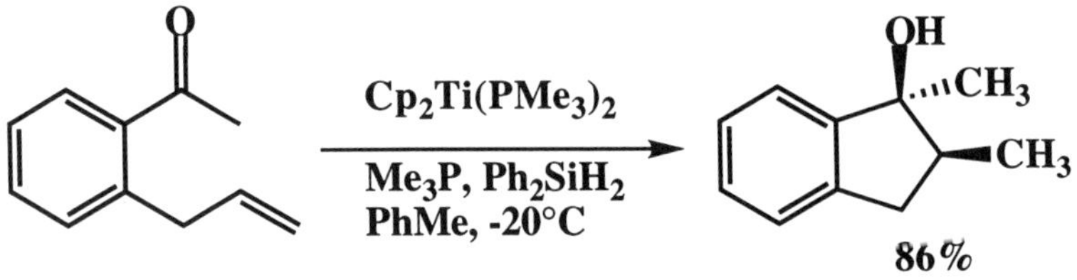

o-(allyl)C$_6$H$_4$-C(O)CH$_3$ $\xrightarrow[\text{PhMe, -20°C}]{\text{Cp}_2\text{Ti}(\text{PMe}_3)_2, \text{Me}_3\text{P, Ph}_2\text{SiH}_2}$ indanol product, 86%

[similarly with vinyl silanes under electrolytic conditions and with acetylenes, TEA, hv]

I.A.7.a.4-5 Chiara, J.L. and Valle, N., *TA*, **6**, 1895 and *JOC*, **60**, 6010; Camps, P. et al., *SC*, **25**, 1287; Porta, D. et al., *T*, **51**, 13385; Hays, D.S. and Fu, G.C., *JACS*, **117**, 7283; Naito, T. et al., *TL*, **36**, 253.

[reaction: bis-aldehyde with OTBDPS and isopropylidene groups → diol cyclitol via SmI$_2$, ^{t}BuOH, THF, −70 to 22°C; >78%, chiro:myo = 16:1]

[TiCl$_4$ / Zn or Bu$_3$SnH / AIBN also used for similar pinacol couplings, including those with keto oxime ethers]

I.A.7.a.4-6 Kashimura, S., Shono, T. et al., *TL*, **36**, 4805; Pletcher, D. and Slevin, L., *JCS(P2)*, 2005.

RCO$_2$Me $\xrightarrow[\text{Mg electrode}]{e^-}$ R−CO−CO−R

only with a Mg electrode   33-65%

I.A.7.a.4-7 Chan, A.S.C. et al., *JOC*, **60**, 742; Koshechko, G. et al., *TL*, **36**, 3277; **see also:** DiSanto, R. et al., *SC*, **25**, 787.

[reaction: ^{i}Bu-C$_6$H$_4$-COCH$_3$ → ^{i}Bu-C$_6$H$_4$-C(OH)(CO$_2$H)CH$_3$ via e−, Al anode, Pb cathode, Bu$_4$NBr, DMF, 0°C, 60 psi; 98%]

[similarly with acid chlorides]

I.A.7.a.4-8 Ohmori, H. et al., *CC*, 871.

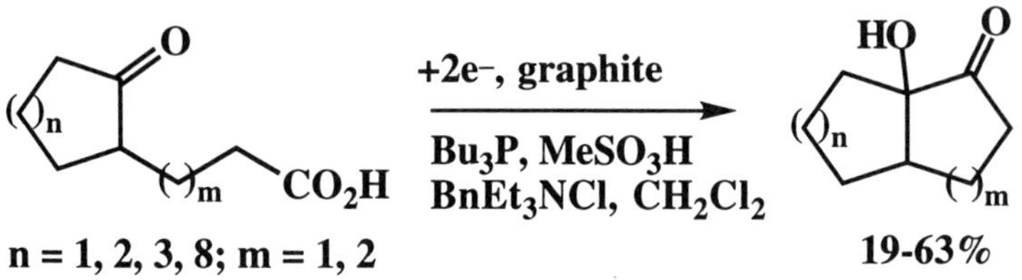

[cyclopentanone with side chain $(CH_2)_m CO_2H$, n = 1, 2, 3, 8; m = 1, 2] →(+2e−, graphite / Bu$_3$P, MeSO$_3$H, BnEt$_3$NCl, CH$_2$Cl$_2$)→ bicyclic hydroxy ketone, 19-63%

I.A.7.a.4-9 Effenberger, F. et al., *TA*, **6**, 271; Gotor, V. et al., *CC*, 989.

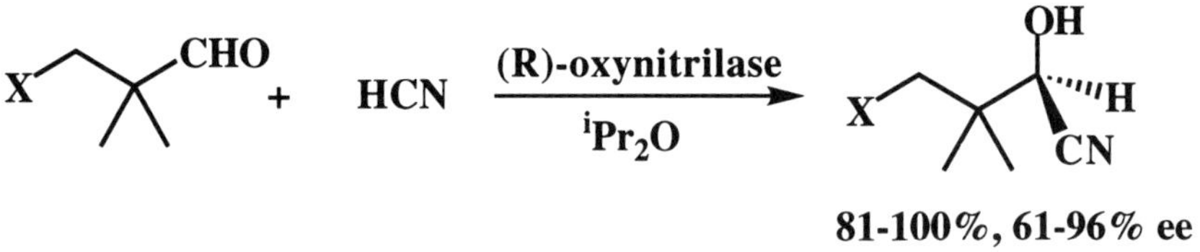

X–CH$_2$–C(CH$_3$)$_2$–CHO + HCN →((R)-oxynitrilase / ^{i}Pr$_2$O)→ X–CH$_2$–C(CH$_3$)$_2$–C*(OH)(H)(CN)

81-100%, 61-96% ee

I.A.7.a.4-10 Bolm, C. and Muller, P., *TL*, **36**, 1625.

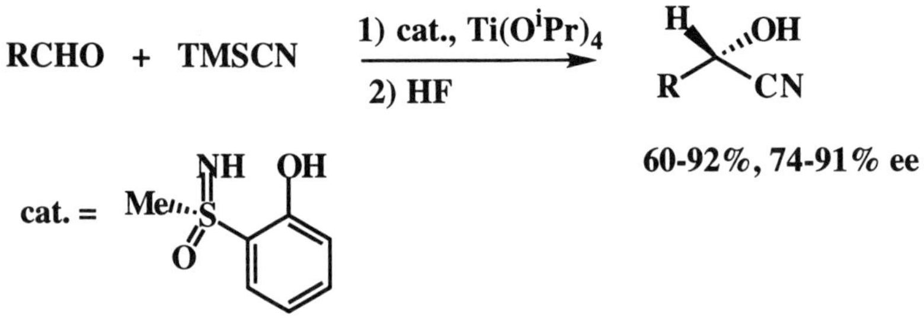

RCHO + TMSCN →(1) cat., Ti(O^{i}Pr)$_4$ / 2) HF)→ R–C*(H)(OH)(CN)

60-92%, 74-91% ee

cat. = Me-S(=O)(NH)-(2-hydroxyphenyl)

I.A.7.a.4-11 Manju, K. and Trehan, S., *JCS(P1)*, 2383.

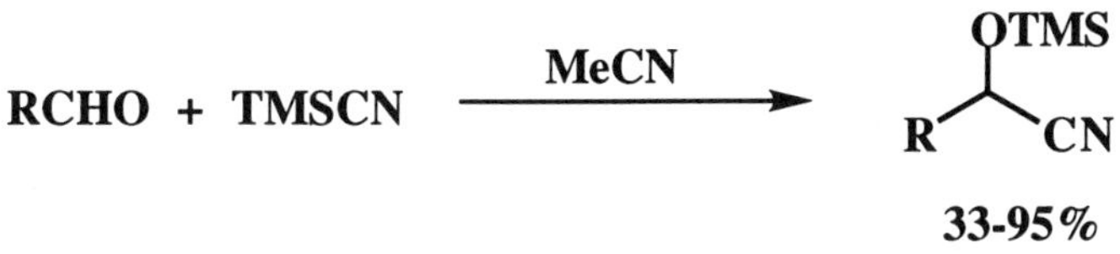

$$\text{RCHO + TMSCN} \xrightarrow{\text{MeCN}} \underset{\underset{33\text{-}95\%}{}}{R\overset{\text{OTMS}}{\underset{\text{CN}}{\diagup}}}$$

I.A.7.b. Conjugate Additions

I.A.7.b.1. Enolate-Type Carbanions

I.A.7.b.1-1 Bunce, R.A. and Schilling, C.L., III, *JOC*, **60**, 2748.

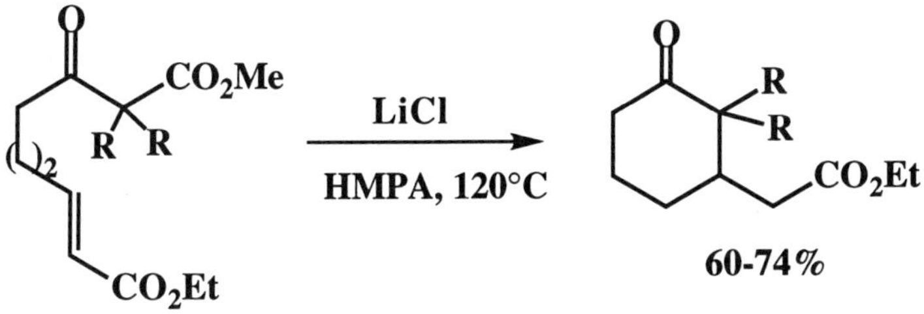

I.A.7.b.1-2 Kim, S.-w. et al., *CPB*, **43**, 734; Deslongchamps, P. et al., *BSF*, **132**, 360 and 371.

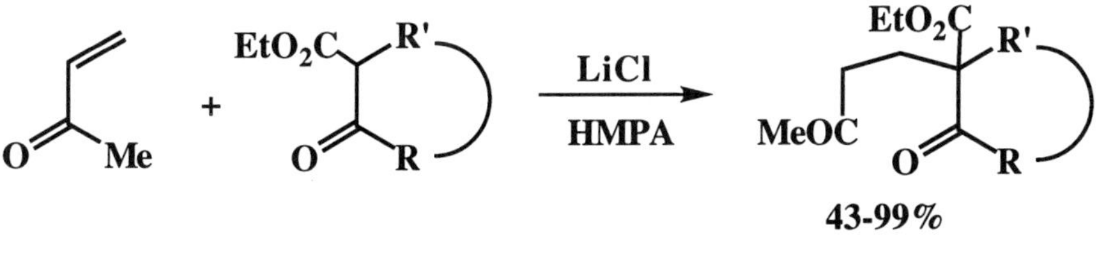

[similarly with CsCO₃]

I.A.7.b.1-3 Sawamura, M., Ito, Y. et al., *TL*, **36**, 6479.

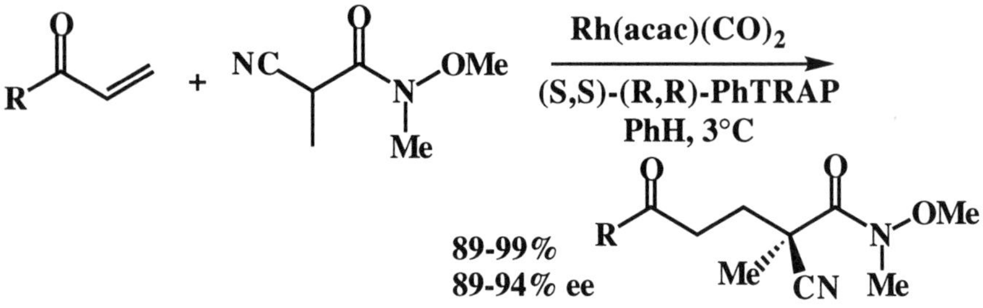

Reaction: R-CO-CH=CH$_2$ + NC-CH(Me)-C(O)-N(Me)(OMe) → [Rh(acac)(CO)$_2$, (S,S)-(R,R)-PhTRAP, PhH, 3°C] → R-CO-CH$_2$-CH$_2$-C(Me)(CN)-C(O)-N(Me)(OMe)

89-99%
89-94% ee

I.A.7.b.1-4 Bates, R.W. and Devi, T.R., *TL*, **36**, 509.

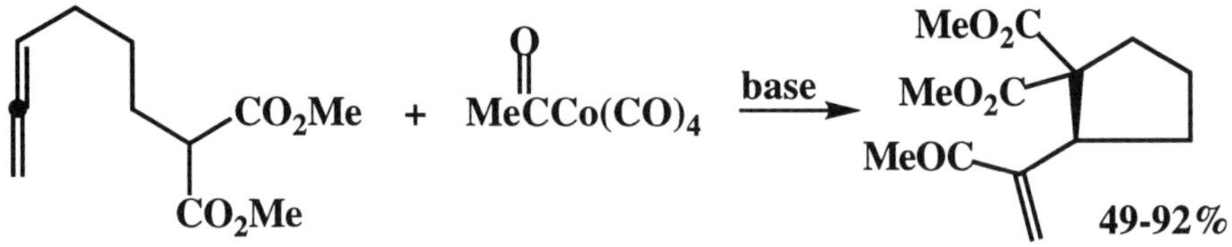

CH$_2$=CH-CH$_2$-CH$_2$-CH$_2$-CH(CO$_2$Me)$_2$ + MeCCo(CO)$_4$ → [base] → cyclopentane with C(CO$_2$Me)$_2$ and C(C(=CH$_2$)C(O)Me) substituents

49-92%

I.A.7.b.1-5 Kanemasa, S. et al., *T*, **51**, 10463.

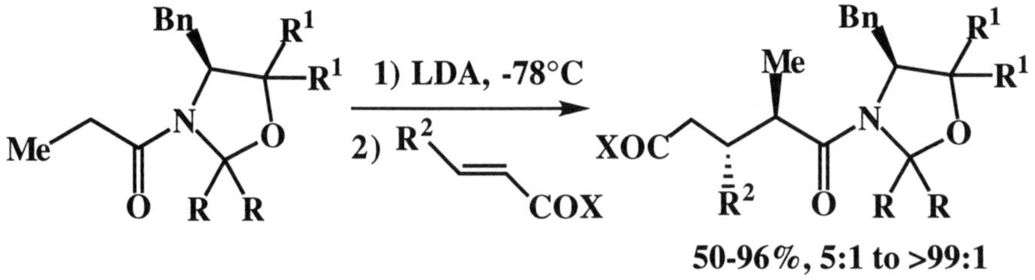

Me-CH$_2$-C(O)-N(oxazolidine with Bn, R^1, R^1, R, R)
1) LDA, -78°C
2) R^2-CH=CH-COX
→ XOC-CH(R^2)-CH$_2$-CH(Me)-C(O)-N(oxazolidine)

50-96%, 5:1 to >99:1

I.A.7.b.1-6 Cave, C. et al., *TA*, **6**, 79; see also: Enders, D. et al., *L*, 1177.

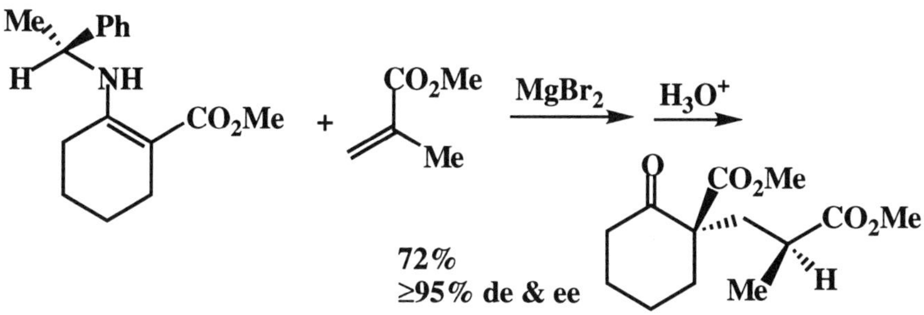

72%
≥95% de & ee

I.A.7.b.1-7 Nagao, Y. et al., *TL*, **36**, 2799.

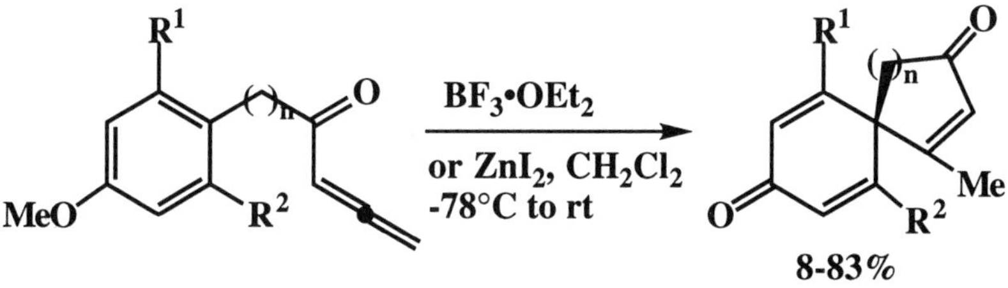

8-83%

I.A.7.b.1-8 Mizuno, K. et al., *TL*, **36**, 7463; Saraswathy, V.G. and Sankaraman, S., *JOC*, **60**, 5024.

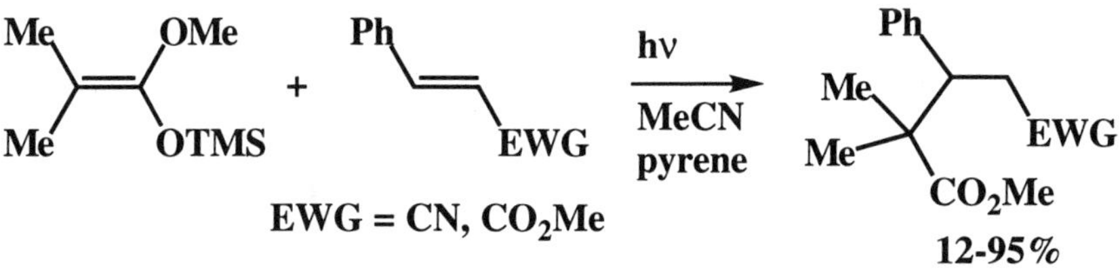

EWG = CN, CO_2Me

12-95%

[similar additions using $LiClO_4$ under non-photolytic conditions]

I.A.7.b.1-9 Otera, J., Nakai, T. et al., *TL*, **36**, 95.

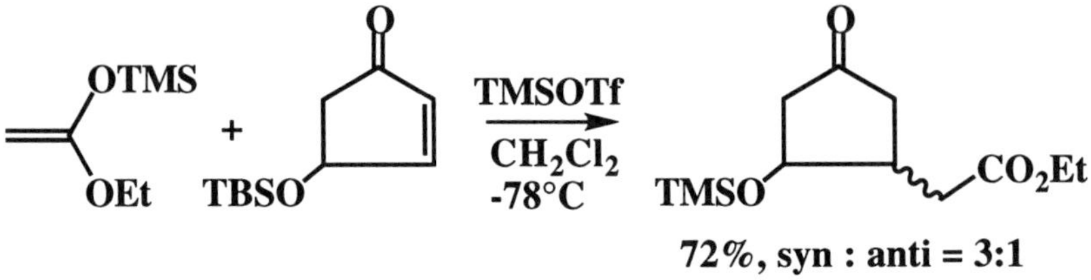

72%, syn : anti = 3:1

I.A.7.b.1-10 Node, M. et al., *TL*, **36**, 99 and *T*, **51**, 10857.

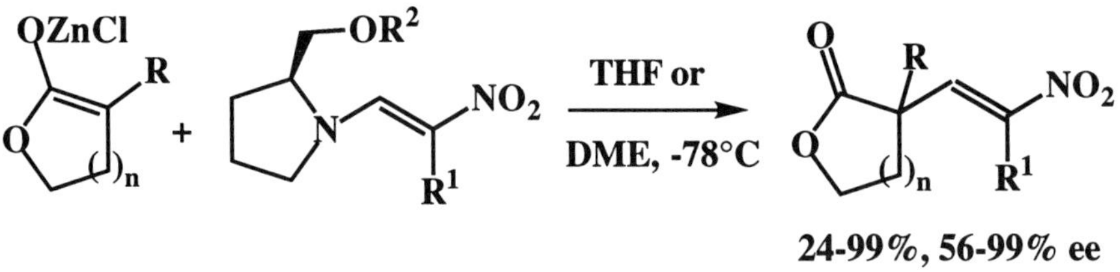

24-99%, 56-99% ee

I.A.7.b.1-11 Emslie, N.D. et al., *SC*, **25**, 183.

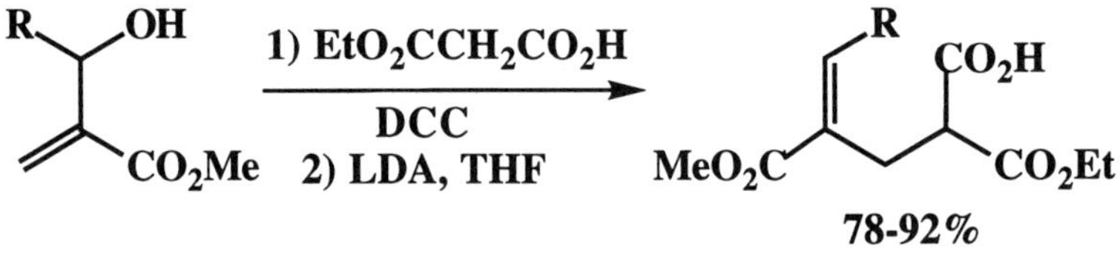

78-92%

I.A.7.b.1-12 Fukumoto, K. et al., *S*, 1405 and *TL*, **36**, 8071.

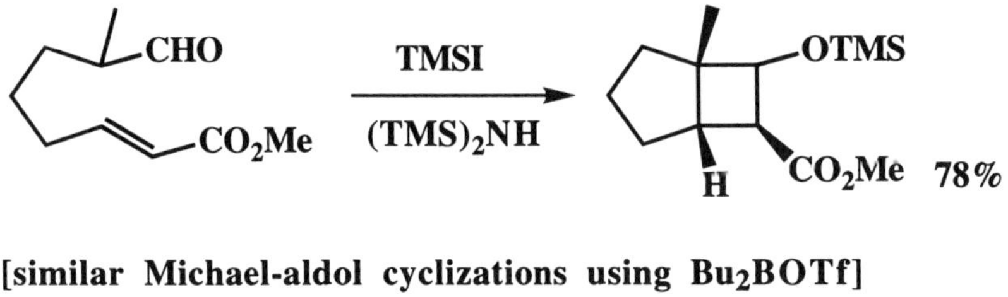

78%

[similar Michael-aldol cyclizations using Bu₂BOTf]

I.A.7.b.1-13 Wasserman, H.H. et al., *TL*, **36**, 6785; **see also:** Rodriguez, J. et al., *JOC*, **60**, 6872; Rae, D.R. et al., *JCS(P1)*, 133.

$$\text{CH}_2=\text{CH-CO-CO-CO}_2{}^t\text{Bu} + \text{E-CH}_2\text{-E} \xrightarrow[\text{or SiO}_2, \text{CH}_2\text{Cl}_2]{\text{Et}_3\text{N, CH}_2\text{Cl}_2} \text{cyclopentanone with OH, CO}_2{}^t\text{Bu, E, E substituents}$$

56-87%

[other Michael-aldol cyclizations reported]

I.A.7.b.1-14 Mitani, M. et al., *BCJ*, **68**, 1683.

$$\underset{R^2}{\overset{R^1}{\diagup}}\!\!\!=\!\!\!\underset{OR^3}{\overset{OTMS}{\diagdown}} + \text{E}\!\equiv\!\text{E} \xrightarrow[\text{CCl}_4]{\text{ZrCl}_4} \text{product}$$

E = CO$_2$Me

55-81%

I.A.7.b.2. Organometallic and Related Reagents

I.A.7.b.2-1 Liu, H. and Cohen, T., *TL*, **36**, 8925.

$$\text{LiC(SPh)}_3 \xrightarrow[\text{TMSCl / HMPA}]{\text{acrolein, -78°C}} (\text{PhS})_3\text{C-CH}_2\text{CH}_2\text{CHO}$$

97%

I.A.7.b.2-2 Fuji, K. et al., *JOC*, **60**, 8036; Denmark, S.E. and Kim, J., *JOC*, **60**, 7535.

I.A.7.b.2-3 Miyano, S. et al., *TL*, **36**, 4821.

I.A.7.b.2-4 Kabbara, J. et al., *L* 401; Flemming, S. et al., *S*, 317; Kabbara, J. et al., *T*, **51**, 743; **see also:** Yamamoto, H. et al., *SL*, 719.

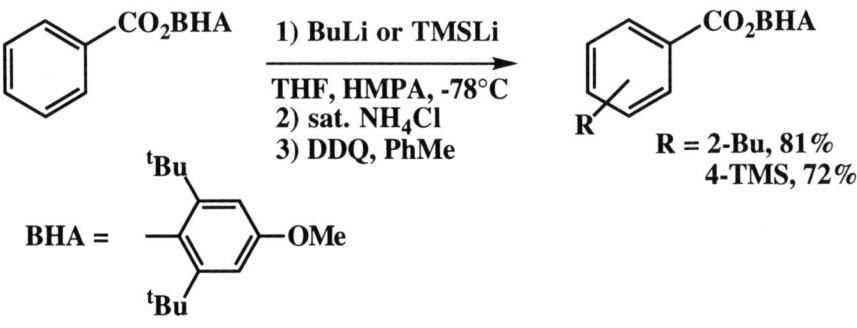

I.A.7.b.2-5 Bertz, S.H., Snyder, J.P. et al., *JACS*, **117**, 11023 & 11025.

Effect of TMSCl on the Conjugate Addition of Organocuprates to α-Enones: A New Mechanism

---

I.A.7.b.2-6 Reetz, M.T. and Kindler, A., *JOM*, **502**, C5.

The Kharasch Reaction Revisited: CuX_3Li_2-catalyzed Conjugate Addition Reactions of Grignard Reagents

---

I.A.7.b.2-7 Snyder, J.P. and Bertz, S.H., *JOC*, **60**, 4312; Penner-Hahn, J.E. et al., *JOC*, **60**, 4310.

"Higher Order" Cyanocuprate Structure: Cyanide is Lithium Bound

Structural Characterization of Organocopper Complexes by EXAFS and XANES: Evidence that Cyanide Does Not Coordinate to Cu in Dimethyl Cuprate Solutions

---

I.A.7.b.2-8 Urban, E. et al., *TL*, **36**, 4773, 7229 and *T*, **51**, 13031, 11149; see also: Ley, S.V. et al., *RTC*, **114**, 184.

26-78%
>95% ds

R* = a camphor derived chiral auxiliary

I.A.7.b.2-9 Leonard, J. et al., *T*, **51**, 12843.

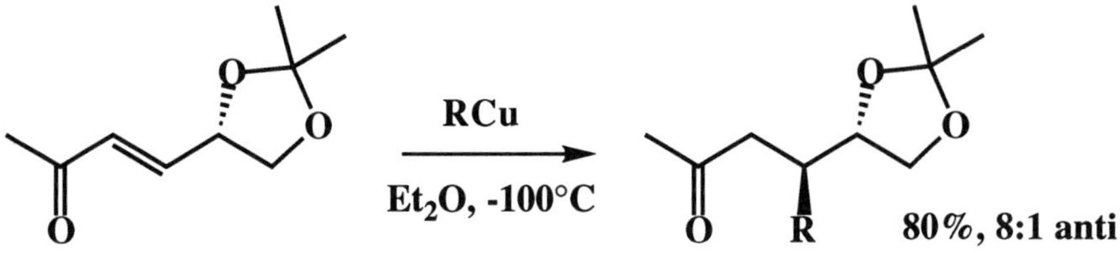

$$\text{enone-dioxolane} \xrightarrow[\text{Et}_2\text{O, -100°C}]{\text{RCu}} \text{product} \quad 80\%, 8:1 \text{ anti}$$

I.A.7.b.2-10 Kanai, M. and Tomioka, K., *TL*, **36**, 4273 and 4275.

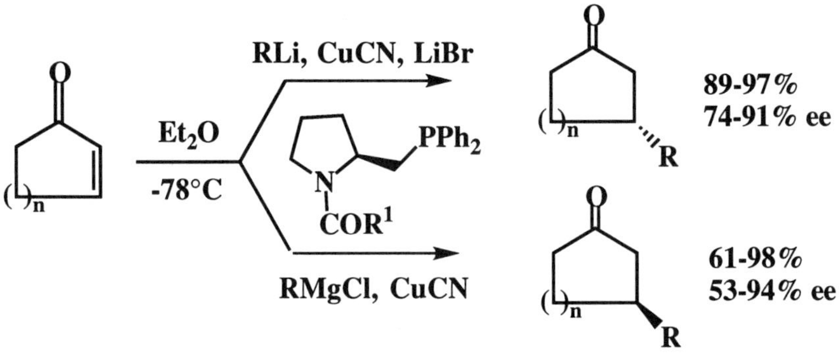

RLi, CuCN, LiBr → 89-97%, 74-91% ee

RMgCl, CuCN (with pyrrolidine-CH$_2$PPh$_2$, N-COR^1 ligand) → 61-98%, 53-94% ee

Et$_2$O, -78°C

I.a.7.b.2-11 Gladysz, J.A. and Wang, Y., *JOC*, **60**, 903.

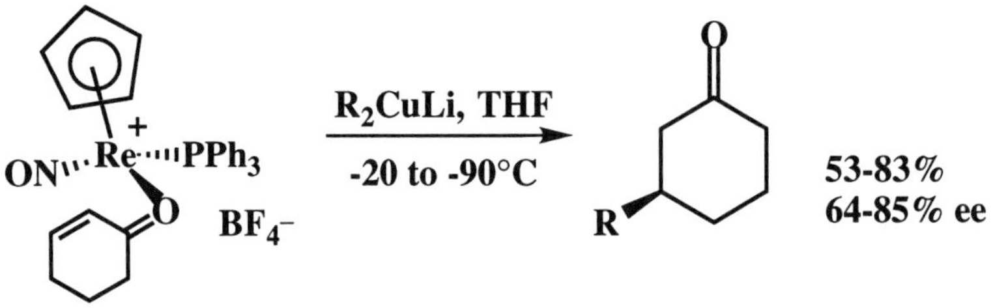

$$[\text{ON-Re(Cp)(PPh}_3\text{)(cyclohexenone)}]^+ \text{BF}_4^- \xrightarrow[\text{-20 to -90°C}]{\text{R}_2\text{CuLi, THF}} \text{3-R-cyclohexanone} \quad 53\text{-}83\%, \ 64\text{-}85\% \text{ ee}$$

I.A.7.b.2-12 Mo, X.S. and Huang, Y.Z., *SL*, 180; Ila, H., Junjappa, H. et al., *TL*, **36**, 9377; Duchene, A. et al., *TL*, **36**, 2469.

$$R^1Te\diagdown\!=\!\diagup COCF_3 + R_2CuX \xrightarrow{THF} R\diagdown\!=\!\diagup C(O)CF_3 \quad 56\text{-}90\%$$

[Michael eliminations also reported with other organometallics and SMe or I leaving groups]

I.A.7.b.2-13 Schafer, H. and Seebach, D., *T*, **51**, 2305; Hanson, M.V. and Rieke, R.D., *JACS*, **117**, 10775.

$$Ar\diagdown\!=\!\diagup NO_2 \xrightarrow[\substack{2)\ R_2Zn \\ 3)\ NH_4Cl,\ H_2O}]{1)\ cat.} Ar\text{-CHR-CH}_2NO_2 \quad 35\text{-}98\%,\ 68\text{-}90\%\ ee$$

cat. = [chiral TADDOL-TiCl$_2$·(^{i}PrOH)$_2$ complex]

[other conjugate additions with enones, RZnBr, TMSCl, BF$_3$ reported]

I.A.7.b.2-14 Crimmins, M.T. et al., *TL*, **36**, 7061.

$$R\text{-}{\equiv}\text{-}CO_2Et + IZnCu\diagdown\!\diagup\diagdown CO_2Et \xrightarrow[\text{THF, Et}_2O]{\text{TMSCl, HMPA}} \text{[2-CO}_2\text{Et-3-R-cyclohexenone]} \quad 50\text{-}70\%$$

I.A.7.b.2-15 Lipshutz, B.H. et al., *JACS*, **117**, 6126.

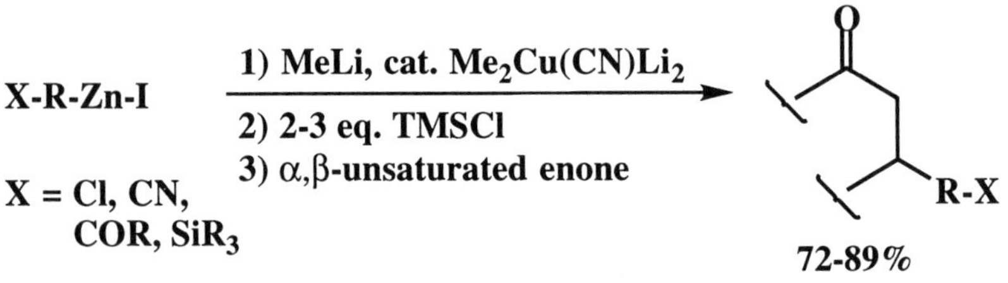

X-R-Zn-I

X = Cl, CN, COR, SiR$_3$

1) MeLi, cat. Me$_2$Cu(CN)Li$_2$
2) 2-3 eq. TMSCl
3) α,β-unsaturated enone

→ R-X product, 72-89%

I.A.7.b.2-16 Ikeda, S., Sato, Y. et al., *OM*, **14**, 5015.

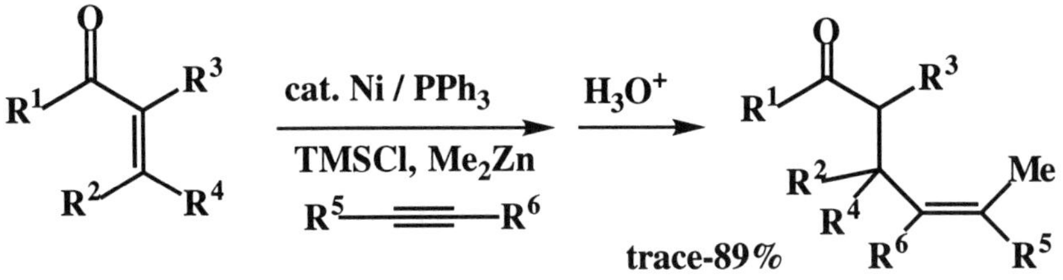

Enone (R^1, R^2, R^3, R^4) + R^5≡R^6 →
cat. Ni / PPh$_3$, TMSCl, Me$_2$Zn; then H$_3$O$^+$ → product, trace-89%

I.A.7.b.2-17 Manchand, P.S. et al., *JOC*, **60**, 6574.

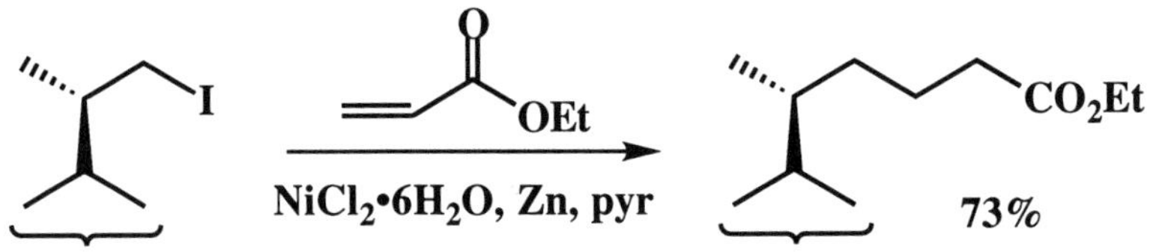

Alkyl iodide + CH$_2$=CHCO$_2$Et, NiCl$_2$·6H$_2$O, Zn, pyr → product, 73%

I.A.7.b.2-18 Piers, E. et al., *JOC*, **60**, 2322.

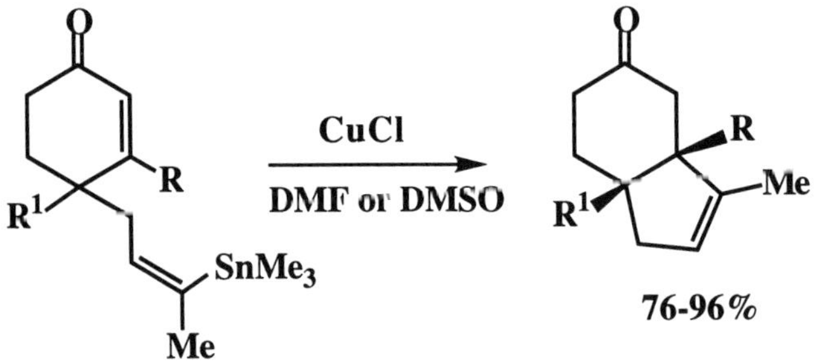

Cyclohexenone with SnMe$_3$-allyl side chain, CuCl, DMF or DMSO → bicyclic product, 76-96%

I.A.7.b.2-19   Hatanaka, Y. et al., *TL*, **36**, 2773.

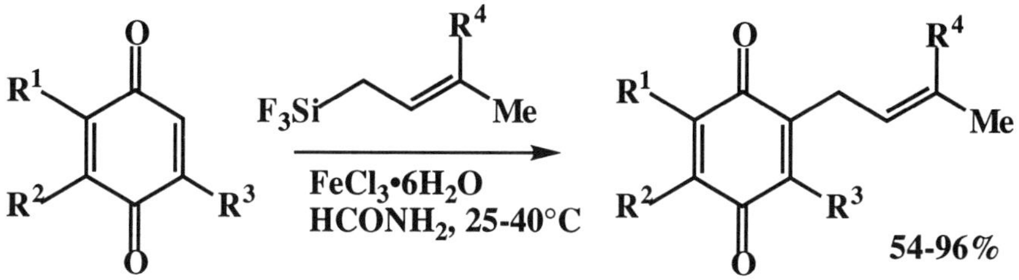

$$\text{quinone} + F_3Si\text{-CH}_2\text{-CH=C(R}^4\text{)Me} \xrightarrow[\text{HCONH}_2,\ 25\text{--}40°C]{\text{FeCl}_3\cdot 6H_2O} \text{alkylated quinone} \quad 54\text{--}96\%$$

I.A.7.b.3.   Other Conjugate Additions

I.A.7.b.3-1   Rychnovsky, S.D. and Skalitzky, D.J., *SL*, 555.

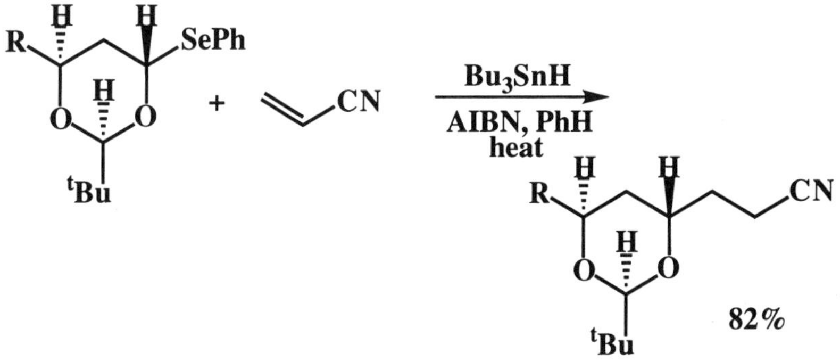

$$\text{acetal-SePh} + \text{CH}_2\text{=CHCN} \xrightarrow[\text{AIBN, PhH, heat}]{Bu_3SnH} \text{product} \quad 82\%$$

I.A.7.b.3-2   Sato, F. et al., *CC*, 1043 and *JOC*, **60**, 3576; **see also:** Kundig, E.P. et al., *TL*, **36**, 4047.

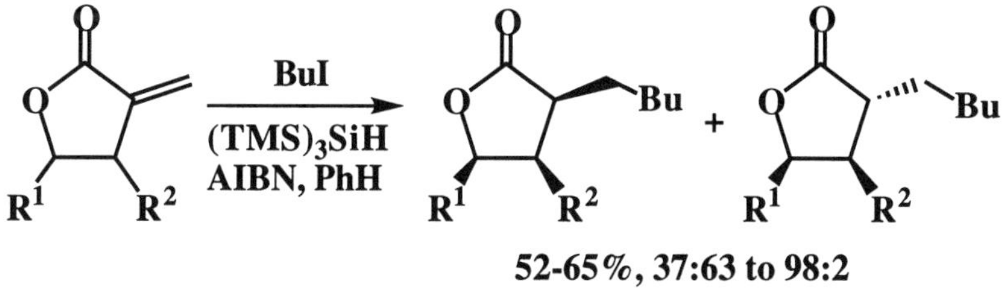

$$\alpha\text{-methylene lactone} \xrightarrow[\text{AIBN, PhH}]{\substack{\text{BuI}\\ (TMS)_3SiH}} \text{trans Bu} + \text{cis Bu}$$

52–65%, 37:63 to 98:2

I.A.7.b.3-3 Sibi, M.P. et al., *JACS*, **117**, 10779.

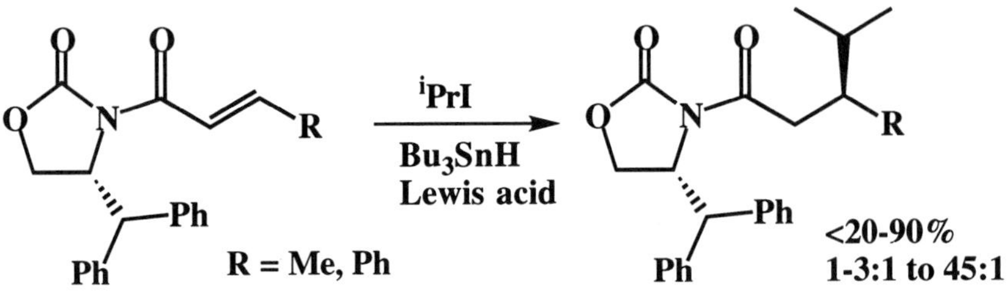

<20-90%
1-3:1 to 45:1

R = Me, Ph

I.A.7.b.3-4 Nishida, M., Nishida, A. et al., *SL*, 1045 and *TL*, **36**, 269.

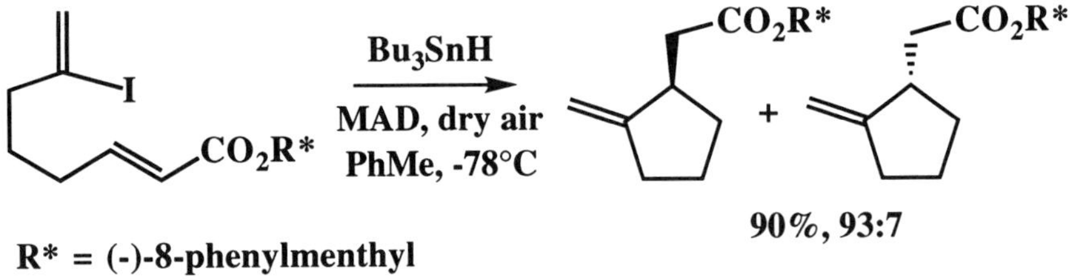

R* = (-)-8-phenylmenthyl

90%, 93:7

I.A.7.b.3-5 Murphy, J.A. et al., *JCS(P1)*, 1281.

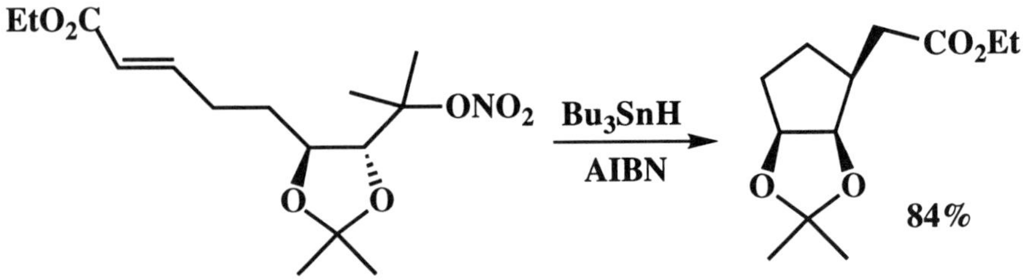

84%

I.A.7.b.3-6 Curran, D.P. and Xu, J., *JCS(P1)*, 3061.

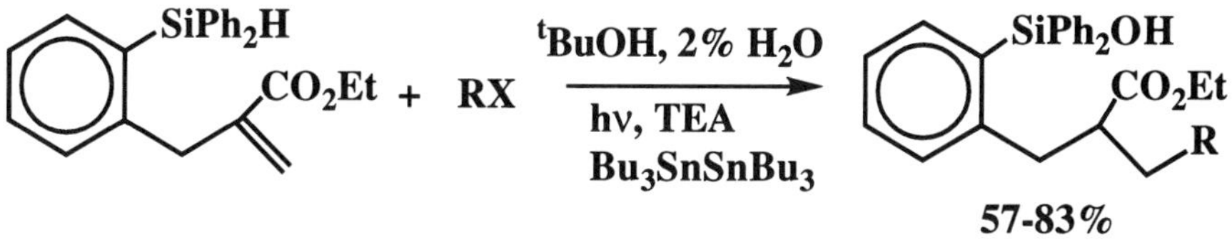

I.A.7.b.3-7 Porter, N.A. et al., *JACS*, **117**, 11029 and *TL*, **36**, 8183.

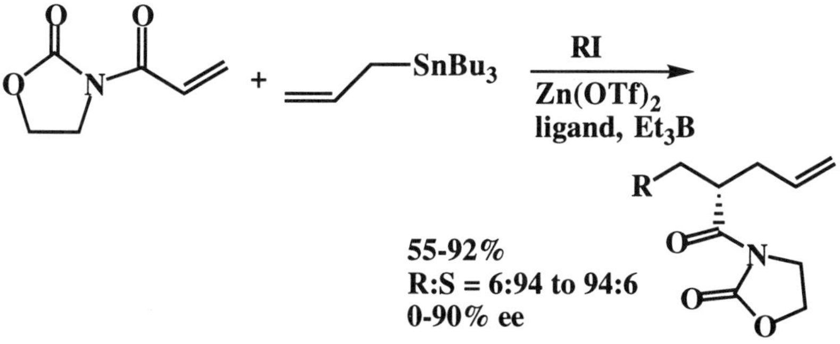

55-92%
R:S = 6:94 to 94:6
0-90% ee

I.A.7.b.3-8 Enholm, E.J. and Kinter, K.S., *JOC*, **60**, 4850; **see also**: Yoshii, E. et al., *SL*, 568.

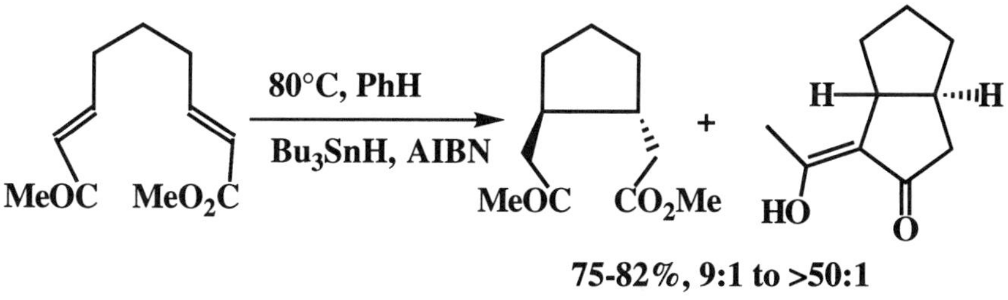

75-82%, 9:1 to >50:1

I.A.7.b.3-9 Walton, J.C. et al., *CC*, 27; Jaszberenyi, J.Cs. et al., *T*, **51**, 1867; Polykarpov, A.Y. and Neckers, D.C., *TL*, **36**, 5483.

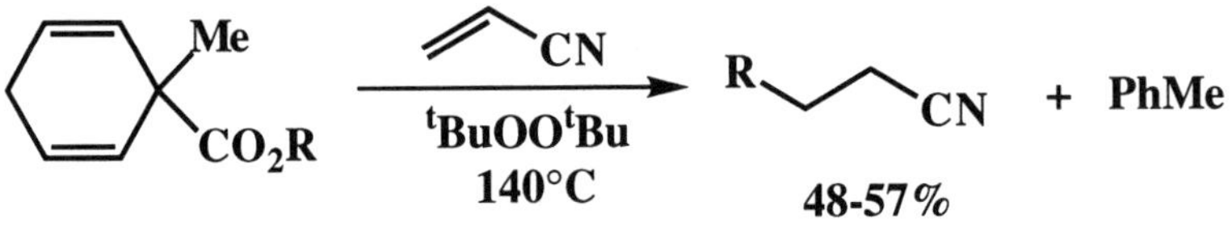

[cyclohexadiene with Me and CO₂R] + CH₂=CH-CN →(tBuOOtBu, 140°C)→ R-CH₂CH₂-CN (48-57%) + PhMe

[similarly with thiohydroxamic esters / hν or with PhB⁻R₃ / hν]

I.A.7.b.3-10 Dan-oh, Y. and Uneyama, K., *BCJ*, **68**, 2993.

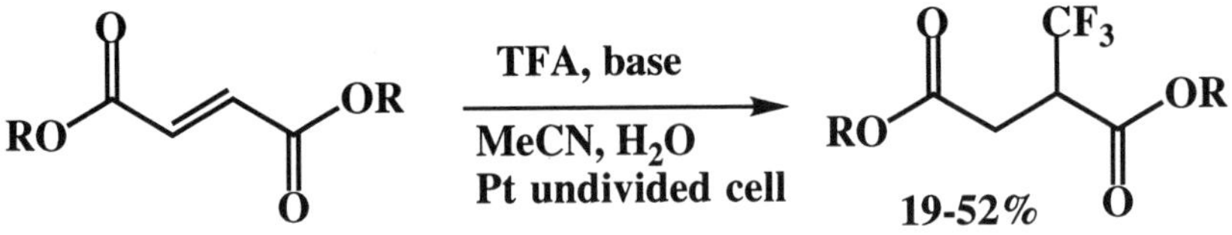

RO-C(O)-CH=CH-C(O)-OR →(TFA, base; MeCN, H₂O; Pt undivided cell)→ RO-C(O)-CH₂-CH(CF₃)-C(O)-OR (19-52%)

I.A.7.b.3-11 Soderberg, B.C. et al., *OM*, **14**, 3712.

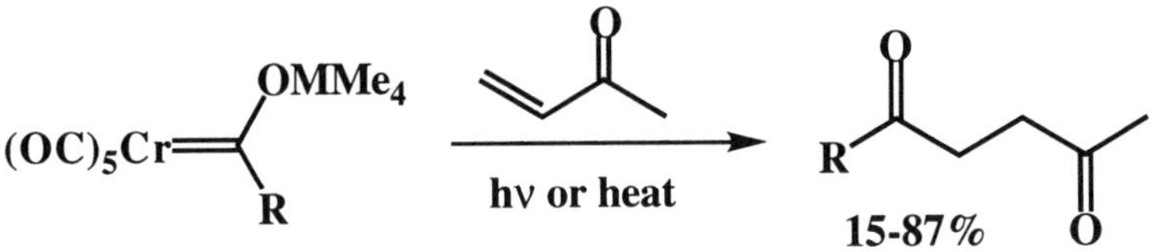

(OC)₅Cr=C(OMMe₄)(R) + CH₂=CH-C(O)-CH₃ →(hν or heat)→ R-C(O)-CH₂CH₂-C(O)-CH₃ (15-87%)

I.A.7.b.3-12 Cook, C.E. et al., *JACS*, **117**, 7269.

Antibody-catalyzed Michael Reaction of Cyanide with an α,β-Unsaturated Ketone

I.A.8. Other Carbon-Carbon Single Bond Forming Reactions

I.A.8-1 Fouquet, E. et al., *CC*, 2387.

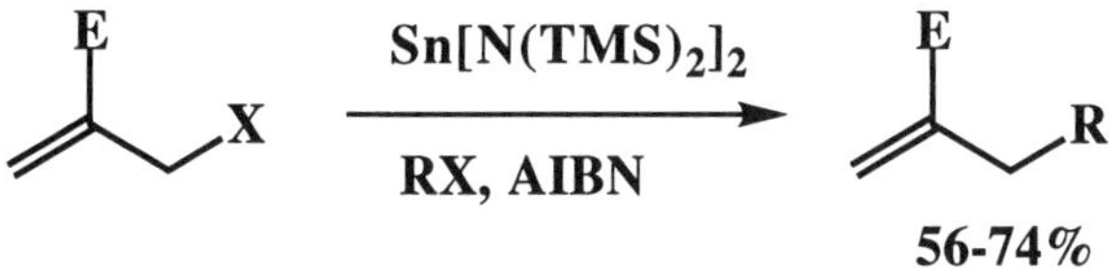

[Reaction: allyl-X with E substituent + Sn[N(TMS)$_2$]$_2$, RX, AIBN → allyl-R with E substituent, 56-74%]

I.A.8-2 Clive, D.L.J. and Cantin, M., *CC*, 319.

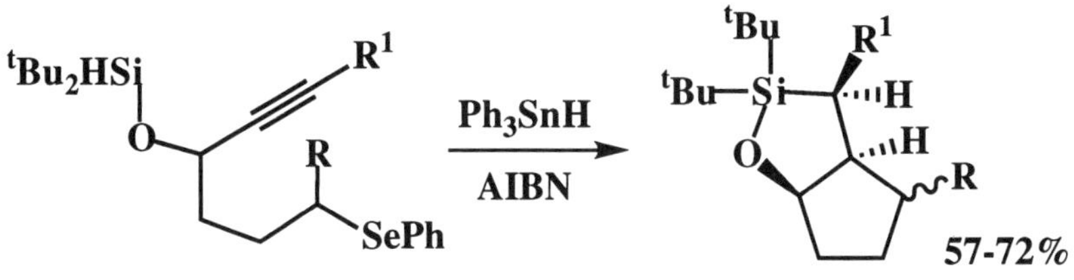

[Reaction: ^{t}Bu$_2$HSi ether with alkyne-R^1 and SePh + Ph$_3$SnH, AIBN → bicyclic silyl ether product, 57-72%]

I.A.8-3 Santagostino, M. and Kilburn, J.D., *TL*, **36**, 1365.

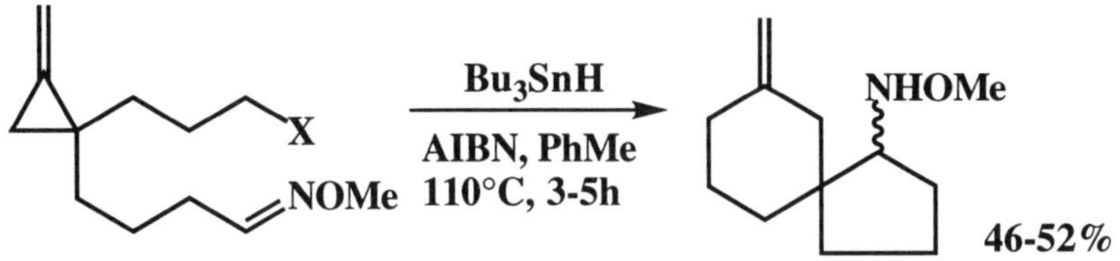

[Reaction: methylenecyclopropane with X and =NOMe + Bu$_3$SnH, AIBN, PhMe, 110°C, 3-5h → spirocycle with NHOMe, 46-52%]

I.A.8-4 Ward, D.E. et al., *JOC*, **60**, 7830.

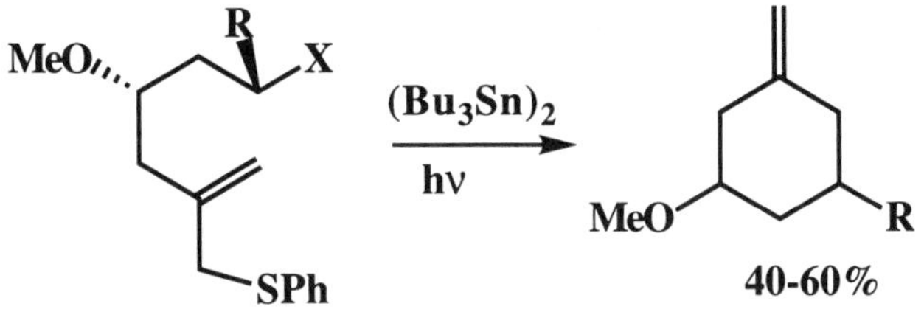

[Reaction: MeO-substituted substrate with R, X, SPh + (Bu$_3$Sn)$_2$, hν → cyclohexane with MeO, R, and exocyclic methylene, 40-60%]

I.A.8-5 Tsui, Y.-M. and Chang, S.-Y., *CC*, 981.

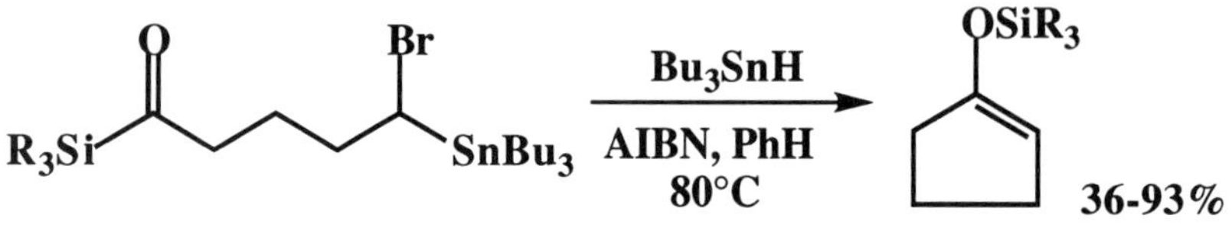

R_3Si-C(=O)-CH$_2$CH$_2$CH$_2$-CHBr-SnBu$_3$ $\xrightarrow[80°C]{Bu_3SnH, AIBN, PhH}$ cyclopentenyl-OSiR$_3$ 36-93%

I.A.8-6 Byers, J.H. et al., *TL*, **36**, 6403.

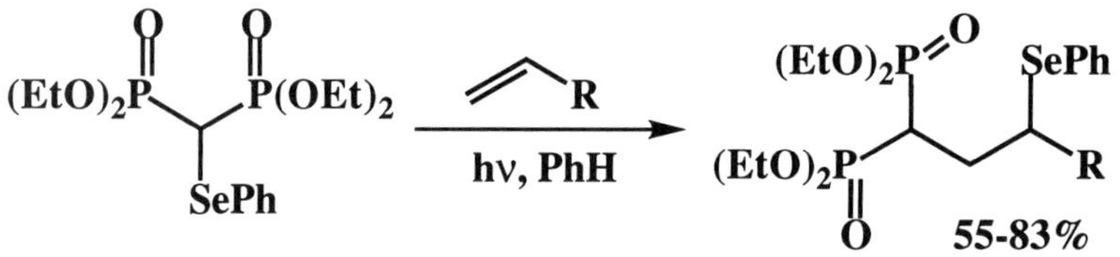

$(EtO)_2P(=O)-CH(SePh)-P(=O)(OEt)_2$ + CH$_2$=CH-R $\xrightarrow{h\nu, PhH}$ $(EtO)_2P(=O)-CH[P(=O)(OEt)_2]-CH_2-CH(SePh)-R$ 55-83%

I.A.8-7 Dowd, P. et al., *TL*, **36**, 8539 and 2729, **see also:** *T*, **51**, 3435.

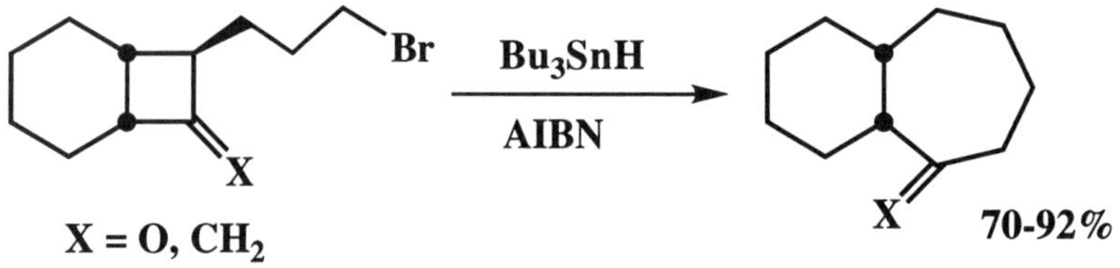

X = O, CH$_2$

$\xrightarrow{Bu_3SnH, AIBN}$ 70-92%

I.A.8-8 Pattenden, G. et al., *AJC*, **48**, 381; Nishida, A. et al., *TL*, **36**, 3015.

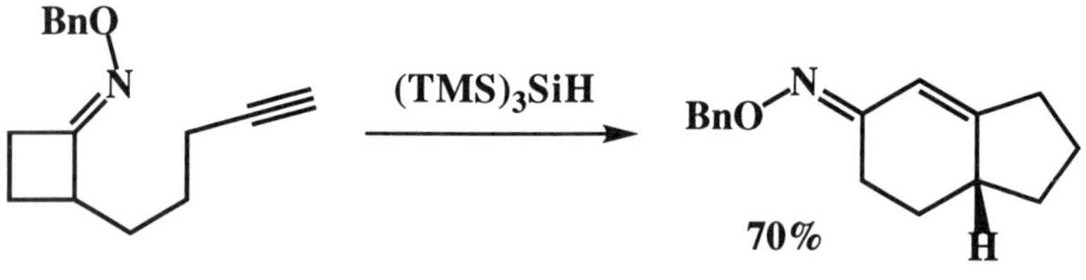

$\xrightarrow{(TMS)_3SiH}$ 70%

[similarly with ketones]

I.A.8-9 Molander, G.A. and McKie, J.A., *JOC*, **60**, 872; see also: Aurrecoechea, J.M. and Iztueta, E., *TL*, **36**, 7129.

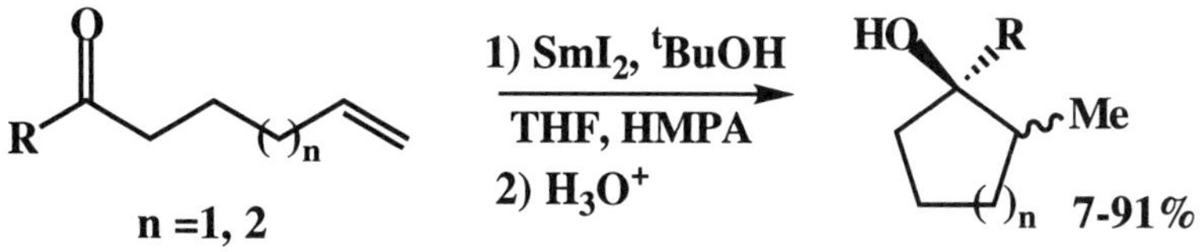

[Reaction: R-CO-CH₂CH₂-(CH₂)ₙ-CH=CH₂, n=1,2; 1) SmI₂, ᵗBuOH, THF, HMPA; 2) H₃O⁺ → cyclopentanol with HO, R, Me substituents, 7-91%]

I.A.8-10 Schmalz, H.-G. et al., *AG(E)*, **34**, 2383.

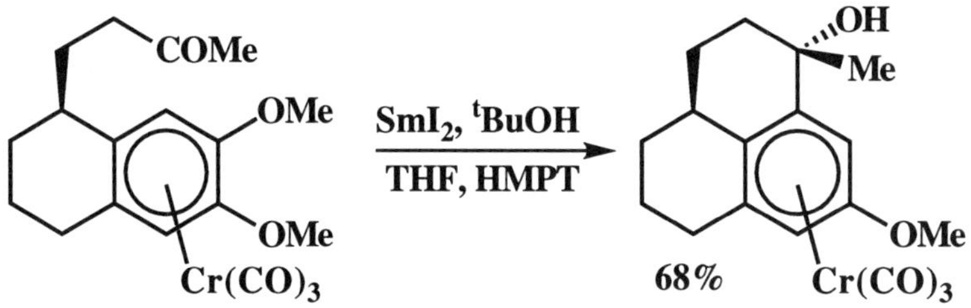

[Reaction: tetralin derivative with CH₂CH₂COMe, OMe, OMe, Cr(CO)₃ substituents; SmI₂, ᵗBuOH, THF, HMPT → tricyclic product with OH, Me, OMe, Cr(CO)₃, 68%]

I.A.8-11 Sturino, C.F. and Fallis, A.G., *JACS*, **117**, 7447.

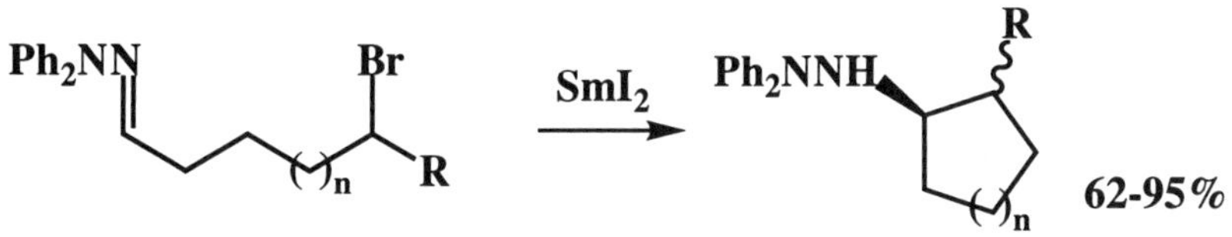

[Reaction: Ph₂NN=CH-(CH₂)ₙ-CHBr-R; SmI₂ → cyclopentane with Ph₂NNH and R substituents, 62-95%]

I.A.8-12 Hatem, J.M. et al., *TL*, **36**, 6685.

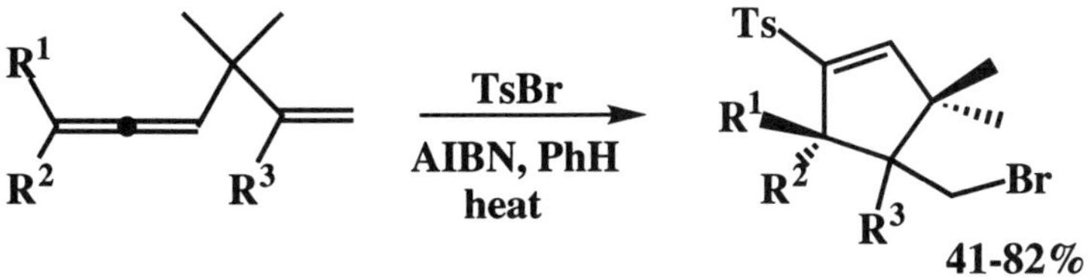

[Reaction: allene R¹R²C=C=C(R³)-C(Me)₂-C(=CH₂)...; TsBr, AIBN, PhH, heat → cyclopentene with Ts, R¹, R², R³, Br substituents, 41-82%]

I.A.8-13 Taber, D.F. and You, K.K., *JACS*, **117**, 5757; Lee, E. et al., *CC*, 321; **see also:** Mukherjee, D. et al. *TL*, **36**, 2527.

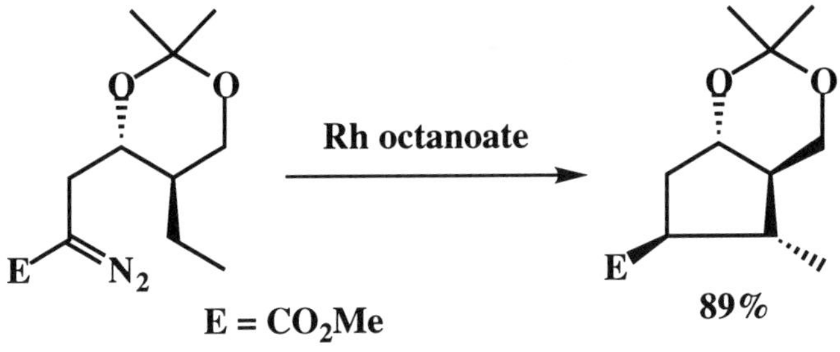
Rh octanoate
E
N2
E = CO2Me
E
89%

I.A.8-14 Hioki, H. et al., *TL*, **36**, 2289.

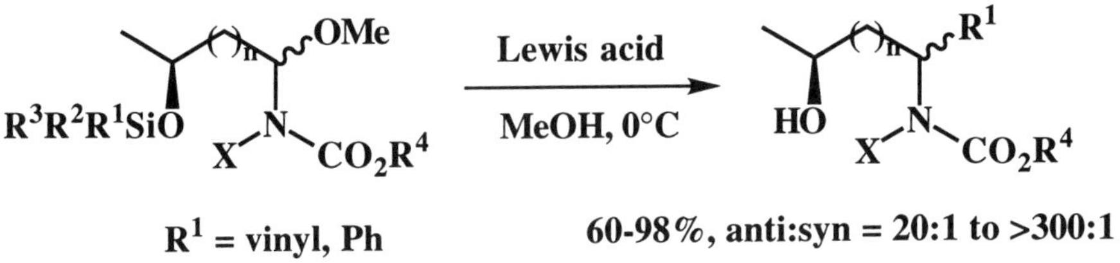
OMe
n
R3R2R1SiO
X
N
CO2R4
Lewis acid
MeOH, 0°C
R1
n
HO
X
N
CO2R4
R1 = vinyl, Ph
60-98%, anti:syn = 20:1 to >300:1

I.A.8-15 Murai, S. et al., *CL*, 679.

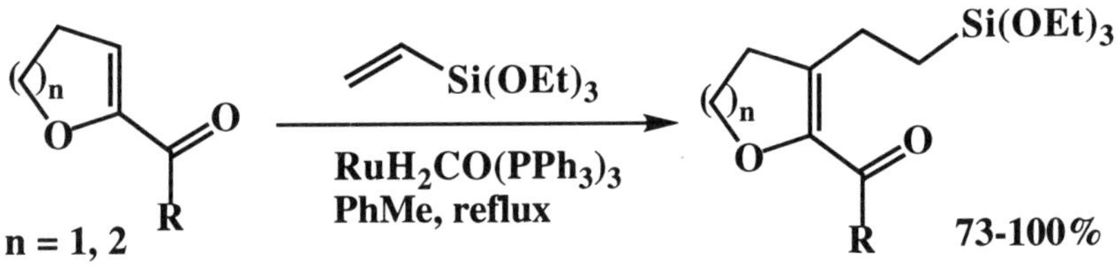
n
O
O
R
n = 1, 2
Si(OEt)3
RuH2CO(PPh3)3
PhMe, reflux
Si(OEt)3
n
O
O
R
73-100%

I.A.8-16 Ghelfi, F. et al., *TL*, **36**, 2509.

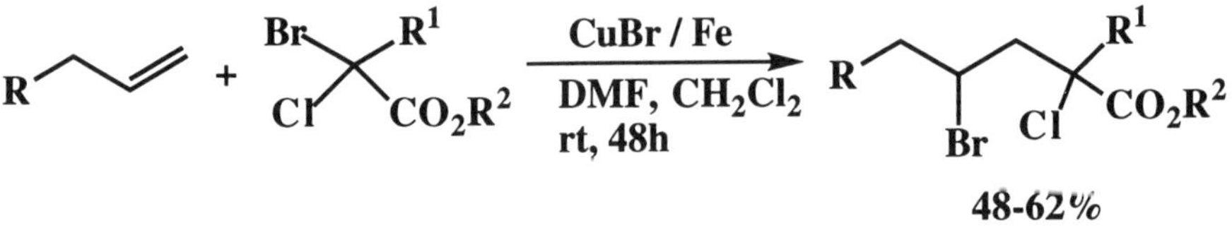
R
+
Br
R1
Cl
CO2R2
CuBr / Fe
DMF, CH2Cl2
rt, 48h
R
R1
Br
Cl
CO2R2
48-62%

I.B. Carbon-Carbon Double Bonds

(see also: I.E.1)

I.B.1. Wittig-Type Olefination Reactions

I.B.1-1 Trivedi, G.K. et al., *T*, **51**, 4721; Nussbauer, P. et al., *JMC*, **38**, 1831; Subramanyam, C. et al., *TL*, **36**, 9249; Demailly, G. et al., *TL*, **36**, 6467; Montgomery, J. et al., *JOC*, **60**, 5699.

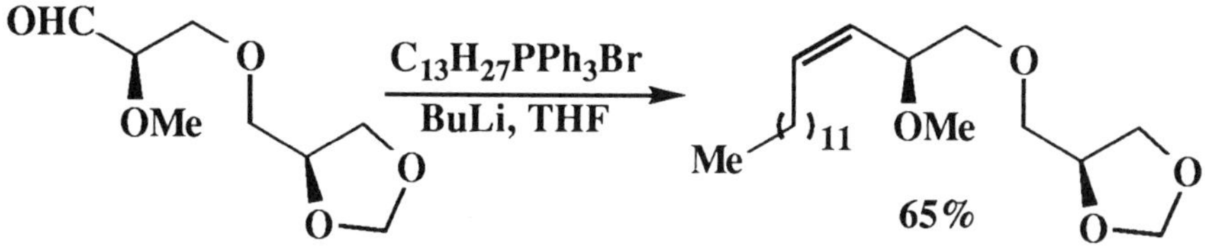

I.B.1-2 Lawrence, N.J. et al., *TL*, **36**, 8477; Ando, K., *TL*, **36**, 4105; Le Roy-Gourvennec, S. and Masson, S., *S*, 1393; Naaso, F. et al., *TL*, **36**, 6563; van der Gen, A. et al., *TL*, **36**, 781; Bodalski, R. et al., *T*, **51**, 1721.

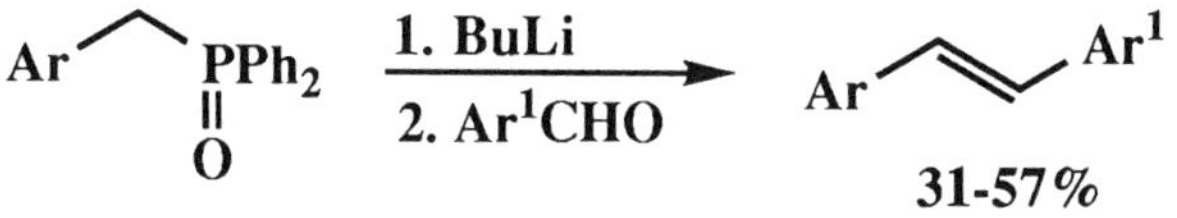

I.B.1-3 Bellassoued, M. and Ozanne, N., *JOC*, **60**, 6580; Johnson, A.P. et al., *TL*, **36**, 6321.

I.B.1-4 Yamada, K. et al., *JACS*, **116**, 7443.

I.B.1-5 Tokoroyama, T. et al., *S*, 78.

$$\text{PhO}_2\text{S}\text{-CHR}^1\text{-CH}_2\text{-SiR}_3 \xrightarrow[\text{2. R}^1\text{CHO, -78 °C} \to \text{RT}]{\text{1. BuLi, THF, -78 °C}} \text{R}^2\text{-CH(OSiR}_3\text{)-C(R}^1\text{)=CH}_2$$

60-85%

I.B.1-6 Takai, K. et al., *OS*, **73**, 73.

$$\text{RCO}_2\text{R}^1 + \text{R}^2\text{CHBr}_2 \xrightarrow{\text{TiCl}_4,\ \text{Zn, PbCl}_2 \atop \text{TMEDA/THF}} \underset{\text{R}^1\text{O}}{\overset{\text{R}}{\diagup}}=\underset{}{\overset{\text{R}^2}{\diagdown}}$$

52-96%

I.B.1-7 Begue, J.-P. and Rock, M.H., *JOM*, **489**, C7; Petasis, N.A. and Lu, S.-P., *TL*, **36**, 2393; Petasis, N.A. et al., *TL*, **36**, 6001.

$$\underset{\text{R-X}}{\overset{\text{F}_3\text{C}}{\diagdown}}\text{C=O} \xrightarrow{\text{CpTi(CH}_2\text{TMS})_3} \underset{\text{R-X}}{\overset{\text{F}_3\text{C}}{\diagdown}}\text{C=CH-TMS}$$

10-80%
(E:Z = 1-3.5:1)

I.B.1-8 Payack, J.F., Hughes, D.L., et al., *OPP*, 707.

$$\text{Cp}_2\text{TiCl}_2 \xrightarrow[\text{Ph-Me}]{\text{MeMgCl}} \text{Cp}_2\text{TiMe}_2$$

85-90%

Improved, large scale procedure

I.B.1-9 Huang, X. et al., *JOM*, **490**, C23.

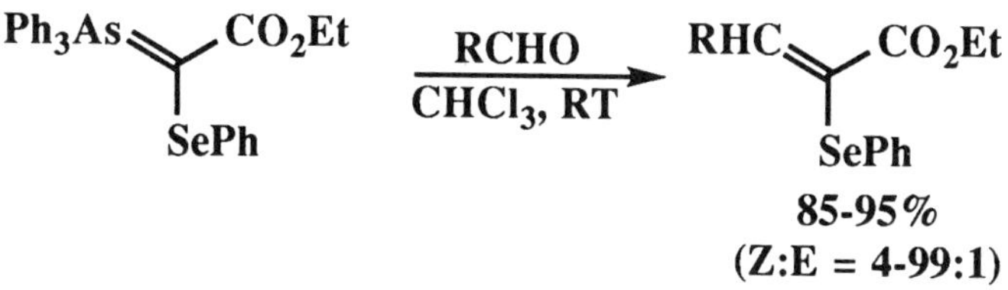

$$Ph_3As=C(CO_2Et)(SePh) \xrightarrow[CHCl_3, RT]{RCHO} RHC=C(CO_2Et)(SePh)$$

85-95%
(Z:E = 4-99:1)

I.B.1-10 Okuma, K. et al., *TL*, **36**, 5591.

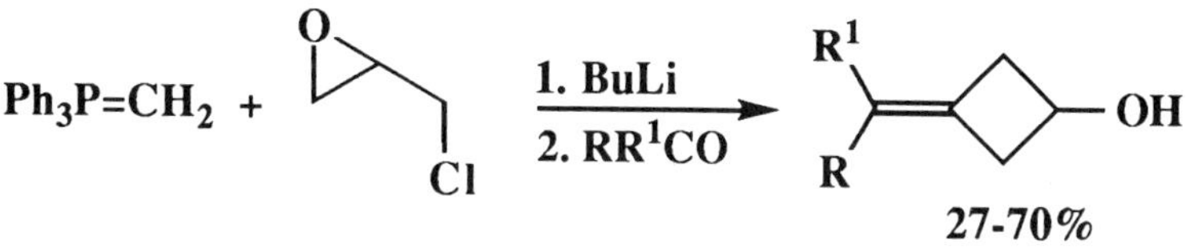

$Ph_3P=CH_2$ + (epoxide-CH$_2$Cl) $\xrightarrow[\text{2. RR}^1\text{CO}]{\text{1. BuLi}}$ $R^1R C=$(cyclobutane)$-OH$

27-70%

I.B.1-11 Hatanaka, M. et al., *TL*, **36**, 3211.

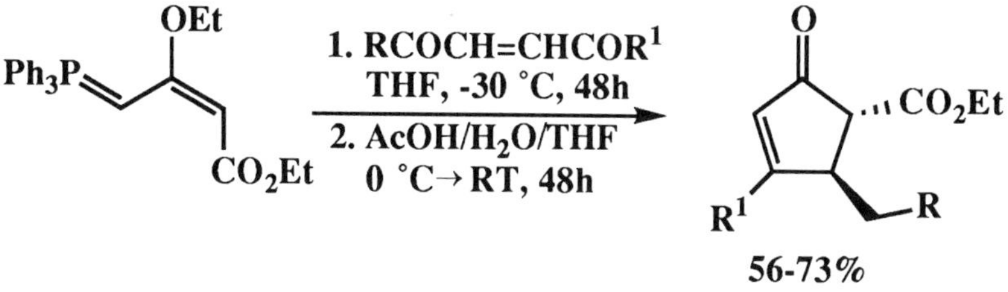

$Ph_3P=C(OEt)(CH=CO_2Et)$ $\xrightarrow[\text{2. AcOH/H}_2\text{O/THF, 0 °C}\rightarrow\text{RT, 48h}]{\text{1. RCOCH=CHCOR}^1\text{, THF, -30 °C, 48h}}$ cyclopentenone with R^1, CO_2Et, R

56-73%

I.B.2. Eliminations

I.B.2.a. Eliminations of Alcohols and Derivatives

I.B.2.a-1 Quast, H. and Dietz, T., *S*, 1300.

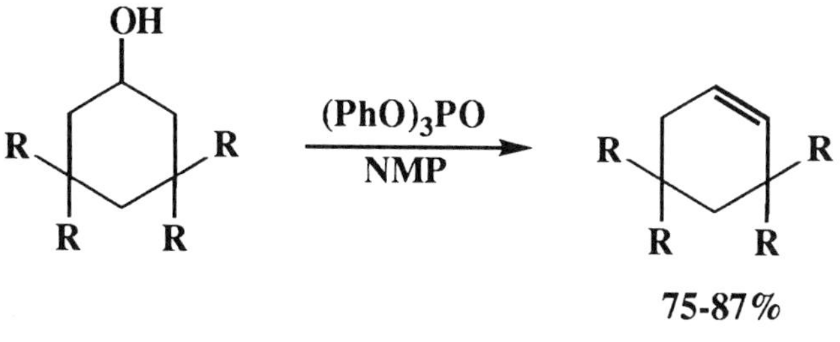

cyclohexanol (tetra-R substituted) $\xrightarrow[\text{NMP}]{(PhO)_3PO}$ cyclohexene (tetra-R substituted)

75-87%

I.B.2.a-2 Parsons, A.F. and Goodall, K., *TL*, **36**, 3259.

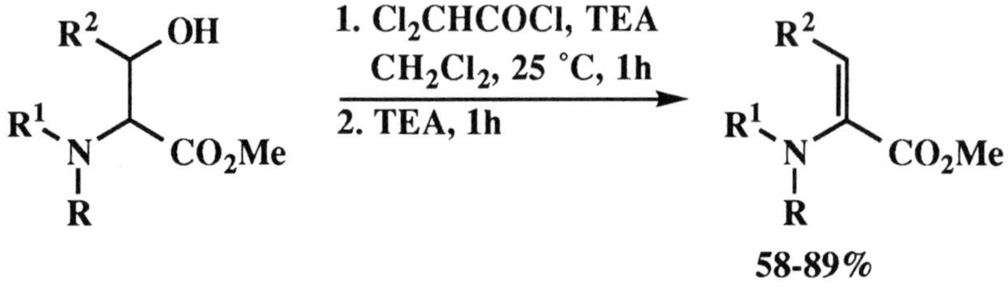

I.B.2.a-3 Bloch, R. et al., *SL*, 339.

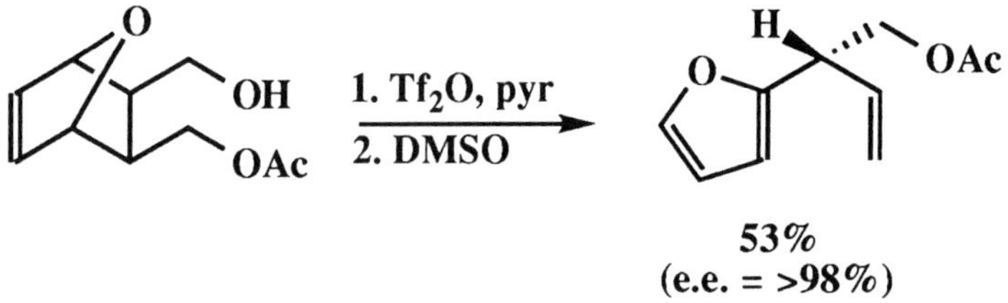

I.B.2.a-4 Arjona, O., Plumet, J. et al., *TL*, **36**, 6157.

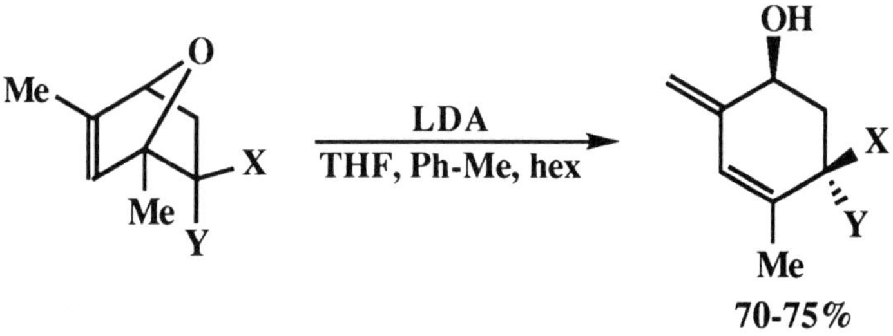

I.B.2.a-5 Solladie, G. et al., *SL*, 1135.

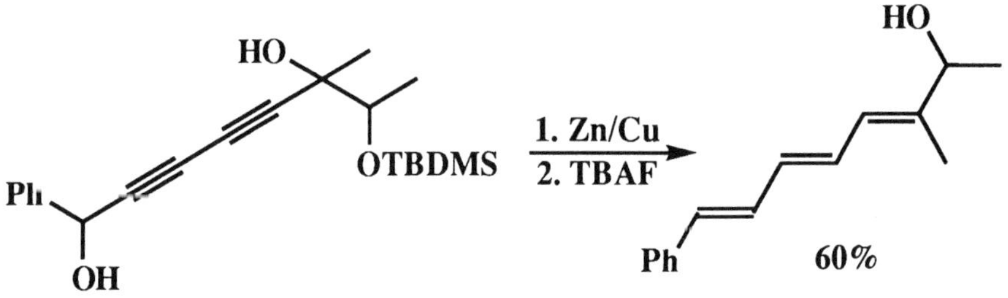

I.B.2.a-6 Lu, H. and Burton, D.J., *TL*, **36**, 3973; Tellier, F. and Sauvetre, R., *TL*, **36**, 4221, 4223.

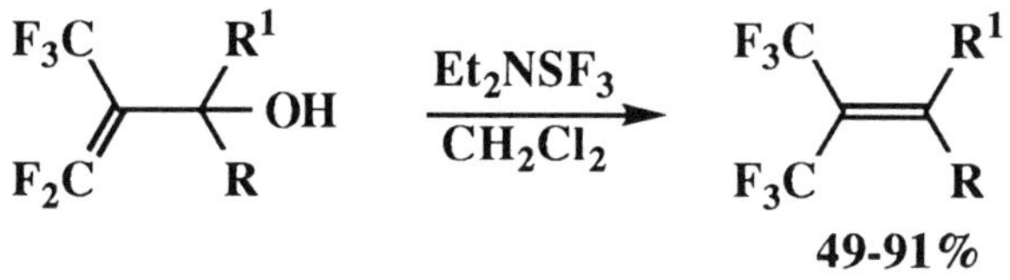

$$\underset{F_2C}{\overset{F_3C}{>}}=\underset{R}{\overset{R^1}{<}}\text{OH} \xrightarrow[CH_2Cl_2]{Et_2NSF_3} \underset{F_3C}{\overset{F_3C}{>}}=\underset{R}{\overset{R^1}{<}}$$

49-91%

I.B.2.a-7 Hedhli, A. and Baklouti, A., *TL*, **36**, 4433.

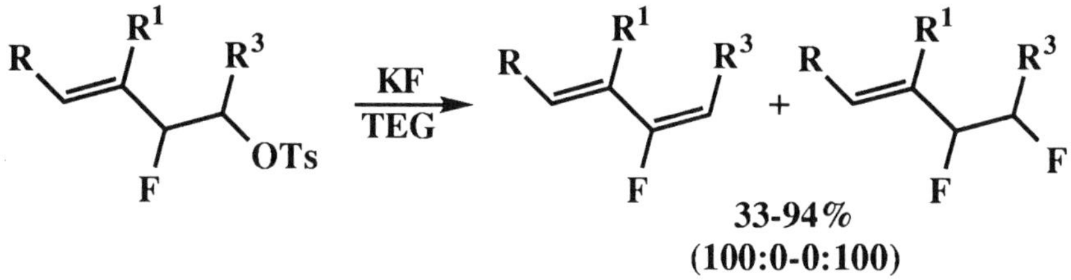

33-94%
(100:0-0:100)

I.B.2.a-8 Dittmer, D.C. et al., *TL*, **36**, 7209.

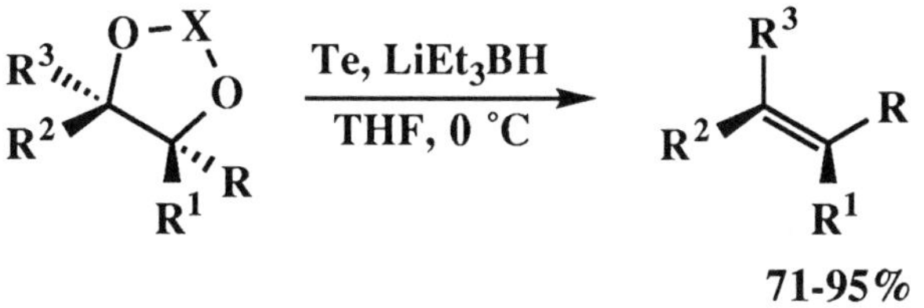

71-95%

I.B.2.a-9 Yoon, S.C. and Kim, K., *H*, **41**, 103.

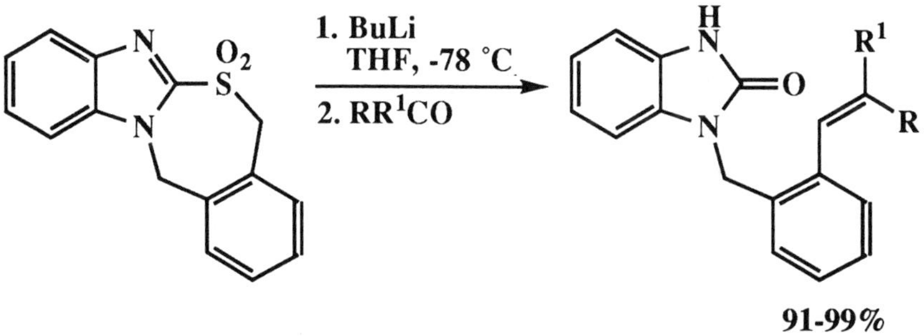

91-99%

I.B.2.a-10 Pak, C.S. et al., *TL*, **36**, 5607.

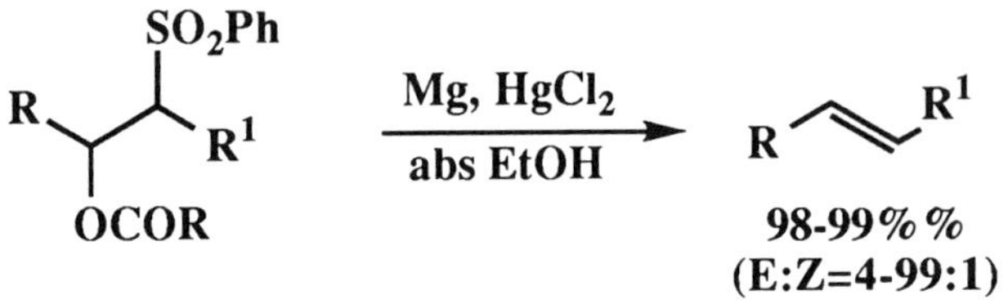

R-CH(OCOR)-CH(SO₂Ph)R¹ →[Mg, HgCl₂ / abs EtOH]→ R-CH=CH-R¹

98-99%%
(E:Z=4-99:1)

I.B.2.a-11 Warren, S. et al., *TL*, **36**, 7905.

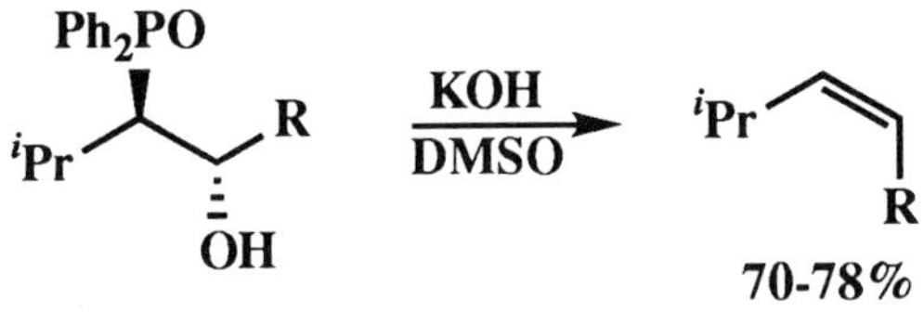

^{i}Pr-CH(PPh₂O)-CH(OH)-R →[KOH / DMSO]→ ^{i}Pr-CH=CH-R (cis)

70-78%

I.B.2.b. Eliminations of Halides

I.B.2.b-1 Cavallaro, C.L. and Schwartz, J., *JOC*, **60**, 7055.

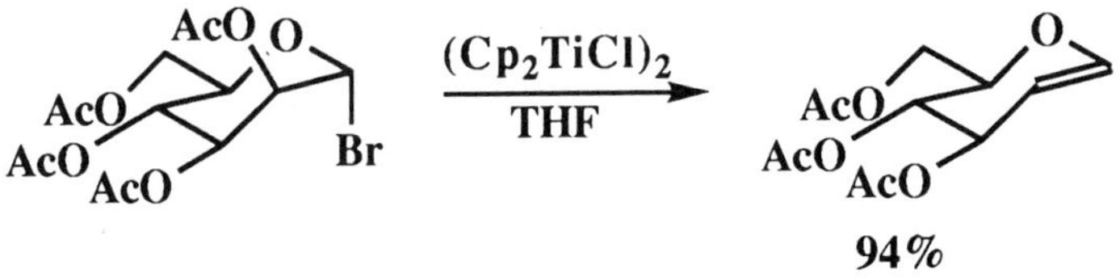

(tetra-acetyl bromo sugar) →[(Cp₂TiCl)₂ / THF]→ (glycal)

94%

I.B.2.b-2 Malanga, C. et al., *TL*, **36**, 9189.

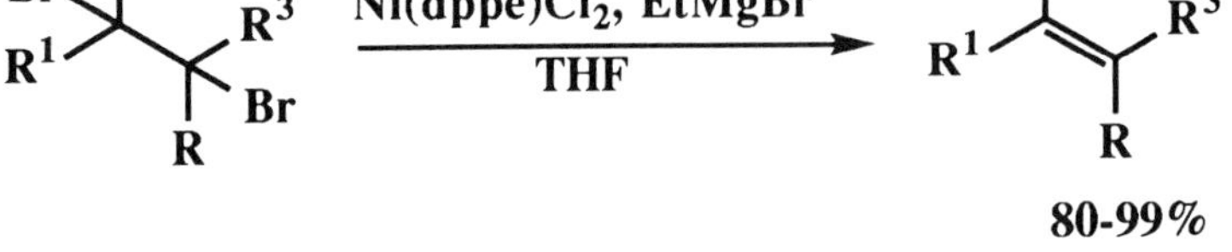

R¹R²C(Br)-C(Br)(R)R³ →[Ni(dppe)Cl₂, EtMgBr / THF]→ R¹R²C=C(R)R³

80-99%

I.B.2.b-3 Haley, M.M. et al., *TL*, **36**, 3457.

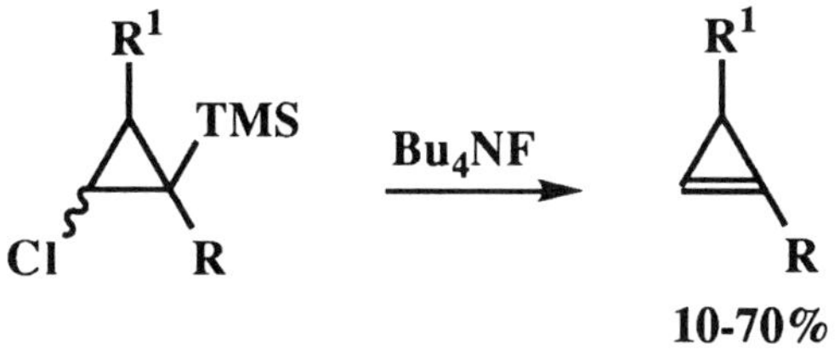

[Cyclopropane with R^1, TMS, Cl, R substituents] → (Bu$_4$NF) → [Cyclopropene with R^1, R]
10-70%

I.B.2.b-4 Oda, M. et al., *OS*, **73**, 240.

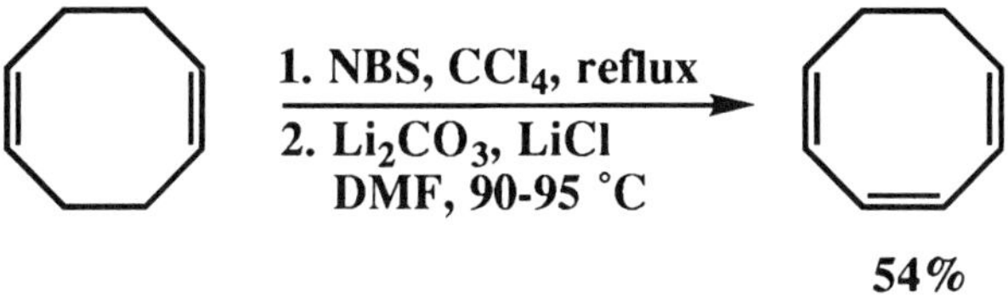

[1,5-cyclooctadiene] → 1. NBS, CCl$_4$, reflux; 2. Li$_2$CO$_3$, LiCl, DMF, 90-95 °C → [cyclooctatetraene]
54%

I.B.2.b-5 Ghelfi, F. et al., *TL*, **36**, 3023.

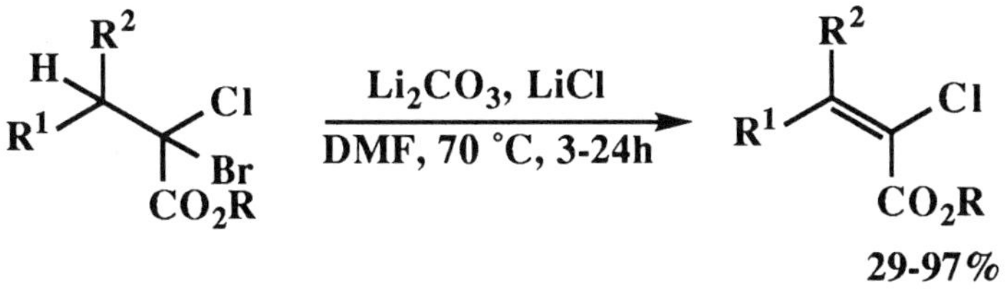

[H, R^1, R^2, Cl, Br, CO$_2$R substituted ethane] → Li$_2$CO$_3$, LiCl, DMF, 70 °C, 3-24h → [R^1, R^2, Cl, CO$_2$R substituted alkene]
29-97%

I.B.2.b-6 Maguire, A.R. et al., *TL*, **36**, 467.

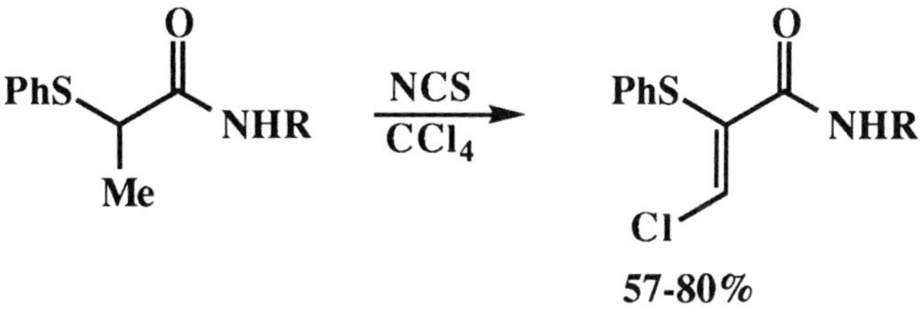

PhS–CH(Me)–C(O)–NHR → NCS / CCl$_4$ → PhS–C(=CHCl)–C(O)–NHR
57-80%

I.B.2.c. Other Eliminations

I.B.2.c-1 Ballini, R., and Bosica, G., *T*, **51**, 4213; Beugelmans, R. et al., *BSF*, **132**, 178.

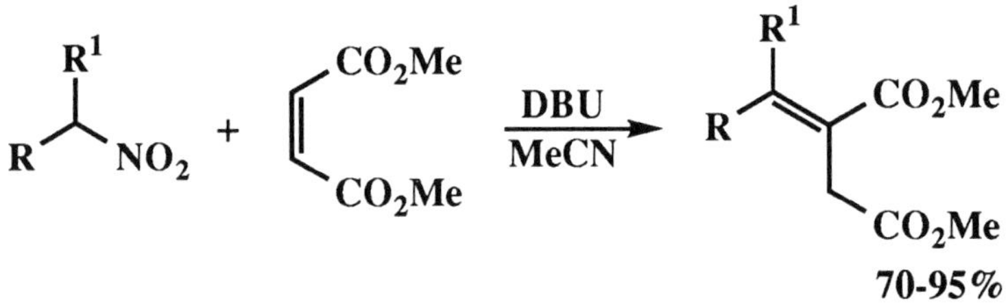

I.B.2.c-2 Asami, M. et al., *TL*, **36**, 1893.

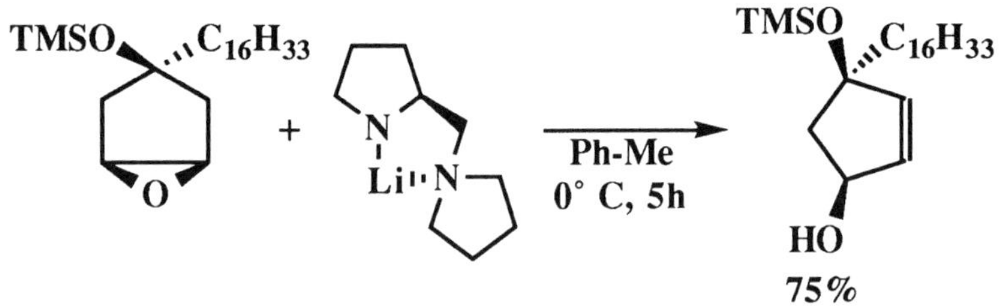

I.B.2.c-3 Khripach, V.A. et al., *TL*, **36**, 607.

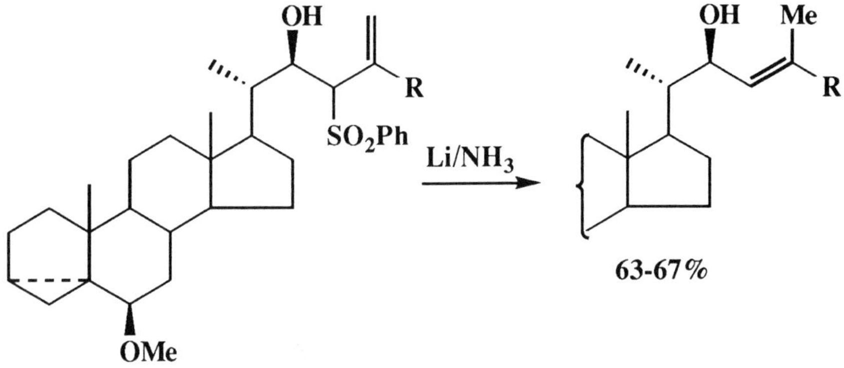

I.B.2.c-4 Magnus, P. and Roe, M.B., *TL*, **36**, 5479; **see also:** Alcaide, B. et al., *JOC*, **60**, 6012.

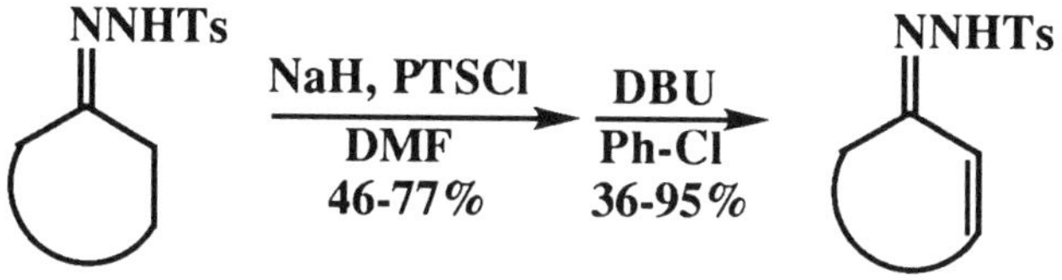

cycloheptanone NNHTs → NaH, PTSCl, DMF (46-77%) → DBU, Ph-Cl (36-95%) → cycloheptenone NNHTs

---

I.B.2.c-5 Goddarrd, J.D., Schwan, A.L. et al., *JACS*, **117**, 184.

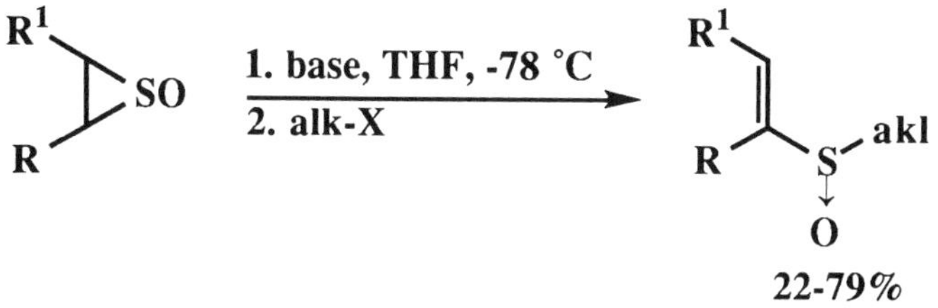

R^1R-epoxysulfoxide → 1. base, THF, -78 °C; 2. alk-X → R^1RC=C(S(O)-alk) (22-79%)

I.B.2.c-6 Machiguchi, T., Nozoe, T. et al., *JACS*, **117**, 1258

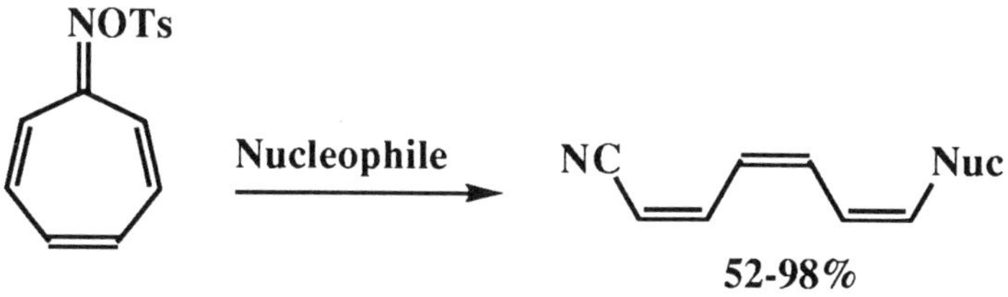

tropone NOTs + Nucleophile → NC-CH=CH-CH=CH-CH=CH-Nuc (52-98%)

I.B.3. Other Carbon-Carbon Double Bond Forming Reactions

I.B.3-1 Amri, H. and Ben Ayed, T., *SC*, 3813.

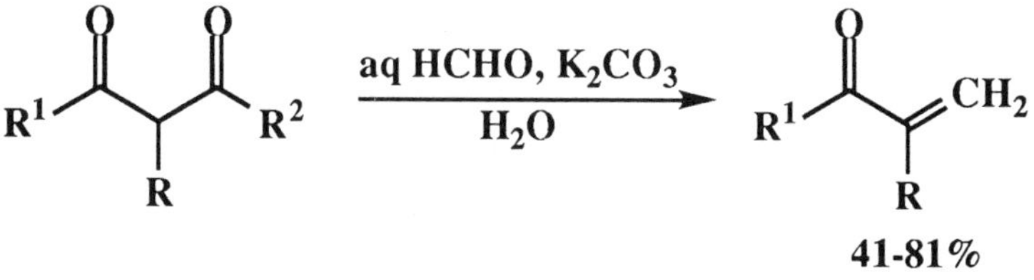

R^1C(O)-CHR-C(O)R^2 + aq HCHO, K_2CO_3, H_2O → R^1C(O)-C(R)=CH_2 (41-81%)

I.B.3-2 Mukaiyama, T. et al., *CL*, 229; Rodriguez, J. and Filippini, M.-H., *CC*, 33; Kloestra, K.R. and van Bekkum, H., *CC*, 1005; Chambus, R.J. and Marfat, J.C.H., *JHC*, 1401; **see also:** Murahashi, S.-I. et al., *JACS*, **117**, 12437.

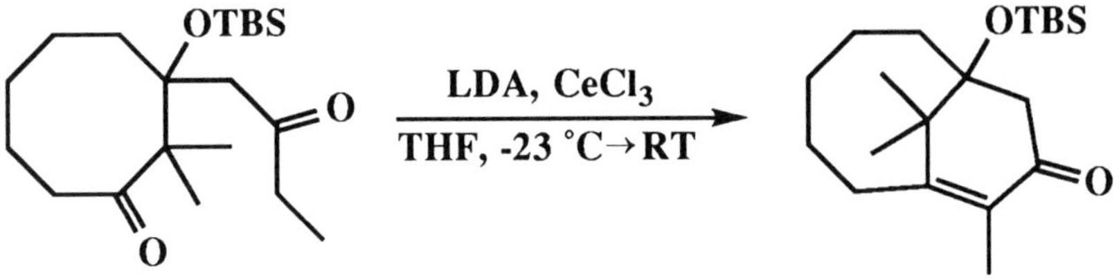

64%

I.B.3-3 Matsubara, S. et al., *CL*, 259.

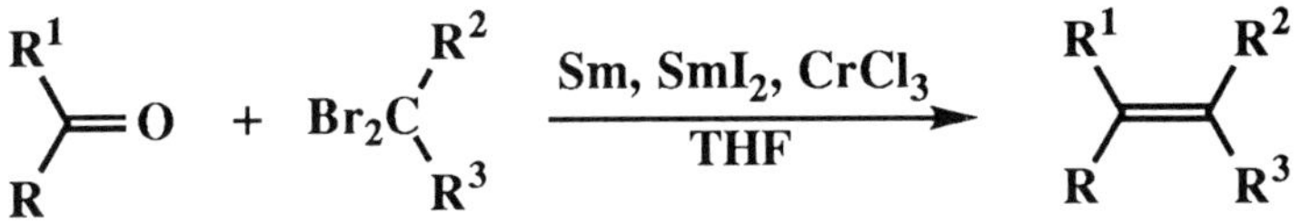

22-71%

I.B.3-4 Skarzewski, J. et al., *SC*, 2953.

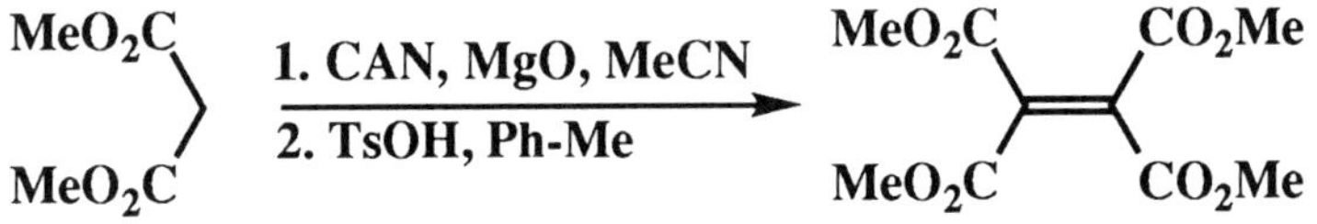

75%

I.B.3-5 Ohira, S. et al., *TL*, **36**, 1537, 8843; Satoh, T. et al., *TL*, **36**, 7097; **see also:** Chandrasekhar, S. et al., *TL*, **36**, 5071.

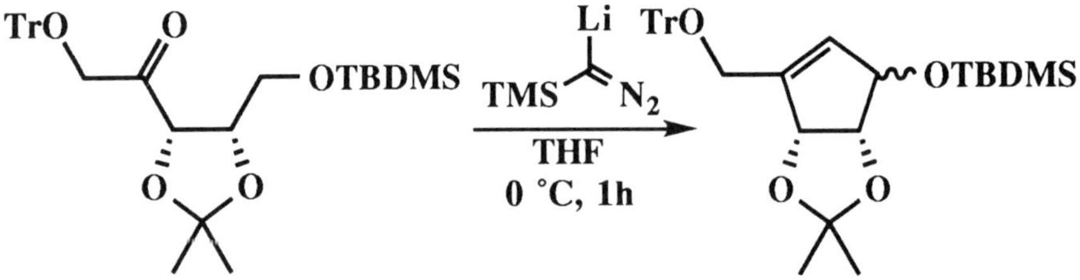

55-65%

I.B.3-6 Bartoli, G. et al., *AG(E)*, 2046.

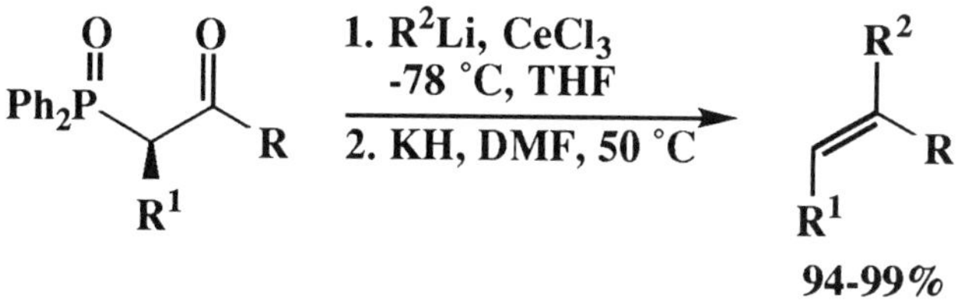

$$Ph_2P(O)-CH(R^1)-C(O)-R \xrightarrow[\text{2. KH, DMF, 50 °C}]{\text{1. } R^2Li, CeCl_3, -78 \text{ °C, THF}} R^2R^1C=CR$$

94-99%

I.B.3-7 Bergmeier, S.C. and Seth, P.P., *TL*, **36**, 3793.

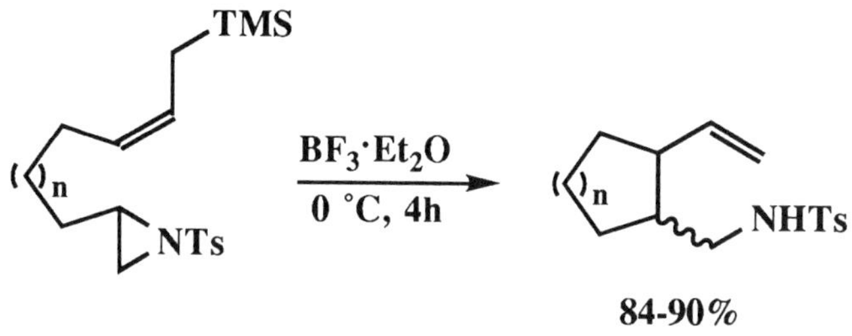

$$\xrightarrow{BF_3 \cdot Et_2O, \ 0 \text{ °C, 4h}}$$

84-90%

I.B.3-8 Black, T.H. et al., *SC*, **25**, 15.

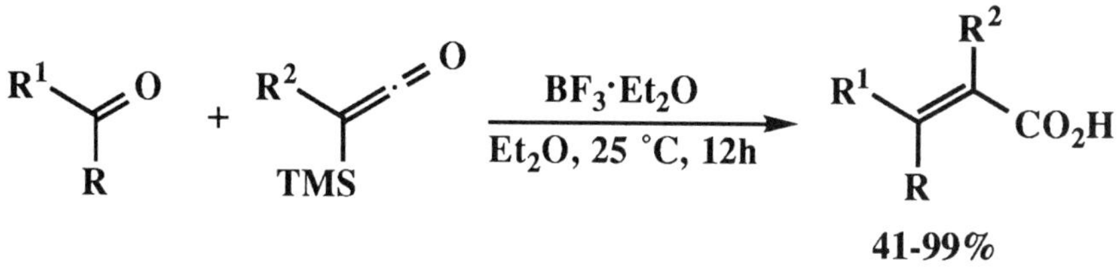

$$R^1C(O)R + R^2C(TMS)=C=O \xrightarrow{BF_3 \cdot Et_2O, \ Et_2O, 25 \text{ °C, 12h}} R^1(R)C=C(R^2)CO_2H$$

41-99%

I.B.3-9 Mateos, A.F. et al., *SL*, 409.

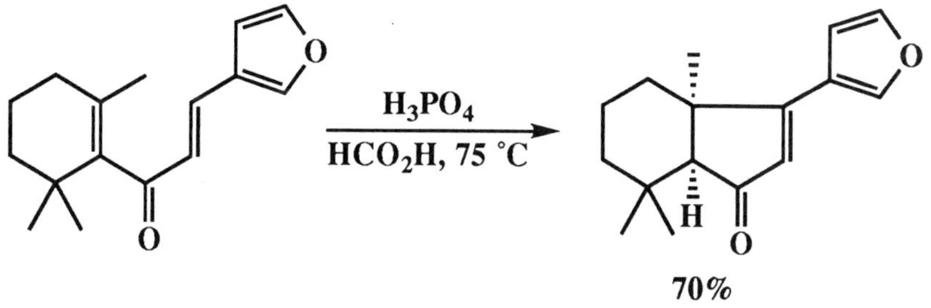

$$\xrightarrow{H_3PO_4, \ HCO_2H, 75 \text{ °C}}$$

70%

I.B.3-10 Isonoro, N. and Mori, M., *TL*, **36**, 9345.

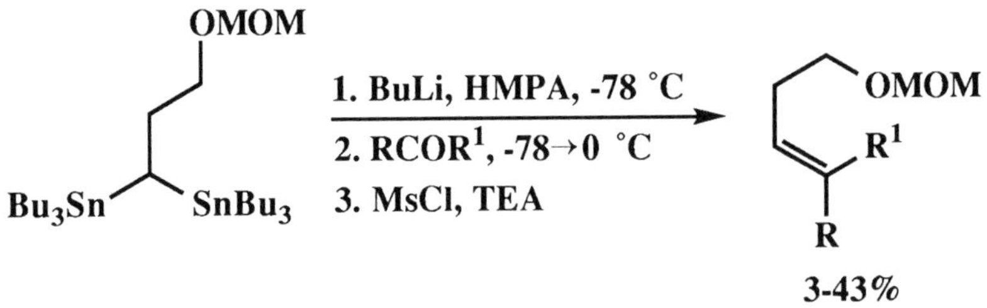
OMOM
Bu3Sn
SnBu3
1. BuLi, HMPA, -78 °C
2. RCOR1, -78→0 °C
3. MsCl, TEA
OMOM
R1
R
3-43%

I.B.3-11 Trost, B.M. et al., *JACS*, **117**, 5371.

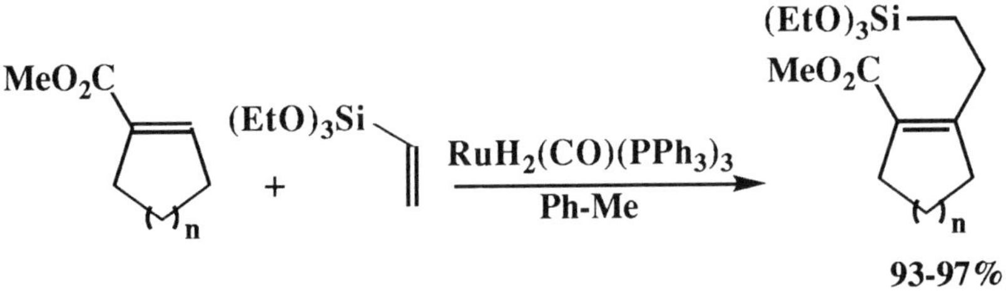
MeO2C
(EtO)3Si
+
n
RuH2(CO)(PPh3)3
Ph-Me
(EtO)3Si
MeO2C
n
93-97%

I.B.3-12 Creton, I., Marek, I. and Normant, J.-F., *TL*, **36**, 7451

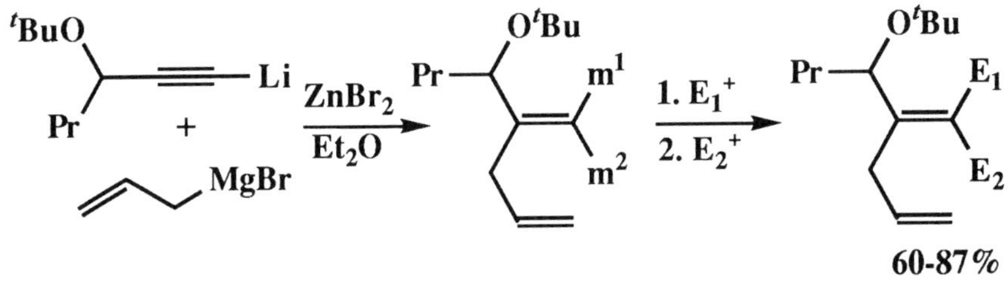
tBuO
Li
Pr
+
MgBr
ZnBr2
Et2O
OtBu
Pr
m1
m2
1. E1+
2. E2+
OtBu
Pr
E1
E2
60-87%

I.B.3-13 Hart, D.J. et al., *TL*, **36**, 7787.

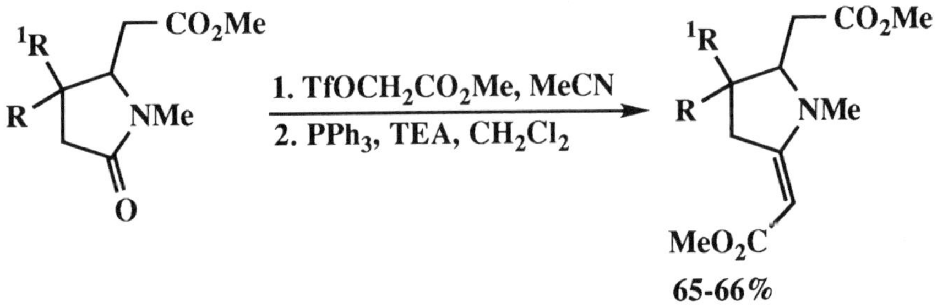
CO2Me
1R
R
NMe
O
1. TfOCH2CO2Me, MeCN
2. PPh3, TEA, CH2Cl2
CO2Me
1R
R
NMe
MeO2C
65-66%

I.B.3-14 Basavaiah, D. and Pandiaraju, S., *TL*, **36**, 757.

[Reaction: R-CH2-C(CN)=CH2 + MeC(OEt)3, EtCO2H, 145 °C → R-CH=C(CN)-CH2-CH2-CO2Et, 76-92%]

I.B.3-15 Crowe, W.E. and Goldberg, D.R., *JACS*, **117**, 5162.

[Reaction: CH2=CH-CN + CH2=CH-R, cat., CH2Cl2, 3h → R-CH=CH-R (0-20%) + R-CH=CH-CN (17-90%, cis:trans=3-9:1)]

cat. = $Mo(CHCMe_2Ph)(NAr)[OCMe(CF_3)_2]_2$

I.B.3-16 Magee, T.V. et al., *TL*, **36**, 7607; Martinez-Grau. A. and Curran, D.P., *JOC*, **60**, 8332; Bennett, S.M. et al., *T*, **51**, 11623.

[Reaction: bicyclic enyne with HO group → bicyclic exo-methylene product, Bu3SnH, AIBN, Ph-H, reflux, 80%]

I.B.3-17 Murai, S. et al., *CL*, 681; Tanaka, T. et al., *T*, **51**, 5543; Trost, B.M. et al., *JACS*, **117**, 615.

[Reaction: α-tetralone + R-C≡C-R1, $Ru(H_2)(CO)(PPh_3)_3$, Ph-Me, reflux → 8-alkenyl-α-tetralone, 55-99%]

I.B.3-18 Kawanami, Y. and Yamamoto, K., *SL*, 1232.

$$R-\!\!\!\equiv\ +\ Cl_3SiH\ \xrightarrow[CH_2Cl_2,\ rt,\ 13h]{[(\eta^3\text{-}C_3H_5)PCl]_2,\ P(OR)_3}\ R\!\!\diagup\!\!\diagdown\!\!\diagup\!\!\diagdown_{Cl_3Si}^{R\ \ R}\ +\ \diagup\!\!\diagdown\!\!\diagup\!\!\diagdown_{Cl_3Si}^{R\ \ R}$$

95%
(11:1)

I.B.3-19 Murai, S. et al., *JOC*, **60**, 1834.

$$R-\!\!\!\equiv\ +\ R^1{}_2Zn\ +\ TMS\text{-}I\ \xrightarrow{Pd(PPh_3)_4}\ \underset{R^1}{\overset{R}{\diagup\!\!\!=\!\!\!\diagdown}}\!TMS$$

27-98%

I.B.3-20 Srebnik, M. et al., *JOC*, **60**, 6260; Romo, D., Blunt, J.W., Munro, M.H.G. et al., *TL*, **36**, 5307.

$$R-\!\!\!\equiv\ \xrightarrow[2.\ ZnCl_2,\ \text{tetrahydropyranyl-Cl}]{1.\ HZrCp_2Cl,\ rt}\ R\!\!\diagup\!\!\!=\!\!\!\diagdown\text{-tetrahydropyran}$$

45-92%

I.B.3-21 Backvall, J.-E. et al., *OM*, **14**, 4242.

$$R-\!\!\!\equiv\ \xrightarrow[2.\ \text{allyl-Cl}]{1.\ PdCl_2,\ LiCl}\ \underset{Cl}{\overset{R}{\diagup\!\!\!=\!\!\!\diagdown}}\!\!\diagup\!\!\diagdown\!\!\diagup$$

60-80%
(Z:E=0.45-100:1)

I.B.3-22 Reddy, M.R. and Periasamy, M., *JOM*, **491**, 263.

$$RCH_2\!\!\diagup\!\!\diagdown\ \xrightarrow{Na_2Fe(CO)_4,\ CuCl,\ rt}\ R\!\!\diagup\!\!\!=\!\!\!\diagdown\!Me$$

75-87%

I.B.3-23 Butsugan, Y. et al., *JOC*, **60**, 1841.

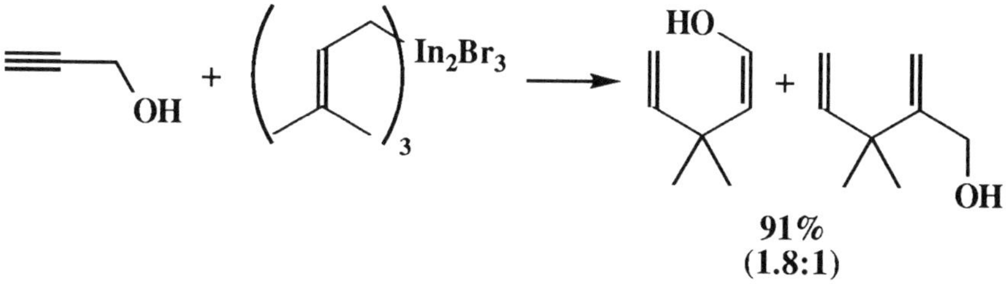

I.B.3-24 Bennett, F., Girijavallabhan, V.M. et al., *SL*, 1110.

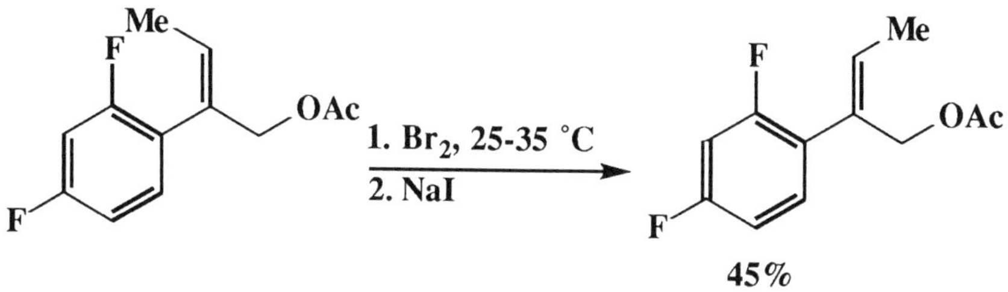

I.B.3-25 Wladislaw, B. et al., *TL*, **36**, 8367.

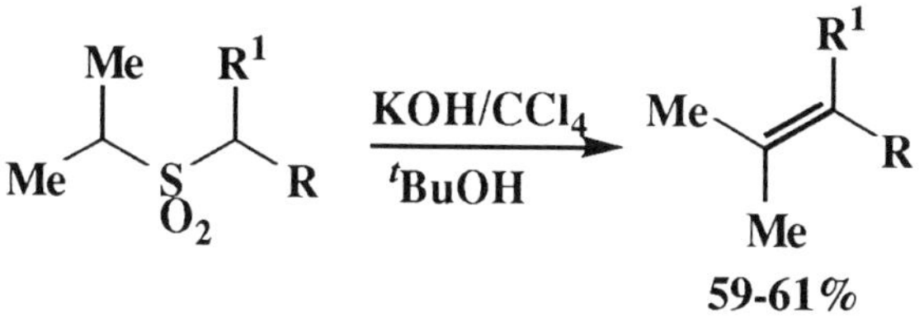

I.B.4. Vinylations

I.B.4-1 Chieffi, A. and Comasseto, J.V., *SL*, 671; Dabdoub, M.J. et al., *TL*, **36**, 7623.

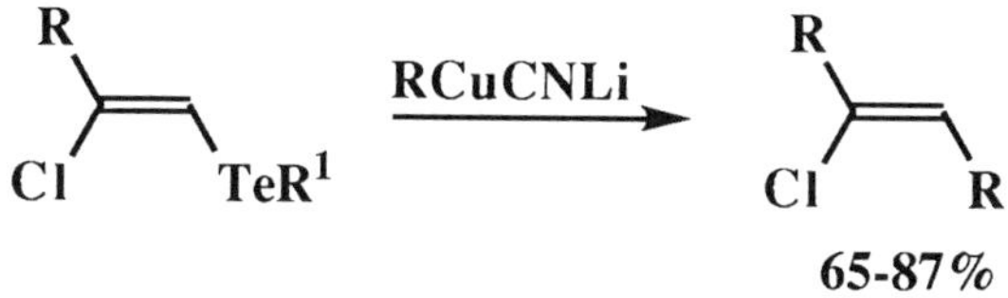

I.B.4-2 Linstrumelle, G. et al., *TL*, **36**, 4245.

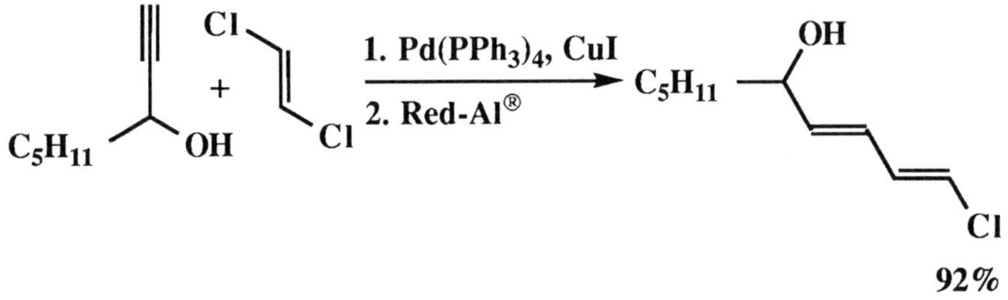

I.B.4-3 Hosomi, A. et al., *BSF*, **132**, 499.

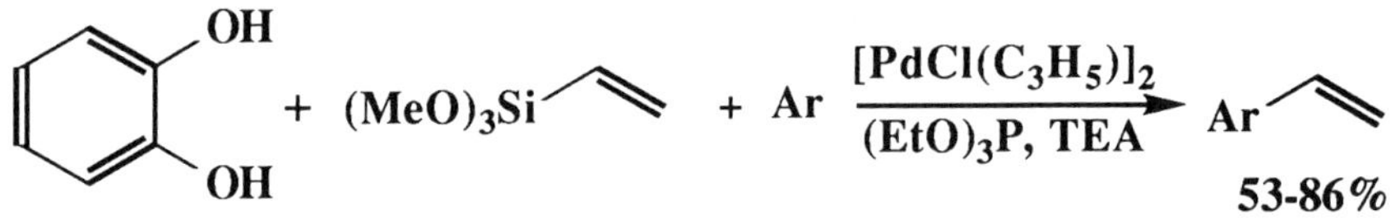

I.B.4-4 Quayle, P. et al., *TL*, **36**, 283.

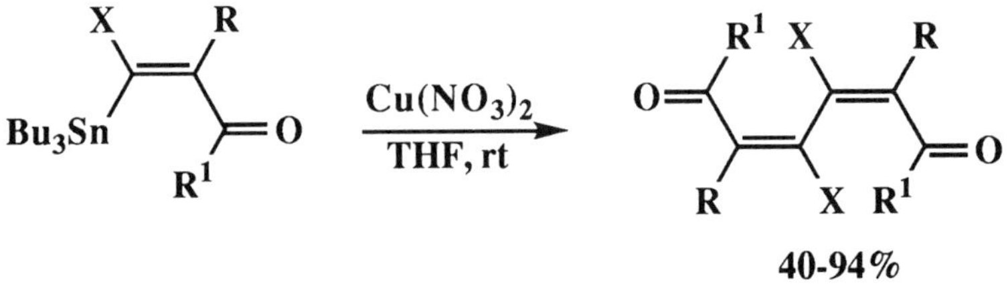

I.B.4-5 Larock, R.C. and Zenner, J.M., *JOC*, **60**, 482.

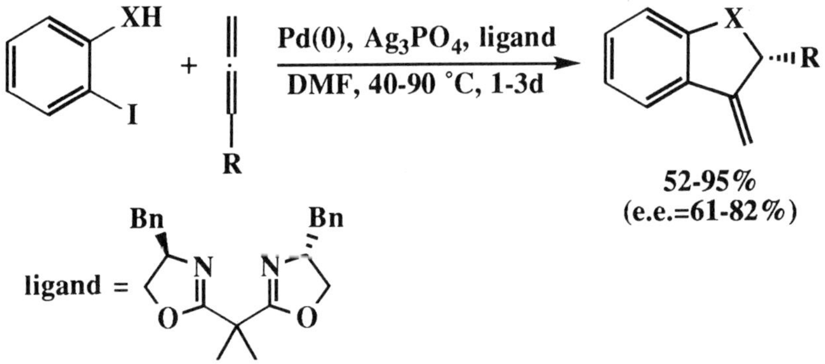

I.B.4-6 Carretero, J.C. et al., *T*, **51**, 8507.

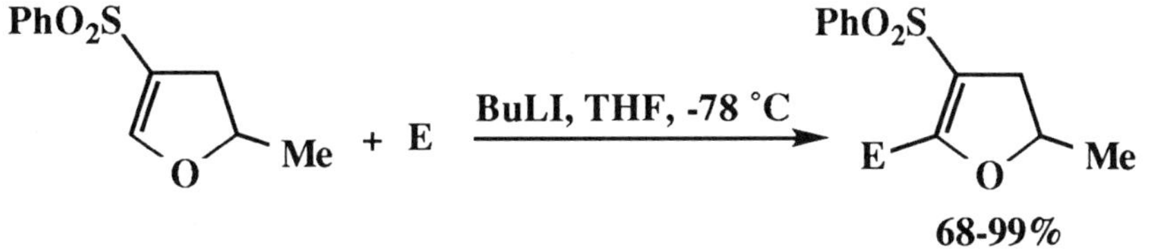

I.B.4-7 Wunsch, B. et al., *TA*, **6**, 1527; Draper, T.L. and Bailey, T.R., *SL*, 157; Bumagin, N.A. et al., *JOM*, **486**, 259; Cacchi, S. et al., *SL*, 677; Negishi, E. and Ma, S. *JACS*, **117**, 6345; Lu, X. et al., *S*, 769; **see also:** Iyer, S., *JOM*, **490**, C27; Herrmann, W.A. et al., *JOM*, **491**, C1; **see also:** Sugihara, T. et al., *TL*, **36**, 5547.

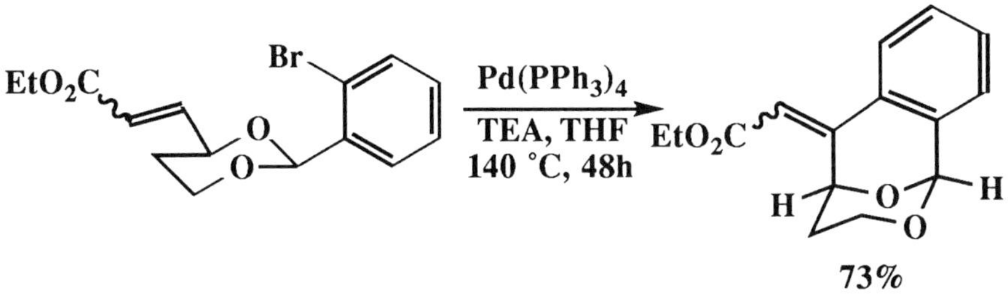

I.B.4-8 Sengupta, S. and Bhattacharyya, S., *TL*, **36**, 4474; **see also:** Beller, M. and Kuhlein, K., *SL*, 441.

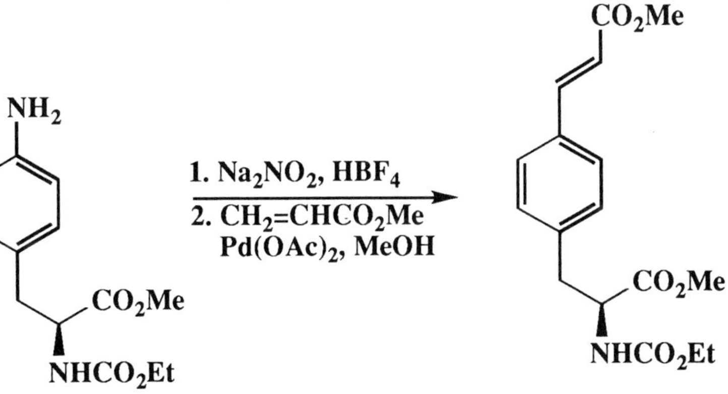

I.B.4-9 Quayle, P. et al., *SL*, 1264; Wang, J. and Scott, A.I., *TL*, **36**, 7043; Takeda, T. et al., *T*, **51**, 2515; Paley, R.S. et al., *TL*, **36**, 3605; **see also:** Hodgson, D.M. et al., *SL*, 32, 267; Gibbs, R.A. et al., *JOC*, **60**, 7821; Rossi, R. et al., *SL*, 344.

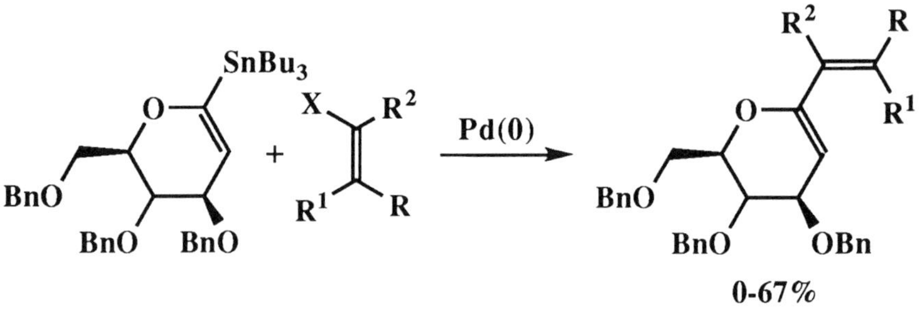

0-67%

I.B.4-10 Hutzinger, M.W. and Oehlschlager, A.C., *JOC*, **60**, 4595.

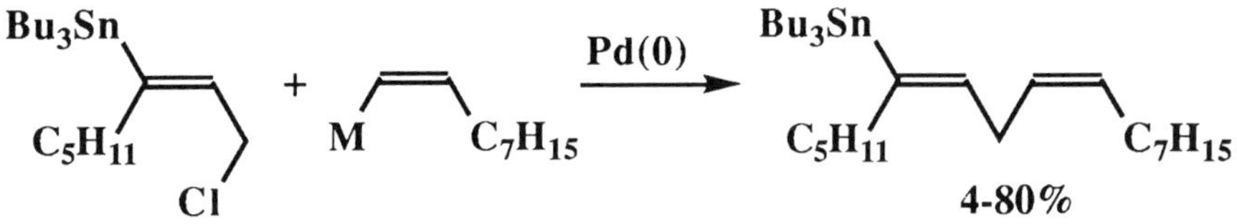

4-80%

I.B.4-11 Sasaki, K. et al., *BSJ*, **68**, 3137.

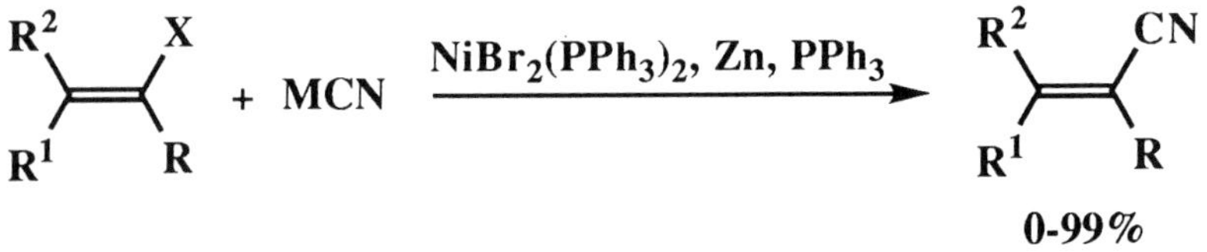

0-99%

I.B.4-12 Sato, F. et al., *JOC*, **60**, 290.

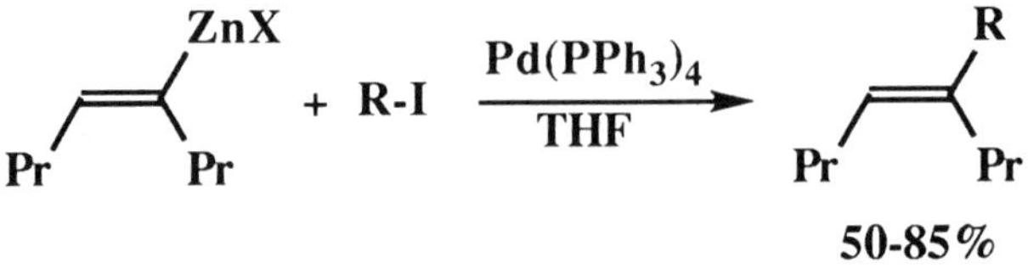

50-85%

I.B.4-13 Naso, F. et al., *CC*, 2523.

$$R\text{-CH=CH-TMS} \xrightarrow[\substack{\text{2. EtOH/Ph-H} \\ \text{3. Ar-X, Pd(PPh}_3)_4\text{, NaOH}}]{1.\ BCl_3} R\text{-CH=CH-Ar}$$

40-68%

I.B.5. Allene Forming Reactions

I.B.5-1 Aurrecoechea, J.M. and Solay, M., *TL*, **36**, 2501; **see also:** Baldwin, J.E. et al., *TL*, **36**, 7925; **see also:** Bailey, W.F. and Aspris, P.H., *JOC*, **60**, 754.

[epoxy alkyne + R³C(O)R⁴ → allene diol]

$$\xrightarrow{SmI_2}_{THF,\ 0\ °C}$$

38-96%

I.B.5-2 Mikami, K., Inanaga, J. et al., *TL*, **36**, 907.

$$Ph\text{-}C{\equiv}C\text{-}CH(Et)OP(O)(OEt)_2 \xrightarrow[^tBuOH/THF]{Pd(PPh_3)_4,\ SmI_2} Ph\text{-}CH{=}C{=}CH\text{-}Et$$

80%

I.B.5-3 Cunico, R.F. and Kuan, C.P., *JOM*, **487**, 89; Cunico, R.F. and Zhang, C., *SC*, **25**, 503.

$$R^1CH_2\text{-}C(OP(O)(OEt)_2){=}C(R)N(TMS)_2 \xrightarrow{LDA,\ TMS\text{-}Cl} (TMS)(R^1)C{=}C{=}C(R)N(TMS)_2$$

70-74%

I.B.5-4 Chow, H.-F. et al., *JCS(P1)*, 193; Wang, K.K. et al., *TL*, **36**, 3785.

$$\text{TMS}-\underset{R}{CH}-C\equiv C-\underset{R^2}{\overset{R^1,\,OAc}{C}} \xrightarrow[\text{THF/Et}_2\text{O, -10 °C, 5min}]{\text{Bu}_4\text{NF}} \underset{R}{\overset{H}{C}}=C=\underset{R^2}{\overset{R^1}{C}}$$

70-93%

I.B.5-5 Ogashi, S., Kurosawa, H., et al., *JOC*, **60**, 4650.

$$R-C\equiv C-CH_2-OCO_2R^1 \xrightarrow[\text{Ph-Me, }\Delta]{\text{Pd(PPh}_3)_4} \quad \text{allene-yne product} \;+\; \text{diyne product}$$

4-85%
(≤19:1)

I.B.5-6 Uemura, S. et al., *JOC*, **60**, 4114.

$$R-CH_2-\underset{SeFe^*}{C}=CH-CO_2Et \xrightarrow{\text{MCPBA}} \underset{H}{\overset{R}{C}}=C=\underset{CO_2Et}{\overset{H}{C}}$$

Fe* = chiral ferrocenyl

21-59%
(e.e. = ≤89%)

I.B.5-7 Fuji, K. et al., *TL*, **36**, 9513.

$$R-CH=\underset{CO_2BHT}{\overset{R^1}{C}} \xrightarrow[\text{2. }(MeO)_2P(O)CH_2CO_2Me,\,LDA,\,-78\,°C]{1.\,R^2Li,\,SnCl_2} \underset{R^2}{\overset{R^1}{C}}R-CH=C=CH-CO_2H$$

46-76%

I.B.5-8 Lai, G. and Anderson, W.K., *SC*, 4087.

$$\underset{R}{\overset{HO}{>}}{-}{\equiv} \quad \xrightarrow[\text{EtCO}_2\text{H, 105-110 °C}]{\text{MeC(OMe)}_3} \quad \underset{\text{CH}_2\text{CO}_2\text{Et}}{\overset{R}{>}={\cdot}{=}\langle}$$

56-80%

I.B.5-9 Burton, D.J. et al., *JFC*, **75**, 83

$$\text{CF}_3\text{CH}{=}\text{CF}_2 \quad \xrightarrow[\text{2. rt, vacuum}]{\text{1. }^t\text{BuLi, Et}_2\text{O}} \quad \text{CF}_2{=}\text{C}{=}\text{CF}_2$$

72%

I.B.5-10 Kirms, L.M. et al., *TL*, **36**, 7979.

<img of methylenecyclopropene with Me, Me, R, TMS> $\xrightarrow{h\nu}$ <img of allene product Me, Me, R, TMS>

65-85%

I.C. Carbon-Carbon Triple Bonds

I.C-1 Wender, P.A. et al., *TL*, **36**, 209; **see also:** Vasella, A. et al., *HCA*, **78**, 177, 242, 732, 1219, 2053;

[reaction scheme: CHO/TMS substrate with CsF, Ac₂O, MeCN → diyne product with OAc]

83%
(α:β=1:2)

I.C-2 Diederich, F. et al., *HCA*, **78**, 779, 797; Karp, G.M., *JOC*, **60**, 5814; Koseki, Y. and Nagasaka, T., *CPB*, **43**, 1604; Bates, R.W. et al., *T*, **51**, 8199; Bleicher, L. and Cosford, N.D.R., *SL*, 1115; Okita, T. and Isobe, M., *T*, **51**, 3737.

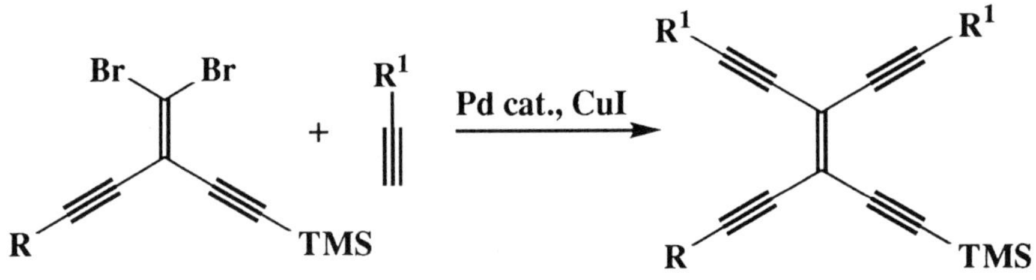

I.C-3 de Araujo, M.A. and Comasseto, J.V., *SL*, 1145.

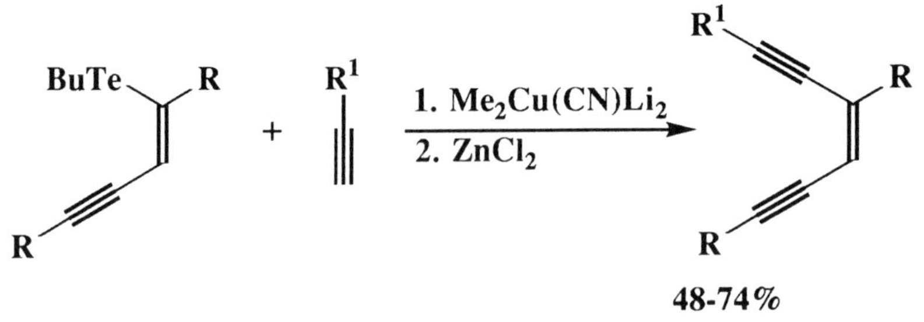

I.C-4 Yamaguchi, M. et al., *SL*, 1181.

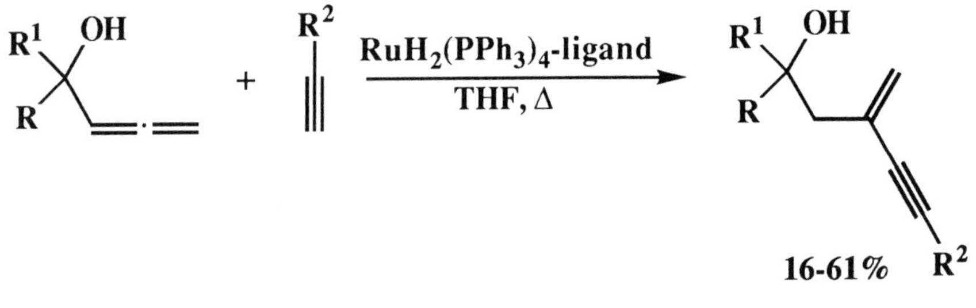

I.C-5 Satoh, T. et al., *T*, **51**, 9327.

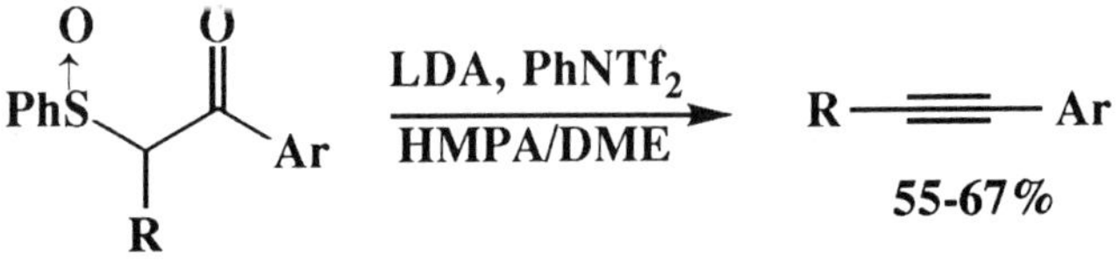

I.C-6 Ikeda, S. et al., *JOC*, **60**, 5752; Ferezou, J.P. et al., *SL*, 435.

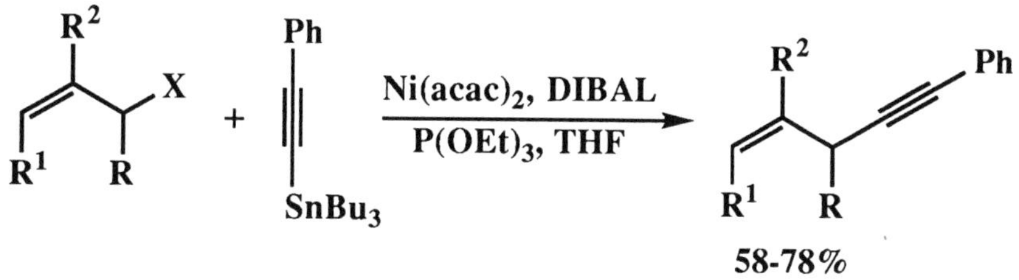

[Reaction: allylic halide with R², R¹, R, X substituents + Ph-C≡C-SnBu₃, with Ni(acac)₂, DIBAL, P(OEt)₃, THF → enyne product, 58-78%]

I.C-7 Greene, A.E. et al., *JOC.*, **60**, 7690; **see also:** Suffert, J. and Toussaint, D., *JOC*, **60**, 3550.

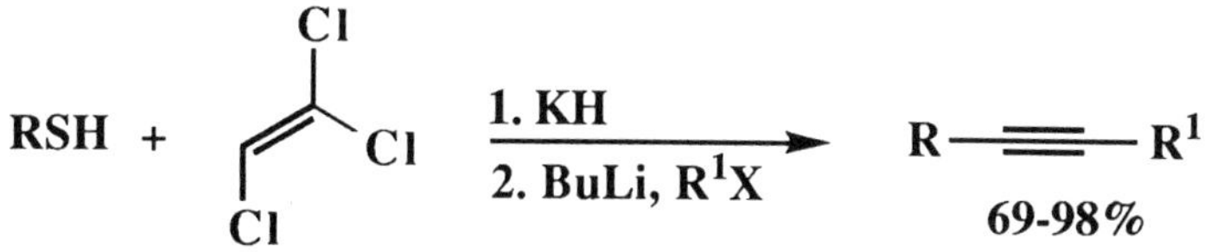

RSH + CCl₂=CHCl (trichloroethylene) → 1. KH; 2. BuLi, R¹X → R−≡−R¹, 69-98%

I.C-8 Mori, M. et al., *CL*, 627.

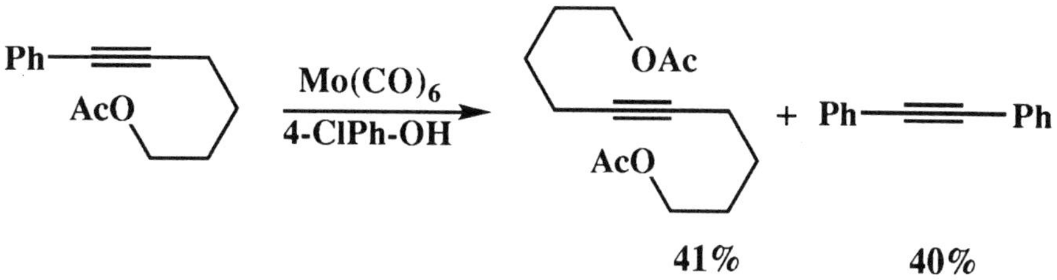

[Ph-C≡C-CH(OAc)-(CH₂)₆- cyclic propargyl acetate, with Mo(CO)₆, 4-ClPh-OH → cyclic allene-acetate product (41%) + Ph−≡−Ph (40%)]

I.C-9 Yamada, O. and Ogasawa, K., *SL*, 427.

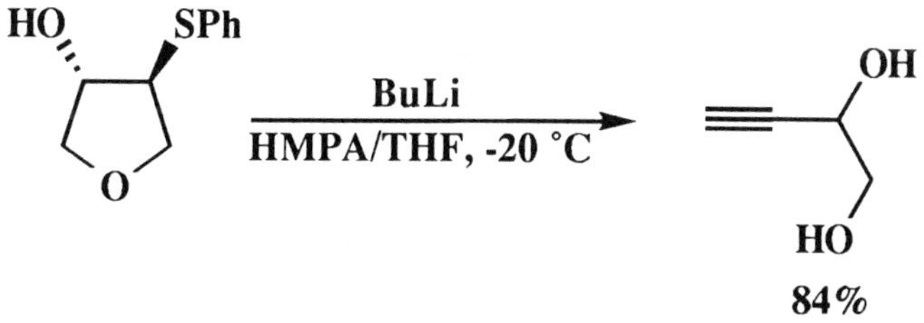

[3-hydroxy-4-(phenylthio)tetrahydrofuran, BuLi, HMPA/THF, -20 °C → HC≡C-CH(OH)-CH₂OH type diol, 84%]

I.C-10 Zard, S.Z. et al., *TL*, **36**, 5737.

$$R^1\text{-CO-CHR-CO}_2R^2 \xrightarrow[\text{2. NaNO}_2, \text{FeSO}_4, \text{AcOH}]{\text{1. NH}_2\text{OH}} R^1\text{≡}R$$
$$62\text{-}89\%$$

I.C-11 Otera, J. et al., *SL*, 628; **see also:** Fukumoto, K., et al., *T*, **51**, 9873.

$$\underset{\text{SPh}}{\overset{\text{SPh}}{R\text{-C=C-}R^1}} \xrightarrow{\text{LiC}_{10}\text{H}_7} R\text{≡}R^1$$
$$67\text{-}89\%$$

I.C-12 Midura, W.H. and Mikolajczyk, M., *TL*, **36**, 2871.

$$(\text{EtO})_2\overset{O}{\underset{\|}{P}}\text{-C(SePh)=CHR} \xrightarrow{\text{Ph-H, reflux}} (\text{EtO})_2\overset{O}{\underset{\|}{P}}\text{-≡-}R$$
$$81\text{-}95\%$$

I.D. Cyclopropanations

I.D.1. Carbene or Carbenoid Additions to a Multiple Bond

I.D.1-1 Lynch, K.M. and Daily, W.P., *JOC*, **60**, 4666; Li, G. and Warner, P.M., *TL*, **36**, 8573.

$$\text{CH}_2\text{=C(CH}_2\text{Cl)}_2 + \text{CHBr}_3 \xrightarrow{\text{OH}^-,\, 40\,°\text{C}} \text{cyclopropane(Br}_2\text{)(CH}_2\text{Cl)}_2$$
$$80\%$$

I.D.1-2 Kukuda, T. and Katsuki, T., *SL*, 825; Nishiyama, H. et al., *BCJ*, **68**, 1247; Yoshikawa, K. and Achiwa, K., *CPB*, **43**, 2048; Henry, K.J. and Fraser-Reid, B., *TL*, **36**, 8901; Chelucci, G. and Saba, A., *TL*, **36** 4673; Matsumoto, M. et al., *CC*, 101; Demonceau, A. et al., *TL*, **36**, 8419; see also: Vangveravong, S. and Nichols, D.E., *JOC*, **60**, 3409.

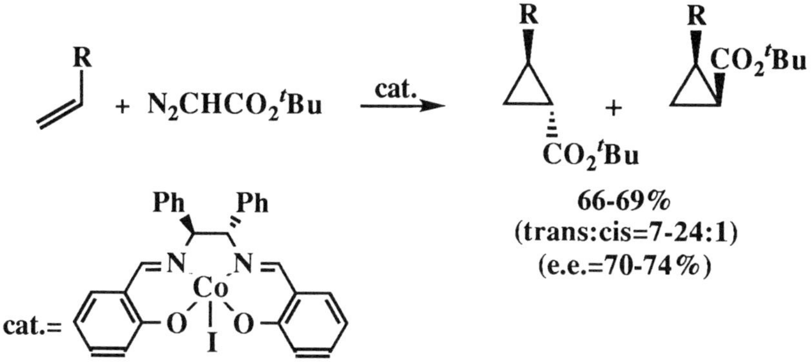

66-69%
(trans:cis=7-24:1)
(e.e.=70-74%)

I.D.1-3 Doyle, M.P. and Martin, S.F. et al., *JACS*, **117**, 5763, 11021; Doyle, M.P. et al., *RTC*, **114**, 163; Mateos, A.F. and Barba, A.M.L., *JOC*, **60**, 3580; Corey, E.J. et al., *TL*, **36**, 8745; Pfaltz, A. et al., *SL*, 491; see also: Perez-Prieto, J., Lahuerta, P. et al., *SL*, 1121.

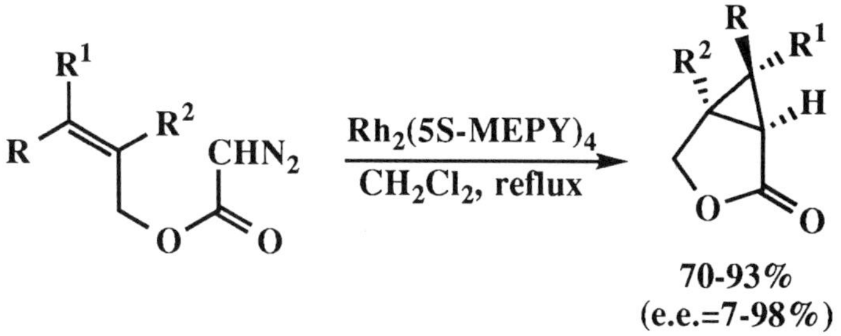

70-93%
(e.e.=7-98%)

MEPY= methyl 2-pyrrolidine-5(S)-carboxylate

I.D.1-4 Hasegawa, E. et al., *TL*, **36**, 6915.

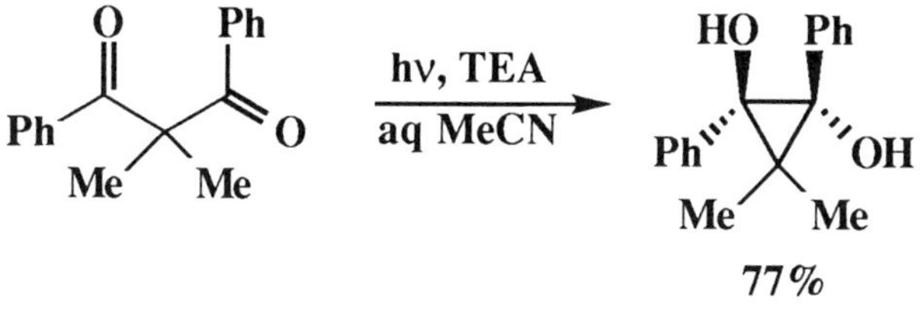

77%

I.D.1-5 Ochiai, M. et al., *JOC*, **60**, 2624.

[Reaction: Me₂C=CH–I⁺Ph BF₄⁻ + ArCH=CH₂ → (with ᵗBuOK) → Me₂C=(cyclopropyl)–Ar, 68%]

I.D.1-6 Charette, A.B. et al., *JOC*, **60**, 1081; Carette, A.B. and Lenbel, H., *JOC*, **60**, 2966, Charette, A.B. and Brochu, *JACS*, **117**, 11367; Katsuki, T. et al., *CL*, 1113; Kobayashi, S. et al., *T*, **51**, 12013; Denmark, S.E. et al., *TL, 36, 2215, 2219*; Kang, J. et al., *JOC*, **60**, 564; **see also:** Mohr, P., *TL*, **36**, 7221; Piers, E. and Coish, P.D., *S*, 47; **see also:** Lautens, M. and Delanghe, P.H.M., *JOC*, **60**, 2474.

[Reaction: PhCH=CHCH₂OH with 1. Me₂NOC–CH(O)–B(Bu)–(O)CH–CONMe₂, CH₂Cl₂, -15 °C; 2. Zn, CH₂I₂·DME, CH₂Cl₂, -10 °C, 2h → Ph-cyclopropyl-CH₂OH, ≥98% (e.e.=93%)]

I.D.2. Other Cyclopropanations

I.D.2-1 Hanessian, S. et al., *JACS*, **117**, 10393; Katritzky, A.R. and Jiang, J., *JOC*, **60**, 6, 7597; Dauben, W.G. and Lewis, T.A., *SL*, 857.

[Reaction: cyclohexyl-N(Me)–P(=O)–N(Me)–CH₂CH=CHCl chiral phosphonamide + 2-methylcyclopent-2-enone, BuLi, THF, -78 °C → bicyclic cyclopropanated product, 90%]

I.D.2-2 Motherwell, W.B. and Roberts, *TL*, **36**, 1121

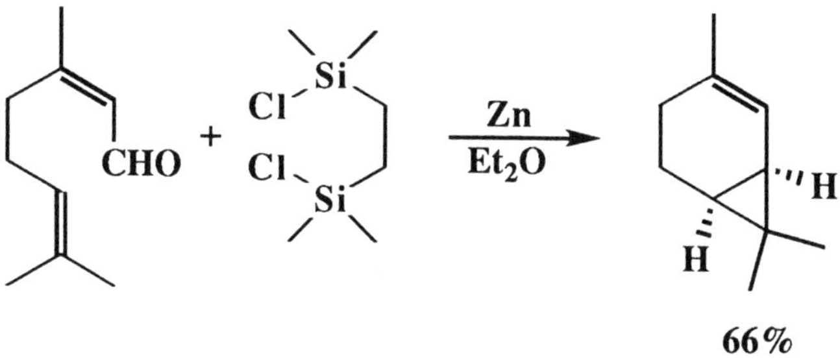

I.D.2-3 Guijerro, D. and Yus, M., *T*, **51**, 11445.

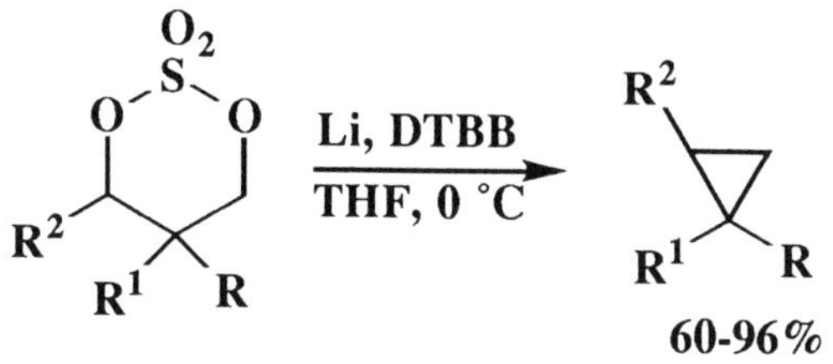

I.D.2-4 Kasatkin, A. Sato, F., *TL*, **36**, 6079.

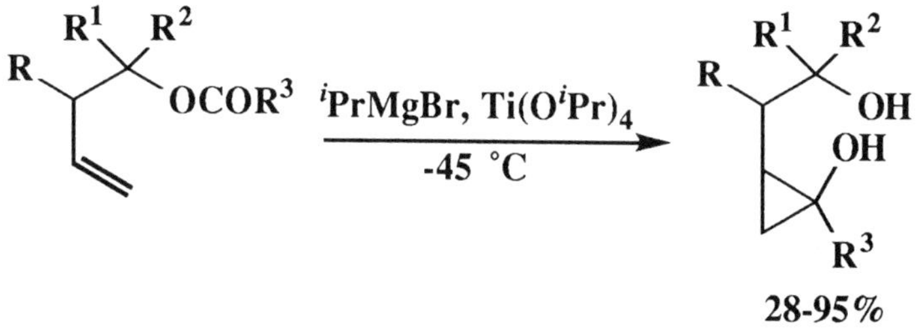

I.D.2-5 Harada, T., Wada, H. and Oku, A., *JOC*, **60**, 5370.

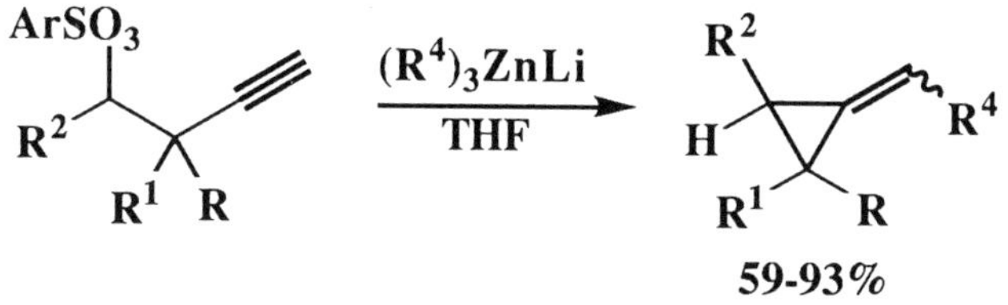

I.D.2-6 Marek, I., Normant, J.F. et al., *JOC*, **60**, 2488.

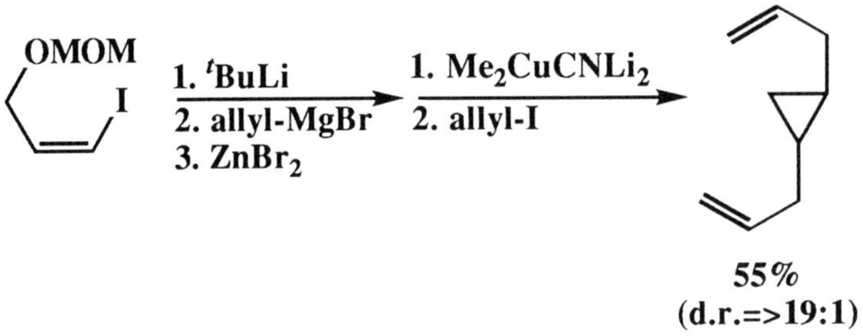

I.D.2-7 Takeda, T. et al., *TL*, **36**, 8835.

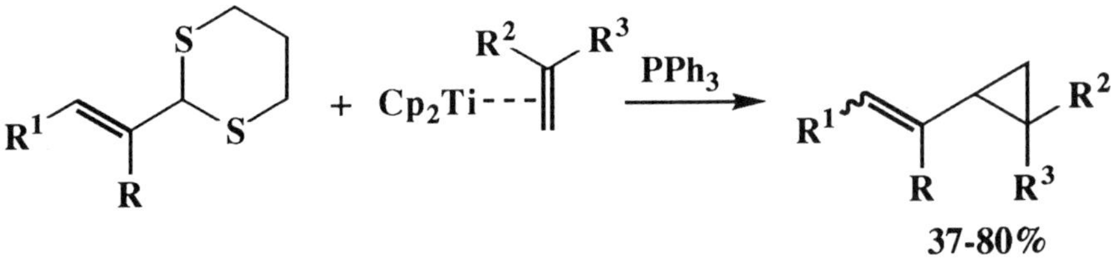

I.D.2-8 Tamura, Y. et al., *T*, **51**, 6881.

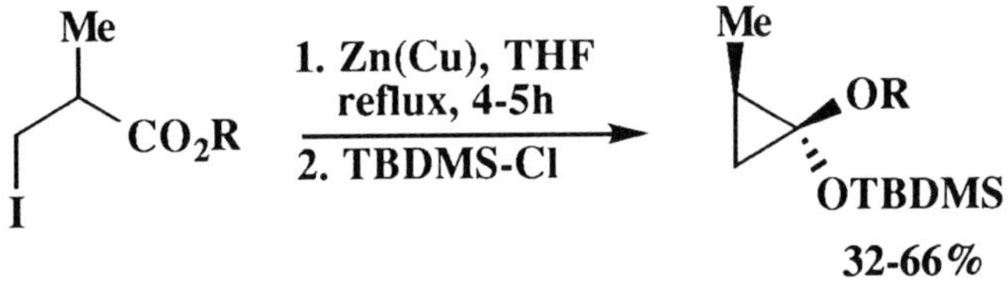

I.D.2-9 Hoye, T.R. and Vyvyan, J.R., *JOC*, **60**, 4184; Barluenga, J. et al., *CC*, 665; Barluenga, J., Concellon, J.M. et al., *TL*, **36**, 3937; Hoffman, M. and Reissig, H.-U., *SL*, 625.

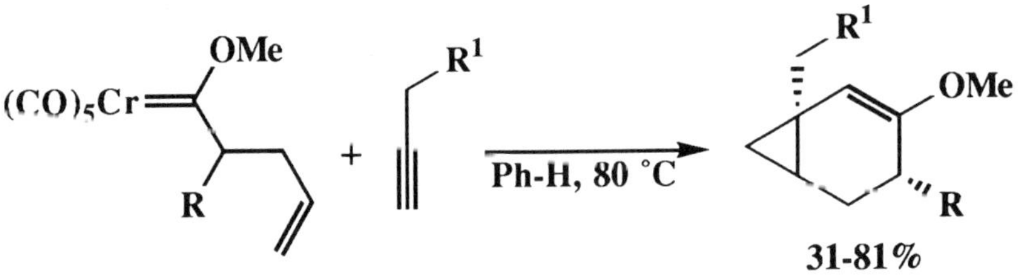

I.D.2-10 Suzuki, K., et al., *SL*, 739; Sato, T. and Nagasuka, S., *SL*, 653.

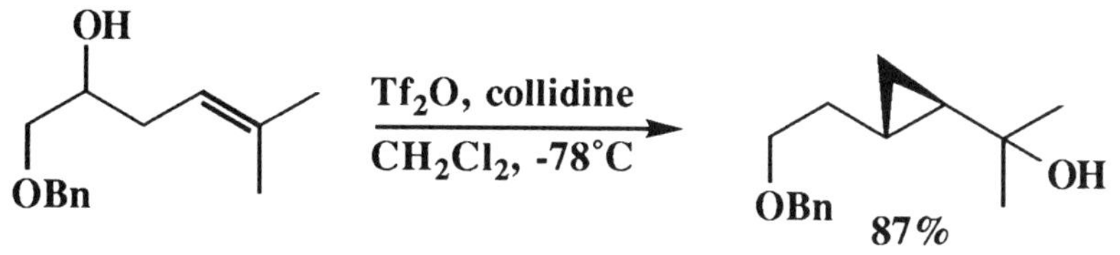

[Reaction: homoallylic alcohol with OBn group + Tf$_2$O, collidine, CH$_2$Cl$_2$, −78°C → cyclopropane product with OBn and C(CH$_3$)$_2$OH, 87%]

I.D.2-11 Dyker, G. et al., *AG(E)*, 2502.

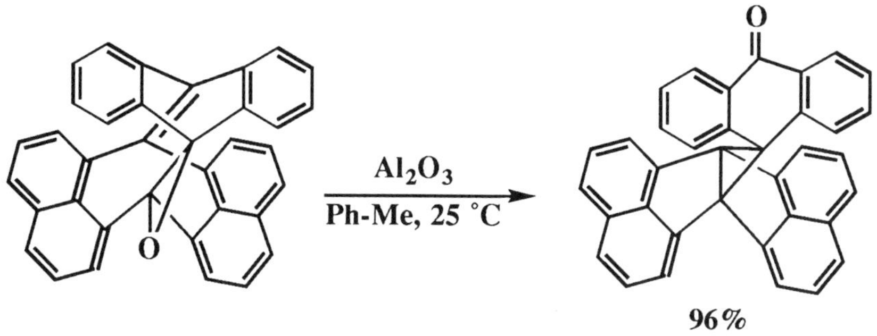

[Reaction: epoxide of bis-acenaphthylene adduct + Al$_2$O$_3$, Ph-Me, 25 °C → rearranged ketone product, 96%]

I.D.2-12 Fedorynski, M. and Jonczyk, A., *OPP*, **27**, 355.

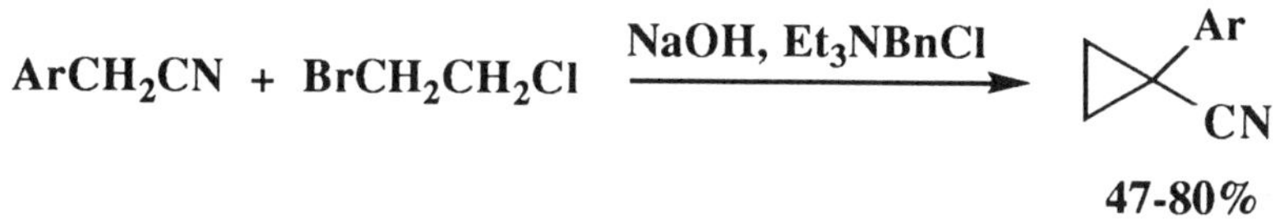

$$\text{ArCH}_2\text{CN} + \text{BrCH}_2\text{CH}_2\text{Cl} \xrightarrow{\text{NaOH, Et}_3\text{NBnCl}} \text{cyclopropane with Ar and CN}$$

47-80%

I.D.2-13 Cha, J.K. et al., *JACS*, **116**, 9919

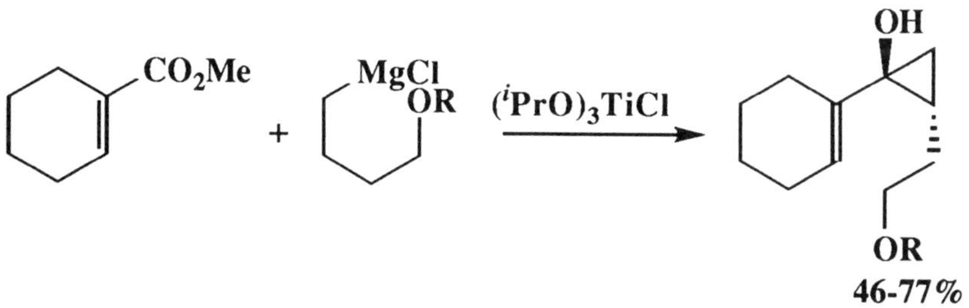

[Reaction: methyl cyclohex-1-enecarboxylate + tetrahydropyranyl-CH$_2$MgCl (OR), (^{i}PrO)$_3$TiCl → cyclopropanol product with cyclohexenyl and CH$_2$CH$_2$OR, 46-77%]

I.E. Thermal and Photochemical Reactions

I.E.1. Cycloadditions

I.E.1-1 Cataviela, C. et al., *S*, 671.

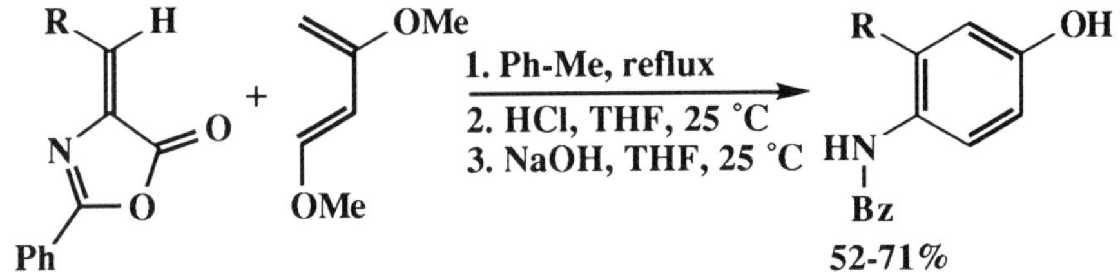

52-71%

I.E.1-2 Nair, V. et al., *TL*, **36**, 1605; see also: Aggarwal, V.K. et al., *JOC*, **60**, 4962.

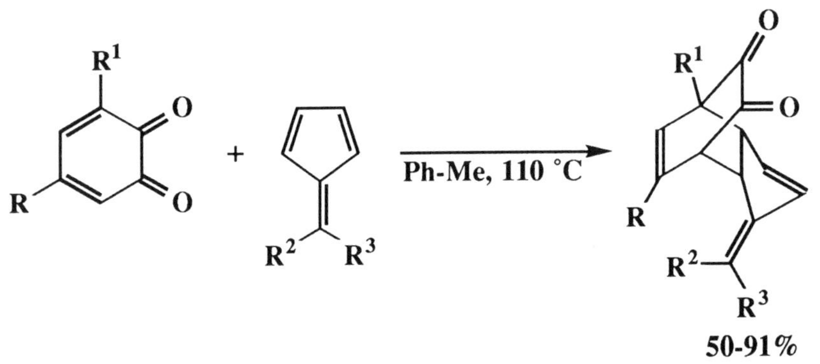

50-91%

I.E.1-3 Roush, W.R. and Coffey, D.S., *JOC*, **60**, 4412; Sulikowski, G.A. and Kim, K., *AG(E)*, 2396; Paddon-Row, M.N. et al., *TL*, **36**, 1129.

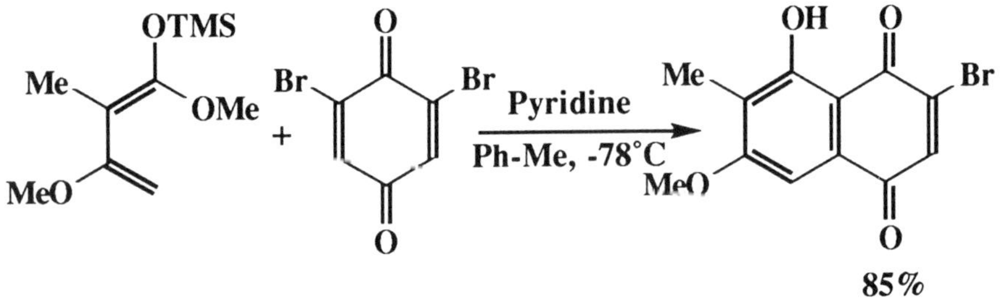

85%

I.E.1-4 Caine, D. and Collison., *SL*, 503.

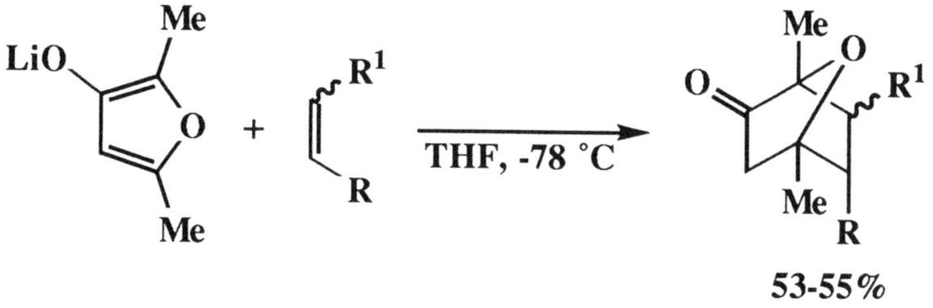

[Reaction scheme: 2,5-dimethyl-3-lithioxyfuran + alkene (R¹, R), THF, −78 °C → bicyclic ketone product, 53-55%]

I.E.1-5 Grieco, P.A., Ghosez, L. et al., *SL*, 565.

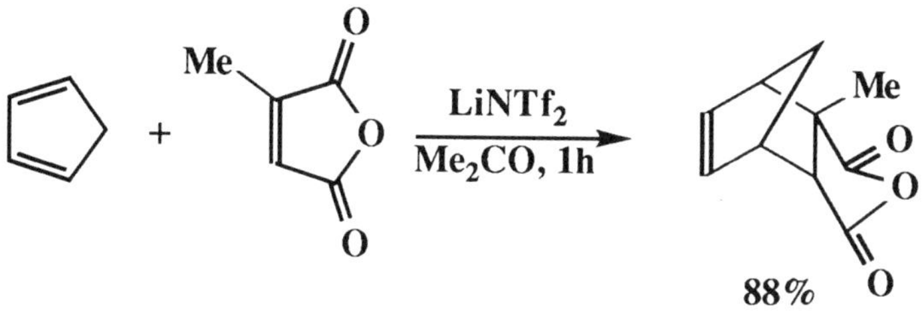

[Reaction scheme: cyclopentadiene + methylmaleic anhydride, LiNTf$_2$, Me$_2$CO, 1h → norbornene anhydride, 88%]

I.E.1-6 Back, T.G. and Wehrli, D. et al., *SL*, 1123; Buone, G., *JOC*, **60**, 852.

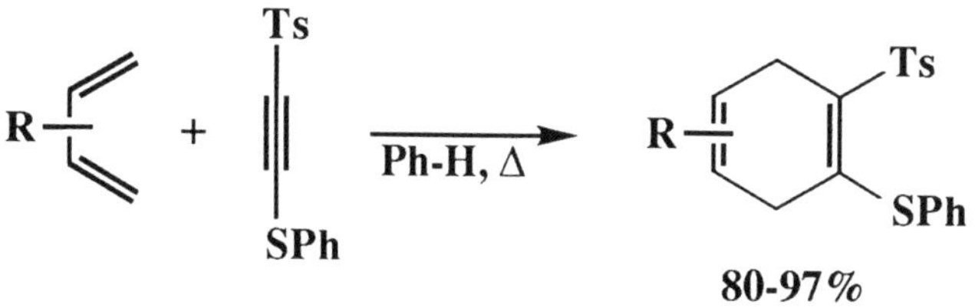

[Reaction scheme: diene (R) + Ts-C≡C-SPh, Ph-H, Δ → cyclohexadiene with Ts and SPh, 80-97%]

I.E.1-7 Barluenga, J. et al., *CC*, 1973.

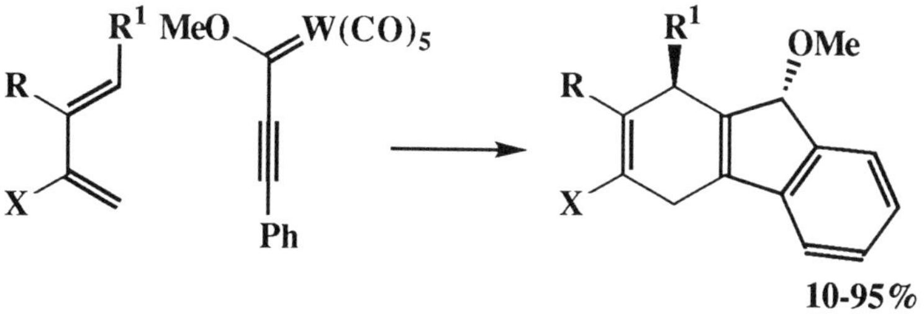

[Reaction scheme: diene (R¹, R, X) + MeO-C(W(CO)$_5$)-C≡C-Ph → fluorene derivative with OMe, 10-95%]

I.E.1-8 Skowronska, A. et al., *TL*, **36**, 8133, 8129; Pindar, U. and Rogge, M., *H*, **41**, 2785; Grieco, P.A. et al., *SL*, 1155; Somei, M. et al., *H*, **41**, 2157.

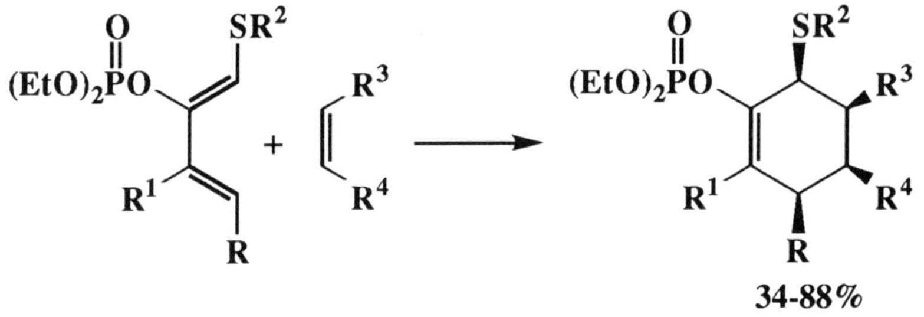

I.E.1-9 Haider, N., *H*, **41**, 2519; Haider, N. and Staschek, W., *M*, **126**, 211; Nesi, R. et al., *CC*, 2201.

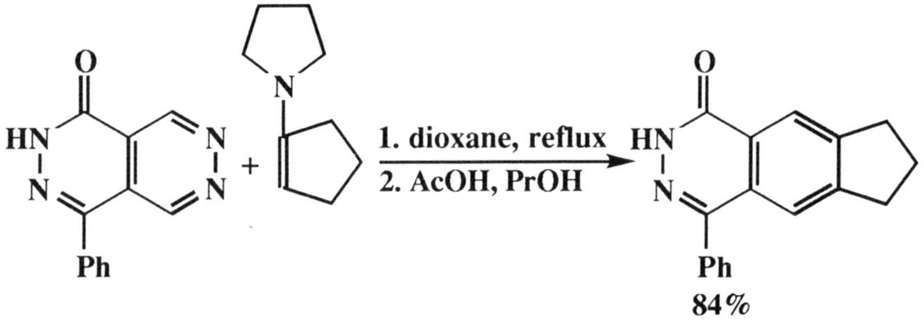

I.E.1-10 Winterfeldt, E. et al., *AG(E)*, 448; **see also:** Kerr, M.A., *SL*, 1165; **see also:** Nozoe, T., Takeshita, H. et al., *SL*, 375.

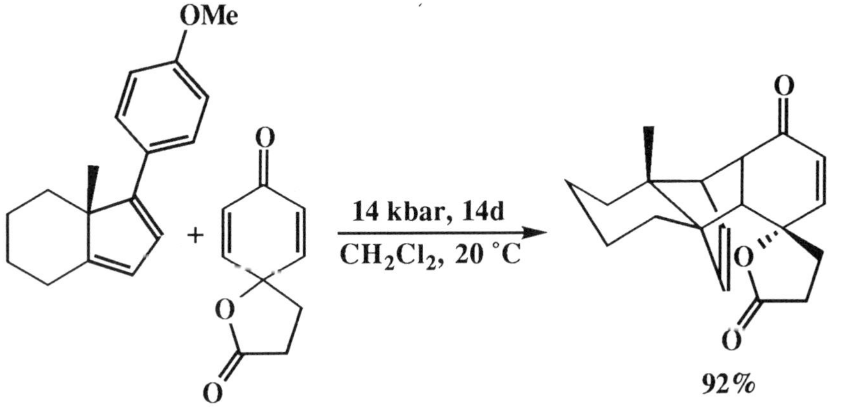

I.E.1-11 Nakatami, M. et al., *TL*, **36**, 5939.

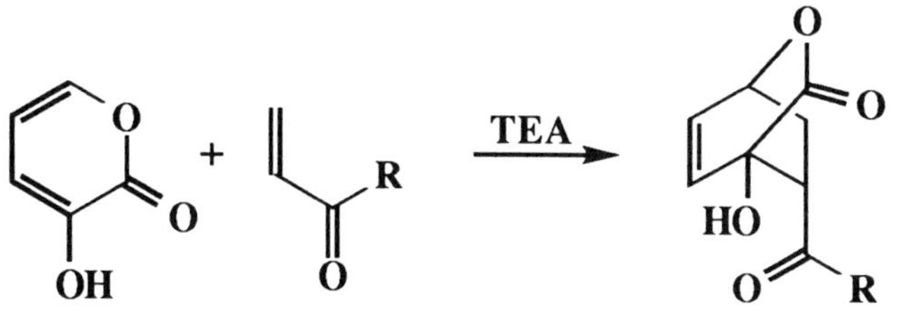
O
OH
O
+
R
O
TEA
O
O
HO
O
R

94-98%
(endo:exo=1.3-11:1)

I.E.1-12 de Meijere, A. and Brase, S., *AG(E)*, 2545.

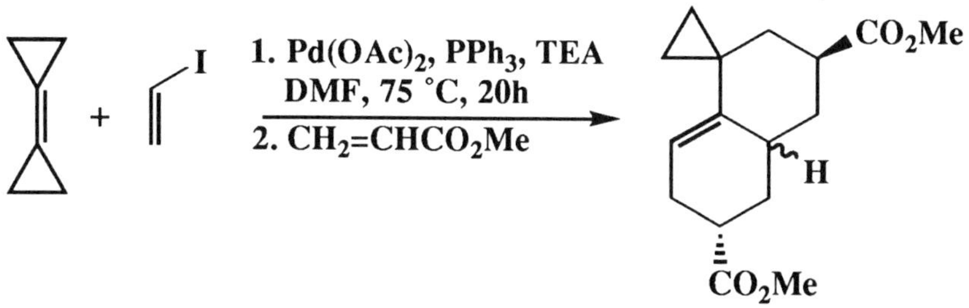
+
I
1. Pd(OAc)2, PPh3, TEA
DMF, 75 °C, 20h
2. CH2=CHCO2Me
CO2Me
H
CO2Me

59%

I.E.1-13 Yamamoto, Y. et al., *CC*, 1271; Mayoral, J.A. et al., *T*, **51**, 1295; **see also:** Sammakia, T. and Berliner, M.A., *JOC*, **60**, 6652; **see also:** Barluenga, J. et al., *CC*, 1785.

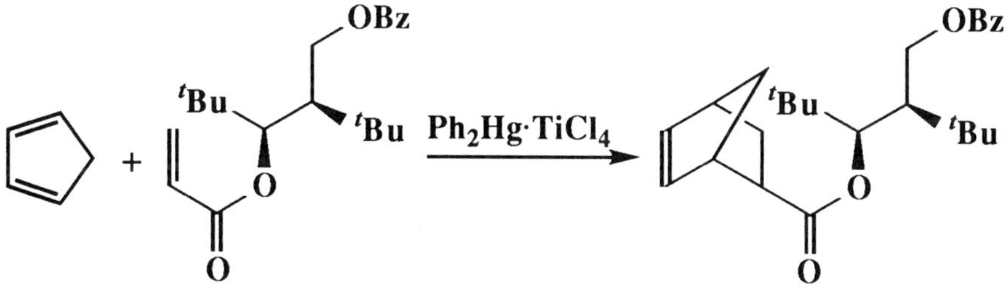
+
OBz
tBu
tBu
O
O
Ph2Hg·TiCl4
OBz
tBu
tBu
O
O

99%
(endo:exo=4.9:1)

I.E.1-14 Stork, G. and Chan, T.Y., *JACS*, **117**, 6595.

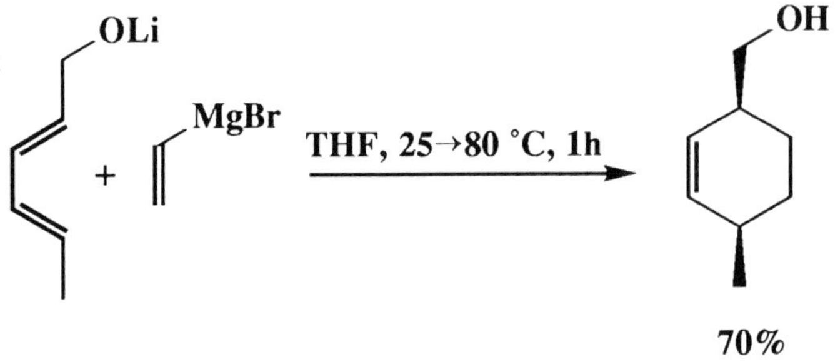

I.E.1-15 Pratt, A.J. et al., *JCS(P1)*, 589; Tso, H.H. and Chen, Y.J., *JCR(S)*, 104.

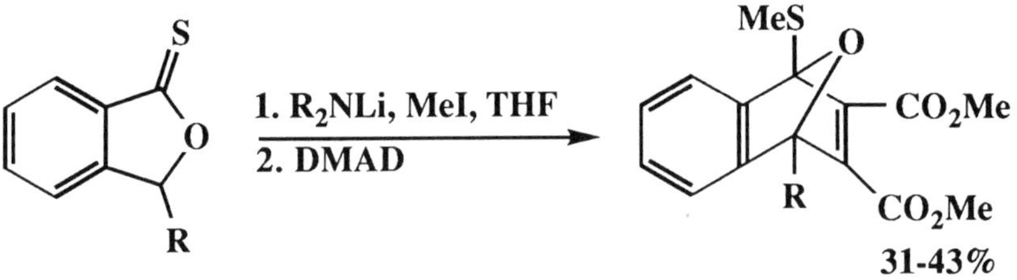

I.E.1-16 Fujisawa, T. et al., *TL*, **36**, 5031; Feringa, B.L. et al., *TA*, **6**, 1069; Collins, S. et al., *OM*, **14**, 1079; DiMare, M. et al., *JOC*, **60**, 1777; Seebach, D. et al., *JOC*, **60**, 1788; **see also:** Chapuis, C., Jurczak, J. et al., *HCA*, **78**, 145; **see also:** Stevenson, P.J. et al., *TL*, **36**, 9533.

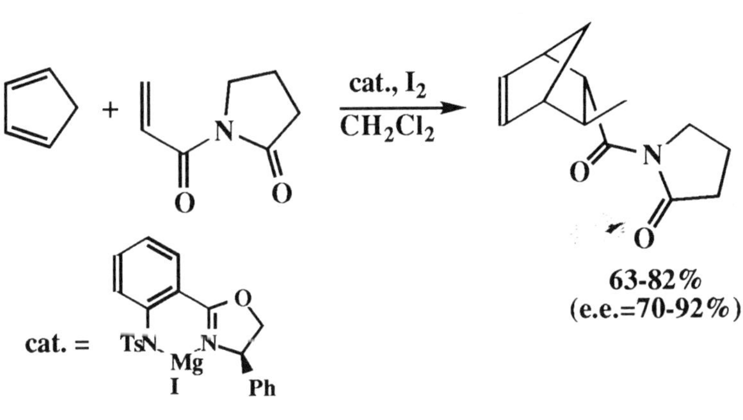

I.E.1-17 Haynes, R.K. and Yeung, L.-L., *CC*, 2479.

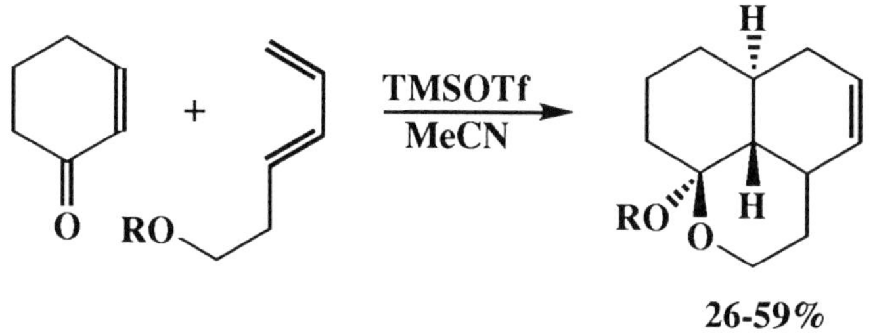

26-59%

I.E.1-18 Walters, M.A. and Shay, J.J., *TL*, **36**, 7575; Suzuki, K. et al., *CL*, 677; **see also:** Kitamura, T. and Yamane, M., *CC*, 983.

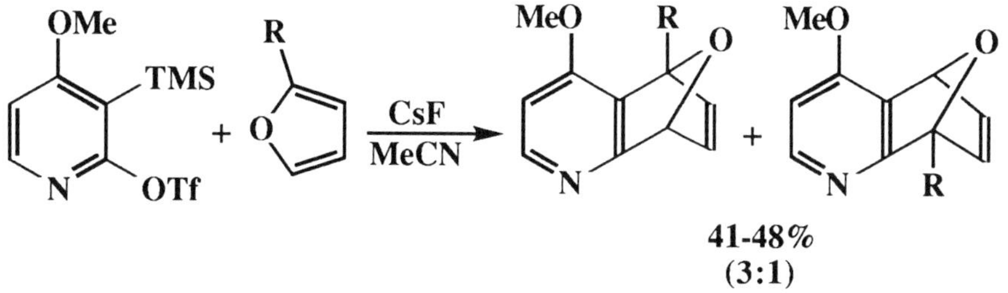

41-48%
(3:1)

I.E.1-19 Hoornaert, G.J. et al., *TL*, **36**, 2113; **see also:** Chou, S.-S.P. and Chao, M.-H., *TL*, **36**, 8825.

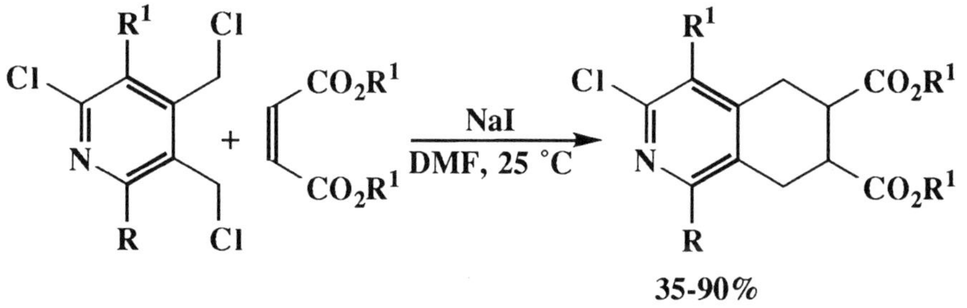

35-90%

I.E.1-20 Fallis, A.G. et al., *TL*, **36**, 6039; Dai, W.-M. et al., *JOC*, **60**, 8128; Kende, A.S. et al., *JACS*, **117**, 10596; see also: Liu, H.-J. and Shia, K.-S., *TL*, **36**, 1817; Carretero, J.C., Ruano, J.L.G. and Cabrejas, L.M.M., *T*, **51**, 8323; see also: Quinkert, G. et al., *HCA*, **78**, 1345.

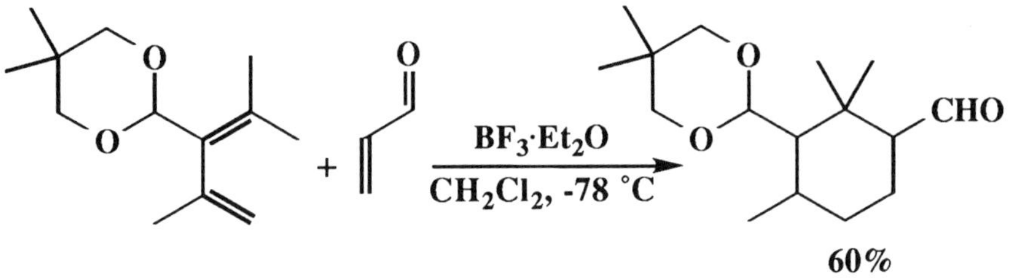

I.E.1-21 Odenkirk, W. and Bosnich, B., *CC*, 1181.

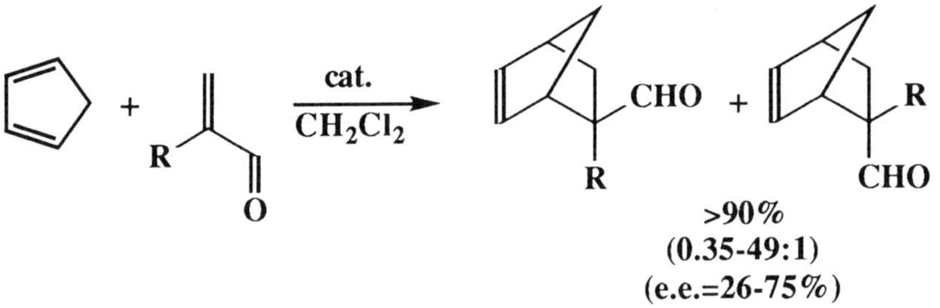

I.E.1-22 Metz, P. et al., *T*, **51**, 711; see also: Craig, D. et al., *T*, **51**, 1509.

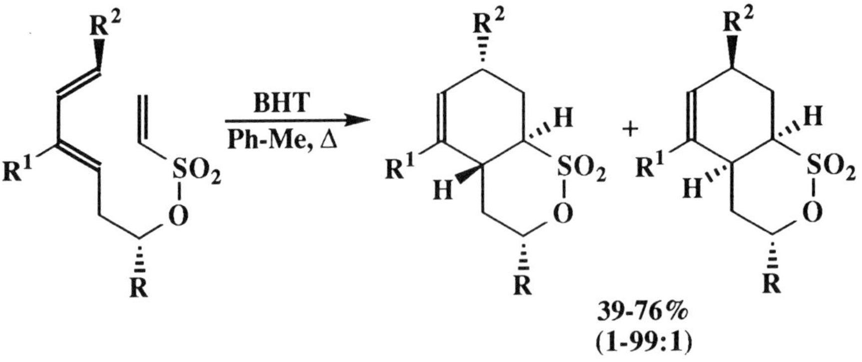

I.E.1-23 Hudlicky, T. et al., *JCS(P1)*, 2393; de Meijere A. et al., *SL*, 355; De Clerc, P.J. et al., *SL*, 105; Tashiro, M. et al., *JCR(S)*, 384.

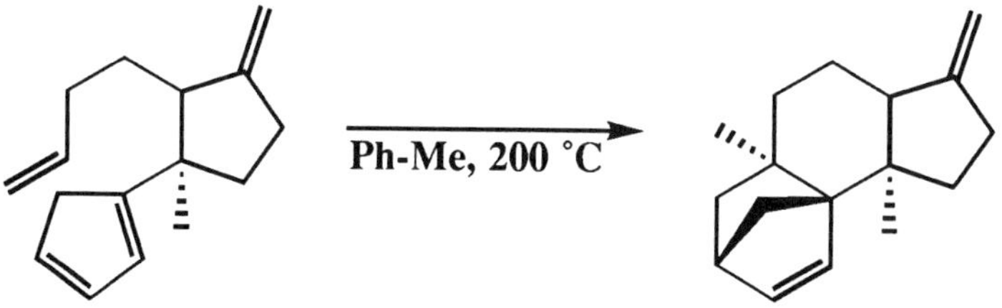
Ph-Me, 200 °C

56%

I.E.1-24 Taguchi, T. et al., *TL*, **36**, 593; Park, T.K. et al., *TL*, **36**, 1015, 1019; Schaubelt, J. and Reissig, H.-U., *SL*, 452; Shea, K.J. et al., *TL*, **36**, 7177.

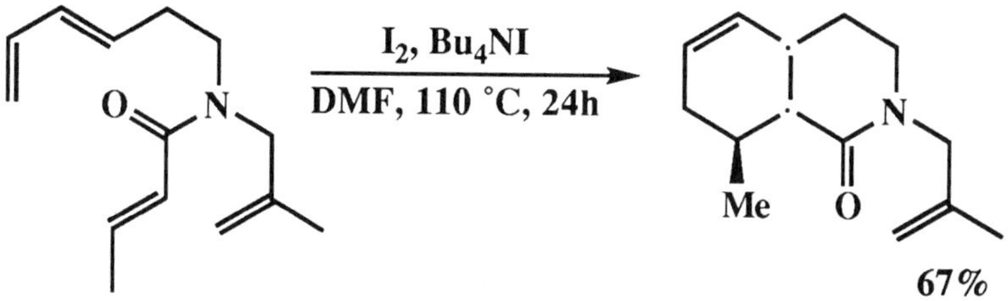
O
N
I_2, Bu_4NI
DMF, 110 °C, 24h
N
Me
O

67%
(cis:trans=3:1)

I.E.1-25 Himbert, G. and Fink, D., *JPR*, **336**, 654 (1994); Wender, P.A. et al., *JACS*, **117**, 1843.

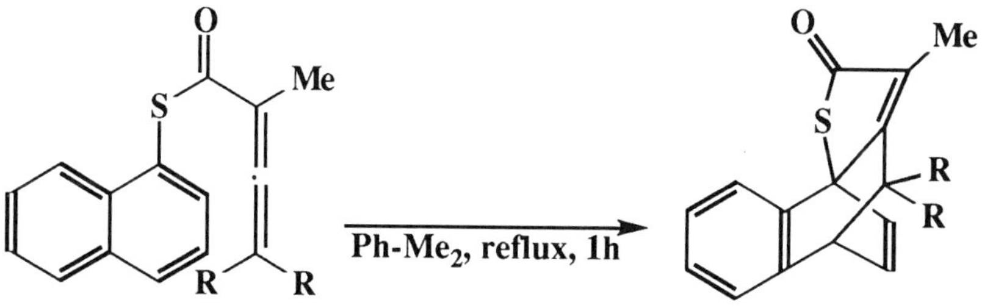
O
Me
S
R
R
Ph-Me_2, reflux, 1h
O
Me
S
R
R

50-56%

I.E.1-26 Kitahara, T. et al., *SL*, 909; Murai, A. et al., *SL*, 895.

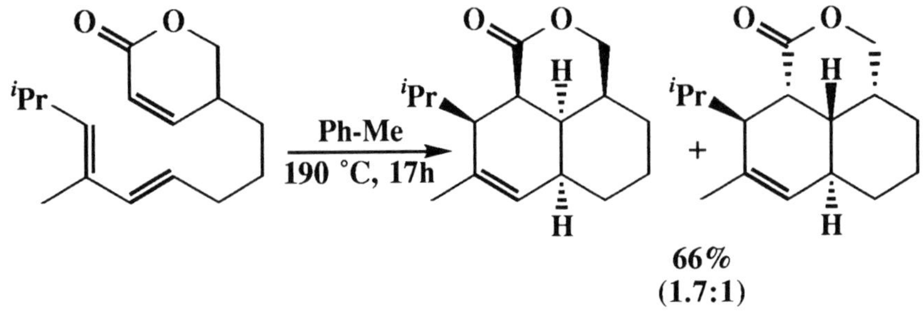

I.E.1-27 Baldwin, J.E. et al., *TL*, **36**, 9551; De Baecke, G. and De Clerc, P.J., *TL*, **36**, 7515.

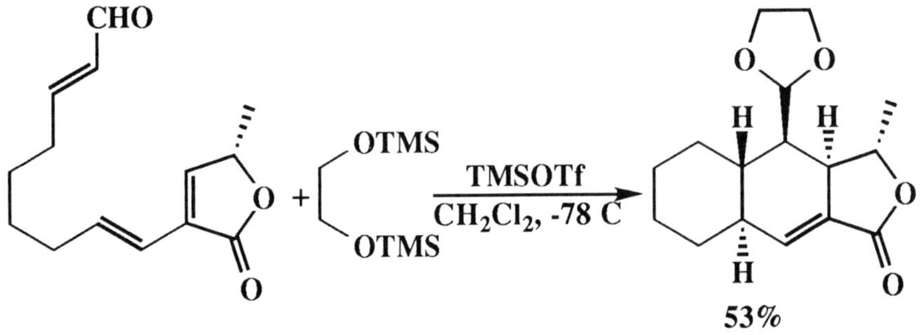

I.E.1-28 Jung, S.H., Park, H. et al., *TL*, **36**, 1051; **see also:** Hall, D.G. and Deslongchamps, P., *JOC*, **60**, 7796; Deslongchamps, P. et al., *S*, 1081 and *CJC*, **73**, 1695.

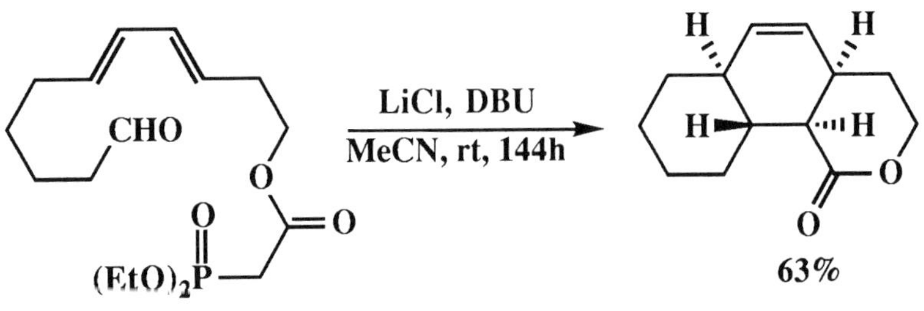

I.E.1-29 Laschat, S. et al., *S*, 985; Draper, W. and Born, L., *JPR*, 698, (1994).

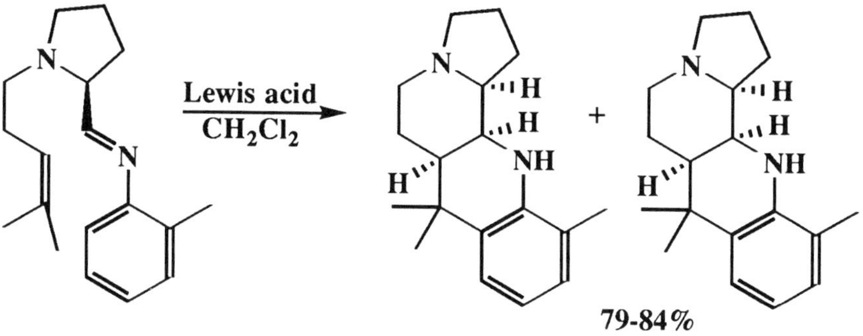

79-84%

I.E.1-30 Craig, D. et al., *T*, **51**, 11601; Luh, T.-Y. et al., *JOC*, **60**, 3272.

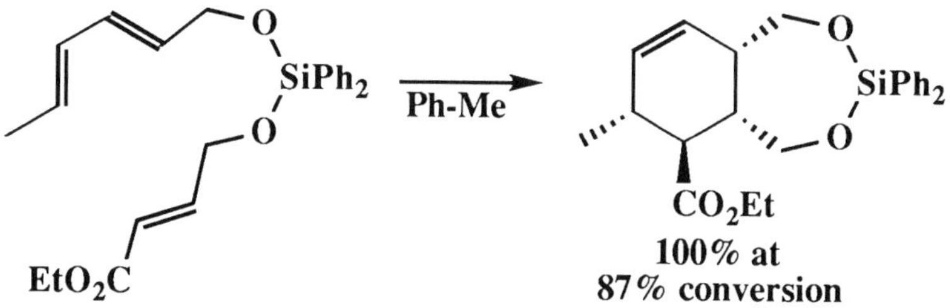

100% at 87% conversion

I.E.1-31 Buszek, K.R., *TL*, **36**, 9125, 9129.

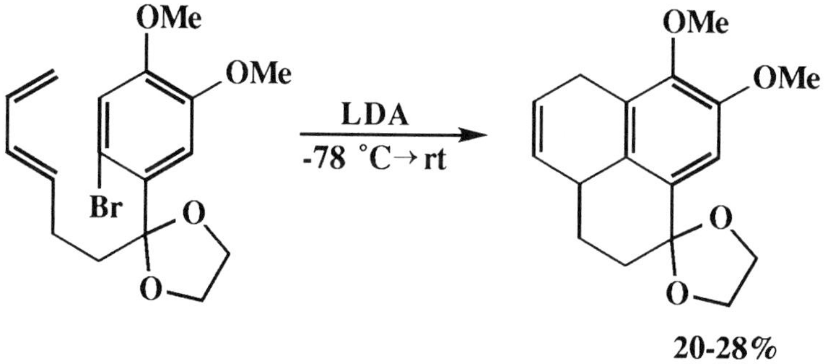

20-28%

I.E.1-32 Kanematsu, K. et al., *H*, **41**, 245; Wender, P.A. and Smith, T.E., *JOC*, **60**, 2962.

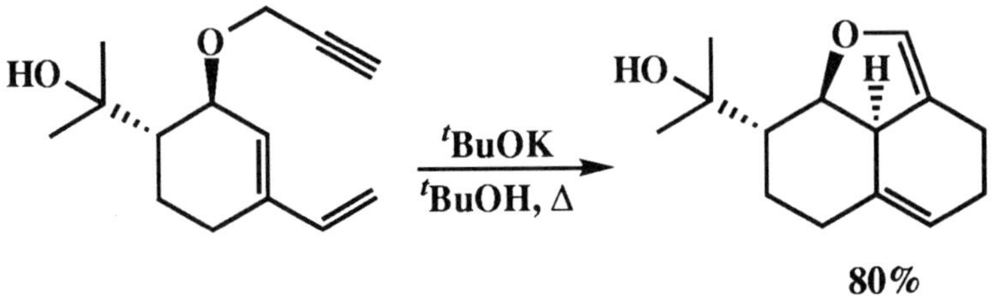

I.E.1-33 Taber, D.F. et al., *JOC*, **60**, 5537; **see also:** Singleton, D.A. and Lee, Y.-K., *TL*, **36**, 3473.

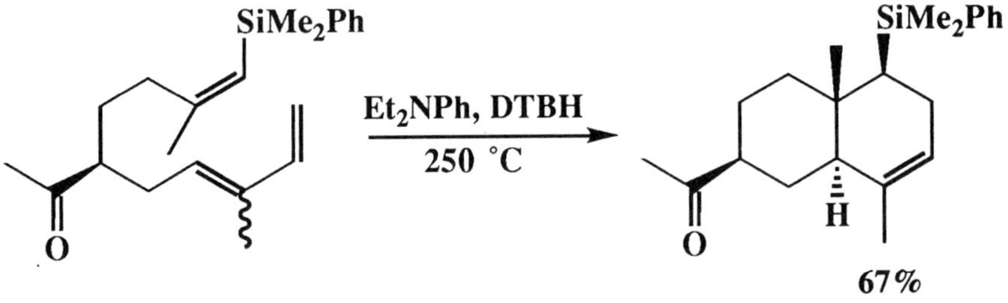

I.E.1-34 Iwath, C. et al., *CPB*, **43**, 559; Kobayashi, S. et al., *SL*, 233.

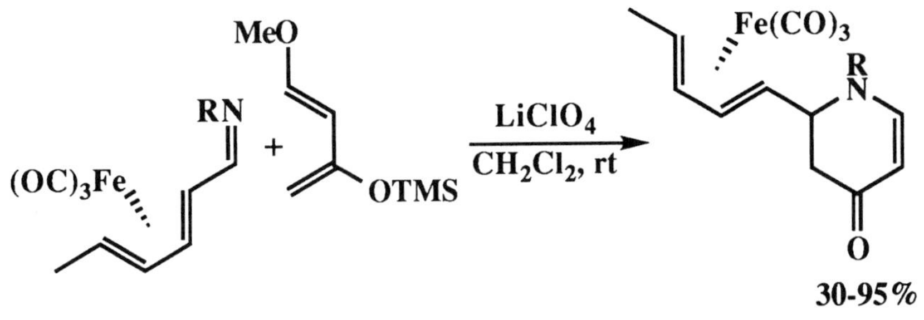

I.E.1-35 Reissig, H.-U. et al., *JPR*, **337**, 209.

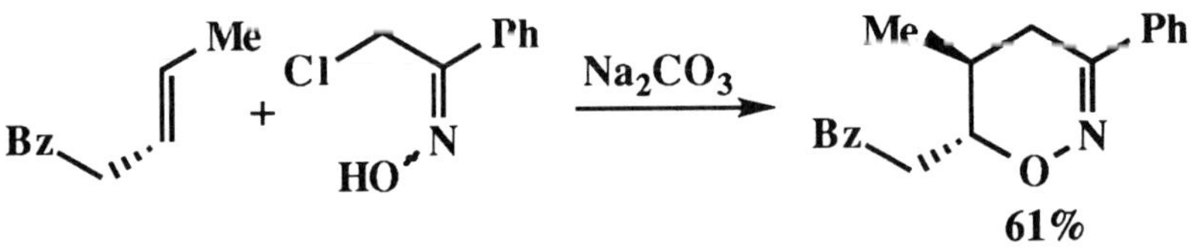

I.E.1-36 A. Carreno, E.C., Ruano, J.L.G. et al., *TA*, **6**, 1757; **B.** Jones, D.W. and Lock, C.J., *JCS(P1)*, 2747; **C.** Paquette, L.A. et al., *JOC*, **60**, 1852; **D.** Welker, M.E. et al., *OM*, **14**, 5520; **E.** Kumar, B., Suryawanshi, S.N. and Bhakuni, D.S., *TL*, **36**, 4625; **F.** Barluenga, J. et al., *TL*, **36**, 6551; **G.** Jeevanandam, A. and Srinivasan, P.C., *JCS(P1)*, 2663; Sha, C.-K. et al., *T*, **51**, 193.

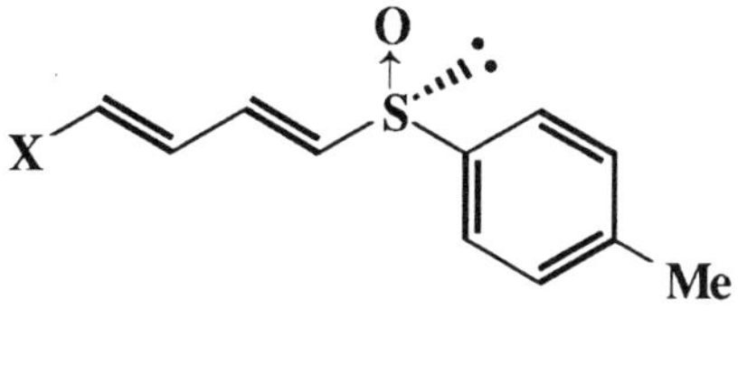

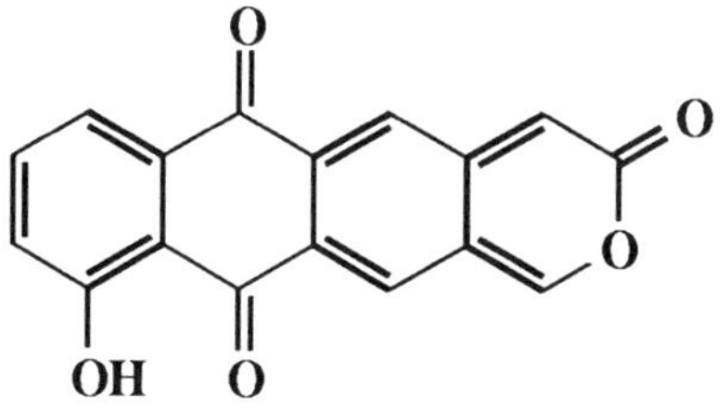

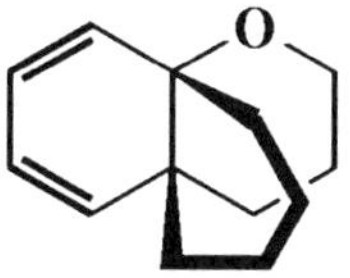

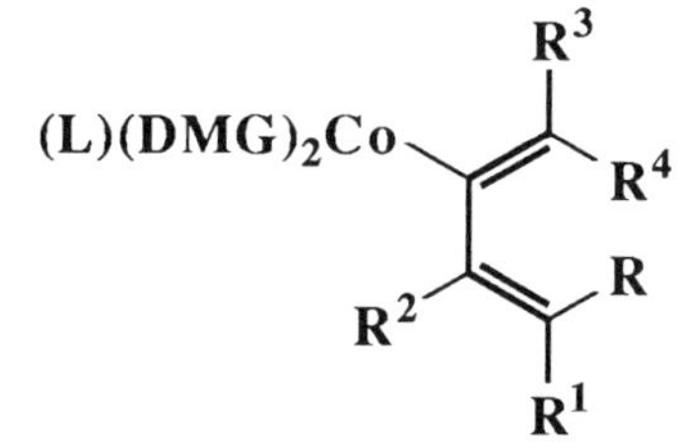

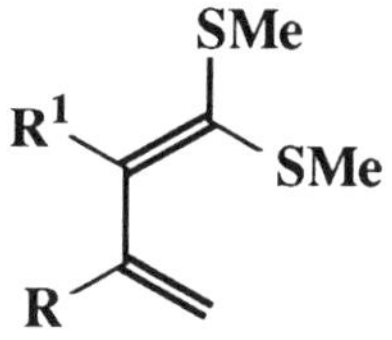

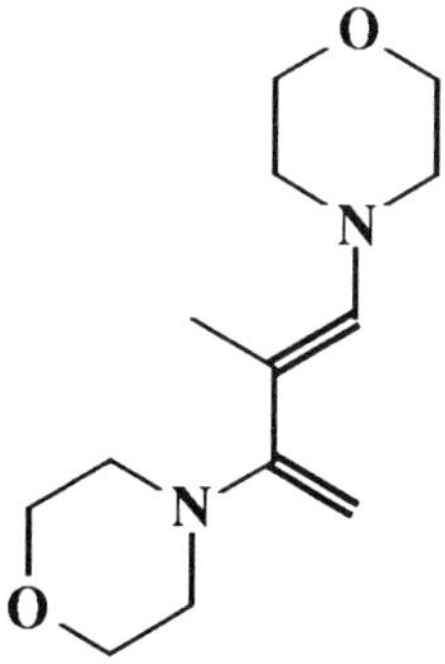

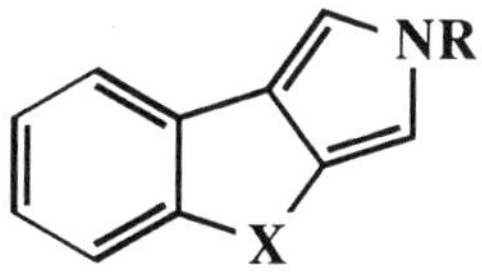

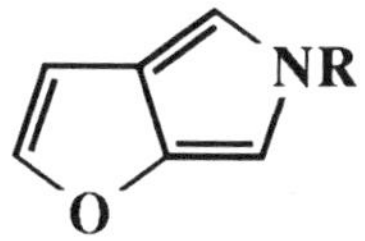

I.E.1-37 Vandenput, D.A.L. and Scheeren, H.W., *T*, **51**, 8383; Tsuge, O. et al., *H*, **41**, 225.

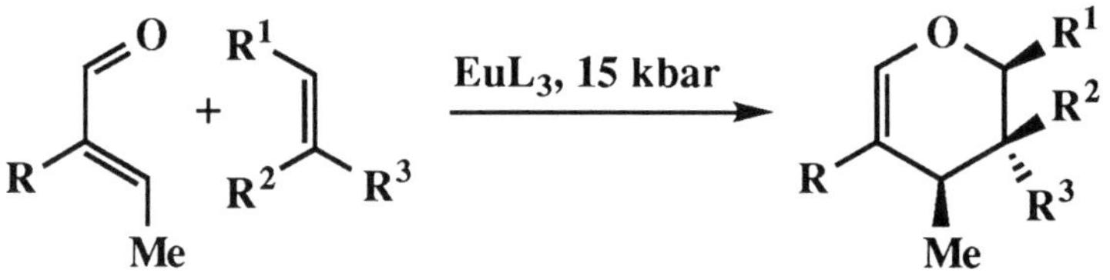

23-85%

I.E.1-38 Meier, H. et al., *JPR*, **337**, 379.

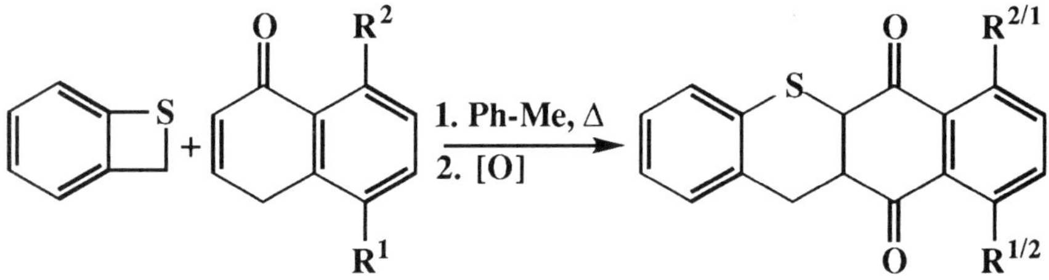

29-87%

I.E.1-39 Kalivretenos, A.G., *JOC*, **60**, 7724; Keck, G.E. et al., *JOC*, **60**, 5998.

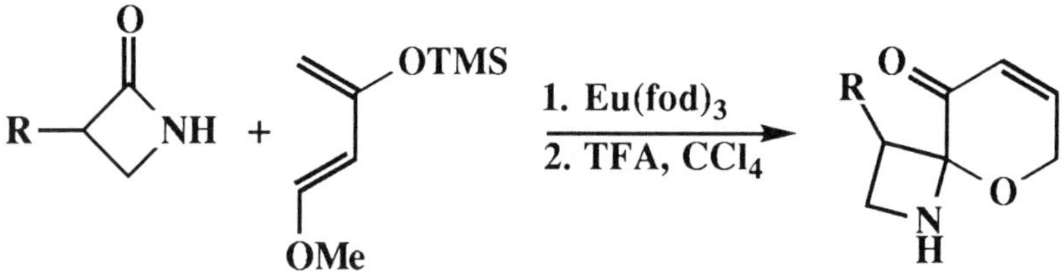

6-70%

I.E.1-40 Davies, I.W. et al., *TL*, **36**, 7619.

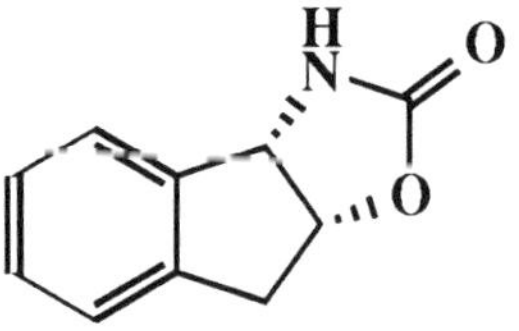

Diels-Alder chiral auxiliary

I.E.1-41 Winkler, J.D. et al., *TL*, **36**, 687.

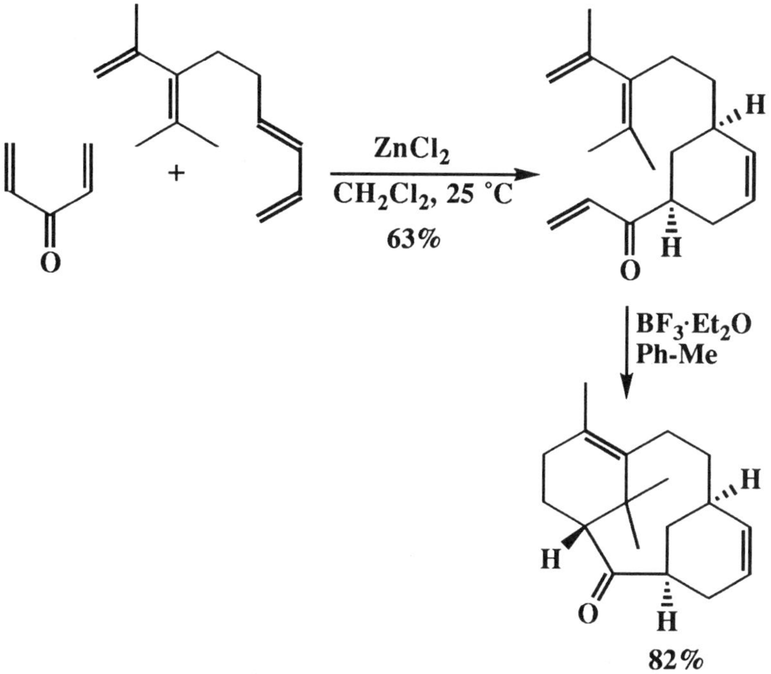

I.E.1-42 **A.** Fisera, L. et al., *M*, **126**, 961; **B.** Carreno, M.C. et al., *TL*, **36**, 4893; **C.** Tipping, A.E. et al., *JFC*, **70**, 109, 59; **73**, 61.

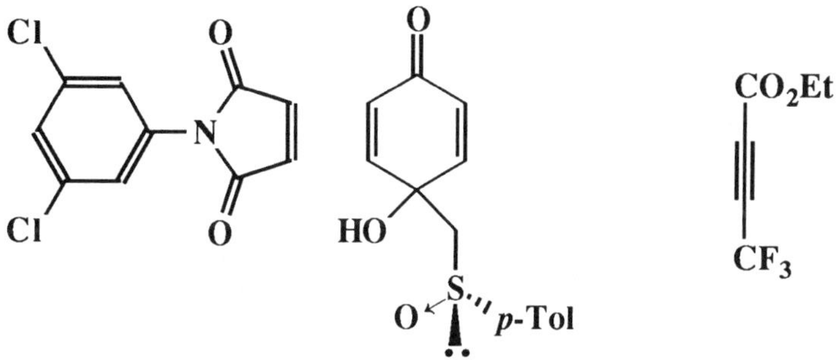

A

B

C

I.E.1-43 Tenaglia, A. and Barille, D., *SL*, 776; Fleming, S.A. et al., *TL*, **36**, 4189; Resek, J.E. and Meyers, A.I., *SL*, 145; Haddad, N. et al., *TL*, **36**, 1921; Toda, F. et al., *CC*, 621; Langer, K. and Mattay, J., *JOC*, **60**, 7256; Smart, R.P. and Wagner, P.J., *TL*, **36**, 5131, 5135; **see also:** D'Auria, M., *CL*, 109; **see also:** Pete, J.-P. and Hoffman, N., *TL*, **36**, 2623.

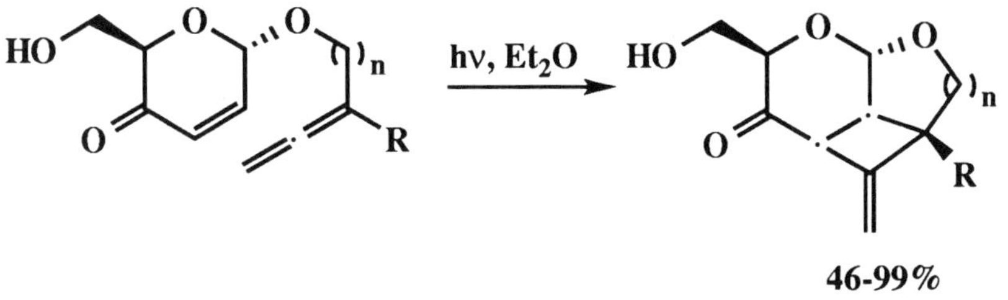

I.E.1-44 Motherwell, W.B. et al., *T*, **51**, 3303; Nakamuram E. et al., *AG(E)*, 2154.

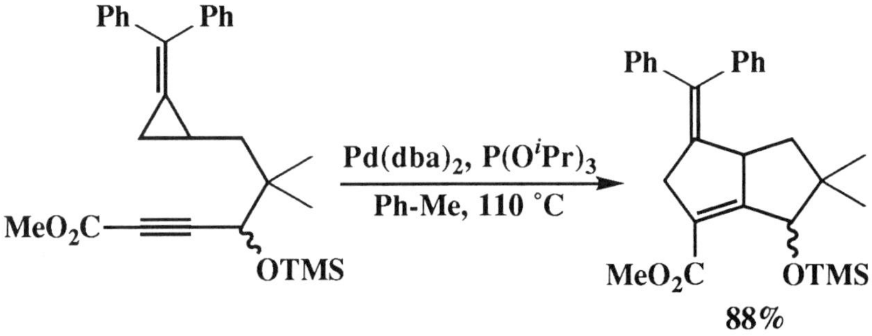

I.E.1-45 Meyers, A.I. et al., *JOC*, **60**, 4359.

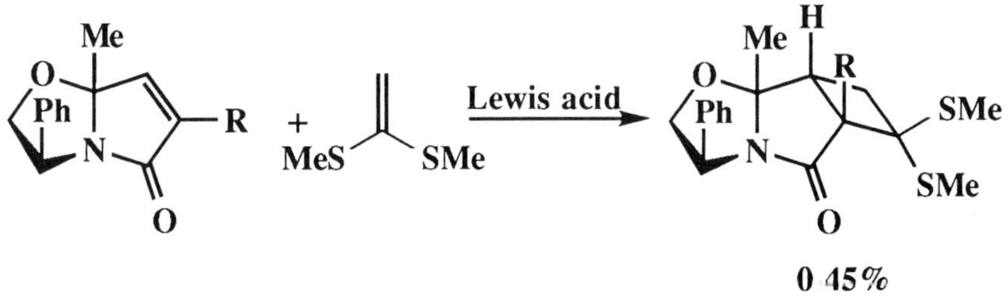

I.E.1-46 Lautens, M. et al., *JACS*, **117**, 10276, 6863; Binger, P. and Albus., *JOM*, **493**, C6.

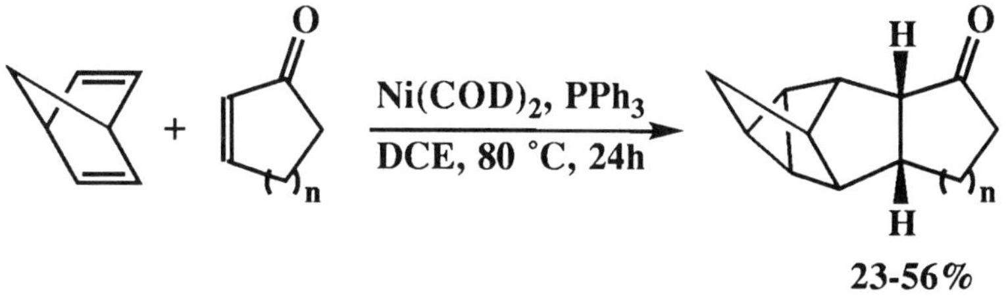

norbornadiene + cyclopentenone/cyclohexenone (n) →[Ni(COD)$_2$, PPh$_3$ / DCE, 80 °C, 24h] tricyclic ketone product

23-56%

I.E.1-47 Bergamini, F. et al., *CC*, 931.

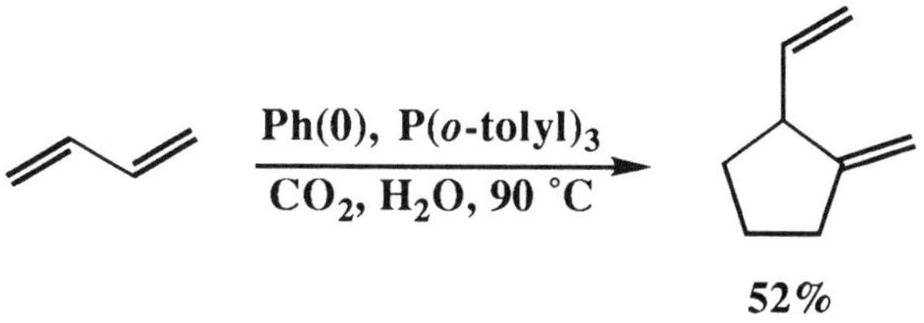

butadiene →[Ph(0), P(o-tolyl)$_3$ / CO$_2$, H$_2$O, 90 °C] 1-vinyl-2-methylenecyclopentane

52%

I.E.1-48 Suzuki, K. et al., *SL*, 177 and *TL*, **36**, 3377.

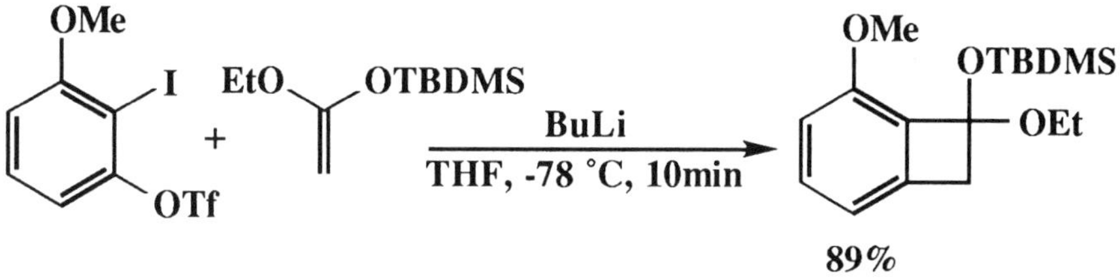

2-iodo-3-methoxyphenyl triflate + EtO-C(=CH$_2$)-OTBDMS →[BuLi / THF, -78 °C, 10min] benzocyclobutene product

89%

I.E.1-49 Hardinger, S.A. et al., *JOC*, **60**, 1104.

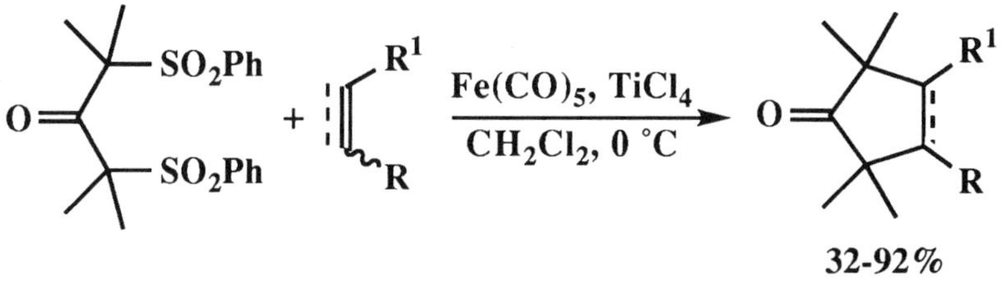

bis(sulfonyl) ketone + alkene (R^1, R) →[Fe(CO)$_5$, TiCl$_4$ / CH$_2$Cl$_2$, 0 °C] cyclopentenone product

32-92%

I.E.1-50 Barbey, S. and Mann, J., *SL*, 27.

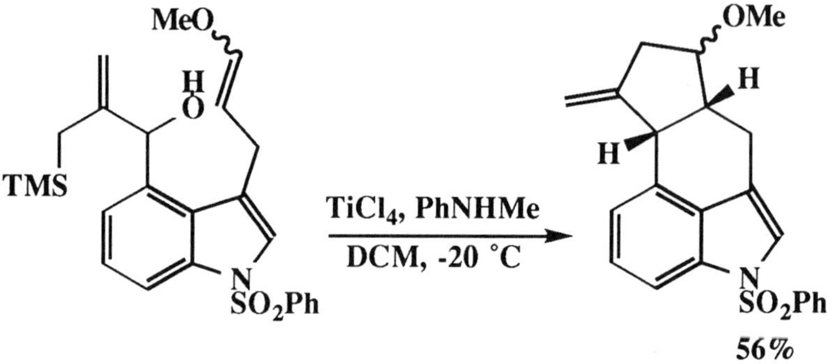

Reagents: TiCl₄, PhNHMe, DCM, -20 °C; 56%

I.E.1-51 Trost, B.M. et al., *TL*, 36, 2917.

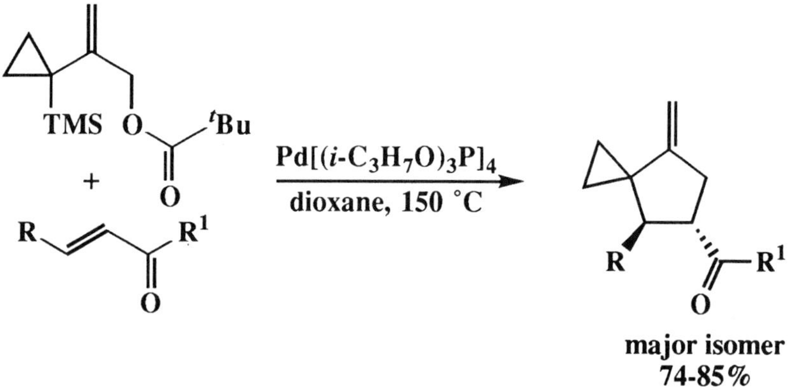

Reagents: Pd[(*i*-C₃H₇O)₃P]₄, dioxane, 150 °C; major isomer 74-85%

I.E.1-52 de Meijere, A. et al., *SL*, 1007; Meyer, A.G. and Aumann, R., *SL*, 1011.

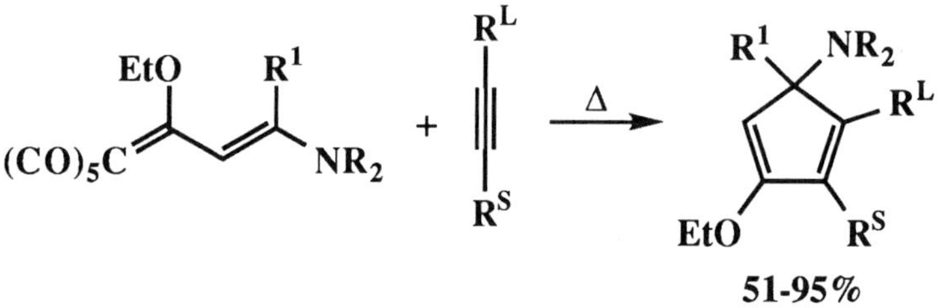

51-95%

I.E.1-53 Harmata, M. et al., *TL*, **36**, 1397; **see also:** Molander, G.A. and Siedem, C.S., *JOC*, **60**, 130.

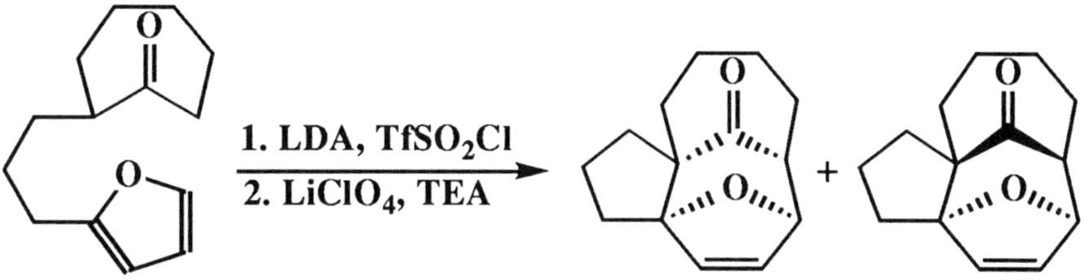

56%
(7.3:1)

I.E.1-54 Rigby, J.H. et al., *JOC*, **60**, 7720; **see also:** Sheridan, J.B. et al., *TL*, **36**, 1577; **see also:** Rigby, J.H. et al., *TL*, **36**, 8569; Rigby, J.H. and Pigge, F.C., *JOC*, **60**, 7392.

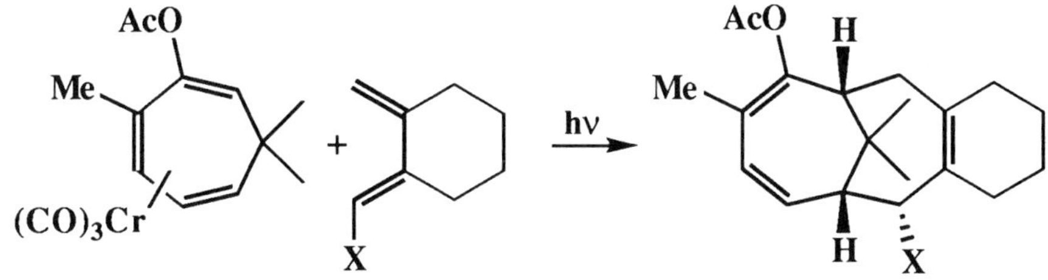

43-81%

I.E.1-55 Saito, K., *H*, **41**, 2181.

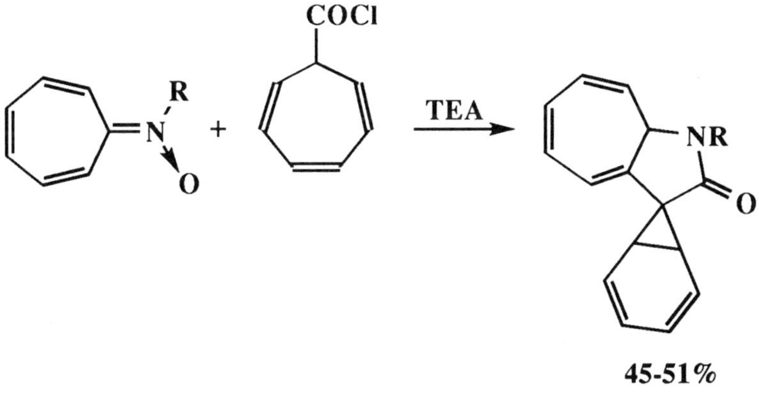

45-51%

I.E.2. Other Thermal Reactions

I.E.2-1 Brown, R.F.C. et al., *AJC*, **48**, 1055.

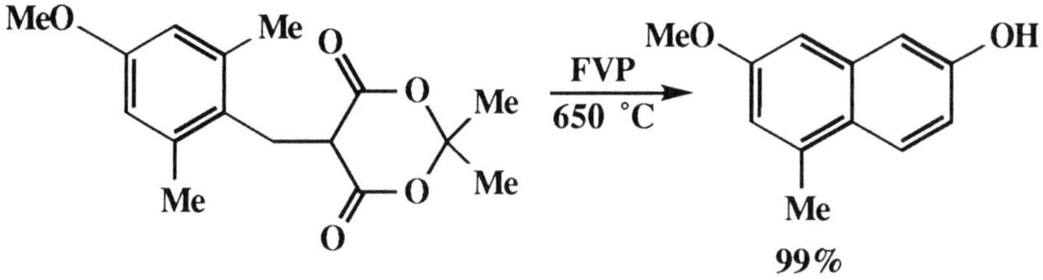

I.E.2-2 Jacobi, P.A. et al., *JOC*, **60**, 376.

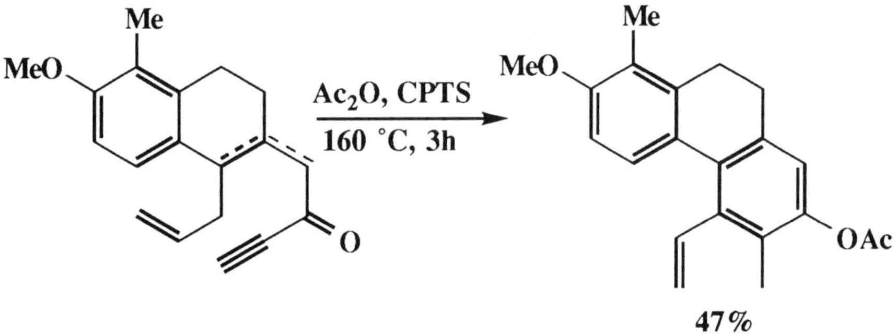

I.E.2-3 Quintela, J.M. et al., *SL*, 622.

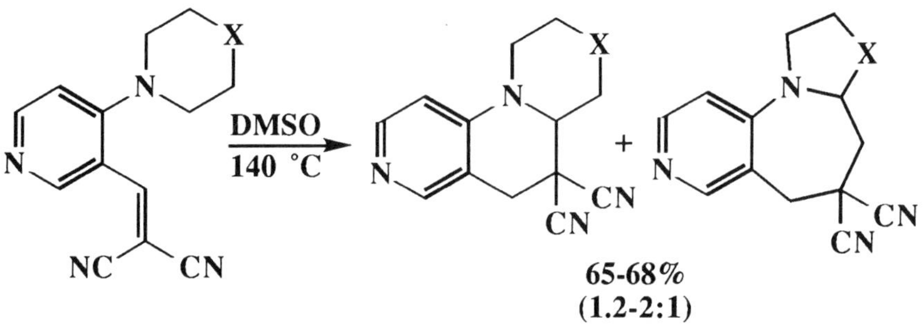

I.E.2-4 Padwa, A. et al., *JACS*, **117**, 7071.

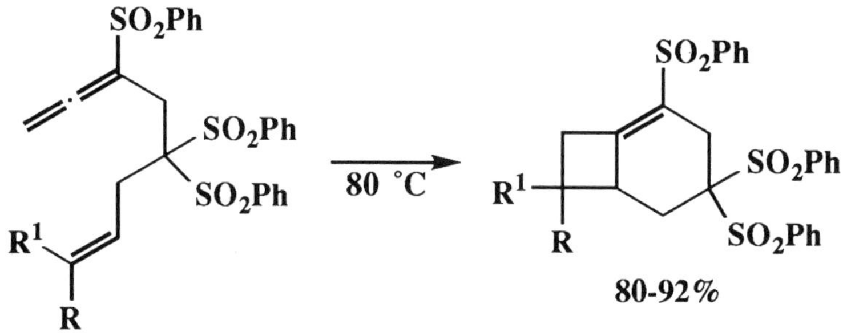

I.E.2-5 Nakatani, K. et al., *JOC*, **60**, 2466.

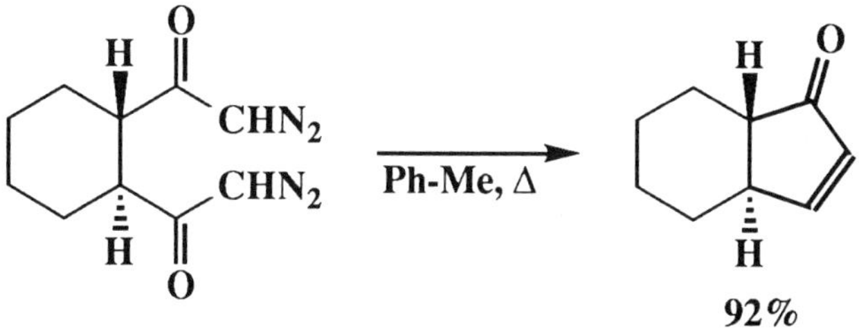

I.E.2-6 Eguchi, S. et al., *CL*, 525; Moore, H.W. and Turnbull, P., *JOC*, **60**, 644.

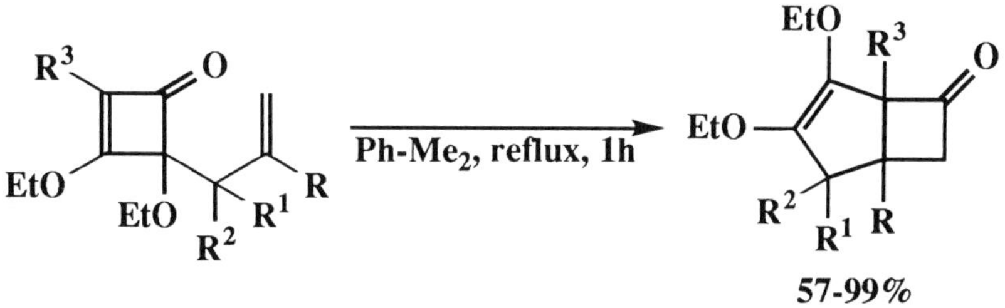

I.E.3. Photochemical Reactions

I.E.3-1 Kimura, T. and Furukawa, N., *TL*, **36**, 1079; **see also:** Mehta, G., Jemmis, E.D. et al., *JCS(P1)*, 2529; Luh, T. et al., *JOC*, **60**, 7380; Marzinzik, A.L. and Raclemacher, P., *S*, 1131.

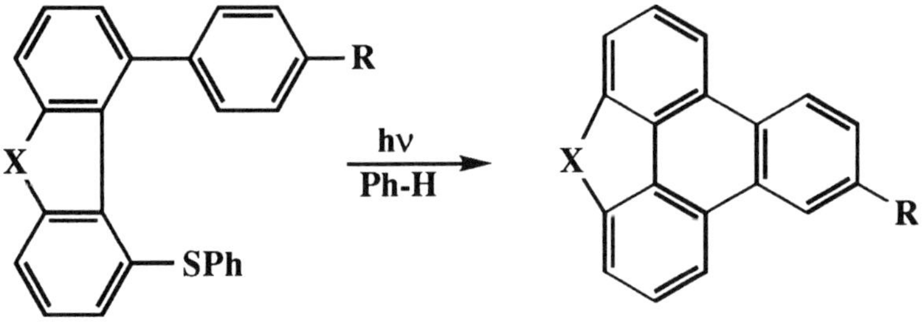

0-81%

I.E.3-2 Painter, S.L. and Blackstock, S.C., *JACS*, **117**, 1441.

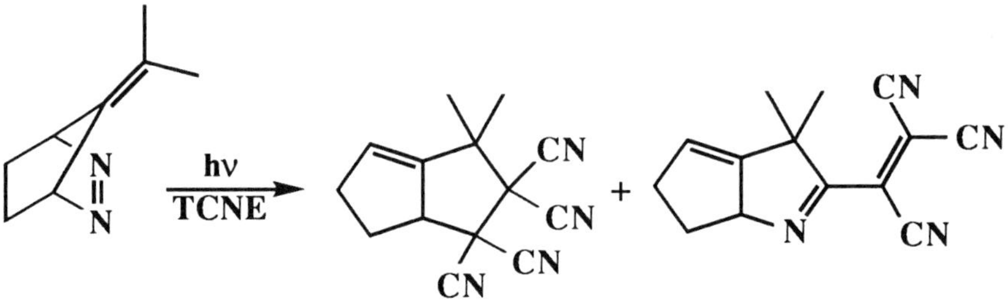

5-65%   0-53%

I.E.3-3 Rigby, J.H. and Gupta, V., *SL*, 547.

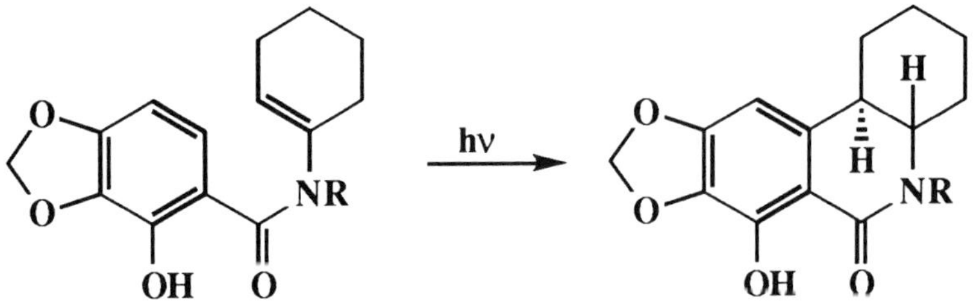

55%

I.E.3-4 Oda, K. et al., *JCS(P1)*, 2931.

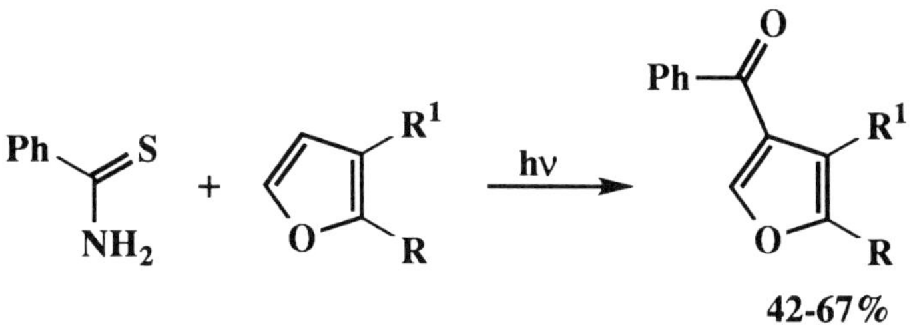

I.E.3-5 Bashir-Hashemi, A. and Li, J., *TL*, **36**, 1233 and *JOC*, **60**, 698.

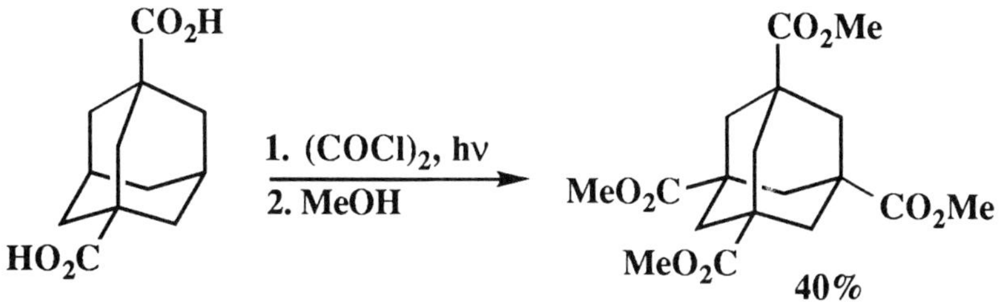

I.E.3-6 Danhiser, R.L. and Trova, M.P., *SL*, 573.

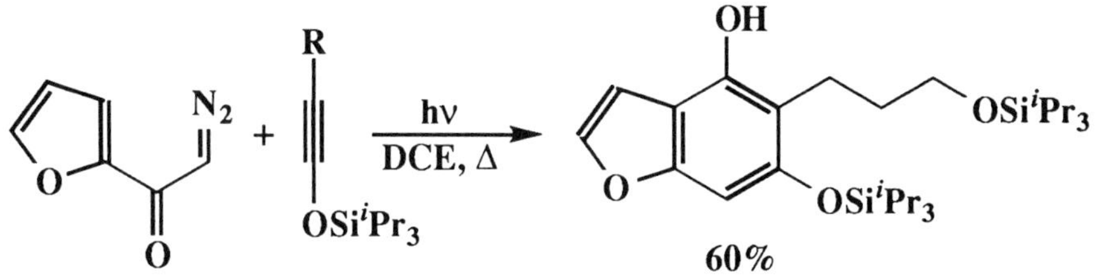

I.E.3-7 Miyashi, T. et al., *CC*, 1749.

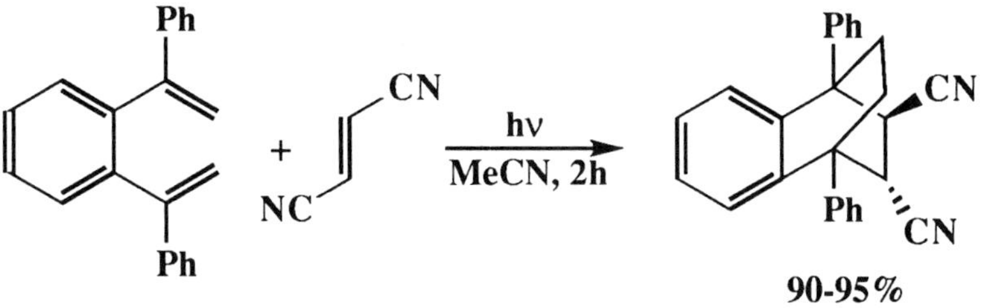

I.E.3-8 Ziegler, F.E. and Harrar, P.G., *SL*, 493.

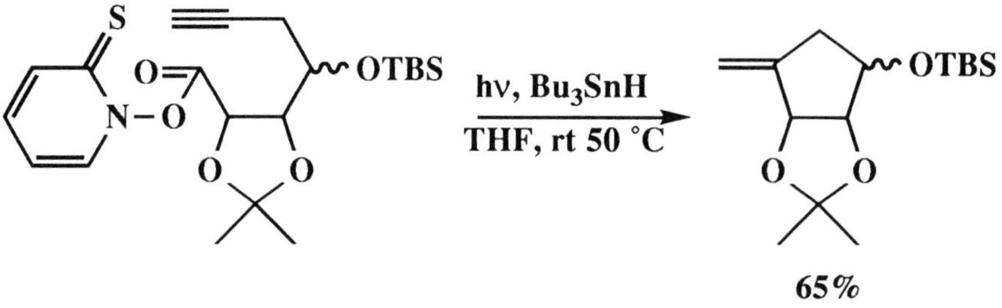

I.E.3-9 Cossy, J. et al., *TL*, **36**, 2067.

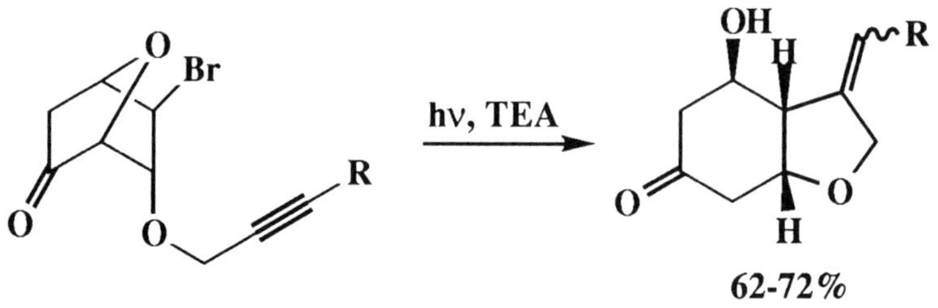

I.E.3-10 Griesbeck, A.G. et al., *AG(E)*, 474.

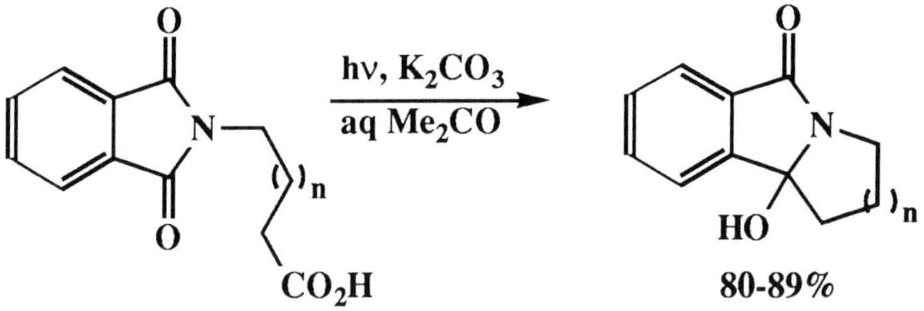

I.E.3-11 Ganem, B. et al., *TL*, **36**, 8905.

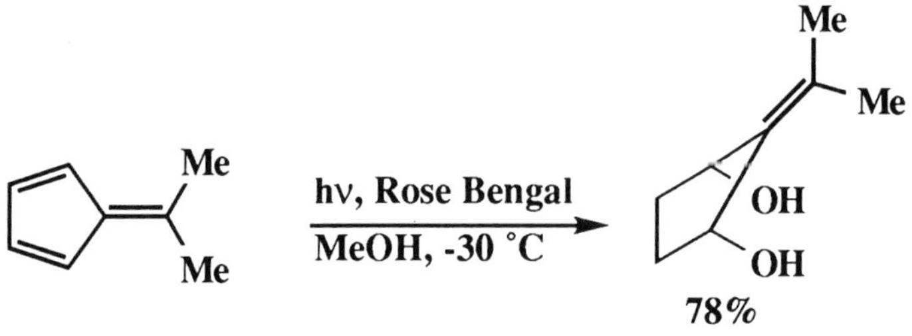

I.E.3-12 Zhang, C. et al., *SC*, **25**, 775; DeKeukeleire, D. and Van der Eycken, E., *TL*, **36**, 3573.

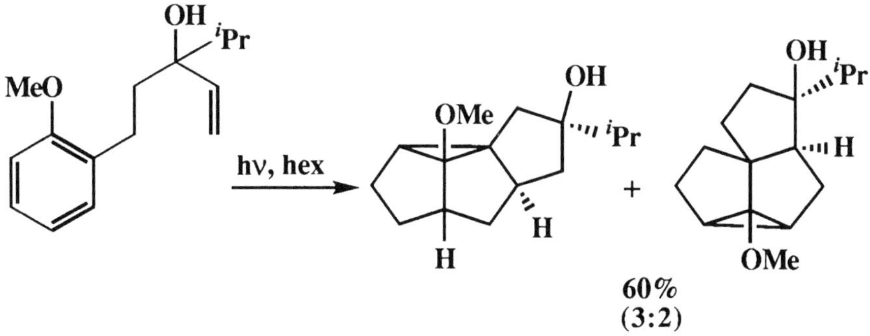

60%
(3:2)

I.E.3-13 Fan, B.T. et al., *BSB*, **104**, 483.

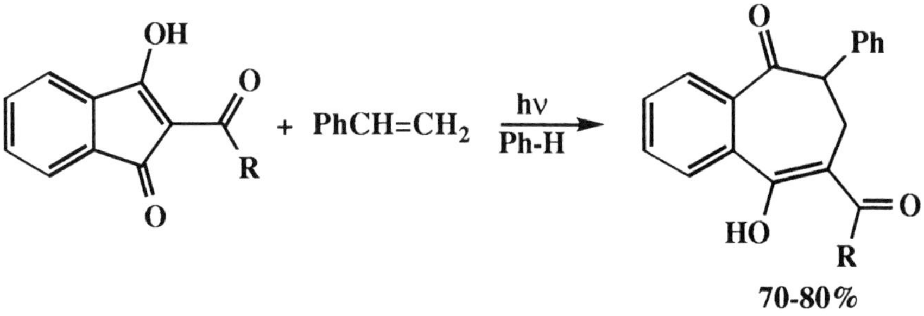

70-80%

I.E.3-14 Takeshita, H. et al., *BSF*, **68**, 2393.

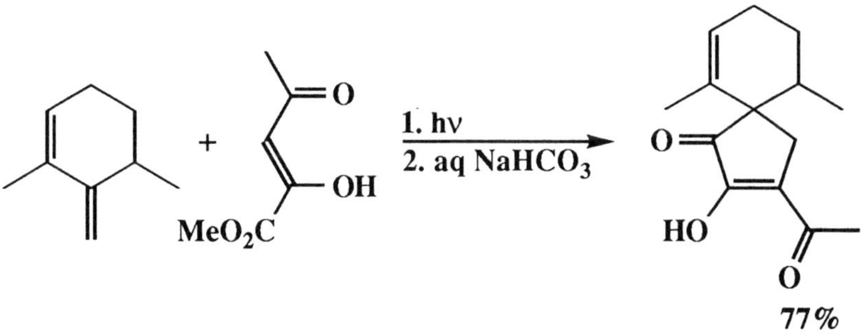

77%

I.E.3-15 Furukawa, N. et al., *TL*, **36**, 1075.

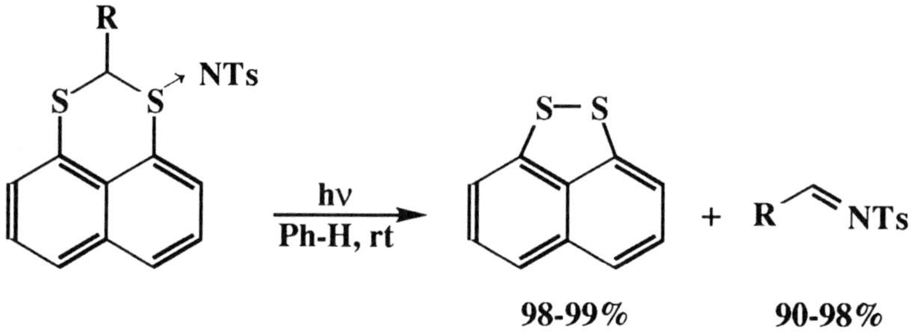

I.E.3-16 Scheffer, J.R. et al., *TL*, **36**, 2025.

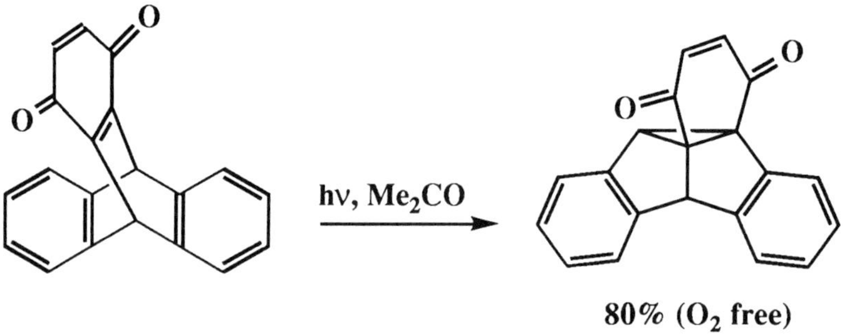

I.E.3-17 Singh, V. et al., *TL*, **36**, 3421.

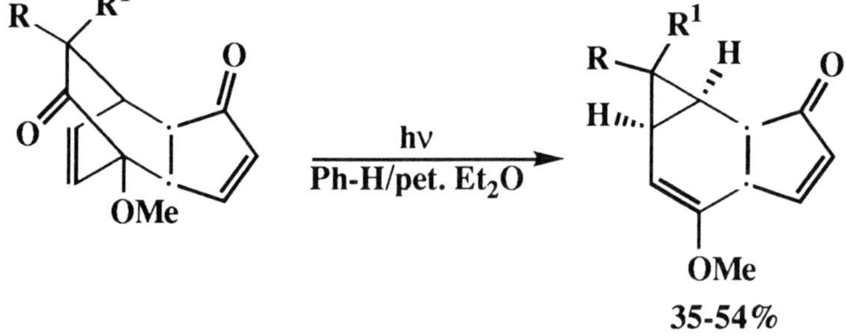

I.E.3-18 Nishino, H. et al., *TL*, **36**, 5753.

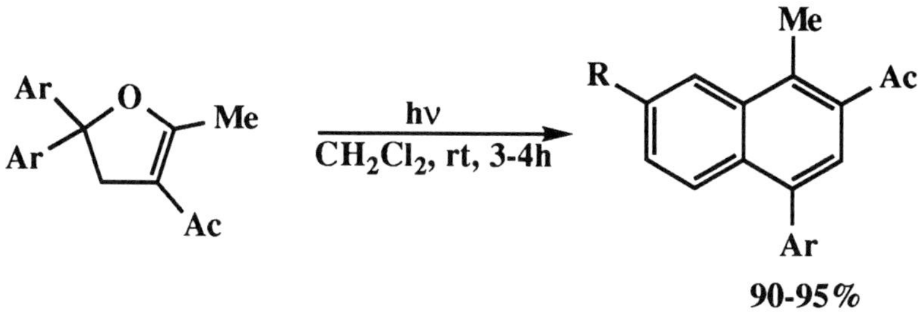

Ar₂C(O-)-CH=C(Ac)-C(Me)= (furan) →[hν, CH₂Cl₂, rt, 3-4h] naphthalene with Me, Ac, Ar, R substituents

90-95%

I.E.3-19 Miranda, M.A. et al., *CC*, 2009.

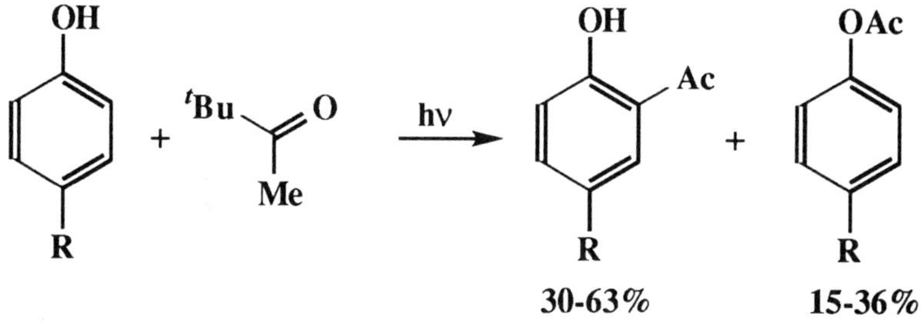

4-R-phenol + ᵗBu-C(=O)-Me →[hν] 2-acetyl-4-R-phenol + 4-R-phenyl acetate

30-63%   **15-36%**

I.E.3-20 Cossy, J. et al., *T*, **51**, 11751.

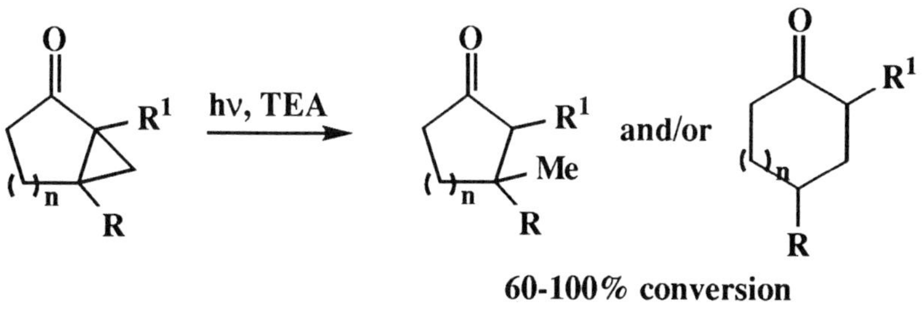

bicyclic cyclopropyl ketone →[hν, TEA] cyclopentanone with R¹, Me, R and/or cyclohexanone with R¹, R

60-100% conversion

I.E.3-21 Yasuda, M. et al., *JCS(P1)*, 459.

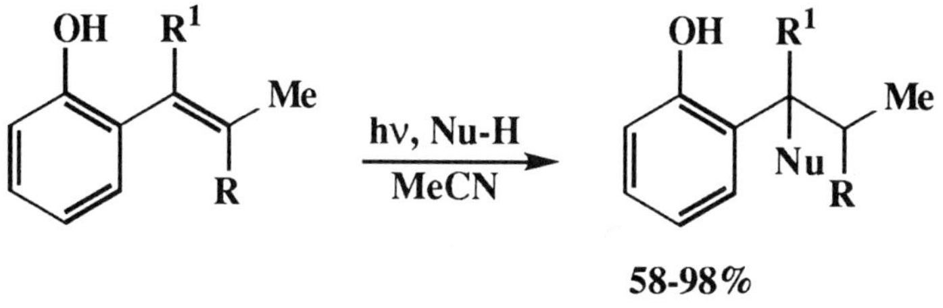

2-(1-R¹-2-R-propenyl)phenol →[hν, Nu-H, MeCN] 2-(CHR¹-CHMe-Nu... with R) phenol

58-98%

I.E.3-22 Chow, Y.L. et al., *JCS(P2)*, 1691.

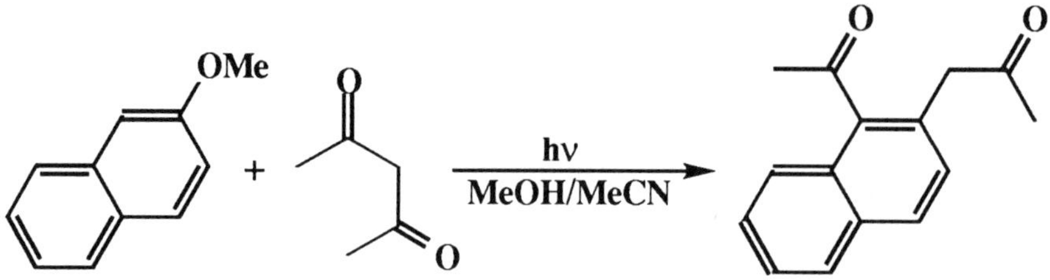

I.F. Aromatic Substitutions Forming a New Carbon-Carbon Bond

I.F.1. Friedel-Crafts Type Aromatic Substitution Reactions

I.F.1-1 Langa, F. et al., *TL*, **36**, 2165; Srikrishna, A. and Kumar, P.P., *TL*, **36**, 6313; **see also:** Yamata, T. et al., *OPP*, **27**, 495; Kobayashi, S. et al., *SL*, 1153.

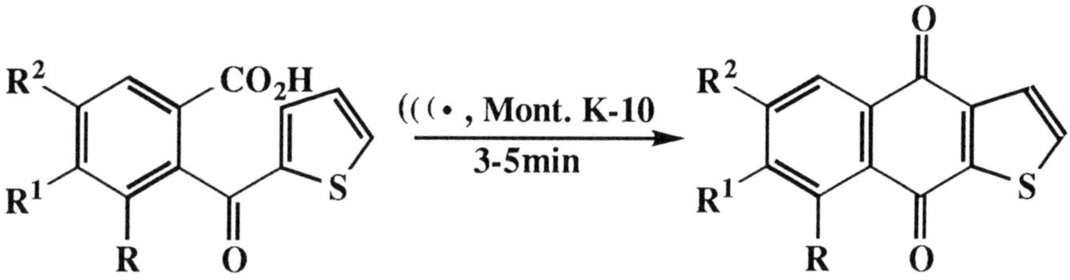

I.F.1-2 Kobayashi, S. et al., *TL*, **36**, 409 and *BCJ*, **68**, 2053; Kiselyov, A.S. and Harvey, R.G., *TL*, **36**, 4005.

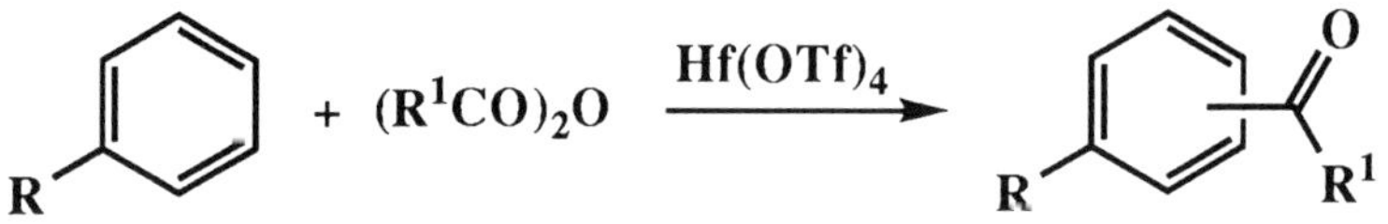

I.F.1-3 Al-Thebeiti, M.S. and El-Zohry, M.F., *H*, **41**, 2475; Ramana, M.M.V. and Potnis, P.V., *SC*, **25**, 1751.

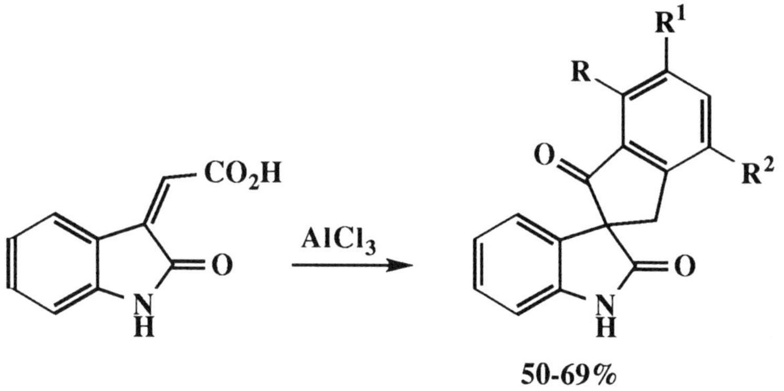

I.F.1-4 Robl, J.L., Karanewsky, D.S. and Asaad, M.M., *TL*, **36**, 1593; Natsume, M. et al., *CPB*, **43**, 37.

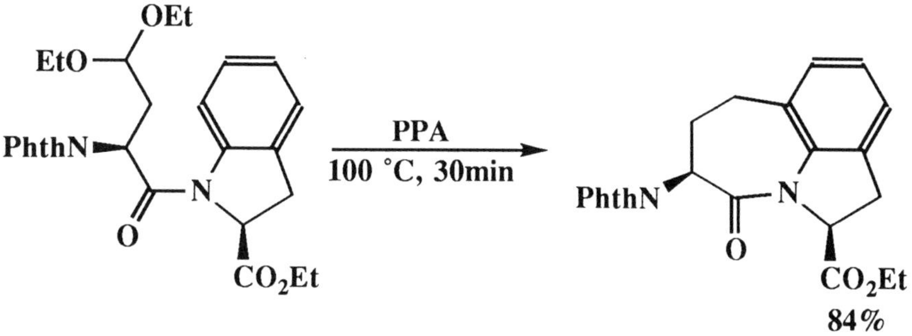

I.F.1-5 Majetich, G. et al., *TL*, **36**, 4749; Majetich G. and Siesel, D., *SL*, 559.

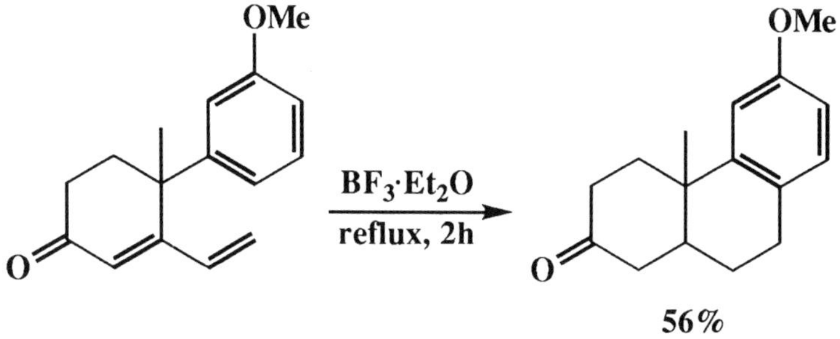

I.F.1-6 Ray, S. et al., *ST*, **60**, 470; Kropp, P.J. et al., *JOC*, **60**, 4146; **see also:** Sartori, G. et al., *T*, **51**, 12179.

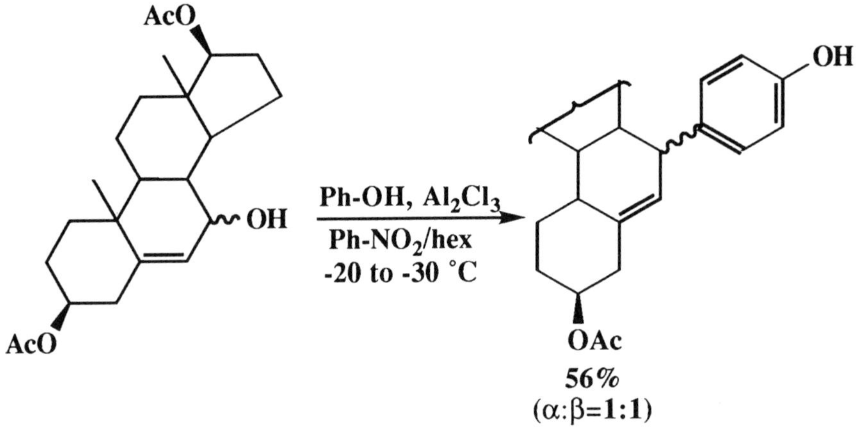

56%
(α:β=**1:1**)

I.F.1-7 Komatsu, Y. and Minami, N., *CPB*, **43**, 1614; Bohmer, V. et al., *JCS(P1)*, 93; **see also:** Satori, G. et al., *JCS(P1)*, 2177.

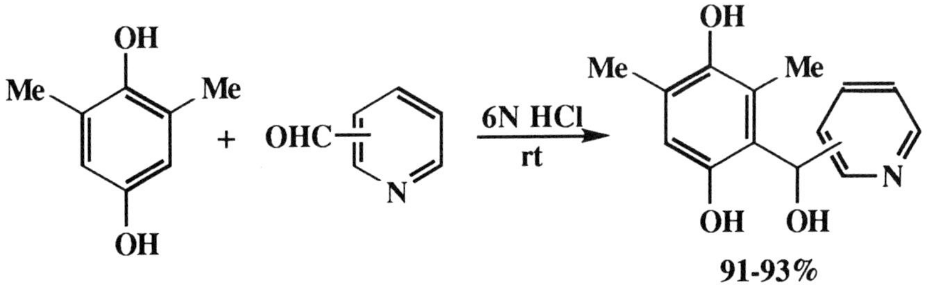

91-93%

I.F.1-8 Shudo, K. et al., *TL*, **36**, 5749.

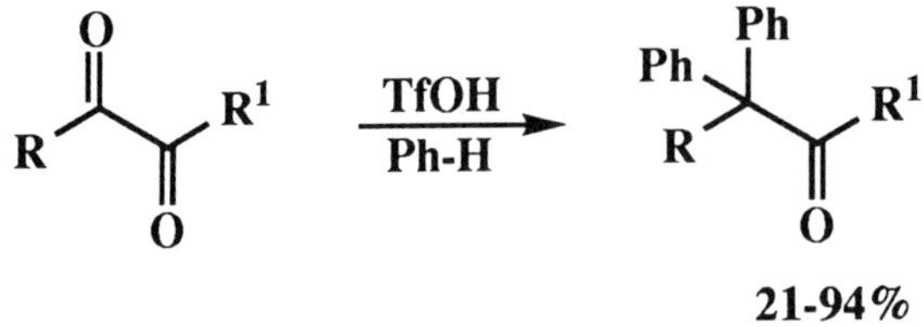

21-94%

I.F.1-9 Vanden Eynde, J.J. et al., *TL*, **36**, 3133; Kodomari, M. et al., *CC*, 1895.

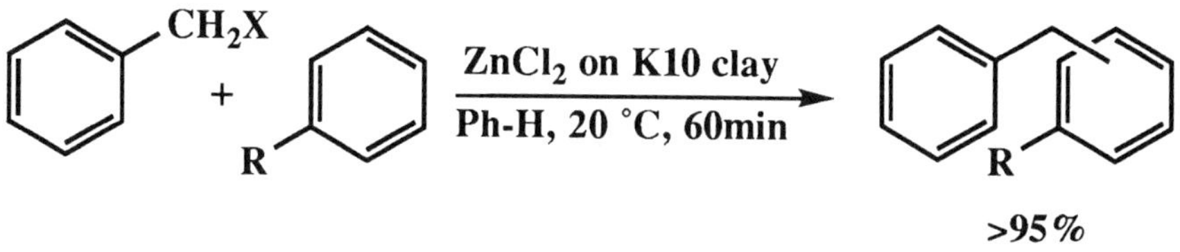

PhCH$_2$X + C$_6$H$_5$R $\xrightarrow{\text{ZnCl}_2 \text{ on K10 clay}}_{\text{Ph-H, 20 °C, 60min}}$ Ph-CH$_2$-C$_6$H$_4$R

>95%

I.F.1-10 Yamaguchi, M. et al., *JACS*, **117**, 1151; Sartori, G. et al., *TL*, **36**, 9177.

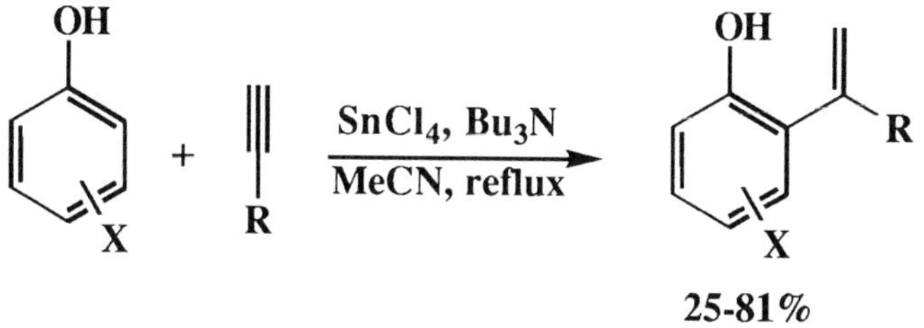

(X-C$_6$H$_3$(OH))- + HC≡CR $\xrightarrow{\text{SnCl}_4, \text{Bu}_3\text{N}}_{\text{MeCN, reflux}}$ ortho-vinyl phenol product

25-81%

I.F.1-11 Clark, J.H. et al., *CC*, 2037.

Environmentally friendly catalysis using supported reagents: evolution of a highly active form of immobilized aluminum chloride

---

I.F.1-12 Kusama, H. and Narasaka, K., *BCJ*, **68**, 2379.

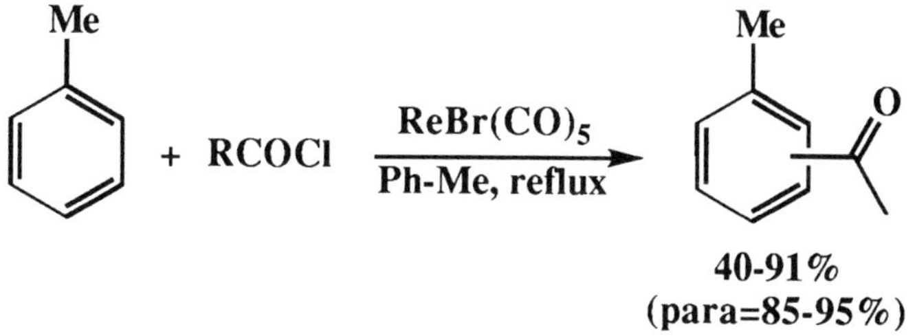

PhMe + RCOCl $\xrightarrow{\text{ReBr(CO)}_5}_{\text{Ph-Me, reflux}}$ methyl aryl ketone

40-91%
(para=85-95%)

I.F.2. Coupling Reactions to Form an Aromatic Carbon-Aromatic Carbon Bond

I.F.2-1 Anderson, J.C. and Namli, H., *SL*, 765; Uemura, M. et al., *CC*, 1943; Miura, Y. et al., *S*, 1419; Yi, K.Y. and Yoo, S., *TL*, **36**, 1679; Ketcha, D.M. and Grieb, J.G., *SC*, **25**, 2145

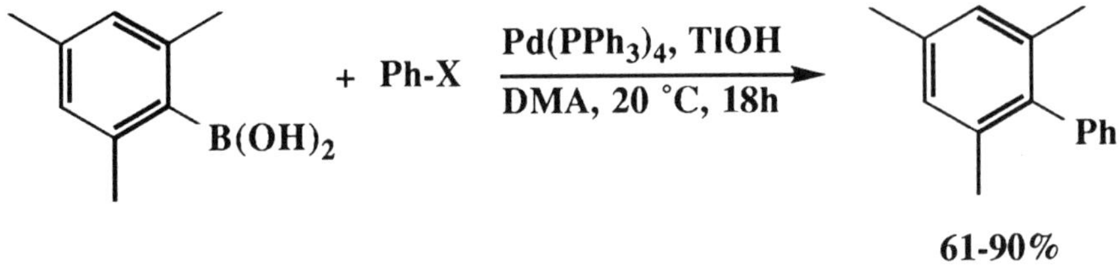

Mesityl-B(OH)$_2$ + Ph-X $\xrightarrow[\text{DMA, 20 °C, 18h}]{\text{Pd(PPh}_3)_4\text{, TlOH}}$ Mesityl-Ph

61-90%

I.F.2-2 Barrett, A.G.M. and Kohrt, J.T., *SL*, 415; Hibino, S. et al., *SL*, 147; Bailey, T.R. and Draper, T.L., *JOC*, **60**, 748; Roth, G.P. et al., *TL*, **36**, 2191; see also: Bumagin, N.A. et al., *RJOC*, **30**, 1605.

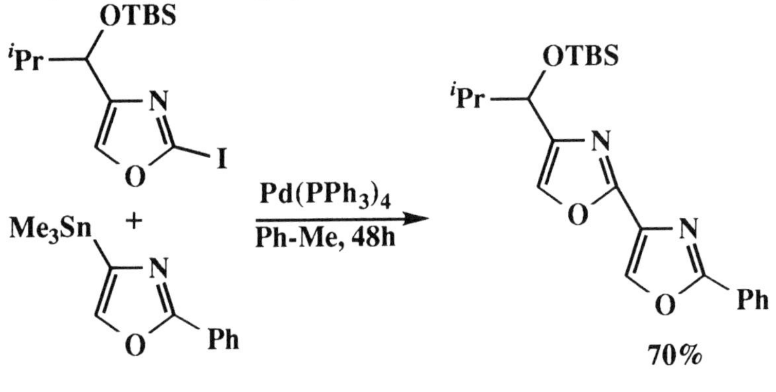

$\xrightarrow[\text{Ph-Me, 48h}]{\text{Pd(PPh}_3)_4}$

70%

I.F.2-3 Castedo, L. et al., *T*, **51**, 4075.

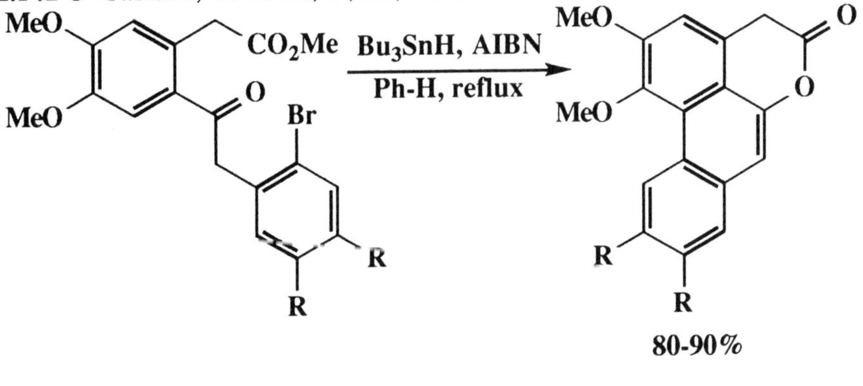

$\xrightarrow[\text{Ph-H, reflux}]{\text{Bu}_3\text{SnH, AIBN}}$

80-90%

I.F.2-4 Wu, X. and Rieke, R.D., *JOC*, **60**, 6658; Percec, V. et al., *JOC*, **60**, 176; Barbachyn, M.R. et al., *JOC*, **60**, 5255.

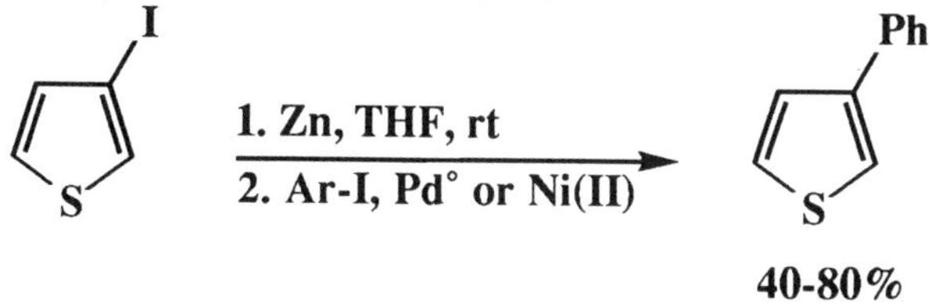

$$\text{3-iodothiophene} \xrightarrow[\text{2. Ar-I, Pd}^\circ \text{ or Ni(II)}]{\text{1. Zn, THF, rt}} \text{3-phenylthiophene}$$

40-80%

I.F.2-5 Desabre, E. and Merour, J.Y., *H*, **41**, 1987; Hitchcock, S.A. et al., *TL*, **36**, 9085; **see also:** Larock, R.C. and Guo, L., *SL*, 465; Hansen, H.-J. et al., *HCA*, **78**, 231, 238, 765, 772; Beletskaye, I.P. et al., *RJOC*, **31**, 57, 129.

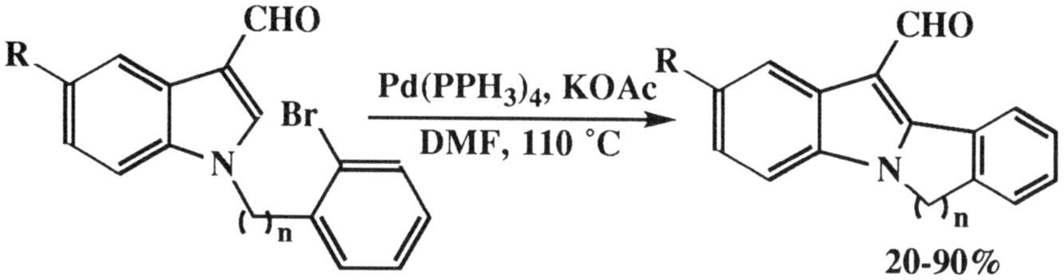

$$\xrightarrow{\text{Pd(PPH}_3)_4, \text{KOAc}}_{\text{DMF, 110 °C}}$$

20-90%

I.F.2-6 Ebert, G.W. et al., *JOC*, **60**, 2361.

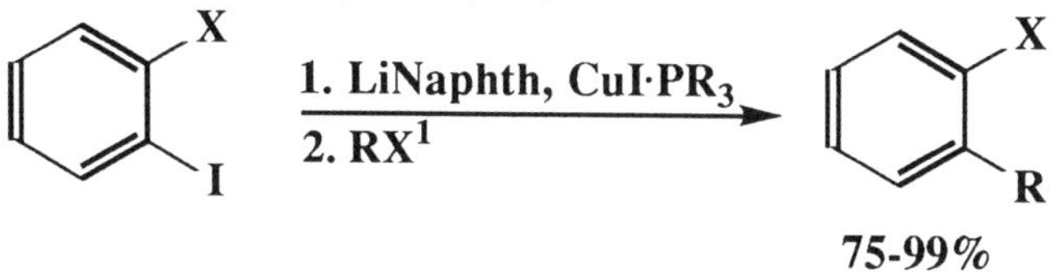

$$\xrightarrow[\text{2. RX}^1]{\text{1. LiNaphth, CuI·PR}_3}$$

75-99%

I.F.2-7 Miyano, S. et al., *JCS(P1)*, 235.

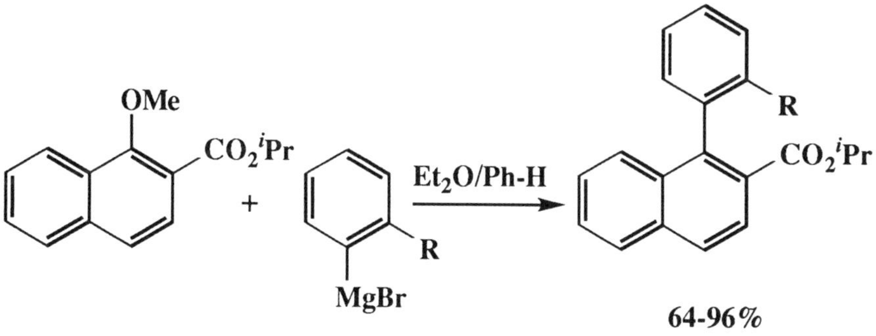

$$\xrightarrow{\text{Et}_2\text{O/Ph-H}}$$

64-96%

I.F.2-8 Molina, P. et al., *SL*, 43; see also: Tanaka, M., Wakamatsu, T. et al., *JOC*, **60**, 4339; see also: Nakajima, M. et al., *TL*, **36**, 9519.

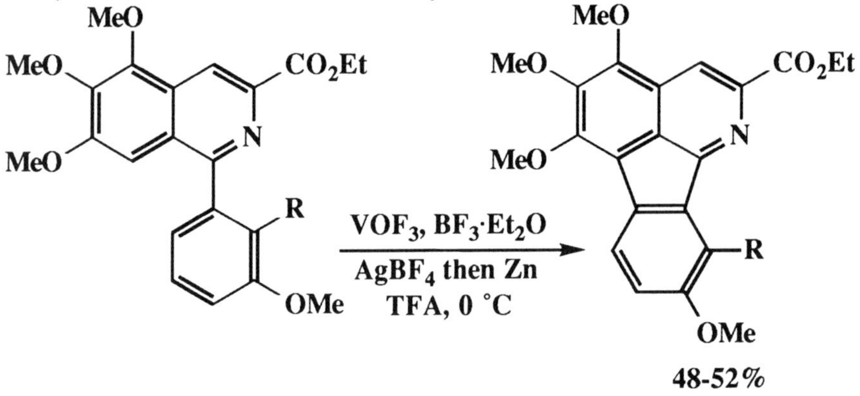

Reagents: VOF_3, $BF_3 \cdot Et_2O$, $AgBF_4$ then Zn, TFA, 0 °C

48-52%

I.F.2-9 Julia, M. et al., *JCS(P1)*, 7.

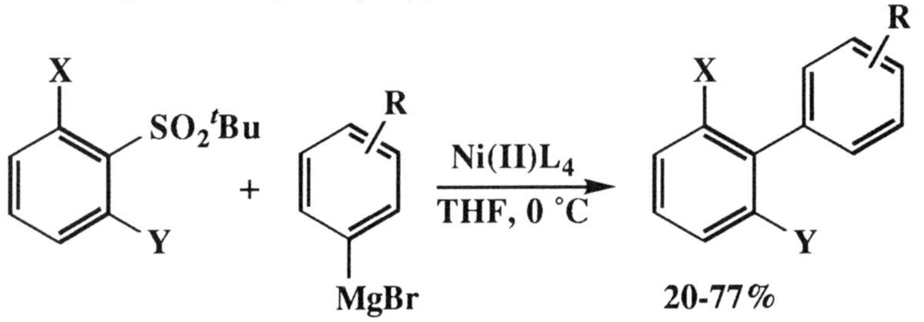

Reagents: Ni(II)L$_4$, THF, 0 °C

20-77%

I.F.2-10 Arai, N. and Narasaka, K., *BCJ*, **68**, 1717.

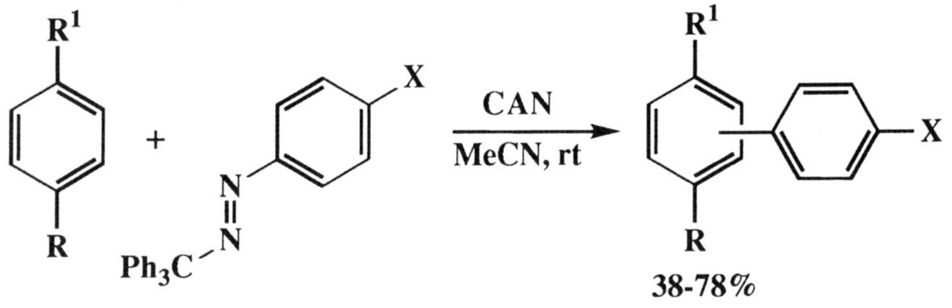

Reagents: CAN, MeCN, rt

38-78%

I.F.2-11 Matano, Y., Joshimune, M. and Suzuki, H., *TL*, **36**, 7475; see also: Donnelly, D.M.X., Finet, J.-P. et al., *JCS(P1)*, 2531.

[Ar-SO$_2^t$Bu with X, Y substituents] + [ArMgBr with R] $\xrightarrow[\text{THF, 0 °C}]{\text{Ni(II)L}_4}$ biaryl product

20-77%

I.F.3. Other Aromatic Substitutions and Preparations

I.F.3-1 Kosugi, M. et al., *SL*, 1225; Gilbert, A.M. and Wulff, W.D., *JACS*, **117**, 7449; Nakamura, H. et al., *SL*, 1227; Collum, D.B. et al., *TL*, **36**, 3111; see also:, Meinwald, J. et al., *TL*, **36**, 71.

[dioxole with R^1, R] + Ar-Br $\xrightarrow[\text{THF, 80 °C}]{\text{Bu}_3\text{SnPh, PdCl}_2[\text{P}(o\text{-Tol})_3]}$ [dioxolane with Ph, Ar]

0-74%

I.F.3-2 Guile, J.W., *SL*, 165.

ArSnR$_3$ + CF$_3$COCl $\xrightarrow[\text{Ph-H}]{\text{PdCl}_2(\text{PPh}_3)_2}$ Ar-C(O)-CF$_3$

1-89%

I.F.3-3 Dieter, R.K. et al., *TL*, **36**, 3613.

[N-Boc pyrrolidinyl-Li] + Ar-I $\xrightarrow[\text{THF, 40-75 °C}]{\text{PdCl}_2(\text{PPh}_3)_2,\ \text{CuCN}}$ [N-Boc pyrrolidinyl-Ar]

34-71%

I.F.3-4 Miller, W.H. et al., *TL*, **36**, 373; Tietze, L.F. and Burkhardt, O., *S*, 1153; Tietze, L.F. and Raschke, T., *SL*, 597; Wiemer, D.F., Scott, W.J. et al., *JOC*, **60**, 5102; Shibasaki, M. et al., *JOC*, **60**, 4322.

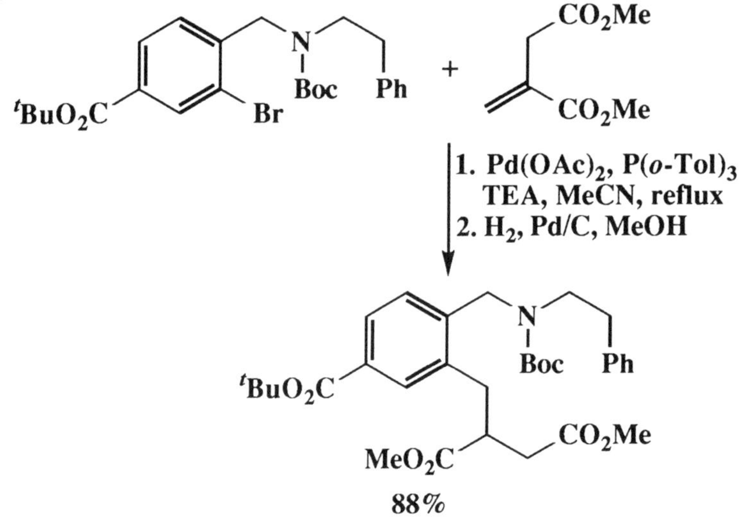

1. Pd(OAc)$_2$, P(*o*-Tol)$_3$, TEA, MeCN, reflux
2. H$_2$, Pd/C, MeOH

88%

I.F.3-5 Kang, S.K. et al., *TL*, **36**, 6287, 8047.

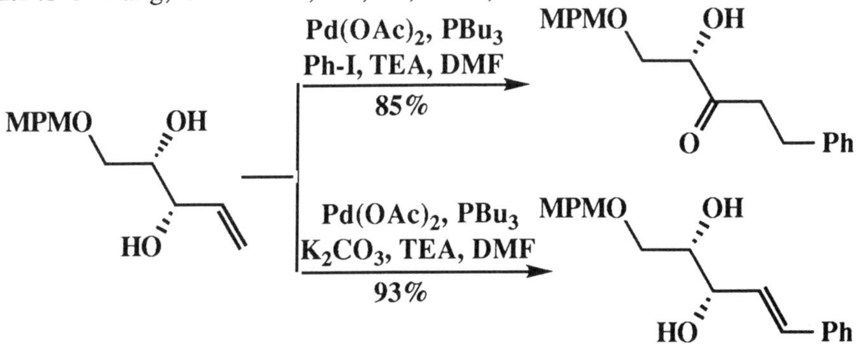

Pd(OAc)$_2$, PBu$_3$, Ph-I, TEA, DMF — 85%

Pd(OAc)$_2$, PBu$_3$, K$_2$CO$_3$, TEA, DMF — 93%

I.F.3-6 Murai, S. et al., *BCJ*, **68**, 62; and *JOM*, **504**, 151

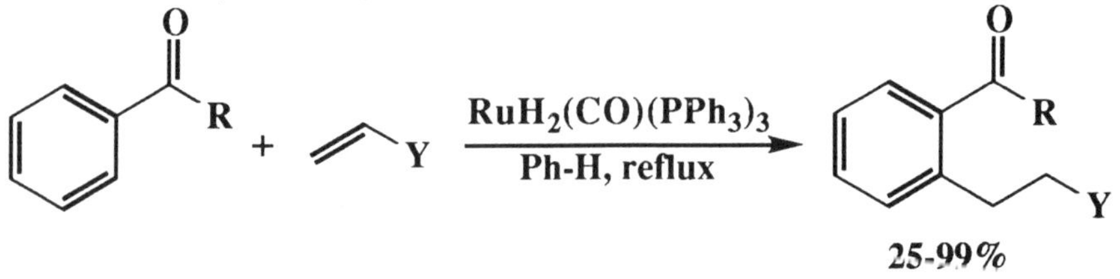

RuH$_2$(CO)(PPh$_3$)$_3$, Ph-H, reflux

25-99%

I.F.3-7 Bosch, J. et al., *S*, 382.

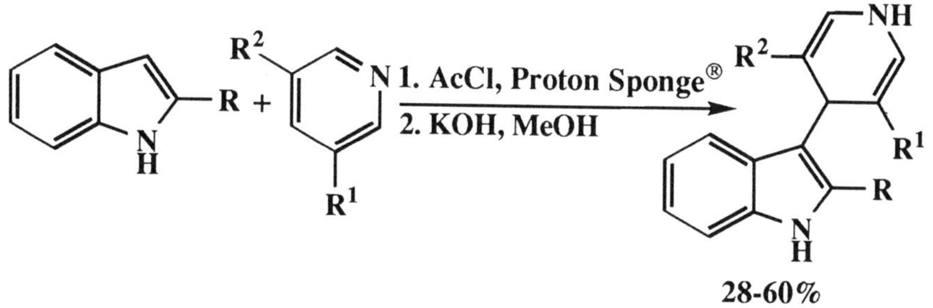

28-60%

I.F.3-8 Alexakis, A., Rose-Munch, F. et al., *TA*, **6**, 47.

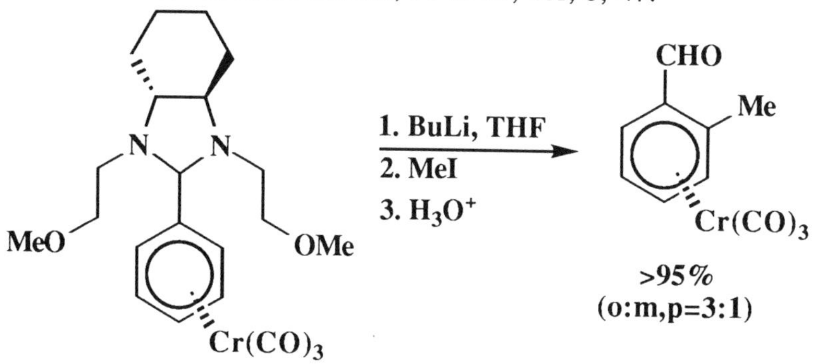

>95%
(o:m,p=3:1)

I.F.3-9 Hashimoto, S. et al., *TL*, **36**, 1491.

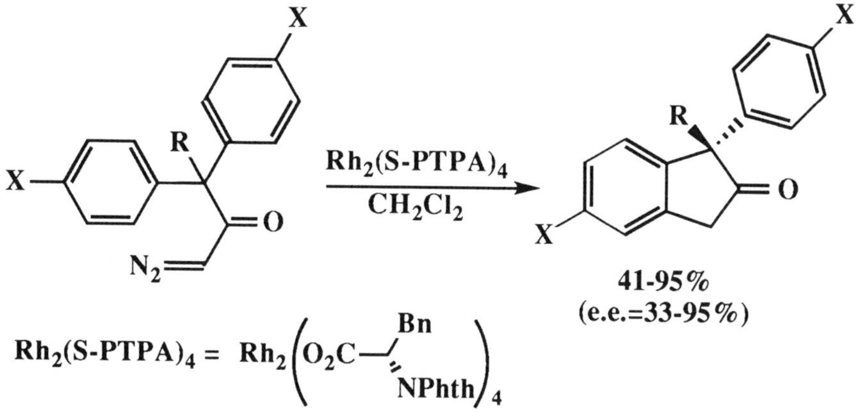

$Rh_2(S\text{-}PTPA)_4 = Rh_2\left(O_2C{-}\underset{NPhth}{\overset{Bn}{\diagup}}\right)_4$

41-95%
(e.e.=33-95%)

I.F.3-10 Schmalz, H.-G. and Schellhaas, K., *TL*, **36**, 5511, 5515.

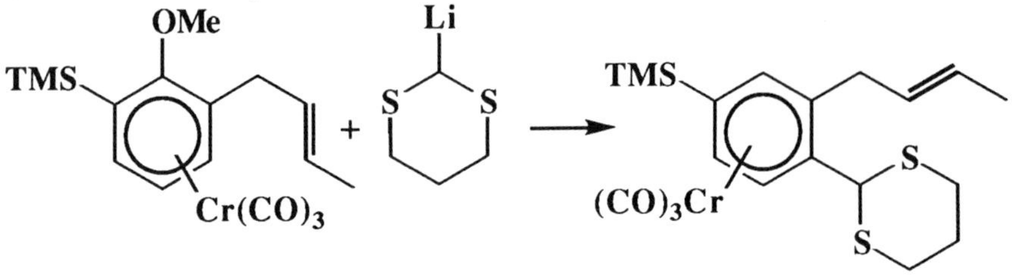

I.F.3-11 Knolker, H.-J. and Hopfmann, T., *SL*, 981.

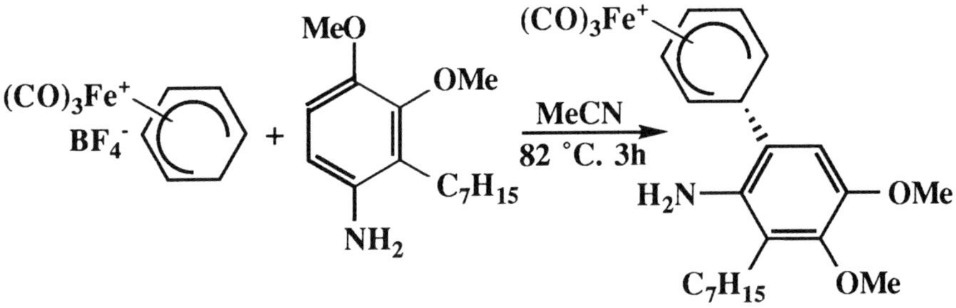

I.F.3-12 Bennetau, B., Mortier, J. et al., *JCS(P1)*, 1265; d'Angelo, J. et al., *TL*, **36**, 1039.

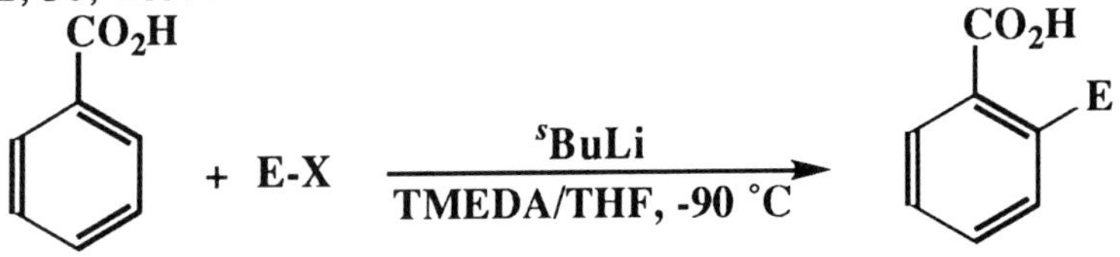

I.F.3-13 Lau, C.K. et al., *CJC*, **73**, 1506.

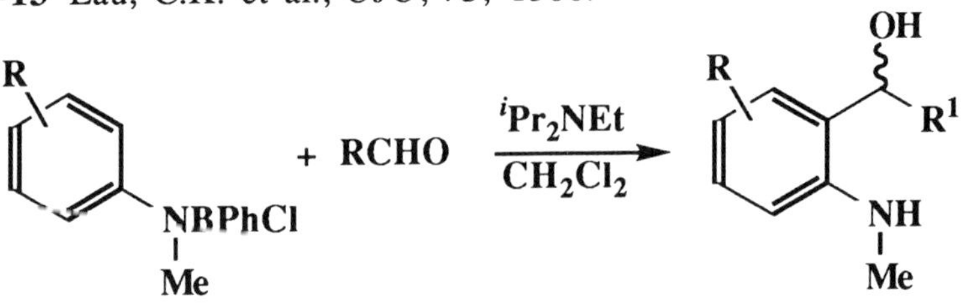

I.F.3-14 Baruah, J.B. et al., *TL*, **36**, 8509.

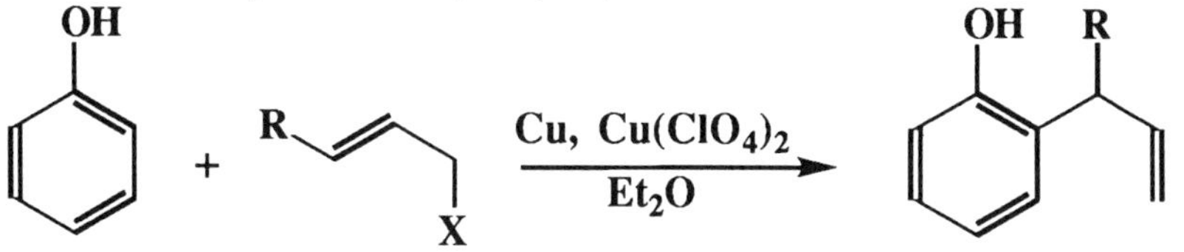

Phenol + R-CH=CH-CH2-X $\xrightarrow{\text{Cu, Cu(ClO}_4)_2}{\text{Et}_2\text{O}}$ 2-(1-R-allyl)phenol

28-65%

I.F.3-15 Mulzer, J. et al., *T*, **51**, 9531.

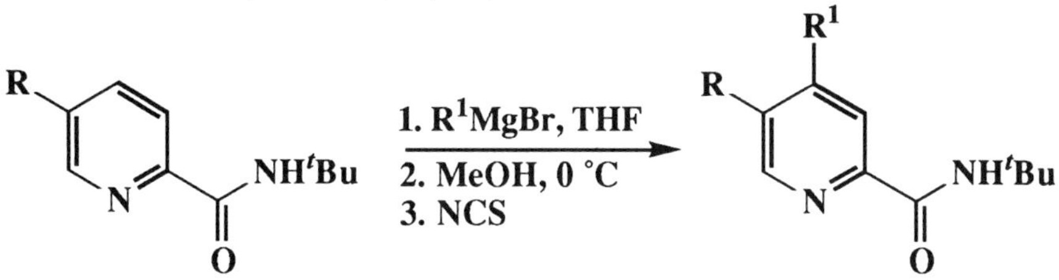

5-R-pyridine-2-carboxamide(NHtBu) $\xrightarrow[\text{2. MeOH, 0 °C}]{\text{1. R}^1\text{MgBr, THF}}$ 4-R^1-5-R-pyridine-2-carboxamide
3. NCS

70-97%

I.F.3-16 Watanabe, Y. et al., *JOM*, **489**, 83.

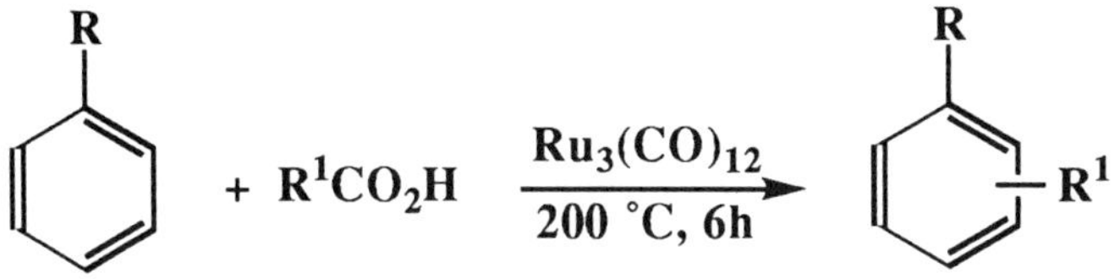

Ar-R + R^1CO_2H $\xrightarrow[200 \text{ °C, 6h}]{\text{Ru}_3(\text{CO})_{12}}$ R-C6H4-R^1

22-77%

I.F.3-17 Nishii, Y. and Tanabe, Y., *TL*, **36**, 8803.

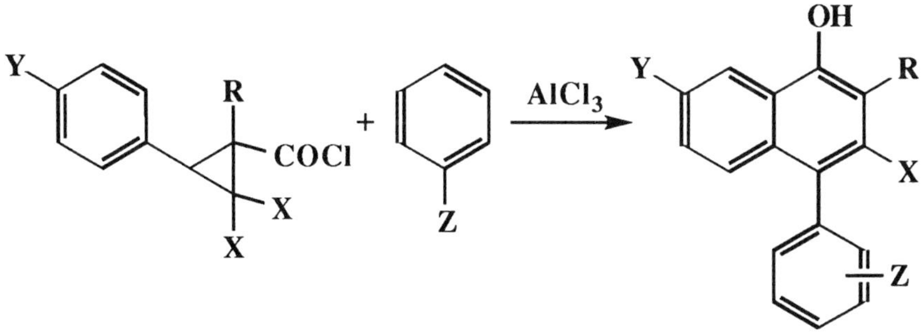

Y-aryl-cyclopropane(R, X, X)-COCl + Z-C6H5 $\xrightarrow{\text{AlCl}_3}$ naphthol product

23-81%

I.F.3-18 Condon-Gueugnot, S. et al., *JOC*, **36**, 7684.

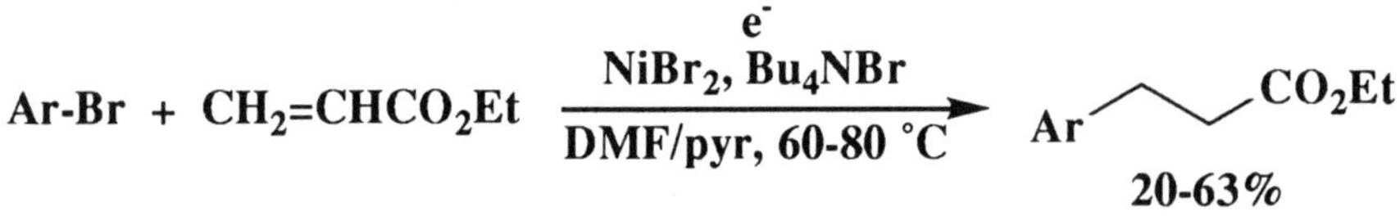

$$\text{Ar-Br} + \text{CH}_2=\text{CHCO}_2\text{Et} \xrightarrow[\text{DMF/pyr, 60-80 °C}]{\text{e}^-\ \ \text{NiBr}_2,\ \text{Bu}_4\text{NBr}} \text{Ar}\diagup\diagdown\text{CO}_2\text{Et}$$

20-63%

I.F.3-19 Shin, S.C. et al., *TL*, **36**, 1871; Dotz, K.H. et al., *CC*, 2535; Quayle, P. et al., *TL*, **36**, 8089; Wulff, W.D. et al., *JOC*, **60**, 4566.

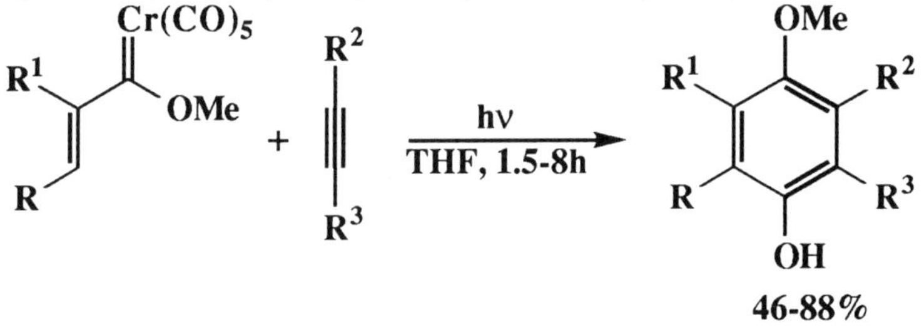

46-88%

I.F.3-20 Padwa, A. et al., *TL*, **36**, 9285; Cochran, J.E. and Padwa, A., *JOC*, **60**, 3938.

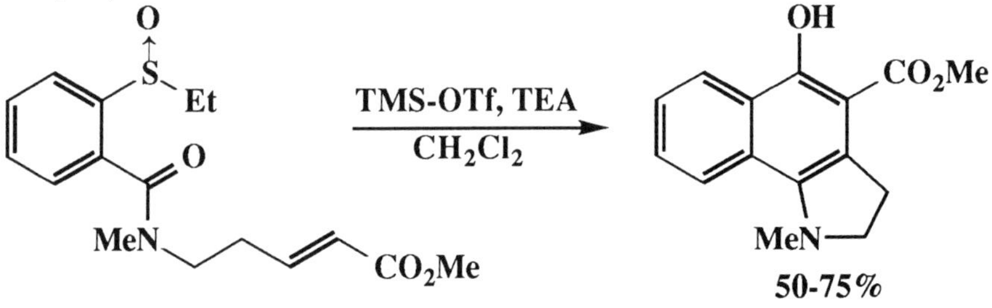

50-75%

I.F.3-21 Giles, R.G.F. and Joll, C.A., *TL*, **36**, 1125.

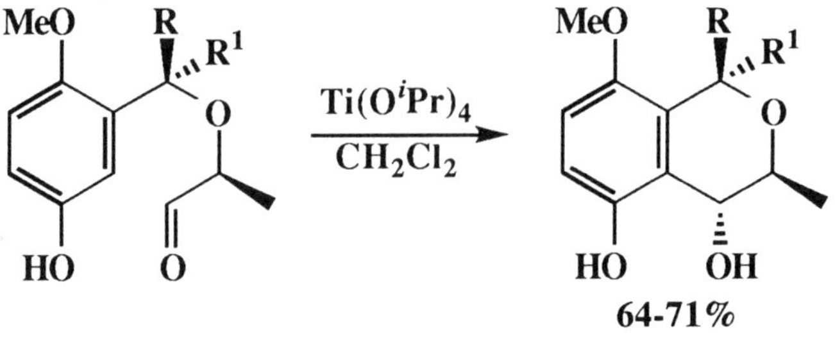

64-71%

I.F.3-22 Danheiser, R.L. et al., *JOC*, **60**, 8341.

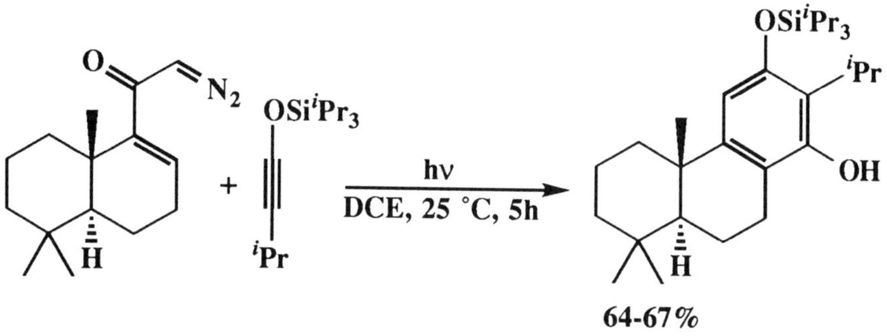

I.F.3-23 Ila, H., Junjappa, H. et al., *T*, **51**, 10941; Reddy, K.R., Ila, H. and Junappa, H., *S*, 929.

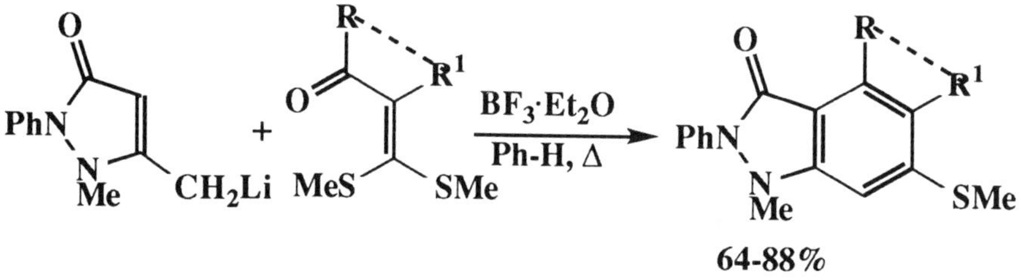

I.F.3-24 Ohmizu, H., Iwasaki, T. et al., *JOC*, **60**, 4595.

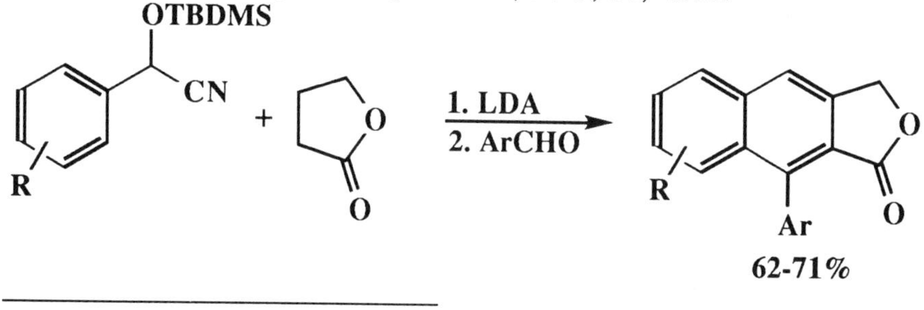

I.F.3-25 Schmittel, M. et al., *TL*, **36**, 4975.

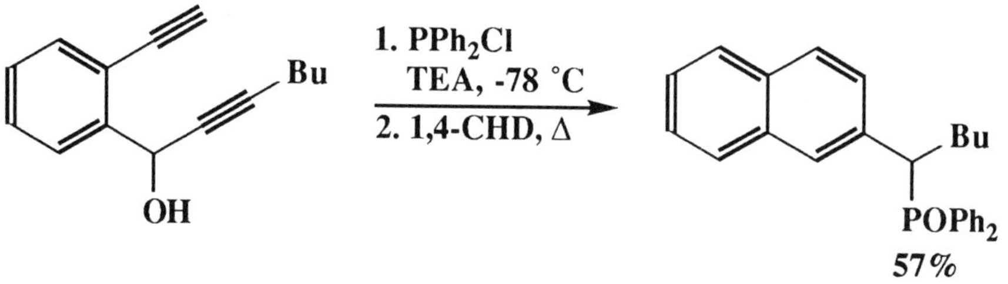

I.F.3-26 Turnbull, P. and Moore, H.W., *JOC*, **60**, 3274.

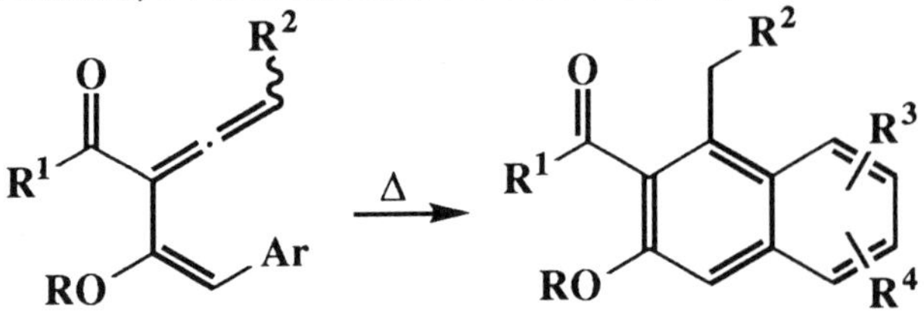

I.F.3-27 Malacria, M. et al., *JOC*, **60**, 2664; Grissom, J.W. and Gunawardena, G.U., *TL*, **36**, 4951; Grissom, J.W. and Klingberg, D., *TL*, **36**, 6607; Grissom, J.W. and Huang, D., *AG(E)*, 2037; **see also:** Wang, Y. and Finn, M.G., *JACS*, **117**, 8045.

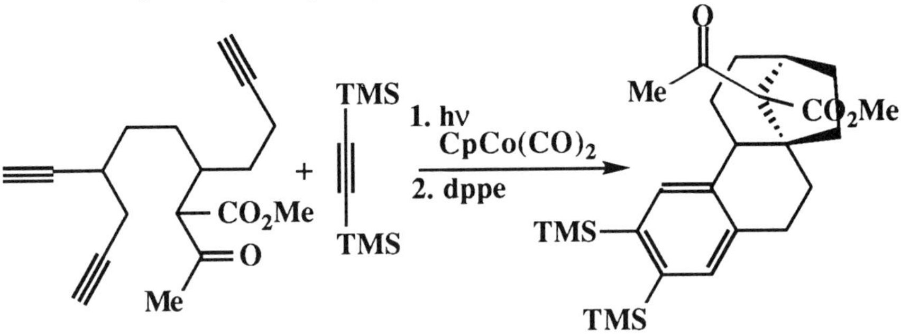

I.F.3-28 Megati, S. and Rao, K.G.S., *TL*, **36**, 5819.

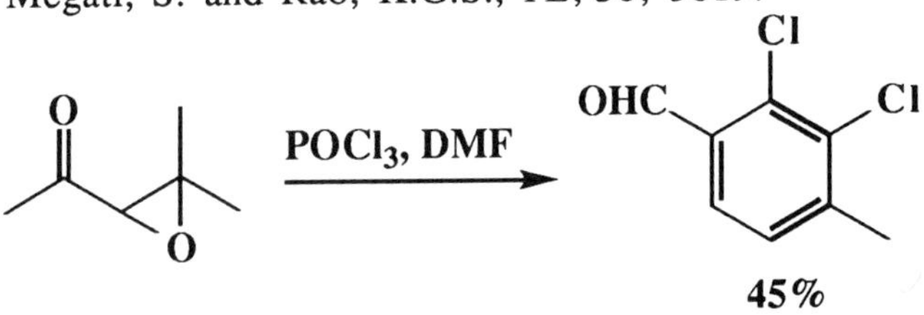

I.F.3-29 Makra, F. et al., *TL*, **36**, 6815; **see also:** Bracher, F. and Mink, K., *LA*, 645.

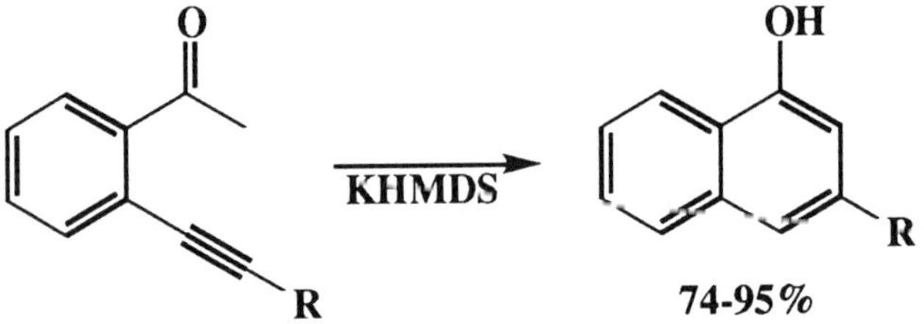

I.G. Synthesis via Organometallics

I.G.1. Synthesis via Organoboranes

I.G.1-1 Vedejs, E. et al., *JOC*, **60**, 3020.

$$ArB(OH)_2 + KHF_2 \longrightarrow ArBF_3^- K^+$$
$$48\text{-}94\%$$

I.G.1-2 Takai, K., Moriwake, T. et al., *SL*, 963.

$$RCHO + Cl_2CHB(pin) \xrightarrow[\text{THF, 25 °C}]{CrCl_2, LiI} R\text{-CH=CH-B(pin)}$$

69-91%
(E:Z=6.5-99:1)

I.G.1-3 Brown, H.C. et al., *JOC*, **60**, 8130 and *TL*, **36**, 2441; Brown, H.C. and Narla, G., *JOC*, **60**, 4086; Roush, W.R. and Grover, P.T., *JOC*, **60**, 3806; Pace, R.D. and Kabalka, G.W., *JOC*, **60**, 4838.

$$TMS-\equiv-B^d Ipc_2 \xrightarrow[\text{2. NaH, H}_2\text{O}_2]{\text{1. RCHO, -100 °C}} \text{(allenol product)}$$

68-78%
(e.e.=87-99%)

I.G.1-4 Baldwin, Jack E. et al., *TL*, **36**, 4869; Percec, V. et al., *JOC*, **60**, 1060, 1066; Uemura, M. et al., *TL*, **36**, 6695; de Lera, A.R. et al., *T*, **51**, 2435.

Reagents: ArB(OH)$_2$, Pd(PPh$_3$)$_4$, LiCl, Na$_2$CO$_3$, DME

46-89%

I.G.1-5 Soderquist, J.A. et al., *TL*, **36**, 987; Brown, H.C. et al., *JOC*, **60**, 544; **see also:** Zheng, B. and Srebnik, M., *TL*, **36**, 5665.

$$\text{9-BBN}\diagup\!\!\!\diagdown\text{TMS} \xrightarrow[\text{neat, 1h, 120 °C}]{\text{ArCHO}} \text{Ar}\underset{}{\overset{\text{OH}}{\diagup}}\!\!\!\diagdown\!\!\!\diagup\text{TMS}$$

71-88%

I.G.1-6 Schummer, D. and Hofle, G., *T*, **51**, 11219.

$$\left(\text{HC}-\text{B}\diagup_{\text{O}}^{\text{O}}\right)_3 \xrightarrow[\substack{\text{1. BuLi} \\ \text{2. RCOR}^1 \\ \text{3. NaBO}_3}]{} R^1\underset{R}{\diagup}\!\!\!\diagdown\text{CHO}$$

65-85%

I.G.1-7 Sonderquist, J.A. et al., *TL*, **36**, 3119, 2401, 6847; Whiting, A. and Stewart, S.K., *TL*, **36**, 3925, 3929; Genet, J.P. et al., *TL*, **36**, 1443; Srebnik, M. et al., *JOC*, **60**, 3276.

$$X\diagup\!\!\!\diagdown\!\!=\!\!\!\diagup \xrightarrow[\substack{\text{1. 9-BBN, THF} \\ \text{2. RCH=CBr}_2 \\ \text{Pd(PPh}_3)_4, \text{NaOH}}]{} X\!-\!\!\bigcirc\!\!=\!\!\!\diagdown\text{R}$$

25-76%

I.G.1-8 Kabalka, G.W. et al., *TL*, **36**, 8545.

$$\text{ArCHCl}_2 + R_3B \xrightarrow[\text{2. NaBO}_3]{\text{1. }^t\text{BuLi, -78 °C}} \text{Ar}\underset{R}{\diagup}\!\!\!\diagdown\text{OH}$$

0-67%

I.G.1-9 Uemura, S. et al., *JOC*, **60**, 883; **see also:** Pereira, S. and Srebnik, M., *JOC*, **60**, 4316

$$\text{NaBPh}_4 + R^1\underset{R}{\overset{R^2}{\diagup\!\!=\!\!\diagdown}}\underset{O}{\overset{}{\diagdown}}R^3 \xrightarrow[\text{SbCl}_3, \text{AcOH}]{\text{Pd(OAc)}_2, \text{NaOAc}} R^1\underset{\underset{R}{Ph}}{\diagup}\!\!\!\diagdown\overset{R^2}{\diagup}\!\!\!\diagdown\underset{O}{\overset{}{\diagdown}}R^3$$

34-90%

I.G.1-10 Kobayashi, Y. et al., *SL*, 571; Periasamy, M. et al., *T*, **51**, 2743; Furstner, A. and Seidel, G., *T*, **51**, 11165; Vaultier, M. et al., *TL*, **36**, 8209.

[Reaction scheme: vinyl boronate (catecholate) + allylic carbonate R^2–CH=CH–CH(R^1)–OCO_2Et with $NiCl_2(dppf)$ gives 1,4-diene product, 50-87%]

I.G.1-11 Ishikura, M., *H*, **41**, 1385; Miyaura, N. et al., *CC*, 295; see also: Uemura, S. et al., *JOM*, **496**, 221.

[Reaction scheme: N-methylindolyl-2-BEt$_3$Li$^+$ + cyclohexenyl triflate with $PdCl_2(PPh_3)_2$, CO, THF gives fused indole ketone product, 58-70%]

I.G.2. Carbonylations Reactions

I.G.2-1 Paquette, L.A. and Borrelly, S., *JOC*, **60**, 6912; Veretenov, A.L. et al., *TL*, **36**, 4651; Krafft, M.E. et al., *SL*, 577; Mukai, C., Hanaoka, M. et al., *TL*, **36**, 5761; Kerr, W.R. et al., *SL*, 1083, 1085; Halterman, R.L. et al., *JOM*, **497**, 43; Cazes, B. et al., *TL*, **36**, 4417; Sato, F. et al., *TL*, **36**, 4261; Kerr, K.J. et al., *OM*, **14**, 4986; Chung, Y.K. et al., *OM*, **14**, 3104; Pearson, A.J. and Perosa, *OM*, **14**, 5178.

[Reaction scheme: cyclopentenyl-OTBDPS enyne with $Co_2(CO)_6$, then $Me_3N{\to}O$, CH_2Cl_2 gives Pauson–Khand tricyclic product, 78%]

I.G.2-2 Hegedus, L.S. et al., *OM*, **14**, 3574; **see also:** Soderberg, B.C. et al., *OM*, **14**, 3712; **see also:** Wulff, W.D. et al., *TL*, **36**, 8159; de Meijere, A. et al., *T*, **51**, 11141.

$(CO)_5Cr=C(OR^1)CH_2R \xrightarrow[2.\ I_2,\ BQ]{1.\ R^3Li} R^2C(O)C(OR^1)=CHR$

7-51%

I.G.2-3 Edstrom, E.D. et al., *TL*, **36**, 7035; Hibinos, S. et al., , *JOC*, **60**, 5899.

[substrate with OTf] $\xrightarrow[\text{MeOH/DMSO, 60 °C}]{CO,\ Pd(OAc)_2,\ PPh_3,\ TEA}$ [product with CO_2Me]

82%

I.G.2-4 Koga, H. et al., *TL*, **36**, 87; Beletskaya, I.P. et al., *JOM*, **486**, 297; Kollar, L. et al., *ST*, **60**, 786, 791, 812; **see also:**, Scrivant, A. and Matteoli, U., *TL*, **36**, 9015.

[chromene-Br, R^1, R^2] $\xrightarrow[\text{DMF, 100 °C, 6h}]{CO,\ Pd(OAc)_2,\ PPh_3,\ KI}$ [chromene-CO_2H]

87-98%

I.G.2-5 Devasagayaraj, A. and Knochel, P., *TL*, **36**, 8411; **see also:** Rao, M.L.N. and Periasamy, M., *TL*, **36**, 9069; **see also:** Brunet, J.-J. and El Zaizi, A., *JOM*, **486**, 275; Amaratunga, S. and Alper, H., *JOM*, **488**, 25.

$R-ZnI \xrightarrow[\text{NMP/THF, 25 °C}]{CO,\ CoBr_2} R-C(O)-R$

56-80%

I.G.2-6 Ryu, I., Sonoda, N. et al., *SL*, 1249.

[Reaction: 6-iodo-2-methyl-2-heptene + acrylonitrile (CH₂=CH-CN) → 2-substituted cyclopentanone bearing -C(CH₃)₂CH₂CH₂CN group]

Conditions: CO, Zn, CuI, aq EtOH, rt. 58%

I.G.2-7 Cacchi, S. et al., *SL*, 823.

$$R-\!\!\equiv\!\!-TMS + Ar\text{-}I \xrightarrow[\text{THF, rt}]{\text{CO, PdCl}_2\text{, dppf} \atop \text{Bu}_4\text{NF, TEA}} R-\!\!\equiv\!\!-C(O)Ar$$

58-73%

I.G.2-8 Miura, M. et al., *JOC*, **60**, 7267.

Ar-I + 2,3-dihydrofuran $\xrightarrow[\text{Ph-H, 120 °C, 15-20h}]{\text{CO, PdCl}_2\text{, PPh}_3\text{, TEA}}$ Ar-C(O)-(furan-2-yl with 2,3-dihydro)

38-66%

I.G.2-9 Alper, H. et al., *CC*, 917; **see also:** Crudden, C.M. and Alper, H., *JOC*, **60**, 5579.

2-RO-tetrahydrofuran $\xrightarrow[\text{Ph-H, 180 °C, 67 atm}]{\text{CO, [Rh(COD)Cl]}_2}$ 2-(RO₂C)-tetrahydrofuran

14-73%

I.G.2-10 Balazs, M. and Stephenson, G.R., *JOM*, **498**, C17.

[Cyclohexadiene-Fe(CO)₃ complex with R¹ substituent] + R²Li + R³X $\xrightarrow[\text{THF, -78 °C}]{\text{PPh}_3}$ substituted cyclohexene product with R¹, R², R³ and vinyl group

17-40%

I.G.2-11 Huang, H. and Forsyth C.J., *JOC*, **60**, 5746.

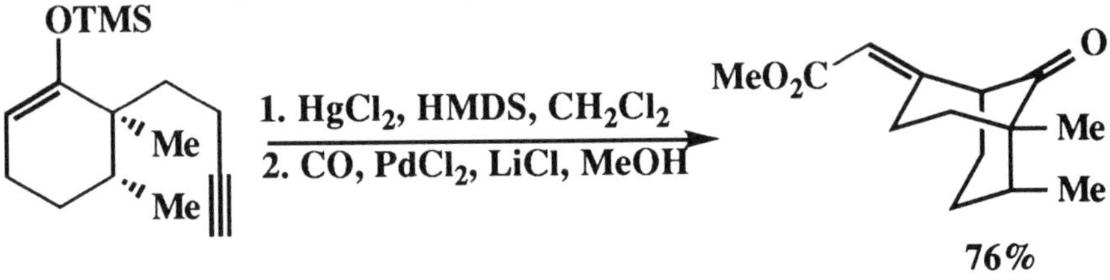

OTMS
Me
Me
1. $HgCl_2$, HMDS, CH_2Cl_2
2. CO, $PdCl_2$, LiCl, MeOH
MeO_2C
O
Me
Me
76%

I.G.2-12 Brummond, K.M. et al., *TL*, **36**, 2407; Knolker, H.-J. et al., *TL*, **36**, 7647; Matsuda, I. et al., *TL*, **36**, 241.

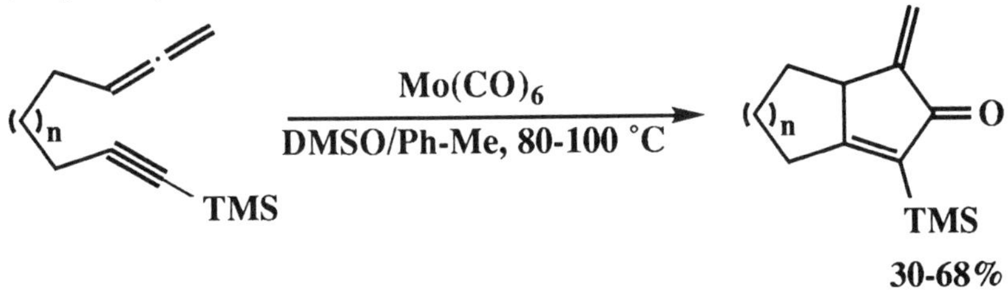

n
TMS
$Mo(CO)_6$
DMSO/Ph-Me, 80-100 °C
n
O
TMS
30-68%

I.G.2-13 Alper, H. et al., *JACS*, **117**, 4419; Panek, J.S. et al., *TL*, **36**, 8723; Ojima, I. et al., *JACS*, **117**, 6797.

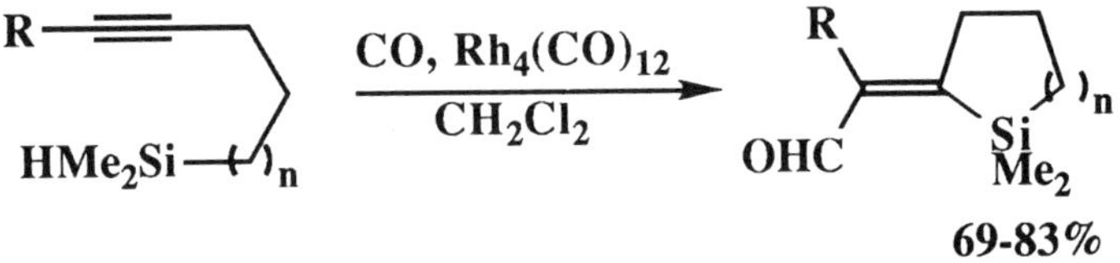

R
HMe_2Si
n
CO, $Rh_4(CO)_{12}$
CH_2Cl_2
R
OHC
n
Si
Me_2
69-83%

I.G.2-14 Ogawa, A., Sonoda, N. et al., *JACS*, **117**, 7564.

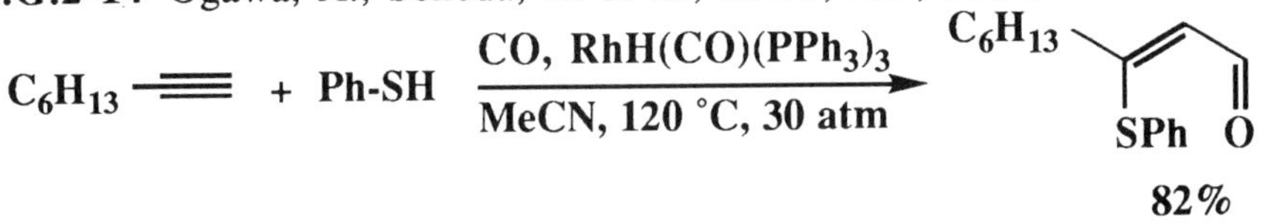

C_6H_{13}
+ Ph-SH
CO, $RhH(CO)(PPh_3)_3$
MeCN, 120 °C, 30 atm
C_6H_{13}
SPh
O
82%

I.G.2-15 Ocafrain, M. et al., *CC*, 2331.

R-X + CO
e^-
bpy, Bu_4NBF_4, $FeCl_2$
DMF
R
O
R
15-80%

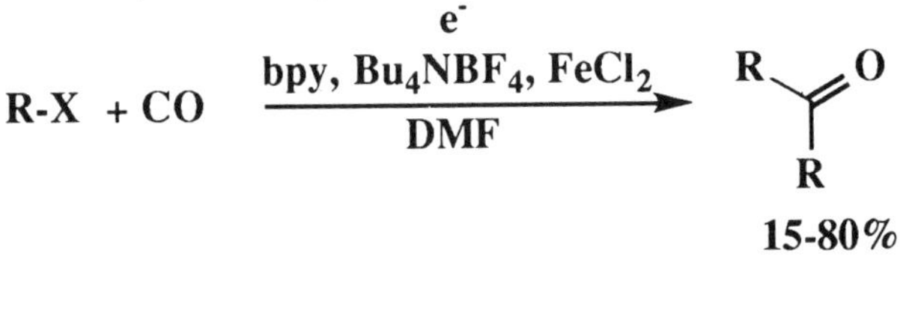

I.G.2-16 Tamura, Y. et al., *JOC*, **60**, 1365; Jackson, F.W. et al., *CC*, 2207.

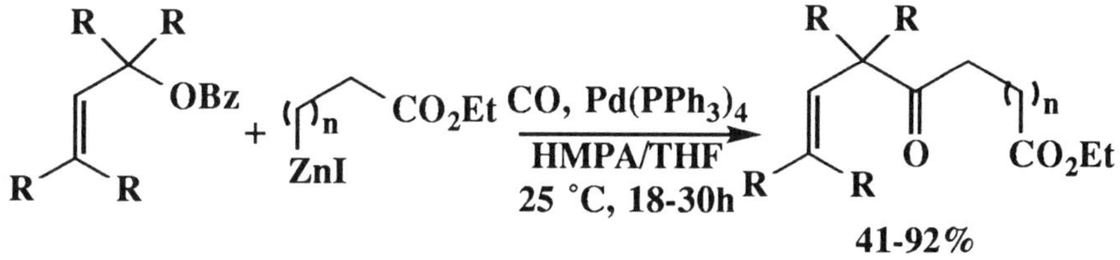

$$\text{R}_2\text{C(OBz)CH=CR}_2 + \text{I-Zn-(CH}_2)_n\text{-CO}_2\text{Et} \xrightarrow[\text{25 °C, 18-30h}]{\text{CO, Pd(PPh}_3)_4, \text{ HMPA/THF}} \text{products}$$

41-92%

I.G.2-17 Ojima, I. et al., *JOC*, **60**, 7078.

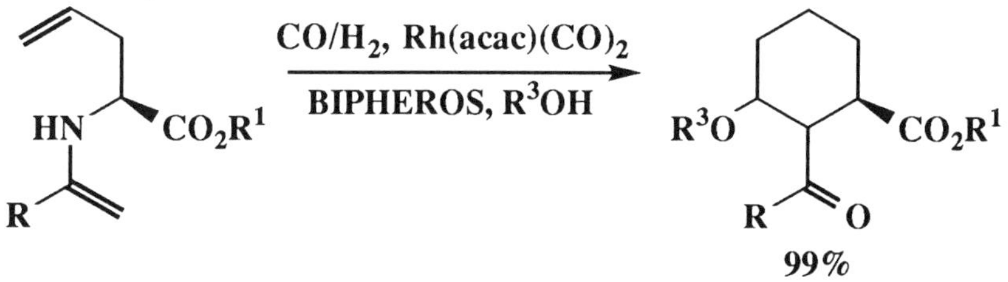

$$\xrightarrow[\text{BIPHEROS, R}^3\text{OH}]{\text{CO/H}_2, \text{Rh(acac)(CO)}_2}$$

99%

I.G.2-18 Iwasawa, N. et al., *CL*, 115.

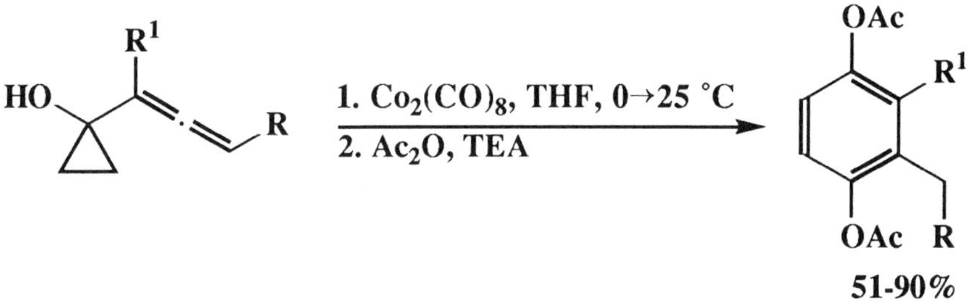

1. Co$_2$(CO)$_8$, THF, 0→25 °C
2. Ac$_2$O, TEA

51-90%

I.G.2-19 Claver, C. et al., *TA*, **6**, 1885; Gladiali, S. et al., *JOM*, **491**, 91; Chan, A.S.C., Yang, T.-K. et al., *CC*, 2031

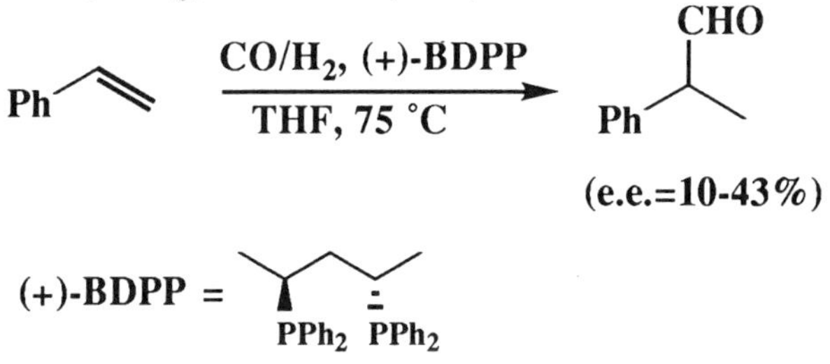

$$\text{Ph-CH=CH}_2 \xrightarrow[\text{THF, 75 °C}]{\text{CO/H}_2, (+)\text{-BDPP}} \text{Ph-CH(CH}_3)\text{-CHO}$$

(e.e.=10-43%)

(+)-BDPP = CH$_3$CH(PPh$_2$)CH(PPh$_2$)CH$_3$ (2,4-bis(diphenylphosphino)pentane)

I.G.2-20 Murai, S. et al., *JOM*, **499**, 193.

ArCHO $\xrightarrow{\text{CO, Co}_2\text{(CO)}_8\text{, Me}_3\text{SiH}}$ Ar-CH(OTMS)-CH₂-OTMS

28-66%

I.G.2-21 Cuny, G.D. and Buchwald, S.L., *SL*, 519; Monflier, E. et al., *TL*, **36**, 9481; Marchetti, M. et al., *JOM*, **488**, C20; Bertozzi, S. et al., *JOM*, **487**, 41; Costa, M. et al., *JOM*, **488**, 47; Tiripicchio, A. et al., *JOM*, **488**, 115; van Leeuwen, P.W.N.M. et al., *OM*, **14**, 34, 3081; Lazzaroni, R. et al., *OM*, **14**, 4644; Gladfellow, W.L. et al., *OM*, **14**, 3832.

[pyrrolidine with Me, N-Boc, vinyl] $\xrightarrow[\text{60 °C}]{\text{CO/H}_2\text{, RhL}_n}$ [pyrrolidine with Me, N-Boc, CH₂CH₂CHO]

83%

I.G.2-22 Fell, B. et al., *JPR*, **337**, 446.

Hydroformylation with water and methanol soluble rhodium carbonyl/phenylsulfonatoarylphosphine catalyst system. A new concept for the hydroformylation of higher molecular weight olefins.

I.G.3. Other Synthesis via Organometallics

I.G.3-1 Alper, H. et al., *CC*, 1199.

[thiazinane with Ph, N-allyl] $\xrightarrow[\text{Ph-H}]{\text{CO, Ir(CO)}_3\text{Cl}}$ allyl-S-(CH₂)₃-N(Bn)-allyl

86%

I.G.3-2 Takahashi, T. et al., *CC*, 1503.

Et_2Zr-[bicyclic diene with R groups] $\xrightarrow{R_1\text{COCl}}$ R^1-[bicyclic diene with R groups]

58-95%

I.G.3-3 Taber, D.F. and Wang, Y., *TL*, **36**, 6639; Shaughnessy, H.H. and Waymouth, R.M., *JACS*, **117**, 5873

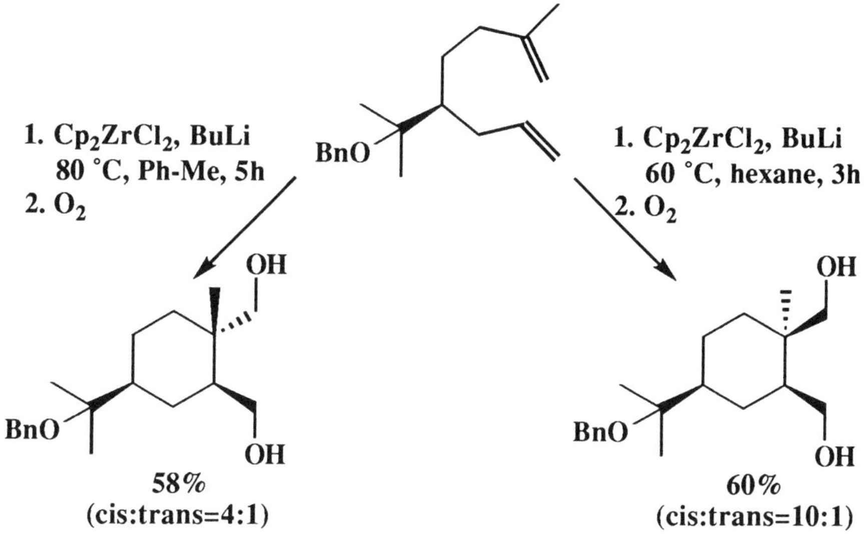

1. Cp_2ZrCl_2, BuLi
   80 °C, Ph-Me, 5h
2. O_2

58%
(cis:trans=4:1)

1. Cp_2ZrCl_2, BuLi
   60 °C, hexane, 3h
2. O_2

60%
(cis:trans=10:1)

I.G.3-4 Castano, A.M. and Backvall, J.E., *JACS*, **117**, 561.

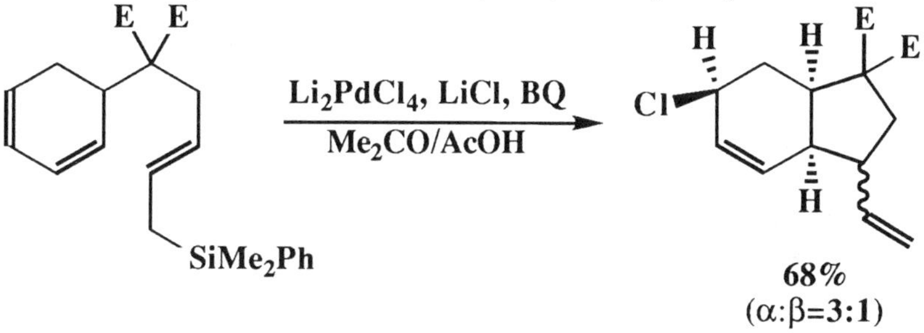

Li_2PdCl_4, LiCl, BQ
$Me_2CO/AcOH$

68%
(α:β=3:1)

I.G.3-5 Takai, K. et al., *CL*, 315.

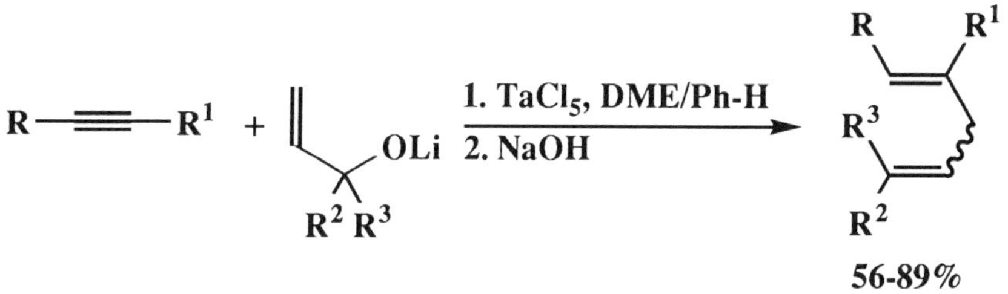

$R\!\!=\!\!\!=\!\!R^1$ +

1. $TaCl_5$, DME/Ph-H
2. NaOH

56-89%

I.G.3-6 Ishii, Y. et al., *JOC*, **60**, 4974.

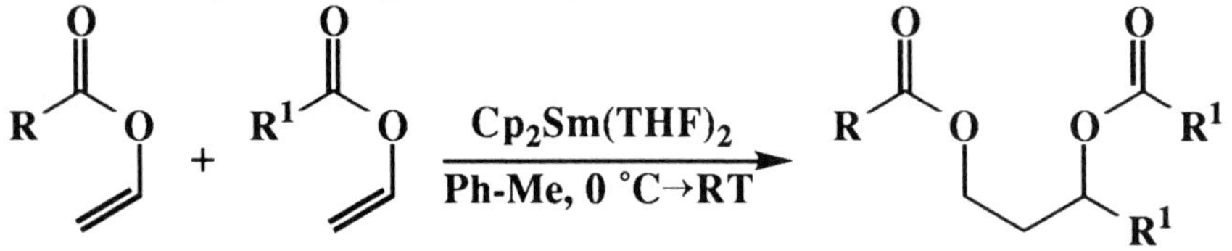

I.G.3-7 Stadtmuller, H. and Knochel, P., *SL*, 463.

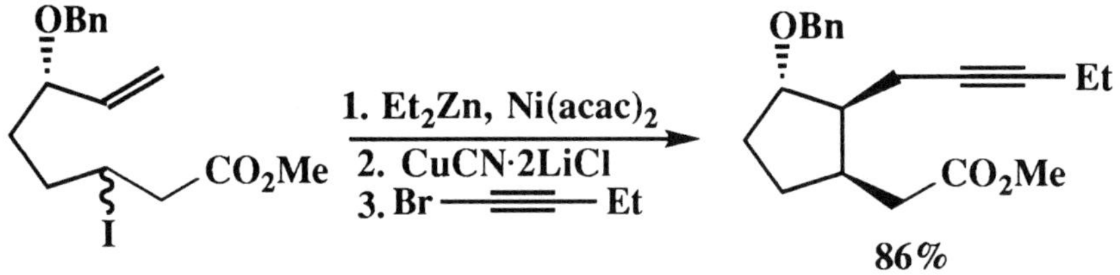

I.G.3-8 Kondakov, D.Y. and Negishi, E., *JACS*, **117**, 10771.

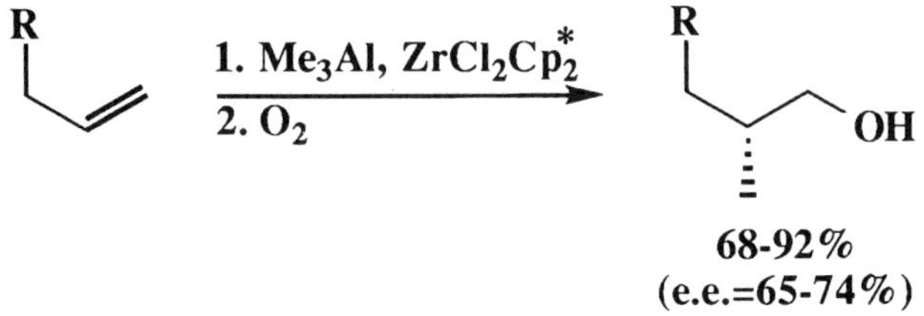

I.G.3-9 Takahashi, T. et al., *JOC*, **60**, 4444 and *JACS*, **117**, 5871 and *CC*, 109; **see also:** Blechert, S. et al. *T*, **51**, 13003.

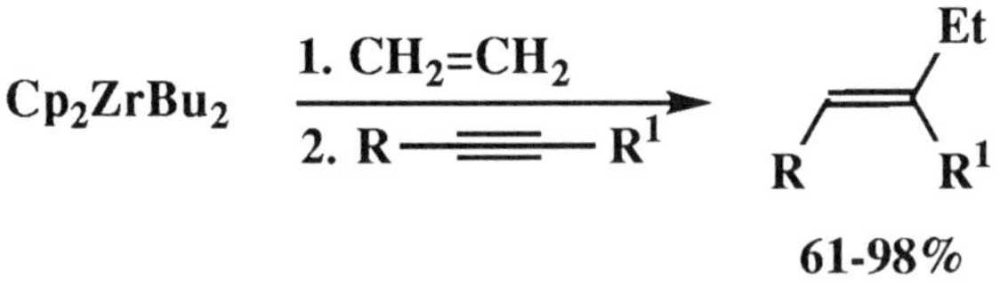

I.G.3-10 Enholm, E.J. and Schrier, J.A., *JOC*, **60**, 1110.

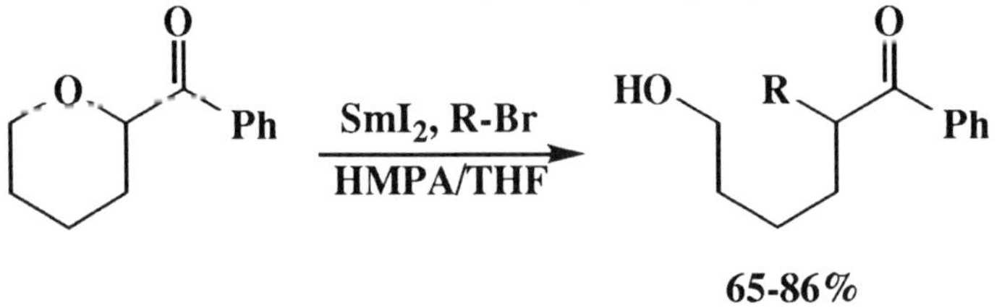

I.H. Rearrangements

I.H.1. Claisen, Cope and Similar Processes

I.H.1-1 Barrero, A.F. et al., *TL*, **36**, 311; Boland, W. et al., *AG(E)*, 1602.

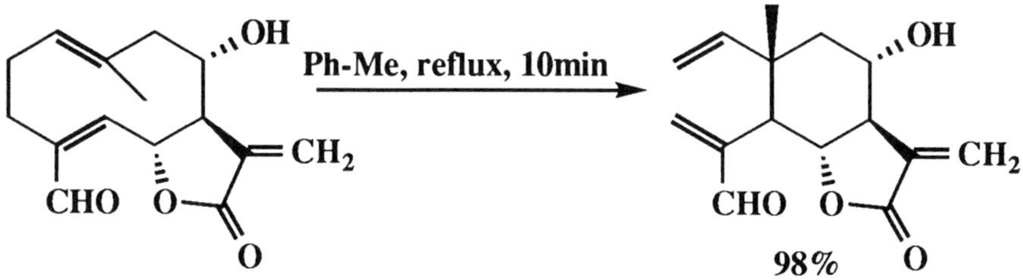

I.H.1-2 Martin, S.F. et al., *T*, **51**, 3455; Paquette, L.A. et al., *TL*, **36**, 673; **see also:**, Smith III, A.B. et al., *JOC*, **60**, 7837; Santora, V.J. and Moore, H.W., *JACS*, **117**, 8486.

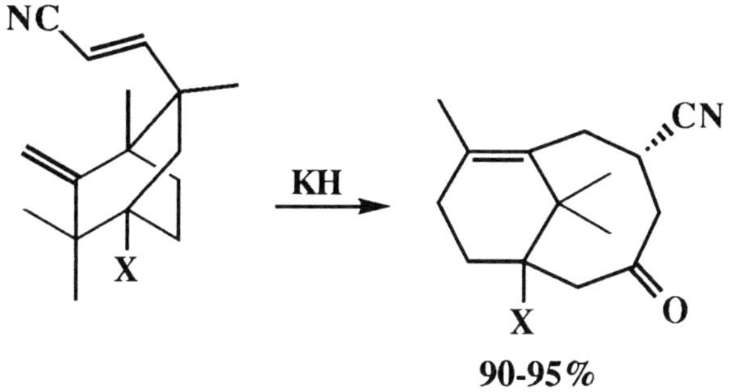

I.H.1-3 Paquette, L.A. and Elmore, S.W., *JOC*, **60**, 889; Paquette, L.A. and Bailey, S., *JOC*, **60**, 7849.

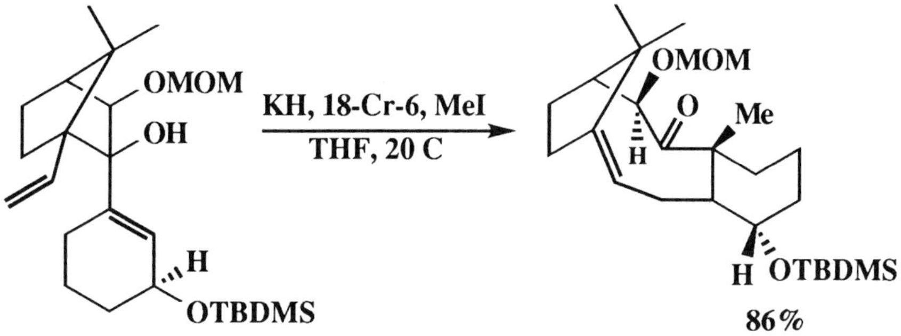

I.H.1-4 Kanematsu, K. et al., *T*, **51**, 3499.

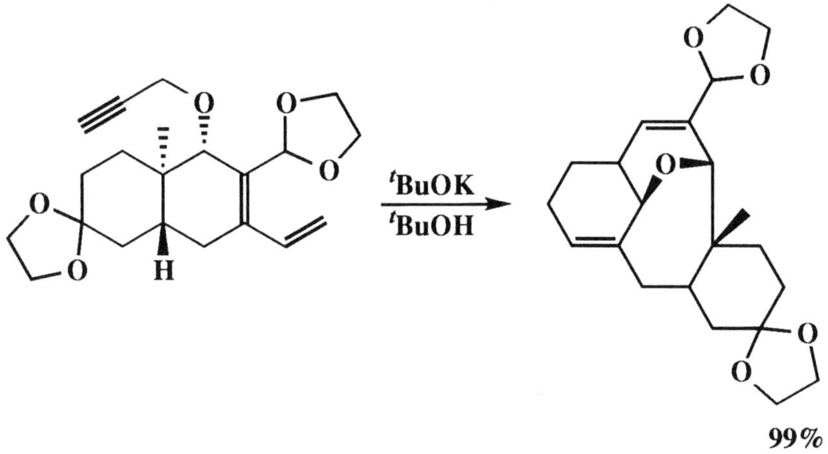

'BuOK, 'BuOH → 99%

I.H.1-5 Enders, D. and Backhaus, D., *SL*, 631; Enders, D. et al., *SL*, 869; Nakai, T. et al., *SL*, 321, 901 and *TL*, **36**, 2789; Gesson, J.-P. et al., *TL*, **36**, 4073; Collignon, N. et al., *TL*, **36**, 6635; Shibuya, S. et al., *SL*, 1035; Denmark, S.E. and Miller, P.C., *TL*, **36**, 6631; Shi, X., Webster, F.X. et al., *TL*, **36**, 7197.

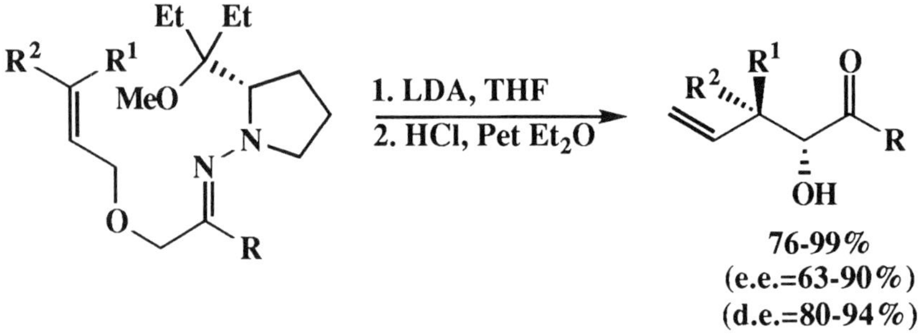

1. LDA, THF
2. HCl, Pet Et_2O

76-99%
(e.e.=63-90%)
(d.e.=80-94%)

I.H.1-6 Kazmaier, U. and Krebs, A., *AG(E)*, 2012; Kazmaier, U. and Maier, S., *CC*, 1991; Kazmaier, U., *SL*, 1138.

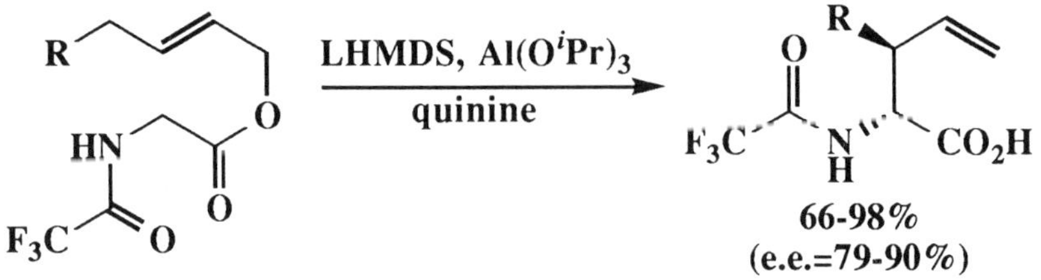

LHMDS, Al(O^{i}Pr)$_3$, quinine

66-98%
(e.e.=79-90%)

I.H.1-7 Anderson, J.C. et al., *CC*, 1835.

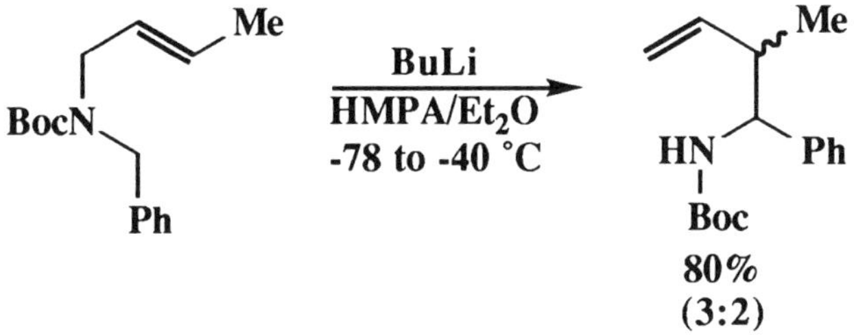

BocN(CH2Ph)(CH2CH=CHMe) → BuLi, HMPA/Et2O, -78 to -40 °C → CH2=CH-CH(Me)-CH(Ph)-NHBoc, 80% (3:2)

I.H.1-8 Florent, J.-C. et al., *TL*, **36**, 3137.

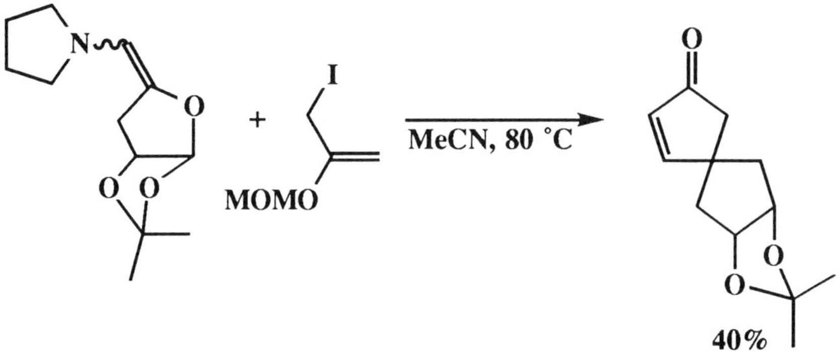

pyrrolidine-enamine fused with isopropylidene-dioxy furanose + CH2=C(OMOM)CH2I → MeCN, 80 °C → spirocyclic cyclopentenone-dioxolane product, 40%

I.H.1-9 Takacs, J.H. and Boito, S.C., *TL*, **36**., 2941.

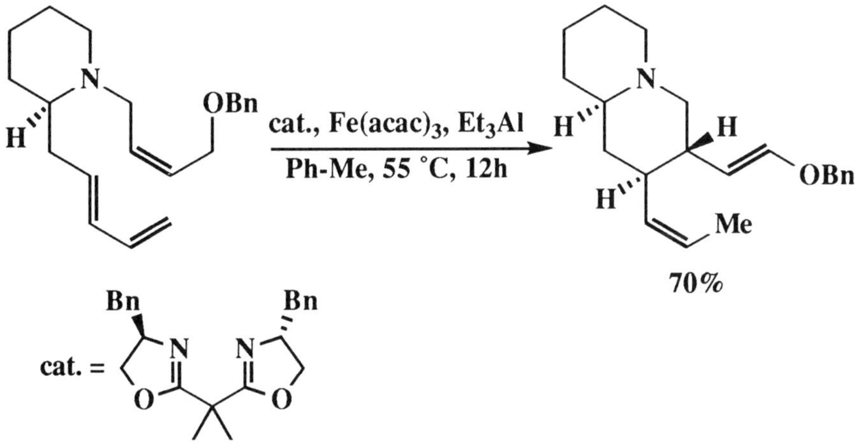

quinolizidine with N-(4-OBn-but-2-enyl) and 2-(penta-2,4-dienyl) substituents → cat., Fe(acac)₃, Et₃Al, Ph-Me, 55 °C, 12h → fused bicyclic quinolizidine with vinyl-CH2OBn and cis-propenyl substituents, 70%

cat. = bis(4-benzyl-oxazoline) with gem-dimethyl bridge

I.H.1-10 Bienayme, H., *BSF*, **132**, 696.

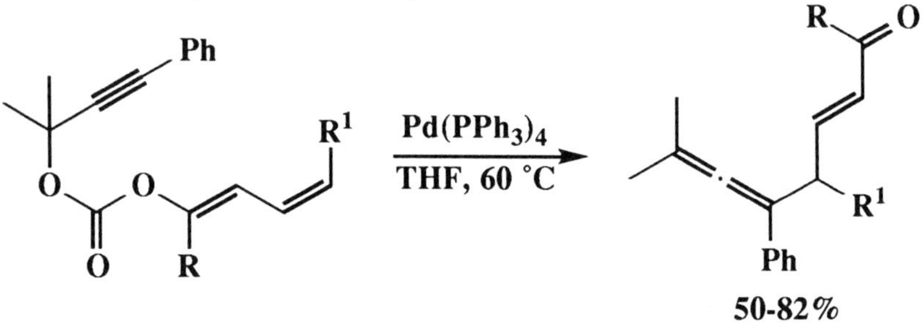

I.H.1-11 Paquette, L.A. et al., *JACS*, **117**, 1455; Clive, D.L.J. and Magnuson, S.R., *TL*, **36**, 15.

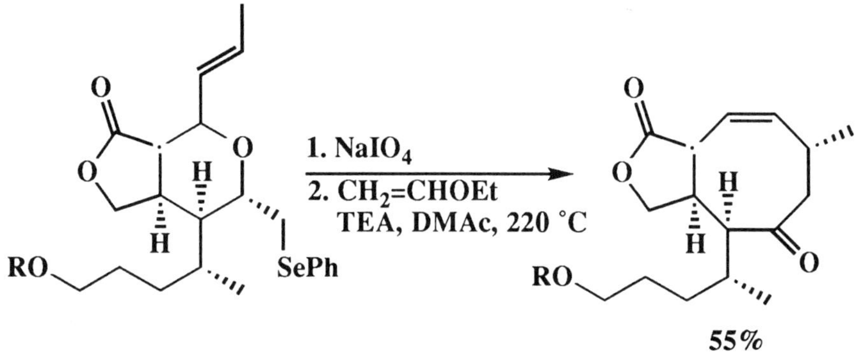

I.H.1-12 Corey, E.J. et al., *JACS*, **117**, 193; Erikson, M., Olsson, T., et al., *T*, **51**, 12631; Krafft, M.E. et al., *JOC*, **60**, 5093; **see also:** Yamamoto, H. et al., *JACS*, **117**, 1165.

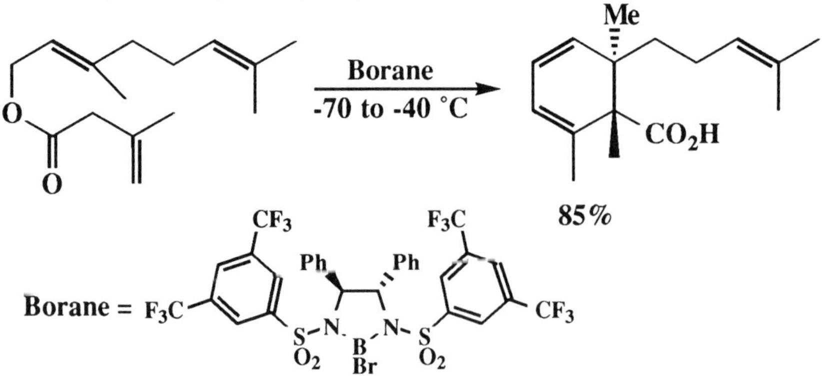

I.H.1-13 Vatele, J.-M. et al., *TL*, **36**, 4059, 4063.

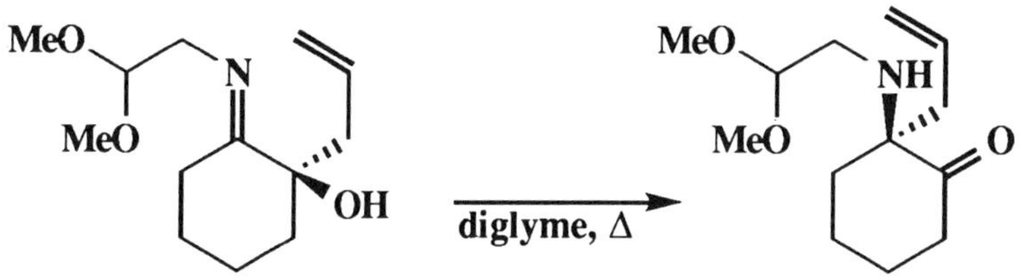

50%
(e.e.=90%)

I.H.1-14 Nubbemeyer, U., *JOC*, **60**, 3773; see also: Anderson, W.K. and Lai, G., *S*, 1287.

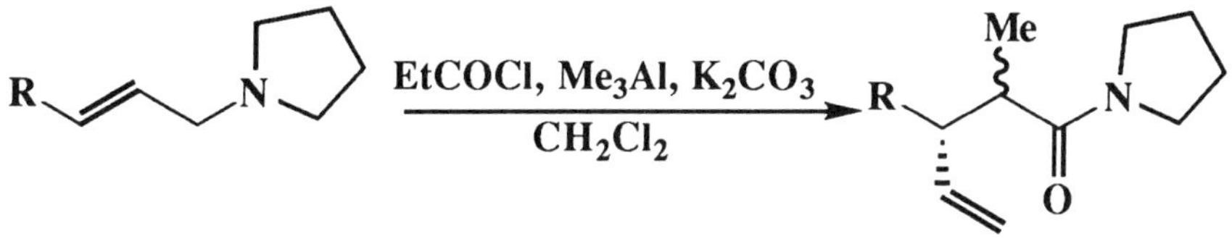

70-80%
(0.11-15:1)

I.H.1-15 Rychnovsky, S.D. and Lee, J.L., *JOC*, **60**, 4318; see also: Srikrishna, A., Nagaraju, S. and Kondaiah, P., *T*, **51**, 1809; Srikrishna, A. et al., *JCS(P1)*, 2033; see also: Harvey, J.N. and Viehe, H.G., *CC*, 2345.

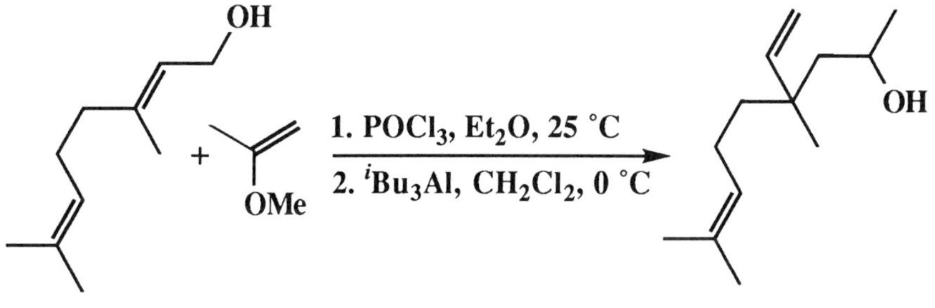

87%

I.H.1-16 Uemura, S. et al., *CC*, 1243.

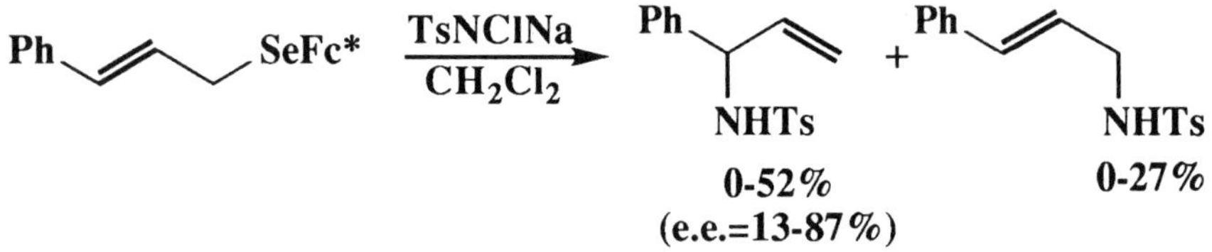

Ph–CH=CH–CH$_2$–SeFc* $\xrightarrow{\text{TsNClNa}}_{\text{CH}_2\text{Cl}_2}$ Ph–CH(NHTs)–CH=CH$_2$ + Ph–CH=CH–CH$_2$–NHTs

0-52% 0-27%
(e.e.=13-87%)

SeF* = chiral dimethylaminoethylferrocenyl selenides

I.H.2. Other Rearrangements

I.H.2-1 Suau, R. et al., *TL*, **36**, 1315, 1311; see also: Kobayashi, S. et al., *CC*, 1527.

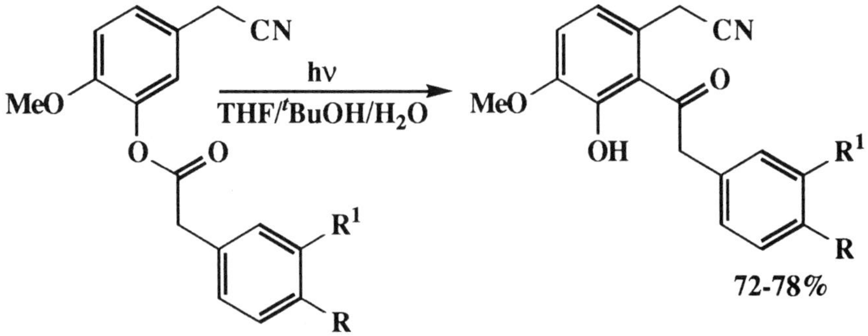

$\xrightarrow[\text{THF/}^t\text{BuOH/H}_2\text{O}]{h\nu}$

72-78%

I.H.2-2 Takeshita, H. et al., *SL*, 35.

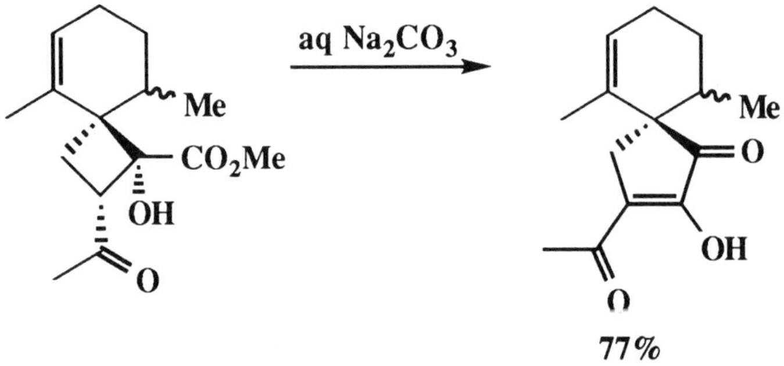

$\xrightarrow{\text{aq Na}_2\text{CO}_3}$

77%

I.H.2-3 Piva., O., *JOC*, **60**, 7879; **see also:** Malanga, C. et al., *TL*, **36**, 1133; Miyaura, N. et al., *TL*, **36**, 1887.

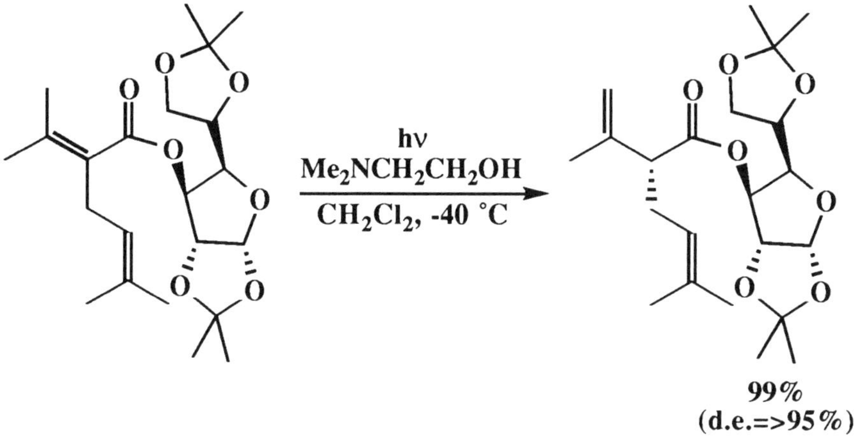

99%
(d.e.=>95%)

I.H.2-4 Sorgi, K.L. et al., *TL*, **36**, 3597.

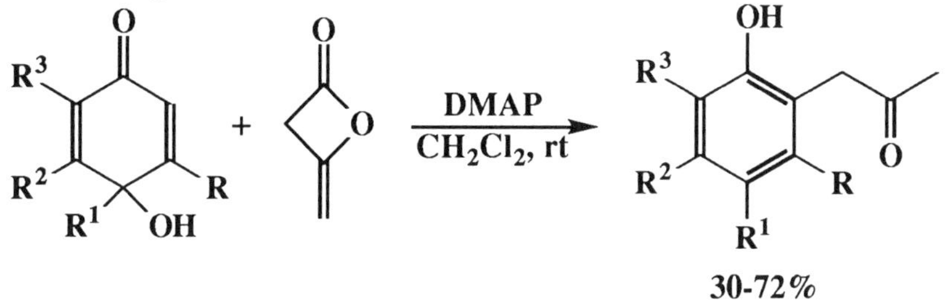

30-72%

I.H.2-5 Malleron, J.-L. et al., *TL*, **36**, 543.

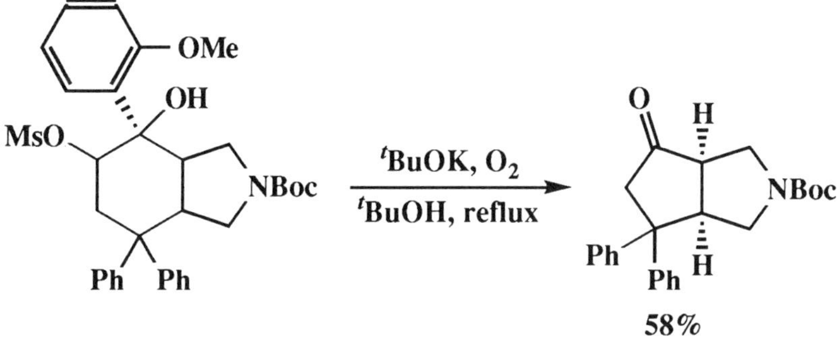

58%

I.H.2-6 Suzuki, K. et al., *JACS*, **117**, 10757; Kortmann, I. and Westermann, B., *S*, 931; Jung, M.E. and D'Amico, D.C., *JACS*, **117**, 7379.

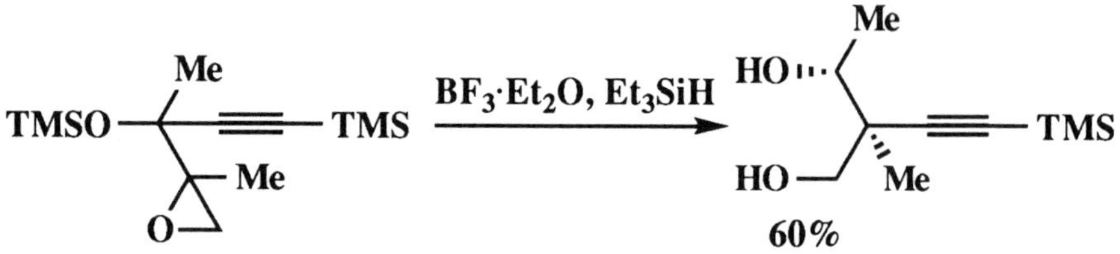

I.H.2-7 Patra, D. and Ghosh, S., *JCS(P1)*, 2635; Takayama, H. et al., *TL*, **36**, 1865; MacMillan, D.W.C. and Overman, L.E., *JACS*, **117**, 10391; Balog, A. and Curran, D.P., *JOC*, **60**, 337, 345; Fitjer, L. et al., *TL*, **36**, 4985.

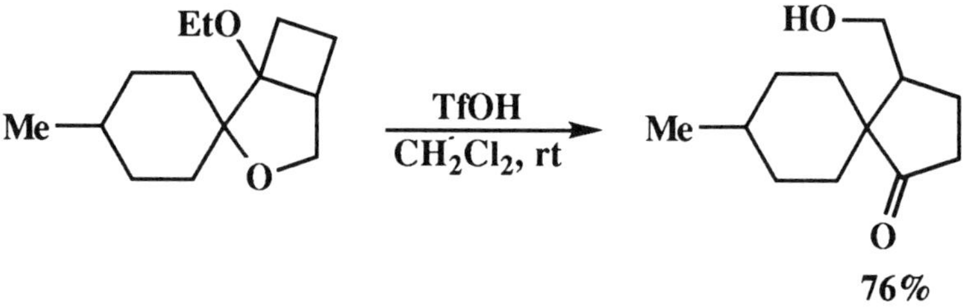

I.H.2-8 Uyehara, T. et al., *BCJ*, **68**, 2687.

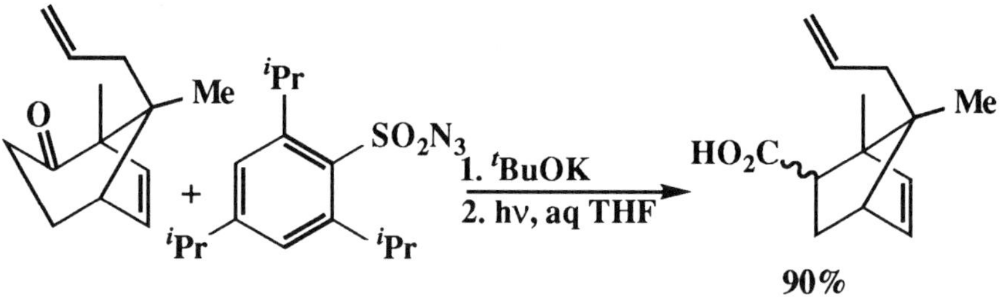

I.H.2-9 Schaefer, H.J. et al., *T*, **51**, 12027; Booker-Milburn, K.I. and Thompson, D.F., *T*, **51**, 12955; **see also:** Sahin, C. et al., *S*, 1163.

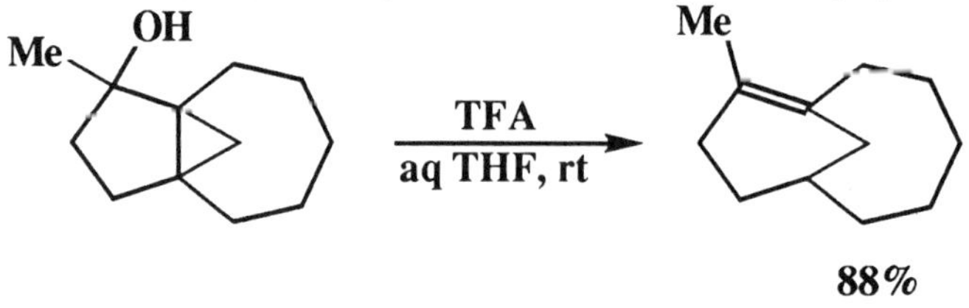

I.H.2-10 Nakajima, T. et al., *TL*, **36**, 1667.

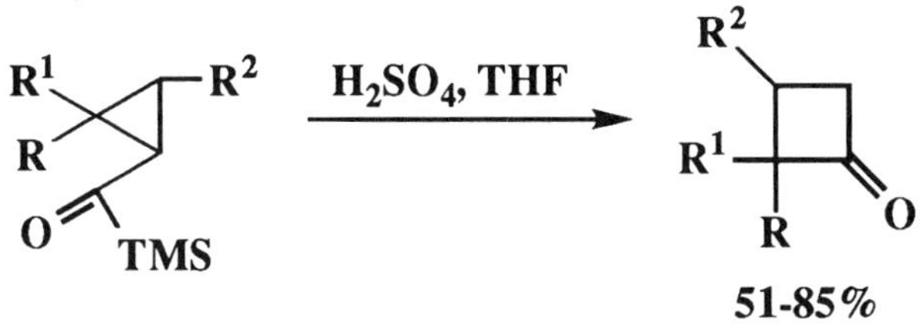

I.H.2-11 Foote, C.S. et al., *JOC*, **60**, 1333.

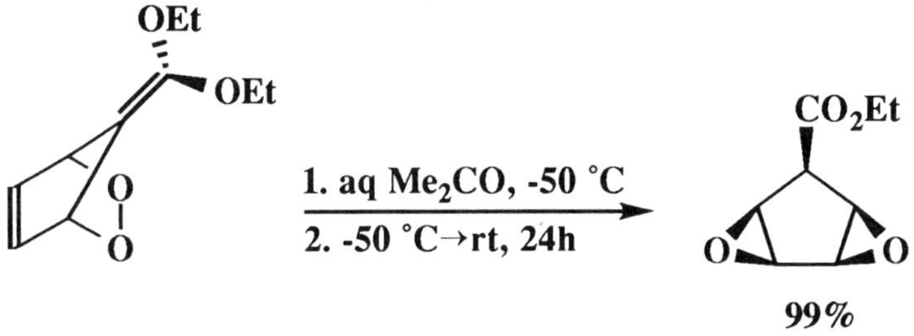

I.H.2-12 Guanti, G. and Bunti, L., *AG(E)*, 2393.

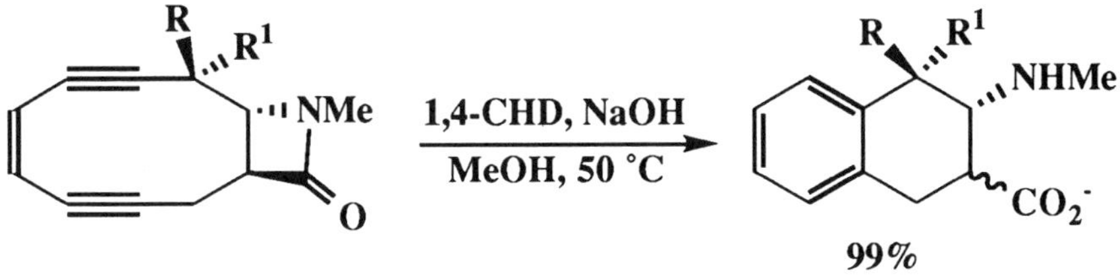

I.H.2-13 Rawal, V.H. et al., *TL*, **36**, 6851, 19.

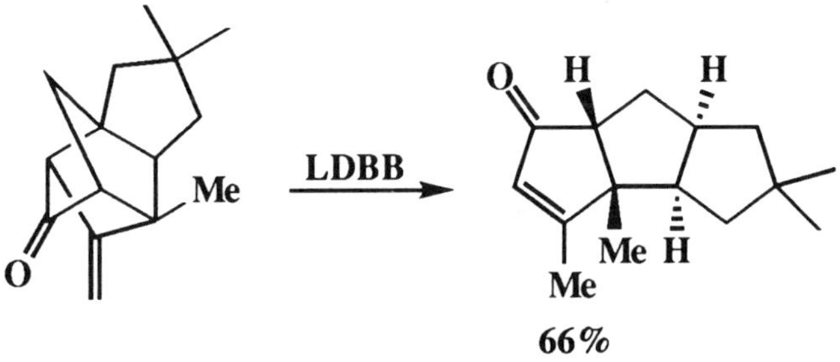

I.H.2-14 Adam. W. et al., *TL*, **36**, 1429.

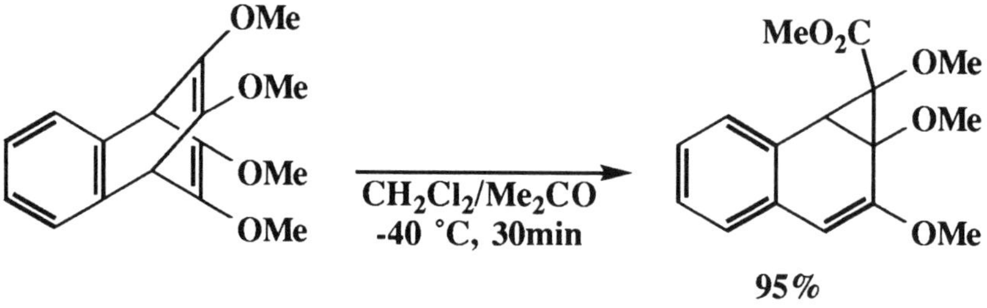

[reaction scheme: tetramethoxy benzobicyclic diene → cyclopropanated naphthalene derivative, CH$_2$Cl$_2$/Me$_2$CO, -40 °C, 30min, 95%]

I.H.2-15 Trofimov, B.A. et al., *TL*, **36**, 9181.

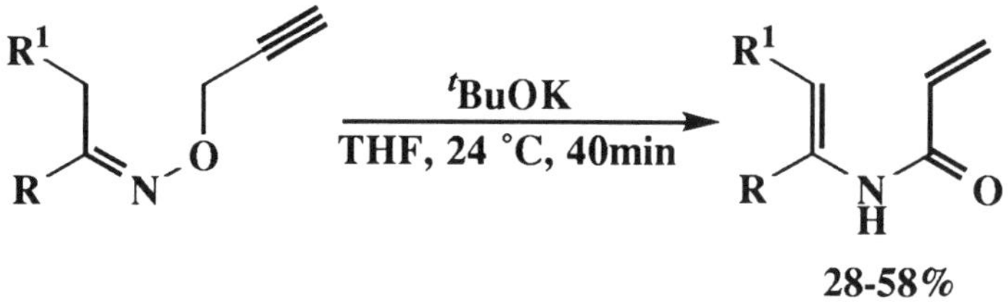

[reaction scheme: propargyloxy ketimine → N-H acrylamide, ^{t}BuOK, THF, 24 °C, 40min, 28-58%]

I.H.2-16 Sinay, P. et al., *CC*, 1373.

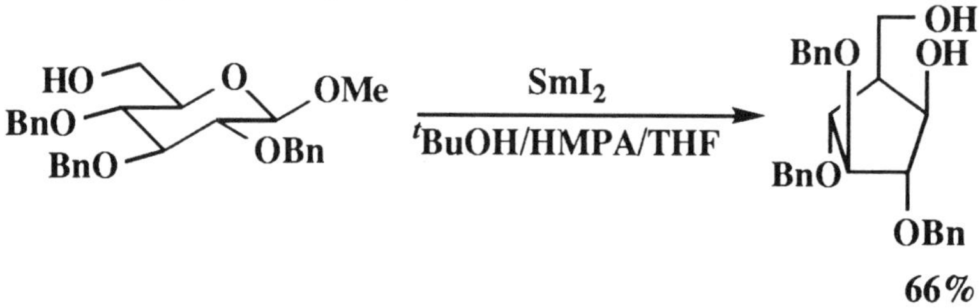

[reaction scheme: methyl tri-O-benzyl glucopyranoside → carbocycle, SmI$_2$, ^{t}BuOH/HMPA/THF, 66%]

I.H.2-17 White, J.D. et al., *JACS*, **117**, 9780.

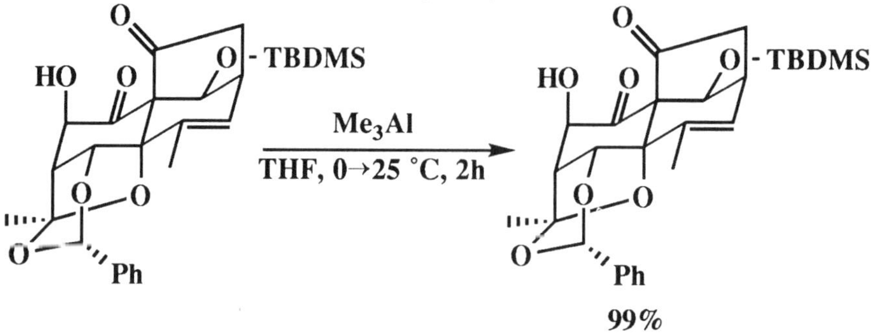

[reaction scheme: polycyclic substrate, Me$_3$Al, THF, 0→25 °C, 2h, 99%]

I.H.2-18 Eguchi, S. et al., *TL*, **36**, 5539.

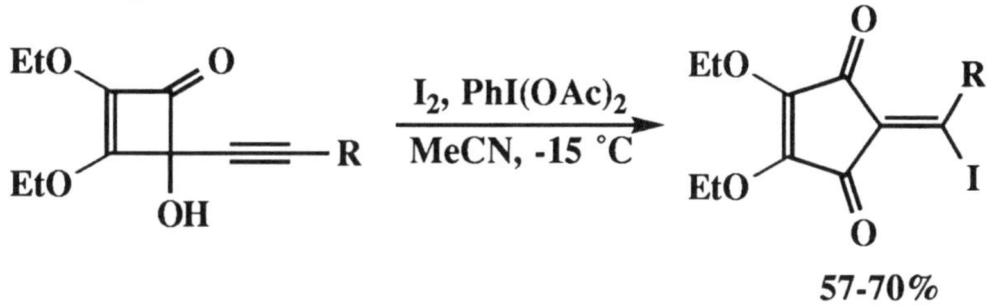

I.H.2-19 Ghosez, L. et al., *SL*, 113.

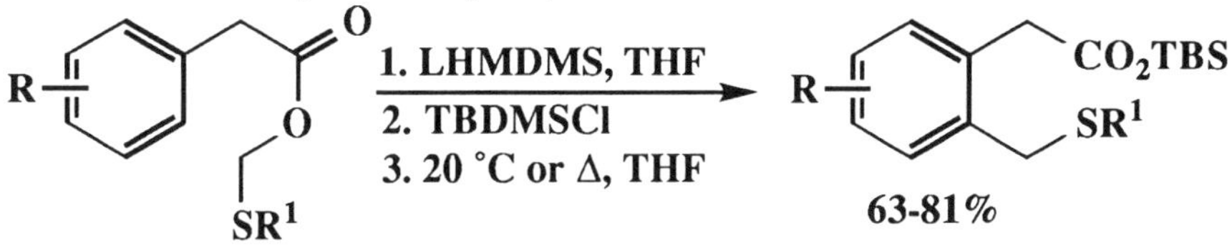

I.H.2-20 Semmelhack, M.F. et al., *JACS*, **117**, 7108.

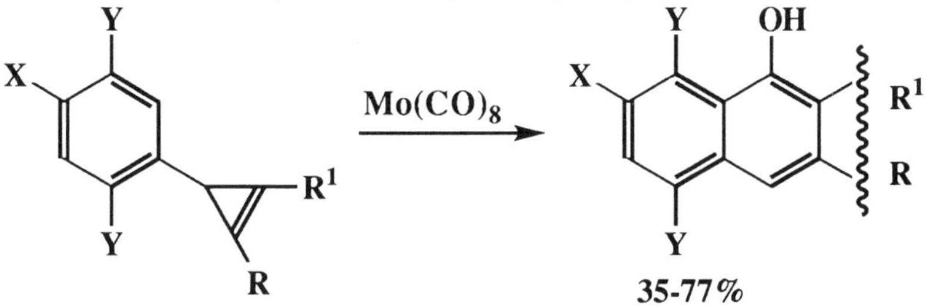

I.H.2-21 Fraser-Reid, B., *JOC*, **60**, 3851.

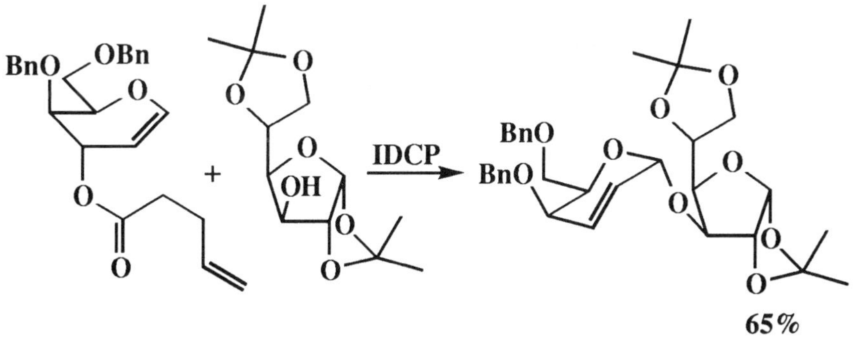

I.H.2-22 Kakiuchi, K. et al., *JOC*, **60**, 3318.

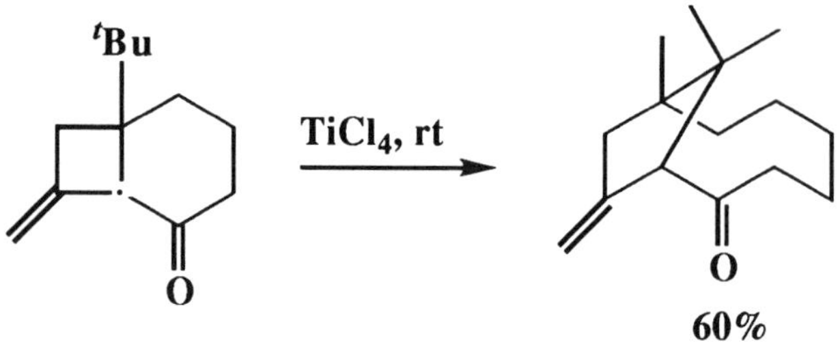

I.H.2-23 Oshima, K., Utimoto, K. et al., *TL*, **36**, 5555.

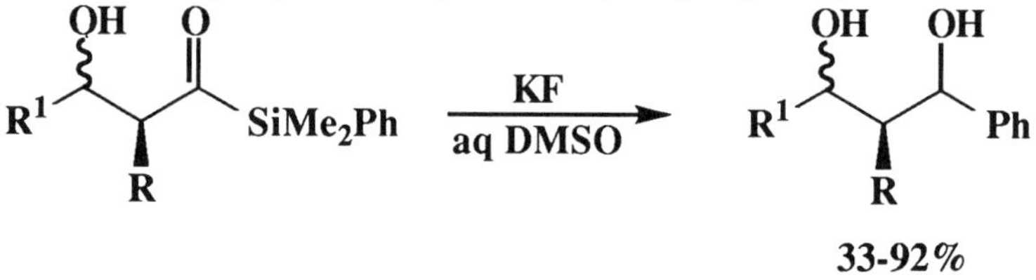

I.H.2-24 Ciganek, E. and Calabrese, J.C., *JOC*, **60**, 4439.

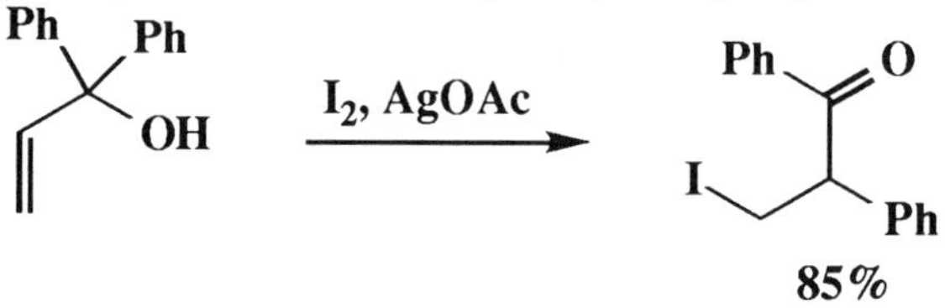

I.H.2-25 Parsons, P.J. et al., *SL*, 709.

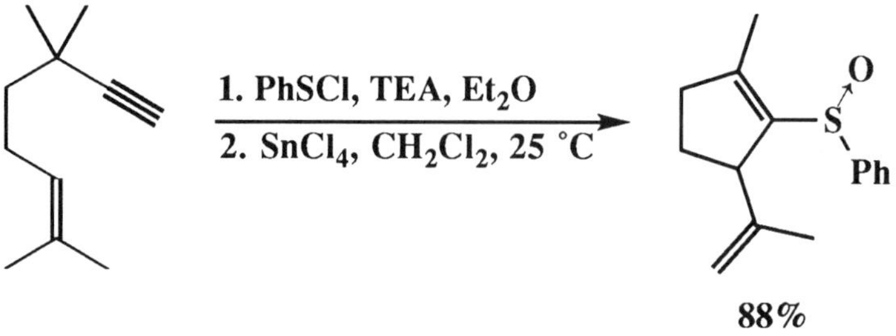

II
OXIDATIONS

II.A. C-O Oxidations

II.A.1 Alcohols → Ketones, Aldehydes

II.A.1-1 Beebe, T. R. et al., *JOC*, **60**, 6602; Cossy, J. and Furet, N., *TL*, **36**, 3691.

$$\underset{\text{R-CH-R'}}{\overset{\text{OH}}{|}} \xrightarrow[\text{Bu}_4\text{NI}]{\text{NBS}} \underset{\text{60-99\%}}{\text{R-C(=O)-R'}}$$

II.A.1-2 Kasmai, H. S. et al., *JOC*, **60**, 2267; Carlsen, P. H. J. et al., *ACS*, **49**, 152; **see also**: Laszlo, P. et al., *TL*, **36**, 8505.

$$\underset{\text{R-CH-R'}}{\overset{\text{OH}}{|}} \xrightarrow[\substack{\text{PCC}\\\text{18-C-6}}]{\text{BACC or}} \underset{\text{51-93\%}}{\text{R-C(=O)-R'}}$$

BACC = *n*-butylammonium chlorochromate

II.A.1-3 Murahashi, S.-I. et al., *SL*, 733.

$$\underset{\text{R-CH-R'}}{\overset{\text{OH}}{|}} \xrightarrow[\substack{\text{CH}_3\text{CO}_3\text{H}\\\text{EtOAc}}]{\text{RuCl}_3} \underset{\text{66-97\%}}{\text{R-C(=O)-R'}}$$

II.A.1-4 Czarnik, A. W. et al., *JOC*, **60**, 2792.

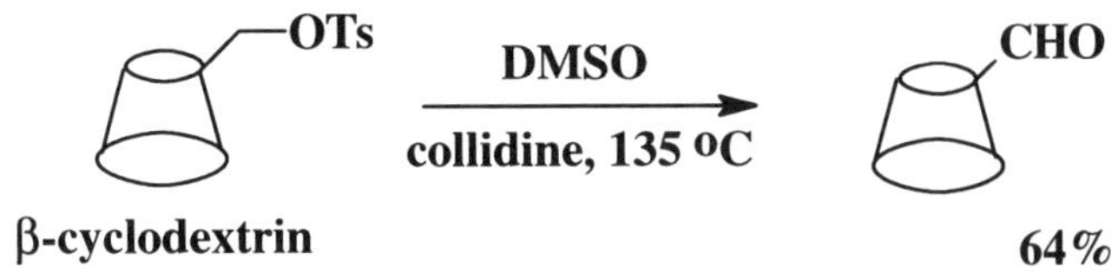

β-cyclodextrin—OTs $\xrightarrow{\text{DMSO}}_{\text{collidine, 135 °C}}$ β-cyclodextrin—CHO (64%)

I.A.1-5 Alvarez-Builla, J. et al., *TL*, **36**, 8513.

1-(Benzoylamino)-3-methylimidazolium Chlorochromate (BAMICC), a New Selective and Mild Reagent for the Oxidation of Allylic and Benzylic Alcohols

---

II.A.1-6 Tassignon, P. S. G. et al., *T*, **51**, 11863.

Selective Oxidation of Primary-Secondary Diols with Methyl Hypochlorite in Acid Buffered Medium.

II.A.1-7 Ogasuwara, K. et al., *AG(E)*, **34**, 2287.

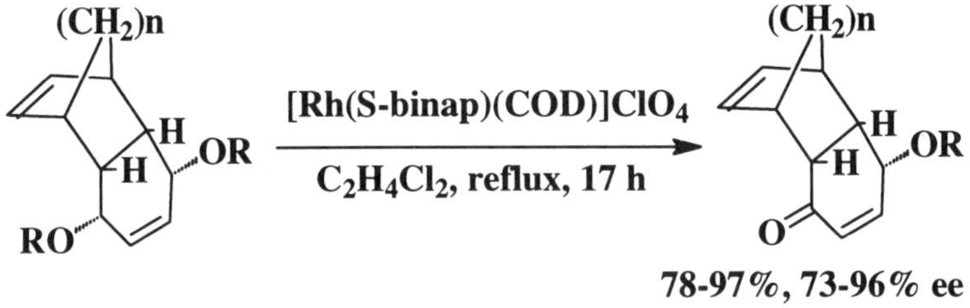

$\xrightarrow{[\text{Rh(S-binap)(COD)}]\text{ClO}_4}_{\text{C}_2\text{H}_4\text{Cl}_2,\text{ reflux, 17 h}}$

78-97%, 73-96% ee

II.A.1-8 Bovicelli, P. et al., *TL*, **36**, 3031.

$$\underset{\substack{\text{OH OH}\\ \text{R}\underset{n}{\frown}\text{R'}\\ n = 0, 1, 2}}{} \xrightarrow[\text{acetone, 25 °C}]{\text{DMD (1.5 eq)}} \underset{\substack{\text{O OH}\\ \text{R}\underset{n}{\frown}\text{R'}\\ 50\text{-}96\%}}{}$$

II.A.1-9 Resnati, G. et al., *JOC*, **60**, 2314.

adamantane-OR $\xrightarrow[\text{Freon-11}]{\text{R-N(O)(R)(F) oxaziridine}}$ 2-adamantanone, 91%

II.A.1-10 Frigerio, M. et al., *JOC*, **60**, 7272; Corey, E. J., Palami, A., *TL*, **36**, 7945; Stickley, S. H., Martin, J. C., *TL*, **36**, 9117; **see also**: Kirschning, A., *JOC*, **60**, 1228.

$$\underset{\substack{\text{OH}\\ \text{R-CH-R'}}}{} \xrightarrow[\text{DMSO}]{\text{IBX}} \underset{\substack{\text{O}\\ \text{R}\diagup\diagdown\text{R'}\\ 78\text{-}98\%}}{}$$

II.A.1-11 Ishii, Y. et al., *TL*, **36**, 6923.

$$\underset{\substack{\text{Me-CH(OH)-CH(OH)-(CH}_2)_3\text{Me}\\ \text{HO-(CH}_2)_5\text{-OH}}}{} \xrightarrow[\text{MeCN}]{\substack{\text{NHPI}\\ \text{Co(acac)}_3\text{-O}_2}} \begin{array}{l} \text{Me-CO-CO-(CH}_2)_3\text{Me} \quad 74\%\\ \text{HO}_2\text{C(CH}_2)_3\text{CO}_2\text{H} \quad 67\% \end{array}$$

II.A.2 Alcohols, Aldehydes → Acids, Esters

II.A.2-1 Dunach, E. et al., *T*, **51**, 4991.

$$R-C(=O)-CH_2-OH \xrightarrow[\text{DMSO, 80 °C}]{O_2,\ \text{catalyst}} R-C(=O)-OH$$

cat. = [Bi^{III}(mandelate)$_2$]$_2$(μ-O)   39-78%

II.B. C-H Oxidations

II.B.1 C-H → C-O

II.B.1-1 Nishiguchi, I. et al., *SL*, 661; Yangida, S. et al., *CC*, 2189; Kamur, A. et al., *TL*, **36**, 7909; Yahiro, H., Sasaki, K. et al., *BCJ*, **68**, 1747; **see also;** Keana, J. F. W. et al., *TL*, **36**, 7583.

$$\text{C}_6\text{H}_6 \xrightarrow[\text{Et}_3\text{N}]{-e,\ \text{CF}_3\text{CO}_2\text{H, CH}_2\text{Cl}_2} \xrightarrow{\text{H}_2\text{O}} \text{PhOH}$$

73%

II.B.1-2 Adam, W. and Brunker, H.-G., *S*, 1066 and *JACS*, **117**, 3976.

[reaction: allylic amine with N(Boc)$_2$ and Ph substituents] $\xrightarrow{^1O_2}$ [allylic hydroperoxide product with HOO, N(Boc)$_2$, Ph]

90:10 erythro:threo

II.B.1-3 Ling, K.-Q. et al., *SC*, **25**, 3831.

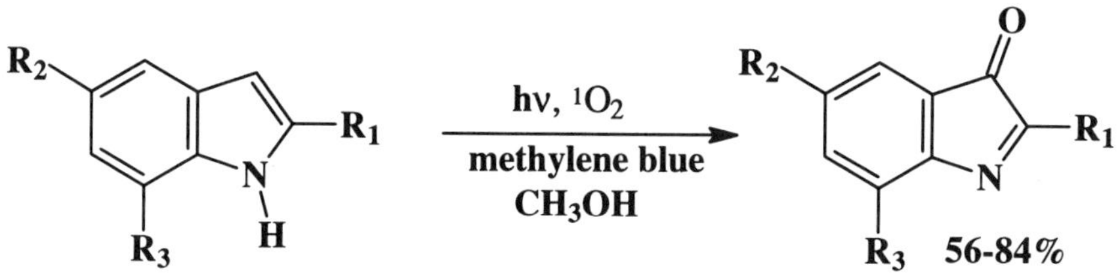

[Reaction: 2-R₁, 5-R₂, 7-R₃ substituted indole → corresponding 3-oxo-indolenine using hv, ¹O₂, methylene blue, CH₃OH; 56-84%]

II.B.1-4 Saladino, R. et al., *TL*, **36**, 2665.

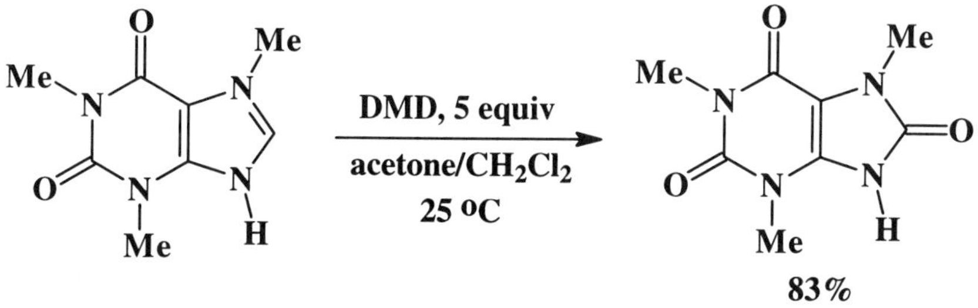

[Reaction: 1,3,7-trimethylxanthine → 8-oxo derivative using DMD, 5 equiv, acetone/CH₂Cl₂, 25 °C; 83%]

II.B.1-5 Schultz, M. et al., *T*, **51**, 3175; Chen, B. C. et al., *OS*, **73**, 159; **see also:** Benaglia, M. et al., *G*, **125**, 65.

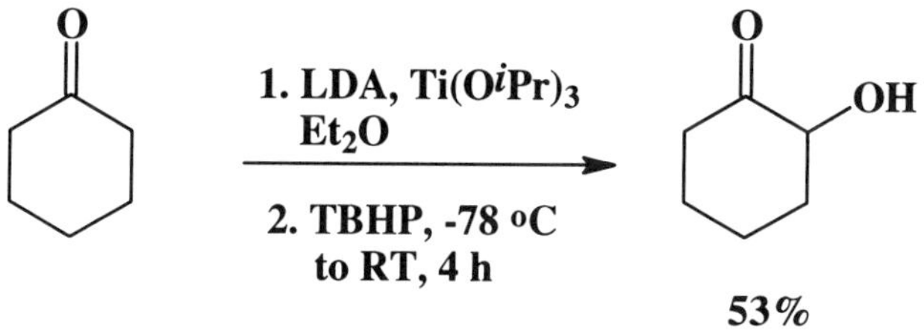

[Reaction: cyclohexanone → 2-hydroxycyclohexanone using 1. LDA, Ti(O^iPr)₃, Et₂O; 2. TBHP, -78 °C to RT, 4 h; 53%]

II.B.1-6 Torii, S. et al., *TL*, **36**, 3223.

[Reaction: 2,2,6,6-tetramethyl-4-(benzoyloxy)piperidine-1-oxyl + RCH₂CH₂OH, O₂, RuCl₂(PPh₃)₃, PhCH₃, 70 °C, 8 h → piperidine N-O-CH(R)-CHO adduct, 37-83%]

II.B.1-7 Iqbal, J. et al., *TL*, **36**, 8497; Murahashi, S.-I. et al., *TL*, **36**, 8059; Goneshpure, P. A. et al., *TL*, **36**, 8861.

[Reaction: cyclohexane + O₂, ^{i}PrOH, Co(II) Schiff Base Complex (cat) → cyclohexanol (21%) + cyclohexanone (29%)]

II.B.1-8 Muzart, J. and Ait-Mohand, S., *TL*, **36**, 5735.

Chromium-mediated Benzylic Oxidations by Sodium Percarbonate in the Presence of a Phase Transfer Catalyst.

II.B.1-9 Thyrann, T. and Lightner, D. A., *TL*, **36**, 4345; **see also:** Chen, C.-L. et al., *JOC*, **60**, 4320.

[Reaction: 2-methyl-3,4-disubstituted-5-(ethoxycarbonyl)pyrrole + CAN, THF/H₂O, AcOH → 2-formyl-3,4-disubstituted-5-(ethoxycarbonyl)pyrrole, 55-95%]

II.B.1-10 Iqbal, J., et al., *SL*, 189.

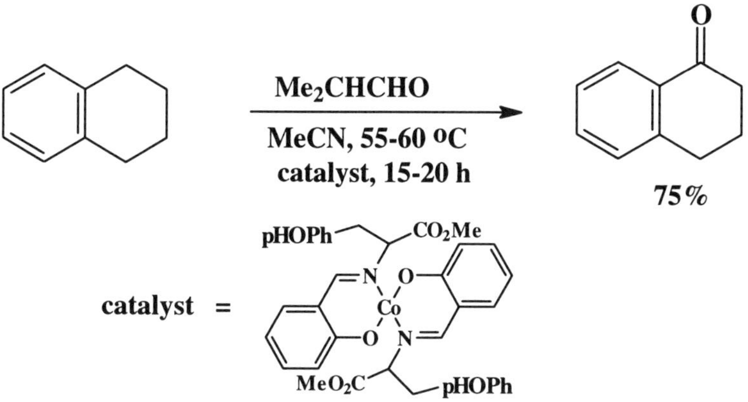

tetralin → α-tetralone

Me$_2$CHCHO, MeCN, 55-60 °C, catalyst, 15-20 h

75%

catalyst = [Co salen-type complex with pHOPh, CO$_2$Me, MeO$_2$C, pHOPh substituents]

II.B.1-11 Ishii, Y. et al., *JOC*, **60**, 3934.

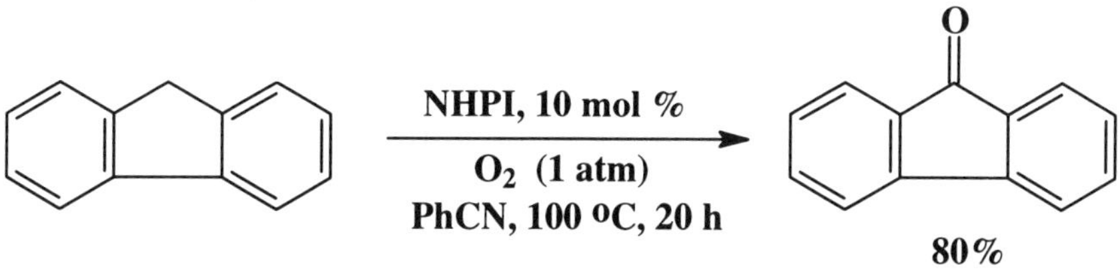

fluorene → fluorenone

NHPI, 10 mol %, O$_2$ (1 atm), PhCN, 100 °C, 20 h

80%

II.B.1-12 Sudalai, A. et al., *TL*, **36**, 9071.

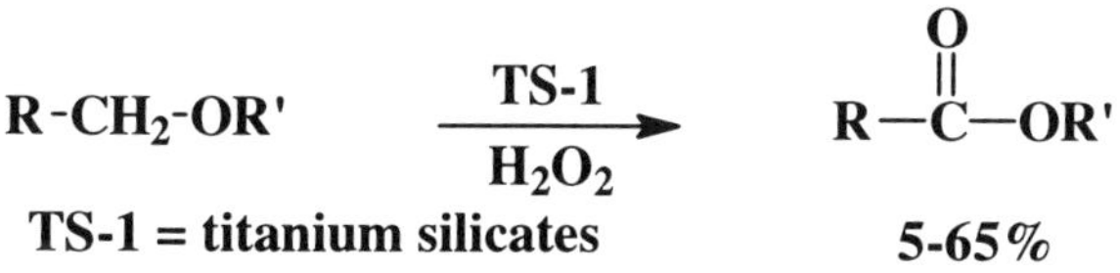

$$R\text{-}CH_2\text{-}OR' \xrightarrow[H_2O_2]{TS\text{-}1} R\text{-}C(=O)\text{-}OR'$$

TS-1 = titanium silicates

5-65%

II.B.1-13 Muzart, J. and Levina, A., *SC*, **25**, 1789; Muzart, J. and Levina, A., *TA*, **6**, 147; Andrus, M. B. et al., *TL*, **36**, 2945.

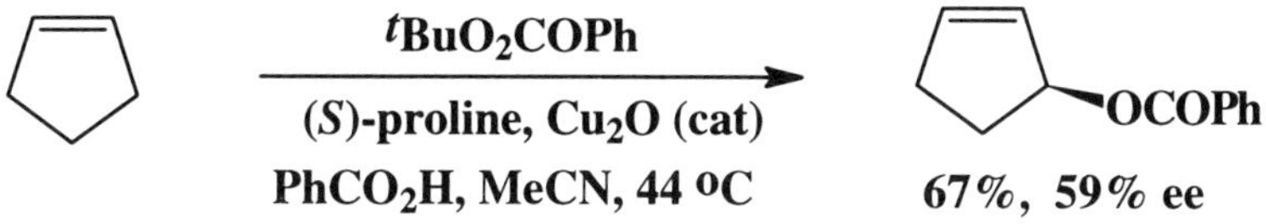

cyclopentene → cyclopentenyl benzoate (OCOPh)

^{t}BuO$_2$COPh, (S)-proline, Cu$_2$O (cat), PhCO$_2$H, MeCN, 44 °C

67%, 59% ee

II.B.1-14 Murray, R. W. et al., *TL*, **36**, 6415.

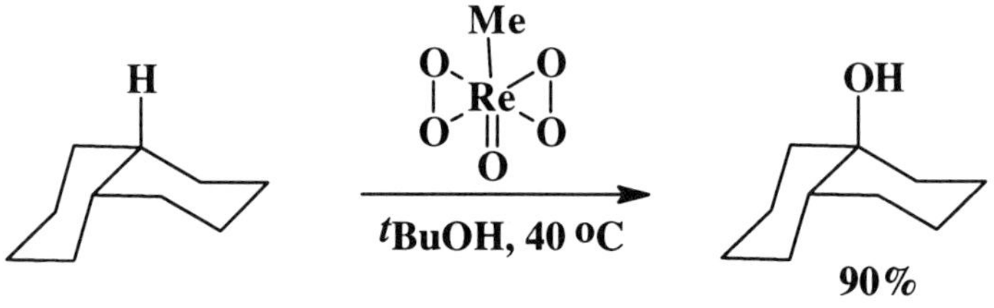

II.B.1-15 Choudary, B. M. and Reddy, P. N., *SL*, 959.

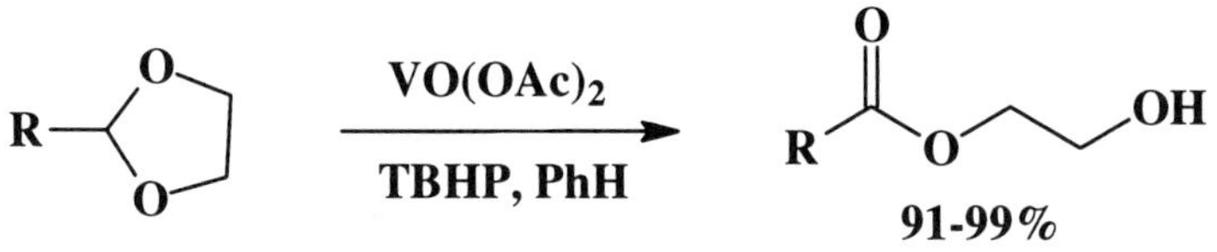

II.B.2 C-H → C-Hal

II.B.2-1 Cook, J. M. et al., *TL*, **36**, 3103.

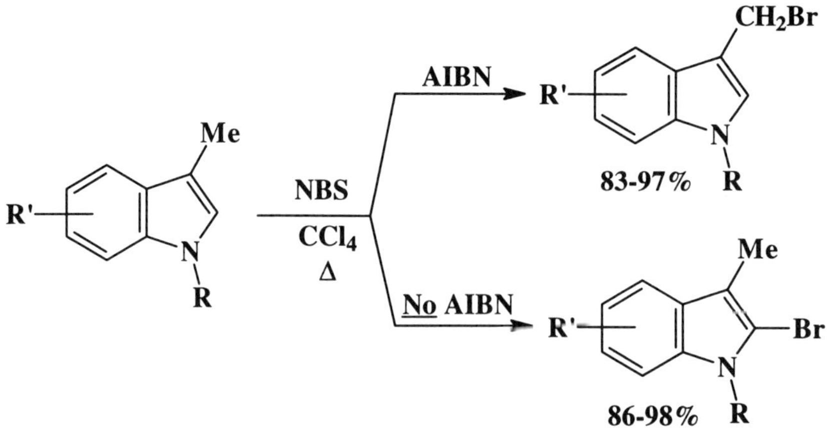

II.B.2-2 Veinberg, G. A. et al., *JCR(S)*, 117.

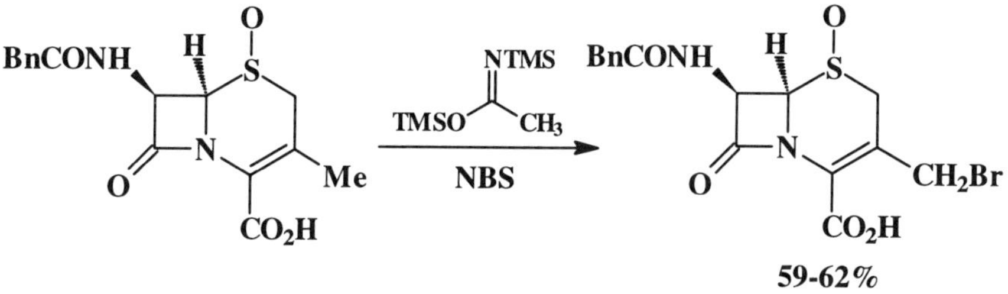

[Reaction scheme: BnCONH-substituted cephem with Me group treated with TMSO-C(CH₃)=NTMS, NBS to give CH₂Br product, 59-62%]

II.C C-N Oxidations

II.C-1 Zwanenburg, B. et al., *TL*, **36**, 4665.

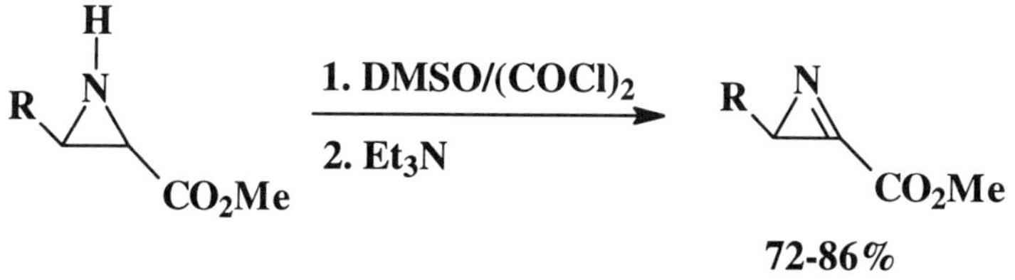

[Aziridine with CO₂Me oxidized by 1. DMSO/(COCl)₂; 2. Et₃N to 2H-azirine, 72-86%]

II.C-2 Sudalai, A. et al., *TL*, **36**, 1903.

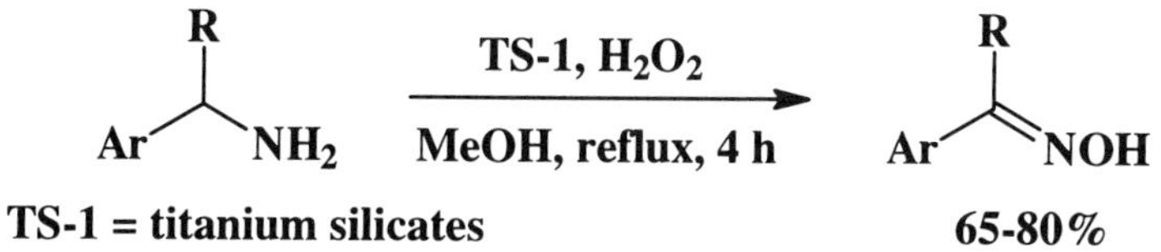

[Ar-CH(R)-NH₂ treated with TS-1, H₂O₂, MeOH, reflux, 4 h to give Ar-C(R)=NOH, 65-80%]

TS-1 = titanium silicates

II.D. Amine Oxidations

II.D-1 Petrini, M. et al., *TL*, **36**, 3561; Sudalai, A. et al., *SL*, 1177.

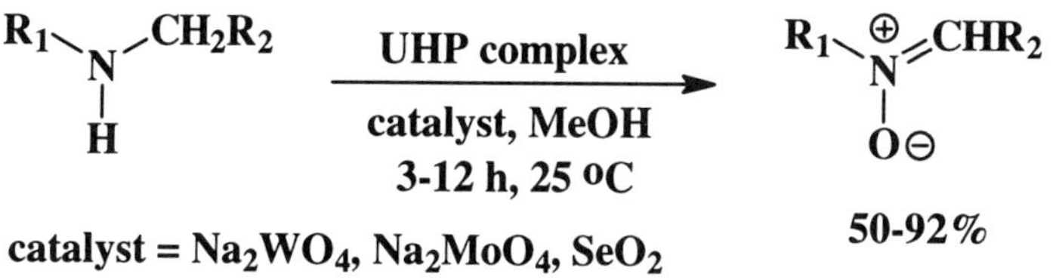

[R₁-NH-CH₂R₂ treated with UHP complex, catalyst, MeOH, 3-12 h, 25 °C to give nitrone R₁-N⁺(O⁻)=CHR₂, 50-92%]

catalyst = Na₂WO₄, Na₂MoO₄, SeO₂

II.D-2 O'Neil, I. A. et al., *SL*, 617, 619; Rhie, S. Y. and Ryu, E. K., *H,* **41**, 323.

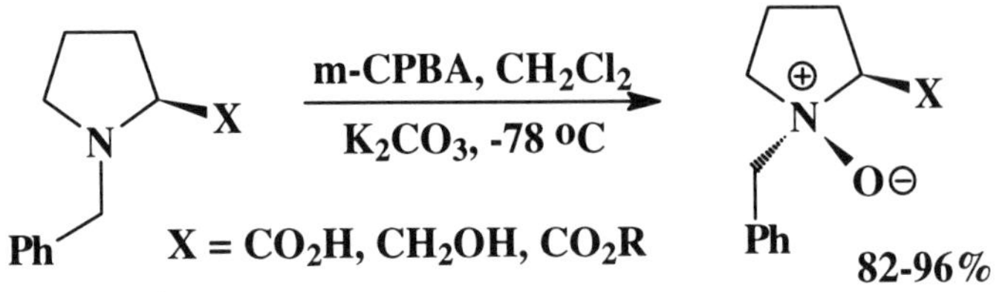
m-CPBA, CH_2Cl_2
K_2CO_3, -78 °C
X
Ph
X = CO_2H, CH_2OH, CO_2R
82-96%

II.D-3 Brik, M. E., *TL*, **36**, 5519.

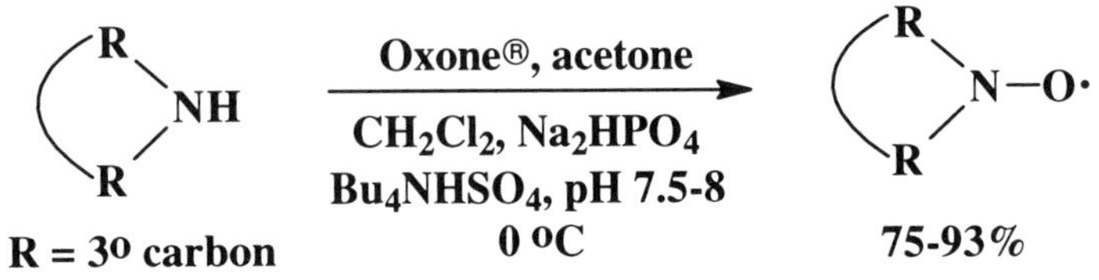
Oxone®, acetone
CH_2Cl_2, Na_2HPO_4
Bu_4NHSO_4, pH 7.5-8
0 °C
R = 3° carbon
75-93%

II.D-4 Reuther, W. and Baus, U., *H,* 1563.

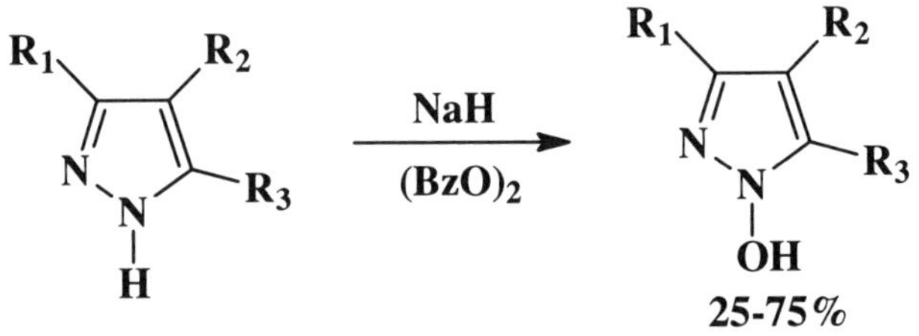
NaH
$(BzO)_2$
25-75%

II.D-5 Webb, K. S. and Seneviratne, V., *TL*, **36**, 2377; Sudalai, A. and Ravindranathan, T. et al., *CC*, 1523;

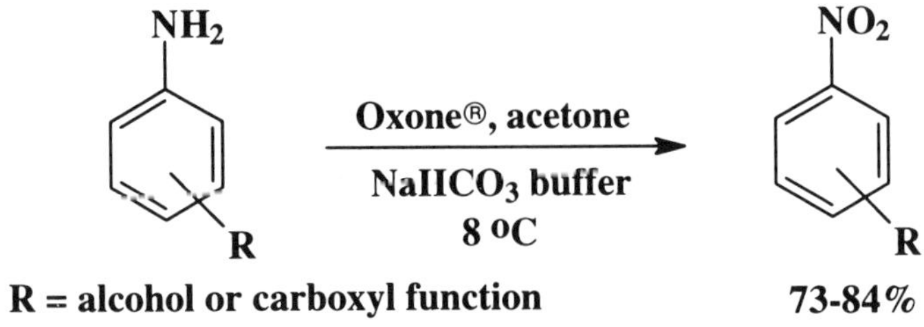
NH_2
NO_2
Oxone®, acetone
$NaHCO_3$ buffer
8 °C
R = alcohol or carboxyl function
73-84%

II.E. Sulfur Oxidations

II.E-1 Schwan, A. L. and Pippert, M. F., *TA*, **6**, 131.

Asymmetric Chemical Oxidations of Aryl and Alkyl 2-(Trimethylsilyl) Ethyl Sulfides.

II.E-2 Metzner, P. et al., *BSF*, **132**, 67.

$$\underset{R}{\overset{S}{\wedge}}SR' \xrightarrow[\text{1-5 min}]{\text{MCPBA} \atop \text{CH}_2\text{Cl}_2,\ 0\ ^\circ\text{C}} \underset{R}{\overset{\overset{O}{\nwarrow}\ S}{\wedge}}SR'$$

90%
E:Z = 2:1 to 99:1

II.E-3 Bosch, E. and Kochi, J. K. *JOC*, **60**, 3172; Suarez, A. R. et al., *TL*, **36**, 1201; Orito, K. et al., *S*, 1357; **see also:** Maiorama, S. and Papagni, A. et al., *SL*, 666.

$$R-S-R' \xrightarrow[\text{NO}_2,\ \text{NO or} \atop \text{NOBF}_4]{\text{O}_2} R-\overset{\overset{O}{\uparrow}}{S}-R'$$

87-99%

II.E-4 Kagan, H. B. et al., *JOC*, **60**, 8086; Roberts, S. M. et al., *T*, **51**, 13217; Imagawa, K. et al., *BCJ*, **68**, 3241; Pasta, P. et al., *TA*, **6**, 933, 1375; Colonna, S. and Pasta, P. et al., *CC*, 1123; Gaggero, N. et al., *G*, **125**, 479.

$$R-S-Me \xrightarrow[\text{CH}_2\text{Cl}_2,\ -20\ ^\circ\text{C}]{\text{TBHP},\ (^i\text{PrO})_4\text{Ti} \atop (R,R)\text{-DET},\ H_2O} R-\overset{\overset{O}{\uparrow}}{\underset{*}{S}}-Me$$

51-91%
77-99% ee

II.E-5 Sato, T. and Otera, J., *SL*, 365.

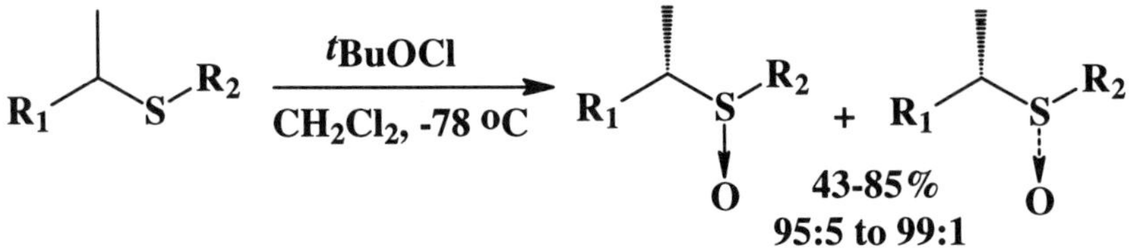

$$R_1\text{-S-}R_2 \xrightarrow[\text{CH}_2\text{Cl}_2,\ -78\ ^\circ\text{C}]{t\text{BuOCl}} R_1\text{-S(O)-}R_2 + R_1\text{-S(O)-}R_2$$

43-85%
95:5 to 99:1

II.F. Oxidative Additions to C-C Multiple Bonds

II.F.1 Epoxidations

II.F.1-1 Curci, R. et al., *TL*, **36**, 5831.

Enantioselective Epoxidation of Unfunctionalized Alkenes Using Dioxiranes Generated *In Situ*.

II.F.1-2 Couty, F. et al., *SL*, 1027.

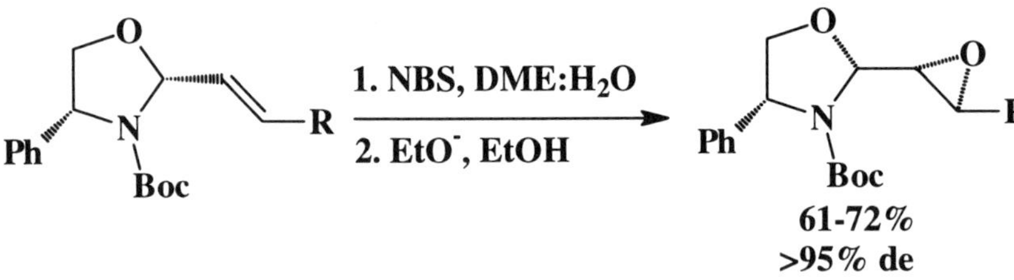

[oxazolidine-Ph,Boc with vinyl-R] →
1. NBS, DME:H$_2$O
2. EtO$^-$, EtOH
→ [oxazolidine-Ph,Boc with epoxide-R]

61-72%
>95% de

II.F.1-3 Masaki, Y. et al., *CPB*, **43**, 686; **see also:** Parish, E. J. et al., *SC*, **25**, 927.

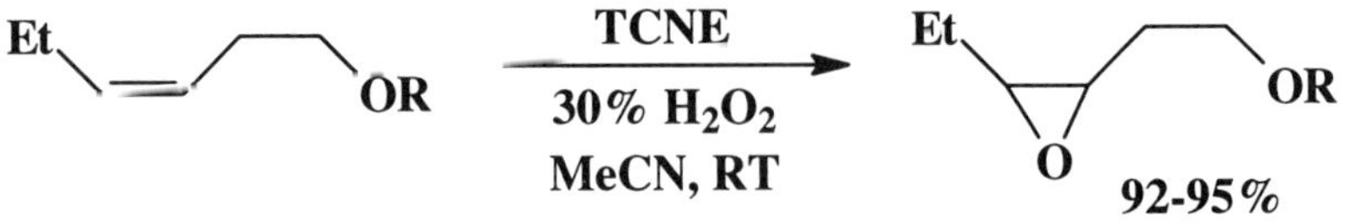

Et-CH=CH-CH$_2$-OR $\xrightarrow[\text{MeCN, RT}]{\text{TCNE},\ 30\%\ \text{H}_2\text{O}_2}$ Et-(epoxide)-CH$_2$-OR

92-95%

II.F.1-4 Jacobsen, E. N. et al., *TL*, **36**, 5123, 5457; Pietikainen, P., *TL*, **36**, 319; Gilheany, D. C. and Bousquet, C., *TL*, **36**, 7739; Katsuki, T. et al., *SL*, 407; Adam, W. et al., *TL*, **36**, 3669; **see also:** Jung, M. E. and Jung, Y. H., *SL*, 563; Collman, J. P. et al., *JACS*, **117**, 692; Nagata, T. et al., *BCJ*, **68**, 1455; Kumar, R., Pais, G. C. G., Pandey, B., and Kumar, P., *CC*, 1315; Beau, J. M. et al., *T*, **51**, 3205; Viehe, H. G. et al., *JFC*, **73**, 83.

$$R_1R_2C=CR_3 \xrightarrow[\text{(salen)Mn(III) cat.}]{\text{MCPBA, NMO} \atop \text{CH}_2\text{Cl}_2, -78\ ^\circ\text{C}} R_1R_2C^*-C^*R_3\text{(O)}$$

0-91%, 0-98% ee

II.F.1-5 Adam, W. and Smerz, A. K., *T*, **51**, 13039; Messeguer, A. et al., *CC*, 293; Adam, W. et al., *TL*, **36**, 4991; **see also:** Yang, D. et al., *JOC*, **60**, 3887; Asensio, G. et al., *JOC*, **60**, 3692.

$$\text{(allylic alcohol)} \xrightarrow[\text{CCl}_4]{\text{DMD, acetone}} \text{(epoxy alcohol)}$$

cis:trans = 96:4

II.F.1-6 Jorda, E. et al., *CC*, 1775; Nuemann, R. and Miller, H., *CC*, 2277; Hill, C. L. et al., *JACS*, **117**, 681; Chen Y. and Raymond, J.-L., *TL*, **36**, 4015; Mayoral, J. A. et al., *TL*, **36**, 4125.

Various Epoxidations with Aqueous H_2O_2 Systems.

II.F.1-7 Waegell, B. et al., *TL*, **36**, 8775; **see also:** Nantz, M. H. et al., *OM*, **14**, 3732; Kumar, R., Sudalai, A., Ravindranathan, T. et al., *CC*, 1341; Spek, A.L. et al., *CC*, 2465.

$$\text{PhCH=CHPh} \xrightarrow[\substack{\text{NaIO}_4\ (2\ \text{equiv}) \\ 3:2\ \text{CH}_2\text{Cl}_2/\text{H}_2\text{O},\ 20\ ^\circ\text{C}}]{\substack{\text{RuCl}_3\text{-}3\ \text{H}_2\text{O}\ (2\%) \\ \text{bidentate ligand}}} \text{Ph-epoxide-Ph}$$

10-80%

II.F.1-8 Scharbert, B. et al., *JOM*, **493**, 143.

Aerobic Epoxidations with a Ruthenium-Porphyrin Catalyst: Formation of an Inactive Carbonyl Complex.

II.F.1-9 Strukul, G. et al., *OM*, **14**, 1161.

Platinum-catalyzed Oxidations with Hydrogen Peroxide: The Enantioselective Epoxidation of α,β-Unsaturated Ketones.

II.F.1-10 Yadav, V. K. and Kapoor K. K., *T*, **51**, 8573; Baiker, A. et al., *CC*, 2487; Shi, M. et al., *JCR(S)*, **304**; Straub, T. S., *TL*, **36**, 663; Sanchez, M. E. L. and Roberts, S. M., *JCS(P1)*, **1467**; Linderman, R. J. et al., *TL*, **36**, 6611; Meyers, A. I. et al., *TL*, **36**, 1613; Jackson, R. F. W. et al., *JCS(P1)*, **141**, 149.

[similarly for α,β-unsaturated ketones, esters, sulfoxides]

II.F.2 Hydroxylations

II.F.2-1 Sharpless, K. B. et al., *JOC*, **60**, 3940; Sharpless, K. B. et al., *T*, **51**, 1345; Warren, S. et al., *TL*, **36**, 1719, 2685.

Improved Ligands and Enantioselectivities in the Asymmetric Dihydroxylation of Olefins.

II.F.2-2 Corey, E. J. et al., *TL*, **36**, 3481, 4171, 8741; Corey, E. J. et al., *JACS*, **117**, 10805, 10817; Arjona, O. et al., *TL*, **36**, 1319; Zhou, W. et al., *TL*, **36**, 1291; Marko, I. E. et al., *RTC*, **114**, 239; Backvall, J.-E. et al., *JOC*, **60**, 1848; Zhu, W. et al., *JCS(P1)*, 2599; Armstrong, A. and Barsanti, P. A., *SL*, 903; Arjona, O., Plumet, J. et al., *JOC*, **60**, 4932; **see also:** Fukumoto, K. et al., *TL*, **36**, 1055.

$$R_2\text{-CH=CR}_1\text{-CH}_2\text{-CH}_2\text{-OR}_3 \xrightarrow[\substack{\text{(DHQD)}_2\text{PYDZ (cat.)} \\ 1:1\ ^t\text{BuOH/H}_2\text{O} \\ 0\ ^\circ\text{C}, 4\ \text{h}}]{\text{K}_2\text{OsO}_4\text{·2H}_2\text{O} \\ \text{K}_2\text{CO}_3,\ \text{K}_3\text{Fe(CN)}_6} R_2\text{-C(OH)-C(OH)R}_1\text{-CH}_2\text{-CH}_2\text{-OR}_3$$

91-99%, 95-99% ee

II.F.2-3 Matsushita, Y. et al., *TL*, **36**, 1879; Matsushita, Y. et al., *CC*, 567.

$$R'\text{-CH=CH-CH=CH-CO}_2R \xrightarrow[\substack{\text{Et}_3\text{SiH} \\ 2.\ (\text{MeO})_3\text{P} \\ ^i\text{PrOH/CH}_2\text{Cl}_2}]{1.\ \text{Co(tdcpp)},\ \text{O}_2} R'\text{-CH(OH)-CH}_2\text{-CH=CH-CO}_2R$$

54-87%

II.F.2-4 Sibi, M. P. and Christensen, J. W., *TL*, **36**, 6213.

$$\text{N-Boc pyrroline-CO}_2\text{SiMe}_2\text{H} \xrightarrow[\substack{\text{DME},\ \Delta \\ 2.\ \text{H}_2\text{O}_2,\ \text{K}_2\text{CO}_3 \\ \text{KHF}_2,\ \text{THF},\ \text{MeOH} \\ 3.\ \text{CH}_2\text{N}_2}]{1.\ \text{Pt(COD)Cl}_2} \text{N-Boc-3-OH-pyrrolidine-CO}_2\text{Me}$$

40%

II.F.2-5 Horiguchi, Y. et al., *OS*, **73**, 123.

$$\text{Me}_3\text{SiO-bicyclic} \xrightarrow[\substack{\text{KHCO}_3\ (6.4\ \text{equiv}) \\ \text{CH}_2\text{Cl}_2,\ \text{then}\ \text{H}_3\text{O}^+}]{\text{MCPBA (2.5 equiv)}} \text{bicyclic-C(O)CH}_2\text{OH}$$

40%

II.F.2-6 Dalton, H. and Boyd, R. et al., *CC*, 117, 119; Carless, H. A. J. and Malik, S. S., *CC*, 2447.

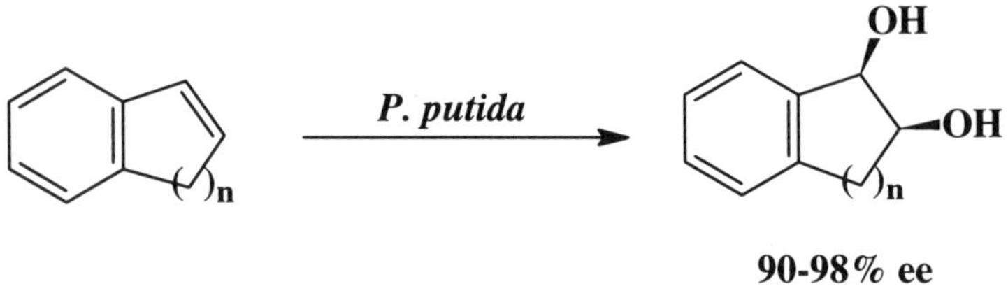

90-98% ee

II.F.2-7 Brown, J. M. et al., *TA*, **6**, 2593.

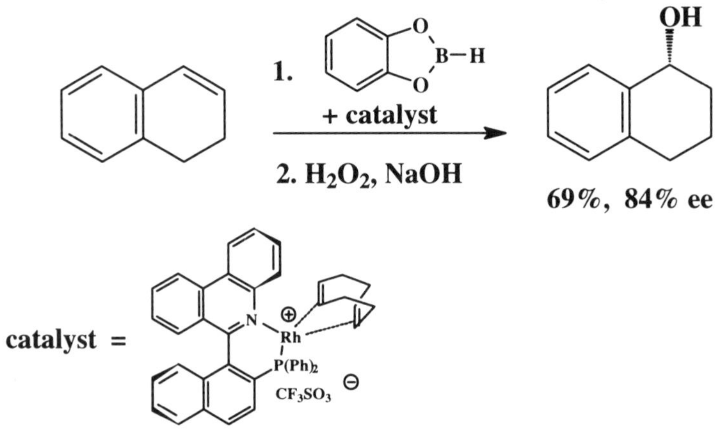

1. benzodioxaborole (B–H) + catalyst
2. H_2O_2, NaOH

69%, 84% ee

catalyst = [Rh complex with P(Ph)$_2$, $CF_3SO_3^{\ominus}$]

II.F.3 Other Oxidative Additions to C-C Multiple Bonds

II.F.3-1 Alper, H. and Wang, M. D., *TL*, **36**, 6855.

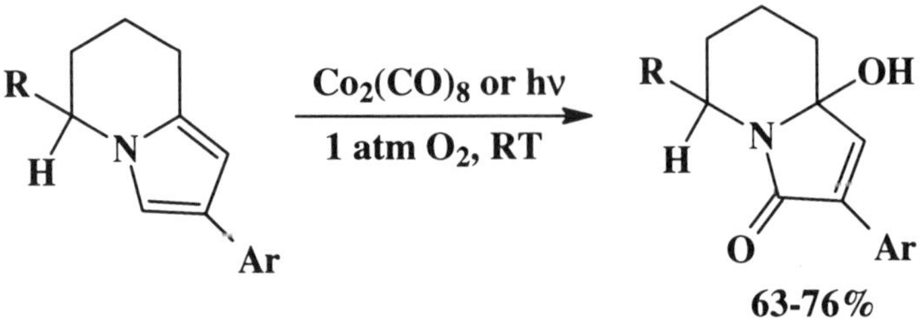

$Co_2(CO)_8$ or hν, 1 atm O_2, RT

63-76%

II.F.3-2 Pitzer, K. and Hudlicky, T., *SL*, 803.

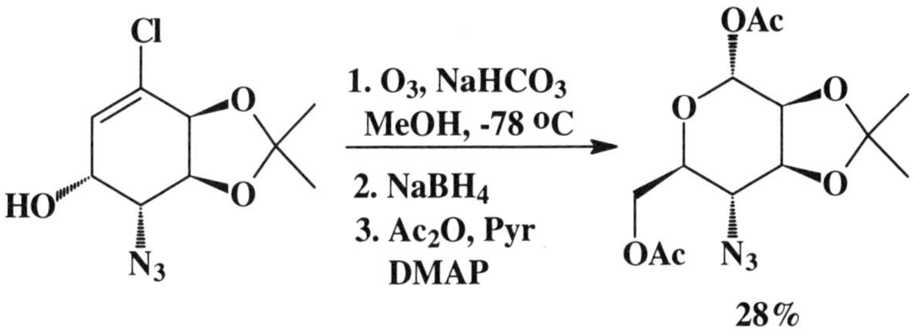

1. O$_3$, NaHCO$_3$, MeOH, -78 °C
2. NaBH$_4$
3. Ac$_2$O, Pyr, DMAP

28%

II.F.3-3 Filiminov, V. D., Chi, K.-W. et al., *S*, 1234.

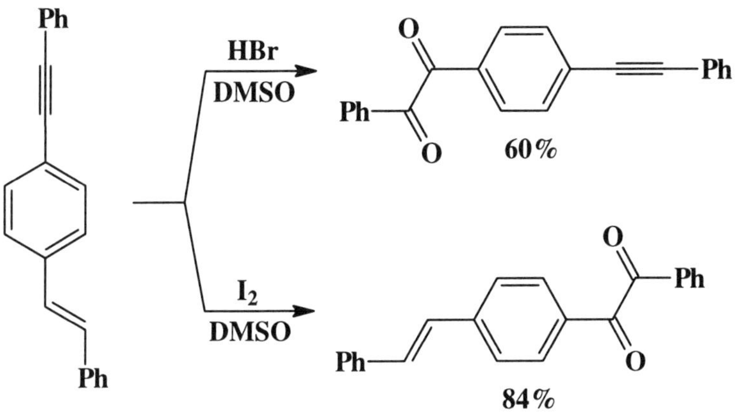

HBr / DMSO → 60%

I$_2$ / DMSO → 84%

II.F.3-4 Picialli, V. et al., *TL*, **36**, 5267.

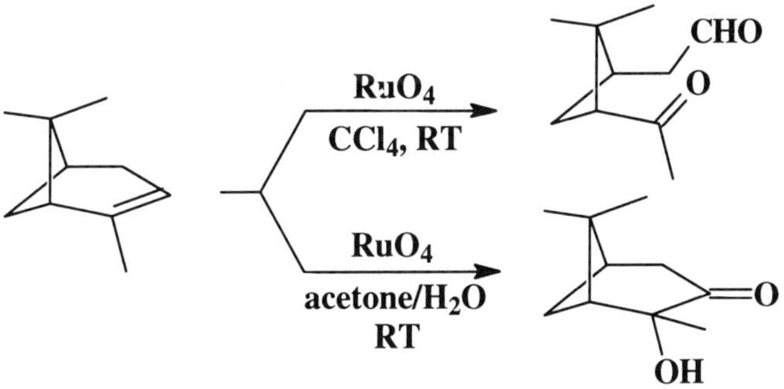

RuO$_4$, CCl$_4$, RT

RuO$_4$, acetone/H$_2$O, RT

II.F.3-5 Torii, S. et al., *BCJ*, **68**, 2989.

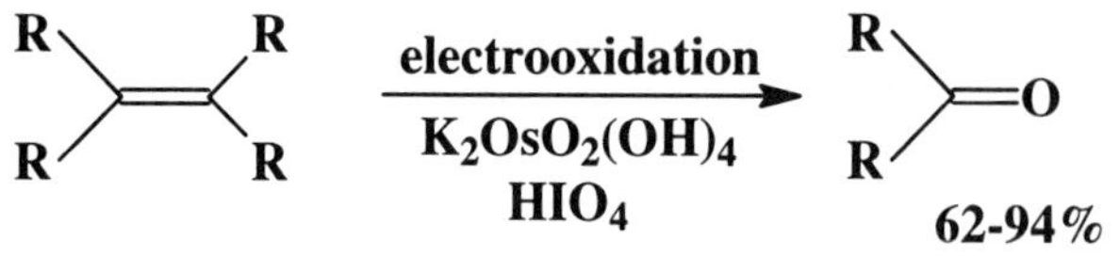

$$R_2C=CR_2 \xrightarrow[HIO_4]{\text{electrooxidation} \atop K_2OsO_2(OH)_4} R_2C=O \quad 62\text{-}94\%$$

II.F.3-6 Reetz, M. T. and Tollner, K., *TL*, **36**, 9461.

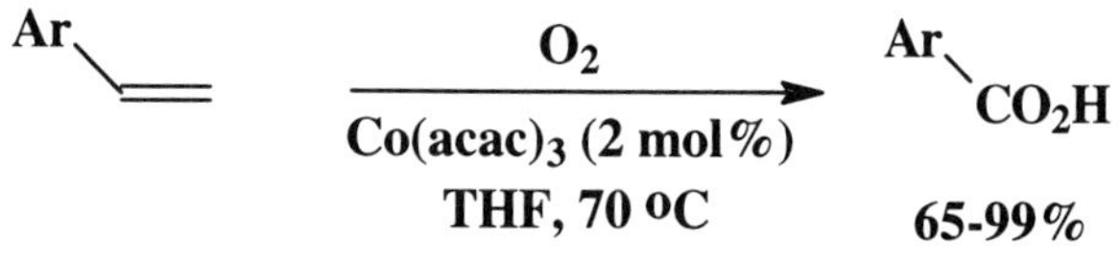

$$Ar-CH=CH_2 \xrightarrow[\text{THF, 70 °C}]{O_2 \atop Co(acac)_3 \,(2\,\text{mol}\%)} Ar-CO_2H \quad 65\text{-}99\%$$

II.G Phenol-Quinone Oxidations

II.G-1 Watson, K. G. and Serban, A., *AJC*, **48**, 1503.

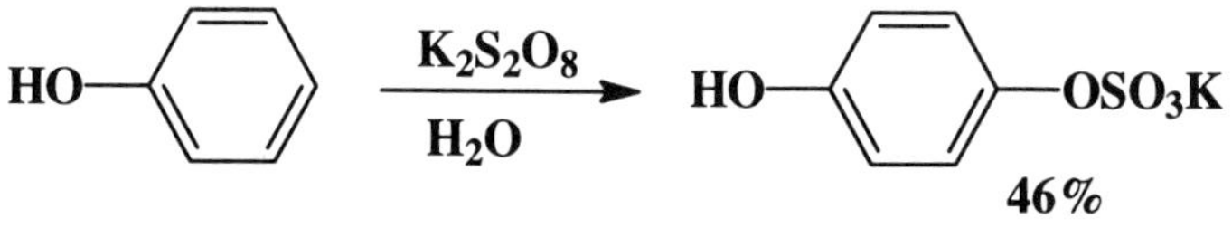

$$HO-C_6H_5 \xrightarrow[H_2O]{K_2S_2O_8} HO-C_6H_4-OSO_3K \quad 46\%$$

II.G-2 Katz, T. J. et al., *JOC*, **60**, 1285.

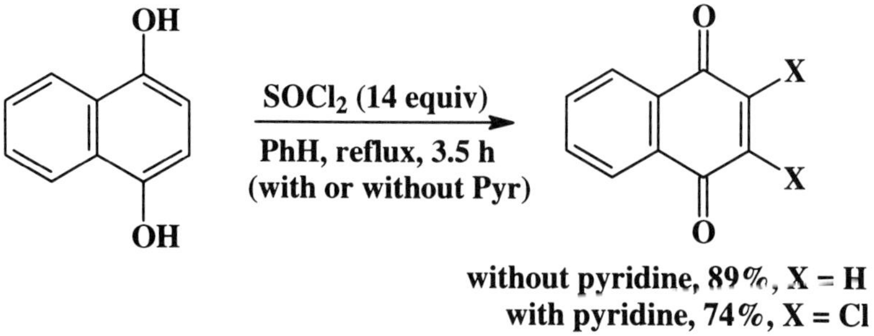

1,4-dihydroxynaphthalene $\xrightarrow[\text{PhH, reflux, 3.5 h} \atop \text{(with or without Pyr)}]{SOCl_2\,(14\,\text{equiv})}$ 2,3-X$_2$-1,4-naphthoquinone

without pyridine, 89%, X = H
with pyridine, 74%, X = Cl

II.G-3 Carroll, F. I. et al., *JHC*, **32**, 195.

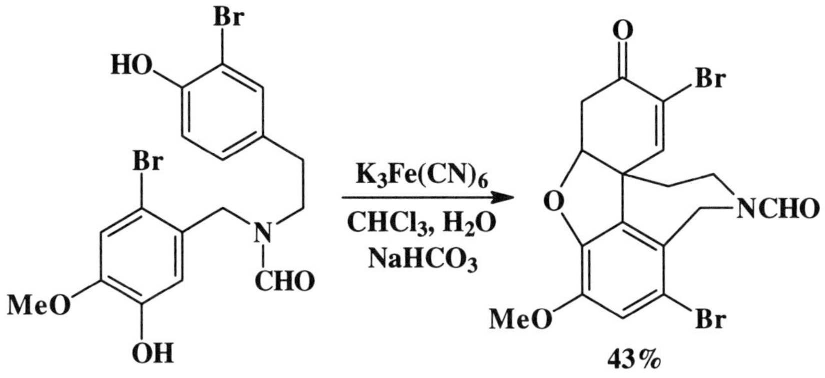

II.G-4 Bozell, J. J. et al., *JOC*, **60**, 2398; Nishinaga, A. et al., *TL*, **36**, 5785.

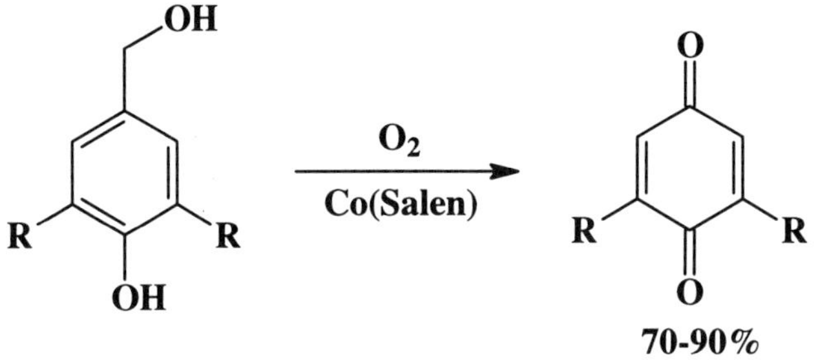

II.H Dehydrogenations

II.H-1 Larock, R. C. et al., *TL*, **36**, 2423; **see also**: Lin, L. C., Hwu, J. R. et al., *TL*, **36**, 4093; Evans, P. A. et al., *TL*, **36**, 3985.

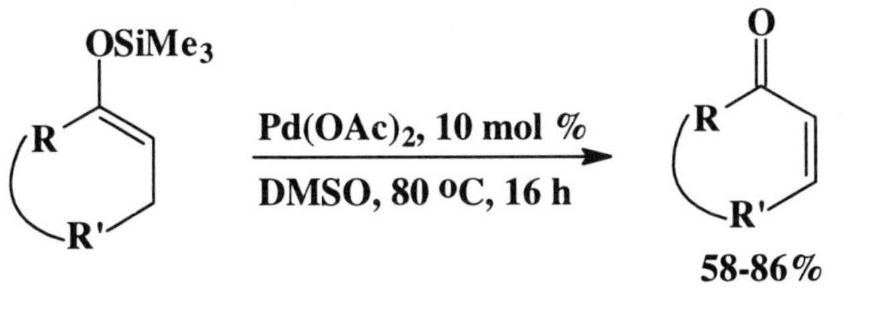

II.H-2 Manta, E. et al., *H*, **41**, 2701; **see also:** Bernath, G. et al., *S*, 1240.

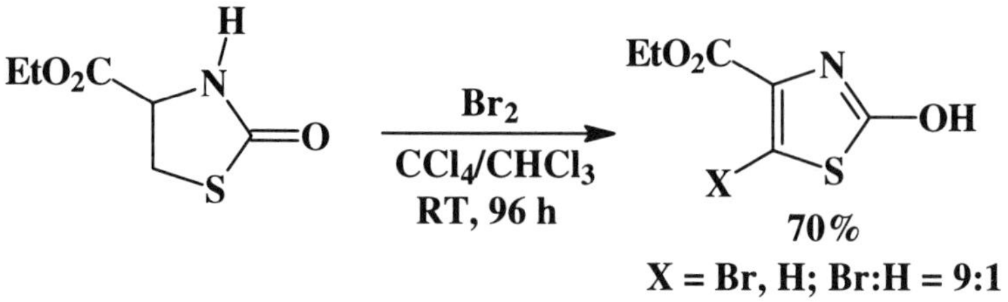

70%
X = Br, H; Br:H = 9:1

II.H-3 Prakash, O. and Tanwar, M. P., *JCR(S)*, 213; **see also:** Stephan, E. et al., *ST*, **60**, 809.

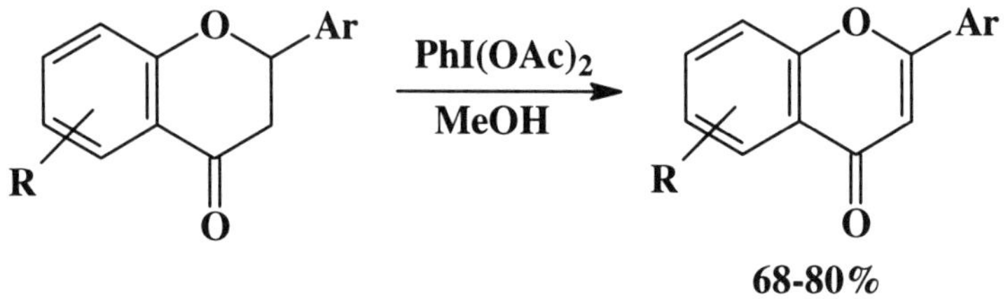

68-80%

II.H-4 Resek, J. E. and Meyers, A. I., *TL*, **36**, 705; **see also:** Heyde, S. G. et al., *TL*, **36**, 8395.

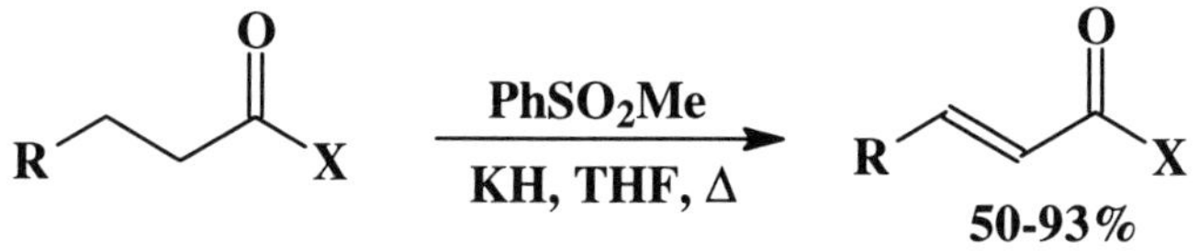

50-93%

II.H-5 Kudryatsev, K. V. et al., *RJOC*, **30**, 1425, (1994).

70-92%

II.H-6 Tereshenko, A. B. et al., *RJOC*, **30**, 1512, (1994).

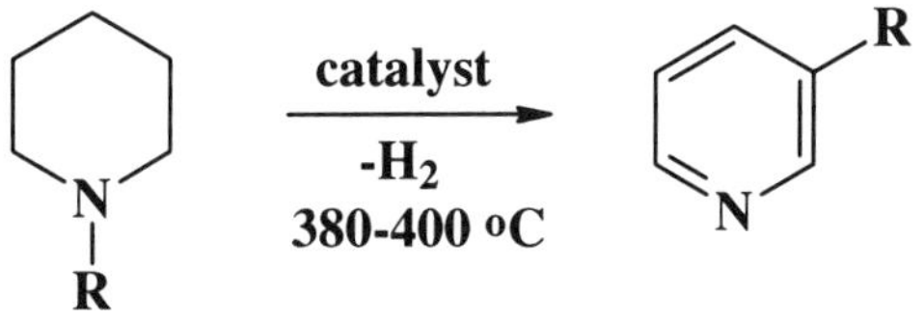

[Reaction: N-substituted piperidine → 3-R-pyridine, catalyst, -H₂, 380-400 °C]

various catalysts: 3 Ni, 15 Cu, 3 Cr, 3 Na$_2$SO$_4$/SiO$_2$

II.I Other Oxidations

II.I-1 Fleming, I. et al., *JCS(P1)*, 317; Knolker, H. J. and Wanzel, G., *SL*, 378.

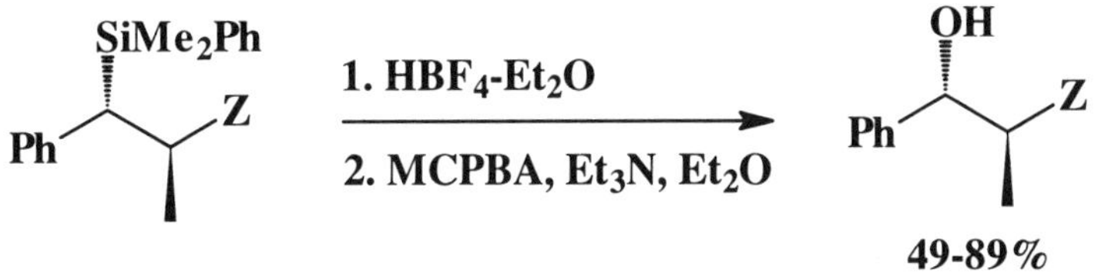

[Reaction: Ph-CH(SiMe$_2$Ph)-CH(Me)-Z → Ph-CH(OH)-CH(Me)-Z; 1. HBF$_4$-Et$_2$O; 2. MCPBA, Et$_3$N, Et$_2$O; 49-89%]

II.I-2 Singaram. B. et al., *TL*, **36**, 2921.

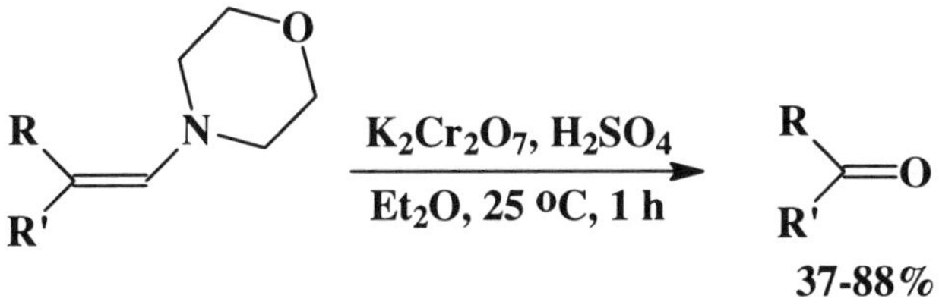

[Reaction: enamine (R,R'-C=C-N-morpholine) → ketone R-CO-R'; K$_2$Cr$_2$O$_7$, H$_2$SO$_4$, Et$_2$O, 25 °C, 1 h; 37-88%]

II.I-3 Demnitz, F. W. J. et al., *JOC*, **60**, 5114 and *HCA*, **78**, 887.

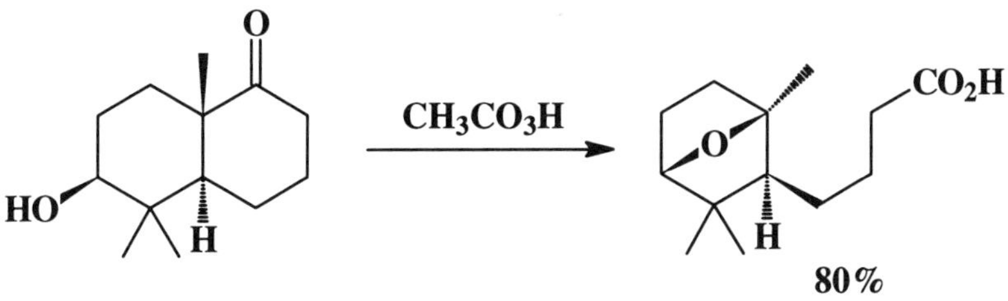

[Reaction: hydroxydecalone → epoxy lactone with CO$_2$H side chain; CH$_3$CO$_3$H; 80%]

II.I-4 Arnaud, C. et al., *TL*, **36**, 6679.

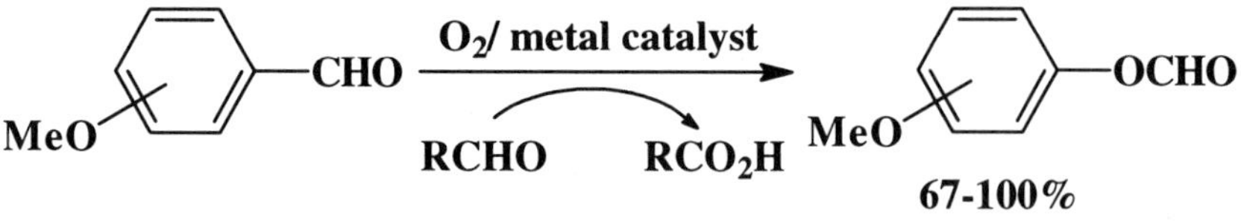

MeO–C₆H₄–CHO $\xrightarrow[\text{RCHO} \quad \text{RCO}_2\text{H}]{\text{O}_2/\text{ metal catalyst}}$ MeO–C₆H₄–OCHO 67-100%

II.I-5 Bolm, C. and Schlingloff, G., *CC*, 1247.

Baeyer-Villiger Oxidation with a Chiral Cu Catalyst. Enantiospecific Aerobic Oxidation of Cyclobutanones.

II.I-6 Gagnon, R. et al., *JCS(P1)*, 1505; Adger, B. et al., *CC*, 1563.

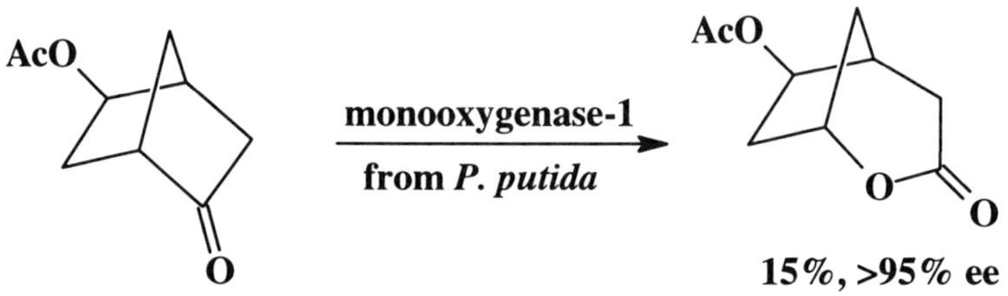

AcO-norbornanone $\xrightarrow{\text{monooxygenase-1 from } P.\ putida}$ AcO-lactone

15%, >95% ee

II.I-7 Yang, C. O. et al., *SL*, 655.

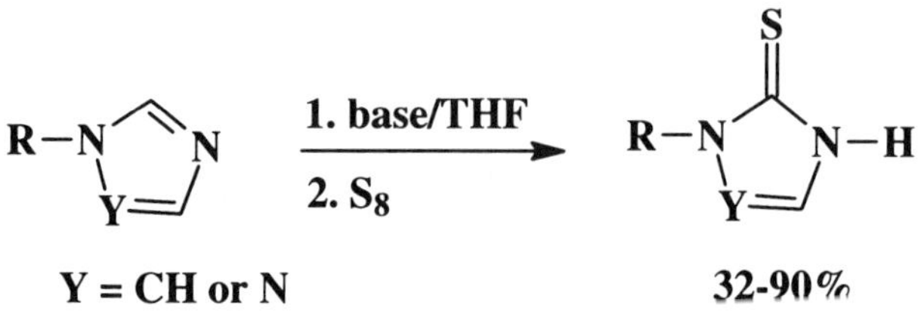

R–N(imidazole/triazole) $\xrightarrow[\text{2. S}_8]{\text{1. base/THF}}$ R–N–C(=S)–N–H ring

Y = CH or N   32-90%

II.I-8 Salunkhe, M. M. et al., *OPPI*, **27**, 373.

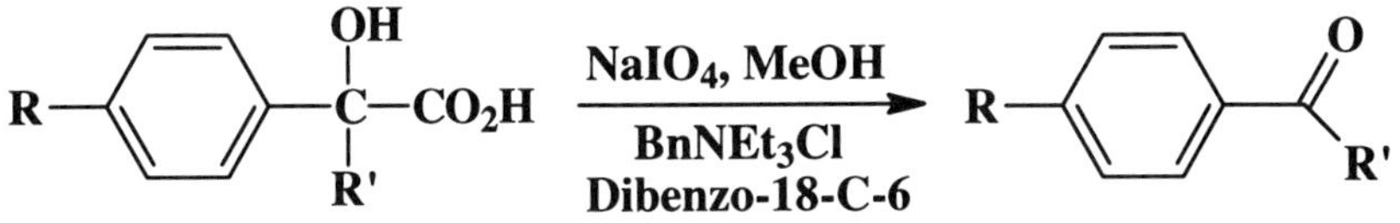

R–C₆H₄–C(OH)(R')–CO₂H →[NaIO₄, MeOH / BnNEt₃Cl / Dibenzo-18-C-6]→ R–C₆H₄–C(O)–R'

II.I-9 Saiah, M. K. E. and Pellicciari, R., *TL*, **36**, 4497.

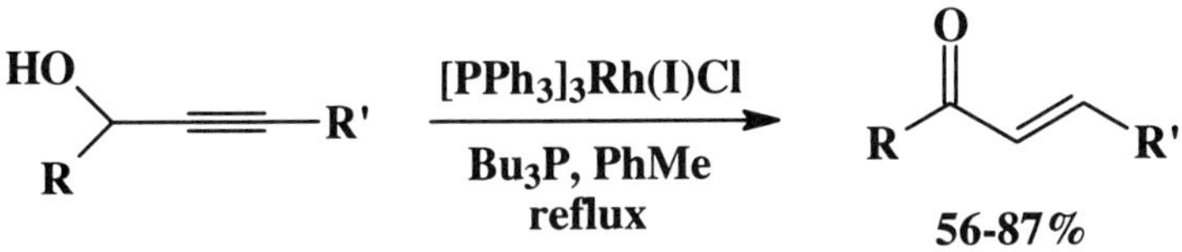

R–CH(OH)–C≡C–R' →[[PPh₃]₃Rh(I)Cl / Bu₃P, PhMe / reflux]→ R–C(O)–CH=CH–R'   56-87%

II.I-10 Rozen, S. et al., *JOC*, **60**, 8267.

1-OMe-decalin →[HOF-MeCN]→ 1-decalone   75%

II.I-11 Webb, K. S. and Levy, D., *TL*, **36**, 5117.

ArB(OH)₂ →[Oxone®, 2 °C / acetone(aq) / NaHCO₃]→ ArOH   81-98%

III
REDUCTIONS

III.A. C=O Reductions

III.A-1 Umani-Ronchi, A. et al., *TA*, **6**, 301; **see also**: Ghosh, A. K. and Chen, Y., *TL*, **36**, 6811.

$$R_1\text{COR}_2 \xrightarrow[\text{catalyst, THF, 3 h}]{BH_3\text{-SMe}_2} R_1\text{*CH(OH)}R_2$$

catalyst = cis-1-amino-2-indanols   89-99%, 79-96% ee

III.A-2 Wandrey, C. et al., *AG(E)*, **34**, 2005; Zwanenburg, B. et al., *TL*, **36**, 603; Caze, C. et al., *JCS(P1)*, 345; Katsuki, T. et al., *SL*, 429; Kagan, H. B. et al., *TA*, **6**, 1097; Shieh, W.-C. et al., *TL*, **36**, 3797; Cherng, Y.-J., Fang, J.-M. and Lu, T.-J., *TA*, **6**, 89.

Asymmetric Reduction of Aryl Ketones to Benzylic Alcohols via Chiral Hydride Reagents or Hydrides with Chiral Auxilliaries or Catalysts

---

III.A-3 Achiwa, K. et al., *CPB*, **43**, 738, 748; **see also**: Agbossou, F. et al., *SL*, 358.

$$\text{Ph-CO-CH}_2\text{-NRR'} \xrightarrow[\text{ligand}]{H_2, [Rh(COD)Cl]_2} \text{Ph-*CH(OH)-CH}_2\text{-NRR'}$$

ligand = [pyrrolidine with Cy$_2$P, PPh$_2$, and N-C(O)NHPh substituents]

88-97% ee

III.A-4 Lamaire, M. et al., *TL*, **36**, 8779; see also: Noyori, R. et al., *JACS*, **117**, 7562; Mathieu, R. et al., *CC*, 1721; Iyers, S. and Varghese, J. P., *CC*, 465; Akamanchi, K. G. and Noorani, V. R., *TL*, **36**, 5085.

PhC(O)R →[Rh-polymer (5 mol%); KOH, ^{i}PrOH, 60 °C] PhCH(OH)*R

40-100%, <66% ee

III.A-5 Ito, Y. et al., *TL*, **36**, 5239; see also: Brunner, H. and Terfort, A., *TA*, **6**, 919; Agbossou, F. et al., *TA*, **6**, 11; Carpentier, J.-F. et al., *TA*, **6**, 39; Quallich, G. J. et al., *TL*, **36**, 4729; Uemura, S. et al., *OM*, **14**, 5486.

MeC(O)-X-C(O)Me + Ph$_2$SiH$_2$ →[[Rh(COD)$_2$]BF$_4$; chiral phosphine ligand; THF or DME; then K$_2$CO$_3$, MeOH] MeCH(OH)-X-CH(OH)Me

X = carbon group

58-97%, 89-99% ee

III.A-6 Tillyer, R. D. et al., *TL*, **36**, 4337; see also: Meier, C. et al., *SL*, 1963.

(TBSON=tetralone-R) →[BH$_3$-SMe$_2$; oxazaborolidine catalyst (Ph, Ph, Me)] (H$_2$N, OH tetralin-R)

72-89%, 75-93% ee

III.A-7 Corey, E. J. and Helal, C. J., *TL*, **36**, 9153.

Novel Electronic Effects of Remote Substituents on the Oxazaborolidine Catalyzed Enantioselective Reduction of Ketones.

III.A-8 Oshima, K., Utimo, K. et al., *T*, **51**, 679; **see also:** Sulikowski, G. A. et al., *JOC*, **60**, 6866.

$$\text{R}_1\text{-epoxide-C(R}_3\text{)(COR}_4\text{)-R}_2 \xrightarrow{\text{NaBH}_4, \text{LaCl}_3} \text{R}_1\text{-epoxide-C(R}_3\text{)(CH(OH)R}_4\text{)-R}_2$$

75-93%

III.A-9 Burke, M. J. et al., *JACS*, **117**, 4423; Beck, G. et al., *S*, 1014; Genet, J. P. et al, *TL*, **36**, 4801; **see also:** Ito, Y. et al., *SL*, 347; Pfaltz, A., Baiker, A. et al., *CC*, 1421.

$$\text{R-CO-CH}_2\text{-CO-OR'} \xrightarrow[\text{MeOH(aq)}]{\text{H}_2, \text{RuBr}_2 \text{ chiral phosphine ligand}} \text{R-CH(OH)-CH}_2\text{-CO-OR'}$$

>97%, 76-99% ee

III.A-10 Noyori, R. et al., *TL*, **36**, 5769.

Asymmetric Synthesis of α-Amino-β-Hydroxyphosphonic Acids via BINAP-Ruthenium Catalyzed Hydrogenation

---

III.A-11 Hiyama, T. et al., *BCJ*, **68**, 350, 364; **see also:** Gallagher, T. et al., *JCS(P1)*, 379.

$$\text{R-CO-CH}_2\text{-CO-CH}_2\text{-CO}_2\text{R'} \xrightarrow[\substack{\text{Et}_2\text{BOMe} \\ \text{THF/MeOH} \\ -78\,^\circ\text{C}}]{\text{NaBH}_4} \text{R-CH(OH)-CH}_2\text{-CH(OH)-CH}_2\text{-CO}_2\text{R'}$$

68-86%, >95:5 syn:anti

III.A-12 Chau, T.-Y. et al., *TA*, **6**, 1221.

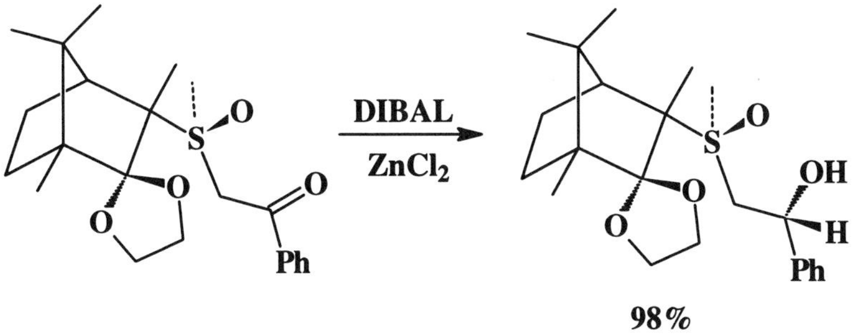

98%

III.A-13 Cha, J. S. et al., *SL*, 331, 1055.

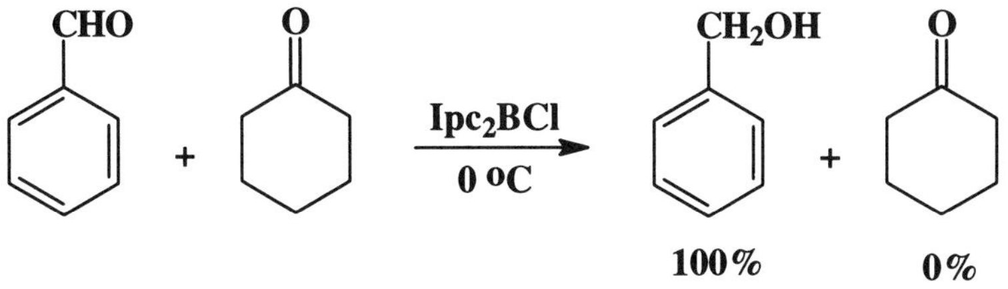

Ipc$_2$BCl, 0 °C

100%   **0%**

III.A-14 Bardon, M. C. and Schwartz, J., *JOC*, **60**, 5963; see also: Firouzabadi, H. et al., *BCJ*, **68**, 2595.

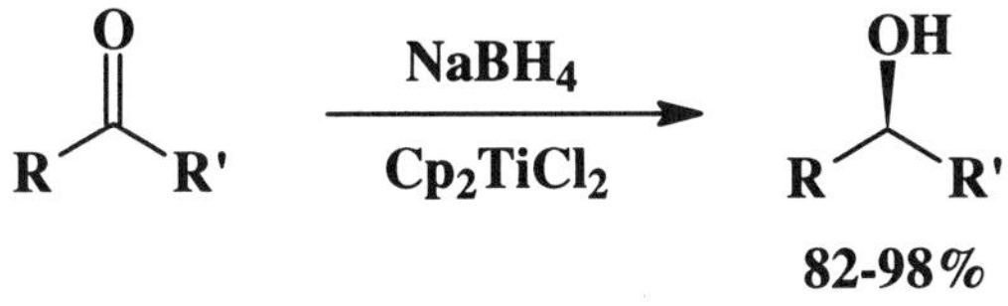

$$R\text{-CO-}R' \xrightarrow{\text{NaBH}_4,\ \text{Cp}_2\text{TiCl}_2} R\text{-CH(OH)-}R'$$

82-98%

III.A-15 van Bekkum, H. et al., *CC*, 1859.

Stereoselective Reduction of 4-*t*-Butylcyclohexanone to cis-4-*t*-Butylcyclohexanol Catalyzed by Zeolite BEA.

III.A-16 Sabata, S. et al., *CCC*, **60**, 127.

Biphase Reduction of Heptanal and Cyclohexanone by Sodium Formate Catalyzed by Ether-Phosphine Ruthenium Complexes.

III.A-17 Naoshima, Y. et al., *JCS(P1)*, 1295.

Biocatalytic Preparation of Chiral Alcohols by Enantioselective Reduction with Immobilized Cells of Carrot.

III.A-18 Node, M. et al., *TA*, **6**, 31; Speranza, G. et al., *T*, **51**, 11531; Liu, H. and Cohen, T., *JOC*, **60**, 2022; Guarna, A. et al., *T*, **51**, 1775.

diketone (R, R') → Baker's Yeast → hydroxy ketone

31-45%, 73-100% ee

[similarly for β-tetralones, γ-thiophenyl, γ-nitro ketones]

III.A-19 Kawai, Y. et al., *BCJ*, **68**, 285; Nakamura, K. et al., *T*, **51**, 687; Momose, T. et al., *TL*, **36**, 3715; **see also:** Lejczak, B. et al., *T*, **51**, 11809.

β-ketoester → Baker's Yeast / MVK → β-hydroxyester

72%, 96% ee

obtain opposite stereoisomer with *geotrichum candidum* /chloroacetone

III.A-20 Narasimhan, S. et al., *SC*, **25**, 1689; **see also**: Reding M. T. and Buchwald, S. L., *JOC*, **60**, 7884.

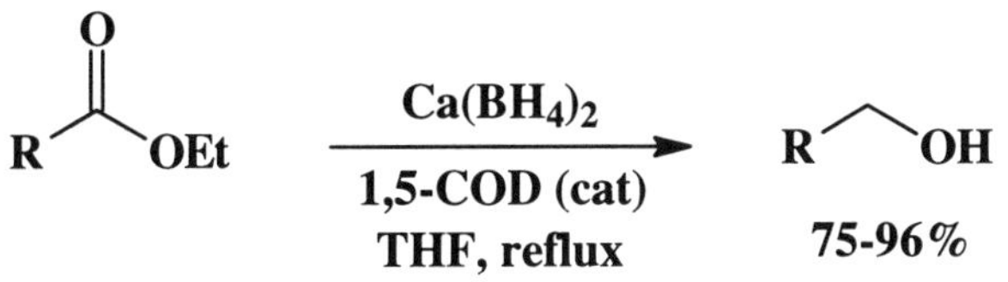

$$R-C(=O)-OEt \xrightarrow[\text{THF, reflux}]{\text{Ca(BH}_4)_2 \;\; 1,5\text{-COD (cat)}} R-CH_2-OH \quad 75\text{-}96\%$$

III.A-21 Narasimhan, S. et al., *JOC*, **60**, 5314; **see also**: Fuchikami, T. et al., *TL*, **36**, 1059.

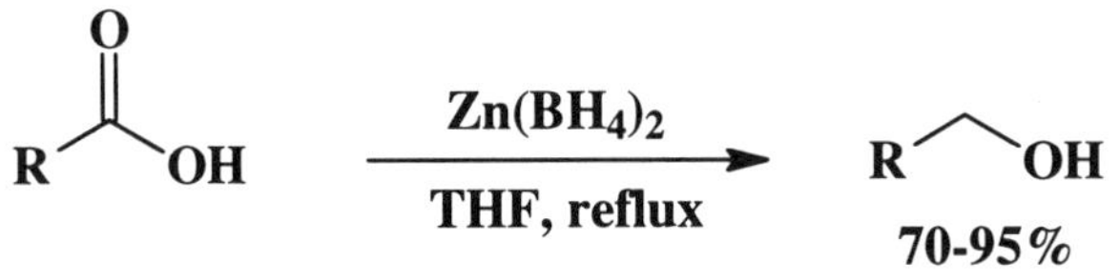

$$R-C(=O)-OH \xrightarrow[\text{THF, reflux}]{\text{Zn(BH}_4)_2} R-CH_2-OH \quad 70\text{-}95\%$$

III.A-22 Cha, J. S. et al., *OPPI*, **27**, 95.

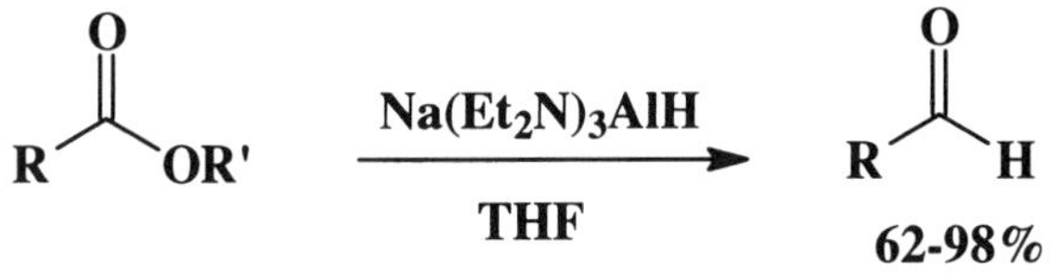

$$R-C(=O)-OR' \xrightarrow{\text{Na(Et}_2\text{N)}_3\text{AlH}, \; \text{THF}} R-C(=O)-H \quad 62\text{-}98\%$$

III.A-23 Alvarez-Builla, J. et al., *TL*, **36**, 455.

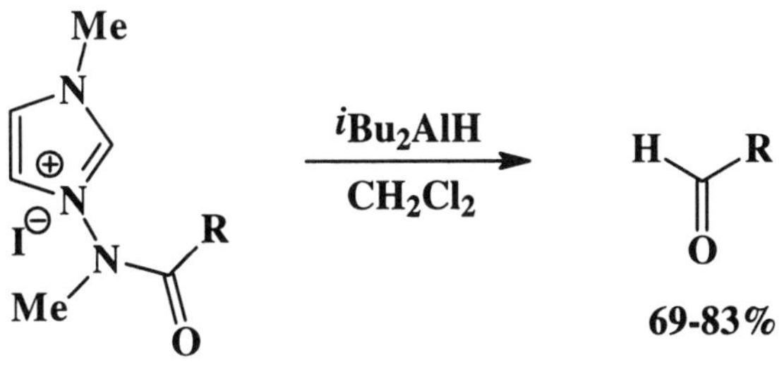

[N-methylimidazolium iodide with N-methyl-N-acyl amide substituent] $\xrightarrow[\text{CH}_2\text{Cl}_2]{{}^i\text{Bu}_2\text{AlH}}$ R–CHO   69-83%

III.A-24 Ovasaka, T. V. et al., *SL*, 839.

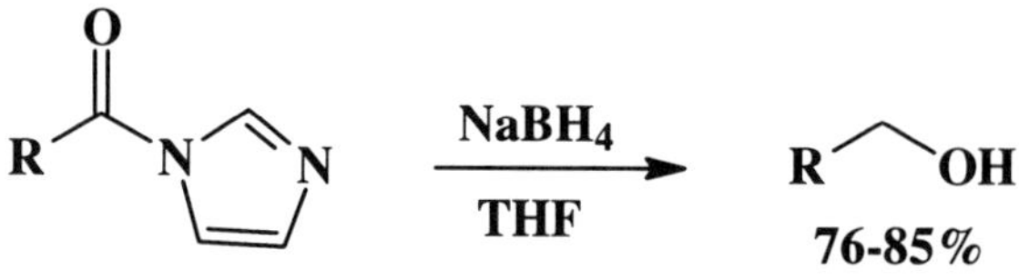

$$R-C(=O)-\text{Im} \xrightarrow[\text{THF}]{\text{NaBH}_4} R-CH_2OH \quad 76\text{-}85\%$$

III.B. C-N Multiple Bond Reductions

III.B.1. Imine Reductions

III.B.1-1 Uneyama, K. et al., *SL*, 753; **see also**: Fujisawa, T. et al., *TL*, **36**, 8607.

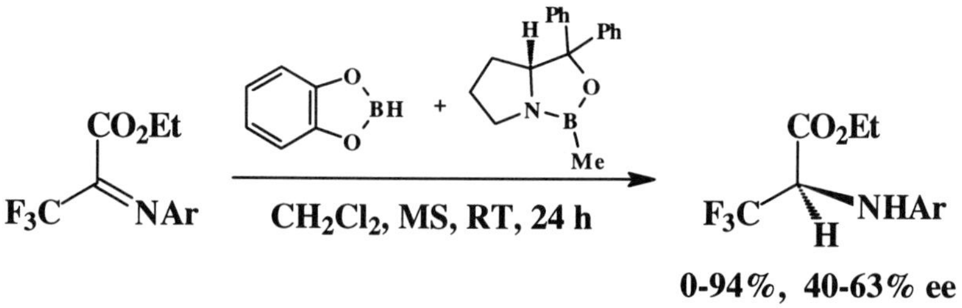

$$F_3C-C(CO_2Et)=NAr \xrightarrow[\text{CH}_2\text{Cl}_2,\text{ MS, RT, 24 h}]{\text{catecholborane + oxazaborolidine}} F_3C-C^*H(CO_2Et)(NHAr)$$

0-94%, 40-63% ee

III.B.1-2 Bhattacharyya, S., *JOC*, **60**, 4928; **see also:** Denyer, C. V. et al., *T*, **51**, 5057; Zhou, Z., James, B. R. and Alper, H., *OM*, **14**, 4209; Shibata, I. et al., *JOC*, **60**, 2677

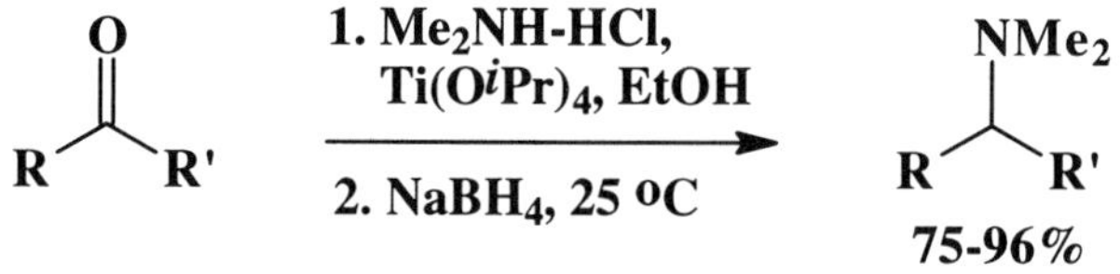

$$R-C(=O)-R' \xrightarrow[\text{2. NaBH}_4,\text{ 25 °C}]{\text{1. Me}_2\text{NH-HCl, Ti(O}^i\text{Pr})_4,\text{ EtOH}} R-CH(NMe_2)-R' \quad 75\text{-}96\%$$

III.B.1-3 Chan, A. S. C. et al., *CC*, 1767; **see also**: Imanishi, T. et al., *SL*, 1229.

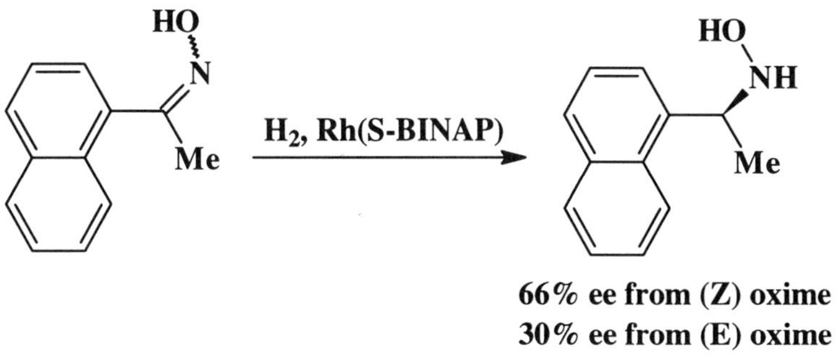

[Naphthyl-C(=N-OH)-Me] →(H₂, Rh(S-BINAP)) [Naphthyl-CH(NH-OH)-Me]

66% ee from (Z) oxime
30% ee from (E) oxime

III.B.1-4 Kacsmarek, L. and Balicki, R., *JPR*, **336**, 695, (1994); **see also**: Barbry, D. et al., *SC*, **25**, 3503.

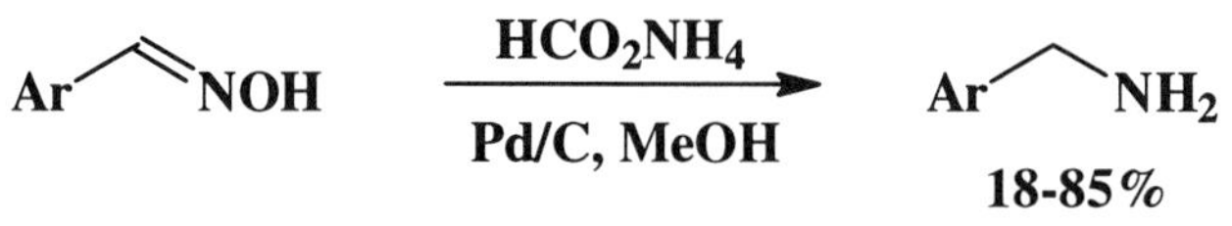

Ar–CH=NOH $\xrightarrow{\text{HCO}_2\text{NH}_4, \text{Pd/C, MeOH}}$ Ar–CH$_2$–NH$_2$

18-85%

III.B.2. Reductions of Heterocycles

III.B.2-1 McNulty, J. and Still, I. W. J., *TL*, **36**, 7965.

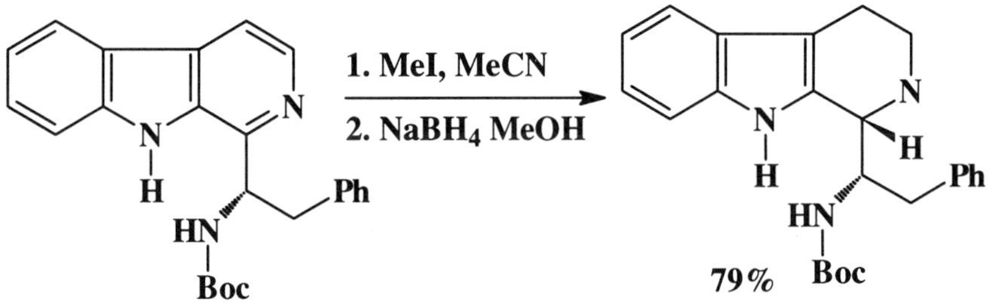

[β-carboline with CH(NHBoc)CH₂Ph substituent] →(1. MeI, MeCN; 2. NaBH₄ MeOH) [tetrahydro-β-carboline]

79%

III.B.2-2 Molander, G. A. and Stengel, P. J., *JOC*, **60**, 6660; **see also**: Lim, Y. and Lee, W. K., *TL*, **36**, 8431.

$$\underset{Ts}{\underset{|}{N}}\underset{R_3}{\overset{R_2}{\diagup}}\hspace{-2mm}\triangle\hspace{-2mm}\underset{R_1}{\overset{O}{\diagdown}} \xrightarrow[\text{THF}]{\text{SmI}_2,\text{ MeOH}} R_3-\underset{\underset{Ts}{\overset{|}{NH}}}{\overset{R_2}{\overset{|}{C}}}-CH_2-\underset{R_1}{\overset{O}{\overset{\|}{C}}}$$

78-85%

III.B.2-3 Gauffre, J.-C. and Grignon-Dubois, M., *JCR(S)*, 242.

2-methylquinoline $\xrightarrow[\text{AcOH}]{\text{Zn, THF}}$ dimeric product

96%

III.C. Reduction of Sulfur Compounds

III.D. N-O Reductions

III.D-1 Baik, W. et al., *TL*, **36**, 2793.

Ar–NO $\xrightarrow[\substack{\text{MeOH/H}_2\text{O} \\ 80\text{-}85\ ^\circ\text{C},\ 1\text{-}8\ \text{h}}]{\text{Baker's Yeast}}$ Ar–NH$_2$

X = H, Cl, Br, Me, OMe, OH, COMe   90-99%

III.D-2 Kerr, M. A. and Boothroyd, S. R., *TL*, **36**, 2411; **see also**: Patel, H. V. et al., *OPPI*, **27**, 81; Tafesh, A. M. and Beller, M., *TL*, **36**, 9305; Bergbreiter, D. E. et al., *TL*, **36**, 4757.

$$Ar\text{-}NO_2 \xrightarrow[\substack{H_2N\text{-}NMe_2,\ MeOH \\ 85\ ^\circ C,\ 17\ h}]{FeCl_3\cdot 6H_2O} Ar\text{-}NH_2 \quad 42\text{-}99\%$$

III.D-3 Ilankumaran, P. and Chandrasekaran, S., *TL*, **36**, 4881.

$$R\text{-}CH=\overset{\oplus}{N}(Ph)\text{-}O^{\ominus} \xrightarrow[MeCN,\ RT]{(BnNEt_3)_2MoS_4} R\text{-}CH=N\text{-}Ph \quad 60\text{-}88\%$$

similarly for N-oxides; no reaction with sulfoxides or azoxy compounds.

III.D-4 Park, K. K. et al., *JOC*, **60**, 6202.

$$RNO_2 \xrightarrow[\substack{octylviologen \\ MeCN(aq)}]{K_2CO_3,\ Na_2S_2O_4} RNHOH \quad 89\text{-}95\%$$

III.E. C-C Multiple Bond Reductions

III.E.1. C=C Reductions

III.E.1-1 Takaya, H. et al., *JOC*, **60**, 357; Chung, J. Y. L. et al., *TL*, **36**, 7379.

(α-ethylidene-γ-butyrolactone) $\xrightarrow[H_2,\ 100\ atm,\ 50\ ^\circ C]{(S)\text{-}BINAP\text{-}Ru(II)}$ (α-ethyl-γ-butyrolactone) 99%, 95% ee

III.E.1-2 Inamoto, T. et al., *TL*, **36**, 8271; Burke, M. J. et al., *JACS*, **117**, 8277; **see also**: Achiwa, K. et al., *TA*, **6**, 23; Morimoto, T. et al., *TA*, **6**, 75. Tschoen, D. M. et al., *JOC*, **60**, 4324.

$$\underset{R}{\overset{CO_2R'}{\diagup}}\!\!=\!\!\underset{NHCOR''}{\diagdown} \quad \xrightarrow[\text{chiral phosphine ligand}]{H_2,\ Rh\ complex} \quad \underset{R}{\overset{CO_2R'}{\diagup}}\!\!\overset{*}{-}\!\!\underset{NHCOR''}{\diagdown}$$

86-99% ee

III.E.1-3 Takaya, H. et al., *JOM*, **502**, 169; Brown, J. M. et al., *CC*, 2469; Darensbourg, D. J. et al., *JOM*, **488**, 99.

Asymmetric Hydrogenations using Chiral Phosphine Complexes of Rh(I) or Ru(II).

III.E.1-4 Yanada, R. et al., *SL*, 443; **see also**: Sim, T. B. and Yoon, M., *SL*, 726; Pedro, J. R. et al., *SL*, 1189.

$$R\!\!-\!\!CH\!\!=\!\!CH\!\!-\!\!X \quad \xrightarrow[\text{alcohol}]{Sm(0),\ I_2} \quad R\!\!-\!\!CH_2\!\!-\!\!CH_2\!\!-\!\!X$$

X = CO$_2$R', CONH$_2$, CN   82-99%

III.E.1-5 Alper, H. et al., *TL*, **36**, 6009.

$$\text{[(}^t\text{Bu}_2\text{PH)Pd}^t\text{Bu}_2\text{]}_2,\ O_2,\ H_2$$

87%

III.E.1-6 Cho, I. S. and Alper, H., *TL*, **36**, 5673.

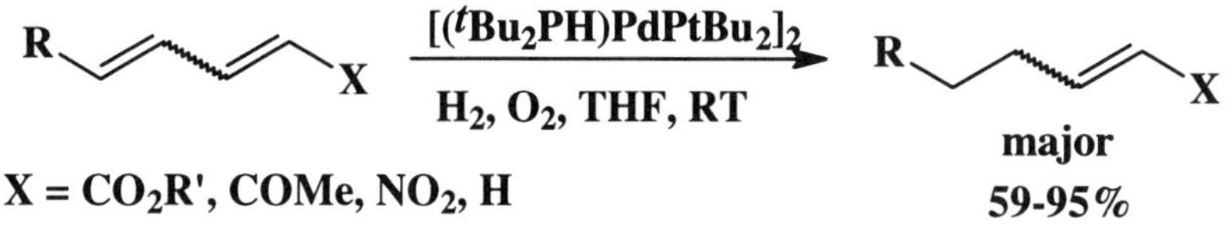

R⁀⁀X →[[(*t*Bu₂PH)PdP*t*Bu₂]₂ / H₂, O₂, THF, RT] R–CH₂–CH=CH–X

X = CO₂R', COMe, NO₂, H

major
59-95%

III.E.1-7 Fort, Y., *TL*, **36**, 6051.

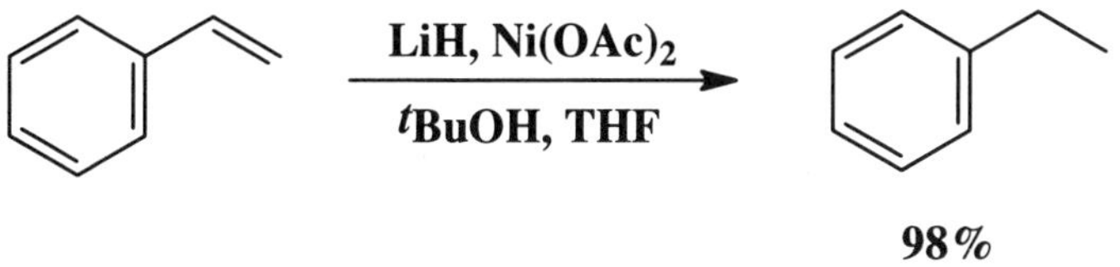

PhCH=CH₂ →[LiH, Ni(OAc)₂ / *t*BuOH, THF] PhCH₂CH₃

98%

III.E.1-8 Miller, R. A. et al., *TL*, **36**, 7949.

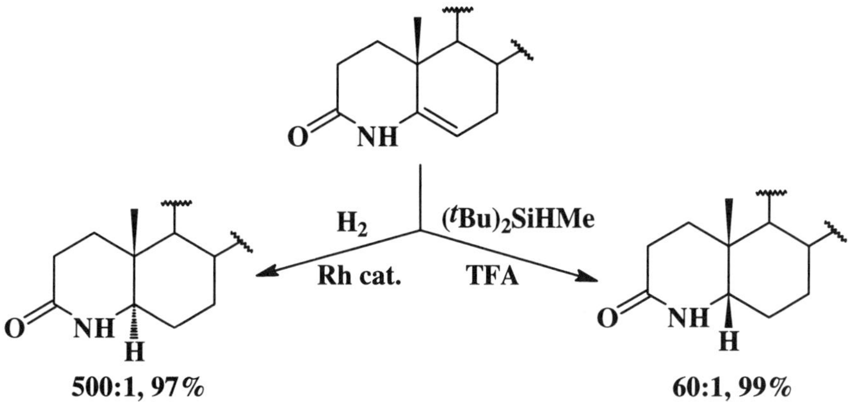

H₂, Rh cat. → 500:1, 97%

(*t*Bu)₂SiHMe, TFA → 60:1, 99%

III.E.1-9 Sajiki, H., *TL*, **36**, 3465.

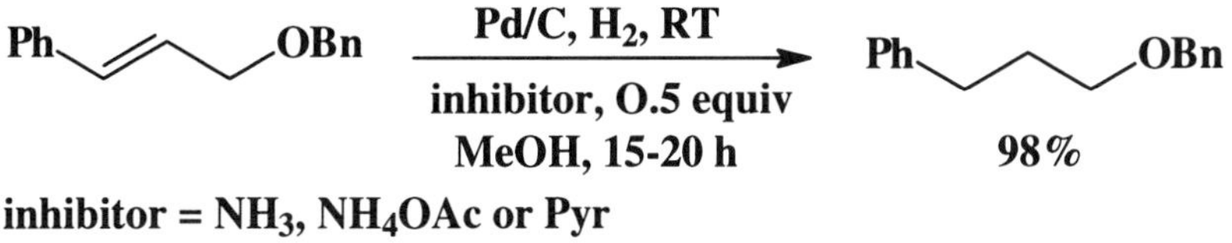

Ph⁀⁀OBn →[Pd/C, H₂, RT / inhibitor, 0.5 equiv / MeOH, 15-20 h] Ph–CH₂CH₂CH₂–OBn

98%

inhibitor = NH₃, NH₄OAc or Pyr

III.E.1-10 Descotes, G. et al., *S*, 303.

R-CH₂-C(OH)(O-C(=O)-CH=) → (Zn, AcOH,)))) → R-CH₂-C(=O)-CH₂-CH₂-CO₂H

50-90%

III.E.1-11 Tashiro, M. et al., *CC*, 209.

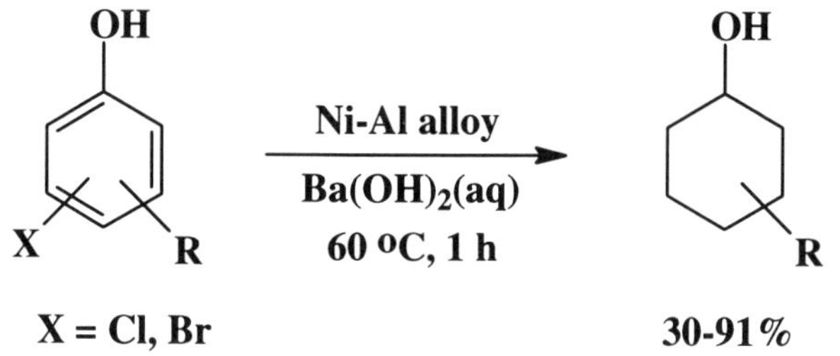

[3-substituted halophenol] → Ni-Al alloy, Ba(OH)₂(aq), 60 °C, 1 h → [3-substituted cyclohexanol]

X = Cl, Br

30-91%

III.E.1-12 Kawai, Y. et al., *TA*, **6**, 2143.

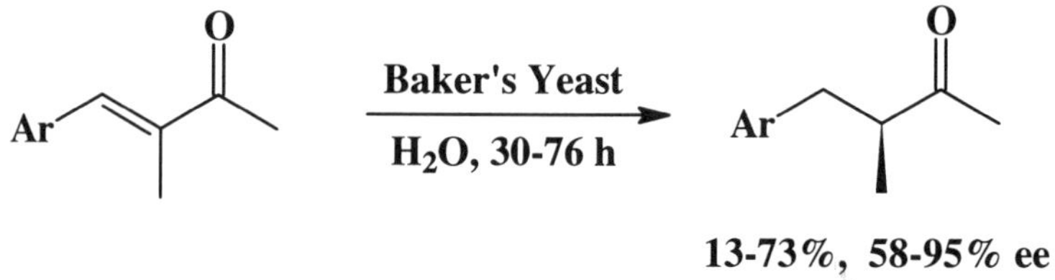

Ar-CH=C(CH₃)-C(=O)-CH₃ → Baker's Yeast, H₂O, 30-76 h → Ar-CH₂-CH(CH₃)-C(=O)-CH₃

13-73%, 58-95% ee

III.E.2. C≡C Reductions

III.E.2-1 Linstrumelle, G. et al., *T*, **51**, 1209.

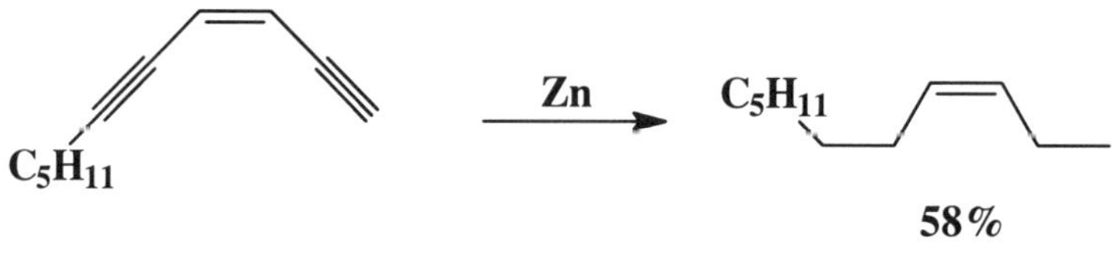

C_5H_{11}-C≡C-CH=CH-C≡CH → Zn → C_5H_{11}-CH=CH-CH=CH-CH=CH₂ (cis)

58%

III.E.2-2 Bullock, R. M. et al., *JOC*, **60**, 7170.

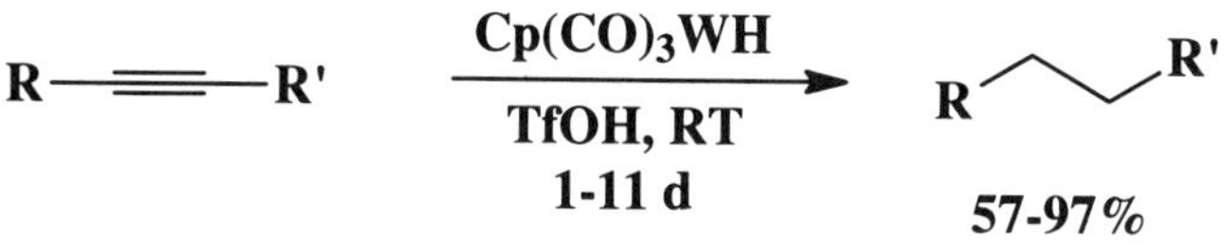

R—≡—R' → [Cp(CO)₃WH, TfOH, RT, 1-11 d] → R–CH₂–CH₂–R'   57-97%

III.F. Hetero Bond Reductions

III.F.1. C-O → C-H

III.F.1-1 Srikrishna, A. et al., *SL*, 93; Bhattacharyya, S., *SL*, 971.

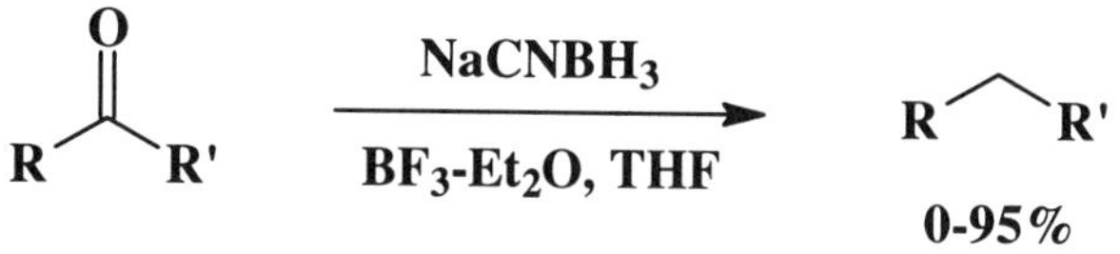

R–C(=O)–R' → [NaCNBH₃, BF₃-Et₂O, THF] → R–CH₂–R'   0-95%

III.F.1-2 Ishida, A. et al., *H*, **41**, 17.

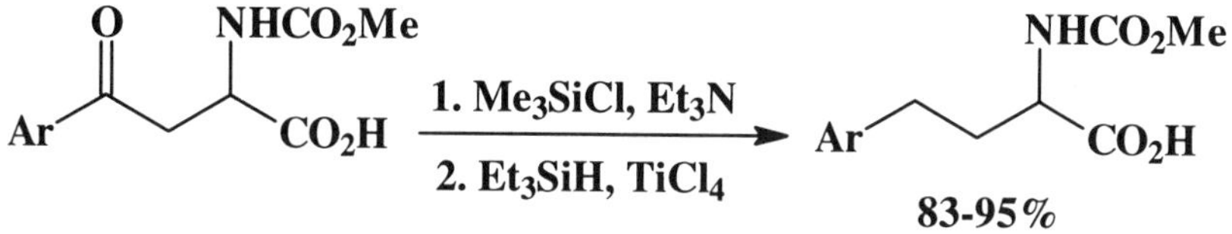

Ar–C(=O)–CH₂–CH(NHCO₂Me)–CO₂H → [1. Me₃SiCl, Et₃N; 2. Et₃SiH, TiCl₄] → Ar–CH₂–CH₂–CH(NHCO₂Me)–CO₂H   83-95%

III.F.1-3 Mitchell, D. et al., *TL*, **36**, 5335.

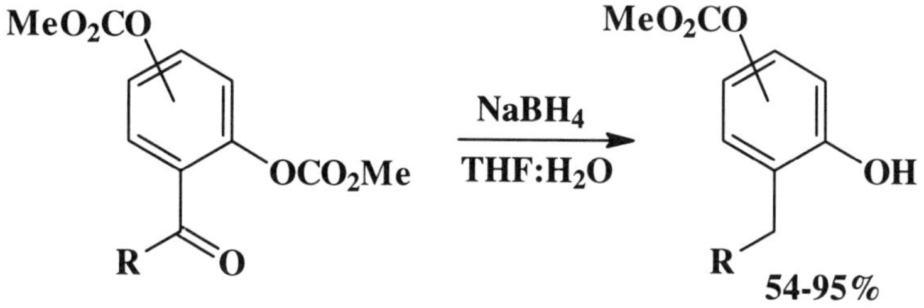

[Aryl with MeO₂CO, OCO₂Me, and R–C(=O)– substituents] → [NaBH₄, THF:H₂O] → [Aryl with MeO₂CO, OH, and R–CH₂– substituents]   54-95%

III.F.1-4 Ueki, M. et al., *TL*, **36**, 7467.

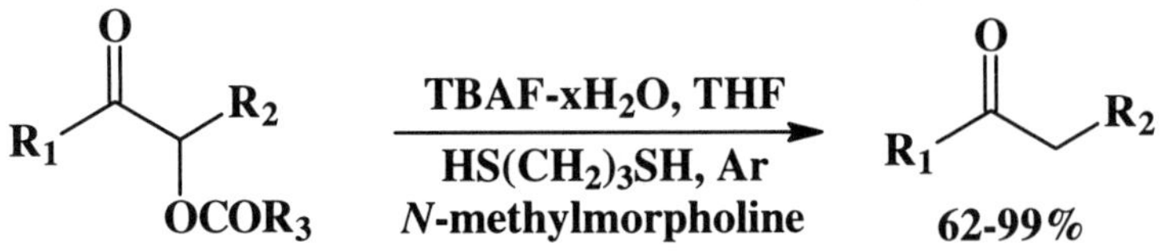

$R_1-C(=O)-CR_2(OCOR_3)$ → $R_1-C(=O)-CH_2R_2$

TBAF-xH$_2$O, THF
HS(CH$_2$)$_3$SH, Ar
N-methylmorpholine

62-99%

III.F.1-5 Shibuya, K. and Shiratsuchi, M., *SC*, **25**, 431.

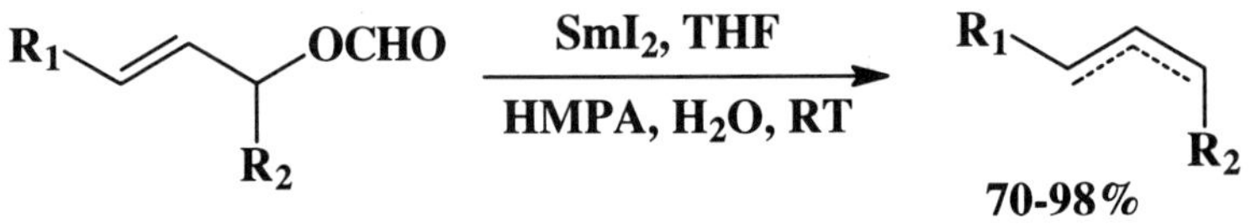

R_1-CH=CH-CH(R$_2$)(OCHO) → R_1-CH=CH-CH$_2$-R$_2$ (cis)

SmI$_2$, THF
HMPA, H$_2$O, RT

70-98%

III.F.1-6 Kang, S.-K. et al., *SC*, **25**, 203.

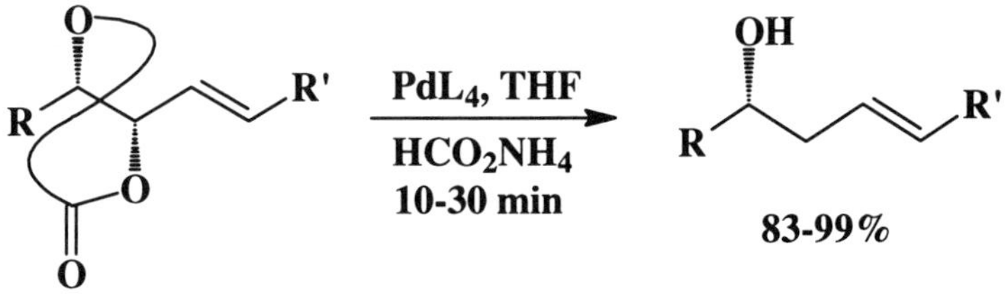

PdL$_4$, THF
HCO$_2$NH$_4$
10-30 min

83-99%

III.F.1-7 Stoner, E. J. et al., *T*, **51**, 11043.

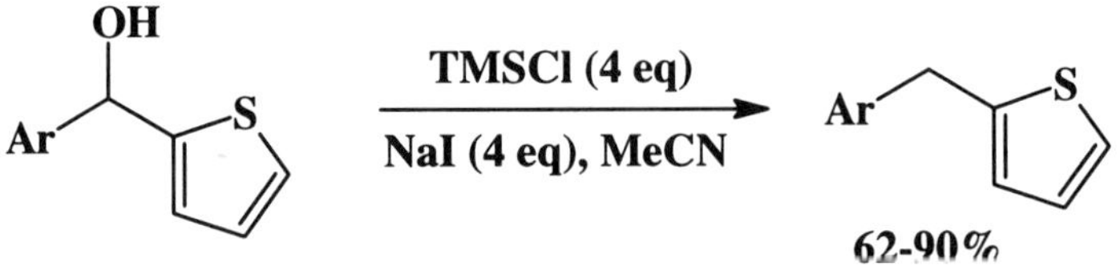

Ar-CH(OH)-(2-thienyl) → Ar-CH$_2$-(2-thienyl)

TMSCl (4 eq)
NaI (4 eq), MeCN

62-90%

III.F.1-8 Parker, K. A. et al., *JOC*, **60**, 2938; **see also**: Morrow, G. W. and Schwind, B., *SC*, **25**, 269.

[Reaction: cyclohexadiene with MeO, OMe geminal, X, Y substituents, R, OH → aromatic ring with OMe, X, Y, R; reagent BH$_3$-SMe$_2$; 82-96%]

III.F.1-9 Srikrishna, A. and Viswajanani, R., *SL*, 95 and *T*, **51**, 3339; **see also**: Srikrishna, A. et al., *TL*, **36**, 2347.

[Reaction: MeO, OR'', R, R' substituted carbon → H, OR'', R, R' substituted carbon; reagents NaCNBH$_3$, Bu$_3$SnCl, *t*BuOH, reflux; 0-80%]

III.F.1-10 Wightman, R. H. et al., *JCS(P1)*, 517; **see also**: DeNinno, M. P. et al., *TL*, **36**, 669.

[Reaction: furanose with OBn, BnO, OBn, R, OH → furanose with OBn, BnO, OBn, H, R; reagents Et$_3$SiH, BF$_3$-Et$_2$O, CH$_2$Cl$_2$; 81%]

III.F.1-11 Kotsuki, H. et al., *S*, 1348.

Ar-OTf $\xrightarrow[\substack{\text{dppp or dppf} \\ \text{DMF, 25-100 °C}}]{\text{Et}_3\text{SiH, Pd(OAc)}_2}$ Ar-H

41-100%

III.F.2. C-Hal → C-H

III.F.2-1 Clive, D. L. J. and Yang, W., *JOC*, **60**, 2607.

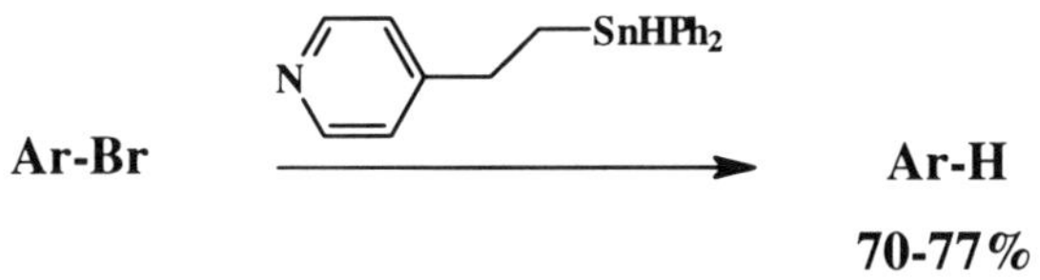

Ar-Br → Ar-H   70-77%

(reagent: 4-pyridyl-CH$_2$CH$_2$-SnHPh$_2$)

other radical reactions reported

III.F.2-2 Tundo, P. et al., *JOC*, **60**, 2430.

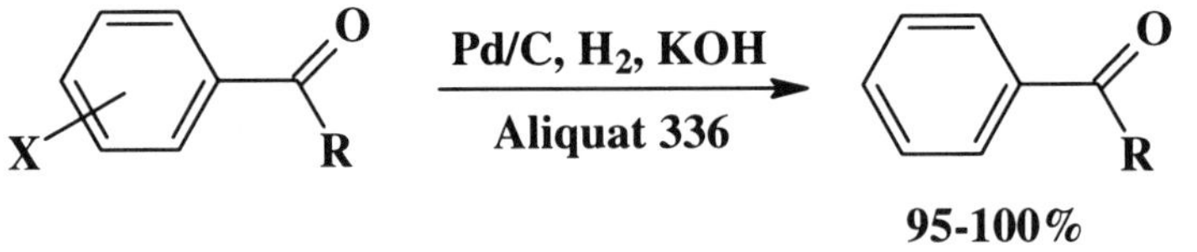

X-C$_6$H$_4$-C(O)R $\xrightarrow{\text{Pd/C, H}_2\text{, KOH, Aliquat 336}}$ Ph-C(O)R   95-100%

concurrent reduction of C=O without Aliquat 336

III.F.2-3 Hoshino, O. et al., *CC*, 481.

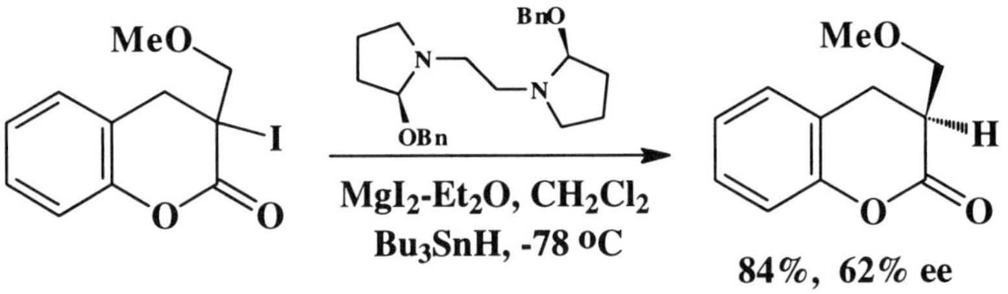

(3-iodo-3-(methoxymethyl)chroman-2-one) $\xrightarrow{\text{chiral bis-pyrrolidine (OBn, BnO), MgI}_2\text{-Et}_2\text{O, CH}_2\text{Cl}_2\text{, Bu}_3\text{SnH, -78 °C}}$ (3-(methoxymethyl)chroman-2-one)   84%, 62% ee

---

III.F.2-4 Chatgilialoglu, C. and Ballestri, M., *OM*, **14**, 5017.

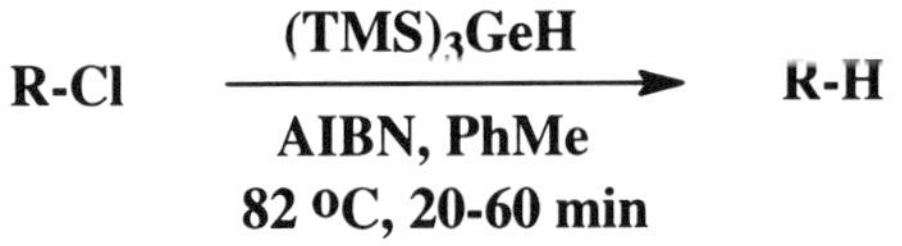

R-Cl $\xrightarrow{\text{(TMS)}_3\text{GeH, AIBN, PhMe, 82 °C, 20-60 min}}$ R-H

III.F.2-5 Huang, W. et al., *JFC*, **73**, 159.

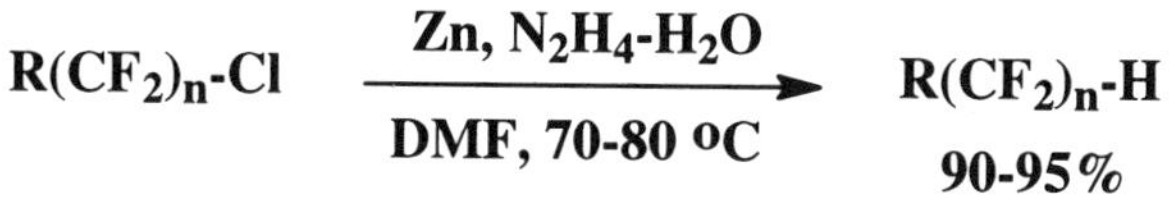

$$R(CF_2)_n\text{-}Cl \xrightarrow[\text{DMF, 70-80 °C}]{\text{Zn, } N_2H_4\text{-}H_2O} R(CF_2)_n\text{-}H$$
$$90\text{-}95\%$$

III.F.2-6 Cho, B. R. et al., *JOC*, **60**, 2077.

Electrochemical Debromination of 1-Aryl-1,2-dibromo-2-nitropropanes in Dimethylsulfoxide.

III.F.2-7 Kukic, I., *H*, **41**, 1.

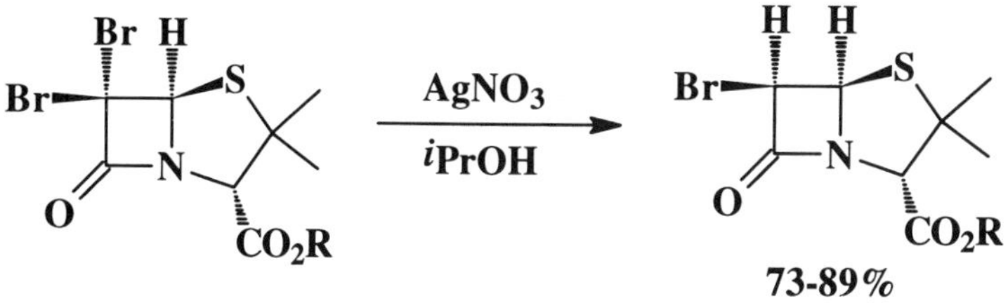

73-89%

III.F.3. C-S → C-H

III.F.3-1 Nicolaou, K. C. et al., *CC*, 1583.

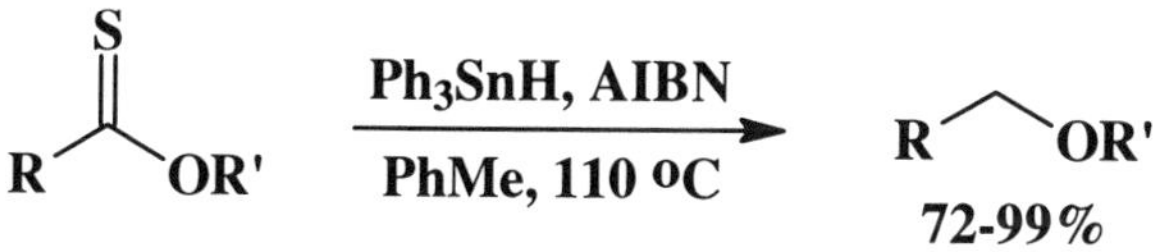

72-99%

III.F.3-2 Keck, G. E. et al., *JOC*, **60**, 3194.

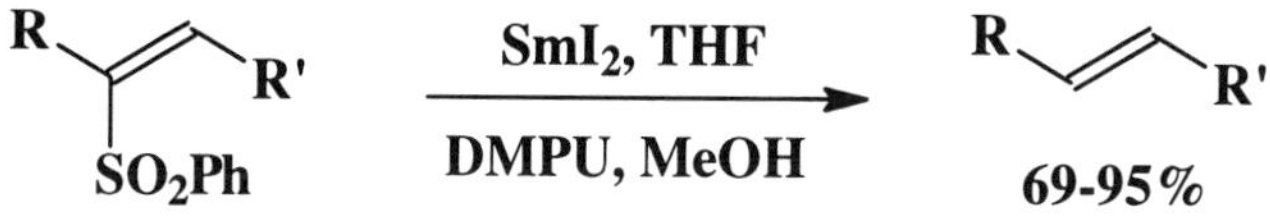

69-95%

III.F.3-3 Satoh, T. et al., *T*, **51**, 703.

$$\underset{SO_2Ph}{Cl-\overset{\displaystyle O}{\underset{|}{C}}-R} \xrightarrow{EtMgBr} Cl-CH_2-\overset{\displaystyle O}{C}-R$$

50-65%

III.F.3-4 Giovanni, R. and Petrini, M., *SL*, 973.

$$\underset{SO_2Ph}{R-\overset{\displaystyle O}{\underset{|}{C}H}-\overset{\displaystyle O}{C}-Ph} \xrightarrow[NaCNBH_3, {}^tBuOH]{Bu_3SnCl, AIBN} R-CH_2-\overset{\displaystyle O}{C}-Ph$$

0-90%

III.F.3-5 Garean, Y. et al., *SC*, **25**, 259.

$$\underset{SPh}{R-\overset{|}{C}H-S-\overset{\displaystyle O}{C}-R'} \xrightarrow[PhH, reflux]{Bu_3SnH, AIBN} R-CH_2-S-\overset{\displaystyle O}{C}-R'$$

61-71%

III.F.3-6 Schmitt, A. et al., *TL*, **36**, 7243.

$$\underset{R\quad E}{R\diagdown\overset{S-\text{2-Py}}{\underset{|}{C}}\diagup} \xrightarrow[80\,°C]{Zn, HOAc} \underset{R\quad E}{R\diagdown\overset{H}{\underset{|}{C}}\diagup}$$

33-98%

III.F.3-7 Grivas, S. and Ronne, E., *ACS*, **49**, 225.

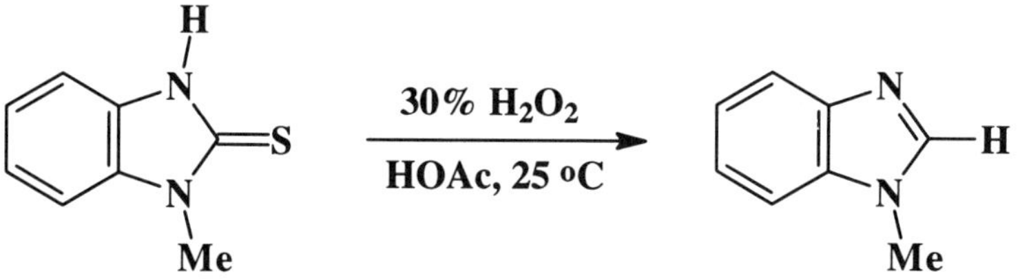

III.G. Reductive Cleavages

III.G.1. Oxiranes

III.G.1-1 Dragovich, P. S. et al., *JOC*, **60**, 4922.

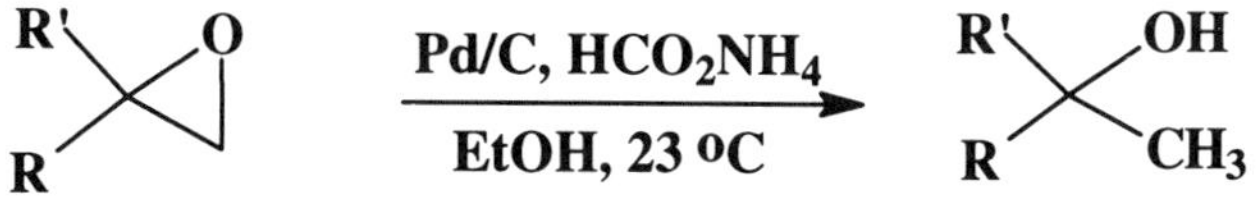

III.G.1-2 Takeda, T. et al., *TL*, **36**, 8435.

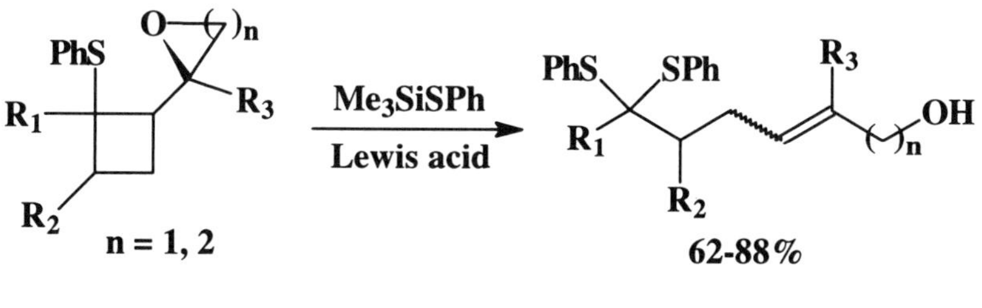

III.G.2. N-O Cleavages

III.G.2-1 Keck, G. E. et al., *TL*, **36**, 7419.

Reductive Cleavage of N-O Bonds in Hydroxylamine and Hydroxamic Acid Derivatives Using SmI$_2$/THF.

III.G.3. Other Reductive Cleavages

III.G.3-1 Enholm, E. and Jia, Z. J., *TL*, **36**, 6819.

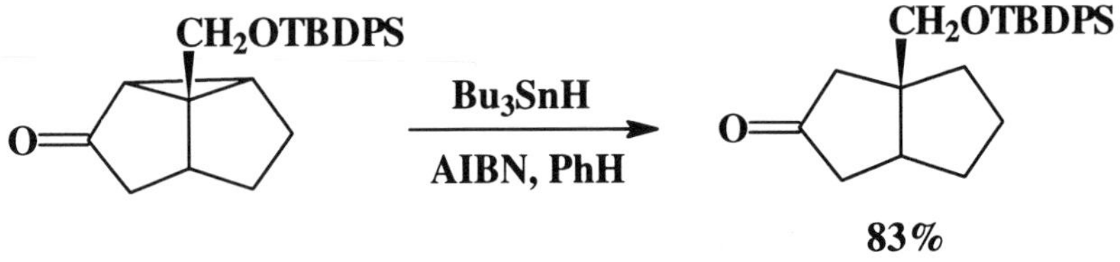

Bu₃SnH, AIBN, PhH; 83%

III.G.3-2 Ramig, K. et al., *JOC*, **60**, 1319.

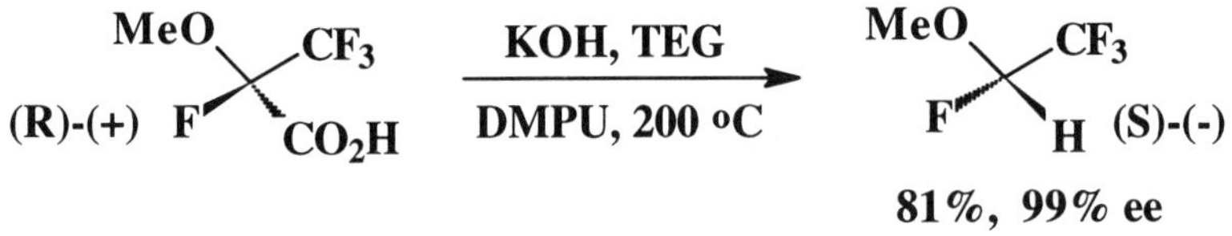

(R)-(+) MeO-CF₃-F-CO₂H → KOH, TEG, DMPU, 200 °C → MeO-CF₃-F-H (S)-(−); 81%, 99% ee

III.G.3-3 Kang, H.-Y., Hong, W. S., et al., *TL*, **36**, 7661; **see also:** Gerlach, U., *TL*, **36**, 5159.

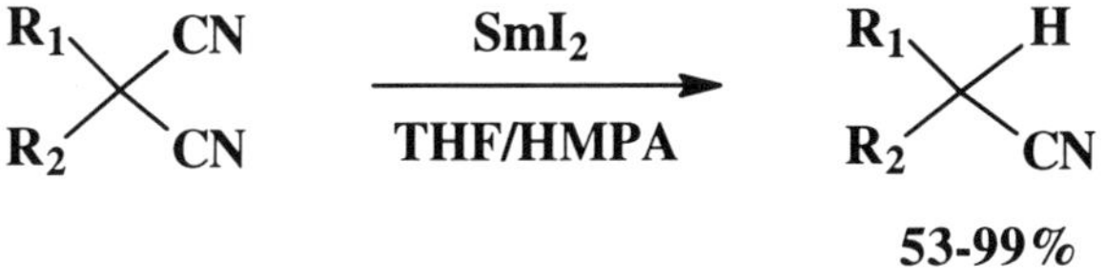

R₁R₂C(CN)₂ → SmI₂, THF/HMPA → R₁R₂CH(CN); 53-99%

III.G.3-4 Torii, S. et al., *SL*, 439.

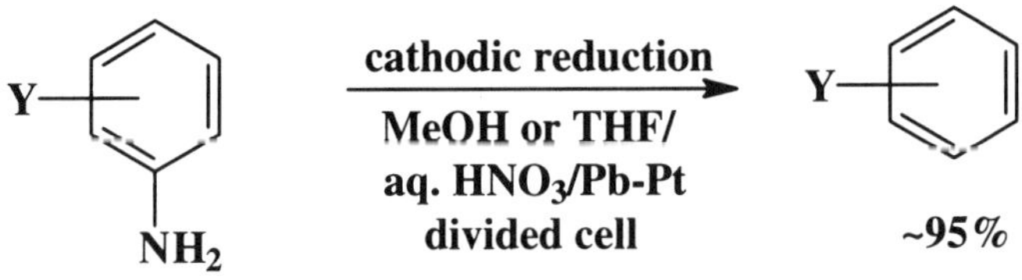

Y–C₆H₄–NH₂ → cathodic reduction, MeOH or THF/ aq. HNO₃/Pb-Pt divided cell → Y–C₆H₅; ~95%

III.G.3-5 Radner, F. and Wistrand, L.-G., *TL*, **36**, 5093.

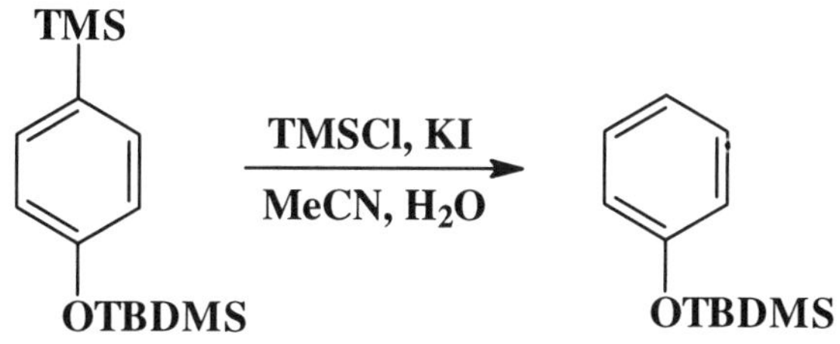

TMS-C6H4-OTBDMS →(TMSCl, KI / MeCN, H2O)→ C6H5-OTBDMS

not good for unactivated substrates

III.G.3-6 Pedro, J. R. et al., *TL*, **36**, 8469.

Ultrasound-assisted Reductive Cleavage of Sesquiterpene γ-Enone Lactones.

III.G.3-7 Wassmundt, F. W. and Kiesman, W. F., *JOC*, **60**, 1713.

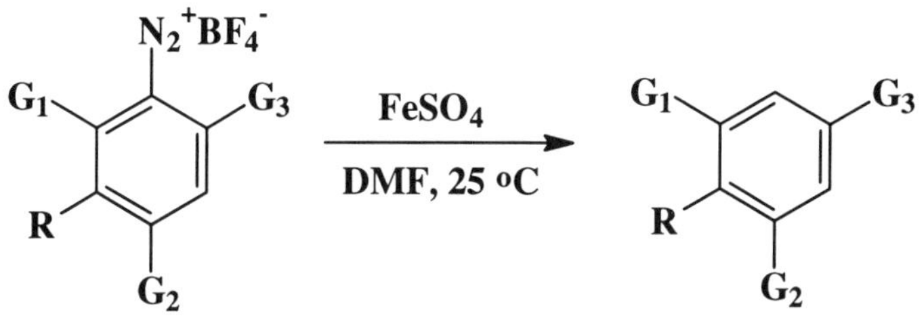

[Aryl diazonium salt with substituents G_1, G_2, G_3, R and $N_2^+BF_4^-$] →(FeSO4, DMF, 25 °C)→ [Arene with G_1, G_2, G_3, R]

56-96%

III.H. Reduction of Azides

III.H-1 Salunkhe, A. M. and Brown, H. C., *TL*, **36**, 7987.

$$R-N_3 \xrightarrow[\substack{2.\ H_3O^+ \\ 3.\ KOH}]{\substack{1.\ HBCl_2\text{-}SMe_2 \\ CH_2Cl_2,\ RT}} R-NH_2$$

75-95%

R = alkyl, aryl, cycloalkyl, benzyl; selective for azide reduction in the presence of other reducible groups.

III.H-2 Singaram, B. et al., *TL*, **36**, 2567.

$$R-N_3 \xrightarrow[THF,\ 0\ ^\circ C,\ 1\text{-}3\ h]{LiMe_2NBH_3} R-NH_2$$

85-98%

III.H-3 Benati, L. et al., *TL*, **36**, 7313; Goulaouic-Dubois, C. and Hesse, M., *TL*, **36**, 7427.

$$R-N_3 \xrightarrow[THF,\ 25\ ^\circ C]{SmI_2} R-NH_2$$

58-98%

IV
SYNTHESIS OF HETEROCYCLES

IV.A. Oxiranes, Aziridines and Thiiranes

IV.A-1 Jacobsen, E.N. et al., *JACS*, **117**, 5889.

$$\overset{1R}{\underset{2R}{>}}=\overset{R^3}{<} + \text{PhI=NTs} \xrightarrow[\text{CuPF}_6]{\text{Ar}-\text{N=}\overset{H}{\underset{}{\cdot}}\overset{\cdot\cdot H}{\underset{}{\cdot}}=N-\text{Ar},\ \text{Ar}=2,6\text{-Cl}_2\text{C}_6\text{H}_3} \overset{1RR^3}{\underset{2R\underset{Ts}{N}}{\triangle}}$$

42-85% ee

IV.A-2 Matano, Y., Yoshimune, M. and Suzuki, H., *JOC*, **60**, 4663.

$$\left[\overset{1R}{\underset{O}{>}}\!\!-\!\!\overset{+}{\text{BiPh}_3}\ \text{BF}_4^- \right] + R^2\text{CH=NSO}_2R^3 \xrightarrow[-78°\text{C}]{\text{Base}\ \text{THF}} \overset{SO_2R^3}{\underset{{}^2R\overset{\|}{C}\text{-}R^1}{\underset{O}{N}}}$$

18-44%

IV.A-3 Davis, F.A. et al., *TA*, **6**, 1511.

$$\underset{Ar}{\overset{\overset{\cdot\cdot}{O}}{\underset{\|}{S}}}\!\!-\!\!\text{N=}\overset{}{R} + \underset{Br}{>}\!\!=\!\!\underset{OLi}{\overset{OMe}{<}} \xrightarrow{-78°C} \text{products}$$

68-74% (up to 99:1)

IV.A-4 Zhu, Z. and Espenson, J.H., *JOC*, **60**, 7090.

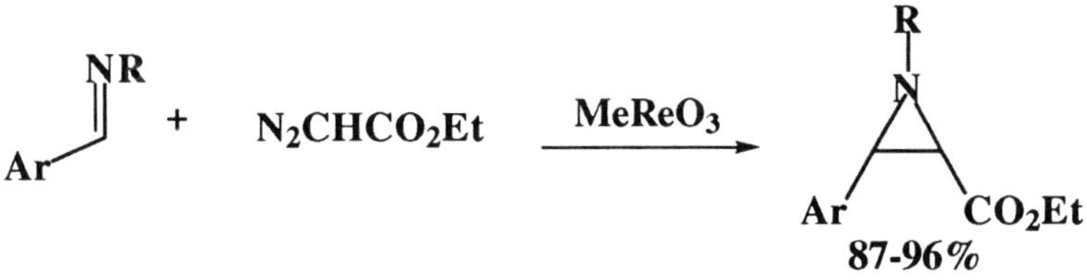

Ar-CH=NR + N$_2$CHCO$_2$Et $\xrightarrow{\text{MeReO}_3}$ aziridine(R, Ar, CO$_2$Et) 87-96%

IV.A-5 Banks, M.R. et al., *CC*, 885 and 887; Mattay, J. et al., *TL*, **36**, 2957.

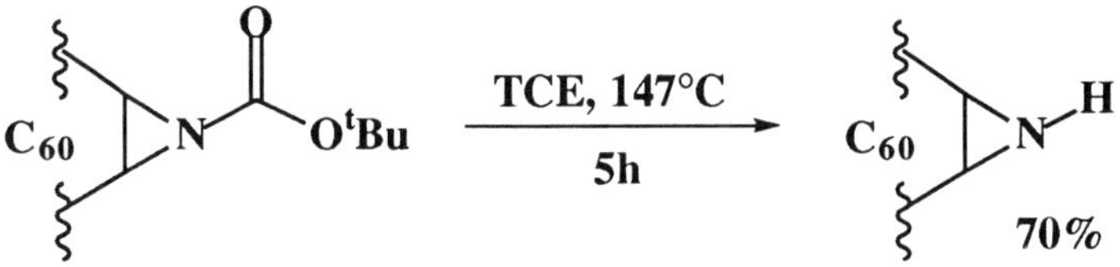

C$_{60}$-aziridine-N-CO-O^{t}Bu $\xrightarrow[\text{5h}]{\text{TCE, 147°C}}$ C$_{60}$-aziridine-N-H 70%

IV.A-6 Meyers, A.I. and Andres, C.J., *TL*, **36**, 3491.

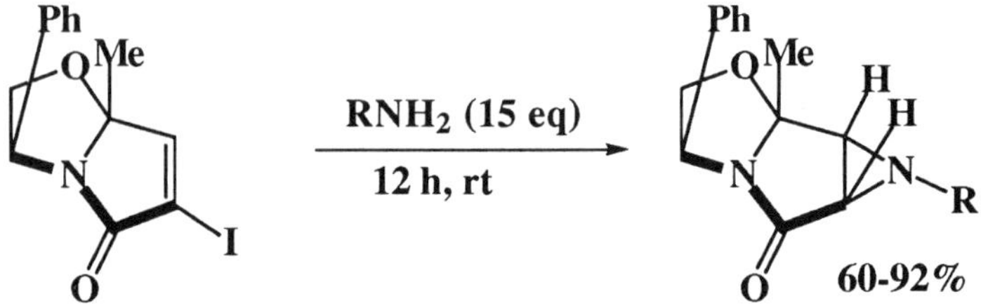

$\xrightarrow[\text{12 h, rt}]{\text{RNH}_2 \text{ (15 eq)}}$ 60-92%

IV.A-7 Effenberger, F. and Stelzer, V., *TA*, **6**, 283; Laurent, A.J. et al., *JOC*, **60**, 3907; Danion, D. et al., *BSF*, **132**, 314.

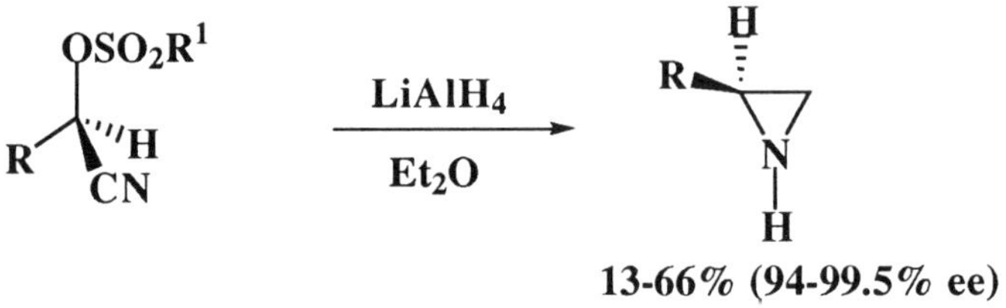

R-CH(OSO$_2$R^1)(CN) $\xrightarrow[\text{Et}_2\text{O}]{\text{LiAlH}_4}$ aziridine 13-66% (94-99.5% ee)

IV.A-8 Aggarwal, V.K. et al., *TA*, **6**, 2557 and *TL*, **36**, 1731; **see also:** Concellon, J.M., *T*, **51**, 5572.

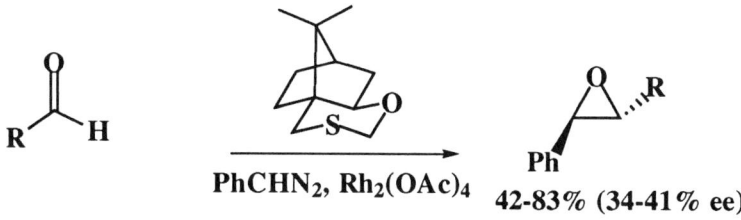

IV.A-9 Taylor, P.C. and Baird, C.P., *CC*, 893; **see also:** Solladie-Cavallo, A. and Diep-Vohuule, A., *JOC*, **60**, 3494.

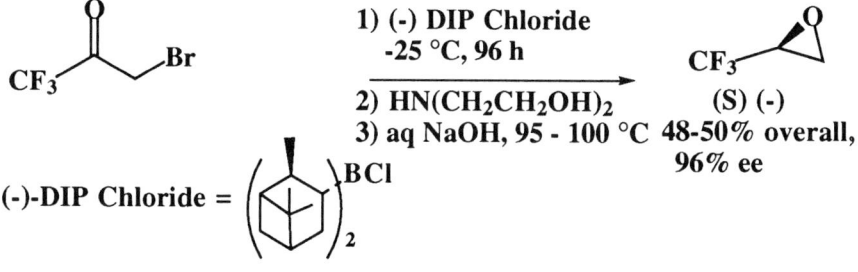

IV.A-10 Brown, H.C. et al., *JOC*, **60**, 41; **see also:** Barluenga, J., Baragana, B. and Condellon, J.M., *JOC*, **60**, 6696.

IV.A-11 Koga, K. et al., *CPB*, **43**, 1821; Genet, J.-P. et al., *TL*, **36**, 2063.

Ph-CHO + ClCH$_2$CO$_2^t$Bu → (1) BuLi, Base; 2) MeOH) → epoxide with Ph, H, CO$_2$Me (ee = 84%)

Base = chiral lithium amide (piperidinyl-CH$_2$-CH(Ph)-N(Li)-CH$_2$CH$_2$-N(Me)-CH$_2$CH$_2$-OMe)

IV.A-12 Korn, A.C. and Moroder, L., *JCR(S)*, 103.

trans-epoxide (EtO$_2$C, H / H, CO$_2$Et) → 1) Ph$_3$PS, CH$_2$Cl$_2$, TFA, Δ; 2) NaHCO$_3$ → trans-thiirane (EtO$_2$C, H / H, CO$_2$Et) 48%

IV.B.   Oxetanes, Azetidines and Thietanes

IV.B-1 Podlech, J., and Seebach, D., *HCA*, **78**, 1238.

PG-NH-CH(R)-C(=O)-CH=N$_2$ → Rh$_2$(OAc)$_4$ → β-lactam (PG-N, R substituent)   47 - 63%

PG = Boc, Z

IV.B-2 De Kimpe, N. and De Smaele, D., *T*, **51**, 5465.

Ph-N=CH-... -C(Ph)=CH$_2$ → 1) NBS, ROH, RT, 4 h; 2) NaBH$_4$, MeOH, Δ, 1.5 - 2 h → azetidine (Bn-N, OR, Ph)   81 - 83%

IV.B-3 Yamamoto, Y. et al., *JCS(P1)*, 693; Chong, J.M. and Sokoll, K.K., *SC*, **25**, 603.

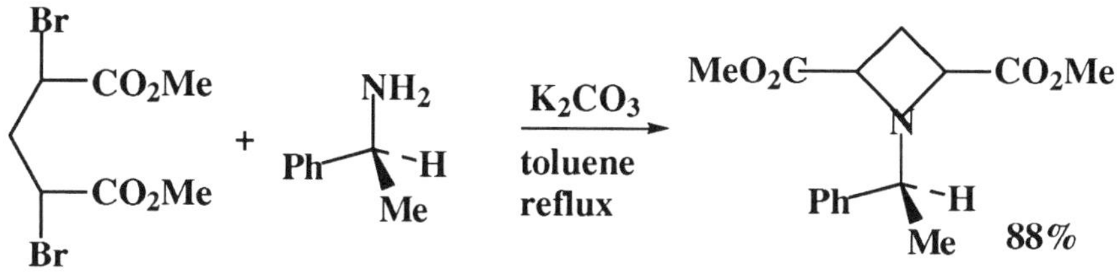

IV.B-4 Bach, T., *LA*, 855 and 1045; Petrov, V.A. et al., *JOC*, **60**, 3419.

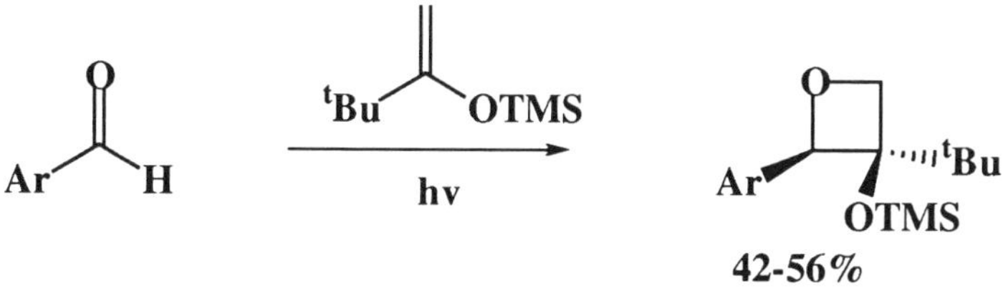

IV.B-5 Meier, H. et al., *LA*, 2221.

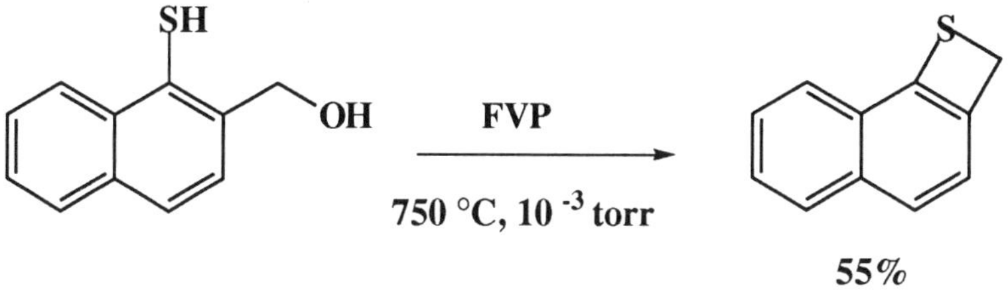

IV.C. Lactams

IV.C-1 Murayama, T. et al., *TL*, **36**, 3703.

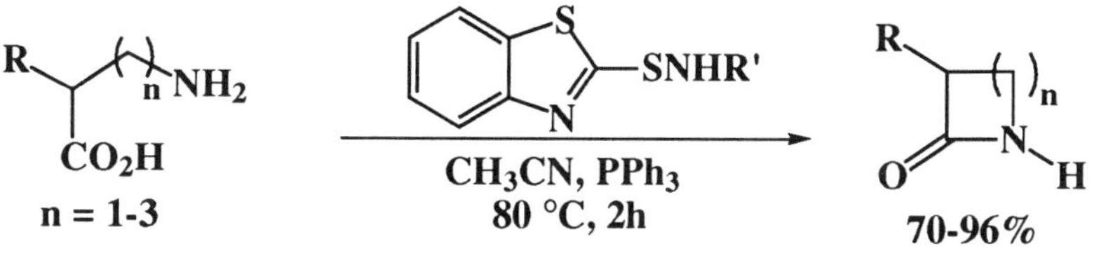

IV.C-2 Davies, S.G. et al., *TA*, **6**, 827.

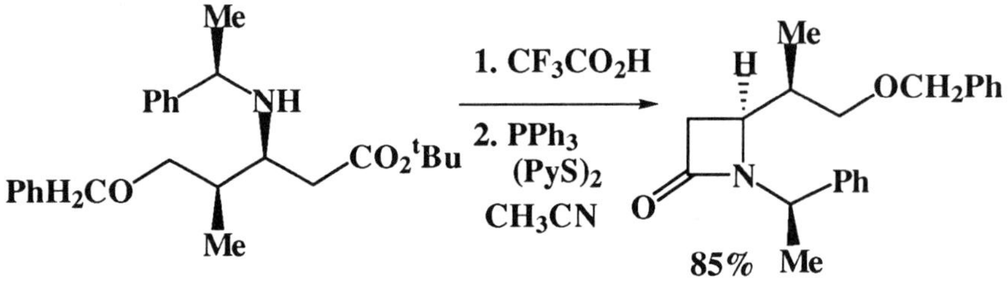

IV.C-3 Kehagia, K. and Ugi, I.K., *T*, **51**, 9523.

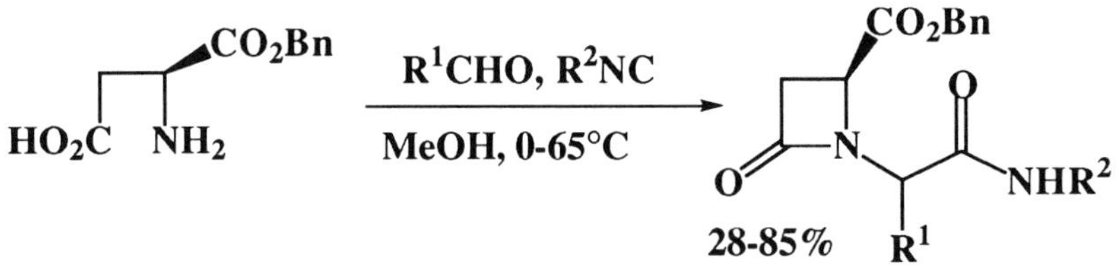

IV.C-4 Ishibashi, H., Ikeda, M. et al., *SL*, 915 and 913; Ishibashi, H. et al., *JOC*, **60**, 1276.

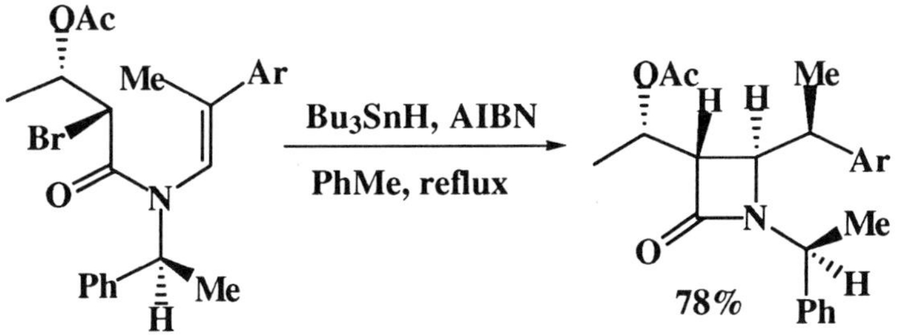

IV.C-5 Nyitrai, J. et al., *TL*, **36**, 8303.

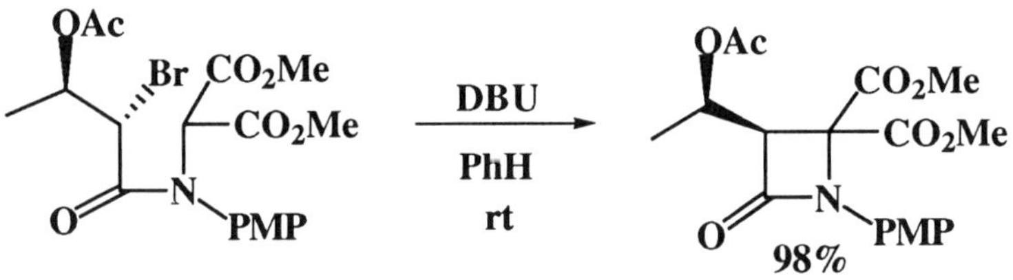

IV.C-6 D'Annibale, A. et al., *TL*, **36**, 9039.

[Scheme: MeO₂C-CH₂-C(=O)-N(R)-CH=C(Ph)(Ph) → (Mn(OAc)₃, AcOH) → β-lactam with MeO₂C, C(Ph)(Ph)(OAc) substituents, 39-73%]

IV.C-7 Kita, Y. et al., *TL*, **36**, 115 and *JCS(P1)*, 2405.

asymmetric Pummerer

[Scheme: (R)-sulfoxide S(=O)-C₆H₄Me with -C(=O)NHR + MeO-C(=CH₂)-OTBDMS → (ZnCl₂, CH₂Cl₂) → β-lactam with SC₆H₄Me, 54-83%, 54-96% ee]

IV.C-8 Doyle, M.P. and Kalinin, A.V., *SL*, 1075.

[Scheme: azepane-N-C(=O)-CHN₂ → (Rh₂(5S-MEPY)₄, CH₂Cl₂) → bicyclic β-lactam, 67%, 97% ee]

IV.C-9 Hashimoto, Y., Kai, A. and Saigo, K., *TL*, **36**, 8821; Vaccaro, W. et al., *TL*, **36**, 2555; Manhas, M.S. et al., *TL*, **36**, 213; Grigg, R. et al., *TL*, **36**, 9053.

[Scheme: R-CH=N-CH(Me)(2,6-dichlorophenyl) + PhO-CH₂-C(=O)Cl → (Et₃N, EtCN, 0°C, 12 h) → β-lactam with PhO, R, N-CH(Me)(2,6-dichlorophenyl), 56-89%, major diast. up to 91:9]

IV.C-10 Cinquini, M., Cozzi, F. et al., *T*, **51**, 8941 and 10025 and *TL*, **36**, 613.

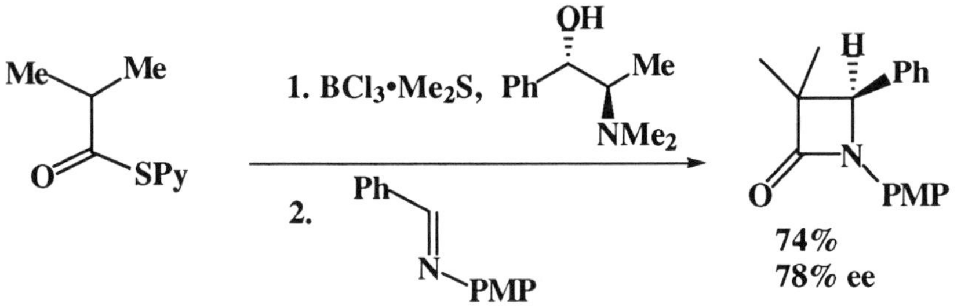

IV.C-11 van Koten G. et al., *JOC*, **60**, 4331; Cainelli, G. et al., *T*, **51**, 5067; Braun, M. et al., *TL*, **36**, 4213.

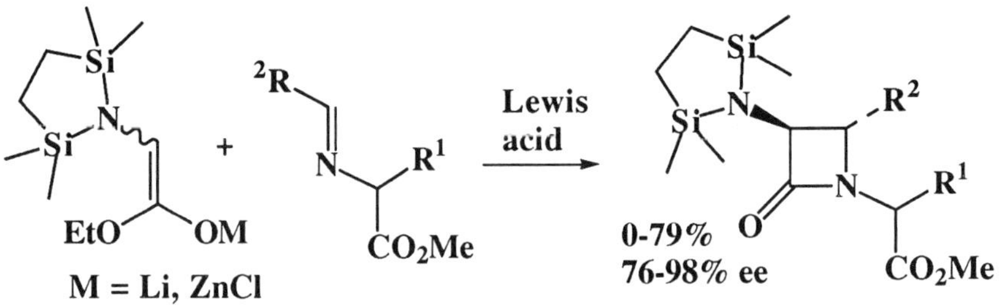

IV.C-12 Miura, M. et al., *JOC*, **60**, 4999.

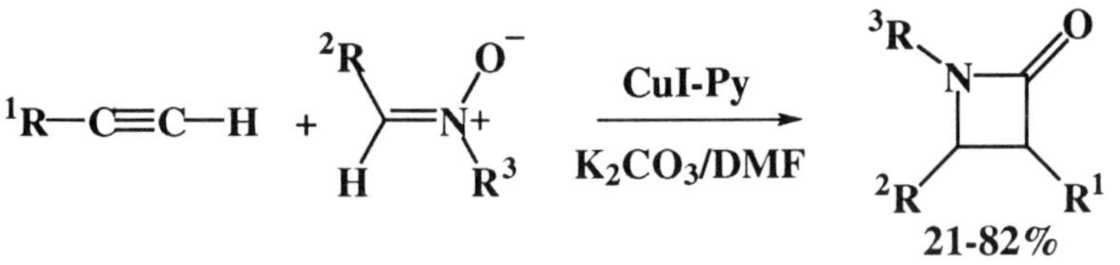

IV.C-13 Creary, X. and Zhu, C., *JACS*, **117**, 5859.

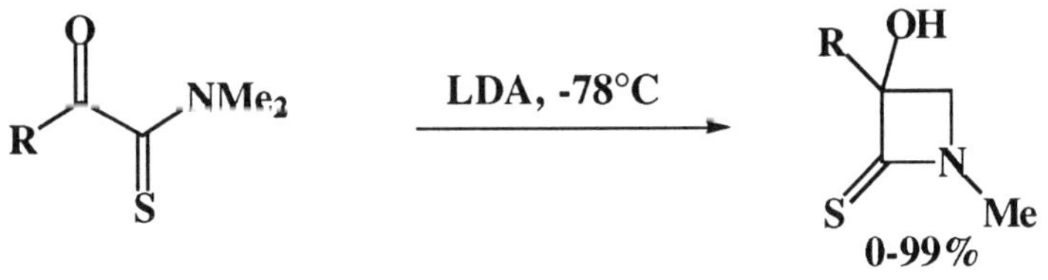

IV.C-14 Buttaglia, A. et al., *JOC*, **60**, 1020.

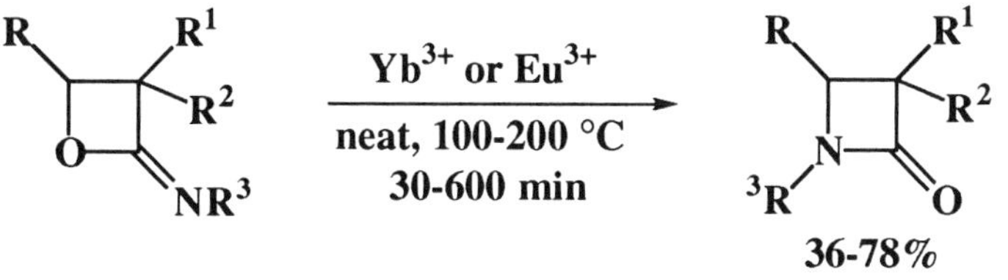

36-78%

IV.C-15 Jacobi, P.A. et al., *TL*, **36**, 1193.

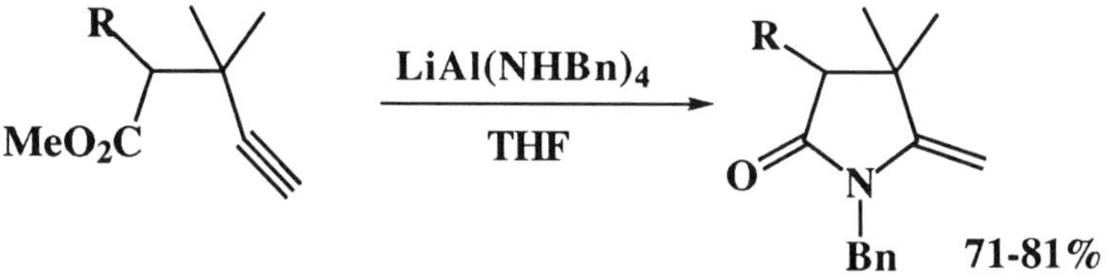

71-81%

IV.C-16 Dittami, J.P. et al., *TL*, **36**, 4197 and 4201.

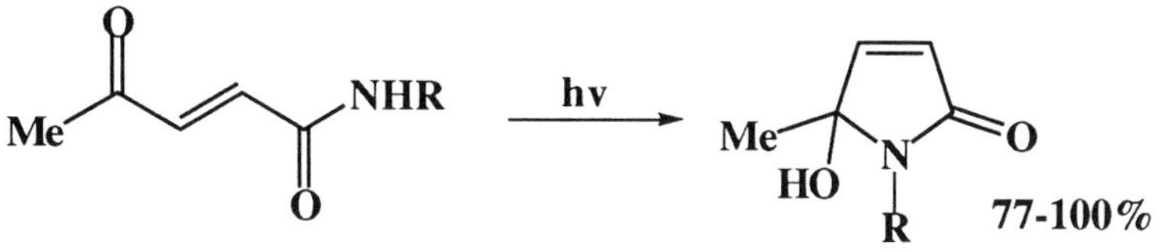

77-100%

IV.C-17 Crisp, G.T. and Meyer, A.G., *T*, **51**, 5585.

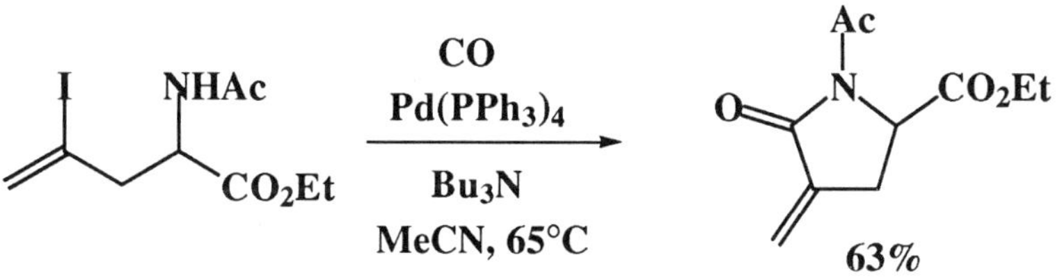

63%

IV.C-18 Orena, M. et al., *SL*, 1159.

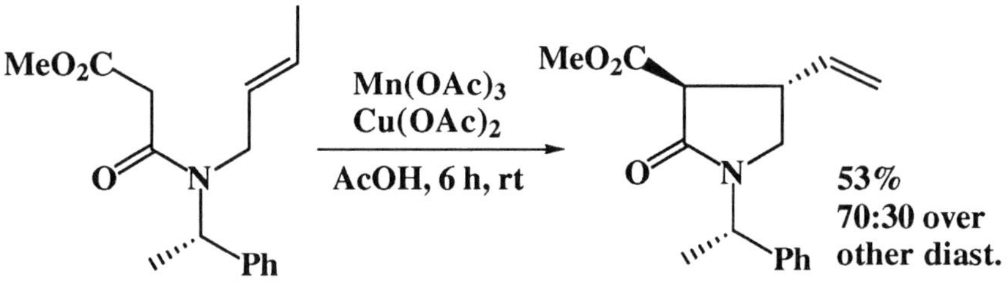

53%
70:30 over other diast.

IV.C-19 Ozaki, S. et al., *CPB*, **43**, 32; Fukumoto, K. et al., *CPB*, **43**, 362.

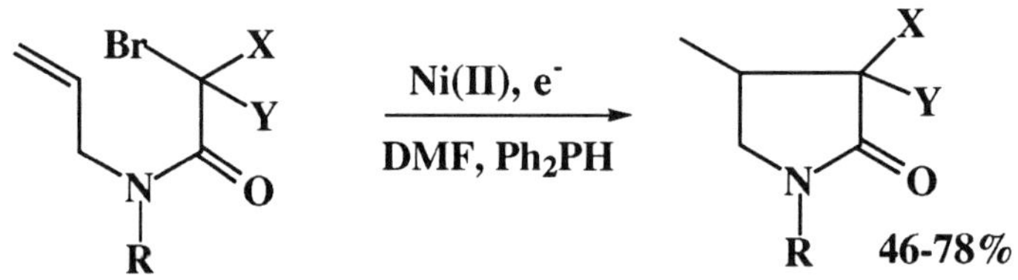

46-78%

IV.C-20 Ikeda, M. et al., *JCS(P1)*, 1115; Naito, T. et al., *JCS(P1)*, 19.

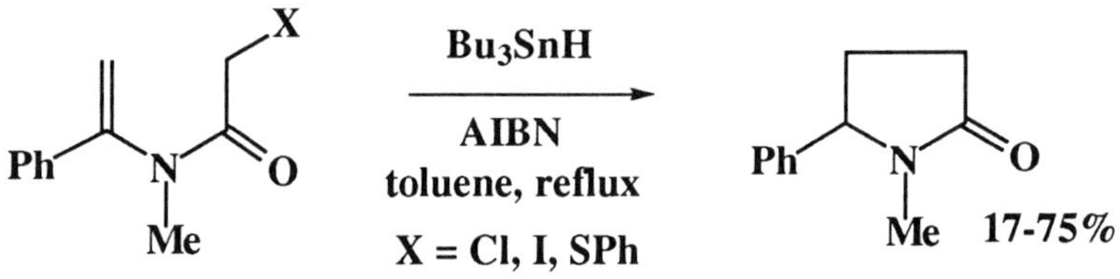

X = Cl, I, SPh

17-75%

IV.C-21 Dawson, J.R. and Mellor, J.M., *TL*, **36**, 9043.

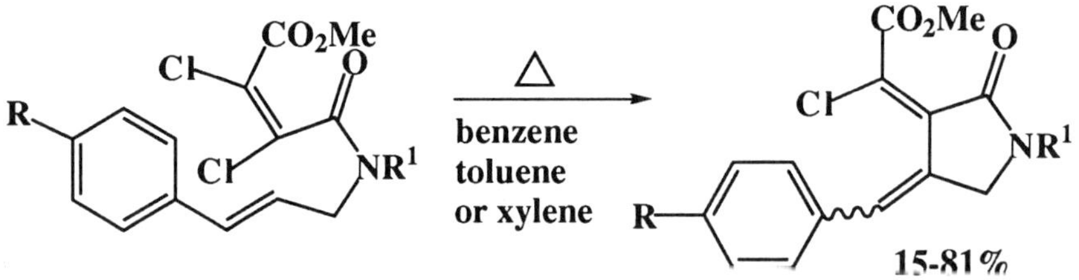

15-81%

IV.C-22 Rieke, R.D. et al., *JOC*, **60**, 1077.

[Scheme: 2,3-dimethyl-1,3-butadiene + PhCH=NR with Mg*, 25°C, −78°C; then CO_2, 0°C–rt; H_3O^+, 40°C → 3-isopropenyl-5-oxo-N-R-2-phenylpyrrolidine, 47–58%]

IV.C-23 Negishi, E. et al., *TL*, **36**, 1771; **see also:** Takahashi, S. et al., *TL*, **36**, 6243; Bonardi, A. et al., *TL*, **36**, 7495.

[Scheme: alkynyl-vinyl iodide substrate with MeO_2C, MeO_2C, Bu, NHTs groups + CO, $PdCl_2(PPh_3)_2$, TEA, MeOH, 65 °C → bicyclic product, 75%]

[similar carbonylative amidations]

IV.C-24 Aube, J. et al., *JACS*, **117**, 8047 and 10449.

[Scheme: 4-tBu-cyclohexanone + (S)-2-azido-2-phenylethanol, 1. $BF_3 \cdot Et_2O$, 2. $NaHCO_3$ → two regioisomeric lactams, 70%, 7.2:1]

R = (S)-CH(Ph)CH_2OH
first asymmetric Schmidt reaction

IV.C-25 Horton, D. et al., *TL*, **36**, 7811.

[Scheme: azido sugar aldehyde (BzO, BzO, OBz, N_3, CHO) with $TiCl_4$, CH_2Cl_2 → bicyclic lactam]

IV.C-26 Hamelin, J. et al., *CC*, 1101.

IV.C-27 Evans, P.A. and Modi, D.P., *JOC*, **60**, 6662.

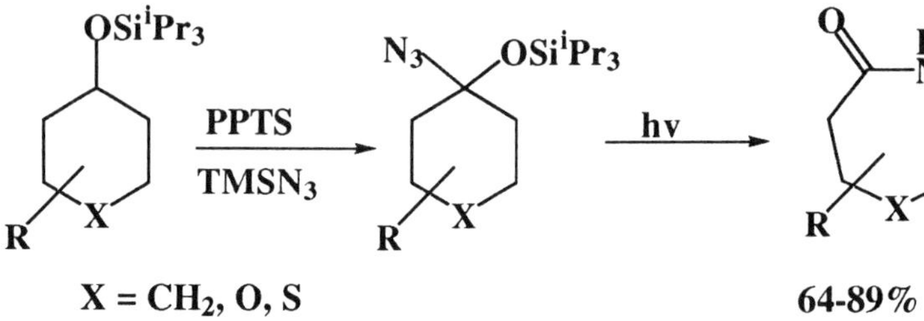

X = CH$_2$, O, S   64-89%

IV.C-28 Hesse, M. et al., *T*, **51**, 12035.

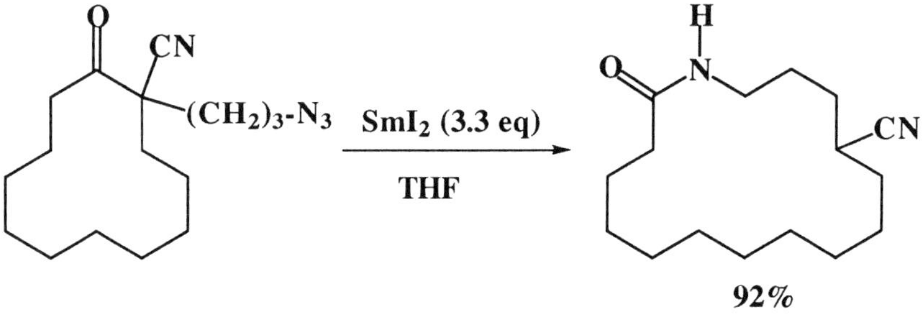

IV.C-29 Picard, C. et al., TL, **36**, 5531.

"Access to Macrocyclic Lactams. Application to a New Series: the Bibenzotetralactams"

IV.D. Lactones

IV.D-1 Schick, H. et al., *JOC*, **60**, 758; **see also:** Dolbier, W.R., Jr. et al., *JOC*, **60**, 5378.

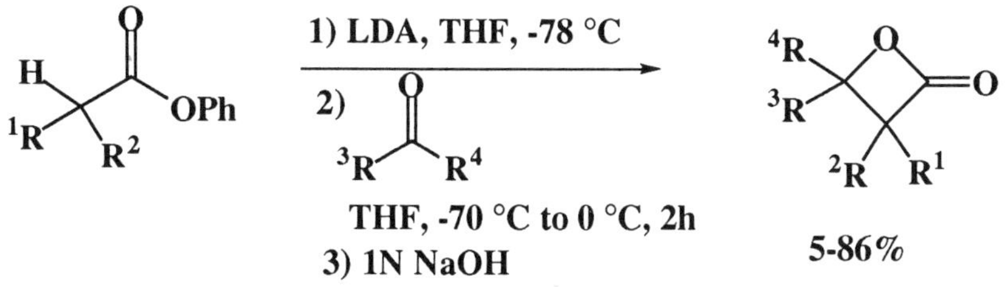

Reagents: 1) LDA, THF, -78 °C; 2) acyl compound R^3COR^4, THF, -70 °C to 0 °C, 2h; 3) 1N NaOH. Starting material: H, R^1, R^2, C(O)OPh. Product: β-lactone with R^1, R^2, R^3, R^4 substituents. 5-86%

IV.D-2 Zemribo, R. and Romo, D., *TL*, **36**, 4159; Yamamoto, H. et al., *T*, **51**, 4011; Pommier, A., Pons, J.-M. and Kocienski, P.J., *JOC*, **60**, 7334; Palomo, C. et al., *CC*, 1735.

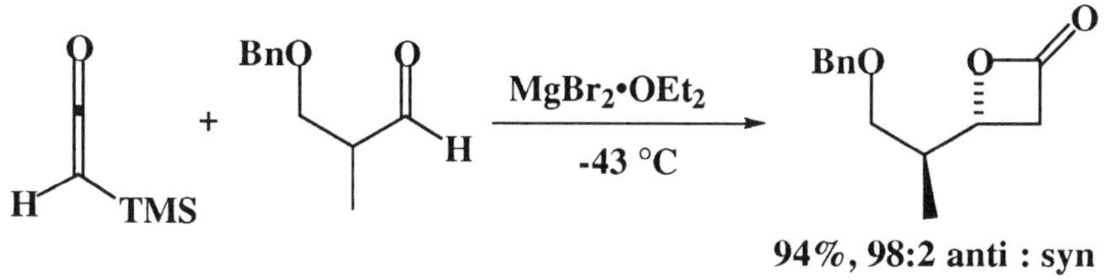

Reaction of TMS-substituted ketene with BnO-substituted aldehyde, MgBr$_2$·OEt$_2$, -43 °C, giving β-lactone. 94%, 98:2 anti : syn

IV.D-3 Lu, X. et al., *JOC*, **60**, 1087 and 1160 and *TA*, **6**, 885 and 1657 and *T*, **51**, 2639.

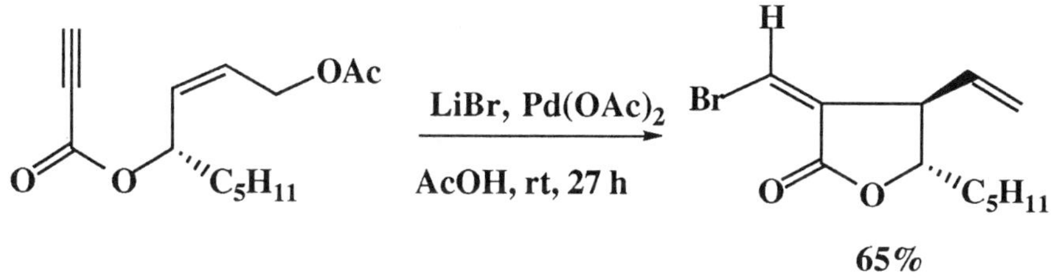

Reagents: LiBr, Pd(OAc)$_2$, AcOH, rt, 27 h. 65%

IV.D-4 Hanack, M. et al., *TL*, **36**, 4055.

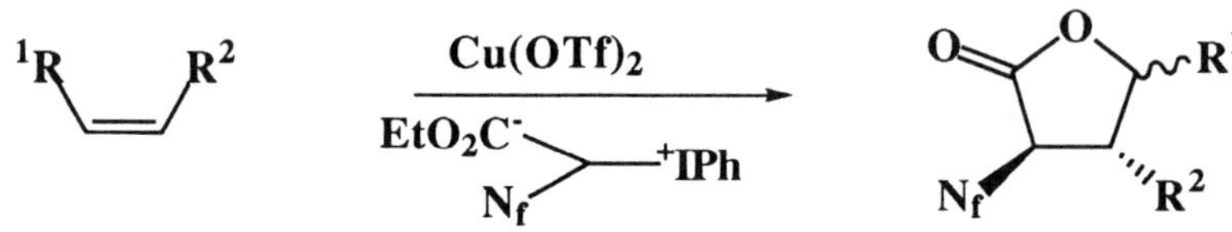

N_f = nonafluorobutylsulfonyl

50-65%

IV.D-5 Doyle, M.P. et al., *TL*, **36**, 4745 and 7579 and *JOC*, **60**, 3035 and 6654; Doyle, M.P., Poulter, C.D. et al., *JACS*, **117**, 7281.

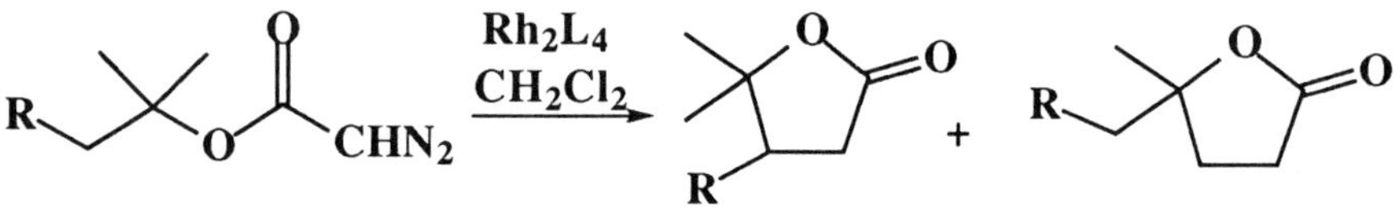

various ligands examined

42-85%, 100:0 to 20:80, 0-83% ee

IV.D-6 Ishino, Y. et al., *JOC*, **60**, 458.

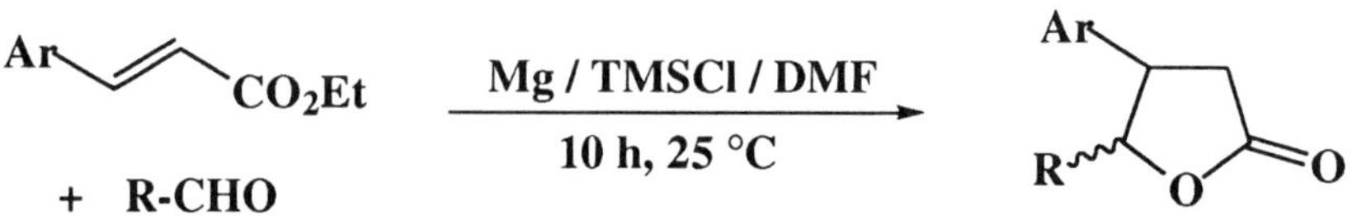

+ R-CHO

Mg / TMSCl / DMF
10 h, 25 °C

39-94%

IV.D-7 Chow, Y.L. et al., *CJC*, **73**, 740.

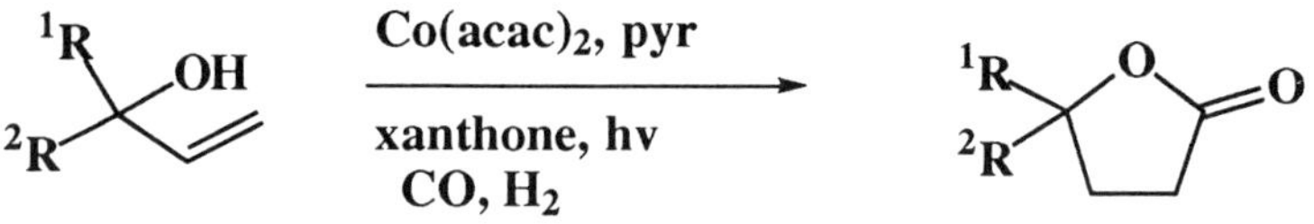

Co(acac)$_2$, pyr
xanthone, hv
CO, H$_2$

39-80%

IV.D-8 Sato, F. et al., *TL*, **36**, 6075.

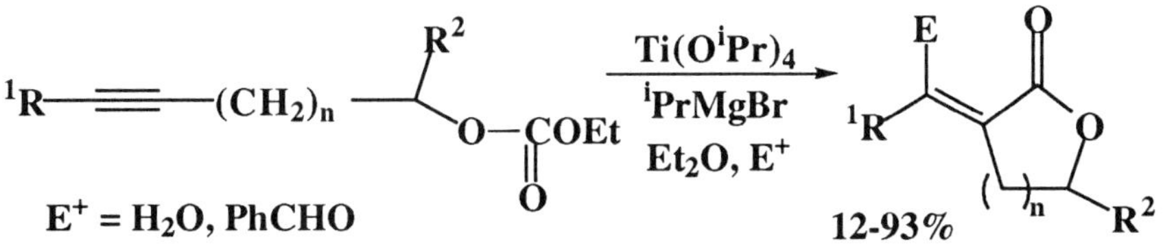
R²
¹R
(CH₂)n
O
COEt
O
Ti(OⁱPr)₄
ⁱPrMgBr
Et₂O, E⁺
E
O
¹R
O
n
R²
E⁺ = H₂O, PhCHO
12-93%

IV.D-9 Trost, B.M. and McIntosh, M.C., *JACS*, **117**, 7255.

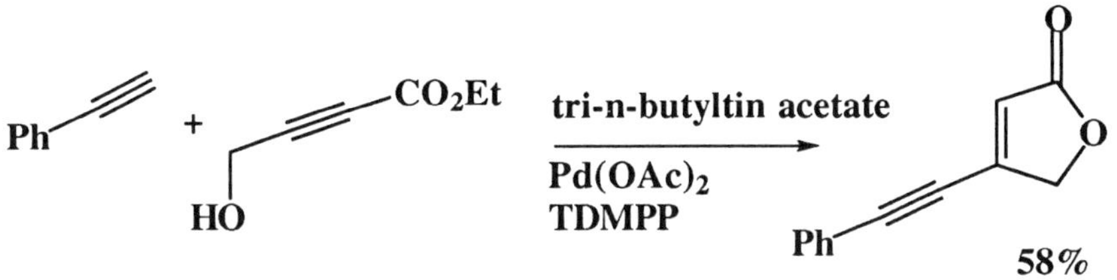
Ph
+
CO₂Et
HO
tri-n-butyltin acetate
Pd(OAc)₂
TDMPP
O
O
Ph
58%

similar approach to other butenolides and furans

IV.D-10 Negishi, E. et al., *JACS*, **117**, 3423.

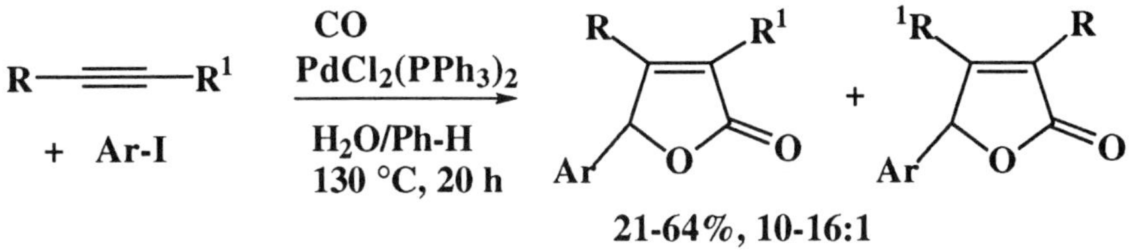
R
R¹
+ Ar-I
CO
PdCl₂(PPh₃)₂
H₂O/Ph-H
130 °C, 20 h
R
R¹
Ar
O
O
+
¹R
R
Ar
O
O
21-64%, 10-16:1

IV.D-11 Shim, S.C. et al., *JHC*, **32**, 363.

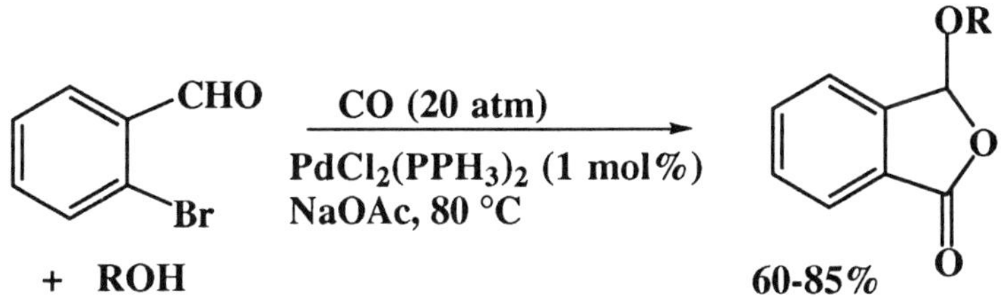
CHO
Br
+ ROH
CO (20 atm)
PdCl₂(PPH₃)₂ (1 mol%)
NaOAc, 80 °C
OR
O
O
60-85%

IV.D-12 Ogura, K. et al., *BCJ*, **68**, 3599.

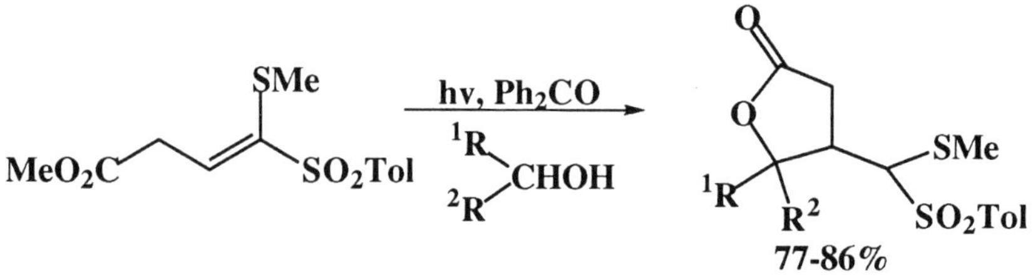

IV.D-13 Scettri, A. et al., *TL*, **36**, 2839.

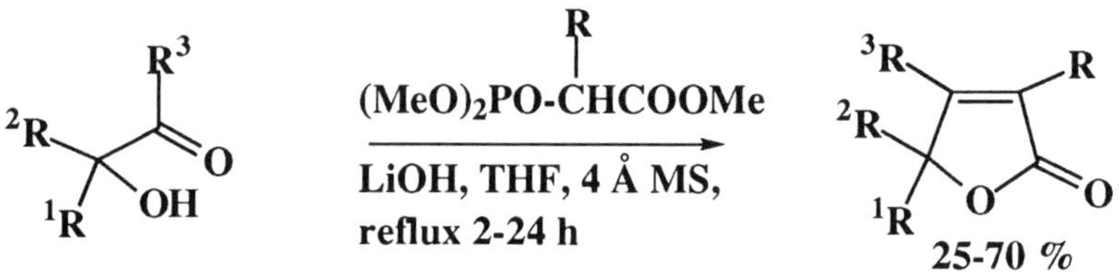

IV.D-14 Mawson, S.D. and Weavers, R.T., *T*, **51**, 11257.

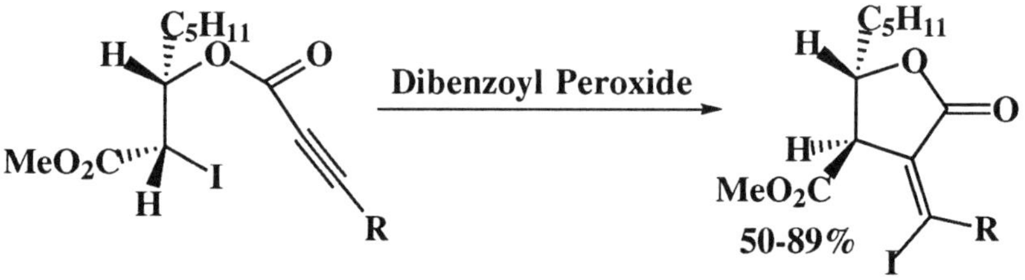

IV.D-15 Maier, M.E. and Reuter, S., *SL*, 1029; Ward, R.A. and Procter, G., *T*, **51**, 12821.

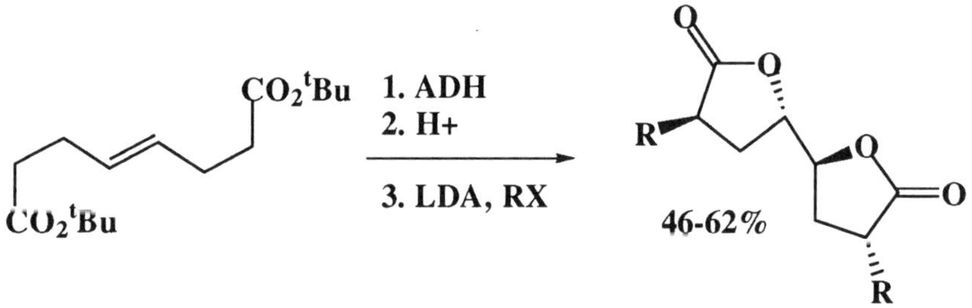

IV.D-16 Taylor, S.K. et al., *TA*, **6**, 157.

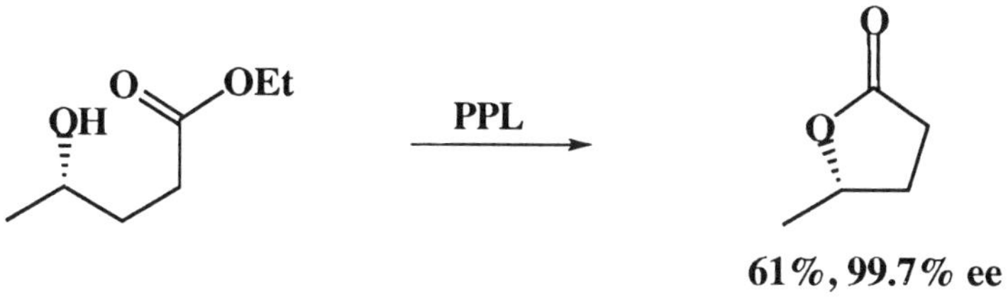

61%, 99.7% ee

IV.D-17 Uemura, S. et al., *CC*, 2321.

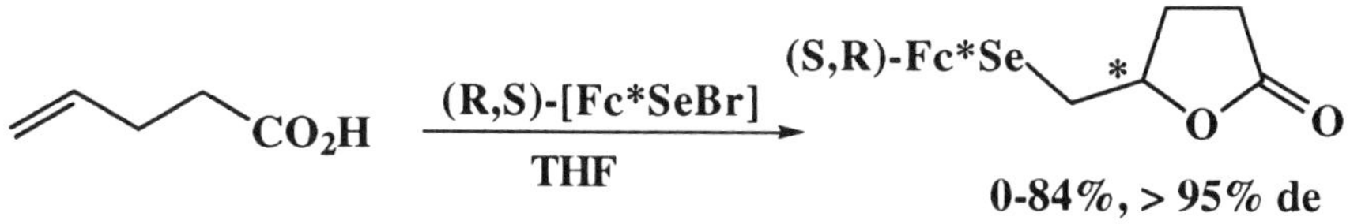

0-84%, > 95% de

lactonizations using chiral ferrocenylselenyl cations

IV.D-18 Langschwager, W. and Hoffmann, H.M.R., *LA*, 797.

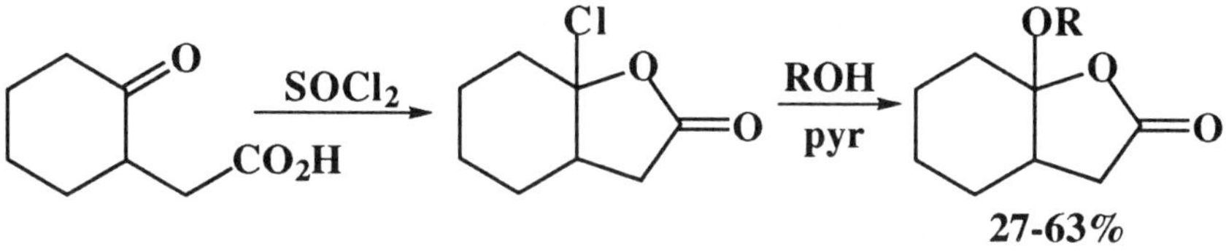

27-63%

IV.D-19 Arcadi, A., Marinelli, F. et al., *S*, 831.

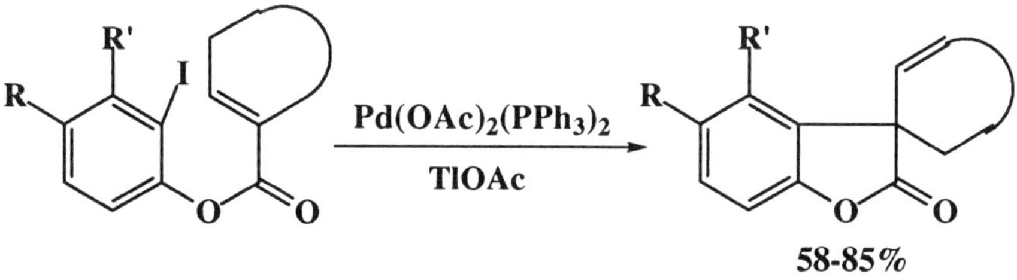

58-85%

IV.D-20 Azzena, U. et al., *TL*, **36**, 8123.

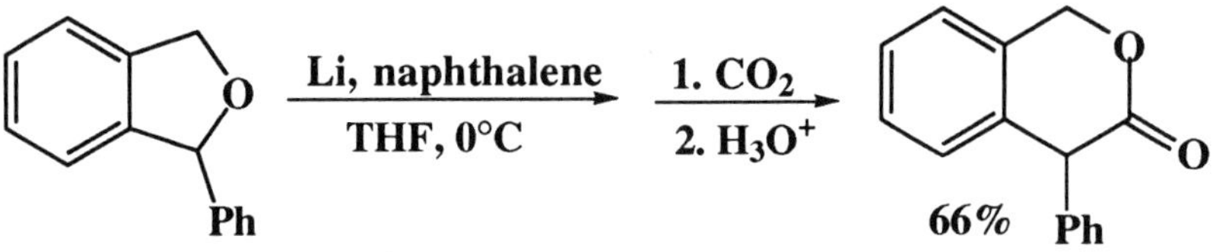

similar approach to isochromans

Reagents: Li, naphthalene, THF, 0°C; 1. CO_2 2. H_3O^+; 66%

IV.D-21 Rieke, R.D. et al., *JOC*, **60**, 5143.

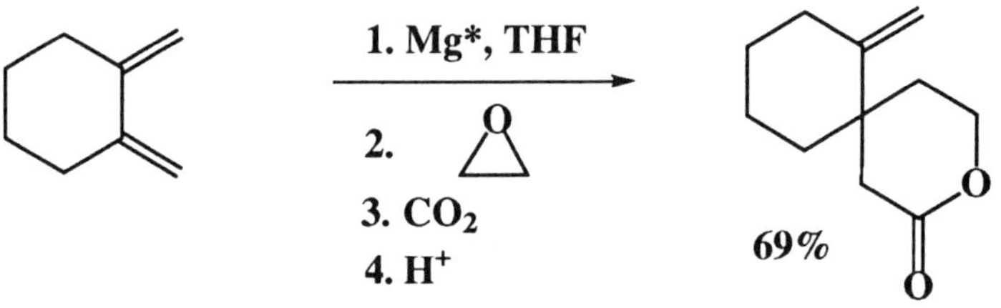

Reagents: 1. Mg*, THF 2. (epoxide) 3. CO_2 4. H^+; 69%

IV.D-22 Liao, H.-Y. and Cheng, C.-H., *JOC*, **60**, 3711; see also: Wakamatsu, T. et al., *H*, **41**, 2587 and *SL*, 871.

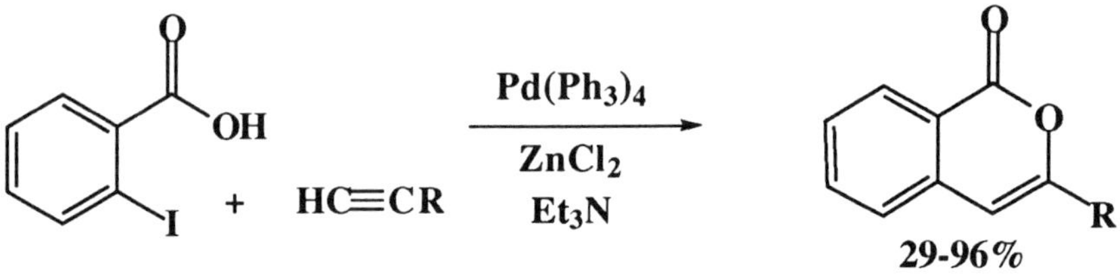

Reagents: $Pd(Ph_3)_4$, $ZnCl_2$, Et_3N; 29-96%

IV.D-23 Lemoult, S.C. et al., *JCS(P1)*, 89; Suzuki, K. et al., *SL*, 635.

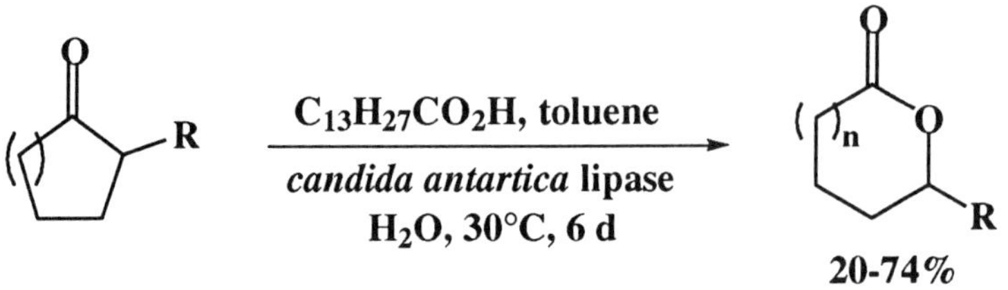

Reagents: $C_{13}H_{27}CO_2H$, toluene, *candida antartica* lipase, H_2O, 30°C, 6 d; 20-74%

IV.D-24 Cha, J.K. et al., *JACS*, **117**, 10914.

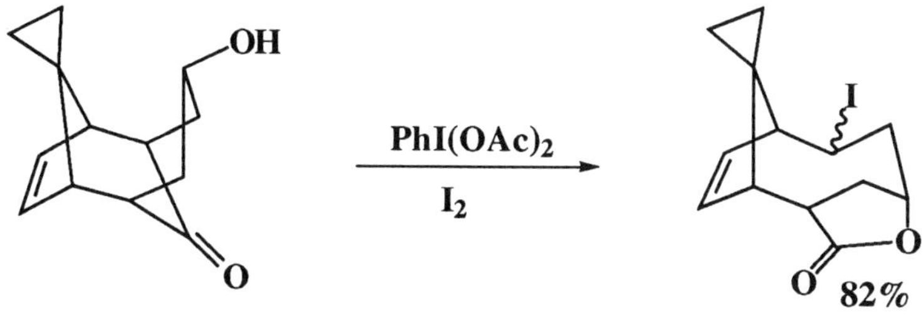

IV.D-25 Shibuya, M. et al., *TL*, **36**, 9165.

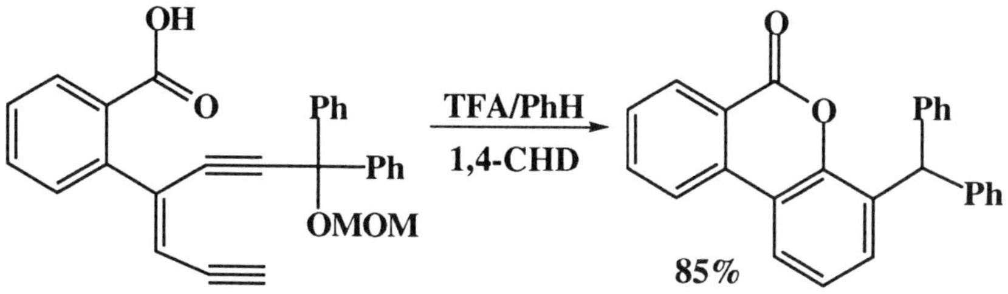

1,4-CHD = 1,4-cyclohexadiene

IV.D-26 Pole, D.L. and Warkentin, J., *LA*, 1907.

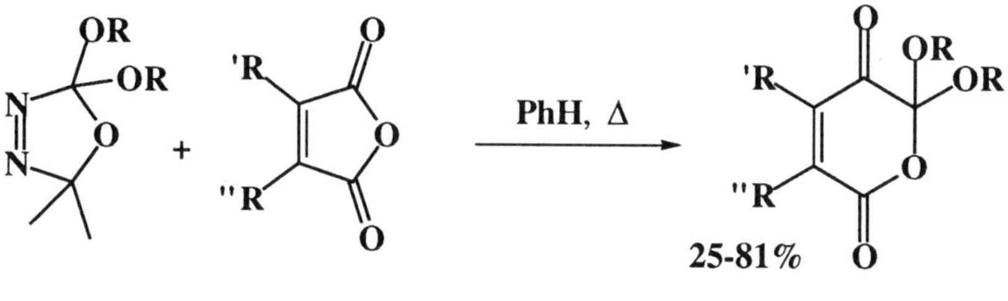

IV.D-27 Landry, D.W. et al., *SL*, 543.

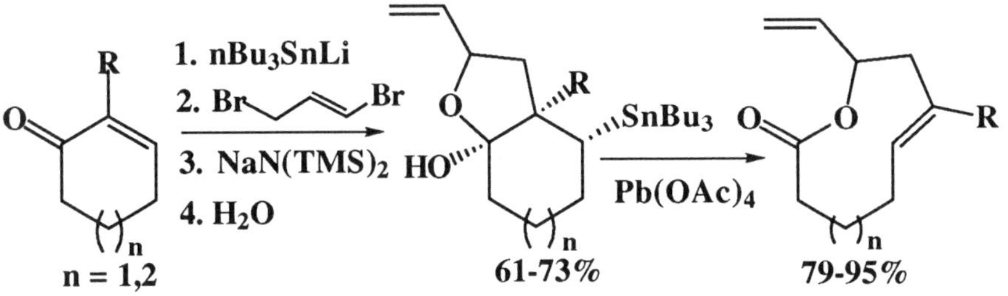

[Scheme: cyclohexenone (n = 1,2) → 1. nBu₃SnLi; 2. Br-CH₂-CH=CH-CH₂-Br; 3. NaN(TMS)₂; 4. H₂O → bicyclic furan with SnBu₃ and vinyl (61-73%) → Pb(OAc)₄ → macrolactone (79-95%)]

IV.E. Furans and Thiophenes

IV.E-1 McDonald, F.E. et al., *AG(E)*, 350 and *OM*, **14**, 3628; **see also:** Marshall, J.A. and Sehon, C.A., *JOC*, **60**, 5966.

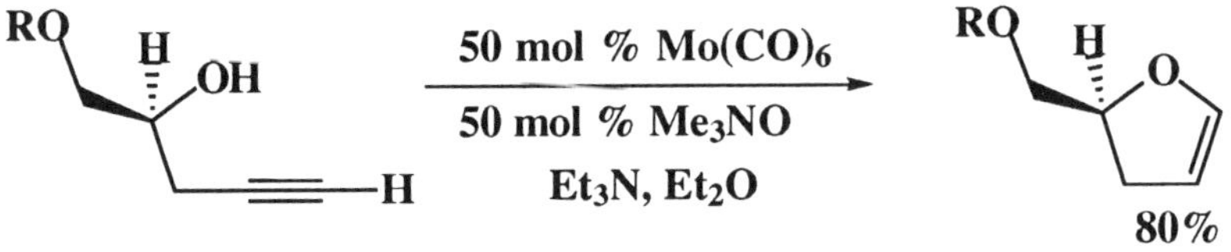

[Scheme: RO-CH₂-CH(OH)-C≡CH → 50 mol % Mo(CO)₆, 50 mol % Me₃NO, Et₃N, Et₂O → 2,5-dihydrofuran with ROCH₂ substituent, 80%]

IV.E-2 McDonald, F.E. et al., *JACS*, **117**, 6605; **see also:** Dykes, G., *AG(E)*, 2223.

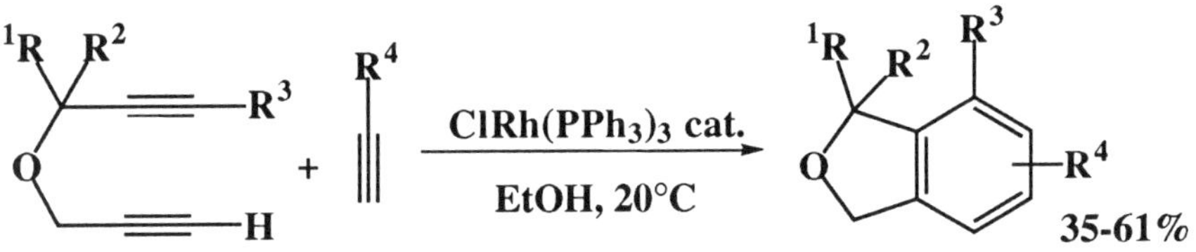

[Scheme: diyne ether with R¹, R², R³ + alkene with R⁴ → ClRh(PPh₃)₃ cat., EtOH, 20°C → isobenzofuran derivative with R¹, R², R³, R⁴ substituents, 35-61%]

IV.E-3 Marek, I., Normant, J.-F. et al., *TL*, **36**, 1236.

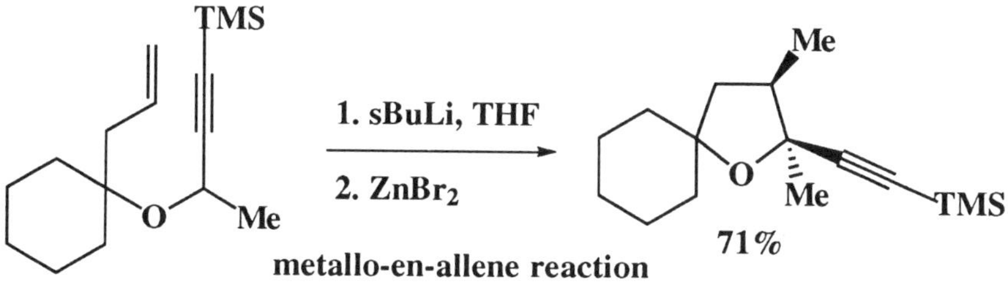
TMS
1. sBuLi, THF
2. ZnBr2
O
Me
Me
O
Me
TMS
71%

metallo-en-allene reaction

IV.E-4 Walkup, R.D. et al., *TL*, **36**, 3805; **see also:** Semmelhack, M.F. et al., *JACS*, **116**, 7455 (1994).

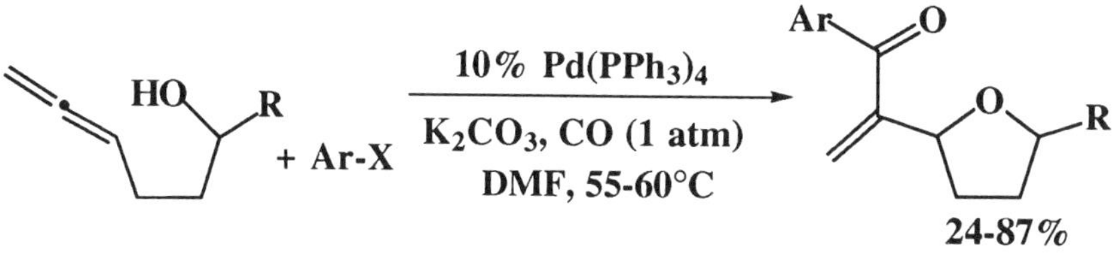
HO
R
+ Ar-X
10% Pd(PPh3)4
K2CO3, CO (1 atm)
DMF, 55-60°C
Ar
O
O
R
24-87%

tandem Pd-catalyzed arylation, cyclization, CO insertion

IV.E-5 Shibuya, S. et al., *SL*, 1280; Roy, S.C. et al., *JCS(P1)*, 927; **see also:** Engman, L. and Gupta, V., *CC*, 2515.

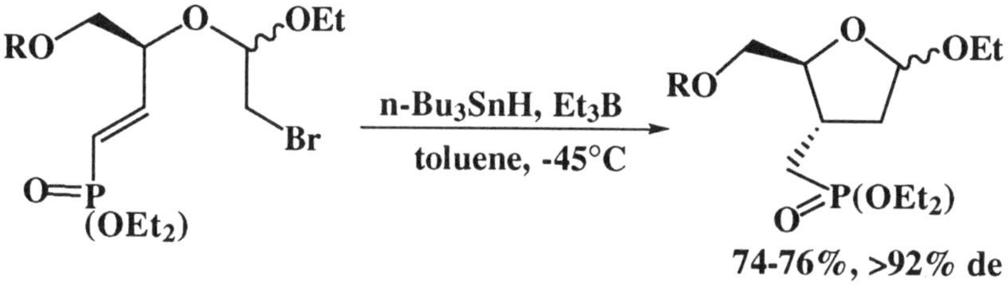
RO
O
OEt
Br
O=P
(OEt2)
n-Bu3SnH, Et3B
toluene, -45°C
RO
O
OEt
P(OEt2)
O
74-76%, >92% de

IV.E-6 Evans, P.A. and Roseman, J.D., *TL*, **36**, 31.

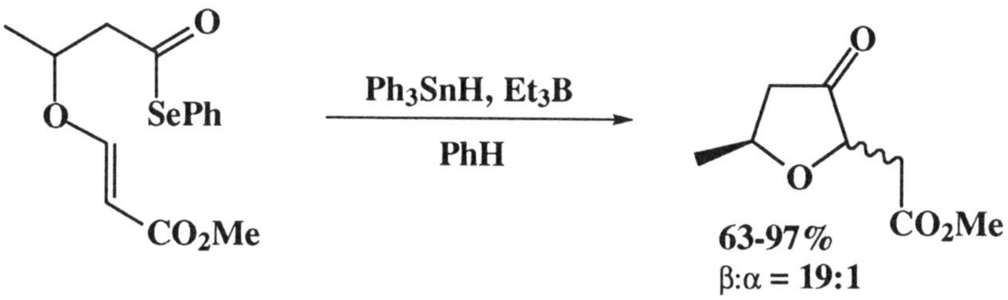
O
O
SePh
CO2Me
Ph3SnH, Et3B
PhH
O
O
CO2Me
63-97%
β:α = 19:1

IV.E-7 Quayle, P. et al., *TL*, **36**, 8087.

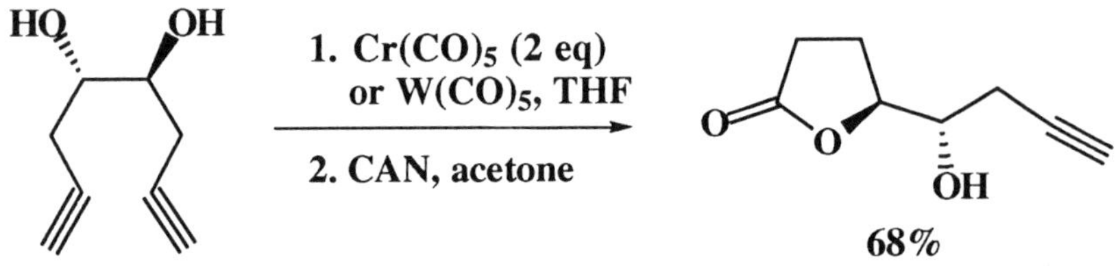

IV.E-8 Taber, D.F. and Song, Y., *TL*, **36**, 2587; Angle, S.R. et al., *JACS*, **117**, 8041; **see also:** Padwa, A. et al., *JOC*, **60**, 53.

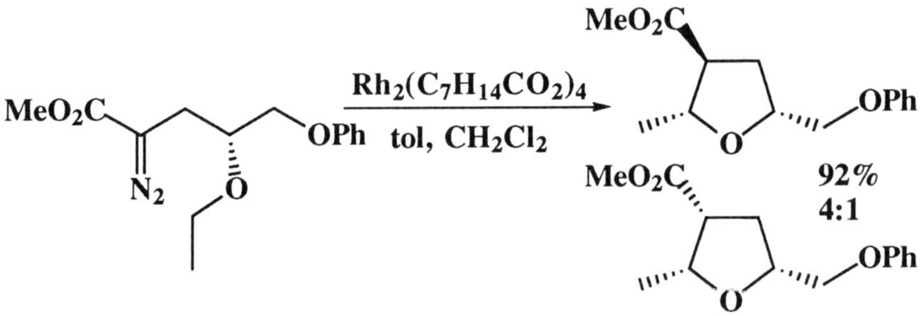

IV.E-9 Pirrung, M.C. and Lee, Y.R., *CC*, 673 and *JACS*, **117**, 4814; Lee, Y. R., *T*, **51**, 3087.

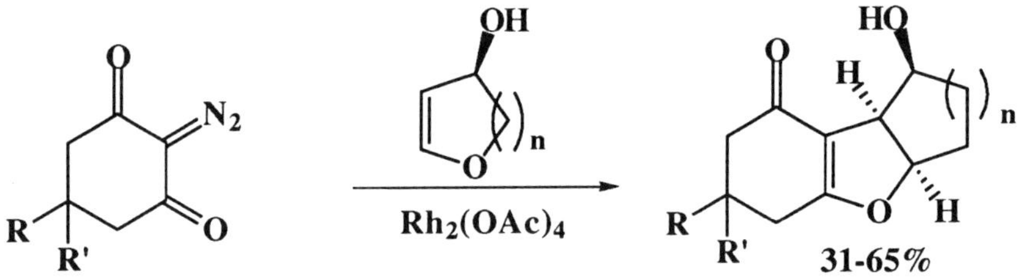

IV.E-10 Zhao, K. et al., *JOC*, **60**, 2668 and *TL*, **36**, 6403.

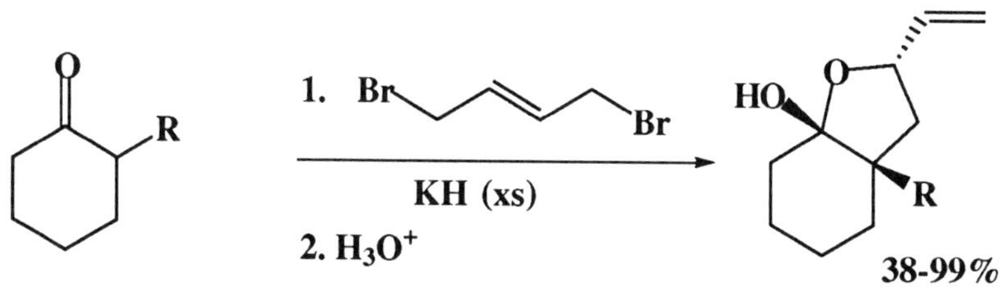

[cyclohexanone with R] + 1. Br–CH₂–CH=CH–CH₂–Br / KH (xs); 2. H₃O⁺ → [bicyclic furan with HO, vinyl, R] 38-99%

IV.E-11 DeZiel, R. and Malenfant, E., *JOC*, **60**, 4660; Lipshutz, B.H. and Gross, T., *JOC*, **60**, 3572; Landais, Y. and Planchenault, D., *SL*, 1191.

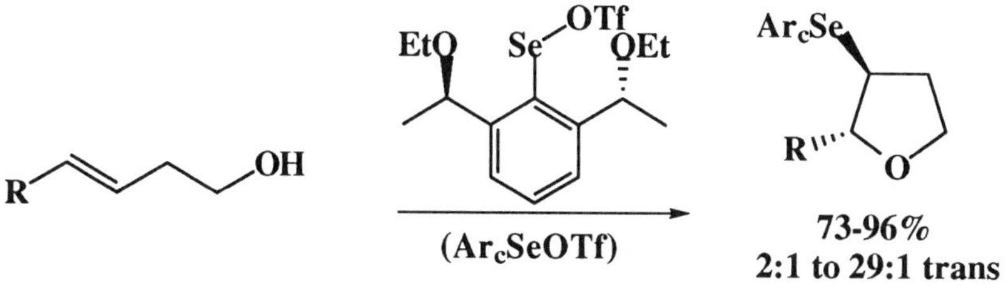

R–CH=CH–CH₂–CH₂–OH + (Ar$_c$SeOTf) → [tetrahydrofuran with Ar$_c$Se and R] 73-96%, 2:1 to 29:1 trans

IV.E-12 Perlmutter, P. et al., *TL*, **36**, 463; Galatsis, P. and Manwell, J.J., *TL*, **36**, 8179; Saksena, A.K. et al., *TL*, **36**, 1787; Zhang, H. and Mootoo, D.R., *JOC*, **60**, 8134; Schaumann, E. et al., *LA* , 501.

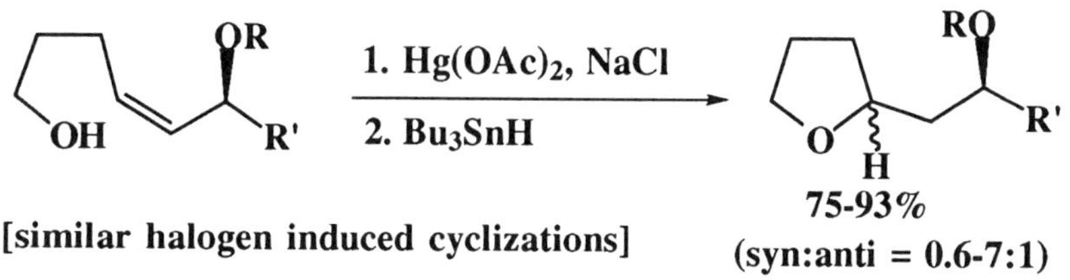

[substrate with OH, OR, R'] 1. Hg(OAc)₂, NaCl; 2. Bu₃SnH → [tetrahydrofuran product] 75-93% (syn:anti = 0.6-7:1)

[similar halogen induced cyclizations]

IV.E-13 McDonald, F.E. and Towne, T.B., *JOC*, **60**, 5750; Sinha, S.C. et al., *JACS*, **117**, 1447; **see also:** Schaumann, E. et al., *TL*, **36**, 8771; Sasaki, S. et al., *JOC*, **60**, 4419; LeMerrer, Y. et al., *TL*, **36**, 6887.

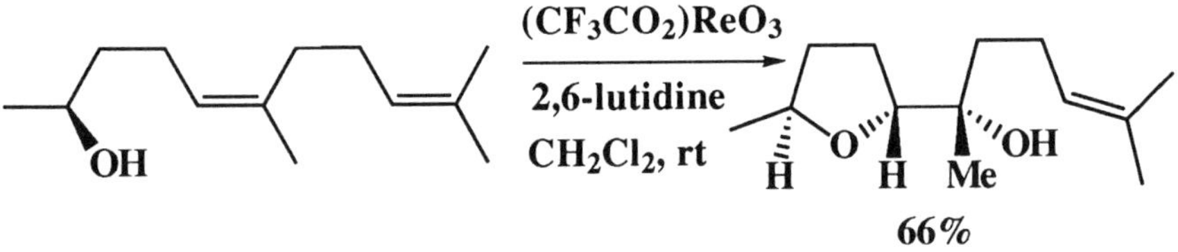

IV.E-14 Rychnovsky, S.D. et al., *JACS*, **117**, 12873.

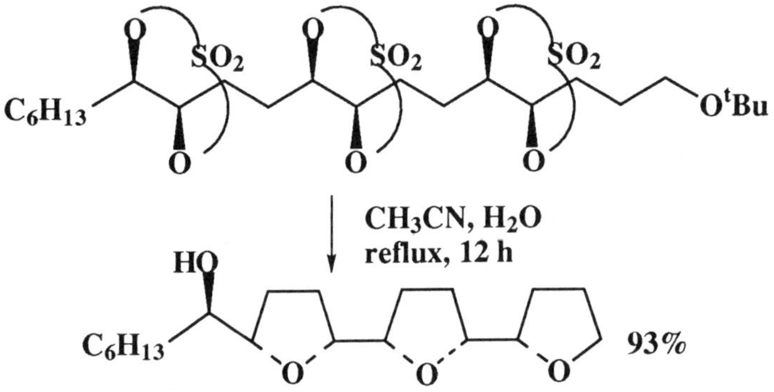

IV.E-15 Oriyama, T. et al., *TL*, **36**, 5581.

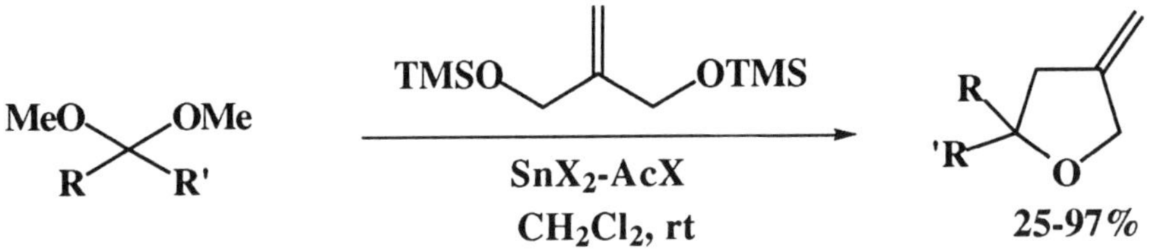

IV.E-16 Melikian, G. et al., *SC*, 3045.

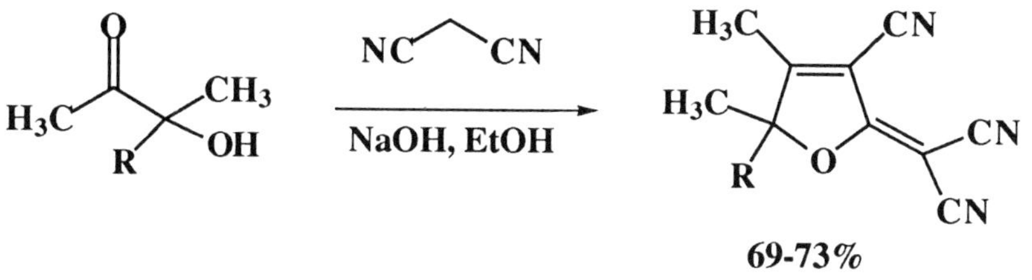

69-73%

IV.E-17 Schultz, A.G. et al., *TL*, **36**, 2893.

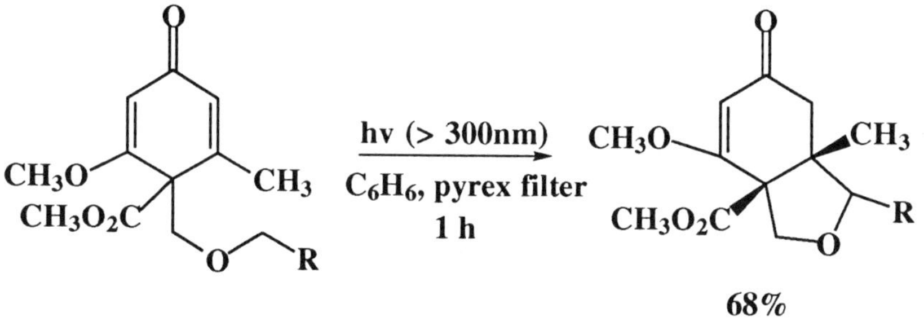

68%

IV.E-18 Katritzky, A.R. and Li, J., *JOC*, **60**, 638.

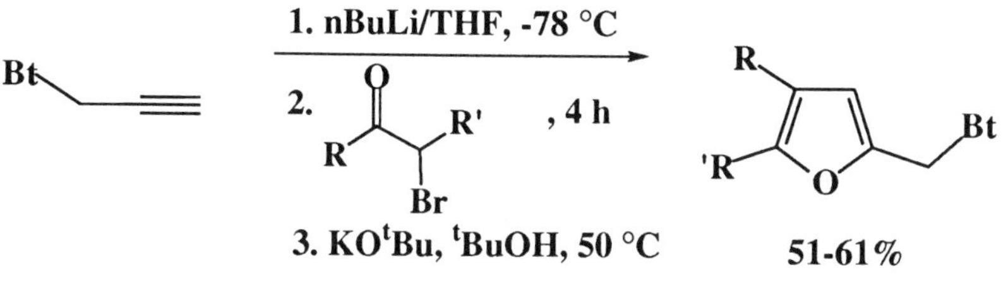

51-61%

IV.E-19 Stetinova, J. et al., *CCC*, **59**, 2721 (1994).

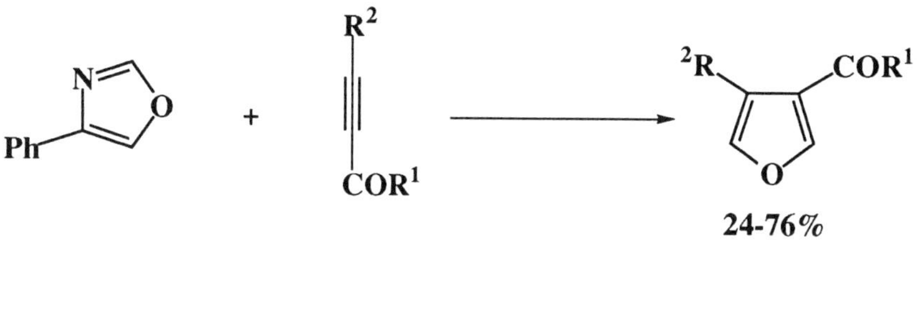

24-76%

IV.E-20 Vieser, R. and Eberbach, W., *TL*, **36**, 4405; **see also:** Weingarten, M.D. and Padwa, A., *TL*, **36**, 4717.

[Structure: alkyne-ketone with CO₂Me group] $\xrightarrow[0\ °C]{NaH}$ [furan with MeO₂C-CH₂ and R substituents]

57-91%

IV.E-21 Dixneuf, P.H. et al., *T*, **51**, 13089.

[Structure: HC≡C-C(CH₃)=CH-CH(OH)R] $\xrightarrow[60\ °C]{[Ru]\ cat}$ [3,4-dimethylfuran with R substituent]

50-89%

[Ru] cat = (arene)RuCl₂(PR₃) complexes

IV.E-22 Ong, C.W. et al., *JOC*, **60**, 3135; **for related furan ring syntheses see also:** Antonioletti, R. et al., *TL*, **36**, 9019; Ueda, I. et al., *TL*, **36**, 7685; Viehe, H.G. et al., *T*, **51**, 13239; Moskovkina, T.V. and Vysotskii, V.I., *RJOC*, **30**, 1052 (1994).

Ar-CO-CH=CH-CH=CH-CO-CH₂R $\xrightarrow{\text{HCl-AcOH or PTSA-CH}_2\text{Cl}_2}$ [Ar-furan-CH₂-CO-CH₂R] + [RH₂C-furan-CH₂-CO-Ar]

31-86%, 100:0 to 1.13:1

SYNTHESIS OF HETEROCYCLES

IV.E-23 Dunach, E. et al., *TL*, **36**, 4429.

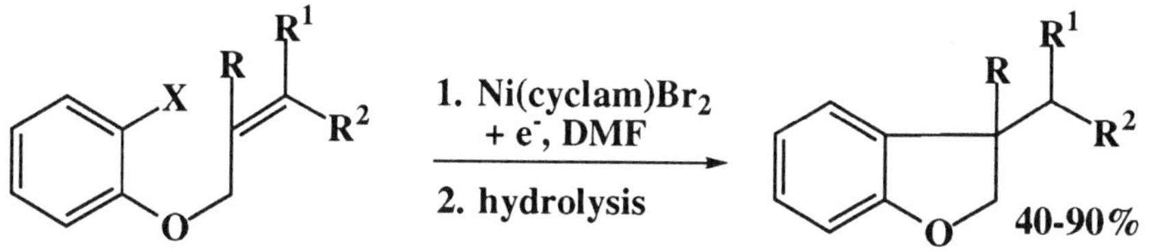

1. Ni(cyclam)Br$_2$ + e$^-$, DMF
2. hydrolysis

40-90%

IV.E-24 Hellwinkel, D. and Goke, K., *S*, 1135.

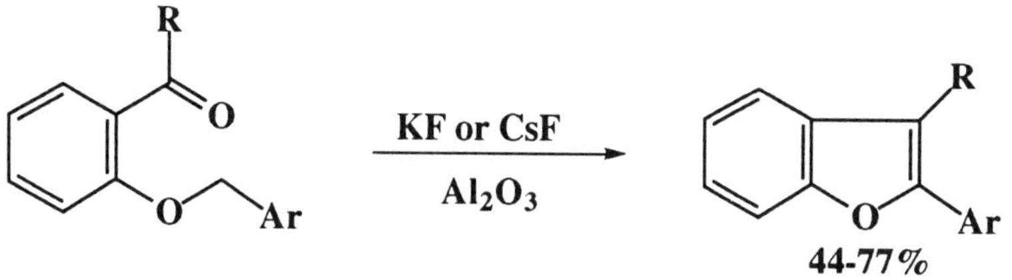

KF or CsF / Al$_2$O$_3$

44-77%

IV.E-25 Wassmundt, F.W. and Pedemonte, R.P., *JOC*, **60**, 4991.

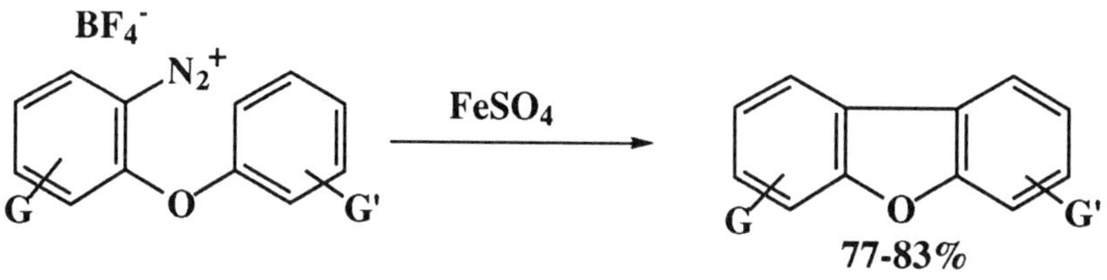

FeSO$_4$

77-83%

IV.E-26 Engler, T.A. et al., *JOC*, **60**, 3700; Tado, M. et al., *JCR(S)*, 124.

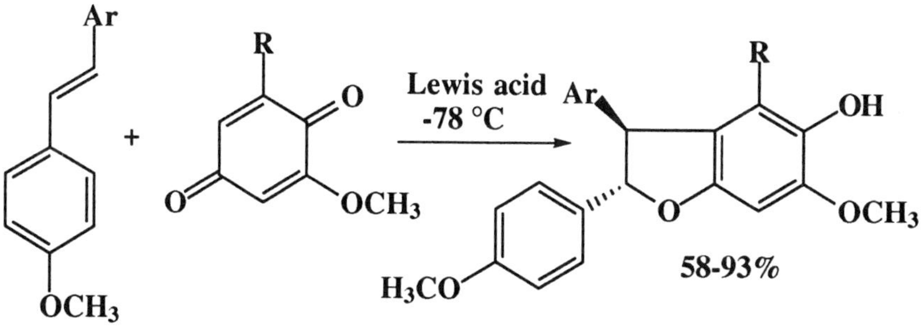

Lewis acid, -78 °C

58-93%

IV.E-27 Braverman, S., Zwanenburg, B. et al., *RTC*, **114**, 51.

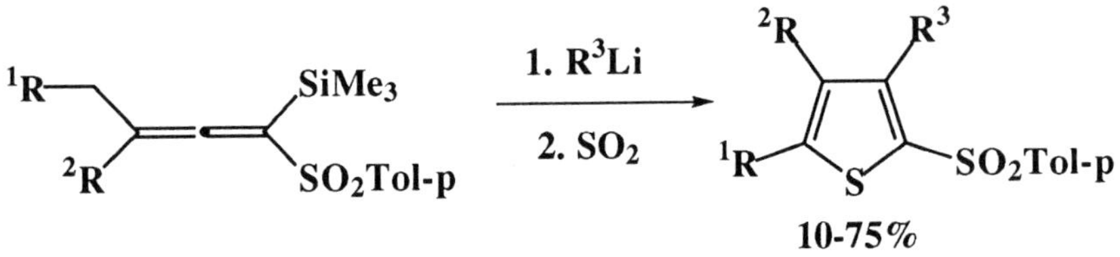

IV.E-28 Widdowson, D.A. et al., *JCS(P1)*, 97 and 105.

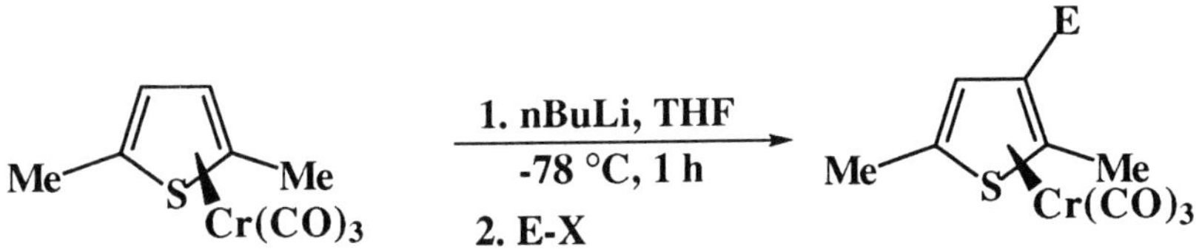

IV.E-29 Clark, P.D. et al., *JOC*, **60**, 1936; see also: Vieche, H.G. et al., *CC*, 993.

An Improved Synthesis of Benzo[b]thiophene and Its Derivatives Using Modified Montmorillonite Clay Catalysts

IV.E-30 Harrowen, D.C. and Browne, R., *TL*, **36**, 2861.

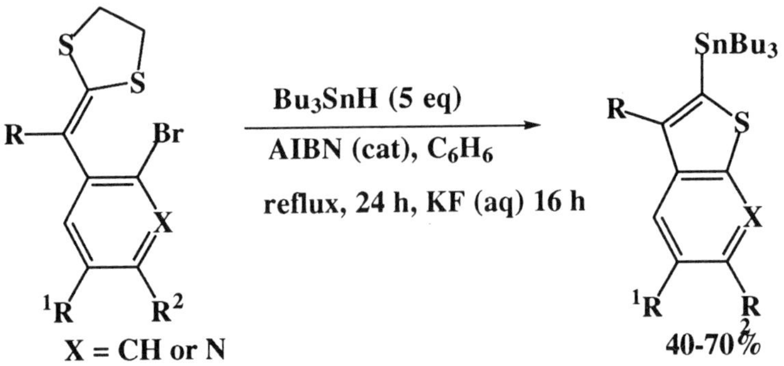

X = CH or N

IV.F. Pyrroles, Indoles, etc.

IV.F-1 Molina, P. et al., *SL*, 363.

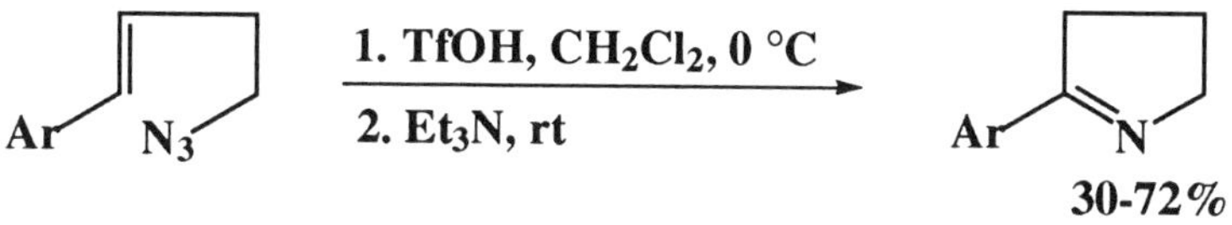

Ar-CH=CH-CH(N_3)-CH$_3$ → [1. TfOH, CH$_2$Cl$_2$, 0 °C; 2. Et$_3$N, rt] → Ar-(2H-pyrrol-5-yl)

30-72%

IV.F-2 Watanabe, Y. et al., *JOC*, **60**, 8328.

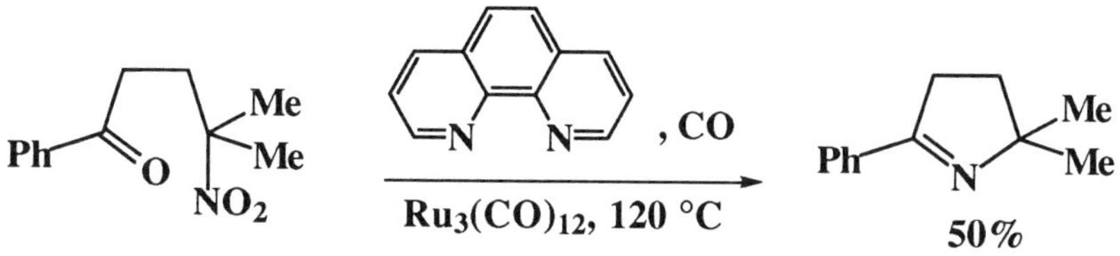

Ph-C(O)-CH$_2$-C(Me)$_2$-NO$_2$ → [phenanthroline, CO, Ru$_3$(CO)$_{12}$, 120 °C] → Ph-(5,5-dimethyl-pyrrolin-2-yl)

50%

IV.F-3 Dechoux, L. et al., *S*, 242.

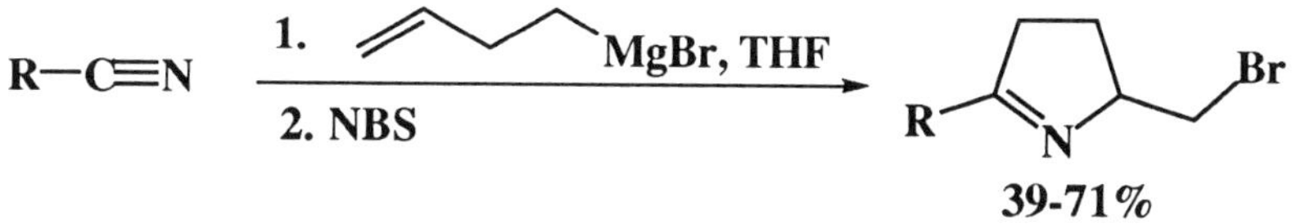

R—C≡N → [1. CH$_2$=CH-CH$_2$-CH$_2$-MgBr, THF; 2. NBS] → R-(2-bromomethyl-pyrrolin-5-yl)

39-71%

IV.F-4 Gooding, O.W. and Bansal, R.P., *SC*, **25**, 1155; **see also:** Kajimoto, T., Wong, C.-H. et al., *TL*, **36**, 8247; Lin, G. and Shi, Z., *TL*, **36**, 9537.

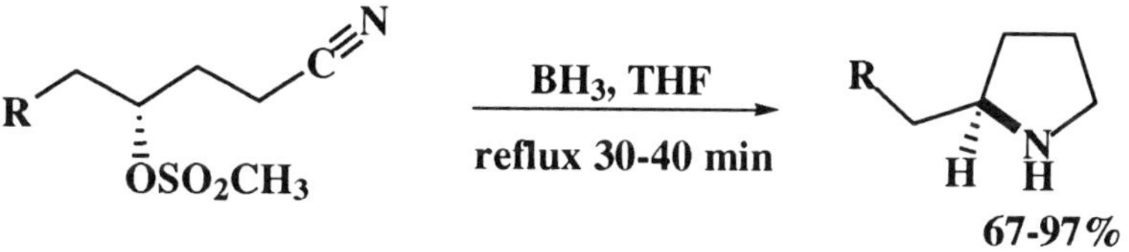

R-CH$_2$-CH(OSO$_2$CH$_3$)-CH$_2$-CH$_2$-C≡N → [BH$_3$, THF, reflux 30-40 min] → (R)-2-(R-CH$_2$)-pyrrolidine

67-97%

IV.F-5 De Smaele, D. and De Kimpe, N., *CC*, 2029; **for other electrophile induced cyclizations see also:** Ferraz, H.M.C. et al., *JOC*, **60**, 7357; Paolucci, C. et al., *TL*, **36**, 8127; Andersson, P.G. et al., *TL*, **36**, 7749; McKillop, A., Stephenson, G.R. and Tinkl, M., *SL*, 669; Carretero, J.C. and Arrayas, G., *JOC*, **60**, 6000; Knolker, H.-J. et al., *S*, 397.

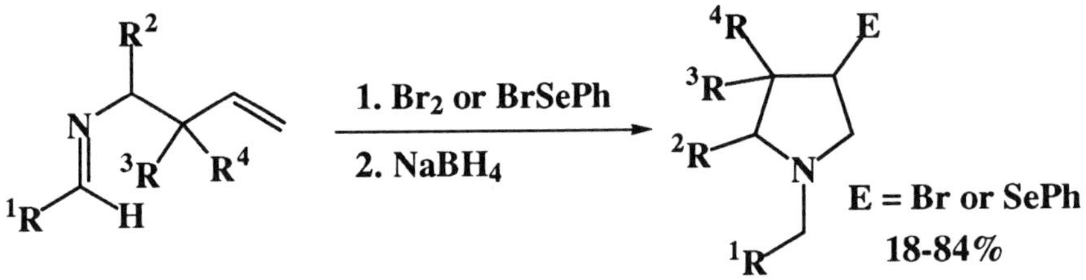

E = Br or SePh
18-84%

IV.F-6 Coldham, I. and Hufton, R., *TL*, **36**, 2157.

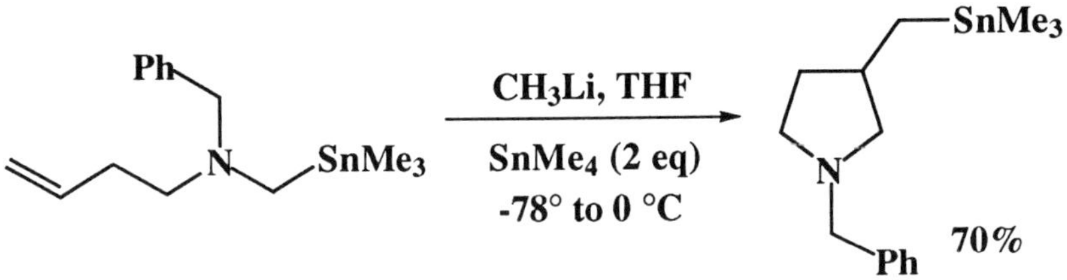

70%

IV.F-7 Huwe, C.M. and Blechert, S., *TL*, **36**, 1621.

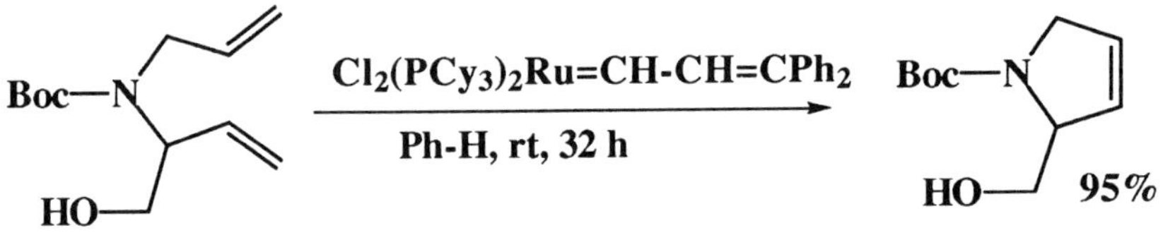

95%

IV.F-8 Mori, M. et al., *OM*, **14**, 5054 and 5062 and *CL*, 615 and *TL*, **36**, 9501; Bates, R.W. et al., *T*, **51**, 12939.

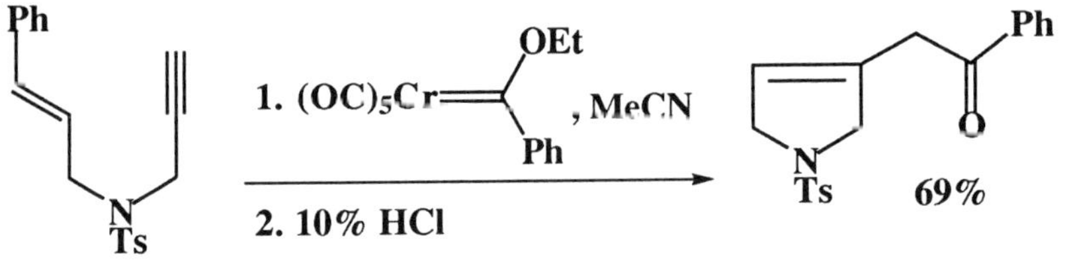

69%

IV.F-9 Lee, E. et al., *TL*, **36**, 417; see also: Alcaide, B. et al., *TA*, **6**, 1055.

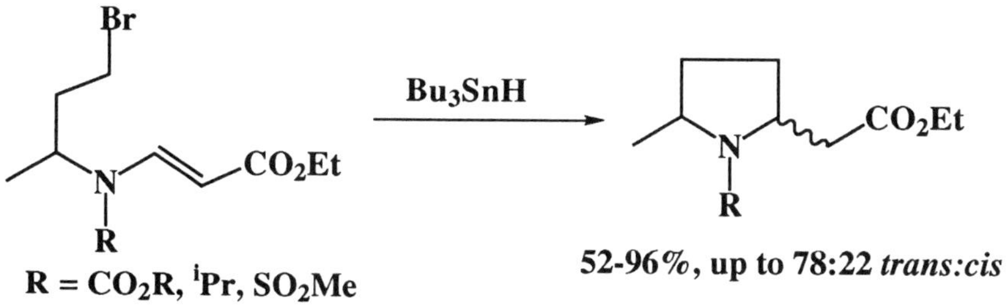

R = CO_2R, ^iPr, SO_2Me

52-96%, up to 78:22 *trans:cis*

IV.F-10 Bowman, W.R. et al., *TL*, **36**, 5623; Zard, S.Z. et al., *TL*, **36**, 8791.

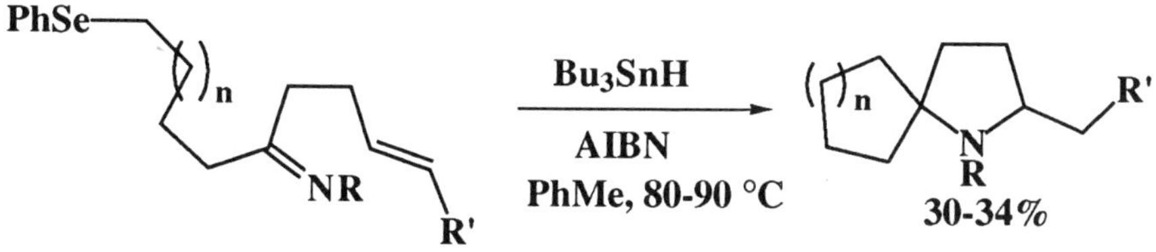

30-34%

IV.F-11 Sheradsky, T. and Yusupova, L., *TL*, **36**, 7701.

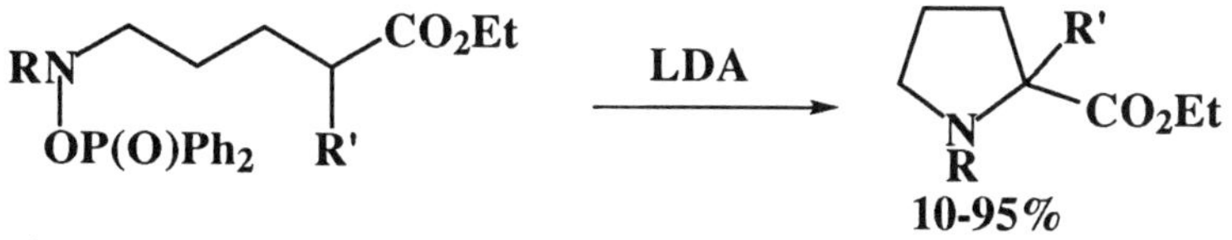

10-95%

intramolecular nucleophilic substitution on nitrogen

IV.F-12 Barluenga, J. et al., *CC*, 1009.

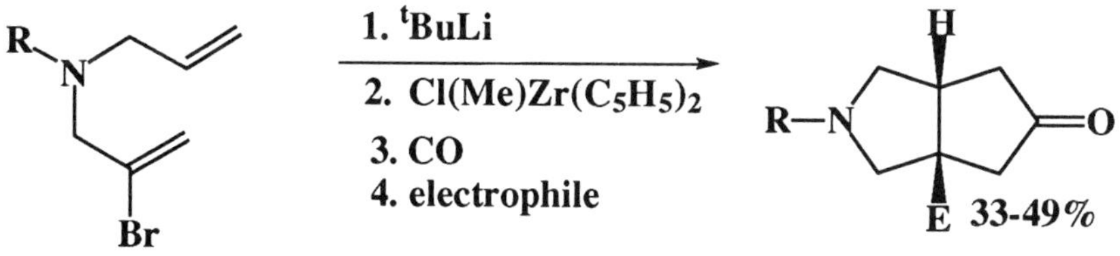

1. ^tBuLi
2. $Cl(Me)Zr(C_5H_5)_2$
3. CO
4. electrophile

E 33-49%

IV.F-13 Meyers, A.I. et al., *OS*, **73**, 246.

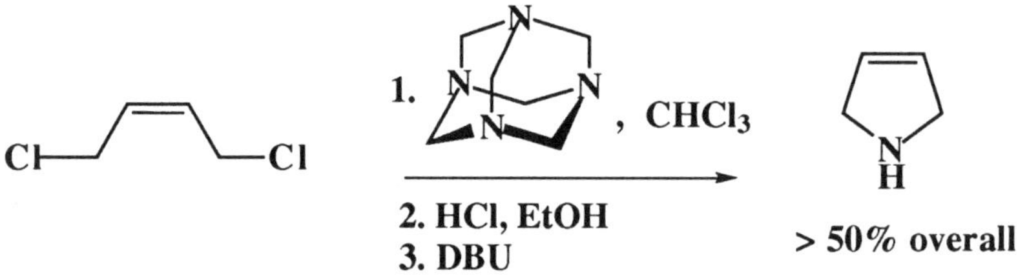

> 50% overall

IV.F-14 Patzel, M. et al., *JOC*, **60**, 5005; Bonnet-Delpon, D. et al., *BSF*, **132**, 402; Gilchrist, T.L. et al., *T*, **51**, 13455; Toke, L. et al., *T*, **51**, 13321 and 11489; Grigg, R. et al., *T*, **51**, 13331 and 13347 and *TA*, **6**, 2475; Fishwick, C.W.G. et al., *TL*, **36**, 9409; Reed, A.D. and Hegedus, L.S., *JOC*, **60**, 3787.

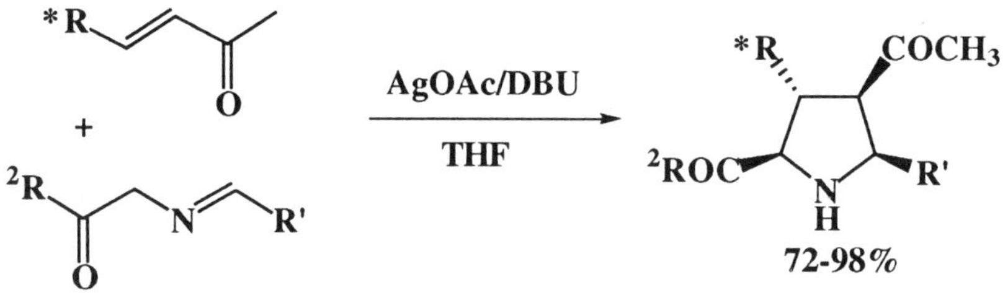

72-98%

IV.F-15 Ogasawara, K. et al., *CC*, 2291; Coldham, I. et al., *S*, 1147; Matsumoto, K. et al., *JHC*, **32**, 367.

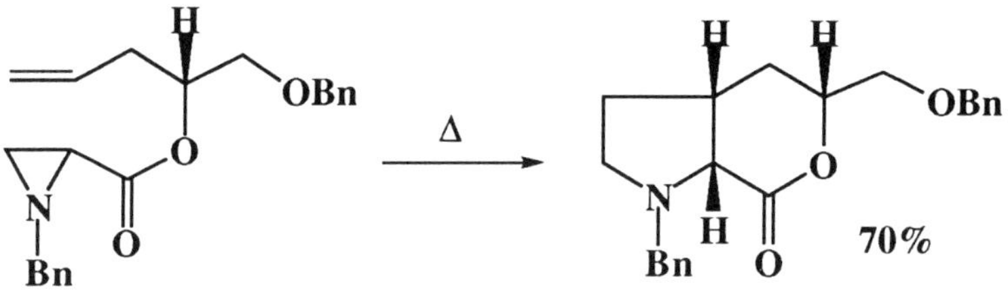

70%

IV.F-16 Feldman, K.S. et al., *JOC*, **60**, 7722 and *JACS*, **117**, 7544.

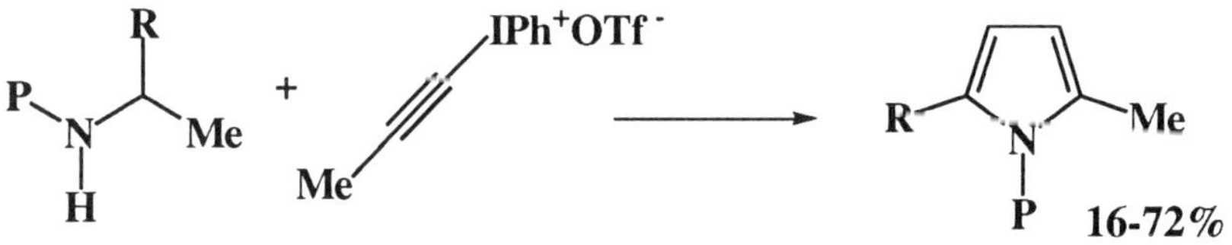

16-72%

IV.F-17 Ottenheijm, H.C.J. et al., *SC*, **25**, 1857; Jefford, C.W. et al., *HCA*, **78**, 1511.

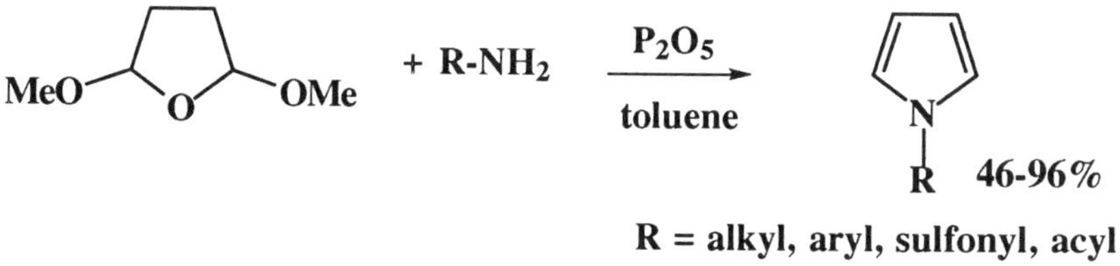
MeO
O
OMe
+ R-NH2
P2O5
toluene
N
R
46-96%
R = alkyl, aryl, sulfonyl, acyl

IV.F-18 Katritzky, A.R. et al., *TL*, **36**, 343; **see also:** Katritzky, A.R. et al., *T*, **51**, 13271; Yokoyama, M. et al., *BCJ*, **68**, 2735.

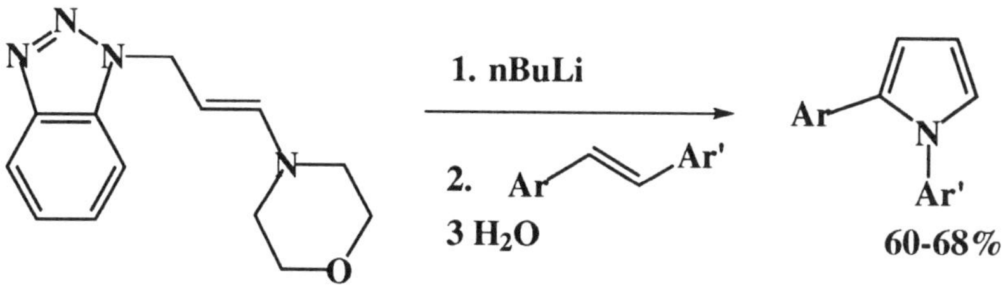
N
N
N
N
O
1. nBuLi
2. Ar Ar'
3 H2O
Ar
N
Ar'
60-68%

IV.F-19 Barnes, K.D. and Ward, R., *JHC*, **32**, 871; **see also:** Kobayashi, T. et al., *BCJ*, **68**, 3269.

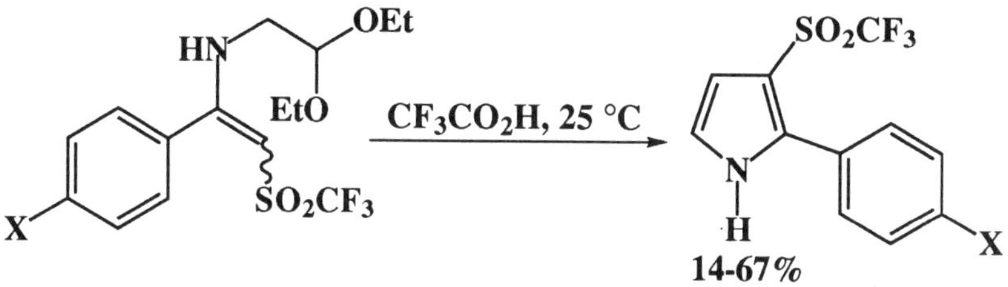
HN
OEt
EtO
SO2CF3
X
CF3CO2H, 25 °C
SO2CF3
N
H
X
14-67%

IV.F-20 Magedov, I.V., Drozd, V.N. et al., *TL*, **36**, 4619.

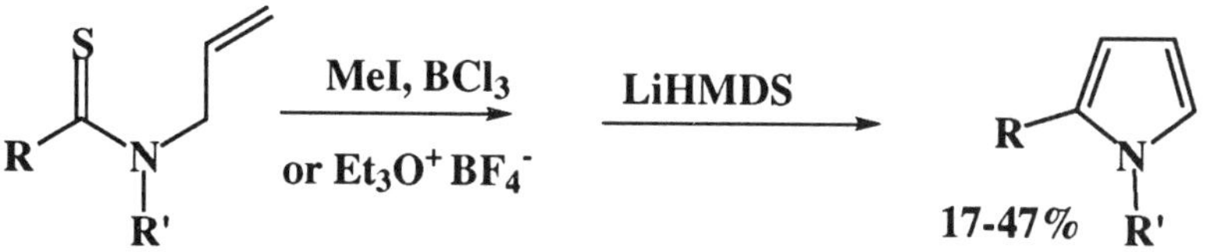
S
R
N
R'
MeI, BCl3
or Et3O+ BF4-
LiHMDS
R
N
R'
17-47%

IV.F-21 Yeh, M.-C.P. et al., *TL*, **36**, 2823.

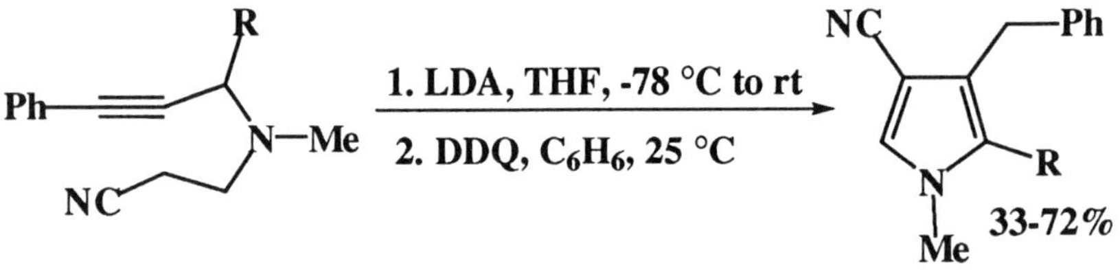

IV.F-22 Furstner, A. et al., *JOC*, **60**, 6637.

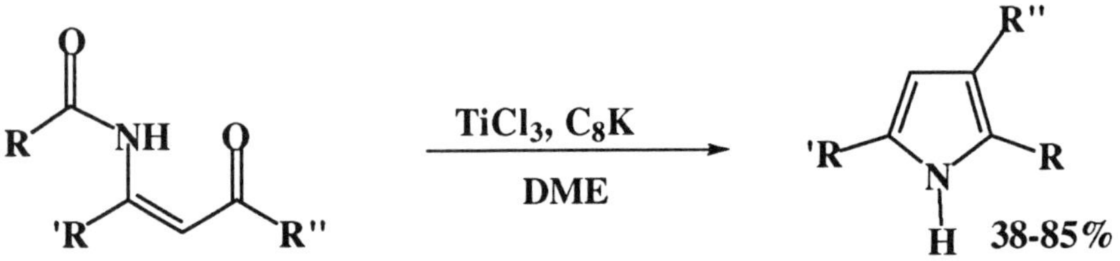

IV.F-23 Marco, J.L., Martinez-Grau, A., Martin, N. and Seoane, C., *TL*, **36**, 5393.

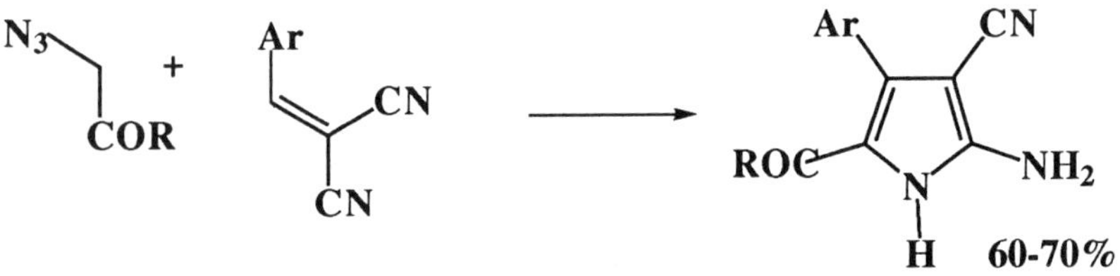

IV.F-24 Adamczyk, M. and Reddy, R.E., *TL*, **36**, 7983 and 9121.

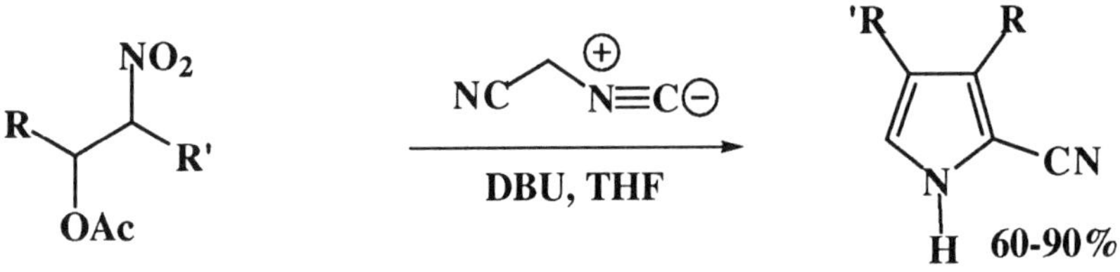

IV.F-25 Zard, S.Z. et al., *TL*, **36**, 9469.

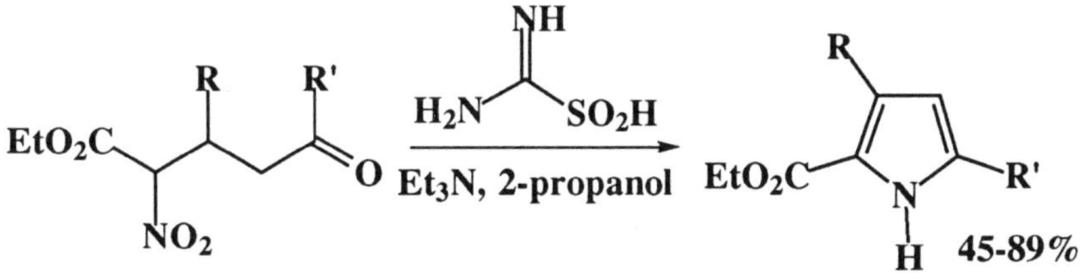

IV.F-26 Merz, A. et al., *S*, 795.

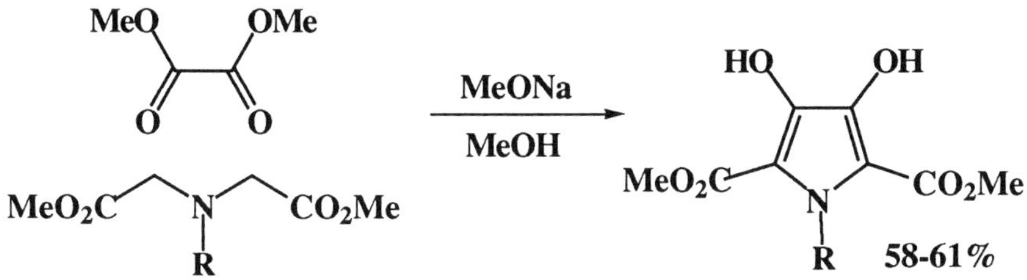

IV.F-27 Obrecht, D. and Masquelin, T., *S*, 276.

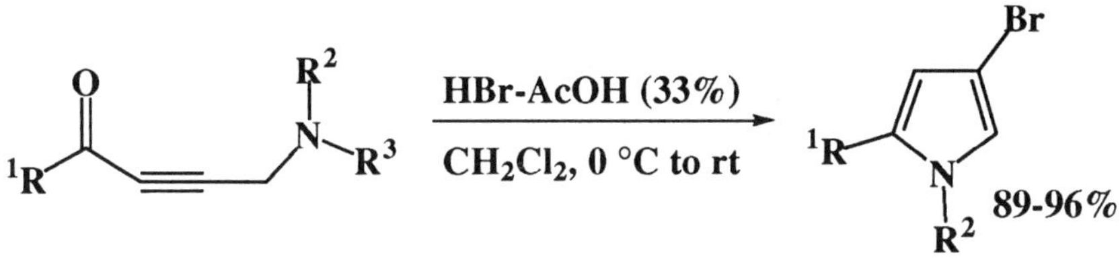

IV.F-28 Engler, T.A. et al., *TL*, **36**, 2713 and 7003.

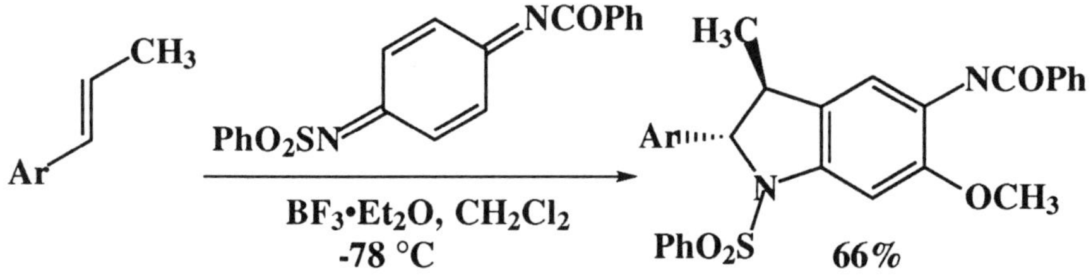

IV.F-29 Kizil, M. and Murphy, J.A., *CC*, 1409; Grigg, R. et al., *CC*, 1135.

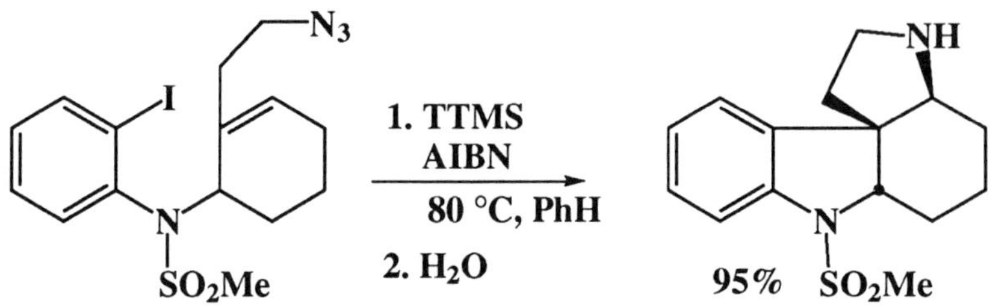

IV.F-30 Groundwater, P.W. and Lewis, R., *JCR(S)*, 215; **see also:** Sinibaldi, M.E. et al., *H*, **41**, 1939.

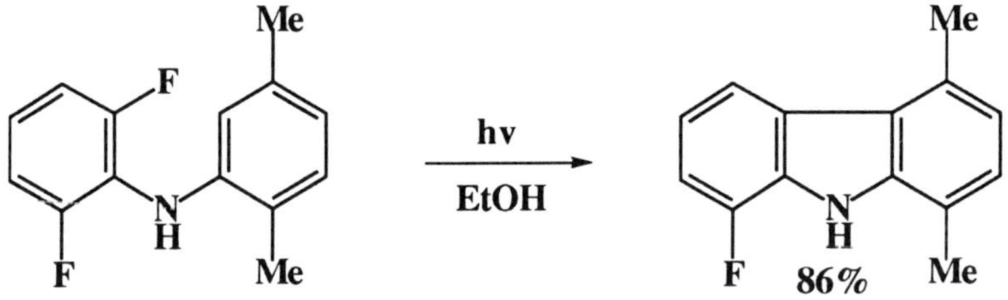

IV.F-31 Shannon, P.V.R. et al., *TL*, **36**, 133; Akermark, B. et al., *TL*, **36**, 1325; **see also:** Chen, L.-C. et al., *S*, 385; Simizu, K. and Ogasawara, K., *H*, **41**, 1627.

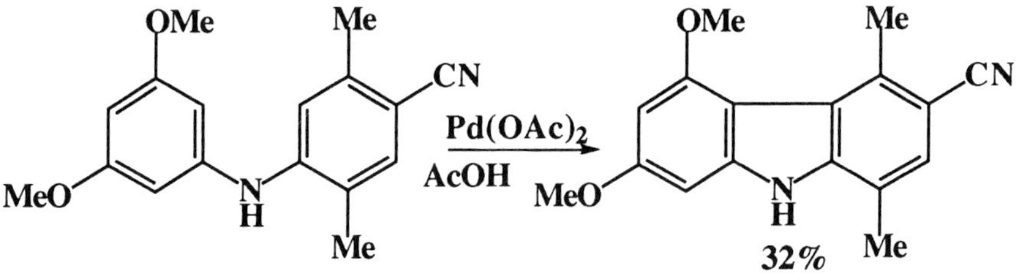

IV.F-32 Iwao, M. and Kuraishi, T., *OS*, **73**, 85, **see also:** Snieckus, V. et al., *JOC*, **60**, 1484.

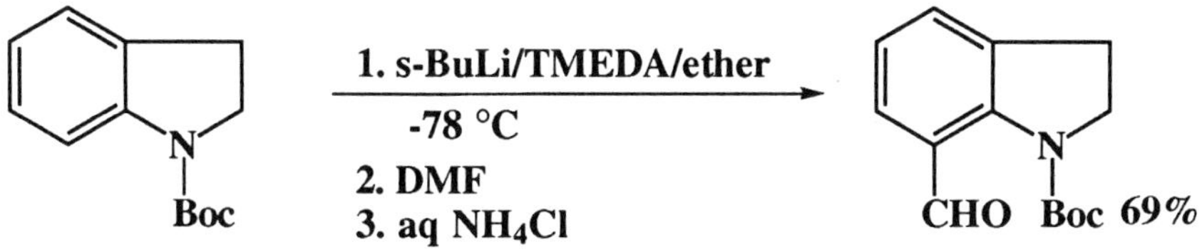

indoline-Boc → (1. s-BuLi/TMEDA/ether, -78 °C; 2. DMF; 3. aq NH$_4$Cl) → 7-CHO-indoline-Boc 69%

[similar directed lithiation of indolyl-5-O-carbamates]

IV.F-33 Sakamoto, T. et al., *JCS(P1)*, 1207.

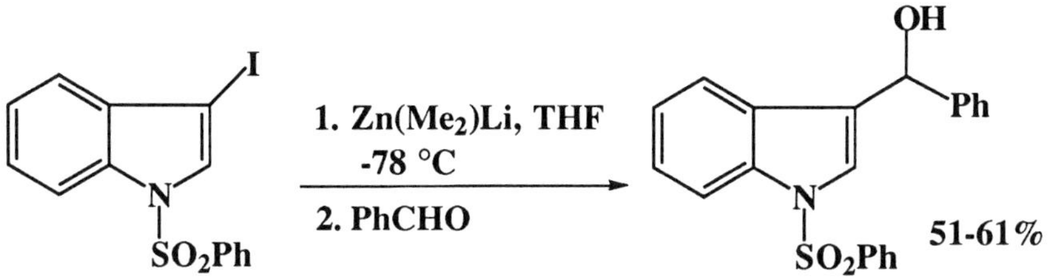

3-iodo-1-(SO$_2$Ph)-indole → (1. Zn(Me$_2$)Li, THF, -78 °C; 2. PhCHO) → 3-(CH(OH)Ph)-1-(SO$_2$Ph)-indole 51-61%

IV.F-34 Katrizky, A.R. et al., *SC*, **25**, 539; **see also:** Katritzky, A.R. and Xie, L., *JOC*, **60**, 3707.

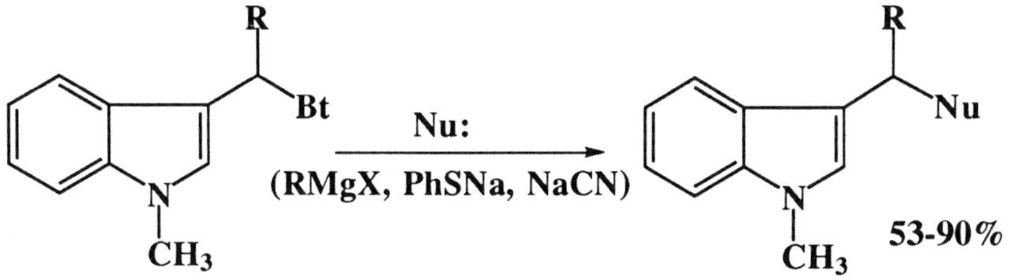

3-(CHR-Bt)-1-CH$_3$-indole → (Nu: RMgX, PhSNa, NaCN) → 3-(CHR-Nu)-1-CH$_3$-indole 53-90%

IV.F-35 Saulnier, M.G. et al., *TL*, **36**, 7841; **for other routes to skeleton see also:** Wallace, T.W. et al., *T*, **51**, 12797; Lowinger, T.B. et al., *TL*, **36**, 8383; Danishefsky, S.J. et al., *JACS*, **117**, 552.

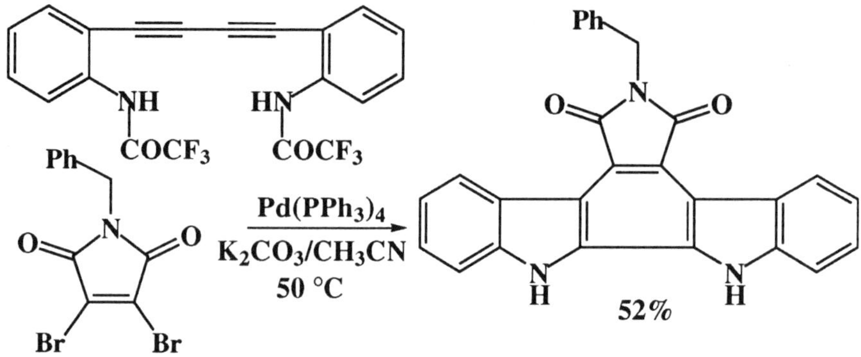

IV.F-36 Ihikura, M., *CC*, 409.

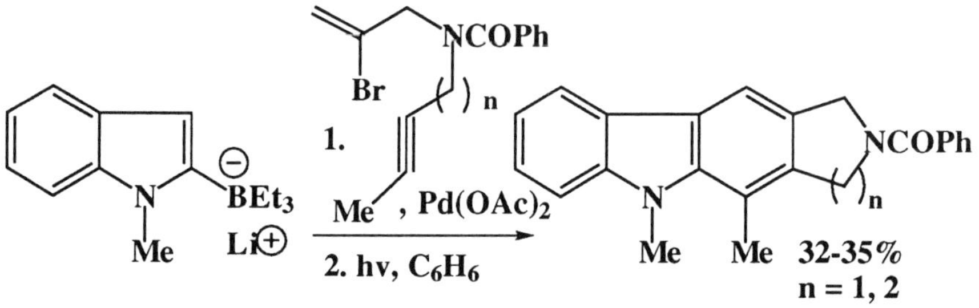

IV.G. Pyridines, Quinolines, etc.

IV.G-1 Ahman, J. and Somfai, P., *TL*, **36**, 303; Coldham, I. et al., *JCS(P1)*, 2739 and *TL*, **36**, 3557.

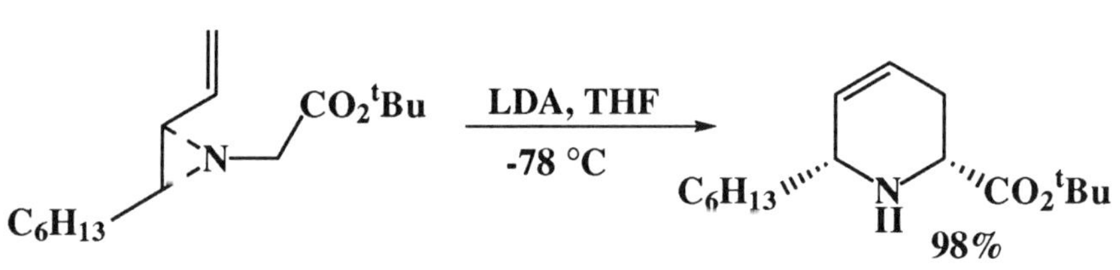

SYNTHESIS OF HETEROCYCLES

IV.G-2 Solladie, G. and Huser, N., *RTC*, **114**, 153; Momose, T. et al., *TA*, **6**, 1085.

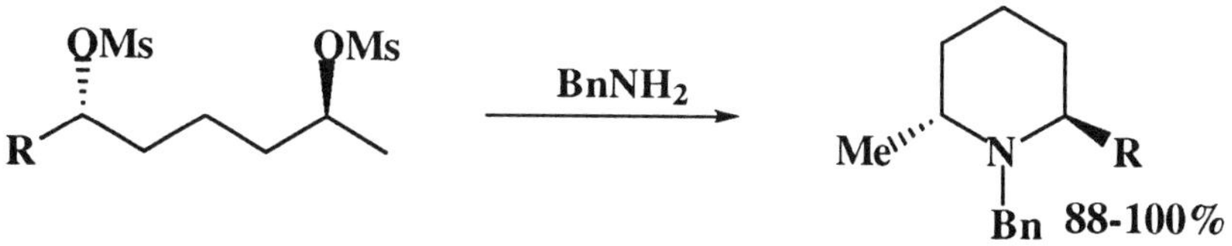

IV.G-3 Martin, O.R. and Saavedra, O.M., *TL*, **36**, 799; Johnson, C.R. et al., *SL*, 313.

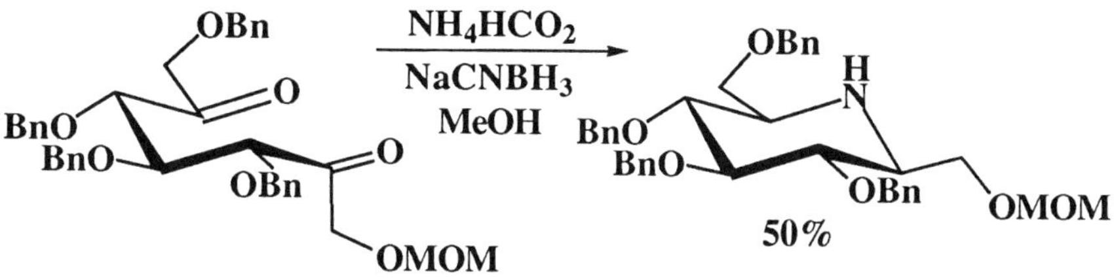

IV.G-4 Hirama, M. et al., *SL*, 404; Snider, B.B. and Harvey, T.C., *TL*, **36**, 4587; Pilli, R.A. et al., *JOC*, **60**, 717; Fukumoto, K. et al., *CC*, 2085.

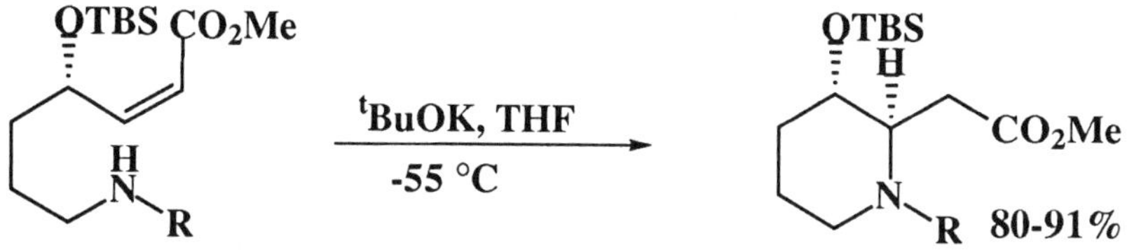

[similar examples of Michael ring closures]

IV.G-5 Munchhof, M.J. and Meyers, A.I., *JACS*, **117**, 5399.

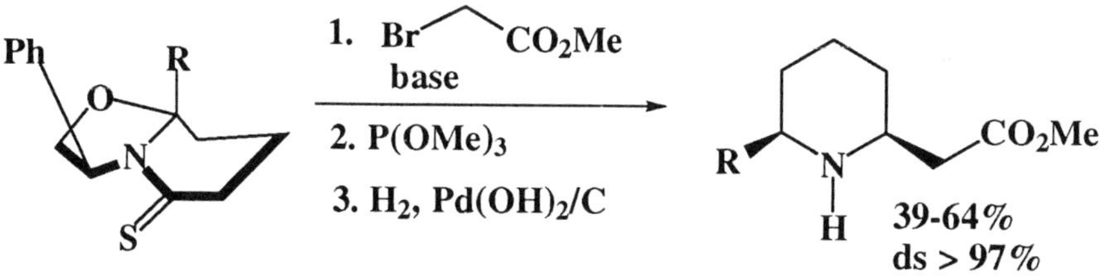

IV.G-6 Whiting, A. et al., *JCS(P1)*, 2803.

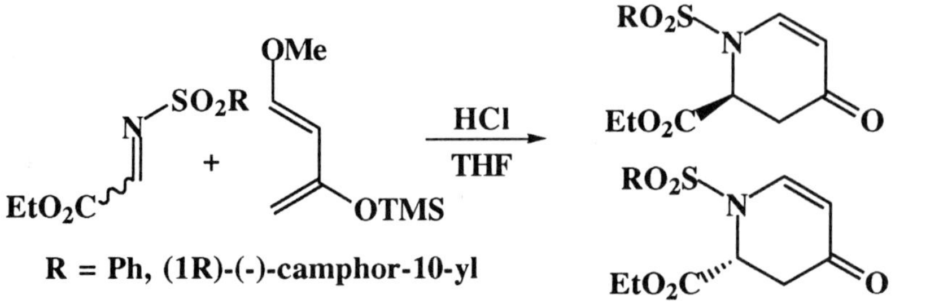

R = Ph, (1R)-(-)-camphor-10-yl

58-76%, 1:1 to 1:1.86

IV.G-7 Luedtke, G. and Livinghouse, T., *JCS(P1)*, 2369 and 2373.

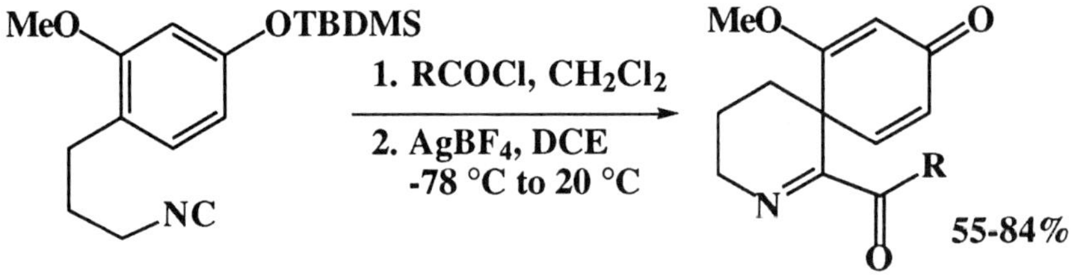

1. RCOCl, CH_2Cl_2
2. $AgBF_4$, DCE, -78 °C to 20 °C

55-84%

IV.G-8 Padwa, A. et al., *JOC*, **60**, 7082.

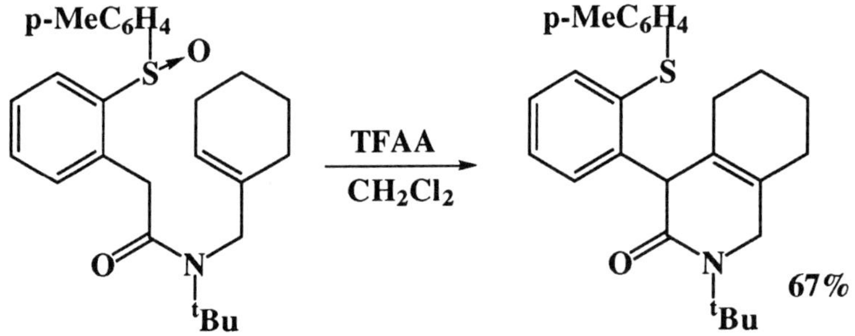

TFAA, CH_2Cl_2

67%

vinylogous Pummerer to tetrahydroisoquinolines and oxindoles

IV.G-9 Khadilkar, B.M. et al., *TL*, **36**, 8083; Martin, N., Seoane, C., Marco, J.L. et al., *TA*, **6**, 877; Eynde, J.J.V. et al., *BSB*, **104**, 387; Kiyama, R. et al., *CPB*, **43**, 450; Molina, P. et al., *TL*, **36**, 8283.

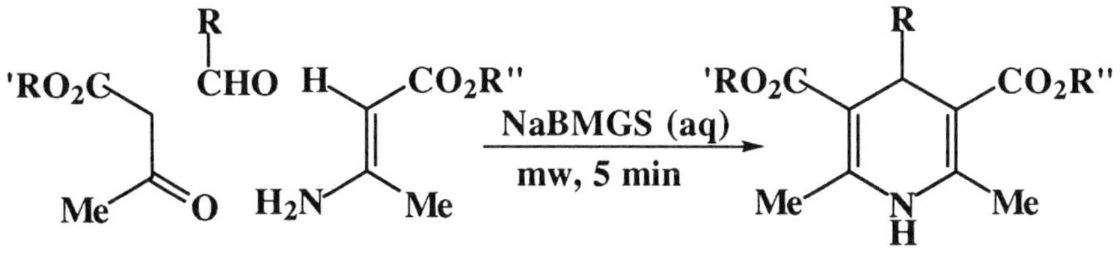

NaBMGS = sodium butyl monoglycosulphate

26-72%

IV.G-10 Ciufolini, M.A. et al., *TL*, **36**, 3307; Wakefield, B.J. et al., *S*, 923; Kiselyov, A.S., *TL*, **36**, 9297.

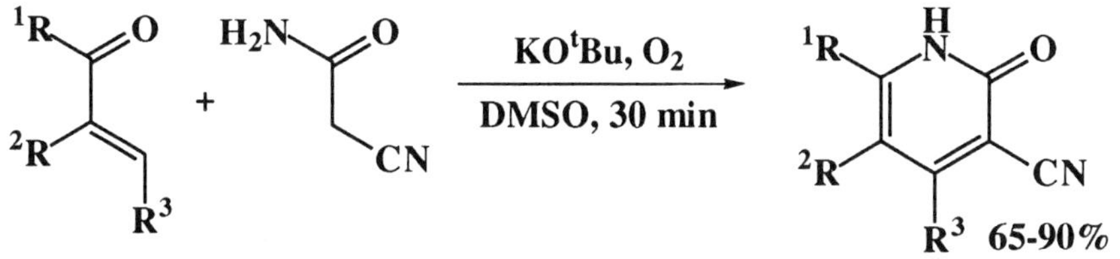

65-90%

IV.G-11 Gupton, J.T., Sikorski, J.A. et al., *T*, **51**, 1575; Powell, D.W. et al., *JOC*, **60**, 3750.

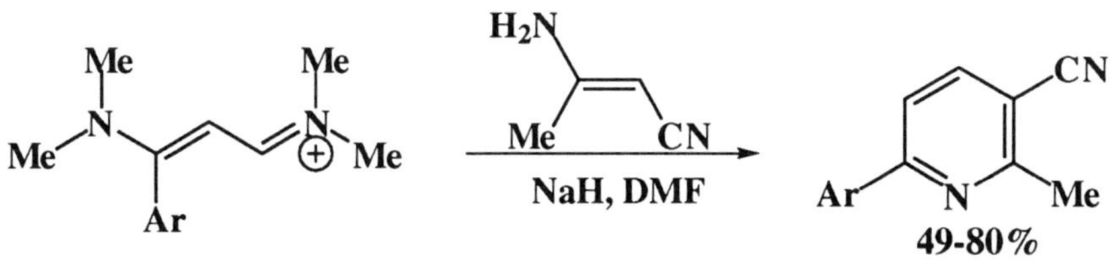

49-80%

IV.G-12 Rahm, A. and Wulff, W.D., *TL*, **36**, 8753.

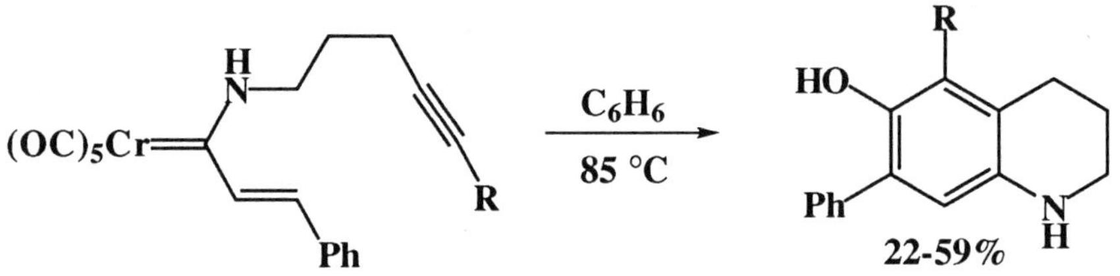

similar route to azabicyclo [3.3.0] octanes

22-59%

IV.G-13 Williamson, N.M., March, D.R. and Ward, A.D., *TL*, **36**, 7721.

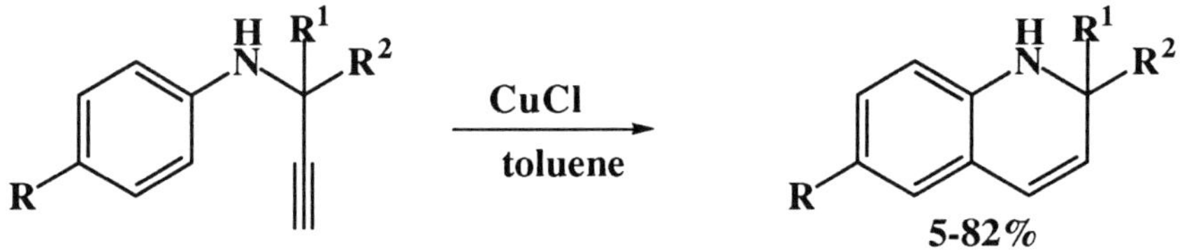

5-82%

IV.G-14 Laschat, S. and Temme, O., *JCS(P1)*, 125; **see also:** Ghosez, L. et al., *TL*, **36**, 8977; Mellor, J.M. and Merriman, G.D., *ST*, **60**, 693.

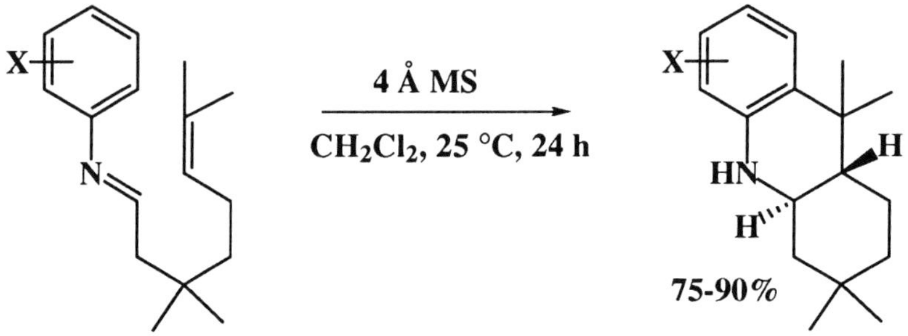

4 Å MS, CH$_2$Cl$_2$, 25 °C, 24 h

75-90%

IV.G-15 Meth-Cohn, O. and Taylor, D.L., *T*, **51**, 12869; **see also:** Ishikawa, T. et al., *CPB*, **43**, 766.

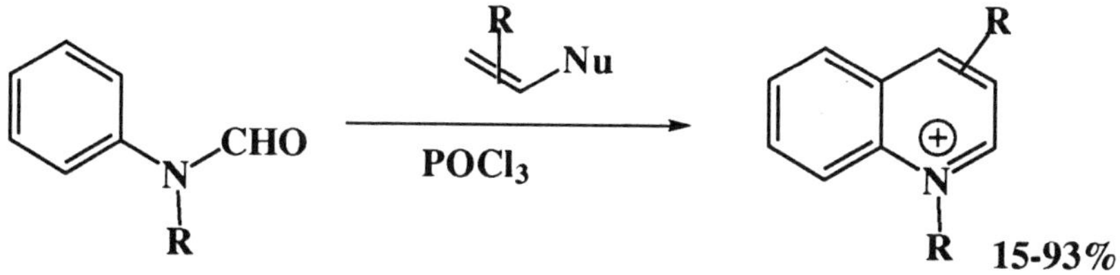

reverse Vilsmeier approach to quinolines with electron rich alkenes

IV.G-16 Takaki, K. et al., *S*, 801; **see also:** Currie, K.S. and Tennant, G., *CC*, 2295; Lewis, N.J. et al., *TL*, **36**, 7743; Beifuss, U. and Ledderhose, S., *CC*, 2137; Lete, E. et al., *T*, **51**, 12159.

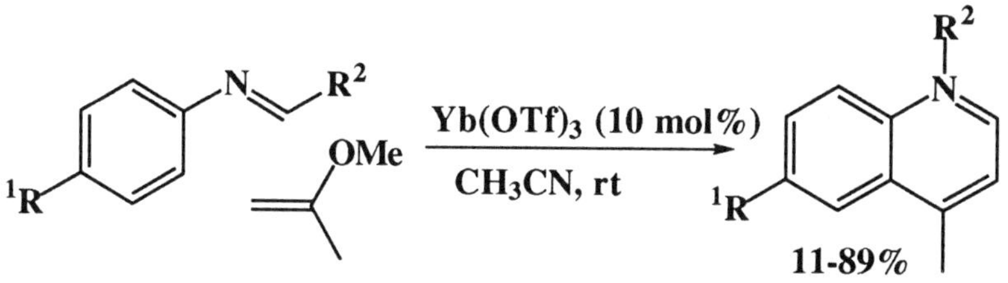

IV.G-17 Quintela, J.M. et al., *H*, **41**, 1001.

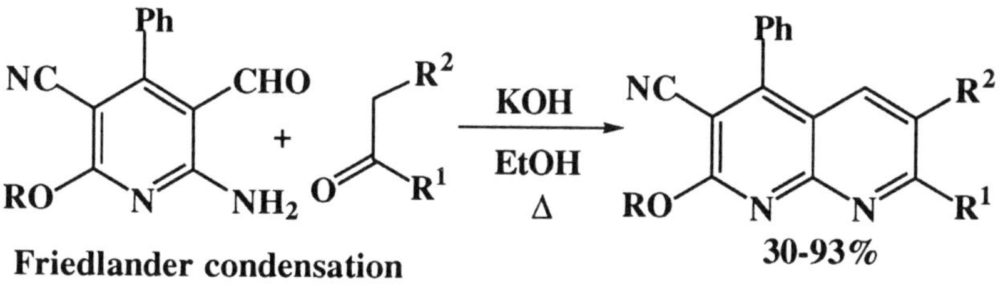

Friedlander condensation

IV.G-18 Wiggall, K.J. and Richardson, S.K., *JHC*, **32**, 867.

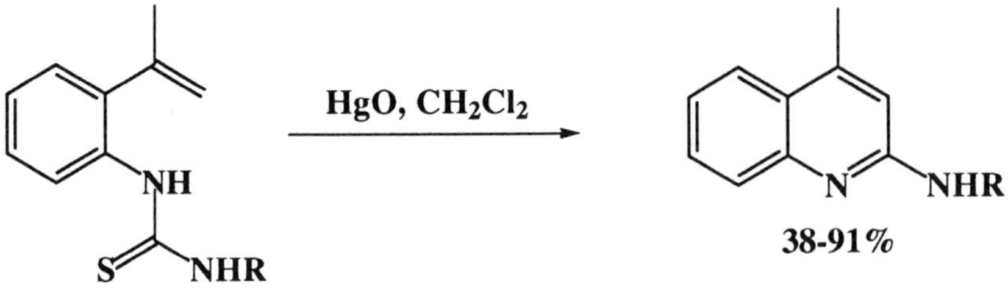

HgO, CH₂Cl₂ → 38-91%

IV.G-19 Narasaka, N. et al., *CL*, 5 and 715.

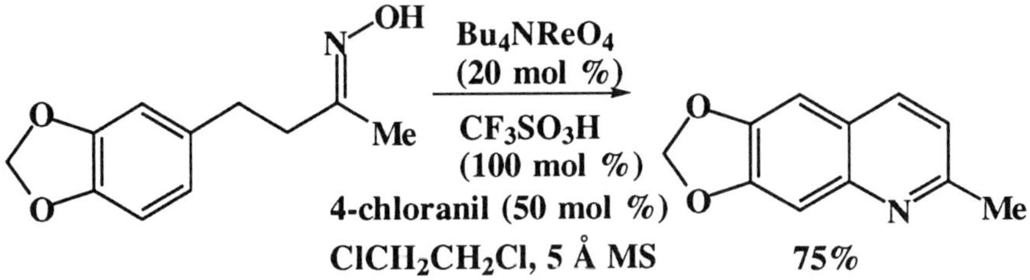

Bu₄NReO₄ (20 mol %)
CF₃SO₃H (100 mol %)
4-chloranil (50 mol %)
ClCH₂CH₂Cl, 5 Å MS → 75%

IV.G-20 Larock, R.C. et al., *JOC*, **60**, 3270.

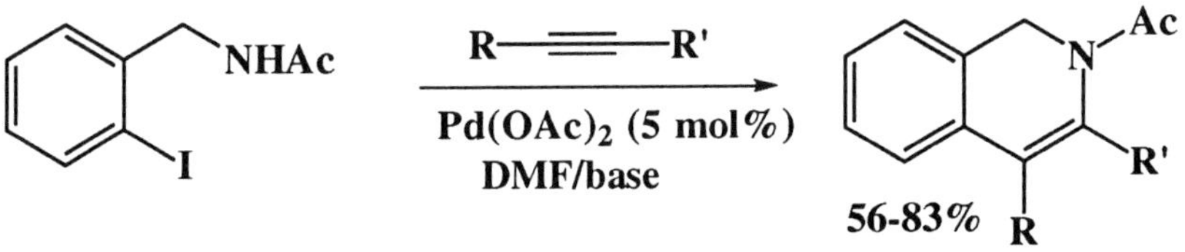

R≡≡R'
Pd(OAc)₂ (5 mol%)
DMF/base → 56-83%

similarly for benzofurans, benzopyrans, and isocoumarins

IV.G-21 Warkentin, J. et al., *AJC*, **48**, 291.

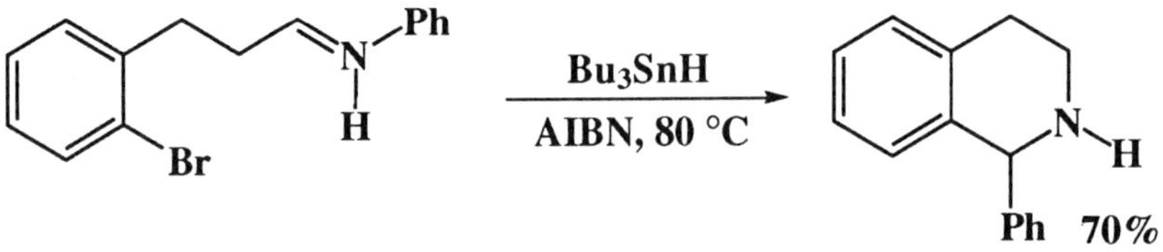

Bu₃SnH
AIBN, 80 °C → 70%

IV.G-22 Suzuki, H. and Abe, H., *S*, 763; Hirota, T. et al., *H*, **41**, 2565.

[Reaction: 2-iodobenzylamine + R-CH$_2$-CN → 1. CuBr, iPr$_2$EtN, DMSO, rt; 2. aq NH$_3$, ether → 3-amino-4-R-isoquinoline, 23-82%]

IV.G-23 Veronese, A.C. et al., *T*, **51**, 12277; Potacek, M. et al., *M*, **126**, 333; O'Callaghan, C.N. et al., *JCS(P1)*, 417; Campbell, J.B. and Firor, J.W., *JOC*, **60**, 5243; Tominaga, Y. et al., *TL*, **36**, 8641.

[Reaction: R-substituted 2-aminobenzonitrile + CH$_2$(COOR')$_2$ / SnCl$_4$ → 4-amino-3-acyl-2-quinolone, 21-35%]

IV.G-24 Kiselyov, A.S., *TL*, **36**, 493.

[Reaction: PhC(O)NHMe + 1. nBuLi, THF, -78 °C to 0 °C; 2. RC(O)C(O)R → isoquinolinone diol product, 59-80%]

IV.G-25 Ponzo, V.L. and Kaufman, T.S., *TL*, **36**, 9105.

[Reaction: 3,4-dimethoxybenzyl-N(Ts)-CH$_2$CH(OMe)$_2$ → 6N HCl, dioxane, reflux → 6,7-dimethoxy-2-tosyl-1,2-dihydroisoquinoline, 80%]

IV.G-26 Love, B.E. and Raje, P.S., *SL*, 1061; Wunsch, B. and Nerdinger, S., *TL*, **36**, 8003.

[Reaction scheme: indole with OMe, Br, NHTs, SO₂Ph, Ar substituents treated with 50% NaOH, PhCH₃, cat. Bu4N⁺Br⁻ to give β-carboline product, 40-68%]

IV.G-27 Zdrojewski, T. and Jonczyk, A., *T*, **51**, 12439.

[Reaction scheme: benzaldehyde with CN group and X substituent + HNRR', cat. CF₃CO₂H, EtOH, Δ → 3-amino isoquinoline with NRR', 20-85%]

IV.G-28 Rodrigues, J.A.R. et al., *TL*, **36**, 59; Molina, P., Foces-Foces, C. et al., *T*, **51**, 12127.

[Reaction scheme: methylenedioxy cinnamate with N=PPh₃ + Ar-SO₂N=C=O, PhMe, Δ → isoquinoline with CO₂Me and NHSO₂Ar]

IV.G-29 Peters, O. and Friedrichsen, W., *TL*, **36**, 8581.

[Reaction scheme: aromatic substrate with Me-N amide, H₃CO, N₂, CO₂CH₃ substituents treated with Cu(acacF₆)₂, tol → tricyclic product with Me-N, H₃CO, HO, CO₂CH₃, 44%]

IV.G-30 Bremner, J.B. et al., *AJC*, **48**, 1437; **see also:** Fujii, T. et al., *CPB*, **43**, 49.

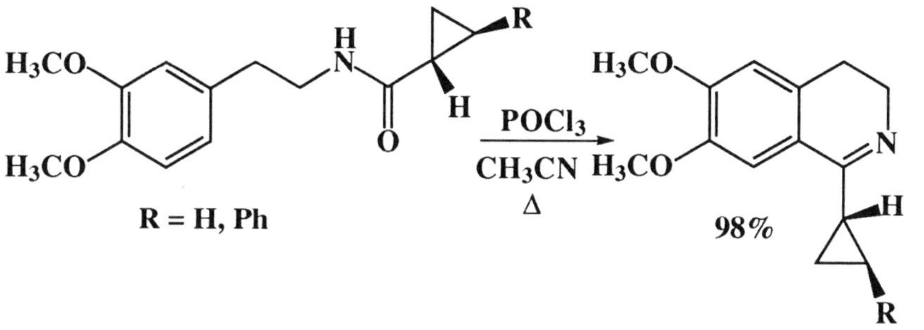

R = H, Ph

POCl$_3$, CH$_3$CN, Δ → 98%

IV.G-31 Zhang, P. and Cook, J.M., *TL*, **36**, 6999; **see also:** Scheeren, H.W. et al., *T*, **51**, 4841; Lete, E. et al., *T*, **51**, 4701.

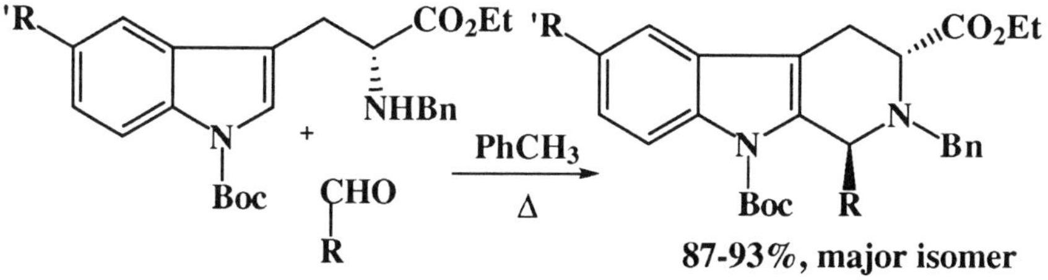

PhCH$_3$, Δ → 87-93%, major isomer

IV.G-32 Snyder, J.K. et al., *TL*, **36**, 6591.

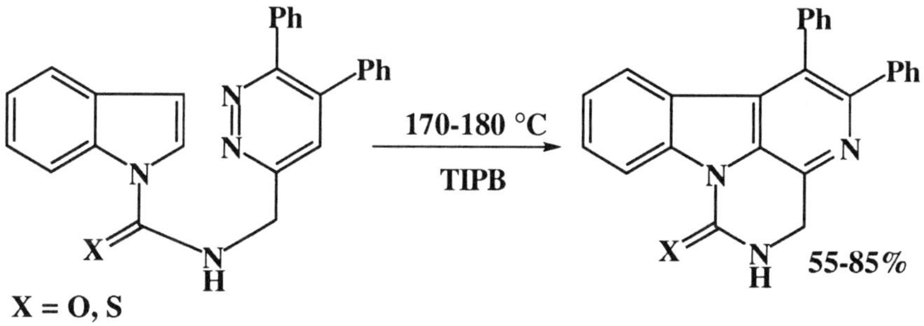

X = O, S

170-180 °C, TIPB → 55-85%

IV.G-33 Blechert, S. et al., *AG(E)*, 1900.

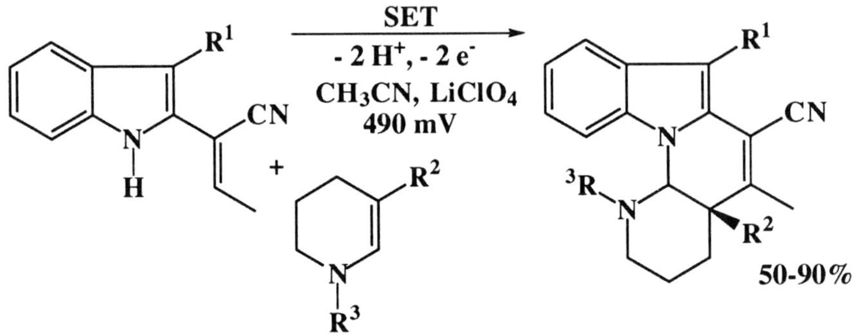

IV.G-34 Comins, D.L. et al., *TL*, **36**, 9449 and *JOC*, **60**, 794; Streith, J. et al., *HCA*, **78**, 61.

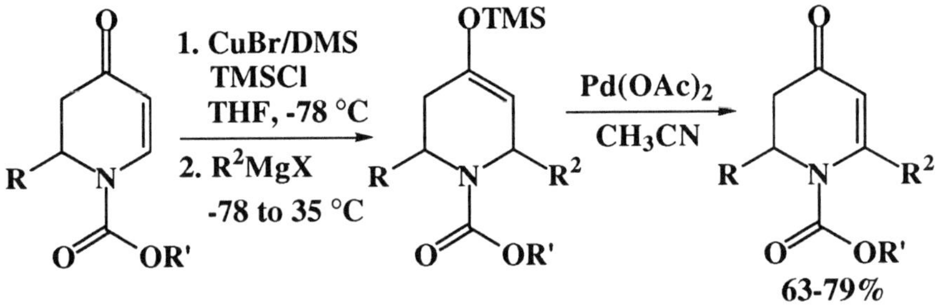

IV.G-35 Comins, D.L., Joseph, S.J. and Chen, X., *TL*, **36**, 9141.

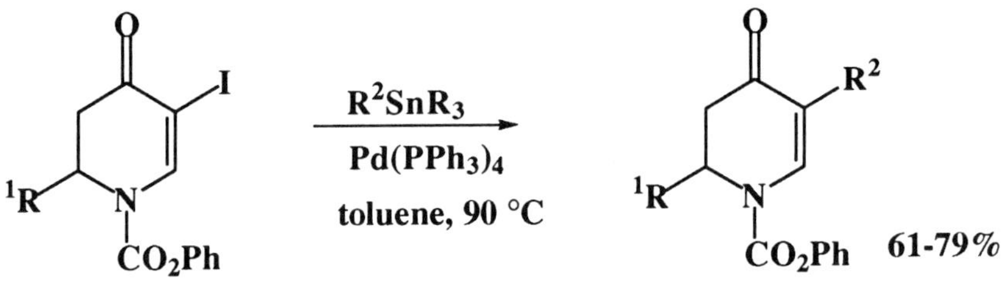

IV.G-36 Murai, A. et al., *CL*, 801.

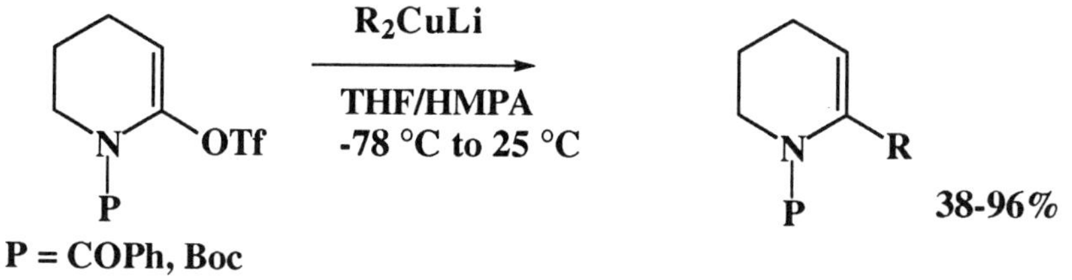

P = COPh, Boc

38-96%

IV.H   Pyrans, Pyrones and Sulfur Analogues

IV.H-1 Mohr, P., *TL*, **36**, 2453.

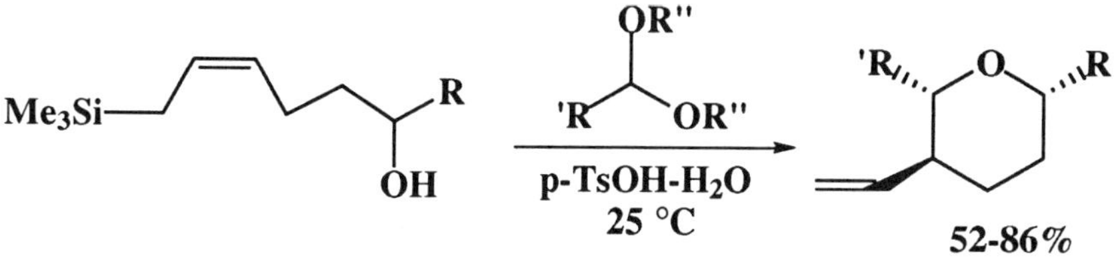

52-86%

IV.H-2 Murai, A. et al., *TL*, **36**, 8063.

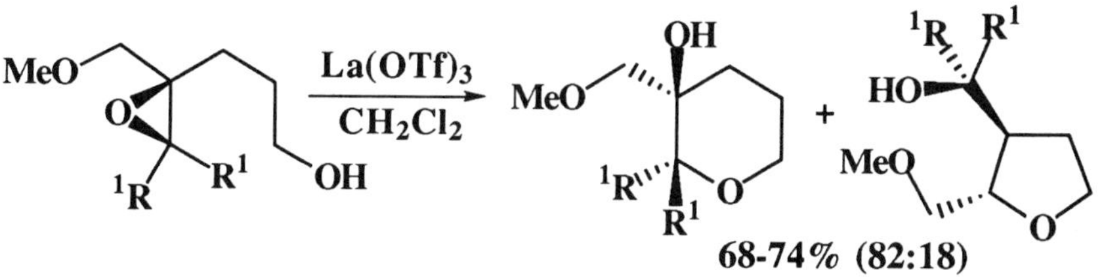

68-74% (82:18)

IV.H-3 Hanaoka, M. et al., *SL*, 663.

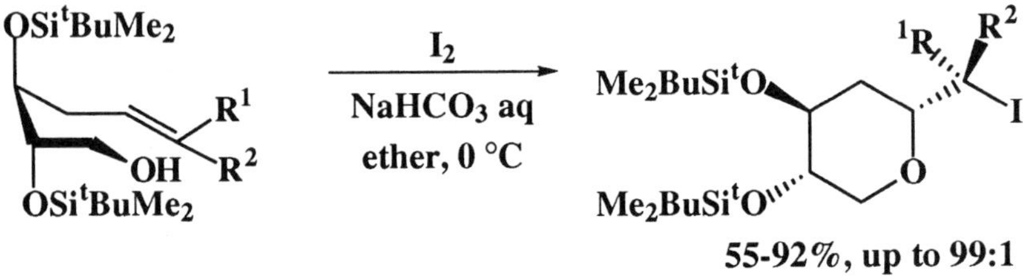
OSi^{t}BuMe$_2$
R^1
OH
R^2
OSi^{t}BuMe$_2$
I$_2$
NaHCO$_3$ aq
ether, 0 °C
Me$_2$BuSi^{t}O
Me$_2$BuSi^{t}O
^{1}R
R^2
I
O
55-92%, up to 99:1

IV.H-4 Wipf, P. and Lim, S., *JACS*, **117**, 558.

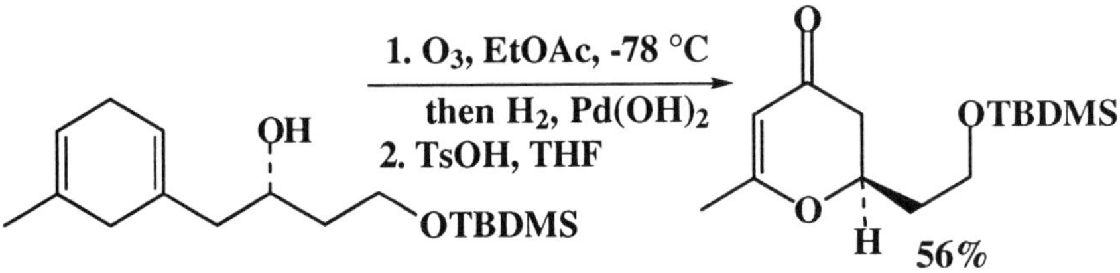
OH
OTBDMS
1. O$_3$, EtOAc, -78 °C
then H$_2$, Pd(OH)$_2$
2. TsOH, THF
O
OTBDMS
O
H
56%

IV.H-5 West, F.G. et al., *TL*, **36**, 8531.

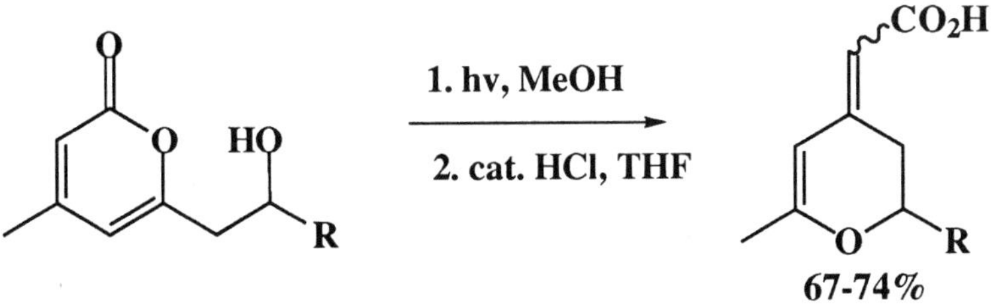
O
O
HO
R
1. hv, MeOH
2. cat. HCl, THF
CO$_2$H
O
R
67-74%

IV.H-6 Johannsen, M. and Jorgensen, K.A., *JOC*, **60**, 5757; Mikami, K. et al., *SL*, 975 and 967.

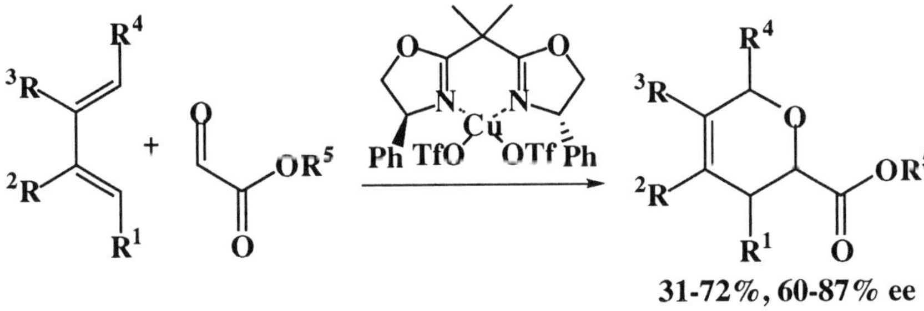
R^4
^{3}R
^{2}R
R^1
+
O
OR^5
O
O
O
N
N
Cu
Ph
TfO
OTf
Ph
R^4
^{3}R
O
^{2}R
OR^5
R^1
O
31-72%, 60-87% ee

IV.H-7 Stoodley, R.J. et al., *TL*, **36**, 8689.

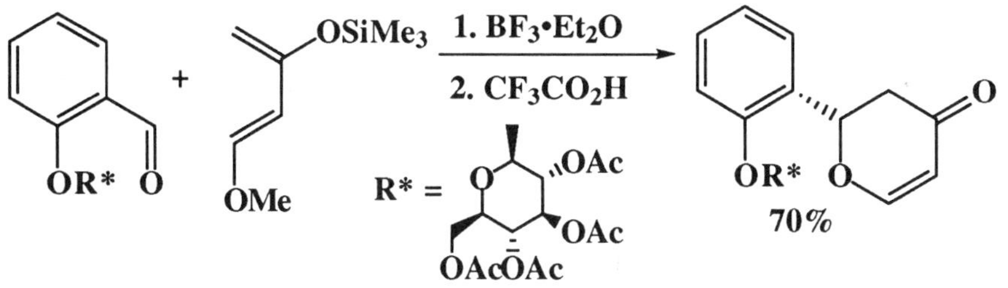

IV.H-8 Wyler, H. et al., *HCA*, **78**, 151.

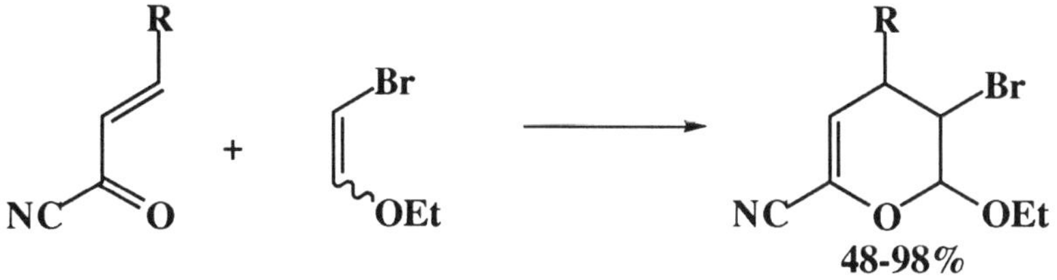

IV.H-9 Oppolzer, W. et al., *TL*, **36**, 4413.

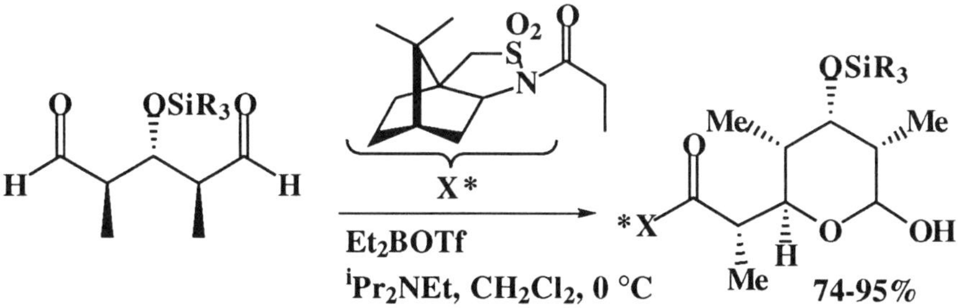

IV.H-10 Lee, E. et al., *JACS*, **117**, 8017.

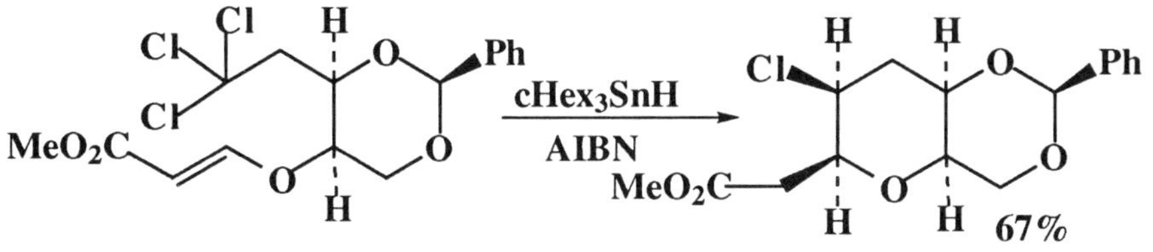

IV.H-11 Piancatelli, G. et al., *G*, **125**, 325; Piancatelli, G., DeMico, A. et al., *TL*, **36**, 3553.

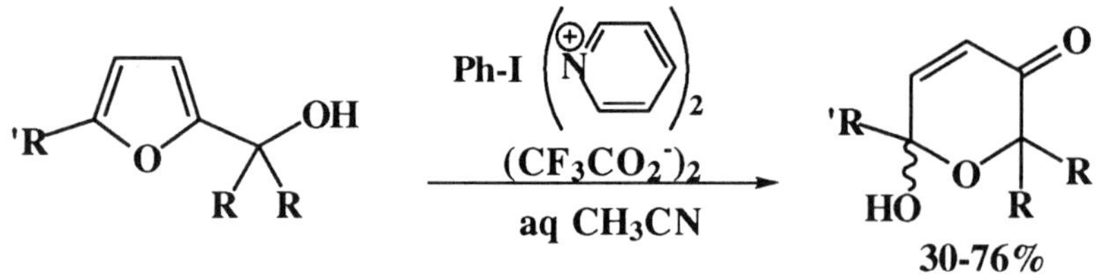

[Reaction: 5-substituted furan with C(R)(R)OH group + Ph-I(pyridine)₂⁺, (CF₃CO₂⁻)₂, aq CH₃CN → dihydropyranone product, 30-76%]

IV.H-12 Tsukayama, M. et al., *CC*, 615.

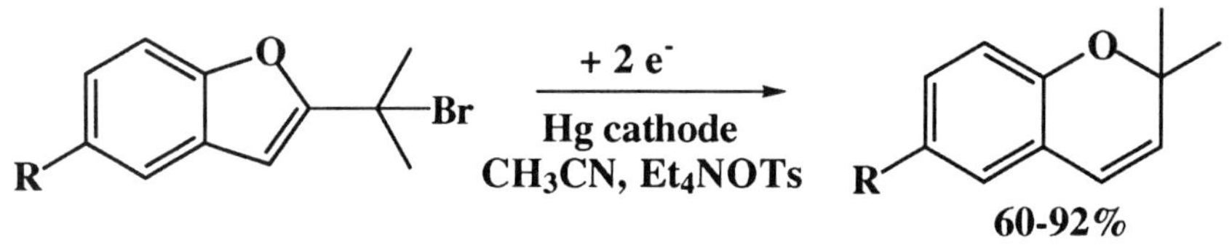

[Reaction: 2-(2-bromopropan-2-yl)benzofuran + 2 e⁻, Hg cathode, CH₃CN, Et₄NOTs → 2,2-dimethyl-2H-chromene, 60-92%]

IV.H-13 Das, S. et al., *TL*, **36**, 1337.

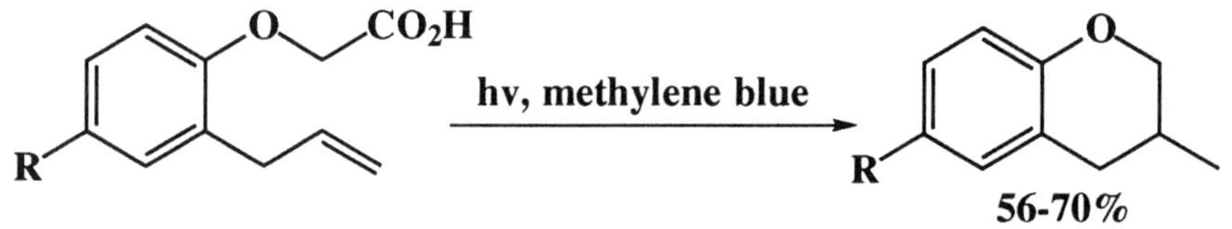

[Reaction: aryl allyl ether with OCH₂CO₂H, hv, methylene blue → 3-methylchroman, 56-70%]

IV.H-14 Mizuguchi, E. and Achiwa, K., *SL*, 1255.

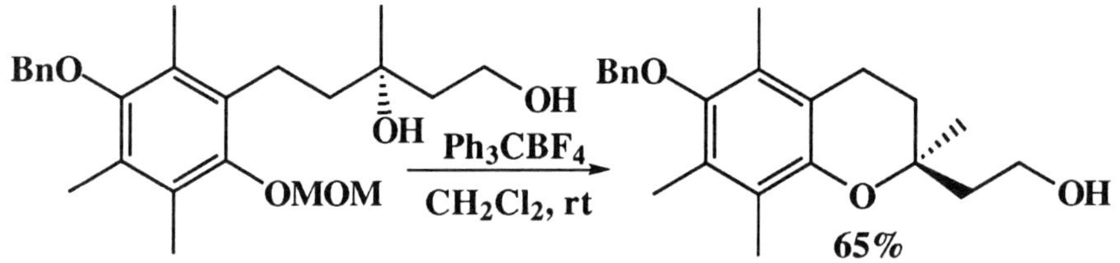

[Reaction: BnO-protected aryl diol substrate with OMOM group, Ph₃CBF₄, CH₂Cl₂, rt → chroman with hydroxyethyl side chain, 65%]

IV.H-15 North, J.T. et al., *JOC*, **60**, 3397; **see also:** Matsui, M. and Yamamoto, H., *BCJ*, **68**, 2657 and 2661.

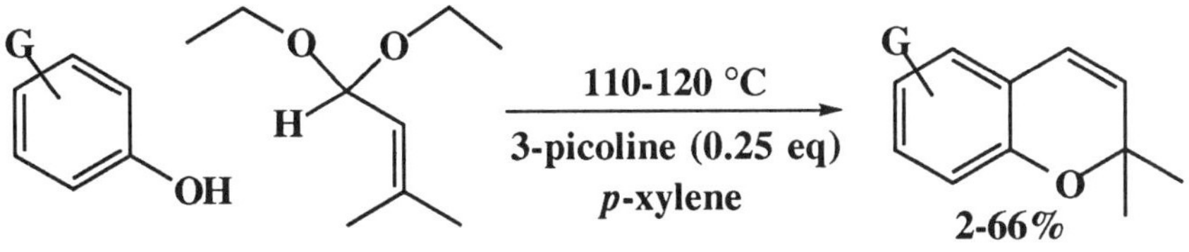

$$\text{ArOH} + \text{acetal} \xrightarrow[\text{p-xylene}]{\substack{110\text{-}120\ °C \\ 3\text{-picoline (0.25 eq)}}} \text{2,2-dimethyl-2H-chromene}\quad 2\text{-}66\%$$

IV.H-16 Taylor, R.J.K. et al., *SL*, 1237; **see also:** Takacs, J.M. et al., *JOC*, **60**, 3473; Righetti, P. et al., *TL*, **36**, 2855.

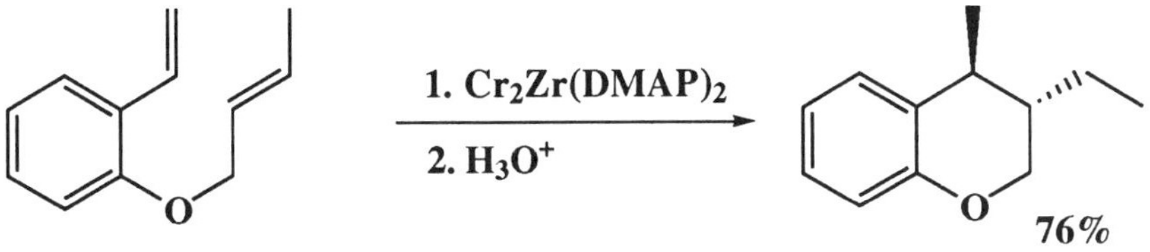

$$\xrightarrow[\text{2. }H_3O^+]{\text{1. }Cr_2Zr(DMAP)_2} \quad 76\%$$

IV.H-17 Denmark, S.E. and Schnute, M.E., *JOC*, **60**, 1013; Friestad, G.K. and Branchaud, B.P., *TL*, **36**, 7047.

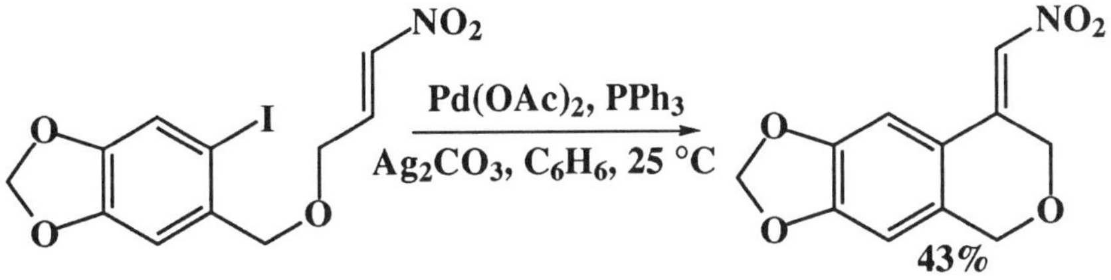

$$\xrightarrow[\text{Ag}_2\text{CO}_3,\ C_6H_6,\ 25\ °C]{\text{Pd(OAc)}_2,\ \text{PPh}_3}\quad 43\%$$

IV.H-18 Moore, H.W. et al., *JOC*, **60**, 6460.

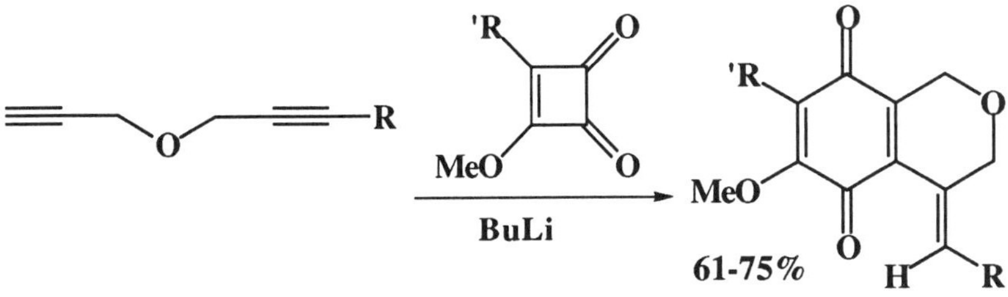

$$\xrightarrow{\text{BuLi}}\quad 61\text{-}75\%$$

IV.H-19 McKervey, M.A. et al., *JCS(P1)*, 1373.

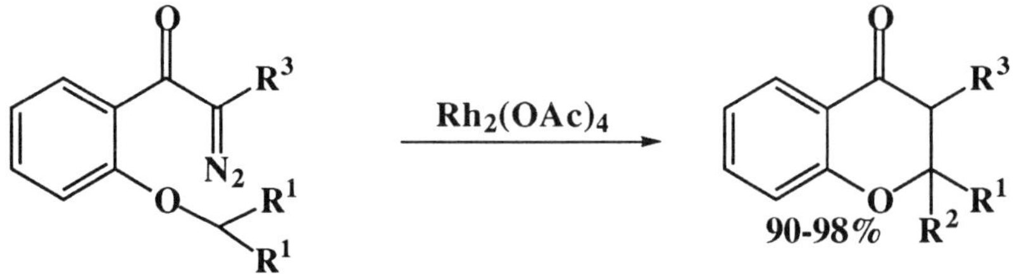

IV.H-20 Patonay, T. et al., *BSF*, **132**, 233.

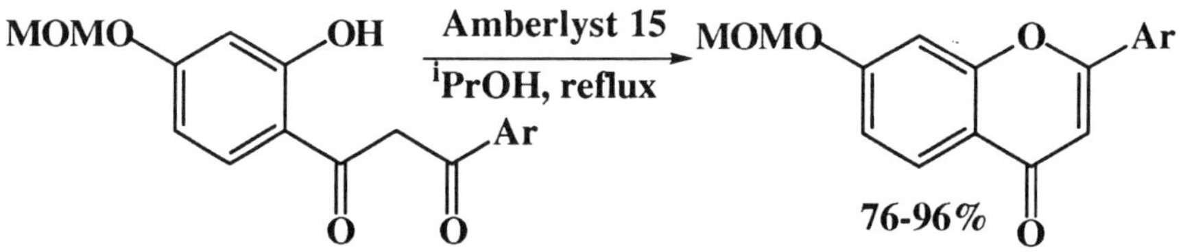

IV.H-21 Sard, H. and Shawcross, F., *JHC*, **32**, 1393; **see also:** Stoermer, M.J. and Fairlie, D.P., *AJC*, **48**, 677.

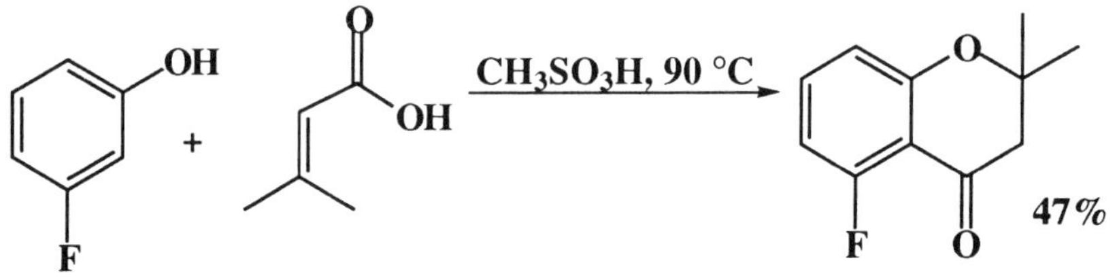

IV.I. Other Heterocycles with One Heteroatom

IV.I-1 Vicker, N. et al., *JCS(P1)*, 2355.

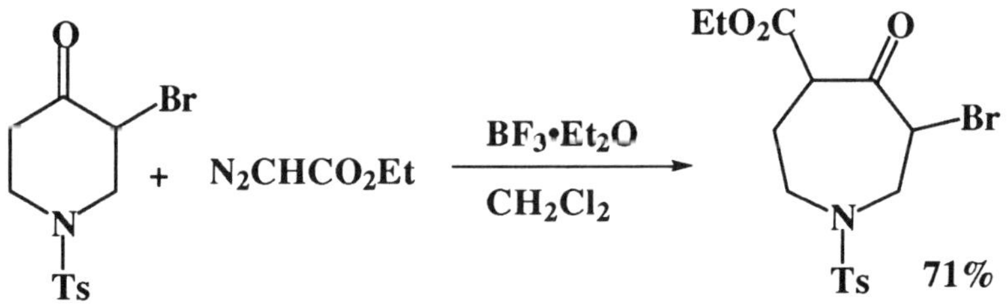

IV.I-2 Lohrag, B.B. et al., *JOC*, **60**, 5958.

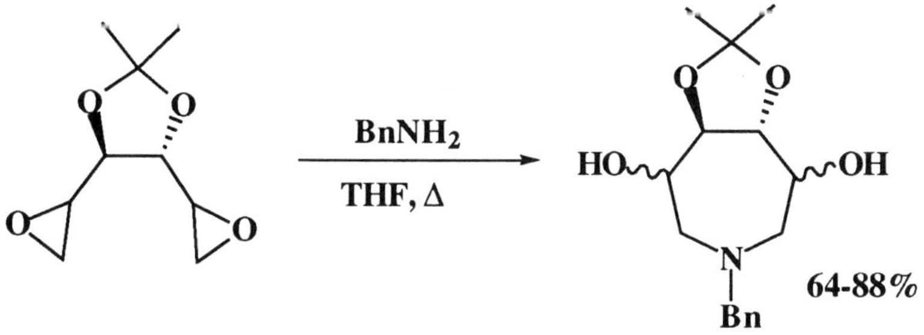

IV.I-3 Murai, S. et al., *OM*, **14**, 4418.

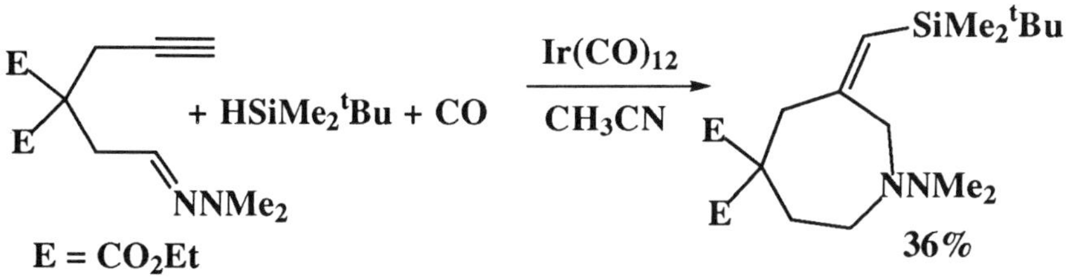

IV.I-4 Martin, S.F. and Wagman, A.S., *TL*, **36**, 1169.

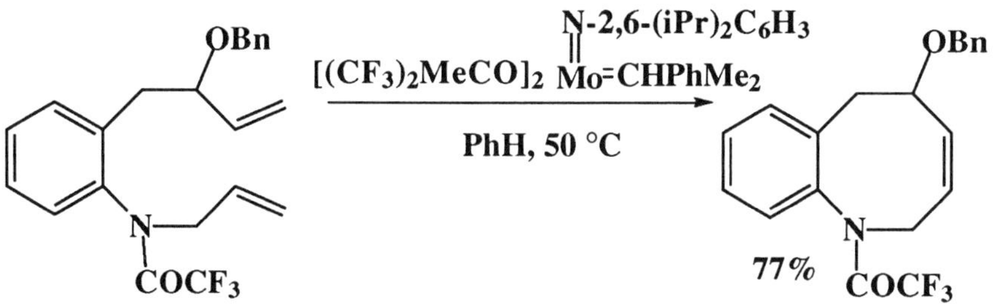

IV.I-5 Murata, S., Miwa, M. and Tomioka, H., *CC*, 1255.

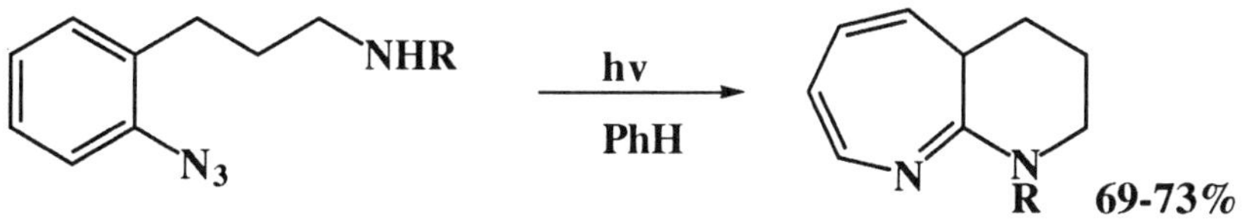

IV.I-6 Nitta, M. et al., *JCS(P1)*, 1001.

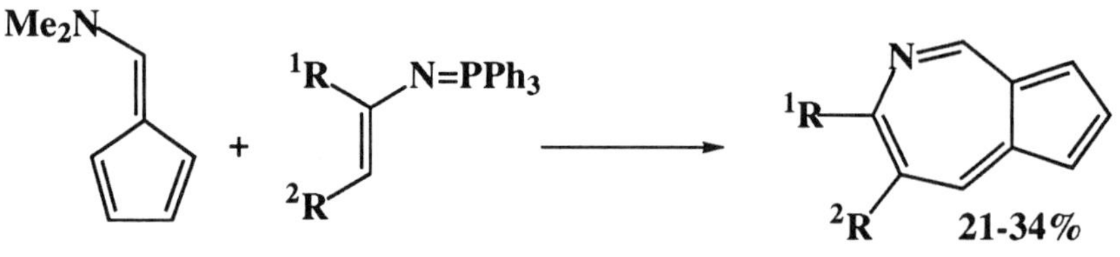

IV.I-7 Tokmakov, G.P. and Grandberg, I.I., *T*, **51**, 2091.

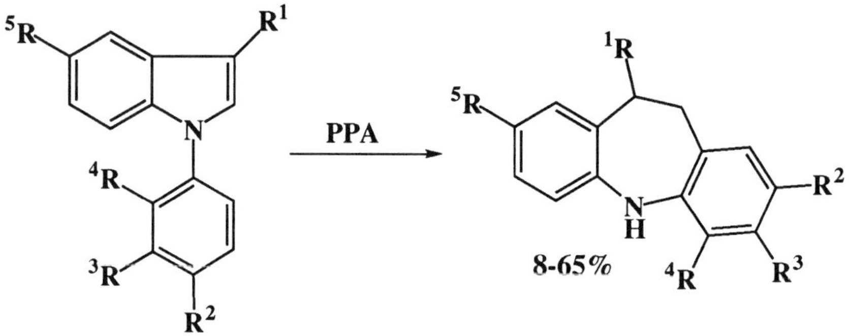

IV.I-8 Brunel. Y. and Rousseau, G., *SL*, 323; **see also:** Overman, L.E. et al., *JACS*, **117**, 5958; Gree, R.L. et al., *JOC*, **60**, 2316.

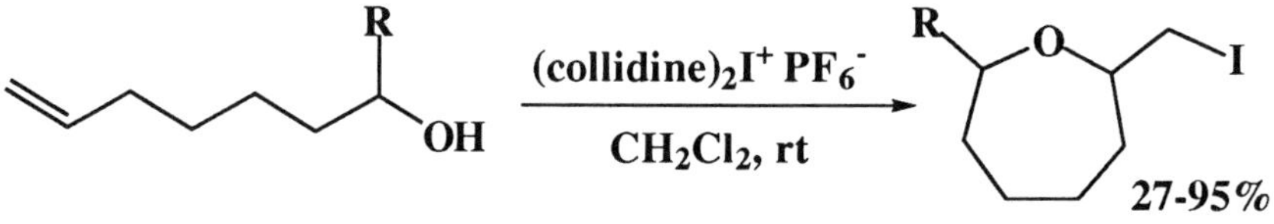

IV.I-9 Brandes, A. and Hoffmann, H.M.R., *T*, **51**, 145 and 155.

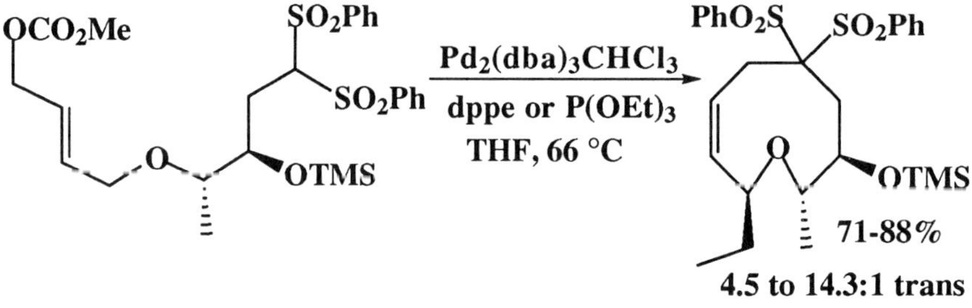

IV.I-10 Kato, S. et al., *TL*, **36**, 2807.

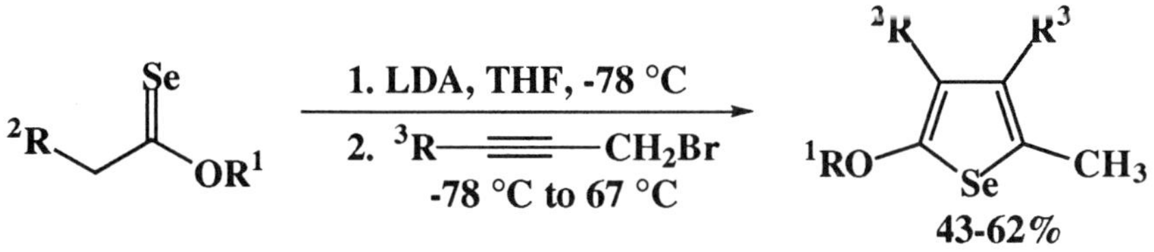

^{2}R-CH$_2$-C(=Se)-OR^1
1. LDA, THF, -78 °C
2. ^{3}R≡≡CH$_2$Br, -78 °C to 67 °C
→ 2,3-disubstituted selenophene: ^{1}RO–[Se ring]–CH$_3$ with R^2, R^3
43-62%

IV.I-11 Wilker, S. and Erker, G., *JACS*, **117**, 10922; **see also:** Okuma, K. et al., *TL*, **36**, 8813.

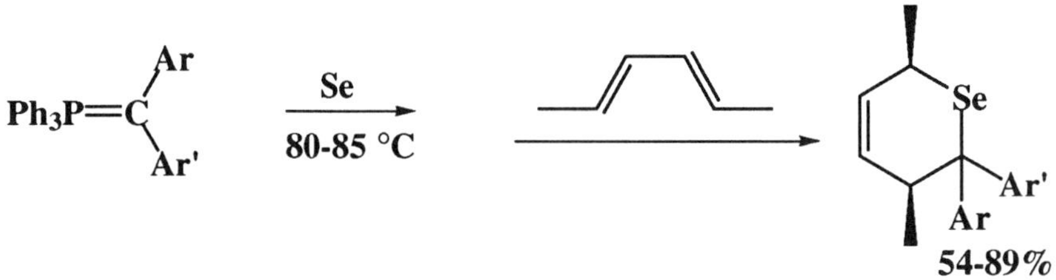

Ph$_3$P=C(Ar)(Ar') →[Se, 80-85 °C] + butadiene → selenacyclohexene product
54-89%

IV.I-12 Oshima, K., Utimoto, K. et al., *TL*, **36**, 8067.

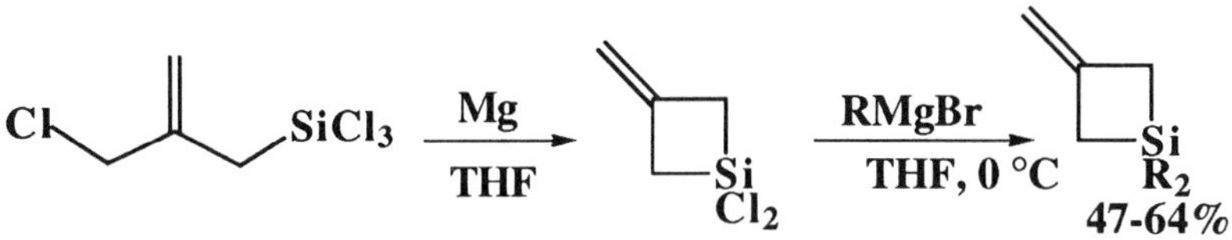

Cl-CH$_2$-C(=CH$_2$)-CH$_2$-SiCl$_3$ →[Mg, THF] silacyclobutane-SiCl$_2$ →[RMgBr, THF, 0 °C] silacyclobutane-SiR$_2$
47-64%

IV.J. Heterocycles with a Bridgehead Heteroatom

IV.J-1 Hassner, A. and Belostotskii, A.M., *TL*, **36**, 1709.

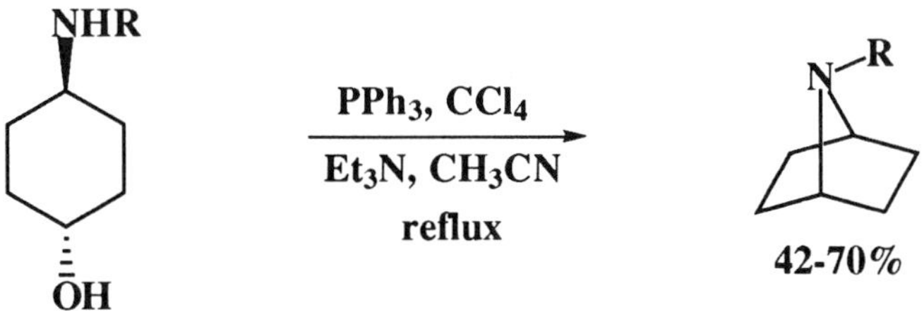

trans-4-(NHR)-cyclohexanol →[PPh$_3$, CCl$_4$, Et$_3$N, CH$_3$CN, reflux] 1-azabicyclo[2.2.1]heptane (N-R)
42-70%

IV.J-2 Procter, G.R. et al., *TL*, **36**, 291.

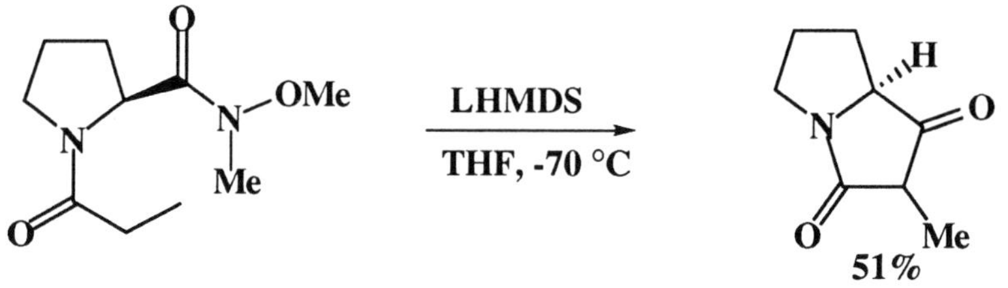

IV.J-3 Shibuya, S. et al., *TA*, **6**, 1525.

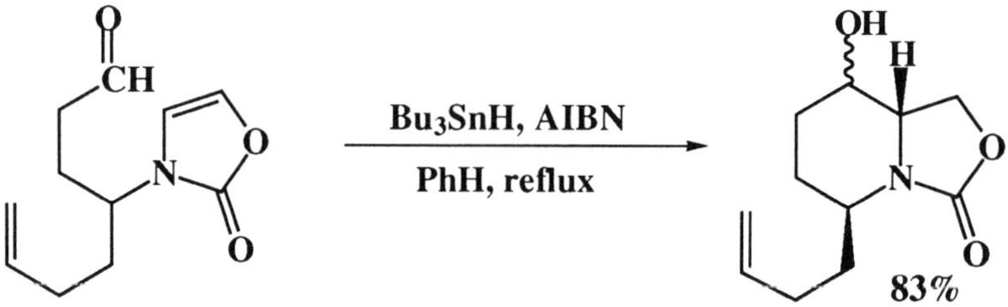

IV.J-4 Francke, W. et al., *LA*, 965.

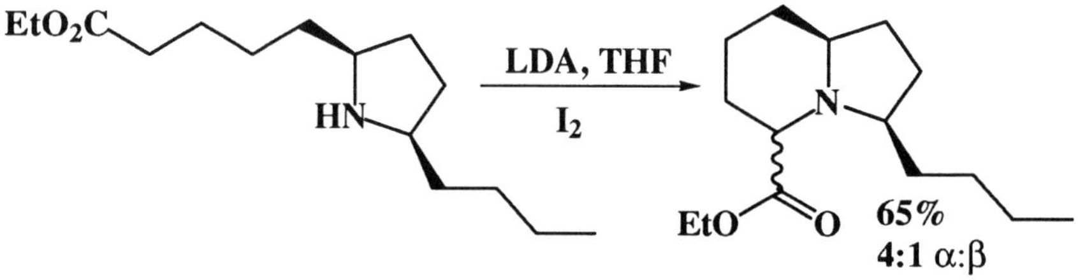

IV.J-5 Monterrey, I.M.G. et al., *T*, **51**, 2729.

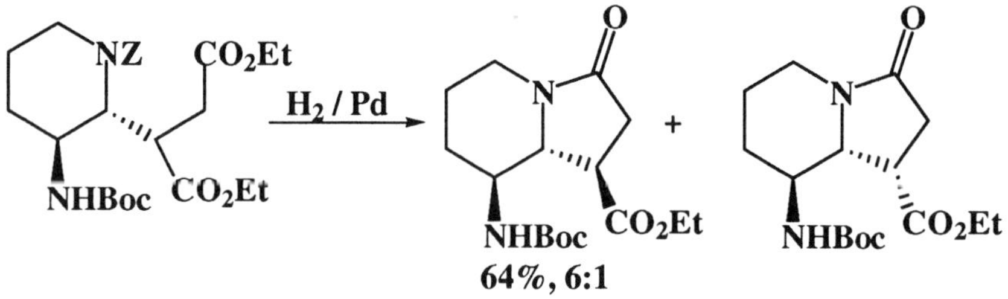

IV.J-6 Lee, Y.S., Park, H. et al., *JOC*, **60**, 7149; Marson, C.M. et al., *TL*, **36**, 8107.

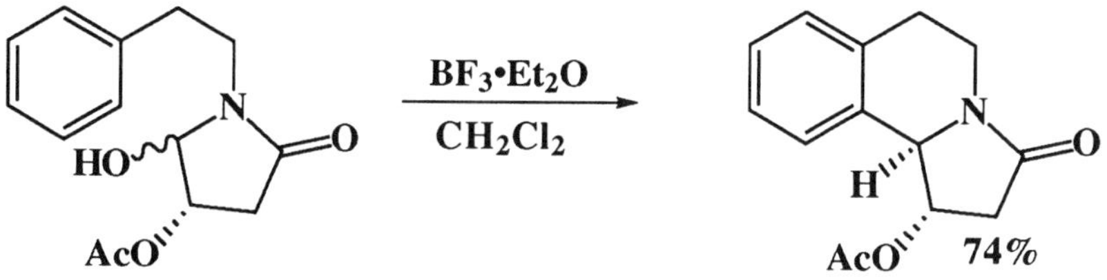

IV.J-7 Beckwith, L.J. et al., *CC*, 1783.

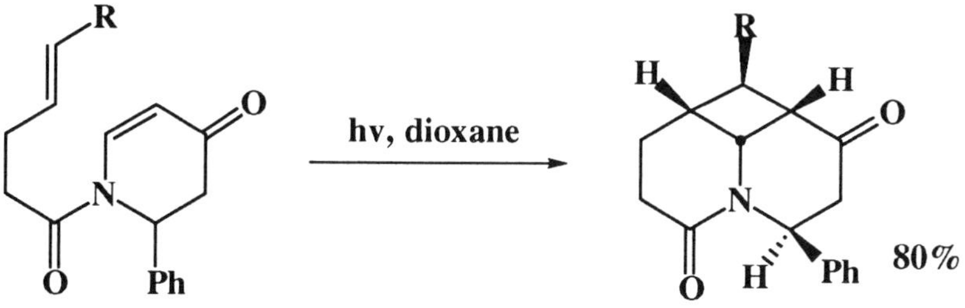

IV.J-8 Grigg, R. et al., *TL*, **36**, 8137 and *CC*, 1903.

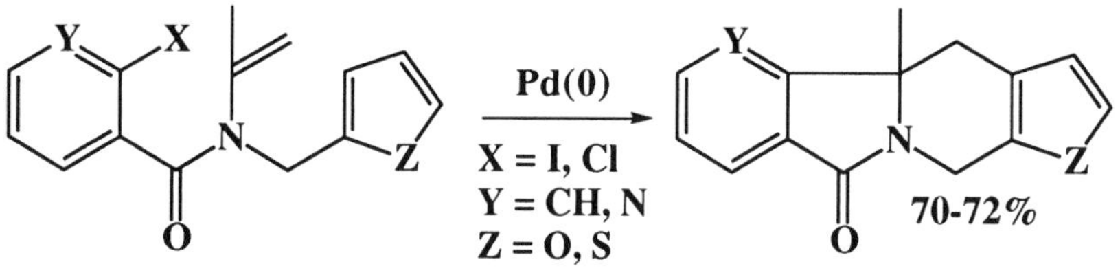

IV.J-9 Caddick, S. et al., *CC*, 1353.

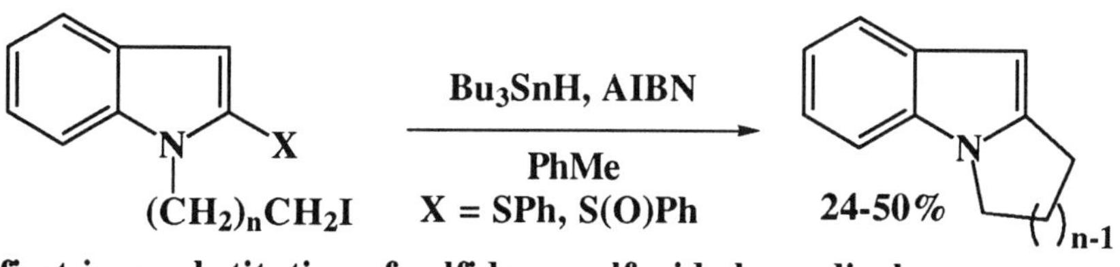

first *ipso* substitution of sulfide or sulfoxide by radical

IV.J-10 Moody, C.J. and Norton, C.L., *TL*, **36**, 9051.

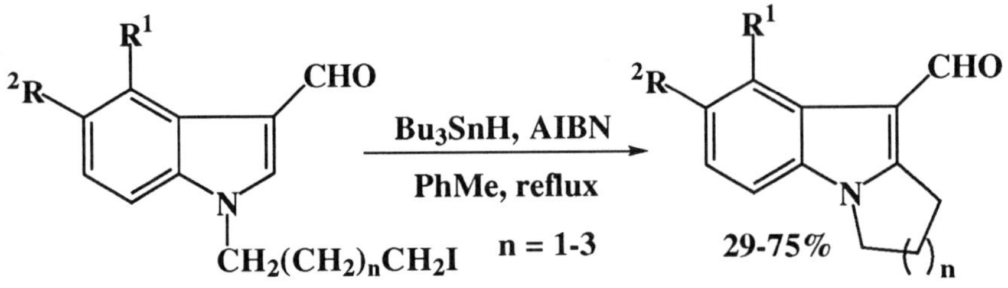

IV.J-11 Zaragoza, F., *SL*, 237.

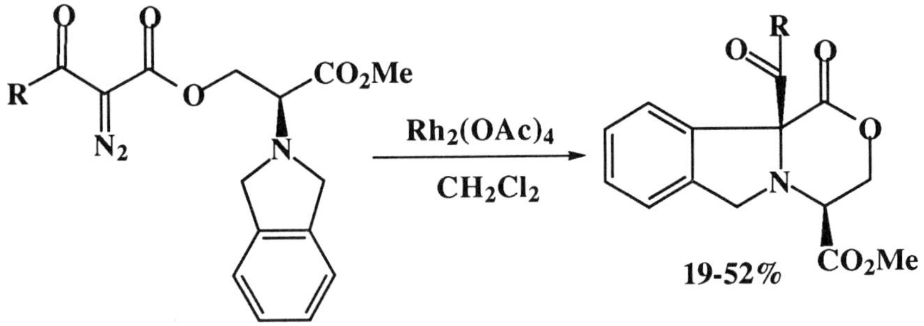

IV.J-12 Padwa, A. et al., *JOC*, **60**, 2952.

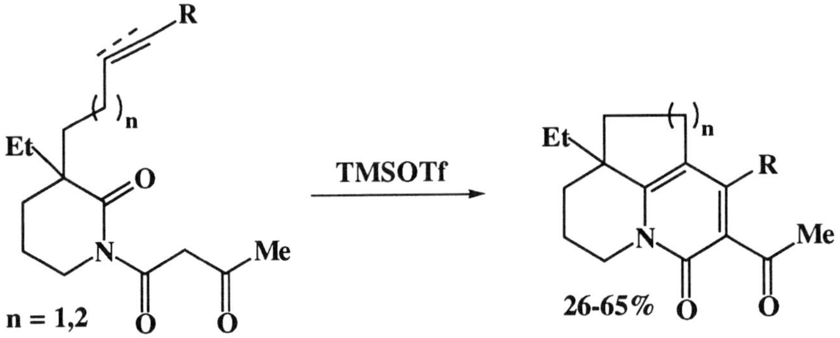

IV.K. Heterocycles with Two or More Heteroatoms

IV.K.1a. 5-Membered Heterocycles with 2 N's

IV.K.1a-1 Chen, Z.-C. and Cheu, D.-W., *SC*, **25**, 1617.

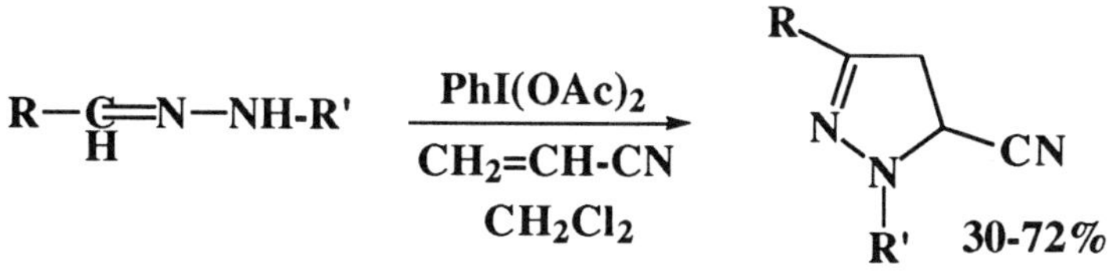

$$R-\underset{H}{C}=N-NH-R' \xrightarrow[CH_2Cl_2]{\text{PhI(OAc)}_2, CH_2=CH-CN} \text{pyrazoline-CN} \quad 30\text{-}72\%$$

IV.K.1a-2 Kende, A.S. and Journet, M., *TL*, **36**, 3087.

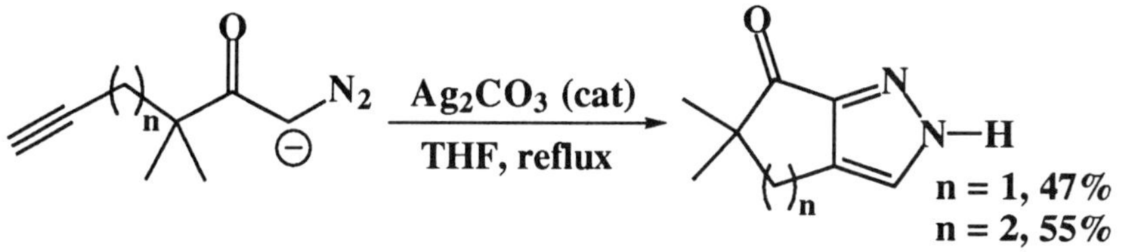

$$\xrightarrow{\text{Ag}_2\text{CO}_3 \text{ (cat)}, \text{THF, reflux}}$$

n = 1, 47%
n = 2, 55%

IV.K.1a-3 Hu, C.-M., et al., *JFC*, **73**, 129 and *JFC*, **75**, 51 and *JCS(P1)*, 1039.

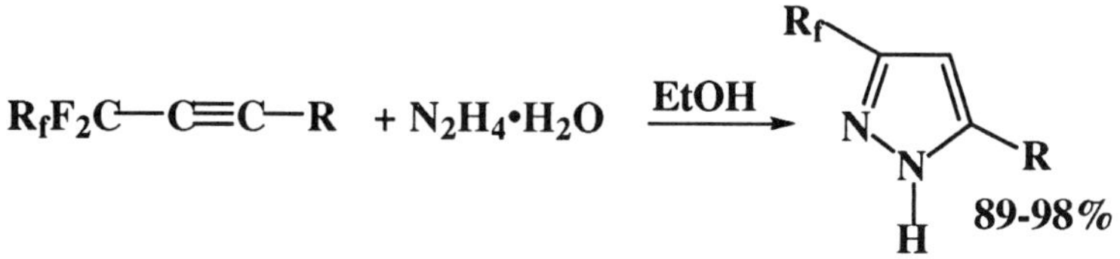

$$R_fF_2C-C\equiv C-R + N_2H_4 \cdot H_2O \xrightarrow{\text{EtOH}} \text{pyrazole} \quad 89\text{-}98\%$$

IV.K.1a-4 Subramanyam, C., *SC*, **25**, 761.

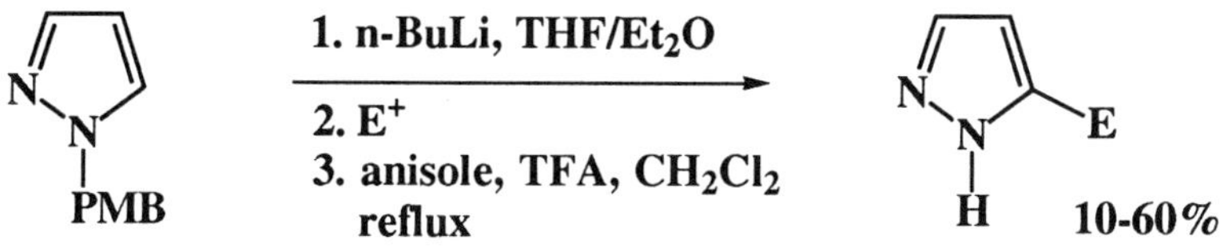

1. n-BuLi, THF/Et$_2$O
2. E$^+$
3. anisole, TFA, CH$_2$Cl$_2$ reflux

10-60%

IV.K.1a-5 Hoffmann, M.G., *T*, **51**, 9511.

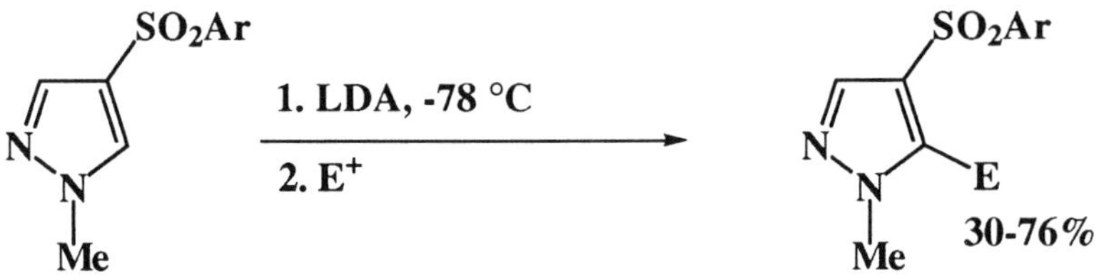

[pyrazole with SO₂Ar at 4-position, N-Me] → 1. LDA, -78 °C; 2. E⁺ → [pyrazole with SO₂Ar at 4, E at 5, N-Me] 30-76%

IV.K.1a-6 Marchand, A.P. et al., *JHC*, **32**, 1409.

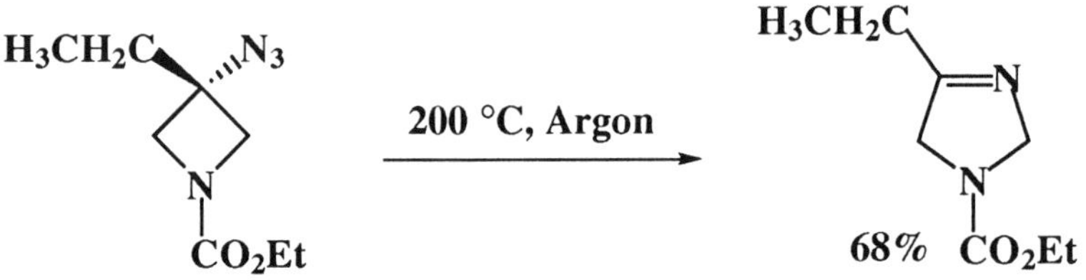

[azetidine with Et and N₃ at 3-position, N-CO₂Et] → 200 °C, Argon → [imidazoline with Et, N-CO₂Et] 68%

IV.K.1a-7 Miller, M.J. et al., *TL*, **36**, 1617.

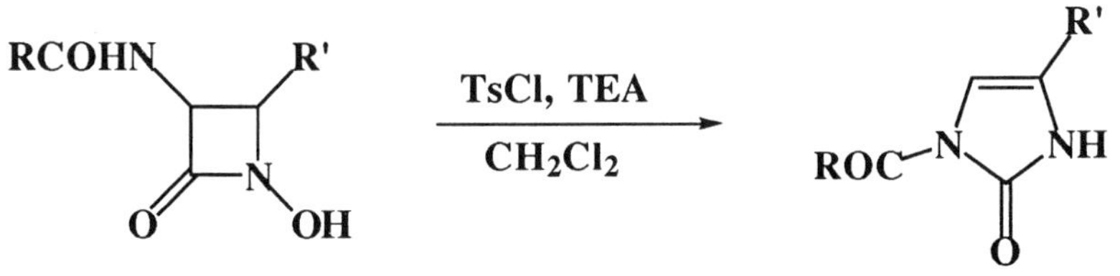

[β-lactam with RCOHN, R', N-OH] → TsCl, TEA / CH₂Cl₂ → [imidazolone with ROC-N, R', NH, C=O]

IV.K.1a-8 Heimgartner, H. et al., *HCA*, **78**, 899.

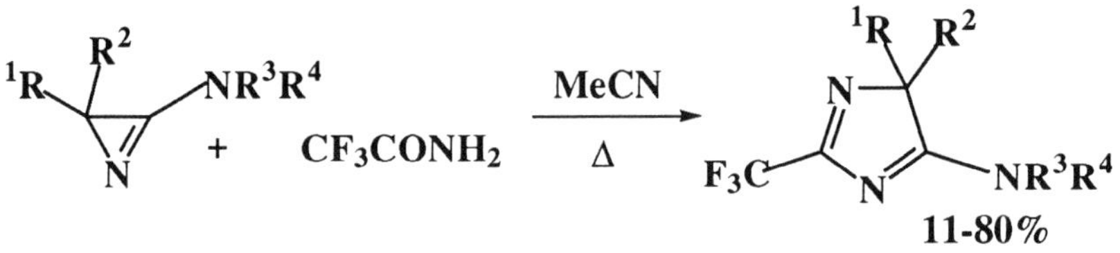

[2H-azirine with ^{1}R, R², NR³R⁴] + CF₃CONH₂ → MeCN, Δ → [imidazole with ^{1}R, R², F₃C, NR³R⁴] 11-80%

IV.K.1a-9 Molina, P. et al., *SL*, 1031.

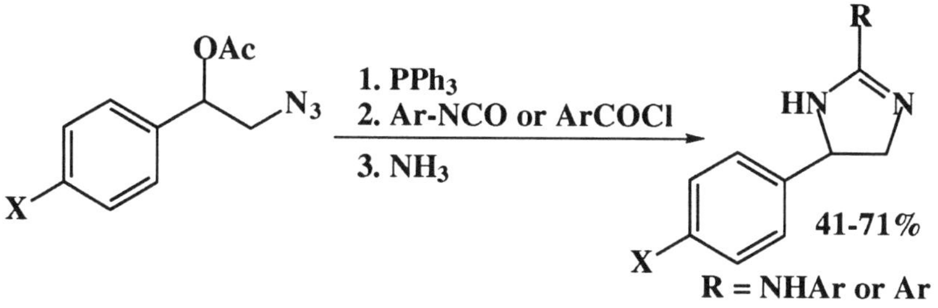

IV.K.1a-10 Sano, H. and Sugai, S., *TL*, **51**, 4635; see also: Sano, H. et al., *T*, **51**, 12563.

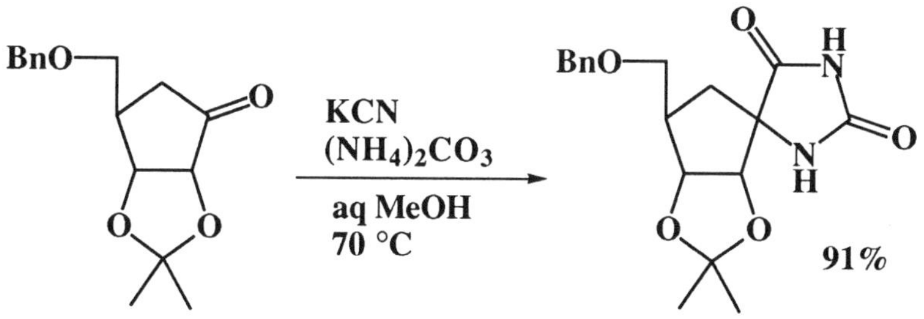

IV.K.1a-11 Kawase, M. et al., *H*, **41**, 1617.

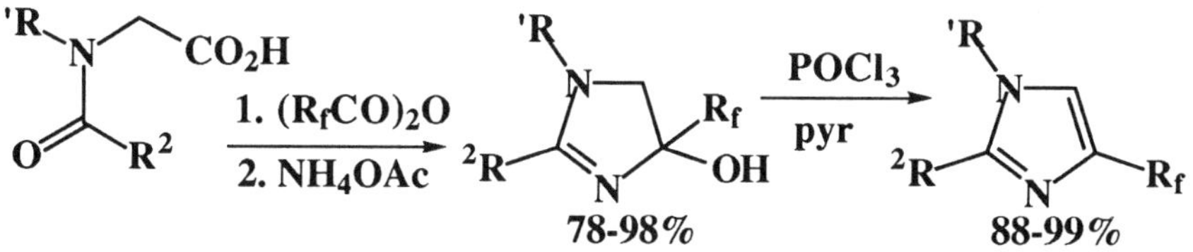

IV.K.1a-12 Kristinsson, H. et al., *S*, 805.

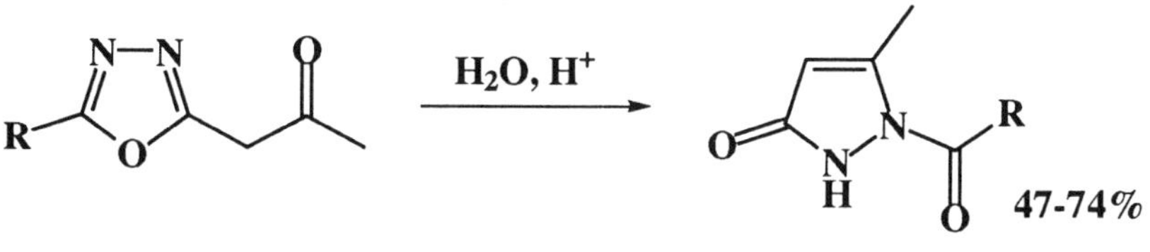

IV.K.1a-13 Giumanini, A.G. et al. *M*, **126**, 103.

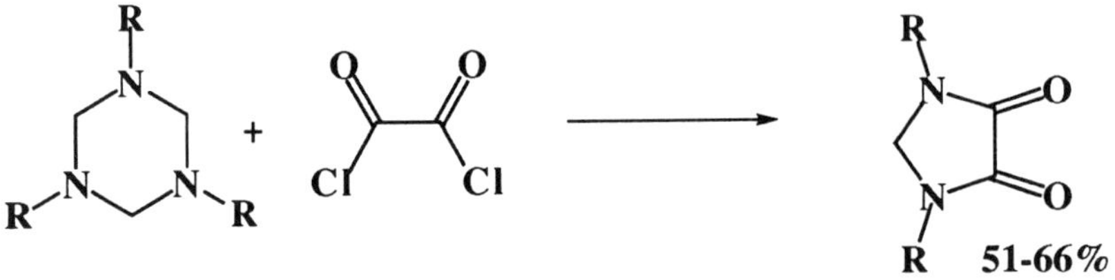

[Reaction: 1,3,5-trisubstituted hexahydro-1,3,5-triazine + oxalyl chloride → 1,3-disubstituted imidazolidine-2,3-dione, 51-66%]

IV.K.1a-14 Bourguignon, J.J. et al., *TL*, **36**, 4249.

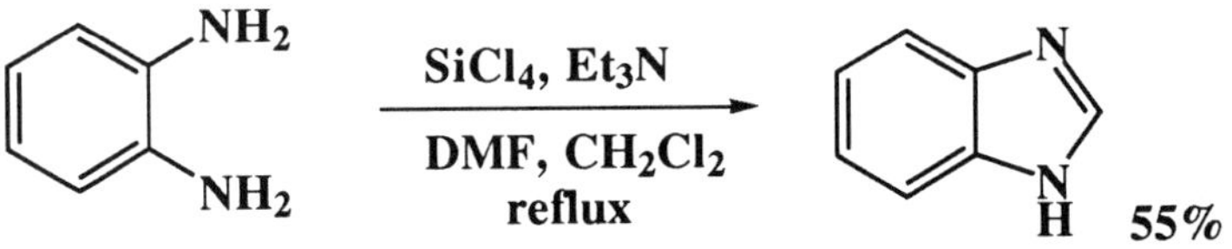

[Reaction: o-phenylenediamine → benzimidazole, SiCl$_4$, Et$_3$N, DMF, CH$_2$Cl$_2$, reflux, 55%]

IV.K.1a-15 Gardiner, J.M. et al., *T*, **51**, 4101.

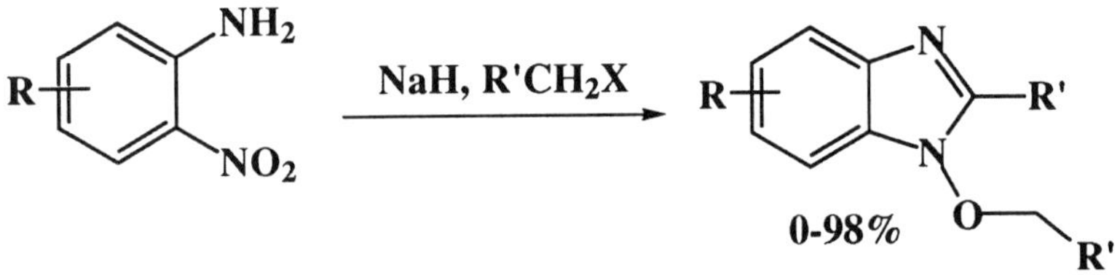

[Reaction: 2-nitroaniline derivative + NaH, R'CH$_2$X → 1-(alkoxymethyl)-2-substituted benzimidazole, 0-98%]

IV.K.1b   6-Membered Heterocycles with 2 N's

IV.K.1b-1 Genet, J.P. et al., *TA*, **6**, 1989.

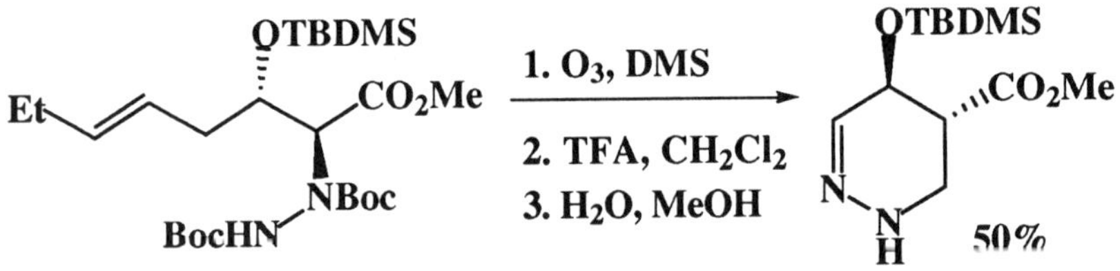

[Reaction: alkene with OTBDMS, CO$_2$Me, NBoc, BocHN substituents → tetrahydropyridazine with OTBDMS, CO$_2$Me; 1. O$_3$, DMS; 2. TFA, CH$_2$Cl$_2$; 3. H$_2$O, MeOH; 50%]

IV.K.1b-2 Decicco, C.P. and Leathers, T., *SL*, 615.

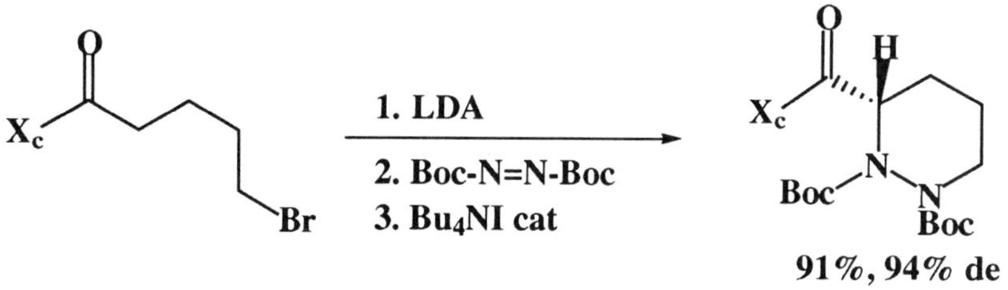

1. LDA
2. Boc-N=N-Boc
3. Bu₄NI cat

91%, 94% de

IV.K.1b-3 Guillaume, M. et al., *S*, 920.

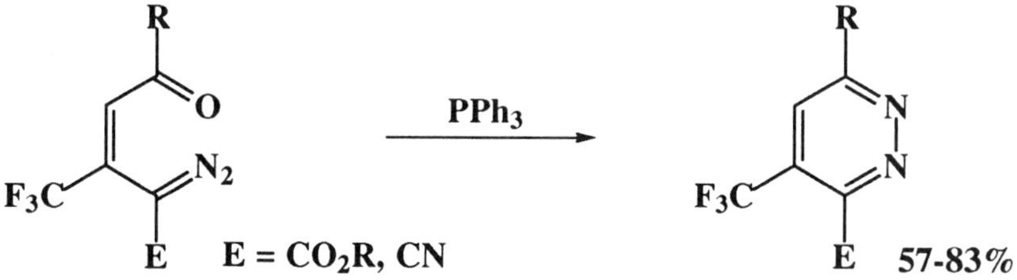

E = CO₂R, CN

57-83%

IV.K.1b-4 Alper, H. et al., *JOC*, **60**, 253.

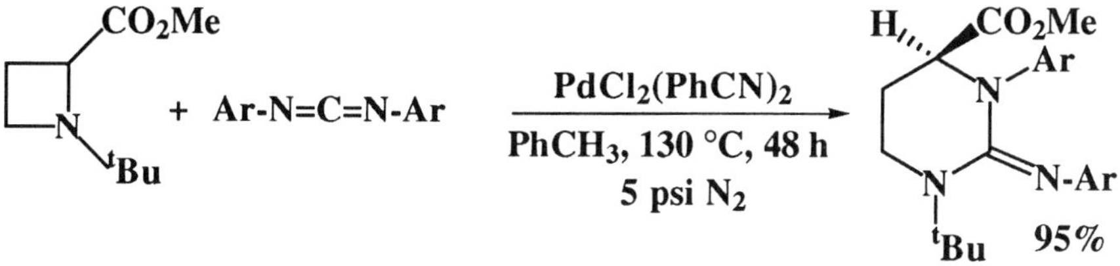

PdCl₂(PhCN)₂
PhCH₃, 130 °C, 48 h
5 psi N₂

95%

IV.K.1b-5 South, M.S. and Jakuboski, T.L., *TL*, **36**, 5703.

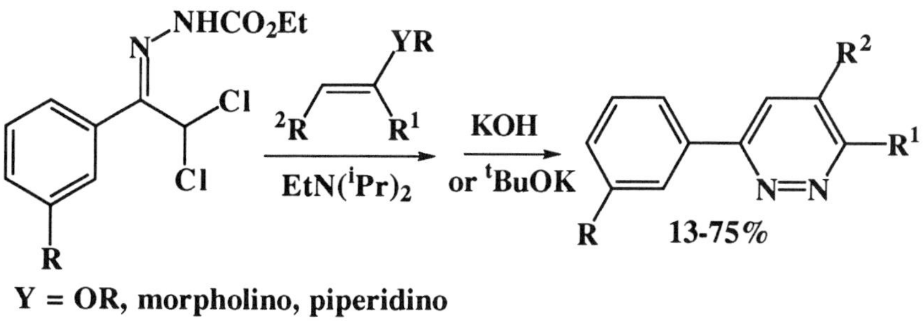

KOH
EtN(^{i}Pr)₂ or ^{t}BuOK

13-75%

Y = OR, morpholino, piperidino

IV.K.1b-6 Kiselyov, A.S., *TL*, **36**, 1383.

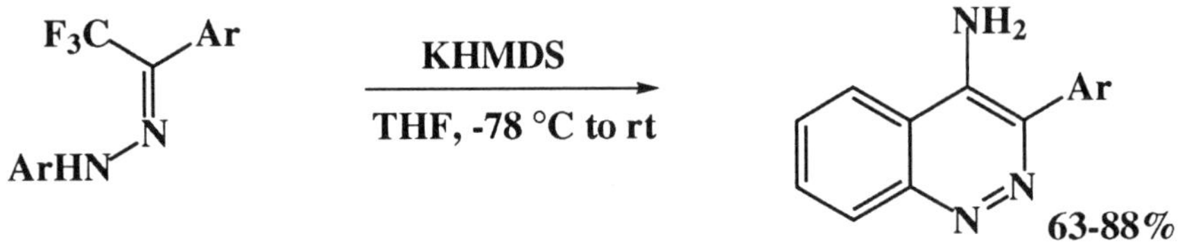

IV.K.1b-7 Jacobsen, E.J. et al., *JOC*, **60**, 4177.

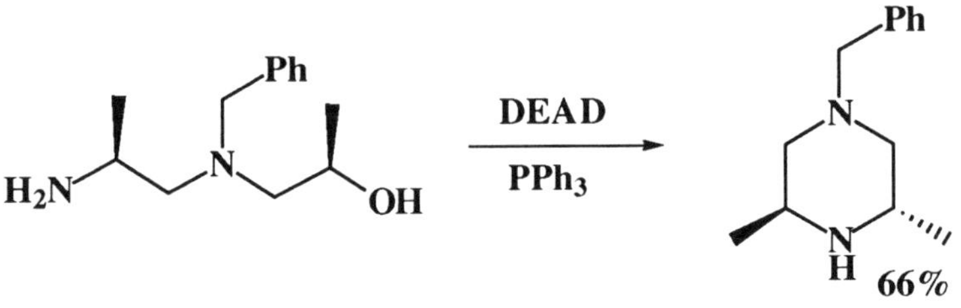

IV.K.1b-8 Prato, M. et al., *TL*, **36**, 2845.

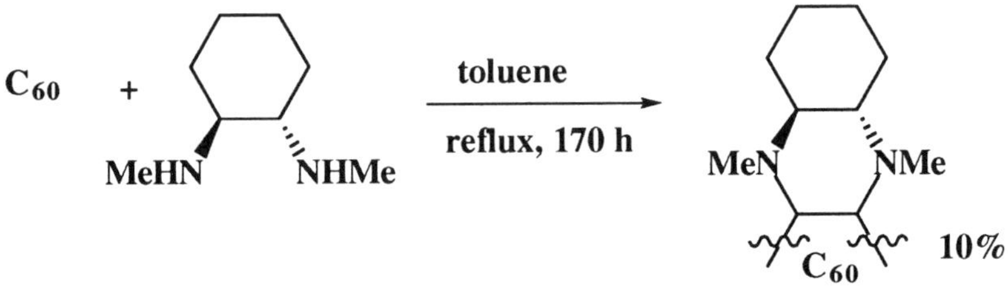

IV.K.1b-9 Jackson, W.R. et al., *AJC*, **48**, 2023.

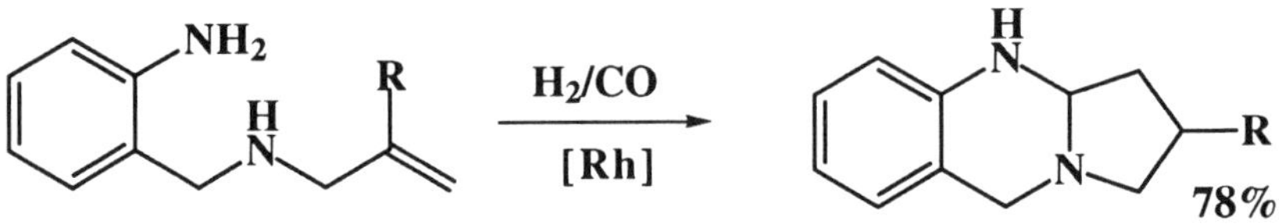

IV.K.1b-10 Dominguez, E. et al., *SL*, 955.

$$\underset{\text{Ar}}{\underset{\text{O}}{\text{Me}_2\text{N}}}\!\!\diagup\!\!\diagdown\text{Ar'} \xrightarrow[160\ °C]{\text{HCO}_2\text{NH}_4,\ \text{HCONH}_2,\ \text{HCO}_2\text{H}} \text{Ar-pyrimidine-Ar'} \quad 70\text{-}98\%$$

IV.K.1b-11 Yamanaka, H. et al., *TL*, **36**, 1527; Funabiki, K. et al., *CL*, 239; Taylor, E.C. et al., *JOC*, **60**, 6684; Aso, K. et al., *CPB*, **43**, 256.

$$F_2HC\text{-CF=CH-NMe}_3^+\text{I}^- \xrightarrow[\substack{2.\ \text{HN=C(R)-NH}_2\cdot\text{HCl} \\ 70\text{-}75\ °C}]{1.\ \text{Et}_2\text{NH, MeCN},\ 60\text{-}70\ °C} \text{5-F-2-R-pyrimidine} \quad 40\text{-}83\%$$

IV.K.1b-12 Watanabe, Y. et al., *JOM*, **494**, 229.

$$\text{'R-C}_6\text{H}_3(\text{COR})(\text{NO}_2) \xrightarrow[\text{MoCl}_5,\ \text{CO}]{\text{HCONH}_2,\ \text{PdCl}_2(\text{PPh}_3)_2} \text{'R-quinazoline-R} \quad 19\text{-}46\%$$

IV.K.1b-13 Ostrowski, S., *SL*, 253.

$$\text{(imidazole: RO-C(R'')=N-, CH=NOH, NR')} \xrightarrow[\text{(sealed tube)}]{\text{NH}_3/\text{EtOH}} \text{''R-purine-R'} \quad 35\text{-}66\%$$

IV.K.1b-14 Chan, K.P. and Hay, A.S., *JOC*, **60**, 3131.

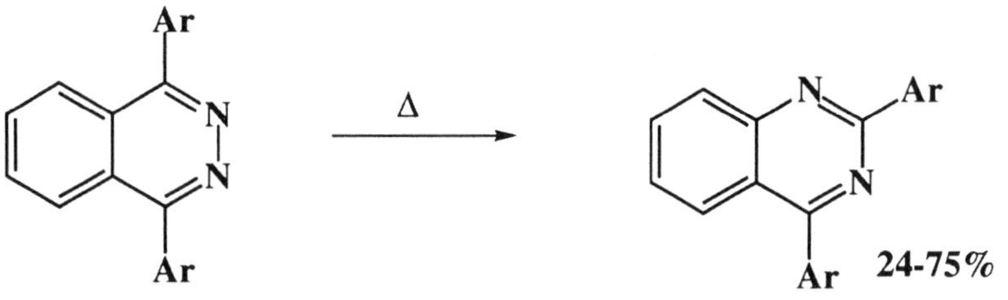

IV.K.1c.   7-Membered Heterocycles with 2 N's

IV.K.1c-1 Eguchi, S. et al., *JOC*, **60**, 4006; Molina, P. et al., *T*, **51**, 5617.

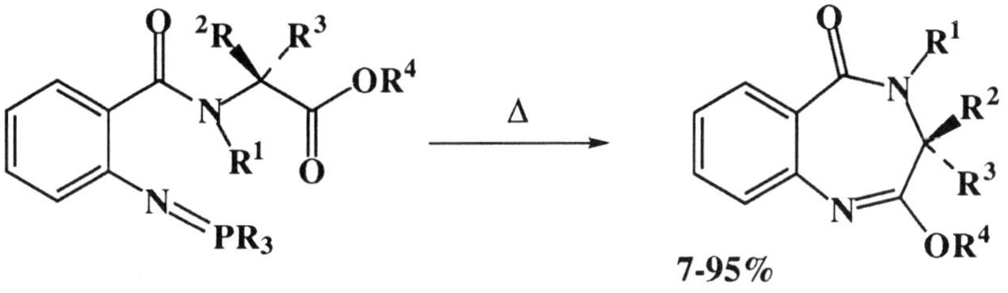

IV.K.1c-2 Kraus, G.A. and Liu, P., *TL*, **36**, 7595.

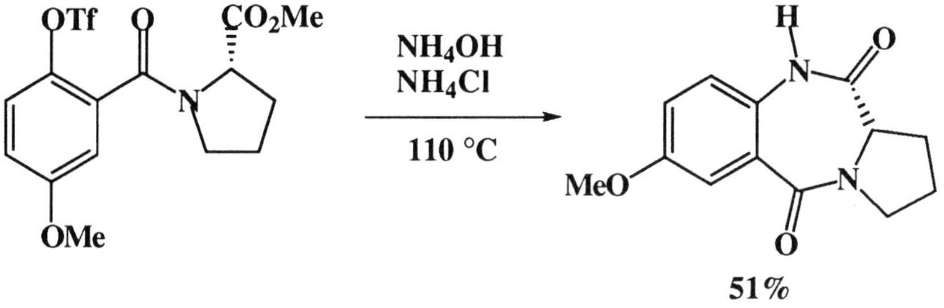

IV.K.1c-3 Mellor, J.M. et al., *T*, **51**, 12383.

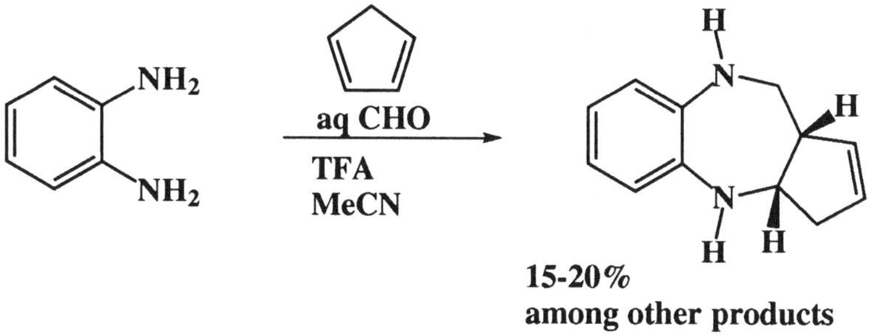

15-20%
among other products

IV.K.2. Heterocycles with 2 O's or 2 S's

IV.K.2-1 Nishikubo, T. et al., *TL*, **36**, 2781.

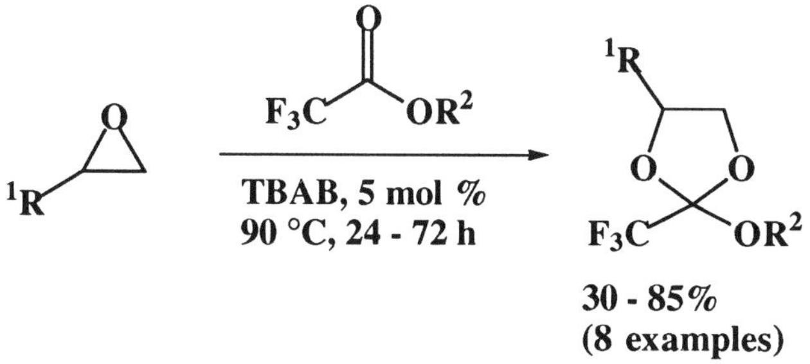

30 - 85%
(8 examples)

IV.K.2-2 Dussault, P.H. et al., *TL*, **36**, 3655 and *JOC*, **60**, 784.

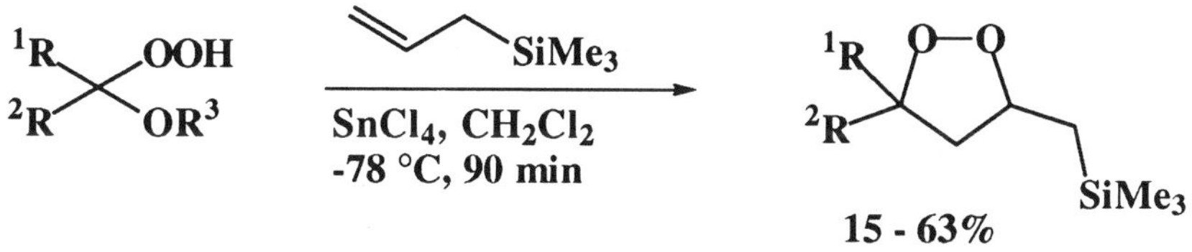

15 - 63%

IV.K.2-3 Hoberg, J.O. and Bozell, J.J., *TL*, **36**, 6831.

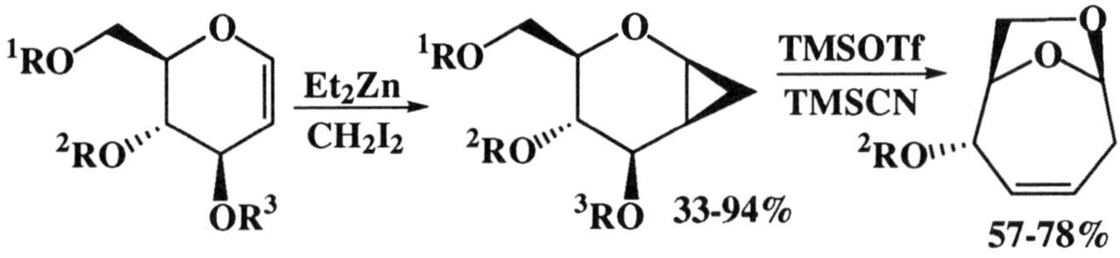

IV.K.2-4 Gareau, Y., *CC*, 1429; **see also:** Poelert, M.A. and Zard, S.Z., *SL*, 325.

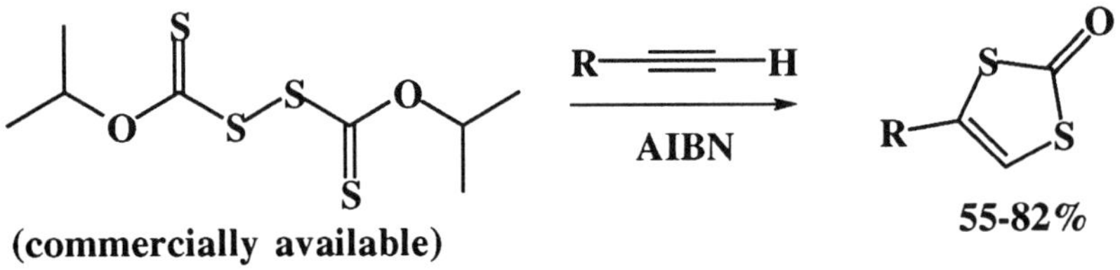

(commercially available)

IV.K.2-5 Espinosa, A. et al., *SL*, 1119.

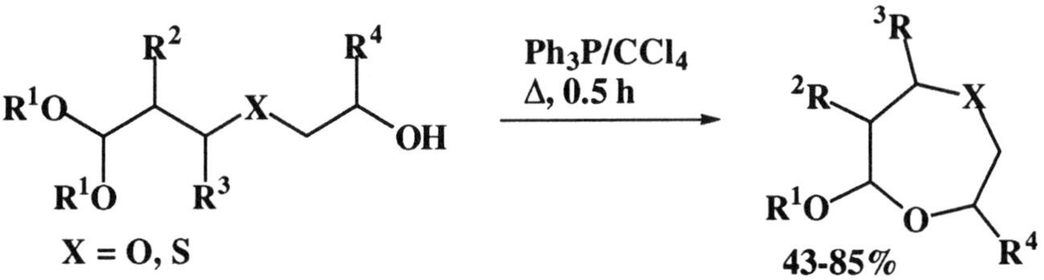

X = O, S

IV.K.3. Heterocycles with 1 N and 1 O

IV.K.3-1 Martiny, L. and Jorgensen, K.A., *JCS(P1)*, 699.

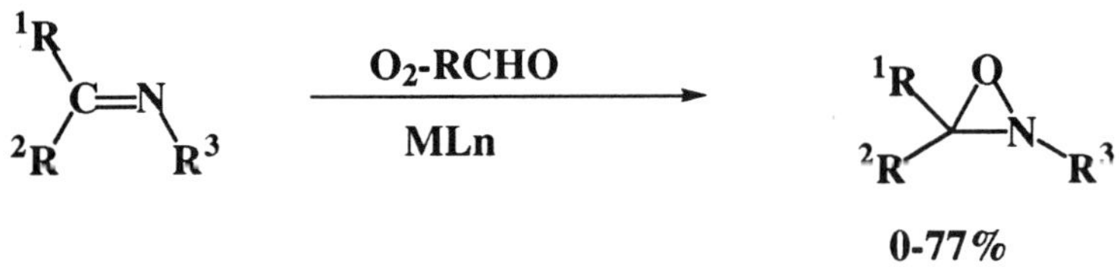

IV.K.3-2 Tiecco, M. et al., *TL*, **36**, 163.

[Reaction scheme: isoxazoline + (PhSe)₂, TfOH, (NH₄)₂S₂O₈, MeCN, 25 °C → PhSe-substituted isoxazolidine, 56-96%]

IV.K.3-3 Scheeren, H.W., et al., *TA*, **6**, 1441; **see also:** Fisera, L. et al., *M*, **126**, 75; Kanemasa, S. et al., *TL*, **36**, 5019; Casuscelli, F. et al., *T*, **51**, 8605; Gilbertson, S.R. et al., *JACS*, **117**, 4431; Chen, J. and Hu, C., *JFC*, **71**, 43; Figueredo, M., Font, J., et al., *RTC*, **114**, 357; Pyne, S.G. et al., *AJC*, **48**, 1511; Brandi, A. et al., *JOC*, **60**, 4743; Cordero, F.M. and Brandi, A., *TL*, **36**, 1343; Hewson, A.T. et al., *TL*, **36**, 7731.

[Reaction scheme: nitrone + ketene acetal, 20 mol% Tos-N-B-O catalyst, CH₂Cl₂, −78 °C → isoxazolidine product, 62% ee]

IV.K.3-4 Carretero, J.C. et al., *TA*, **6**, 1035; **see also:** Carboni, B. et al., *JOM*, **498**, 229; Simpson, G.W. et al., *TL*, **36**, 629; Lu, T. et al., *JOC*, **60**, 7701; Annunziata, R., Raimondi, L. et al., *JOC*, **60**, 4697.

[Reaction scheme: PhO₂S-substituted allylic ether + nitrile oxide ³R—C≡N⁺—O⁻ → anti and syn isoxazolines, 31-65%, 1:1 to 15:1 anti:syn]

IV.K.3-5 Maiorana, S. et al., *TA*, **6**, 1711; Sammes, P.G. et al., *JCS(P1)*, 2551; Abiko, A., *CL*, 357; **see also:** Aurich, H.G. and Biesemeier, F., *S*, 1171.

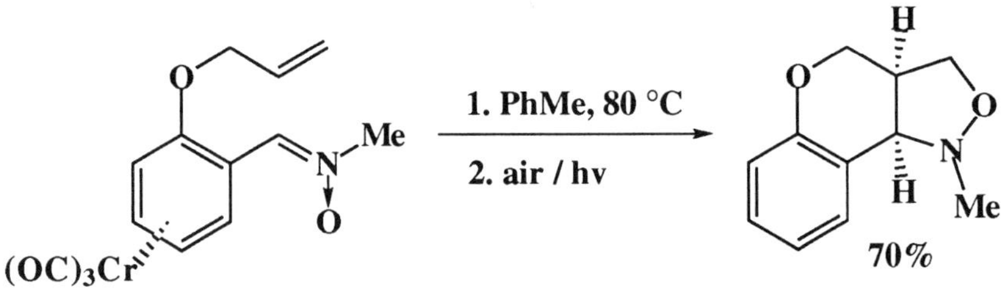

IV.K.3-6 Chiacchio, V. et al., *T*, **51**, 5689.

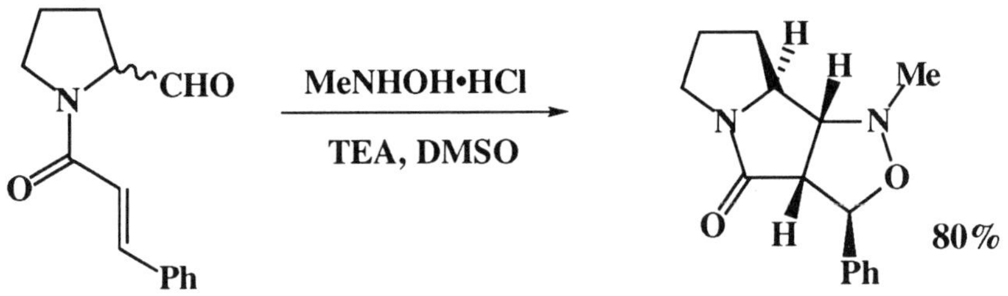

IV.K.3-7 Mioskowski, C., Falck, J.R. et al., *JOC*, **60**, 7209.

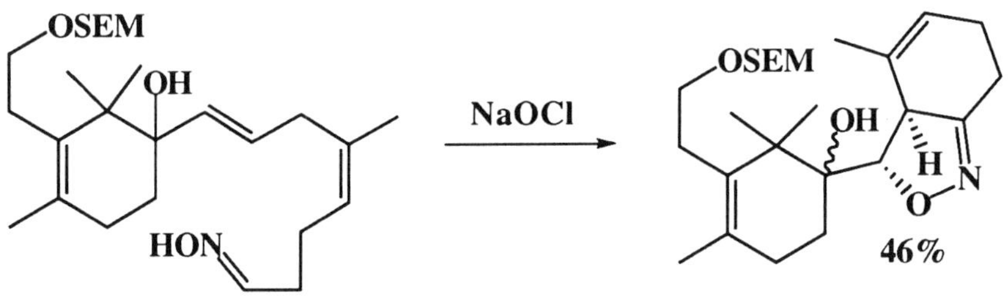

IV.K.3-8 Fukumoto, K. et al., *H*, **41**, 1135 and 663.

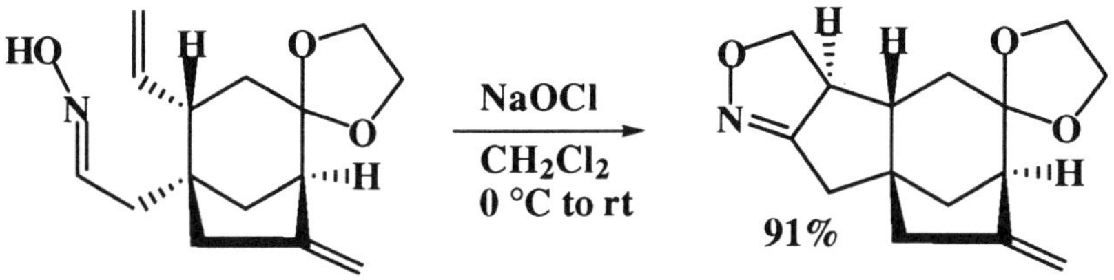

NaOCl, CH$_2$Cl$_2$, 0 °C to rt, 91%

IV.K.3-9 Kohra, S. et al., *CPB*, **43**, 204; Tominaga, Y. et al., *CPB*, **43**, 1425.

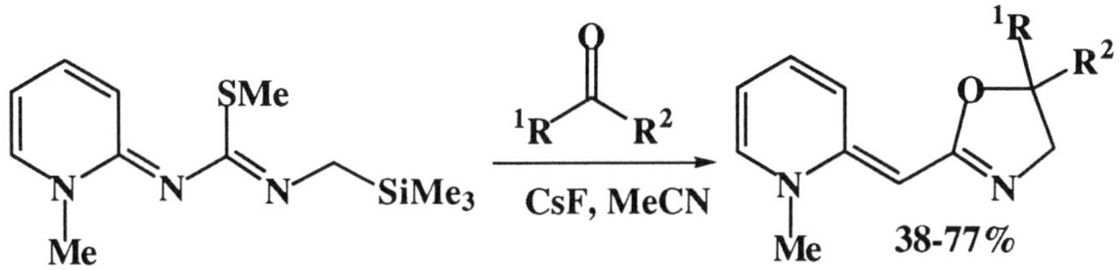

^{1}R-CO-R^2, CsF, MeCN, 38-77%

IV.K.3-10 Lellouche, J.-P. et al., *H*, **41**, 947.

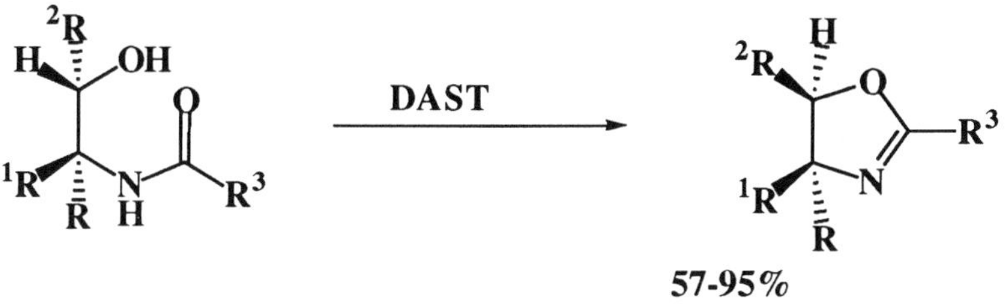

DAST, 57-95%

IV.K.3-11 Crooks, P.A. et al., *CC*, 2335.

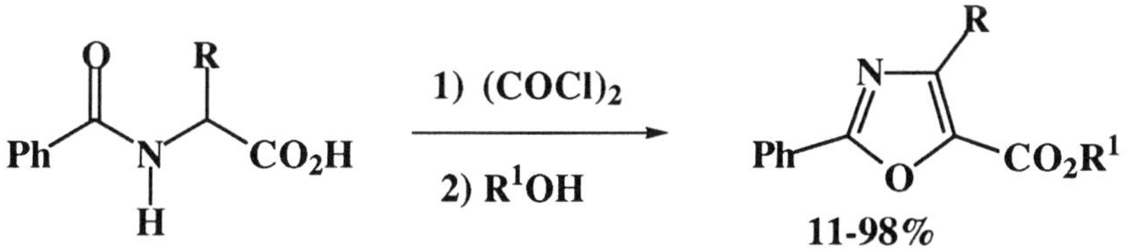

1) (COCl)$_2$
2) R^{1}OH, 11-98%

IV.K.3-12 Agami, C., Couty, F. et al., *BSF*, **132**, 808; Joullie, M.M. et al., *TL*, **36**, 7031.

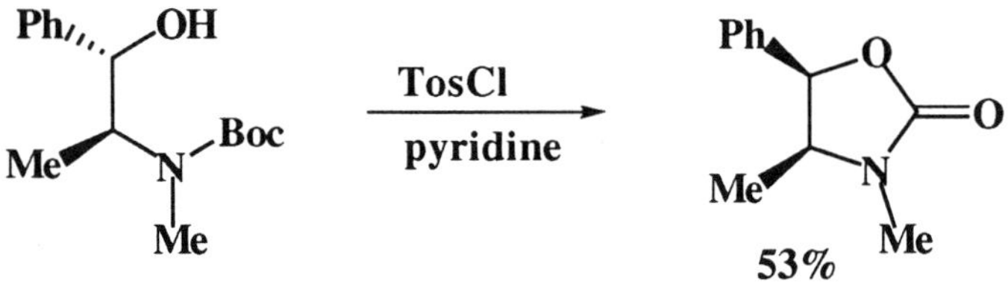

IV.K.3-13 Yamamoto, T. et al., *OPP*, **27**, 103.

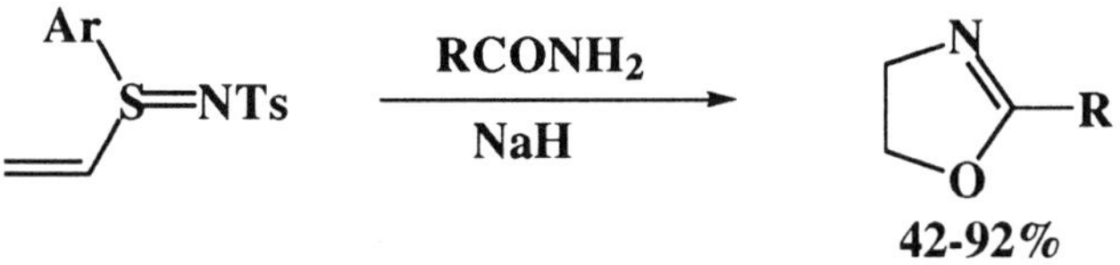

IV.K.3-14 Tamaru, Y. et al., *JOC*, **60**, 3764 and *BCJ*, **68**, 1689.

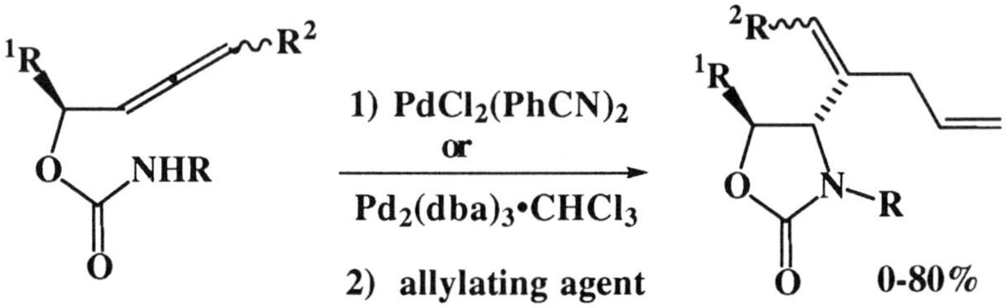

IV.K.3-15 Ugi, I. et al., *T*, **51**, 755.

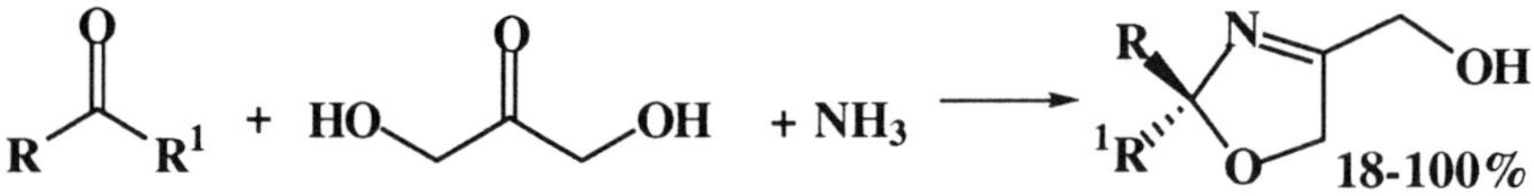

IV.K.3-16 Ito, Y. et al., *JOC*, **60**, 1727; Kirihata, M. et al., *H*, **41**, 2271.

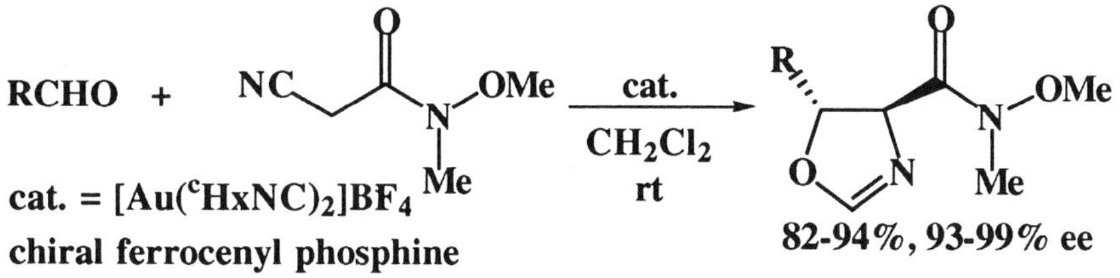

RCHO + NC-CH$_2$-C(O)-N(Me)(OMe) $\xrightarrow[\text{rt}]{\text{cat. CH}_2\text{Cl}_2}$ oxazoline product

cat. = [Au(^{c}HxNC)$_2$]BF$_4$
chiral ferrocenyl phosphine

82-94%, 93-99% ee

IV.K.3-17 Ryu, E.K. et al., *SC*, **25**, 1801.

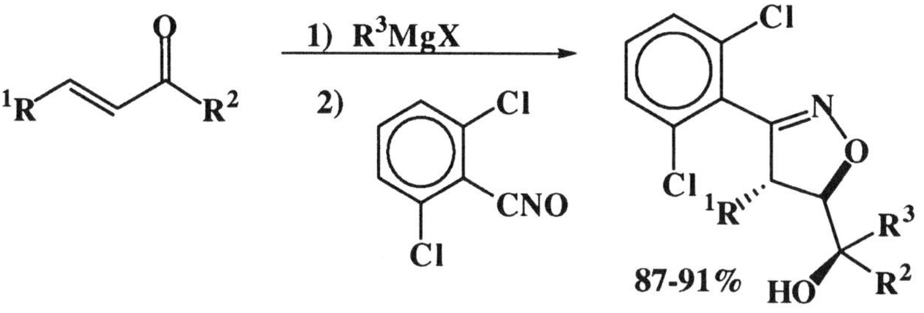

1) R^{3}MgX
2) 2,6-dichlorophenyl-CNO

87-91%

IV.K.3-18 Denmark, S.E. et al., *JOC*, **60**, 3574 and 3205.

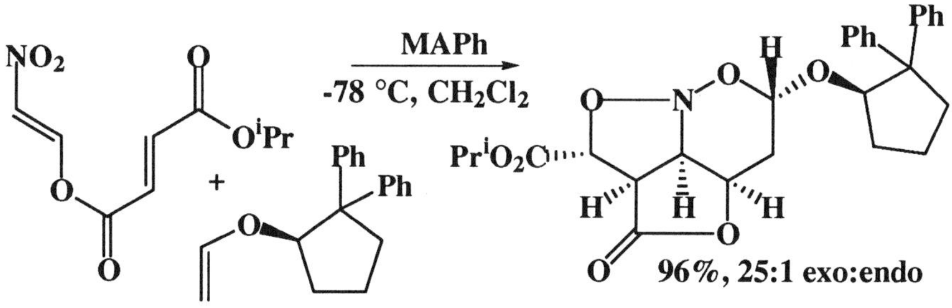

MAPh, -78 °C, CH$_2$Cl$_2$

96%, 25:1 exo:endo

MAPh = methylaluminum bis(2,6-diphenylphenoxide)
tandem [4 + 2] / [3 + 2] cycloaddition

IV.K.3-19 Weinreb, S.M. et al., *SL*, 527.

RCHO + (3-hydroxy aldehyde with R¹, R²) $\xrightarrow[\text{CH}_2\text{Cl}_2/\ -20\ °\text{C}]{\text{TsNSO},\ \text{BF}_3\cdot\text{Et}_2\text{O}}$ (dihydrooxazine with Ts-N, R, R¹, R²) 40-87%

IV.K.3-20 Rehberg, G.M. and Glass, B.M., *OPP*, **27**, 651.

maleic anhydride + TMSN_3, CH_2Cl_2, 0 °C → TMS-N heterocycle, 83%

IV.K.3-21 Praly, J.-P., Somsak, L. et al., *TL*, **36**, 3329.

(bromo-cyano sugar with OAc groups) $\xrightarrow[\text{2. h}\nu\ (450\ \text{W Hanovia})\ \text{C}_6\text{H}_6,\ \text{no filter}]{\text{1. NaN}_3\ (2\ \text{eq}),\ \text{DMSO}}$ (bicyclic product), 48%

IV.K.4. Heterocycles with 1 N and 1 S

IV.K.4-1 Wipf, P. et al., *TL*, **36**, 6395.

(oxazoline-amide with Ph, NHMe) $\xrightarrow[\text{2. Burgess Reagent THF, 70 °C}]{\text{1. H}_2\text{S, Et}_3\text{N, MeOH}}$ (thiazoline-amide with Ph, NHMe), 89%

Burgess Reagent = $\text{MeO}_2\text{CNSO}_2\text{NEt}_3$

IV.K.4-2 Nishio, T. *TL*, **36**, 6113.

Ph-CH(OH)-CH2-NH-C(=O)-R →[Lawesson's Reagent] 5-Ph-2-R-4,5-dihydrothiazole

22-60%

IV.K.4-3 Couture, A. et al., *SL*, 809.

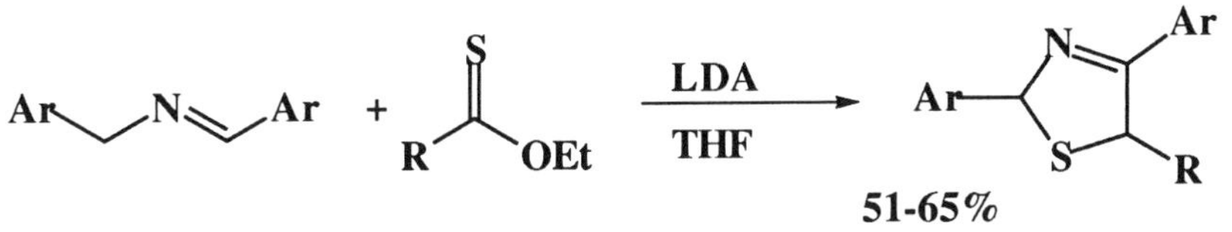

Ar-N=CH-Ar + R-C(=S)-OEt →[LDA / THF] 2-Ar-4-Ar-5-R-thiazoline

51-65%

IV.K.4-4 Toda, T. et al., *CL*, 1141.

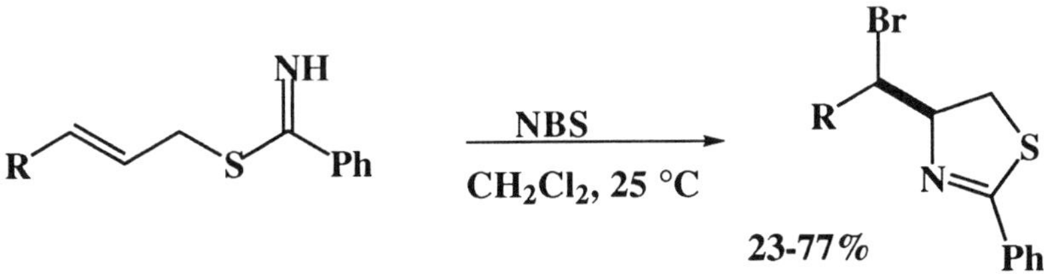

R-CH=CH-CH2-S-C(=NH)-Ph →[NBS, CH2Cl2, 25 °C] 4-(CHBrR)-2-Ph-4,5-dihydrothiazole

23-77%

IV.K.4-5 Nunami, K. et al., *TL*, **36**, 257.

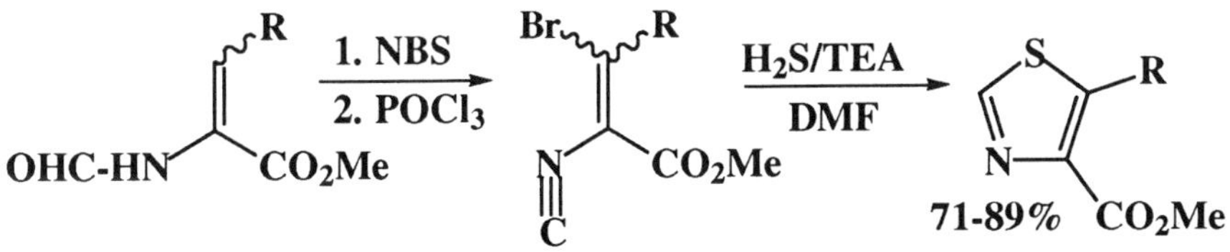

OHC-HN-C(CO2Me)=CHR →[1. NBS; 2. POCl3] C≡N-C(CO2Me)=C(Br)R →[H2S/TEA, DMF] 5-R-4-(CO2Me)-thiazole

71-89%

IV.K.4-6 LeCorre, M. et al., *JOC*, **60**, 6604.

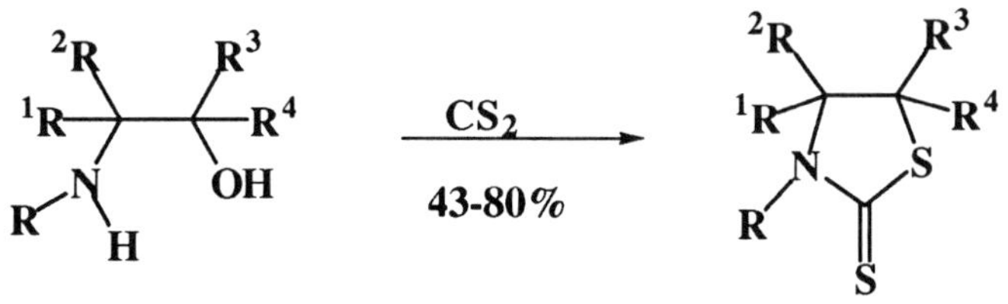

IV.K.4-7 Turos, E. et al., *JOC*, **60**, 4980.

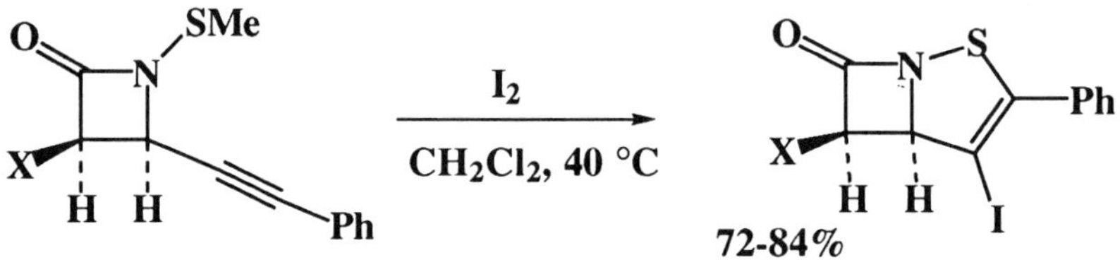

X = MeO, N-phthalomidyl

IV.K.4-8 Takahashi, M. and Ohba, M., *H*, **41**, 455.

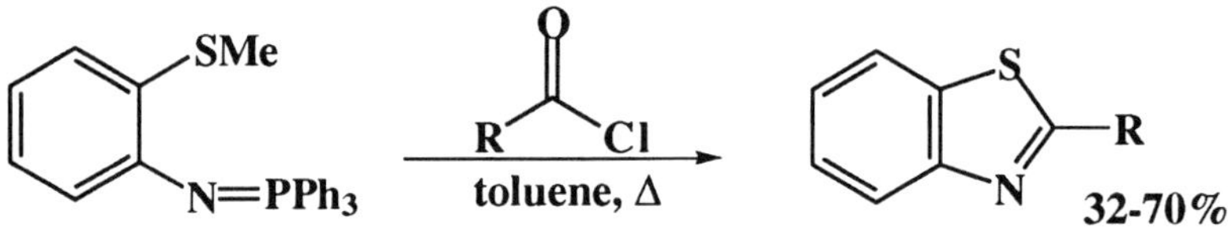

IV.K.4-9 Takahashi, M. and Ohba, M., *H*, **41**, 2263.

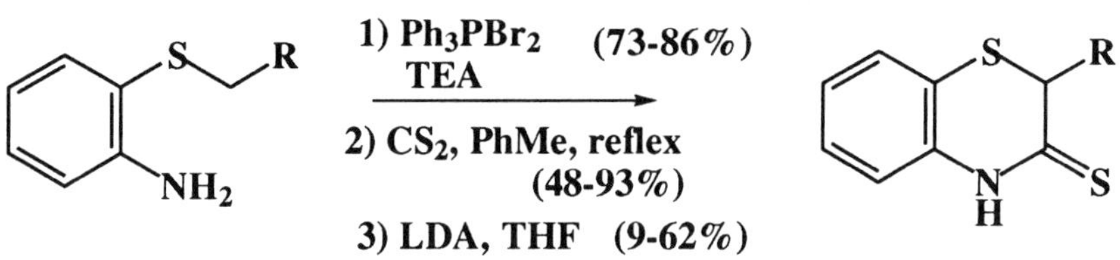

1) Ph$_3$PBr$_2$ (73-86%)
   TEA
2) CS$_2$, PhMe, reflux
   (48-93%)
3) LDA, THF (9-62%)

IV.K.4-10 Baeg, J.-O. and Alper, H., *JOC*, **60**, 3092.

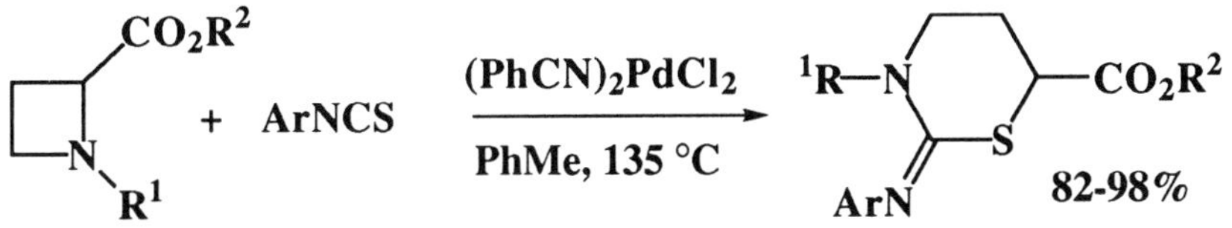

IV.K.4-11 Guingant, A. et al., *TA*, **6**, 853.

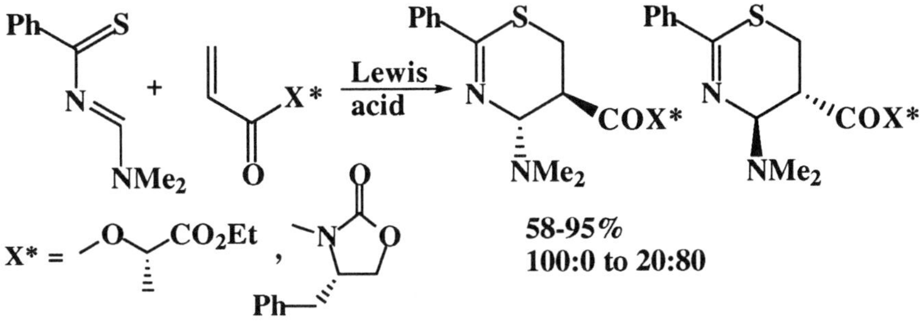

58-95%
100:0 to 20:80

IV.K.4-12 Barluenga, J. et al., *S*, 985.

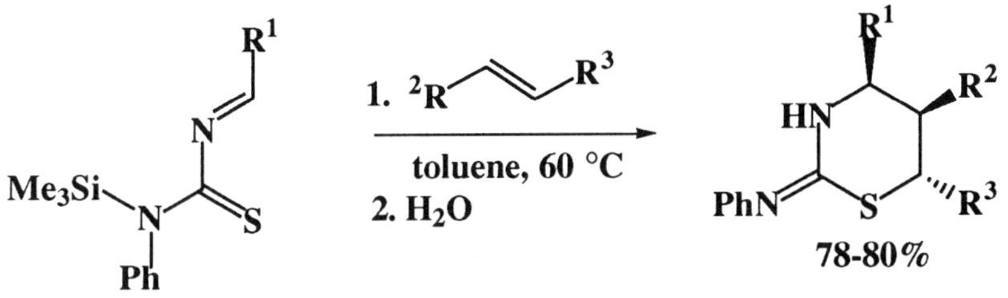

78-80%

IV.K.5. Heterocycles with 1 O and 1 S

IV.K.5-1 Marson, C.M. and Giles, P.R., *JOC*, **60**, 8067.

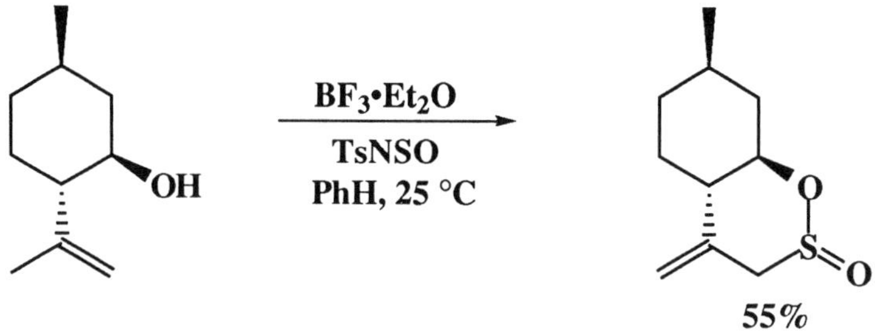

IV.K.5-2 Menichetti, S. et al., *JOC*, **60**, 6416.

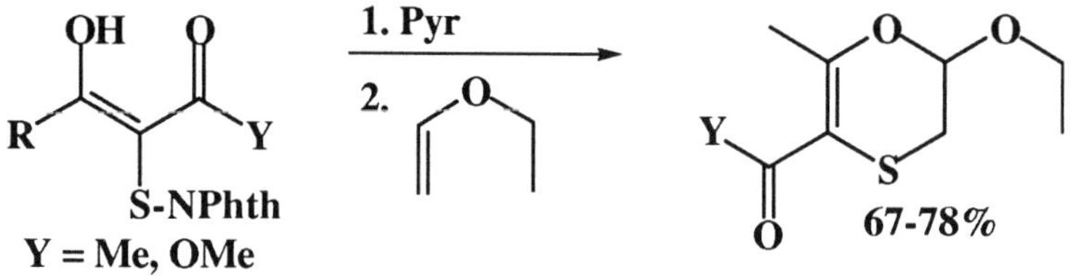

IV.K.5-3 Abe, H., Harayama, T. et al., *CC*, 1197.

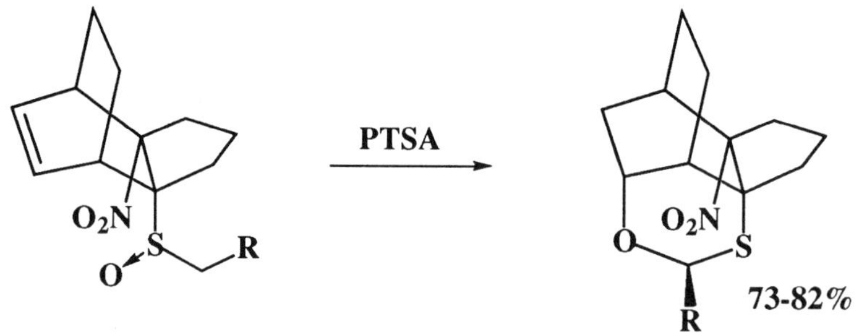

IV.K.6. Heterocycles with 3 or more N's

IV.K.6-1 Degl'Innocent, A., Capperucci, A. et al., *TL*, **36**, 9031; Zanirato, P. et al., *JCS(P1)*, 613.

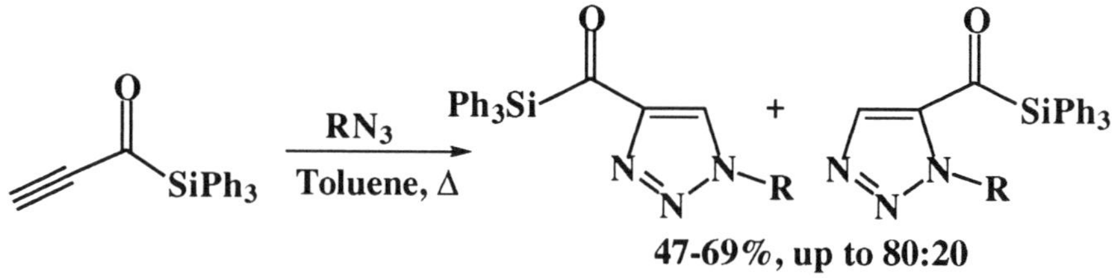

47-69%, up to 80:20

IV.K.6-2 Zecchi, G. et al., *S*, 647.

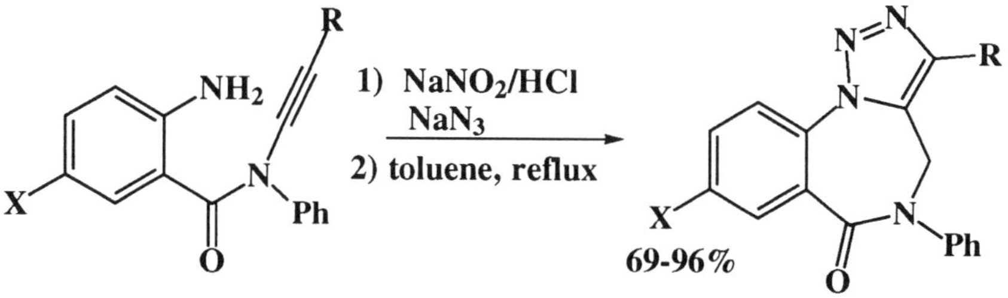

69-96%

IV.K.6-3 Laude, B. et al.; *BSB*, **104**, 491.

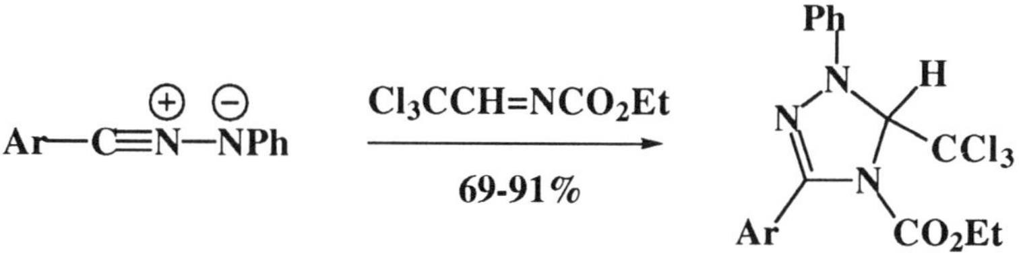

69-91%

IV.K.6-4 Lee, K.-J. and Kang, S.-U., *TL*, **36**, 2815.

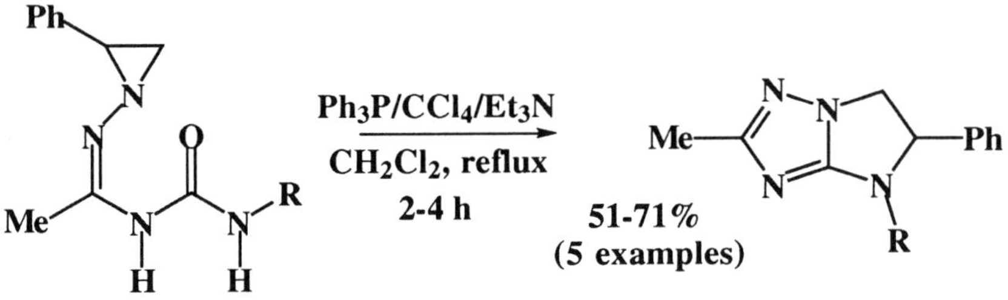

IV.K.6-5 Elmorsy, S.S. et al., *TL*, **36**, 7337; see also: Vasella, A. et al., *HCA*, **78**, 514.

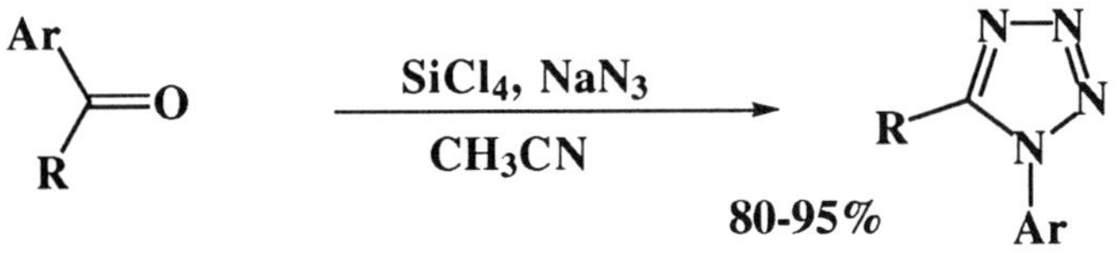

IV.K.6-6 Anselme, J.-P. et al., *JOC*, **60**, 468.

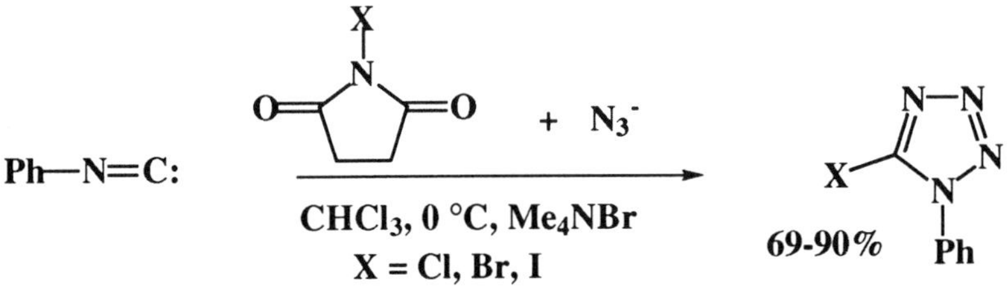

IV.K.6-7 Zard, S.Z. et al., *T*, **51**, 11737.

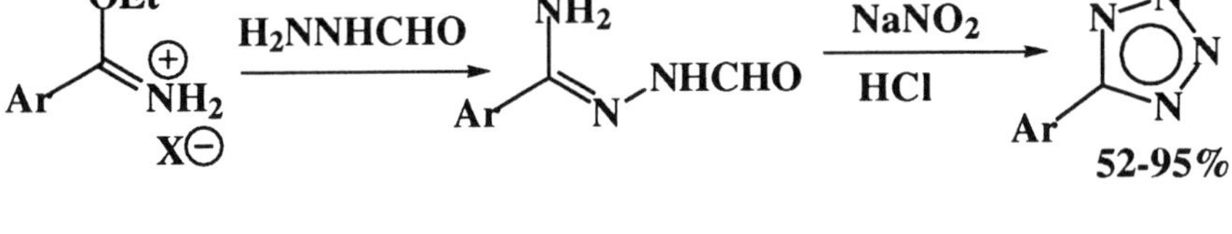

IV.K.6-8 Chen, C., Dagnino, R., Jr., and McCarthy, J.R., *JOC*, **60**, 8428; **see also:** Wessig, P. and Schwarz, J., *M*, **126**, 99.

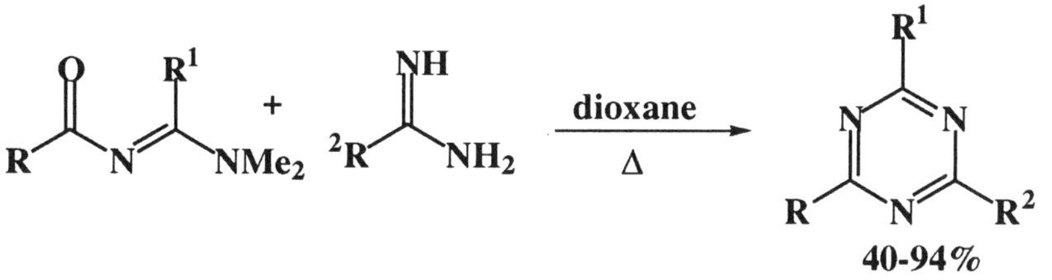

RC(O)N=C(R^1)NMe$_2$ + ^{2}RC(NH)NH$_2$ $\xrightarrow{\text{dioxane}, \Delta}$ 1,3,5-triazine (R, R^1, R^2 substituted)   40-94%

IV.K.7. Heterocycles with 2 N's and 1 O

IV.K.7-1 Vivona, N. et al., *S*, 917.

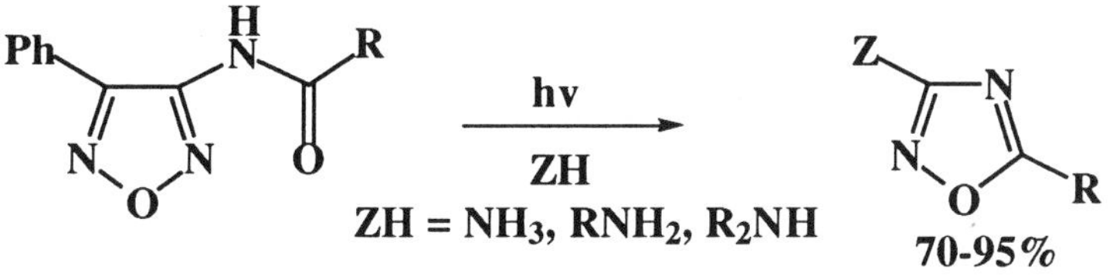

Ph-furazan-NHC(O)R $\xrightarrow[\text{ZH}]{hv}$ 1,3,4-oxadiazole-Z,R   70-95%

ZH = NH$_3$, RNH$_2$, R$_2$NH

IV.K.7-2 Ito, K. and Saito, K., *BCJ*, **68**, 3539.

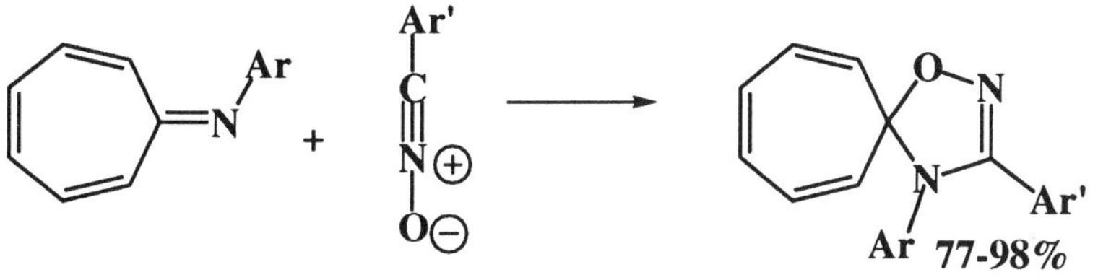

cycloheptatrienylidene=N-Ar + Ar'C≡N$^+$-O$^-$ → spiro oxadiazoline product   77-98%

IV.K.7-3 Jochims, J.C. et al., *JPR*, **337**, 385.

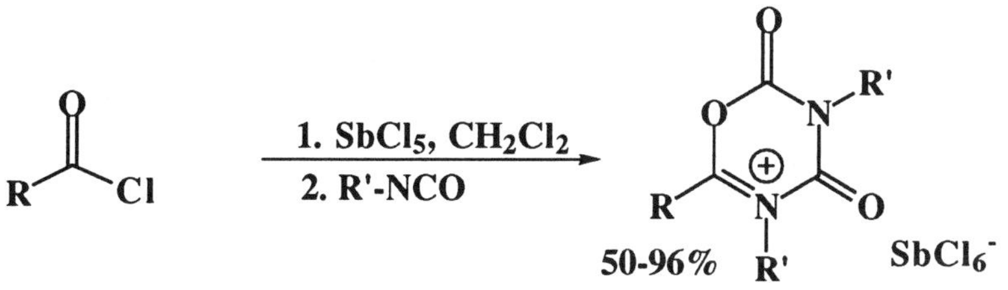

RC(O)Cl $\xrightarrow[\text{2. R'-NCO}]{\text{1. SbCl}_5, \text{CH}_2\text{Cl}_2}$ 1,3,5-dioxadiazinium SbCl$_6^-$ 50-96%

IV.K.8. Heterocycles with 2 N's and 1 S

IV.K.8-1 Katz, T.J. et al., *JOC*, **60**, 1285.

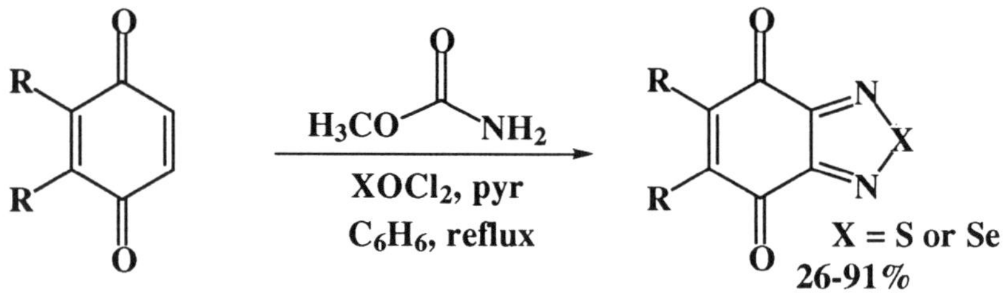
R
R
O
O
H3CO
NH2
XOCl2, pyr
C6H6, reflux
N
X
N
X = S or Se
26-91%

IV.K.8-2 Tanabe, Y. et al., *H*, **41**, 2033.

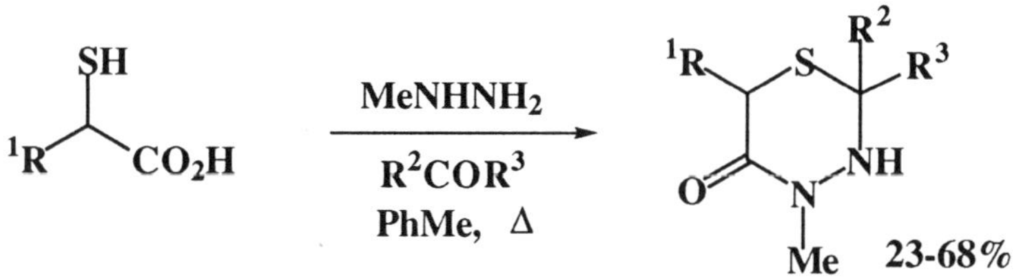
SH
1R
CO2H
MeNHNH2
R2COR3
PhMe, Δ
R2
S
R3
NH
N
O
Me
23-68%

IV.L. Other Heterocycles

IV.L-1 Belzner, J. et al., *TL*, **36**, 8187.

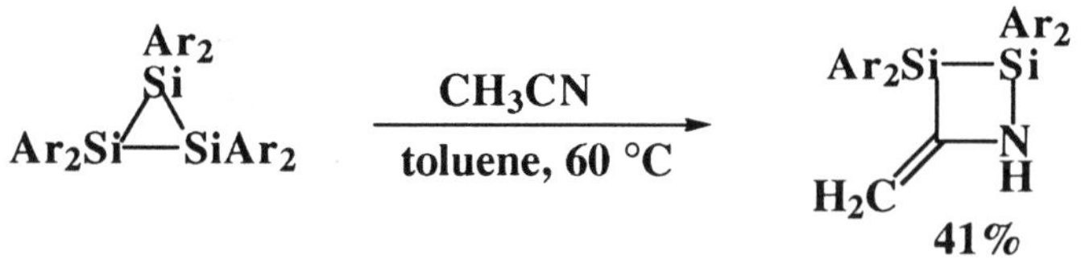
Ar2
Si
Ar2Si
SiAr2
CH3CN
toluene, 60 °C
Ar2Si
Si
N
H
H2C
41%

IV.L-2 Sekiguchi, A., Sckurai, H. et al., *BCJ*, **68**, 2981.

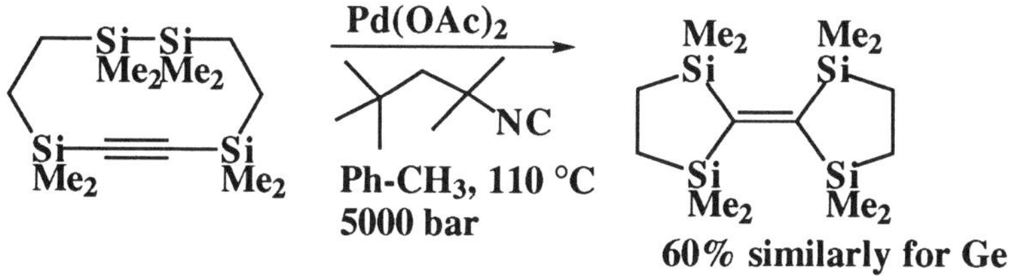

IV.L-3 Ashe, A.J., III et al., *OM*, **14**, 3141.

4-Methyl-1,4-thaiborin, an Aromatic Boron-Sulfur Heterocycle

IV.L-4 Bertrand, G. et al., *JOC*, **60**, 3904.

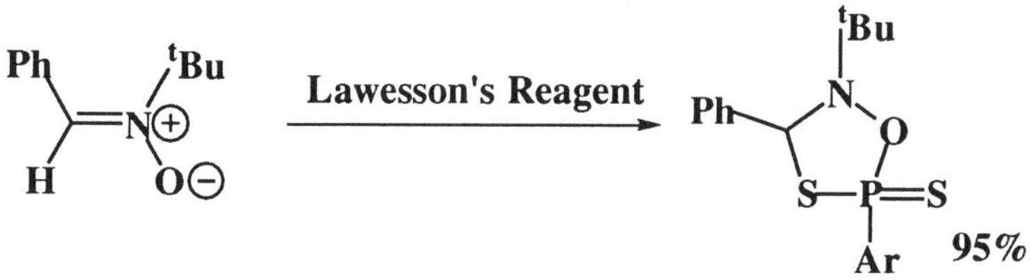

IV.L-5 Huisgen, R. et al., *JACS*, **117**, 9671 and 9679.

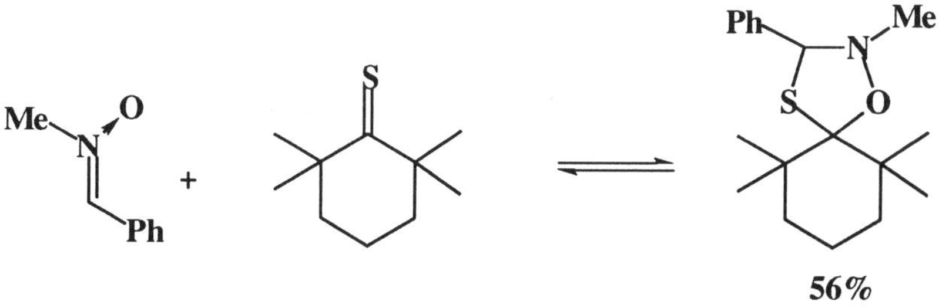

IV.L-6 Toste, F.D. and Still, I.W.J., *JACS*, **117**, 7261; **see also:** Sato, R. et al., *H*, **41**, 893; Okazaki, R. et al., *BCJ*, **68**, 2757.

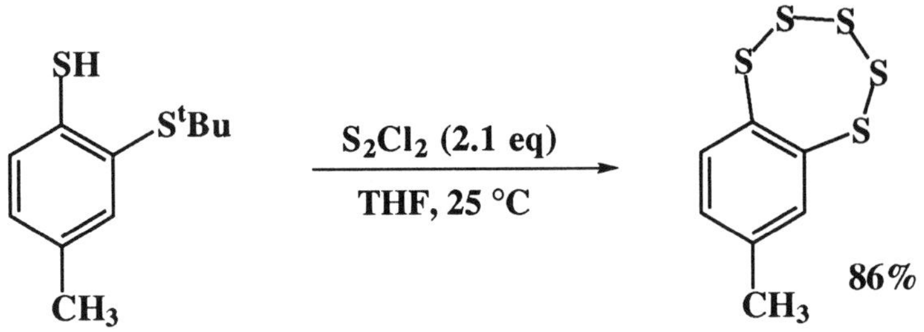

S_2Cl_2 (2.1 eq), THF, 25 °C; 86%

IV.L-7 Still, I.W.J. et al., *TL*, **36**, 6619.

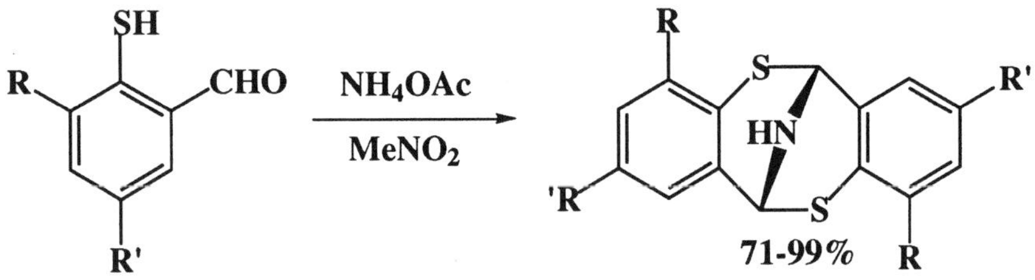

NH_4OAc, $MeNO_2$; 71-99%

IV.L-8 Schiesser, C.H. et al., *JHC*, **48**, 1221.

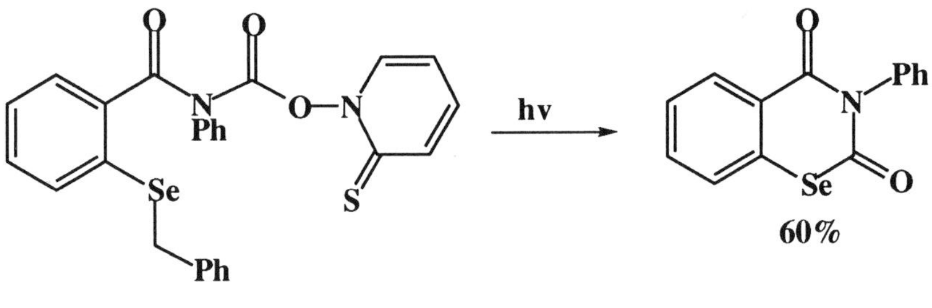

hv; 60%

IV.L-9 Deryagina, E.N. et al., *RJOC*, **30**, 1069 (1994).

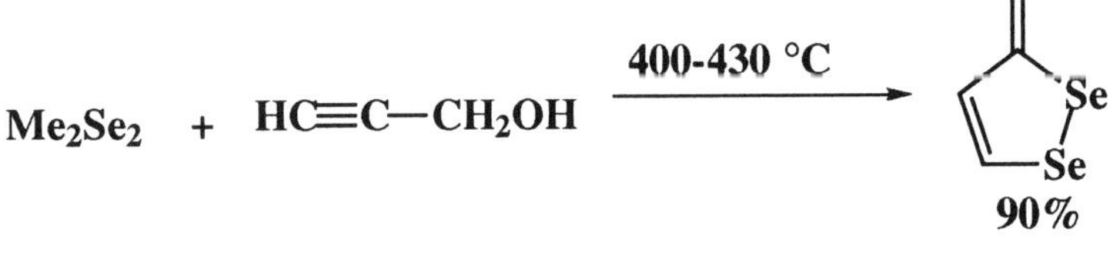

Me_2Se_2 + HC≡C–CH_2OH, 400-430 °C; 90%

IV.M. Reviews

IV.M-1 Overman, L.E., *AA*, **28**, 107.

Review: "New Reactions for Forming Heterocycles and Their Use in Natural Product Synthesis"

IV.M-2 Boger, D.L., *ACR*, **28**, 20.

Review: "The Duocarmycins: Synthetic and Mechanistic Studies"

IV.M-3 Sauter, M. and Adam, W., *ACR*, **28**, 289.

Review: "Oxyfunctionalization of Benzofurans by Singlet Oxygen, Dioxiranes, and Peracids: Chemical Model Studies for the DNA Damaging Activity of Benzofuran Dioxetanes (Oxidation) and Epoxides (Alkylation)"

IV.M-4 Ojima, I., *ACR*, **28**, 383.

Review: "Recent Advances in the β-Lactam Synthon Method"

IV.M-5 Khumtaveeporn, K. and Alper, H., *ACR*, **28**, 414.

Review: "Transition Metal Mediated Carbonylative Ring Expansion of Heterocyclic Compounds"

IV.M-6 Essassi, E.M., *BSB*, **103**, 679 (1994).

Review: "The Utilization of 1,5-Benzodiazepines in Heterocyclic Synthesis"

IV.M-7 Alexander, P. and Holy, A., *CCC*, **59**, 2127 (1994).

Review: "Prodrugs of Analogs of Nucleic Acid Components"

IV.M-8 Paine, R.T. and North, H., *CRV*, **95**, 343.

Review: "Recent Advances in Phosphinoborane Chemistry"

IV.M-9 Cox, E.D. and Cook, J.M., *CRV*, **95**, 1797.

Review: "The Pictet-Spengler Condensation: A New Direction for an Old Reaction"

IV.M-10 Adams, R.D. and Falloon, S.B., *CRV*, **95**, 2587.

Review: "The Chemistry of Thietane Ligands in Polynuclear Metal Carbonyl Complexes"

IV.M-11 Shipman, M., *COS*, **2**, 1.

Review: "Aromatic Heterocycles as Intermediates in Natural Product Synthesis"

IV.M-12 Laduwahetty, T., *COS*, **2**, 133.

Review: "Saturated and Unsaturated Lactones"

IV.M-13 Burns, C.J., *COS*, **2**, 189.

Review: "Saturated Oxygen Heterocycles"

IV.M-14 Harrison, T., *COS*, **2**, 209.

Review: "Saturated Nitrogen Heterocycles"

IV.M-15 Gilchrist, T.L., *COS*, **2**, 337.

Review: "Synthesis of Aromatic Heterocycles"

IV.M-16 Iddon, B., *H*, **41**, 533.

> Review: "Synthesis and Reaction of Lithiated Monocyclic Azoles Containing Two or More Hetero-Atoms. Part V. Isothiazoles and Thiazoles"

IV.M-17 Grimmett, M.R. and Iddon, B., *H*, **41**, 1525.

> Review: "Synthesis and Reaction of Lithiated Monocyclic Azoles Containing Two or More Hetero-Atoms. Part VI. Triazoles, Tetrazoles, Oxadiazoles, and Thiadiazoles"

IV.M-18 Dumanovic, D. and Kosanovic, D., *H*, **41**, 1503.

> Review: "Optimization of Synthesis of Nitroimidazoles and Nitropyrazoles Based on Polarographic Investigations"

IV.M-19 Kurasawa, Y. and Takada, A., *H*, **41**, 1805 and 2057.

> Review: "Tautomerism and Isomerism of Heterocycles"

IV.M-20 Vivona, N. and Buscemi, S., *H*, **41**, 2095.

> Review: "Photoinduced Molecular Rearrangement of O-N Bond Containing Five-Membered Heterocycles. An Assay for 1,2,4- and 1,2,5-Oxadiazoles"

IV.M-21 Darabantu, M. et al., *H*, **41**, 2327.

> Review: "Heterocyclic Saturated Compounds as Derivatives or Precursors of Chloromycetine and of Some Related Structures"

IV.M-22 Heron, B.M., *H*, **41**, 2357.

> Review: "Heterocycles from Intramolecular Wittig, Horner and Wadsworth-Emmons Reactions"

IV.M-23 Brik, M.E., *H*, **41**, 2827.

Review: "Chemistry of Persistent Free Bi- and Polyradicals"

IV.M-24 Kurasawa, Y. and Takud, A., *JHC*, **32**, 1085.

Review: "Progress in the Chemistry of Quinoxaline N-Oxides and N,N'-Dioxides"

IV.M-25 Zimmer, R. and Reissig, H.-U., *JPR*, **337**, 521.

Review: "1,2-Azapyrlium Ions: Properties and Synthetic Applications"

IV.M-26 Elguero, J. et al., *OPP*, **27**, 33.

Review: "Trifluoromethyl and Perfluoroalkyl Derivatives of Azoles"

IV.M-27 Senning, A. et al., *OPP*, **27**, 275.

Review: "Synthetic and Analytical Aspects of the Chemistry of Piracetam-Type Substituted Pyrrolidines"

IV.M-28 Larina, L.I. et al., *RJOC*, **30**, 1141 (1994).

Review: "Methods of Synthesis of Nitroazoles"

IV.M-29 Litvinov, V.P., *RJOC*, **30**, 1658 (1994).

Review: "Pyridinium Ylides in Organic Synthesis. Part 2. Pyridinium Ylides as Nucleophilic Reagents"

IV.M-30 Furin, G.G., *RJOC*, **30**, 1792 (1994).

Review: "Advances in Synthetic Methods for the Production of Fluorine-Containing Heterocyclic Compounds"

IV.M-31 Kelarev, V.I. and Koshelev, V.N., *RCR*, **64**, 317.

Review: "Synthesis of Five- and Six-Membered Nitrogen Containing Heterocyclic Compounds from Carboxylic Acid Iminoesters"

IV.M-32 Koldobskii, G.I. and Ostrovskii, V.A., *RCR*, **63**, 797 (1994).

Review: "Tetrazoles"

IV.M-33 Samsoniya, Sh.A. et al., *RCR*, **63**, 815 (1994).

Review: "The Chemistry of Pyrroloindoles"

IV.M-34 Pommier, A. and Pons, J.-M., *S*, 729.

Review: "The Synthesis of Natural 2-Oxetanones"

IV.M-35 Patzel, M. and Liebscher, J., *S*, 879.

Review: "Ring Transformation Reactions of Bridged 1,3-Dicarbonyl Heteroanalogs as a Versatile Entry to Side Chain Functionalized Alkylheterocycles"

IV.M-36 Kobayashi, S. et al., *S*, 1195.

Feature: "Lanthanide Triflate Catalyzed Imino Diels-Alder Reactions; Convenient Syntheses of Pyridine and Quinoline Derivatives"

IV.M-37 Sammes, P.G. and Weller, D.J., *S*, 1205.

Review: "Steric Promotion of Ring Formation"

IV.M-38 Katritzky, A.R. et al., *S*, 1315.

Feature: "The Origins of the Benzotriazole Project"

IV.M-39 Waldmann, H., *SL*, 133.

    Review: "Amino Acid Esters: Versatile Chiral Auxiliary Groups for the Asymmetric Synthesis of Nitrogen Heterocycles"

IV.M-40 Bosch, J. and Bennasar, M.-L., *SL*, 587.

    Review: "A General Method for the Synthesis of Bridged Indole Alkaloids. Addition of Carbon Nucleophiles to N-Alkylpyridinium Salts"

IV.M-41 Damon, R.E. et al., *SL*, 1143.

    Review: "Synthesis of Highly Functionalized Thiophenes, 4-Aryl-3-carboxylate Derivatives"

IV.M-42 Zecchi, G. et al., *SL*, 1208.

    Review: "5-Heterosubstituted 4-Methylene-4,5-dihydroisoxazoles: Ready Accessibility and Versatile Reactivity"

IV.M-43 Dobler, M., Borschberg, H.-J. and Azerad, R., *TA*, **6**, 213.

    Review: "Microbial Hydroxylation of Some Synthetic Aristotelia Alkaloids"

IV.M-44 Mock, W.L., *TCC*, **175**, 1.

    Review: "Cucurbituril"

IV.M-45 Sijbesma, R.P. and Nolte, R.J.M., *TCC*, **175**, 26.

    Review: "Molecular Clips and Cages Derived from Glycoluril"

V
PROTECTING GROUPS

V.A. Aldehyde and Ketone Protecting Groups

V.A-1 Cameron, D.W. et al., *TL*, **36**, 7555.

[Reaction: α,β-unsaturated methyl ester with R^1 and R^2 substituents treated with LDA, TMSCl gives silyl dienol ether with OMe and OTMS groups, 57-86%]

V.A-2 Gevorgyan, V. and Yamamoto, Y., *TL*, **36**, 7765.

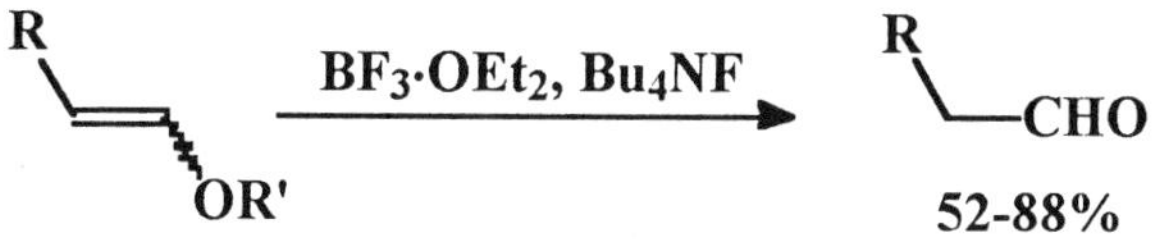

[Reaction: vinyl ether R-CH=CH-OR' treated with $BF_3 \cdot OEt_2$, Bu_4NF gives R-CH$_2$-CHO, 52-88%]

V.A-3 Kumar, P. et al., *TL*, **36**, 601; Bandgar, B.P. et al., *JCR(S)*, 470; Gigante, B. et al., *S*, 1077.

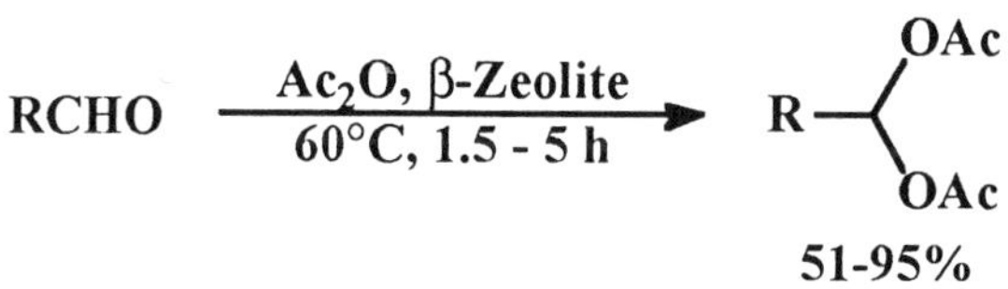

$$RCHO \xrightarrow[60°C, 1.5-5\,h]{Ac_2O,\ \beta\text{-Zeolite}} R-CH(OAc)_2$$

51-95%

V.A-4 Lu, T.J. et al., *JOC*, **60**, 2931; de March, P., Figueredo, M. et al., *JOC*, **60**, 3895; Uemura, S. et al., *JOC*, **60**, 4039.

$$\underset{H}{\overset{O}{\|}}\underset{}{\text{C}}R \quad \xrightarrow[\text{HOCH}_2\text{CH}_2\text{OH, }\Delta]{\text{PTSA, MgSO}_4\text{, Ph-H}} \quad \underset{H\quad R}{\overset{O\quad O}{\diagdown\diagup}}$$

Preparation of α,β-unsaturated Acetals   76-98%

V.A-5 Zercher, C.K. et al., *SC*, **25**, 587.

$$\underset{R}{\overset{O}{\|}}\underset{}{\text{C}}R' \quad \xrightarrow[\text{CH}_2\text{Cl}_2\text{, -78°C}]{\diagup\diagdown\text{OTMS, TMSOTf (cat)}} \quad \diagup\diagdown O\underset{R\quad R'}{\diagdown\diagup}O\diagdown\diagup$$

61-97%

V.A-6 Gros, E.G. and Caballero, G.M., *SC*, **25**, 395; Nishiguchi, T. et al., *CC*, 1121.

$$\underset{R\quad R'}{\overset{O\quad O}{\diagdown\diagup}} \quad \xrightarrow[\substack{\text{CH}_2\text{Cl}_2\text{, CHCl}_3\text{ or Ph-H}\\ 20\text{ - }80\text{ h}}]{\text{CuSO}_4\text{ on SiO}_2} \quad \underset{R}{\overset{O}{\|}}\underset{}{\text{C}}R'$$

70-90%

V.A-7 Komatsu, N., Uda, M. and Suzuki, H., *SL*, 984; Bhattacharyya, P. et al., *JCR(S)*, 108.

$$\underset{R}{\overset{O}{\|}}\underset{}{\text{C}}R' \quad \xrightarrow[\text{BiCl}_3\text{, MeCN, rt}]{\text{HS}\diagup\diagdown()_n\diagdown\text{SH}} \quad \underset{R\quad R'}{\overset{(\ )_n}{\underset{S\quad S}{\diagdown\diagup}}}$$

90-99%

V.A-8 Haroutounian, S.A., *S*, 39.

$$\underset{R\quad R'}{\overset{S\diagdown S}{\bigtriangleup}} \xrightarrow{\text{SeO}_2, \text{AcOH, rt}} \underset{90\text{-}98\%}{R\overset{O}{\underset{}{\diagup\!\!\!\diagdown}}R'}$$

V.A-9 Sanabria, R. et al., *OPP*, **27**, 480; Khan, R.H. et al., *JCR(S)*, 506; Shinada, T. and Yoshihara, K., *TL*, **36**, 6701.

$$\underset{R\quad R'}{\overset{HO\diagdown N}{\diagup\!\!\!\diagdown}} \xrightarrow[\text{hexane, acetone}]{\text{Cu(NO}_3)_2, \text{Bentonite}} \underset{60\text{-}97\%}{R\overset{O}{\underset{}{\diagup\!\!\!\diagdown}}R'}$$

V.B.   Amino Acid Protecting Groups

V.B-1 Okada, Y. et al., *JCS(P1)*, 2309.

Amino Acids and Peptides. Part 42. Application of the 2-Adamantyloxycarbonyl (2-Adoc) Group to the Protection of the Imidazole Function of Histidine in Peptide Synthesis.

V.B-2 Voelter, W. et al., *JPR*, **337**, 12.

V.B-3 Slomcyznska, U., Albericio, F. et al., *JCS(P1)*, 1695.

S-Phenylacetamidomethyl (Phacm): An Orthogonal Cysteine Protecting Group for Boc and Fmoc Solid-Phase Peptide Synthesis Strategies.

V.B-4 Kahn, M. et al., *TL*, **36**, 6013.

Acylation of Sterically Hindered Secondary Amines and Acyl Hydrazides.

V.C. Amine Protecting Groups

V.C-1 Prasad, K. et al., *TL*, **36**, 7357.

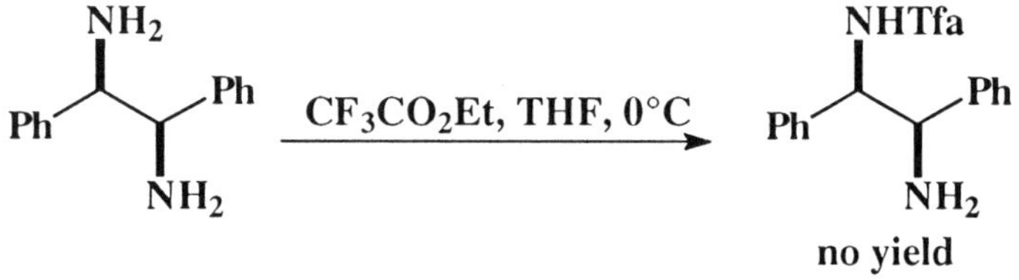

$$Ph\text{-}CH(NH_2)\text{-}CH(Ph)\text{-}NH_2 \xrightarrow{CF_3CO_2Et,\ THF,\ 0°C} Ph\text{-}CH(NHTfa)\text{-}CH(Ph)\text{-}NH_2$$

no yield

V.C-2 Pirrung, M.C. and Huang, C.Y., *TL*, **36**, 5883; Cameron, J.F. et al., *CC*, 923.

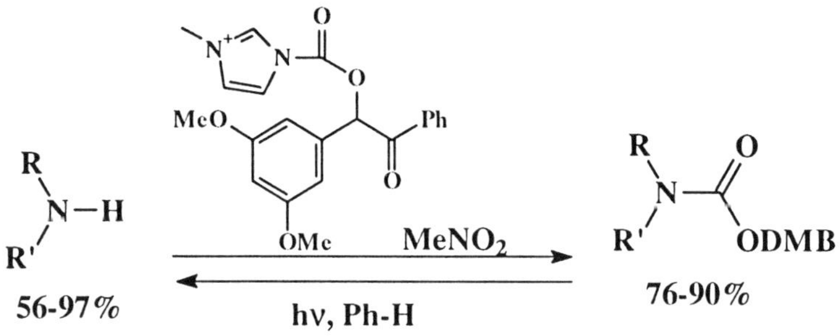

$$R(R')NH \underset{h\nu,\ Ph\text{-}H}{\overset{MeNO_2}{\rightleftarrows}} R(R')N\text{-}CO\text{-}ODMB$$

56-97%   76-90%

V.C-3 Hansen, M.M., Bordwell, F.G., et al., *TL*, **36**, 8949.

Substrate Acidities and Conversion Times for Reactions of Amides with Di-tert-butyl Dicarbonate.

V.C-4 Fukuyama, T. et al., *TL*, **36**, 6373; Hesse, M. et al., *JOC*, **60**, 5969.

Ar–CH$_2$–N(H)–SO$_2$Ar' $\xrightarrow[\text{DMF}]{\text{Mitsunobu or RX, K}_2\text{CO}_3}$ Ar–CH$_2$–N(R)–SO$_2$Ar' $\xrightarrow[\text{DMF}]{\text{R'S}^-}$ Ar–CH$_2$–N(R)–H

Ar' = o- or p-nitrophenyl   87-99%   88-98%

V.C-5 Genet, J.P. et al., *TL*, **36**, 1267.

R'–N(R)–CH$_2$CH=CH$_2$ $\xrightarrow[\text{Pd(dba)}_2\text{/DPPB, THF}]{\text{2-HS-C}_6\text{H}_4\text{-CO}_2\text{H}}$ R'–N(R)–H

0-99%

V.C-6 Hiemstra, H., Speckamp, W.N. et al., *JOC*, **60**, 1733.

Allyl-O-C(O)-NH-CH(CH$_2$CH=CH$_2$)-C(O)-NH-OMe $\xrightarrow[\text{Ac}_2\text{O, CH}_2\text{Cl}_2\text{, rt}]{\text{Pd(PPh}_3)_4\text{, Bu}_3\text{SnH}}$ Me-C(O)-NH-CH(CH$_2$CH=CH$_2$)-C(O)-NH-OMe

58%

V.C-7 Fraser-Reid, B. et al., *JOC*, **60**, 7920.

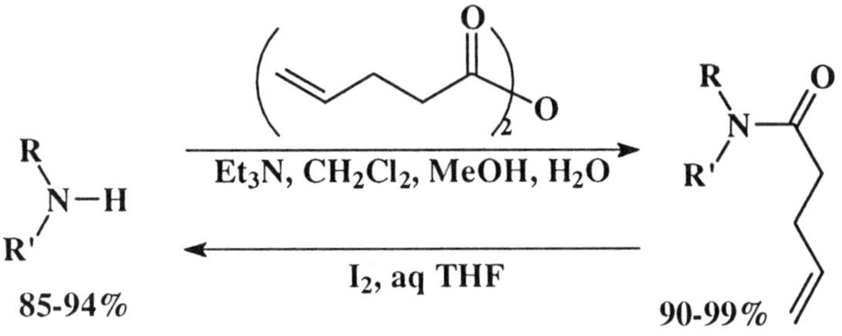

V.C-8 Murakami, Y. et al., *TL*, **36**, 1671.

V.C-9 Hamilton, R. et al., *TL*, **36**, 4451.

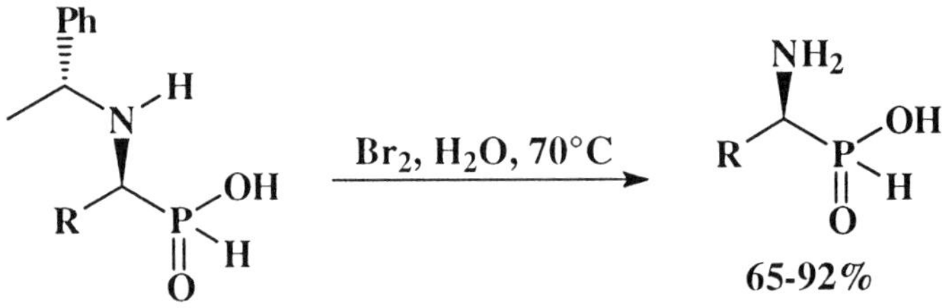

V.C-10 Ciufolini, M.A. et al., *TL*, **36**, 5681.

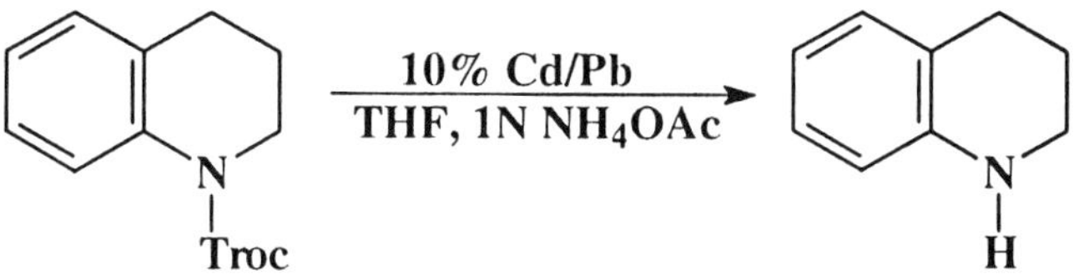

Troc = 2,2,2-trichloroethyl

Reagents: 10% Cd/Pb, THF, 1N NH$_4$OAc

92%

V.D. Carboxyl Protecting Groups

V.D-1 Seebach, D. et al., *AG(E)*, **34**, 2395.

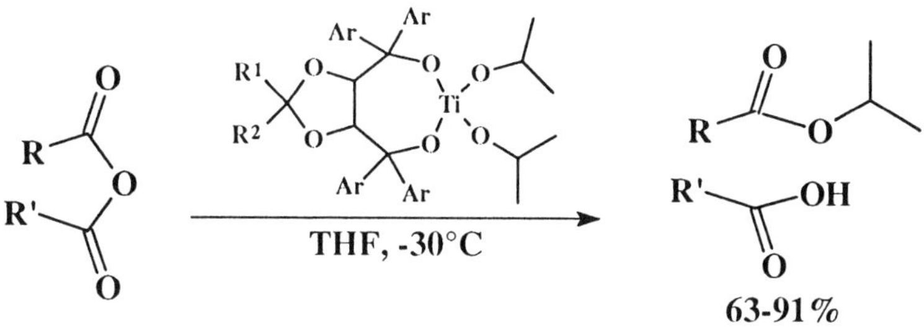

THF, -30°C

63-91%
>95% e.e.

V.D-2 Carpino, L.A. et al., *JOC*, **60**, 7718.

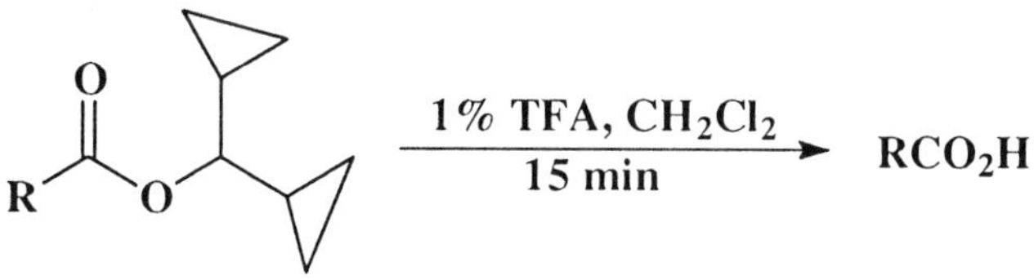

1% TFA, CH$_2$Cl$_2$, 15 min → RCO$_2$H

selctive in presence of ^{t}Bu

V.D-3 Ram, R.N. and Singh, L., *TL*, **36**, 5401.

Deprotection of Carboxylic Acids from their Phenacyl Esters by Cu(II)/O$_2$/DMF-H$_2$O: Unusual Formation of Benzaldehyde from the Phenacyl Group.

V.D-4 Takeda, K. et al., *TL*, **36**, 112.

$$RCO_2H \xrightarrow{\text{DMAP, MeCN}} R\text{-CO-O-CH}_2\text{-CH=CH}_2 \quad 81\text{-}99\%$$

V.D-5 Guihe, F. et al., *TL*, **36**, 5741.

$$Ar\text{-CH}_2\text{-CO-O-CH}_2\text{-CH=CH}_2 \xrightarrow[\text{2: H}_2\text{O}]{\text{1: Pd(PPh}_3)_4\text{, PhSiH}_3 \text{ CH}_2\text{Cl}_2\text{, rt}} Ar\text{-CH}_2\text{-COOH} \quad 100\%$$

V.E. Hydroxyl Protecting Groups

V.E-1 Piva, O. et al., *SC*, **25**, 219; Schmittberger, T. and Uguen, D., *TL*, **36**, 7445

$$R\text{-CH(OSiPh}_2\text{Me)-(}\ )_n\text{-OTBDPS} \xrightarrow[\text{MeOH, CH}_2\text{Cl}_2 \text{ (1:9)}]{\text{h}\nu\text{, phenanthrene}} R\text{-CH(OH)-(}\ )_n\text{-OTBDPS} \quad 64\text{-}85\%$$

R = allylic, benzylic

V.E-2 Lee, A.S.Y. et al., *TL*, **36**, 6891.

R-C₆H₃(OTBS)(TBSO)-CH₂OTBS → R-C₆H₃(TBSO)-CH₂OH
Reagents: MeOH, CCl₄, ·)))
51-94%

V.E-3 Figadere, B. et al., *TL*, **36**, 711; Kondo, K. et al., *SL*, 609; Georg, G.I. et al., *JOC*, **60**, 761.

R-OTBDMS $\xleftarrow{\text{TBDMSOTf}, 2,6\text{-lutidine}}$ R-OP $\xrightarrow{\text{TBDMSOTf}, CH_2Cl_2, \text{rt}}$ R-OH

76-99%   P = ^{t}Bu, ^{t}Am   46-96%

V.E-4 Oriyama, T. et al., *SL*, 45.

RCH$_2$OMPM $\xrightarrow{\text{TBDMSOTf}, Et_3N, \text{rt}}$ RCH$_2$OTBDMS

15-86%

V.E-5 Srikrishna, A. et al., *JOC*, **60**, 5961; Yan, L. and Kahne, D., *SL*, 523; Vaino, A.R. and Szarek, W.A., *SL*, 1157.

R-OMPM $\xrightarrow{\text{NaCNBH}_3, BF_3 \cdot OEt_2, \text{THF}}$ R-OH

65-98%

V.E-6 Padron, J.I. and Vazquez, J.T., *TA*, **6**, 857.

Ferric Chloride: An Excellent Reagent for the Removal of Benzyl Ethers in the Presence of p-Bromobenzoate Esters.

V.E-7 Ziegler, T. and Pantkowski, G., *TL*, **36**, 5727.

The 2-(2-Chloroacetoxyethyl)-Benzoyl Group - Stable to Hydrogenolysis and Cleavable Beside other Acyl Groups.

V.E-8 Bailey, W.F. et al., *JOC*, **60**, 2532.

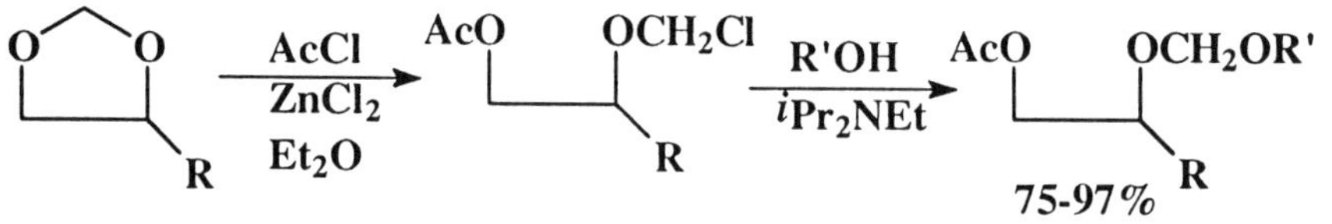

V.E-9 Dai, W.M. et al., *T*, **51**, 12263.

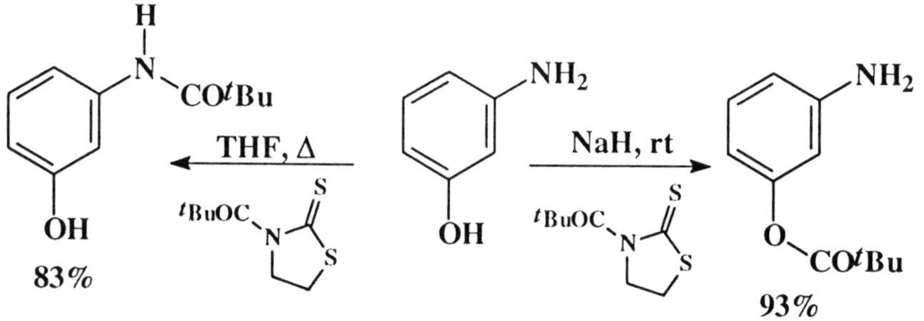

V.E-10 Penades, S. et al., *TL*, **36**, 5627.

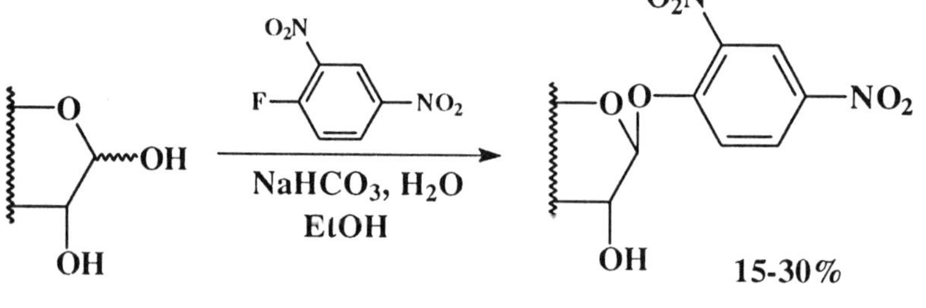

V.E-11 Kirschke, K. and Wolff, E., *JPR*, **337**, 405; Dodge, J.A. et al., *JOC*, **60**, 739.

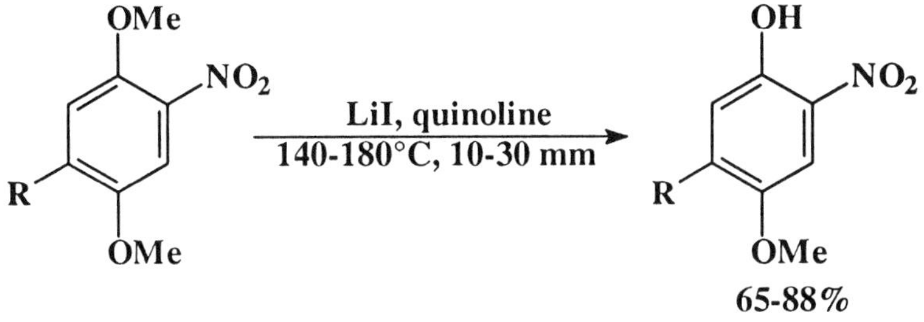

2,5-dimethoxy-nitrobenzene (R substituent) → 2-hydroxy-5-methoxy-nitrobenzene
Reagents: LiI, quinoline, 140-180°C, 10-30 mm
Yield: 65-88%

V.E-12 Ranu, B.C. et al., *SC*, **25**, 363.

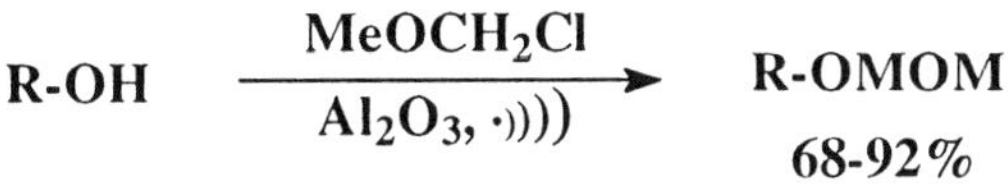

$$R\text{-}OH \xrightarrow[\text{Al}_2\text{O}_3, \cdot)))]{\text{MeOCH}_2\text{Cl}} R\text{-}OMOM$$

68-92%

V.E-13 Olivero, S. and Dunach, E., *CC*, 2497.

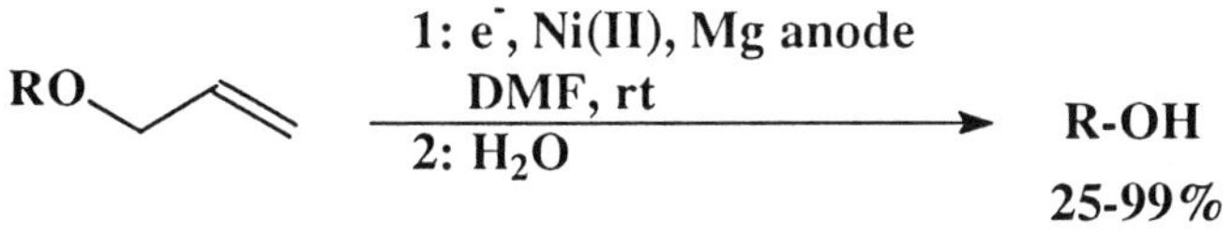

RO-CH₂-CH=CH₂
1: e⁻, Ni(II), Mg anode, DMF, rt
2: H₂O
→ R-OH
25-99%

V.E-14 Kloetstra, K.R. and van Bekkum, H., *JCR(S)*, 26; Kim, Y.H. et al., *SL*, 207.

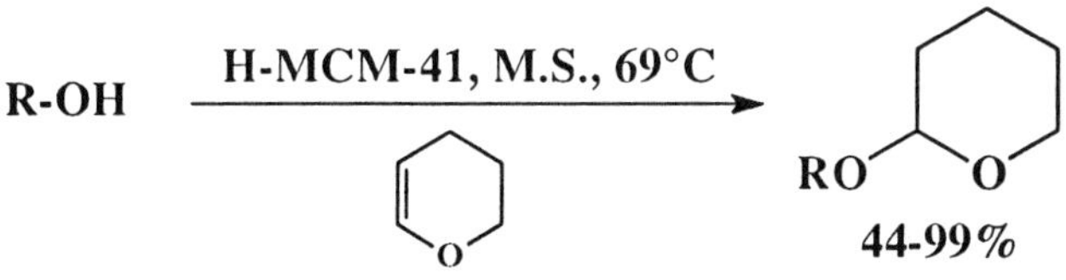

R-OH + dihydropyran → R-O-THP
Reagents: H-MCM-41, M.S., 69°C
44-99%

V.E-15 Wenshun, H. et al., *CC*, 2223; Leikauf, E. and Koster, H., *T*, **51**, 5557.

Efficient Acylation of HydroxyFunctions by Means of Fmoc Amino Acid Fluorides.

V.E-16 Srikrishna, A. et al., *JOC*, **60**, 2260; Zimmerman, K., *SC*, **25**, 2959.

$$\text{R-OTHP} \xrightarrow{\text{NaCNBH}_3, \text{BF}_3\cdot\text{OEt}_2, \text{rt}} \text{R-OH}$$
$$68\text{-}95\%$$

V.E-17 Arasappan, A. and Fuchs, P.L., *JACS*, **117**, 177.

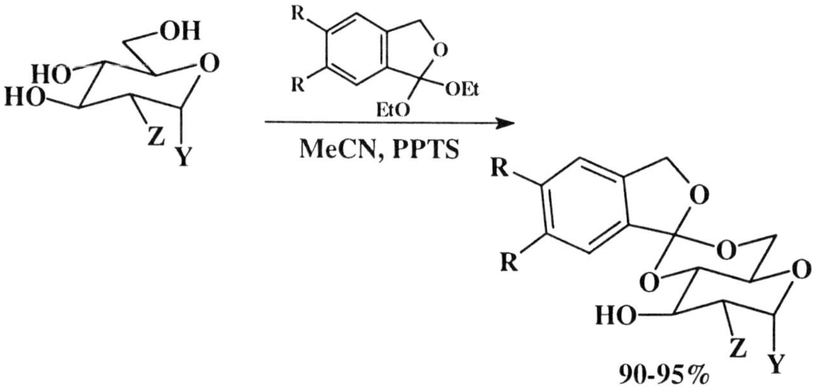

90-95%

V.E-18 Nishiguchi, T. et al., *CC*, 2491.

Highly Selective Monotetrahydropyranylation of Symmetrical Diols Catalyzed by a Strongly Acidic Ion-Exchange Resin.

V.F. Other Protecting Groups

V.F-1 Nikam, S.S. et al., *TL*, **36**, 197.

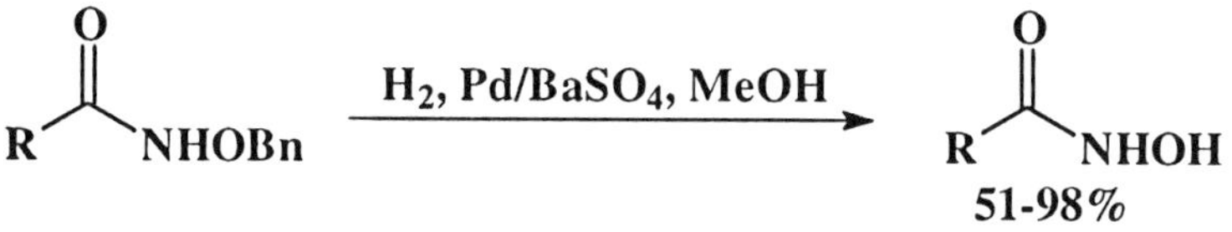

$$\underset{R}{\overset{O}{\underset{\|}{C}}}\text{-NHOBn} \xrightarrow{\text{H}_2, \text{Pd/BaSO}_4, \text{MeOH}} \underset{R}{\overset{O}{\underset{\|}{C}}}\text{-NHOH}$$

51-98%

V.F-2 Coote, S.J. et al., *TL*, **36**, 4471.

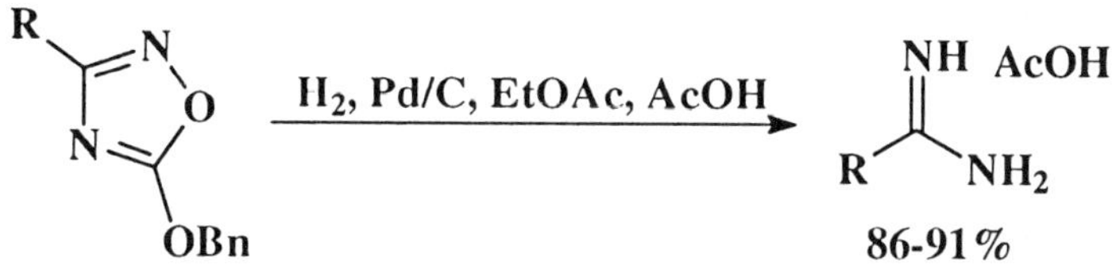

1,2,4-oxadiazole with R at C3, OBn at C5 $\xrightarrow{\text{H}_2, \text{Pd/C, EtOAc, AcOH}}$ R-C(=NH)-NH$_2$ · AcOH

86-91%

V.F-3 Toste, F.D. and Still, I.W. *J., SL*, 159.

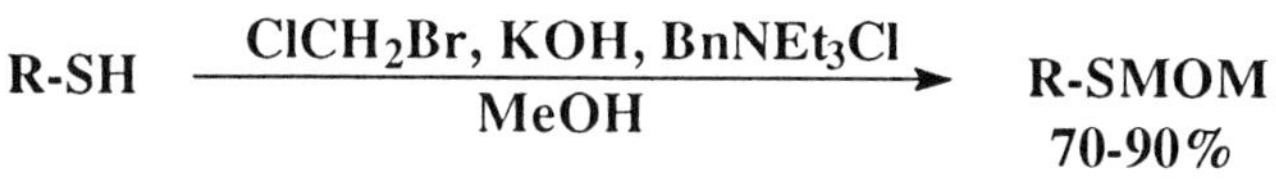

$$\text{R-SH} \xrightarrow[\text{MeOH}]{\text{ClCH}_2\text{Br, KOH, BnNEt}_3\text{Cl}} \text{R-SMOM}$$

70-90%

V.F-4 Mioskowski, C. et al., *JOC*, **60**, 2946.

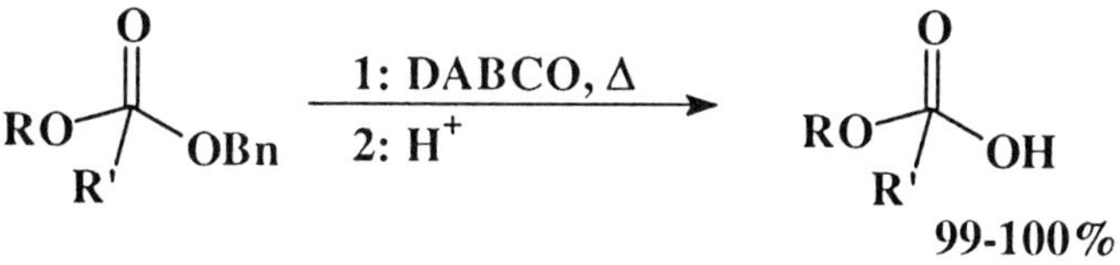

$$\underset{R'}{\overset{O}{\underset{\|}{\text{RO-C-OBn}}}} \xrightarrow[\text{2: H}^+]{\text{1: DABCO, }\Delta} \underset{R'}{\overset{O}{\underset{\|}{\text{RO-C-OH}}}}$$

99-100%

V.F-5 Vilarrasa, J. et al., *TL*, **36**, 3261.

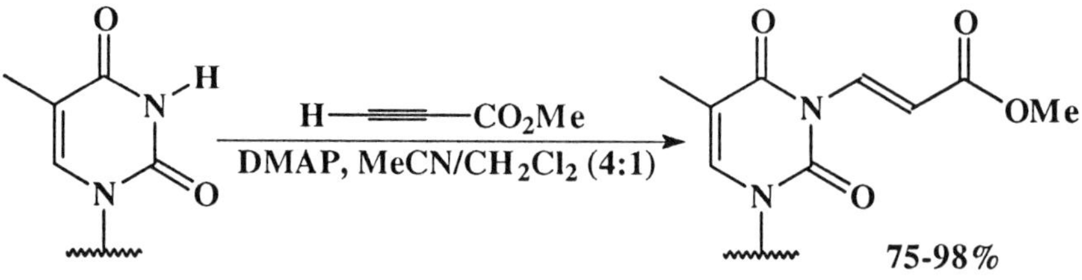

[Reaction scheme: thymine N-H + H≡C-CO₂Me, DMAP, MeCN/CH₂Cl₂ (4:1) → N-substituted product with CH=CH-C(O)OMe, 75-98%]

V.F-6 Leonard, N.J. and Neelima, *TL*, **36**, 7833.

1,1,1,3,3,3-Hexafluoro-2-propanol for the Removal of the 4,4'-Dimethoxytrityl Protecting Group from the 5'-Hydroxyl of Acid-Sensitive Nucleosides and Nucleotides.

V.F-7 Pflciderer, W. et al., *HCA*, **78**, 1705.

The 2-(4-Nitrophenyl)ethylsulfonyl (Npes) Group: A New Type of Protection in Nucleoside Chemistry.

VI
USEFUL SYNTHETIC PREPARATIONS

VI.A. Functional Group Preparations

VI.A.1. Acetals and Ketals

VI.A.1-1 Andrews, M.B. and Lepore, S.D., *TL*, **36**, 9149.

Asymmetric Additions to Dichlorophenyldioxane, A New Chiral Acetal

---

VI.A.1-2 Hashimoto, S. et al., *SL*, 1271 and *CPB*, **43**, 2267; Arasappan, A. and Fraser-Reid, B., *TL*, **36**, 7967; Shibasaki, M. et al., *TL*, **36**, 4443; Ziegler, T. and Lau, R., *TL*, **36**, 1417; Voelter, W. et al., *TL*, **36**, 1243; Boons, G.J. et al., *TL*, **36**, 6325; Waldmann, H. and Böhm, G., *TL*, **36**, 3843.

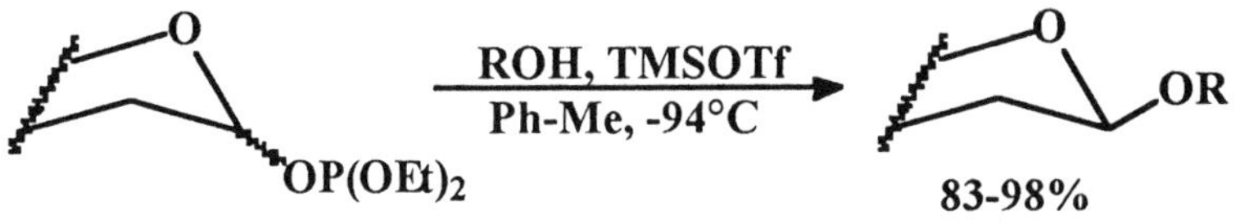

VI.A.1-3 Falck, J.R. et al., *TL*, **36**, 5881.

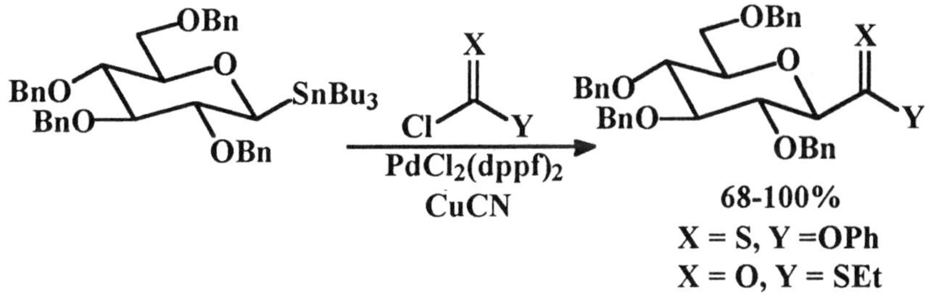

VI.A.1-4 Koreeda, M. et al., *SL*, 90; Toshima, K. et al., *SL*, 306.

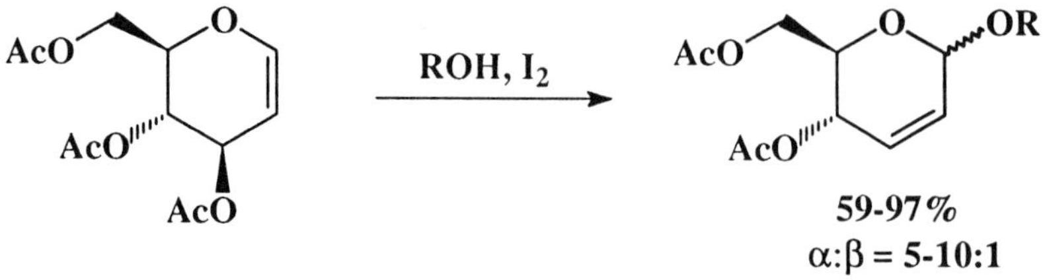

59-97%
α:β = 5-10:1

VI.A.1-5 Hosokawa, T., Murahashi, S. et al., *JOC*, **60**, 6159; Chang, B.H., *JOM*, **492**, 31.

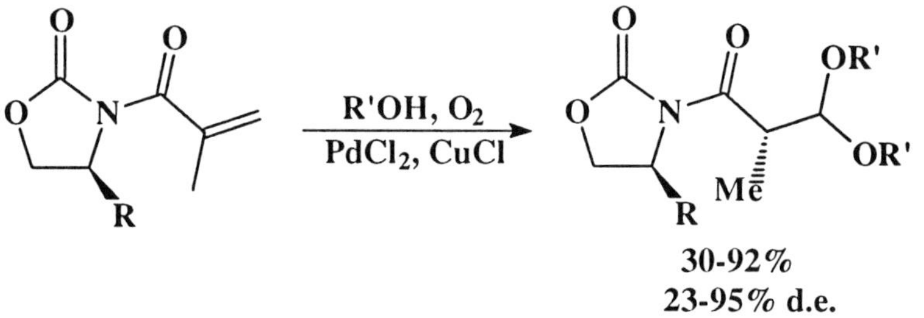

30-92%
23-95% d.e.

VI.A.1-6 Pneumatikakis, G., Kalck, P. et al., *JOM*, **498**, C10.

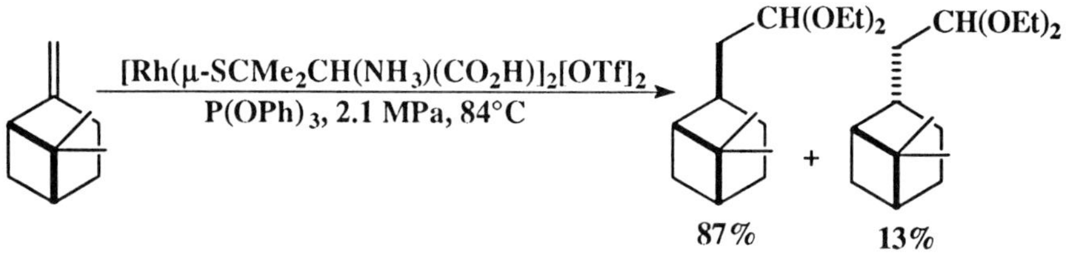

[Rh(μ-SCMe$_2$CH(NH$_3$)(CO$_2$H)]$_2$[OTf]$_2$
P(OPh)$_3$, 2.1 MPa, 84°C

87%   13%

VI.A.1-7 Berens, U. et al., *JOC*, **60**, 8204.

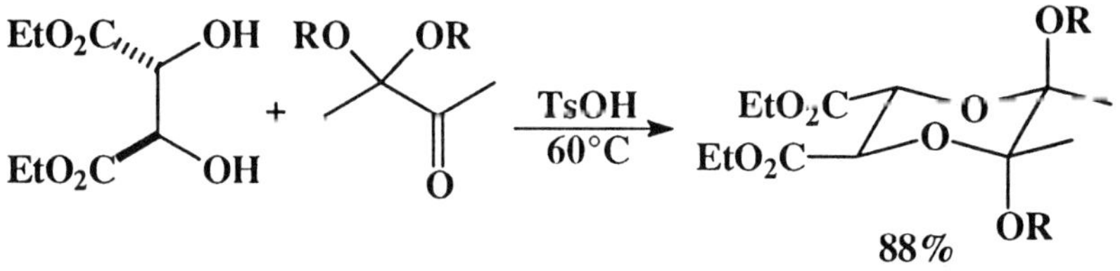

TsOH
60°C

88%

VI.A.1-8 Jeminet, G. et al., *TA*, **6**, 1995.

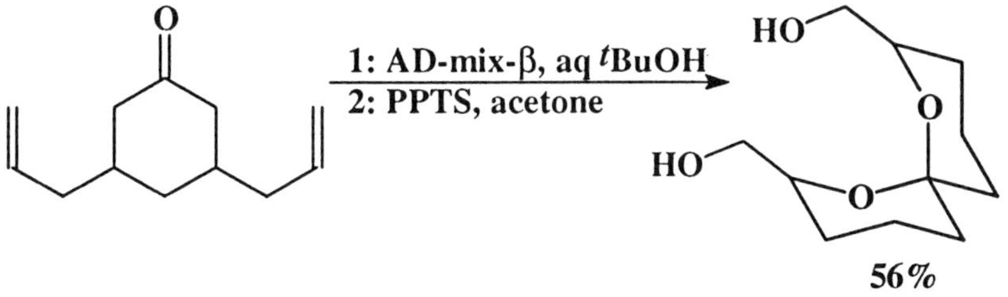

1: AD-mix-β, aq ^{t}BuOH
2: PPTS, acetone

56%

VI.A.1-9 Polt, R. et al., *JOC*, **60**, 2153.

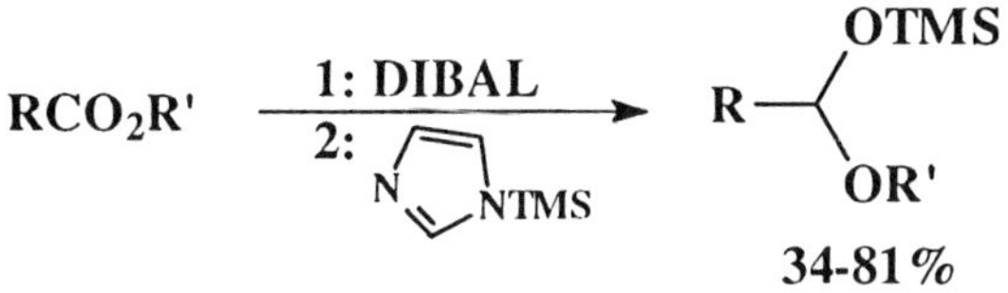

RCO_2R' → 1: DIBAL; 2: imidazole-NTMS → R–C(OTMS)(OR')

34-81%

VI.A.1-10 Kobayashi, K. et al., *BCJ*, **68**, 1401.

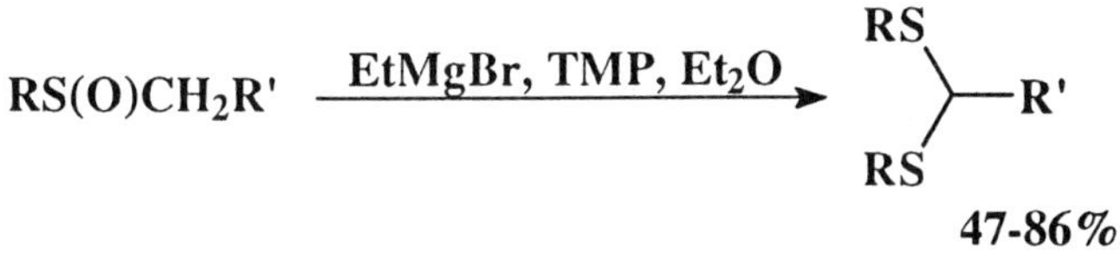

$RS(O)CH_2R'$ → EtMgBr, TMP, Et$_2$O → R'–CH(SR)(SR)

47-86%

VI.A.1-11 Bruga, A. et al., *SC*, **25**, 3155; Rayner, C.M. et al., *TL*, **36**, 8493.

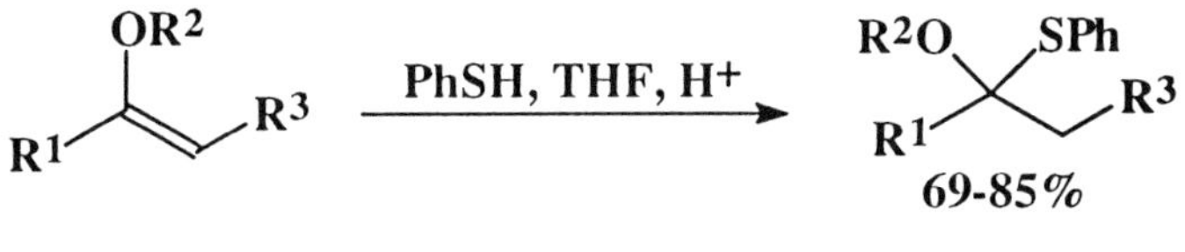

R^1–C(OR^2)=CH–R^3 → PhSH, THF, H$^+$ → R^1–C(OR^2)(SPh)–CH$_2$–R^3

69-85%

VI.A.2. Acids and Anhydrides

(see also I.G.2)

VI.A.2-1 Paradkar, V.M. et al., *SL*, 1059.

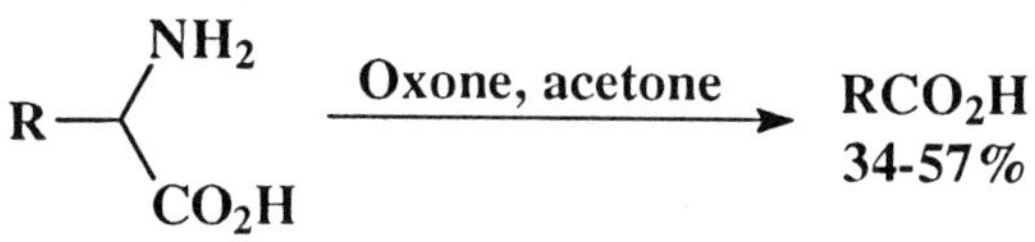

$$R-\underset{CO_2H}{\overset{NH_2}{CH}} \xrightarrow{\text{Oxone, acetone}} \underset{34\text{-}57\%}{RCO_2H}$$

VI.A.2-2 Barton, D.H.R. et al., *AJC*, **48**, 407.

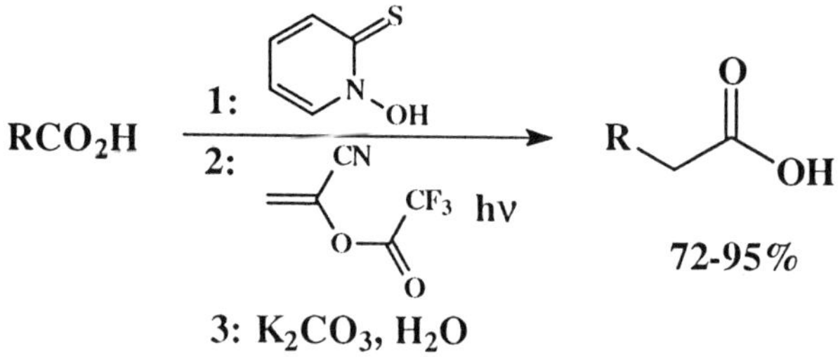

$$RCO_2H \xrightarrow[\substack{2:\ \text{CH}_2=\text{C(CN)OC(O)CF}_3\ h\nu \\ 3:\ K_2CO_3,\ H_2O}]{1:\ \text{N-hydroxypyridine-2-thione}} \underset{72\text{-}95\%}{R\text{-}CH_2\text{-}CO_2H}$$

VI.A.2-3 Achiwa, K. et al., *CPB*, **43**, 1251.

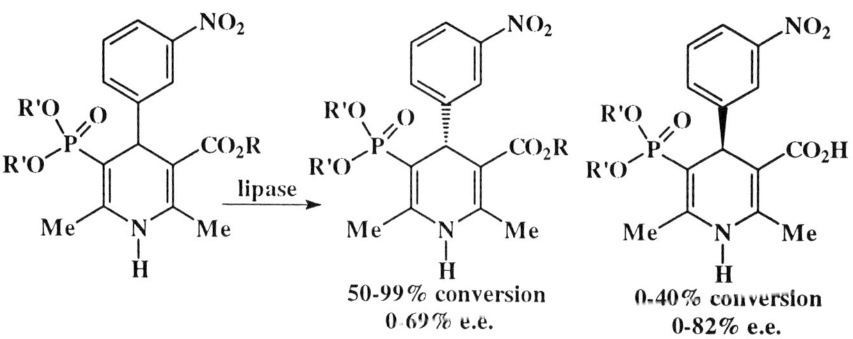

[Dihydropyridine starting material with P(O)(OR')₂, CO₂R, 3-nitrophenyl, and two Me groups] →(lipase)→ [resolved (R)-enantiomer: 50-99% conversion, 0-69% e.e.] and [(S)-acid product with CO₂H: 0-40% conversion, 0-82% e.e.]

VI.A.2-4 Meth-Cohn, O. and Wang, M.X., *TL*, **36**, 9561.

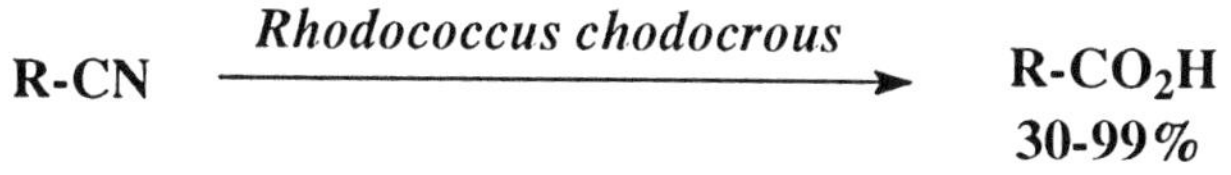

$$\text{R-CN} \xrightarrow{\textit{Rhodococcus chodocrous}} \text{R-CO}_2\text{H} \quad 30\text{-}99\%$$

VI.A.2-5 Kobayashi, S. et al., *BCJ*, **68**, 56.

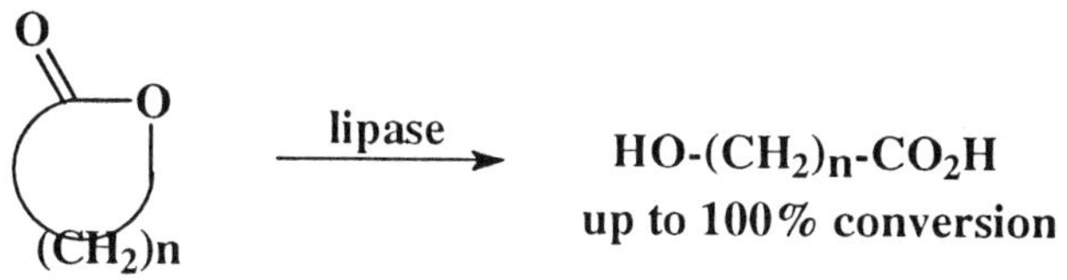

lactone $\xrightarrow{\text{lipase}}$ HO-(CH$_2$)$_n$-CO$_2$H up to 100% conversion

---

VI.A.2-6 Shimizu, T., Nakata, T. et al., *SL*, 650.

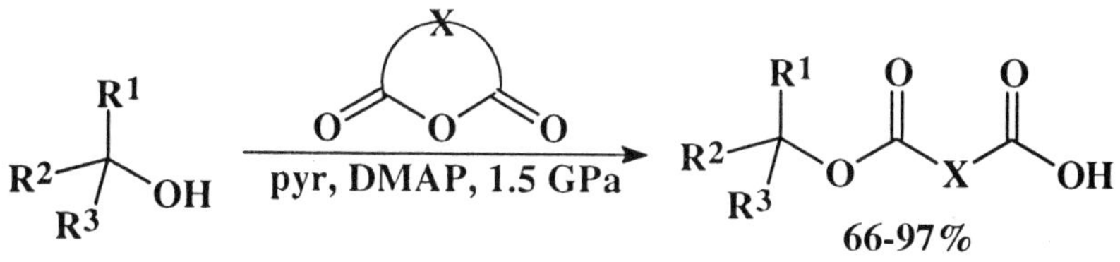

$$\underset{R^3}{\overset{R^1}{R^2}}\text{C-OH} \xrightarrow{\text{pyr, DMAP, 1.5 GPa}} \underset{R^3}{\overset{R^1}{R^2}}\text{C-O-CO-X-CO-OH} \quad 66\text{-}97\%$$

VI.A.2-7 Momose, T. et al., *TL*, **36**, 6907.

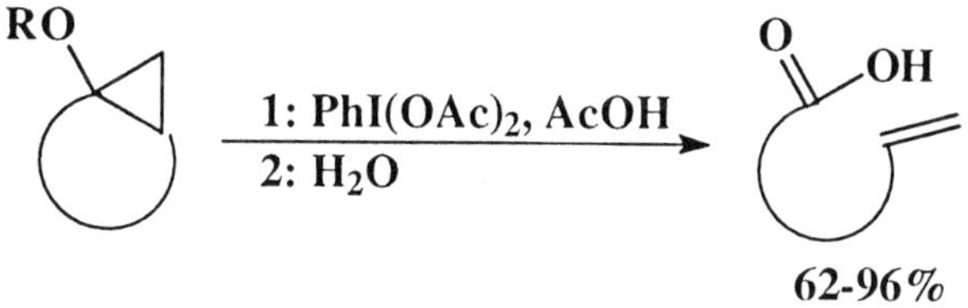

$$\xrightarrow[\text{2: H}_2\text{O}]{\text{1: PhI(OAc)}_2, \text{AcOH}} \quad 62\text{-}96\%$$

VI.A.3. Alcohols and Related Species

(see also II.B.1, III.A)

VI.A.3-1 Kucera, M. et al., *CCC*, **60**, 498.

Hydration of Cyclohexene by Zeolites.

VI.A.3-2 Falk, H. and Leimhofer, J., *M*, **126**, 85.

Ozone as an Oxygen Source for Alkene Ene-Reactions.

VI.A.3-3 Craney, C.L. et al., *OS*, **73**, 25; Suemune, H., Hasegawa, A. and Sakai, K., *TA*, **6**, 55; Hammerschmidt, F. et al., *S*, 1267; Basavaiah, D. and Krishna, P.R., *T*, **51**, 2403; Moore, A.N.J., Ingold, K.V., et al., *JACS*, **117**, 5677; Baldessari, A. et al., *TL*, **36**, 4349; Ronchetti, F. et al., *TL*, **36**, 4865; Paquette, L. et al., *OS*, **73**, 36 and 44; Matsumoto, K., Fuwa, S. and Kitajima, H., *TL*, **36**, 6499; Mori, K. and Murata, N., *LA*, 697; Ogasawara, K. et al., *CPB*, **43**, 529.

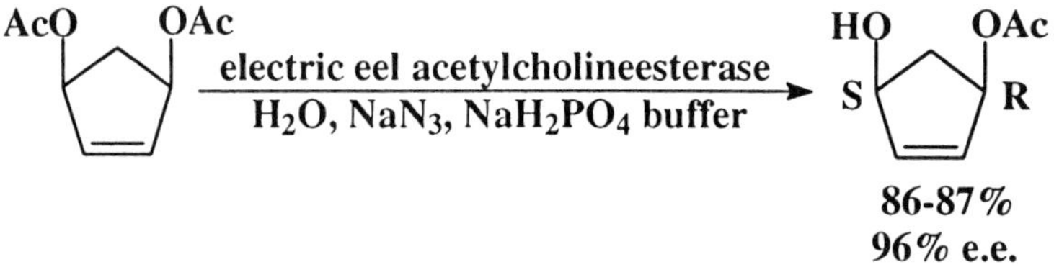

VI.A.3-4 Azerad, R. et al., *TL*, **36**, 6461.

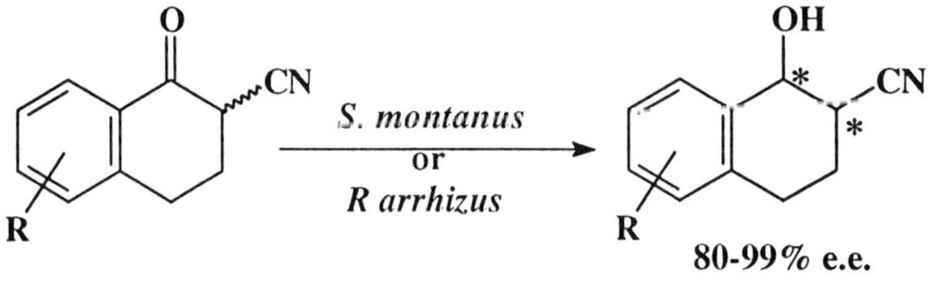

USEFUL SYNTHETIC PREPARATIONS

VI.A.3-5 Nakamura, K. et al., *TL*, **36**, 6263.

$$\text{Me}\overset{\text{OH}}{\underset{}{\text{―}}}\text{Ar} \xrightarrow{\textit{Geotrichum candidum}} \text{Me}\overset{\text{OH}}{\underset{}{\text{―}}}\text{Ar}$$

65-99%
2-99% e.e.

VI.A.3-6 Taber, D.F. et al., *TL*, **36**, 351; Ito, Y. et al., *SL*, 941.

Reagents:
1: Li/NH₃, EtOH, THF, -78°C
2: TBAF, THF
3: H₂O₂, KHCO₃, MeOH

66%

VI.A.3-7 Normaut, J. and Chemla, F., *TL*, **36**, 3157; **see also:** Knochel, P. et al., *TL*, **36**, 3161.

$$\begin{array}{c}\text{R-ZnX}\\ \text{or}\\ \text{R}_2\text{Zn}\end{array} \xrightarrow{\text{dry air, THF-HMPA}} \text{R-OH}$$

65-98%

VI.A.3-8 Kabalka, G.W. et al., *OS*, **73**, 116; Gotteland, J.P. and Halazy, S., *SL*, 931.

$$\begin{array}{c}\text{R}_2\text{B-H}\\ \text{or}\\ \text{R}_3\text{B}\end{array} \xrightarrow{\text{NaBO}_3 \cdot 4\text{H}_2\text{O}} \text{R-OH}$$

84-99%

VI.A.3-9 Imai, T. et al., *CL*, 355.

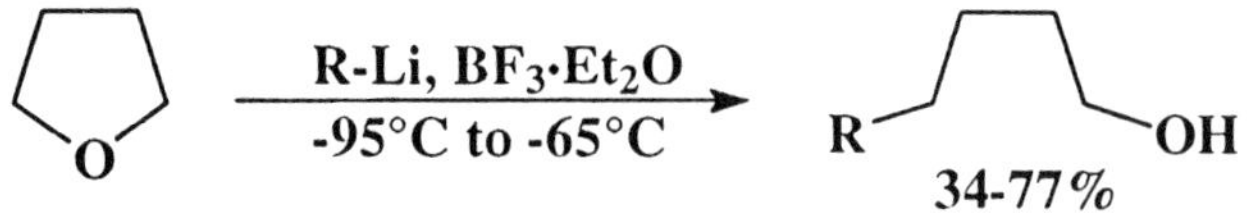

[THF] → R-Li, BF$_3$·Et$_2$O, -95°C to -65°C → R-CH$_2$CH$_2$CH$_2$CH$_2$-OH 34-77%

VI.A.3-10 Chandrasekhar, S. et al., *TL*, **36**, 307.

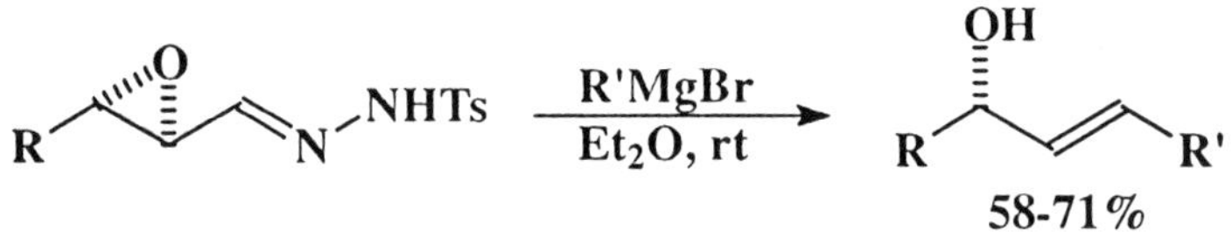

R-(epoxide)-CH=N-NHTs → R'MgBr, Et$_2$O, rt → R-CH(OH)-CH=CH-R' 58-71%

VI.A.3-11 Novak, L. et al., *SC*, **25**, 3993; Shum, W. and Cheu, J., *TL*, **36**, 2379; Ko, S.Y., *JOC*, **60**, 6250; Tasaka, A. et al., *CPB*, **43**, 432; Miura, T. and Masaki, Y., *CPB*, **43**, 523.

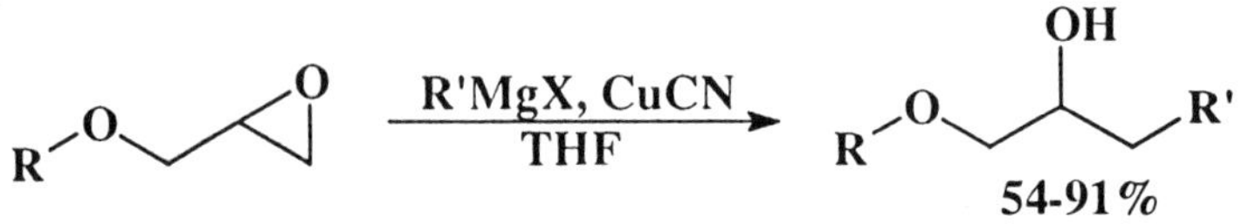

R-O-CH$_2$-(epoxide) → R'MgX, CuCN, THF → R-O-CH$_2$-CH(OH)-CH$_2$-R' 54-91%

VI.A.3-12 Singh, V.K. et al., *TL*, **36**, 2847.

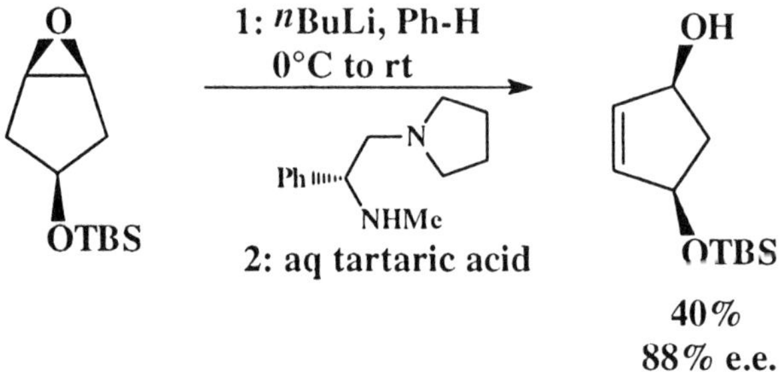

(epoxycyclopentane, OTBS) → 1: ^{n}BuLi, Ph-H, 0°C to rt (with Ph-CH(pyrrolidinyl)-CH$_2$-NHMe chiral ligand); 2: aq tartaric acid → (cyclopentenol, OTBS)

40%
88% e.e.

VI.A.3-13 Menges, M. and Brückner, R., *LA*, 365.

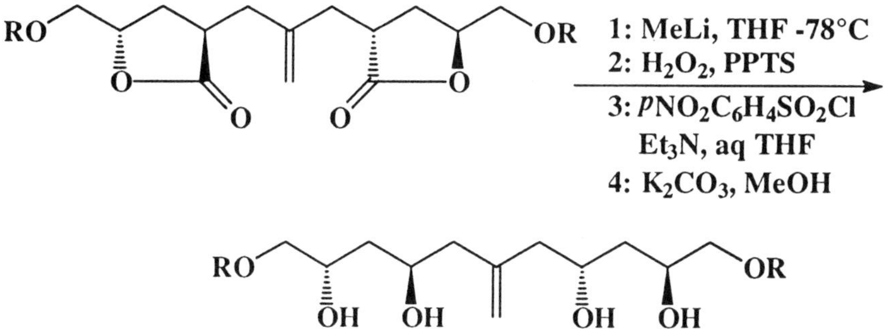
RO
OR
O
O
O
O
1: MeLi, THF -78°C
2: H2O2, PPTS
3: pNO2C6H4SO2Cl
Et3N, aq THF
4: K2CO3, MeOH
RO
OR
OH
OH
OH
OH

Criegee Rearrangement **74%**

VI.A.4. Aldehydes and Ketones

(see also I.A.1, II.A.1, V.E.)

VI.A.4-1 Yamamoto, H. et al., *SL*, 372.

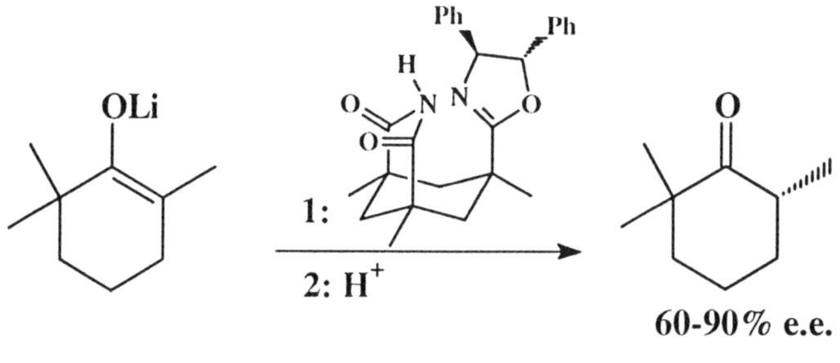
OLi
Ph
Ph
H
O
N
N
O
O
1:
2: H+
O
60-90% e.e.

VI.A.4-2 Ohmori, H. et al., *TL*, **36**, 2247.

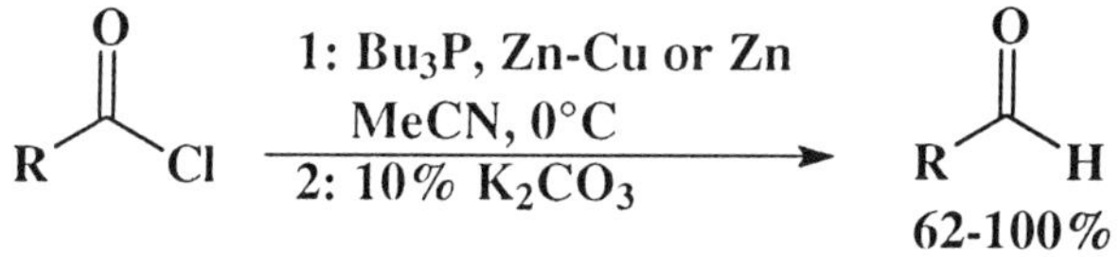
O
R
Cl
1: Bu3P, Zn-Cu or Zn
MeCN, 0°C
2: 10% K2CO3
O
R
H
62-100%

VI.A.4-3 Nakagawa, M. et al., *S*, 1371; Rieke, R.D. et al., *SC*, **25**, 3923.

$$\underset{R}{\overset{O}{\triangle}}Cl \xrightarrow{R'_3Al,\ AlCl_3,\ CH_2Cl_2} \underset{R}{\overset{O}{\triangle}}R'$$
73-100%

VI.A.4-4 Luche, J.L. et al., *SL*, 459; Enholm, E. and Schreier, J., *JHC*, 109; **see also:** Sibi, M. et al., *JOC*, **60**, 5016.

$$\underset{R}{\overset{O}{\triangle}}OH \xrightarrow[\substack{\cdot))) \\ R' \neq 2° \text{ or } 3°}]{R'\text{-Cl, Li, THF, rt}} \underset{R}{\overset{O}{\triangle}}R'$$
63-100%

VI.A.5 Ravindranathan, T. et al., *TL*, **36**, 2277.

$$\underset{Ar}{\overset{S}{\triangle}}Ar' \xrightarrow[\substack{O_2N\text{-}C_6H_4\text{-CHO}}]{TMSOTf,\ CH_2Cl_2,\ rt} \underset{Ar}{\overset{O}{\triangle}}Ar'$$
74-100%

VI.A.4-6 Shipman, M. et al., *SL*, 1065; Villemin, D. and Hammadi, M., *SC*, **25**, 3141.

$$C_{10}H_{21}\text{-epoxide(SiMe}_3\text{,Me,OMs)} \xrightarrow{\text{NaOMe, THF, 0°C}} C_{10}H_{21}\overset{O}{\underset{OMe}{\text{CH-C-CH}_2\text{Me}}}$$
58%

VI.A.4-7 Suginome, H. et al., *JCS(P1)*, 49, 63, and 69.

[Reaction scheme: bicyclic cyclobutane with NC and OH groups → 1: HgO, I₂, Ph-H; 2: hν → benzofused cyclooctanone with I and CN substituents, 97%]

VI.A.4-8 Kita, Y. et al., *TL*, **36**, 3219.

[Reaction scheme: bicyclic ether with OX group → BF₃·Et₂O, CH₂Cl₂, 0°C → spirocyclic diketone-type product with OX, 69-84%]

X = Bz, Ac, camphanoyl, PNB

VI.A.4-9 Eapen, K.C. et al., *JFC*, **75**, 173.

$$\text{Ar-(CF}_2)_n\text{-F} \xrightarrow{\text{HBr, HOAc, 110°C}} \text{Ar-C(O)-(CF}_2)_{n-1}\text{-F}$$

30-73%

VI.A.4-10 Tatlock, J.H., *JOC*, **60**, 6221; Hon, Y.S. and Lin, W.C., *TL*, **36**, 7693; **see also:** Coats, S.J. and Wasserman, H.H., *TL*, **36**, 7735.

$$\text{R}-\!\!\equiv\!\!-\text{O-Et} \xrightarrow[\substack{\text{MgSO}_4\text{, aq acetone} \\ \text{pH 7, 2-5 min}}]{\text{KMnO}_4\text{, NaHCO}_3} \text{R-C(O)-C(O)-O-Et}$$

76-98%

VI.A.4-11 Koert, U. et al., *LA*, 1415; Melnyk, O. et al., *TL*, **36**, 7657.

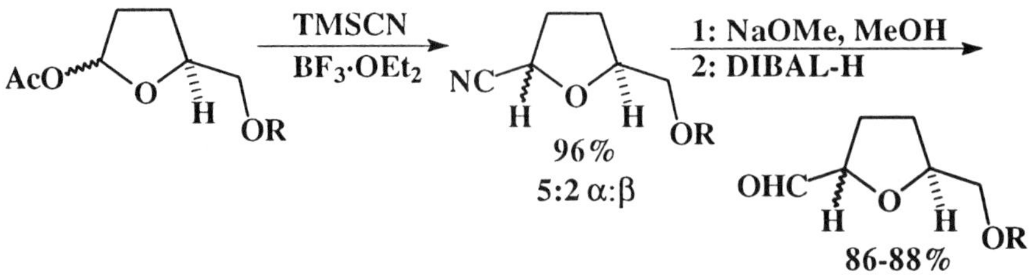

VI.A.5. Amides

VI.A.5-1 Walker, M.A., *JOC*, **60**, 5352.

A High Yielding Synthesis of N-Alkyl Maleimides Using a Novel Modification of the Mitsunobu Reaction.

VI.A.5-2 Iqbal, J. et al., *JOC*, **60**, 2670.

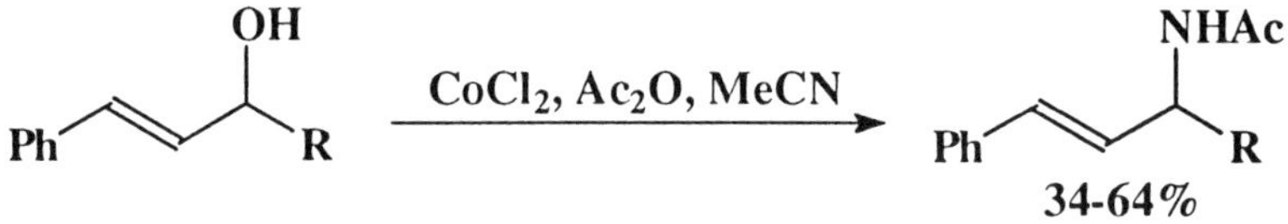

VI.A.5-3 Katritzky, A.R. et al., *JOC*, **60**, 4002.

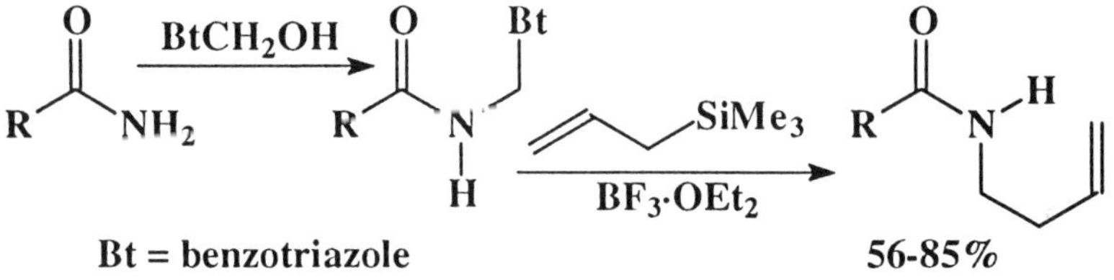

Bt = benzotriazole

VI.A.5-4 Langa, F. et al., *SL*, 1259; Narasaka, K. et al., *BCJ*, **68**, 373.

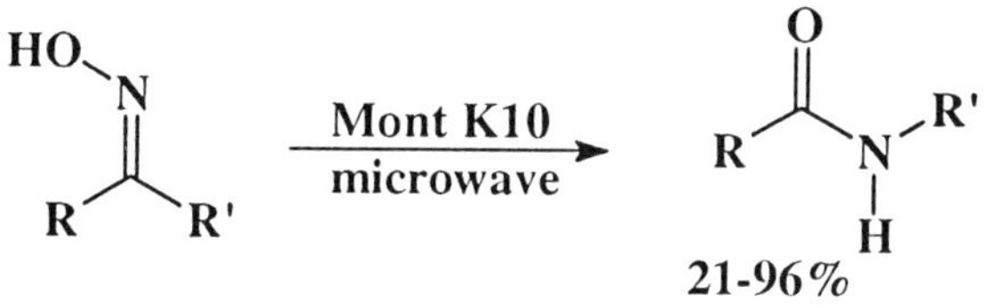

R(R')C=N-OH →[Mont K10, microwave] R-C(=O)-NH-R'   21-96%

VI.A.5-5 Katritzky, A.R. et al., *S*, 1497; Chandrasekaran, S. et al., *TL*, **36**, 8311; Borthakur, N. and Goswami, A., *TL*, **36**, 6745.

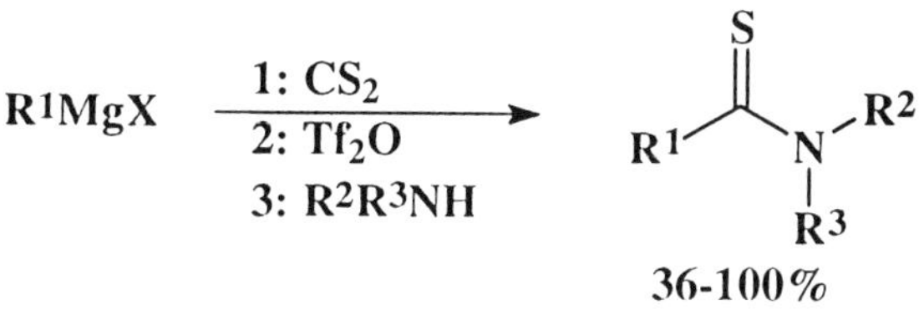

R^1MgX →[1: CS_2; 2: Tf_2O; 3: R^2R^3NH] R^1-C(=S)-N(R^2)(R^3)   36-100%

VI.A.5-6 Katritzky, A.R. et al., *S*, 503.

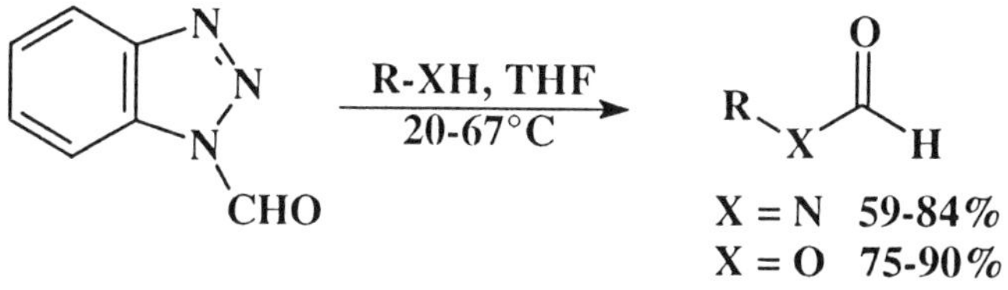

Benzotriazole-N-CHO →[R-XH, THF, 20-67°C] R-X-CHO   X = N 59-84%   X = O 75-90%

VI.A.5-7 Girreser, V. and Noe, C.R., *S*, 1223.

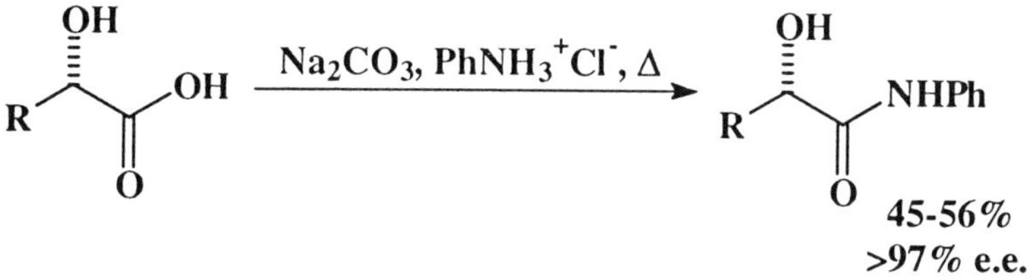

R-CH(OH)-COOH →[Na_2CO_3, $PhNH_3^+Cl^-$, Δ] R-CH(OH)-C(=O)-NHPh   45-56%   >97% e.e.

VI.A.5-8 De Jeso, B. et al., *BSB*, **104**, 161 and 165; Dixneuf, P.H. et al., *T*, **51**, 10901.

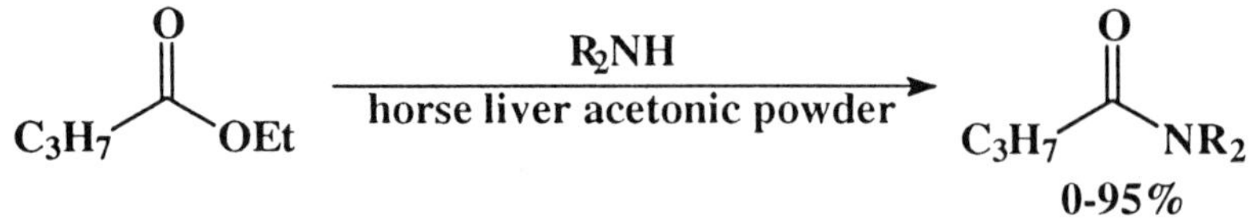

$$\underset{C_3H_7}{\overset{O}{\parallel}}\text{—OEt} \quad \xrightarrow[\text{horse liver acetonic powder}]{R_2NH} \quad \underset{C_3H_7}{\overset{O}{\parallel}}\text{—NR}_2$$
0-95%

VI.A.5-9 Williams, J.M. et al., *TL*, **36**, 5461; Sibi, M.P. et al., *SC*, **25**, 1255.

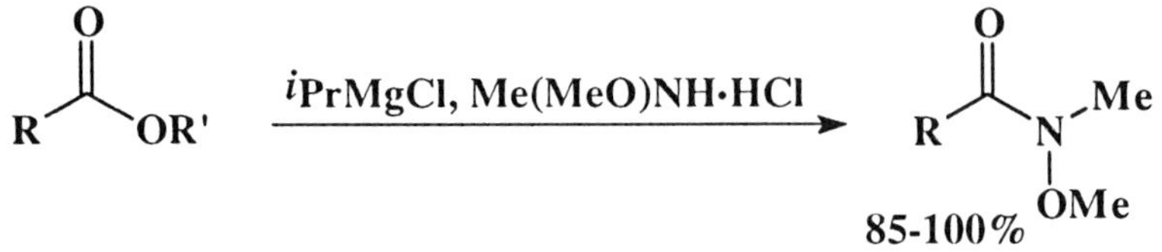

$$\underset{R}{\overset{O}{\parallel}}\text{—OR'} \quad \xrightarrow{i\text{PrMgCl, Me(MeO)NH·HCl}} \quad \underset{R}{\overset{O}{\parallel}}\text{—N(Me)(OMe)}$$
85-100%

VI.A.5-10 Phillion, D.P. and Walker, D.M., *JOC*, **60**, 8417.

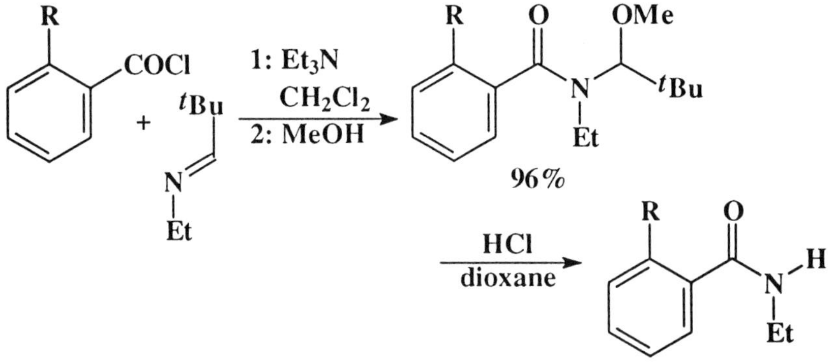

Ar(R)COCl + tBuCH=NEt
1: Et₃N, CH₂Cl₂
2: MeOH
→ Ar(R)C(O)N(Et)CH(OMe)(tBu) 96%

→ HCl / dioxane → Ar(R)C(O)NH(Et)

VI.A.5-11 Yanada, R. et al., *SL*, 1261.

$$\text{R-OX} \xrightarrow[X = COR', CO_2R']{Sm(0), I_2, \text{ alcohol}} \text{R-OH} \quad 95\text{-}100\%$$

$$\underset{O}{\text{R}}\!\!\overset{}{\underset{}{\bigvee}}\!\!\text{NR'X} \longrightarrow \underset{O}{\text{R}}\!\!\overset{}{\underset{}{\bigvee}}\!\!\text{NHR'} \quad 82\text{-}100\%$$

VI.A.5-12 Pagni, R.M., Kabalka, G.W. et al., *TL*, **36**, 3469; Ghaffar, T. and Parkins, A.W., *TL*, **36**, 8657; Agosta, W.C. et al., *TL*, **36**, 8941.

$$\text{R-CN} \xrightarrow{\text{neutral Al}_2\text{O}_3, 60°\text{C}} \underset{\text{60-87\%}}{\text{R}\overset{O}{\underset{}{\bigvee}}\text{NH}_2}$$

VI.A.6. Amine and Carbamates

VI.A.6-1 McGhee, W. et al., *JOC*, **60**, 2820.

$$\text{RR}^1\text{NH} \xrightarrow{CO_2, \text{CyTMG}, R^2Cl} \underset{20\text{-}76\%}{\text{RR}^1\text{N}\overset{O}{\underset{}{\bigvee}}\text{OR}^2}$$

VI.A.6-2 Malanga, C. et al., *TL*, **36**, 8859.

$$\text{RN=C=O} \xrightarrow[2: NaBH_4, NaOH]{1: Hg(OAc)_2, \text{ aq THF}} \underset{10\text{-}100\%}{\text{R-NH}_2}$$

VI.A.6-3 Haddad, M. and Wakselman, C., *JFC*, **73**, 57; Otera, J. et al., *SL*, 433.

CH$_2$=C(Me)(CF$_3$)-CH$_2$-COCl $\xrightarrow{\text{1: NaN}_3\text{, aq Ph-H} \atop \text{2: BnOH, Ph-H, }\Delta}$ CH$_2$=C(Me)(CF$_3$)-CH$_2$-NHCbz

60%

VI.A.6-4 Sandhu, J.S. et al., *TL*, **36**, 6747.

R-CH=NR' $\xrightarrow{\text{Al or Bi, KOH}}$ R'HN-CHR-CHR-NHR'

65-90%

VI.A.6-5 Bourguignon, J.J. et al., *TL*, **36**, 6463; Senanayake, C.H. et al., *TL*, **36**, 7615; Froyen, P. and Juvvik, P., *TL*, **36**, 9555; Pearson, W.H. and Fang, W.K., *JOC*, **60**, 4960; Knight, D.W. et al., *TL*, **36**, 8681.

thiazol-2-yl-NH-CO$_2$R $\xrightarrow[\text{THF}]{\text{R'OH, Ph}_3\text{P, DEAD}}$ thiazol-2-yl-NR'-CO$_2$R

35-77%

VI.A.6-6 Dewan, S.K. et al., *JCR(S)*, 21.

R^{1}CH(R^2)C(O)R^3 $\xrightarrow[\text{K-10 montmorillonite}]{\text{HNR}_2^4}$ R^1(R^2)C=C(R^3)(NR$_2^4$)

51-95%

USEFUL SYNTHETIC PREPARATIONS

VI.A.6-7 DiMare, M. et al., *JOC*, **60**, 5995; Bhattacharyya, S. et al., *SL*, 1079.

$$\underset{R^2}{\overset{R^1}{>}}=O \quad \xrightarrow[\text{MeOH, M.S.}]{R_2NH, \text{pyr·}BH_3} \quad \underset{R^2}{\overset{R^1}{>}}\underset{H}{\overset{NR_2}{<}}$$

10-96%

VI.A.6-8 Mohri, K. et al., *CPB*, **43**, 159; Ubasawa, M. et al., *CPB*, **43**, 142; Gage, J.R. and Wagner, J.M., *JOC*, **60**, 2613; Gillaspy, M.L., Lefker, B.A. et al., *TL*, **36**, 7399.

$$\underset{R^2}{\overset{R^1}{>}}-NH \quad \xrightarrow{R^3X, \text{DME, KH, Et}_3N} \quad \underset{R^2}{\overset{R^1}{>}}-NR^3$$

10-92%

VI.A.6-9 Cazes, B. et al., *TL*, **36**, 3857 and 3853; Zheng, B. and Srebnik, M., *JOC*, **60**, 1912; Rock, M.H. et al., *SL*, 659.

$$R\text{—}\!\!=\!\!\!=\!\!\bullet \quad \xrightarrow[\text{PPh}_3, \text{Et}_3\text{NHI}]{HNR^1R^2, \text{Pd(dba)}_2} \quad R\diagup\!\!\diagdown NR^1R^2$$

33-89%

VI.A.6-10 Buchwald, S.L. et al., *AG(E)*, **34**, 1348; Ibata, T. et al., *BCJ*, **68**, 2717 and 2941; Hartwig, J.F. and Louie, J., *TL*, **36**, 3609; Miller, R.D. et al., *CC*, 245; see also: Leblanc, Y. and Boudreault, N., *JOC*, **60**, 4268.

$$R\text{—}C_6H_4\text{—}Br \quad \xrightarrow[\text{65°C to 100°C, Ph-Me}]{HNR_2, [\text{Pd(dba)}_2]_2 P(o\text{-tolyl})_3} \quad R\text{—}C_6H_4\text{—}NR_2$$

67-88%

VI.A.6-11 Chu-Moyer, M.Y. and Berger, R., *JOC*, **60**, 5721; Yamanaka, H. et al., *TL*, **36**, 7267.

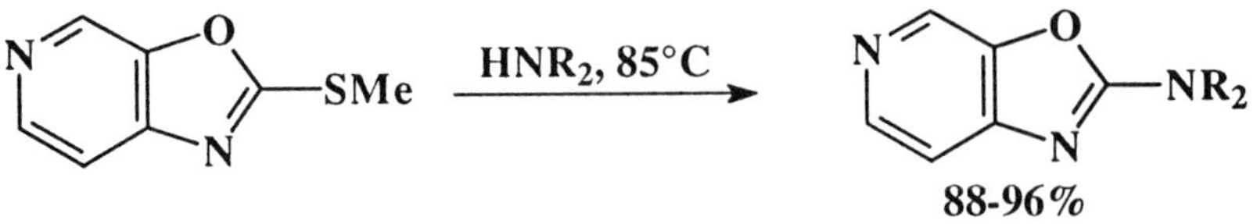

VI.A.6-12 Sharpless, K.B. et al., *TL*, **36**, 9241; Moore, W.J. and Luzzio, F.A., *TL*, **36**, 6599.

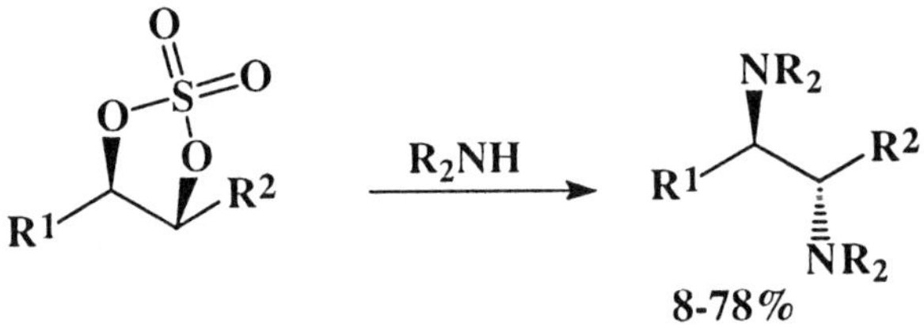

VI.A.6-13 Oh, D.Y. et al., *TL*, **36**, 281.

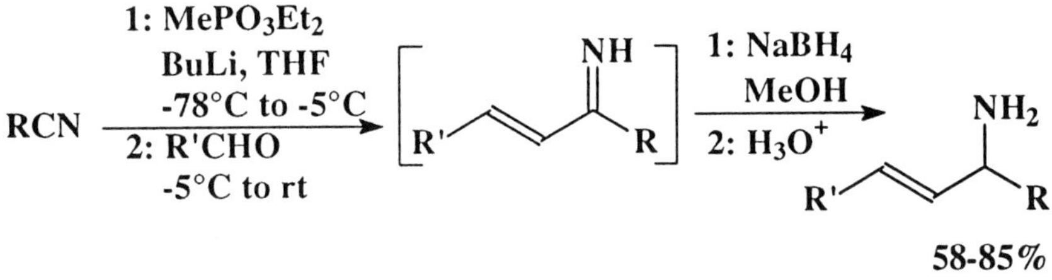

VI.A.6-14 Masuyama, Y. et al., *CL*, 1121; Sen, S.E. and Roach, S.L., *S*, 750; Yamazaki, A. and Achiwa, K., *TA*, **6**, 51.

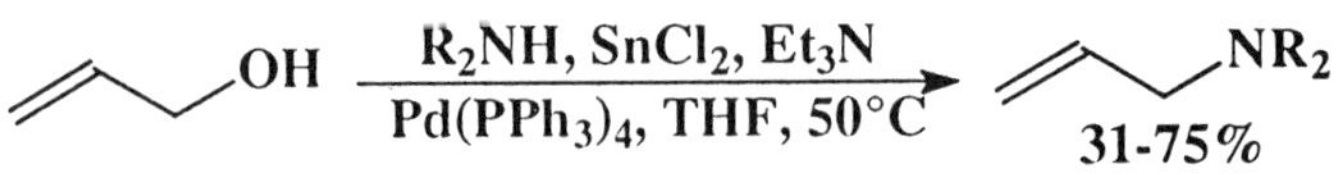

USEFUL SYNTHETIC PREPARATIONS

VI.A.6-15 Sato, F. et al., *TL*, **36**, 5913 and *JOC*, **60**, 8137.

$$R^1\text{-}C(\text{Ti}(O^iPr)_2)\text{=}C\text{-}R^2 + R^3R^4C\text{=}NR^5 \xrightarrow{Et_2O, -50°C \text{ to } -10°C} R^1CH\text{=}C(R^2)\text{-}CR^3R^4(NHR^5)$$

12-94%

VI.A.6-16 Dorrow, R.L. and Gingrich, D.E., *JOC*, **60**, 4986; Degl'Innocenti, A., Spagnolo, P. et al., *JOC*, **60**, 2254; **see also:** Afonso, C.A.M., *TL*, **36**, 8857; Keana, J.F.W. et al., *OPPI*, **27**, 117.

$$R\text{-}CHR'\text{-}N_3 \xrightarrow{Me_2BBr} R\text{-}CHR'\text{-}N(H)(Me) \cdot HBr$$

38-99%

VI.A.6-17 Higashiyama, K. et al., *H*, **41**, 2007.

Ph-CH₂-NH-CH(Ph)-OH →[RCHO] BnN-CH(Ph)-CH(R)-O (oxazolidine)

1: ^{i}PrO(Me)$_2$SiMgCl
   THF, 0°C
2: H$_2$O$_2$, KF, NaHCO$_3$
   MeOH, THF
3: HCO$_2$NH$_4$, MeOH
   Pd/C

↓

R-CH(NH$_2$)-CH$_2$OH   53-87%

VI.A.6-18 Magnus, P. et al., *T*, **51**, 11087 and 11075.

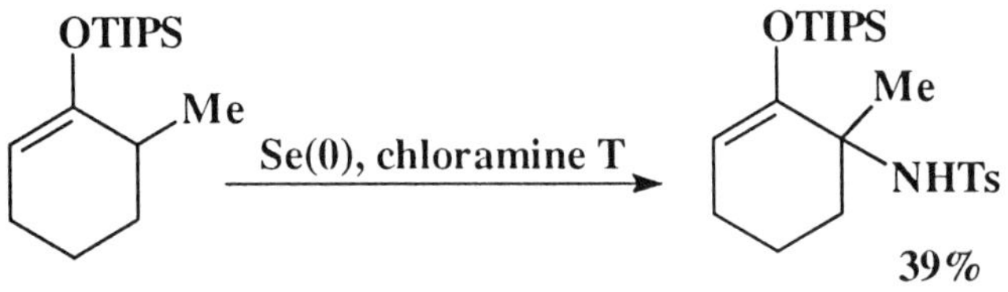

[Reaction: cyclohexenyl OTIPS with Me substituent + Se(0), chloramine T → cyclohexenyl OTIPS with Me and NHTs substituents, 39%]

VI.A.7. Amino Acid Derivatives

VI.A.7-1 Kise, N., Inakoshi, N. and Matsumura, Y., *TL*, **36**, 909; Luxen, A. et al., *JFC*, **70**, 39.

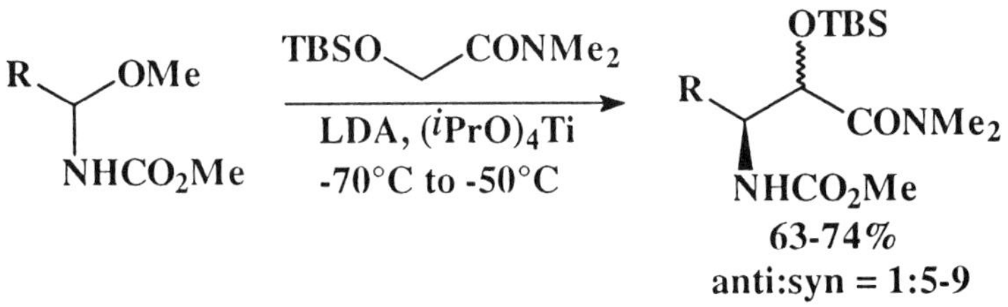

[Reaction: R-CH(OMe)(NHCO$_2$Me) + TBSO-CH$_2$-CONMe$_2$, LDA, (^{i}PrO)$_4$Ti, −70°C to −50°C → R-CH(NHCO$_2$Me)-CH(OTBS)-CONMe$_2$, 63-74%, anti:syn = 1:5-9]

VI.A.7-2 Boyd, V.L. et al., *JOC*, **60**, 2581; Gibson, F.S. and Rapoport, H., *JOC*, **60**, 2615.

Activation of the Carboxy Terminus of a Peptide for Carboxy-Terminal Sequencing.

VI.A.7-3 Miller, S.J. and Grubbs, R.H., *JACS*, **117**, 5855.

Synthesis of Conformationally Restricted Amino Acids and Peptides Employing Olefin Metathesis.

VI.A.7-4 Porta, O. et al., *TL*, **36**, 5955.

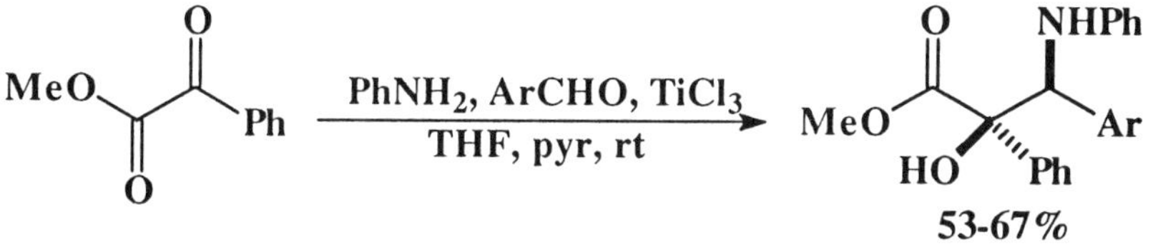

MeO-C(=O)-C(=O)-Ph + PhNH$_2$, ArCHO, TiCl$_3$, THF, pyr, rt → MeO-C(=O)-C(OH)(Ph)-CH(NHPh)-Ar   53-67%

VI.A.7-5 Liu, W. et al., *JCS(P1)*, 553.

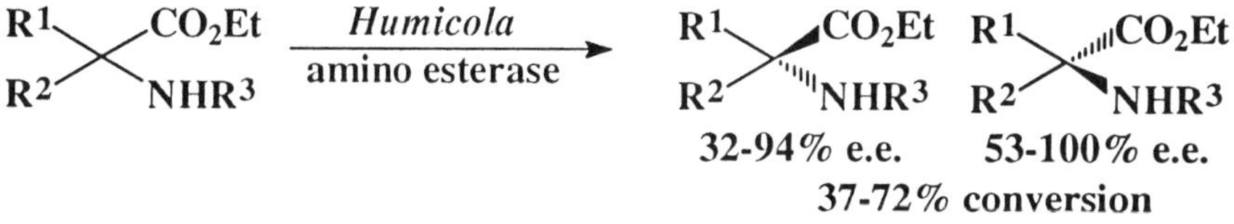

R^{1}R^{2}C(CO$_2$Et)(NHR^3) —*Humicola amino esterase*→ R^{1}R^{2}C(CO$_2$Et)(NHR^3) + R^{1}R^{2}C(CO$_2$Et)(NHR^3)
32-94% e.e.   53-100% e.e.
37-72% conversion

VI.A.7-6 Sulaun, J. et al., *Tl*, **36**, 2975 and 2979.

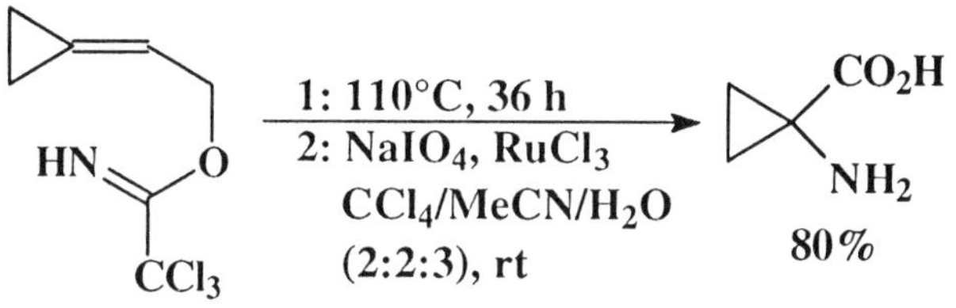

cyclopropylidene-CH$_2$-O-C(=NH)-CCl$_3$ —1: 110°C, 36 h; 2: NaIO$_4$, RuCl$_3$, CCl$_4$/MeCN/H$_2$O (2:2:3), rt→ cyclopropyl-C(CO$_2$H)(NH$_2$)   80%

VI.A.7-7 Goodman, M. et al., *JOC*, **60**, 790.

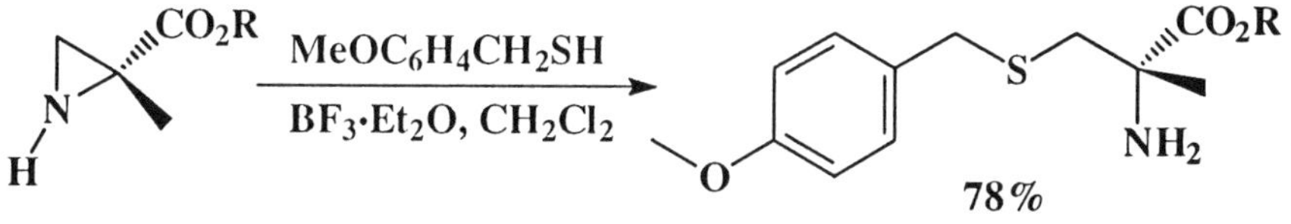

aziridine-CO$_2$R (NH) —MeOC$_6$H$_4$CH$_2$SH, BF$_3$·Et$_2$O, CH$_2$Cl$_2$→ 4-MeOC$_6$H$_4$CH$_2$-S-CH$_2$-C(CO$_2$R)(NH$_2$)(Me)   78%

VI.A.7-8 Rayner, C.M. et al., *SL*, 1037; Ibuka, T., Fujii, N. et al., *TL*, **36**, 6247.

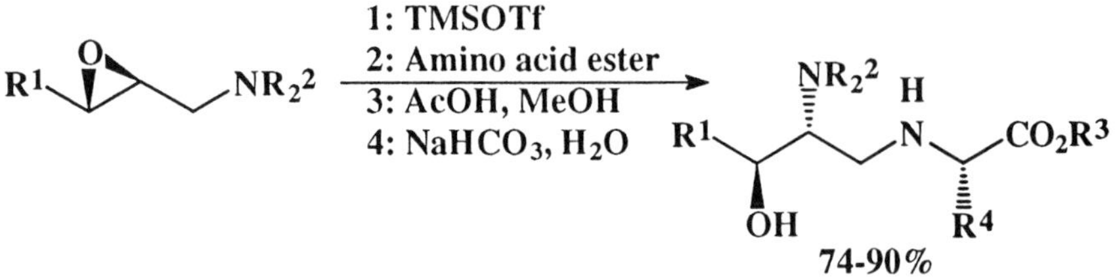

VI.A.7-9 Myers, A.G. and Yoon, T., *TL*, **36**, 9429.

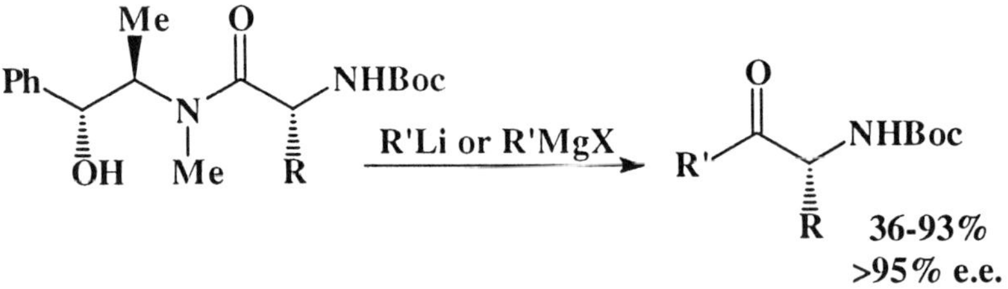

VI.A.7-10 Palomo, C. et al., *CC*, 2327.

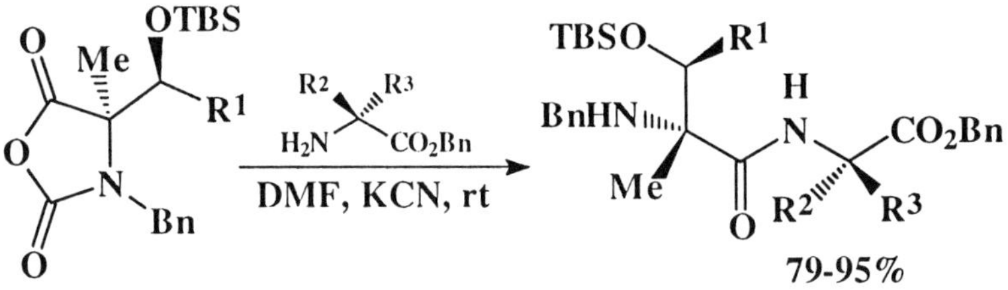

VI.A.7-11 Chen, L. et al., *TL*, **36**, 8715.

Asymmetric Synthesis of a Novel Phenylogous Amino Acid Mimicking an Extended Dipeptide.

VI.A.7-12 Barlos, K. et al., *TL*, **36**, 5645.

Application of 2-Chlorotrityl Chloride in Convergent Peptide Synthesis.

VI.A.7-13 Nakamura, S., Shishido, K. et al., *H*, **41**, 1131.

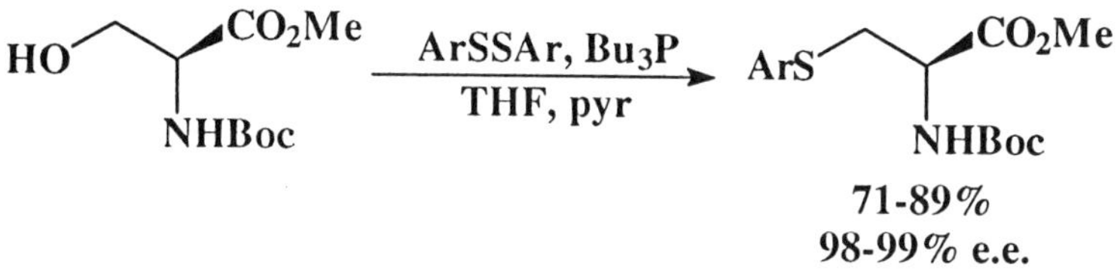

[Reaction: HO-CH(NHBoc)-CO₂Me + ArSSAr, Bu₃P, THF, pyr → ArS-CH(NHBoc)-CO₂Me, 71-89%, 98-99% e.e.]

VI.A.7-14 Hamon, D.P.G. et al., *T*, **51**, 4183; Myers, A.G. et al., *JACS*, **117**, 8488.

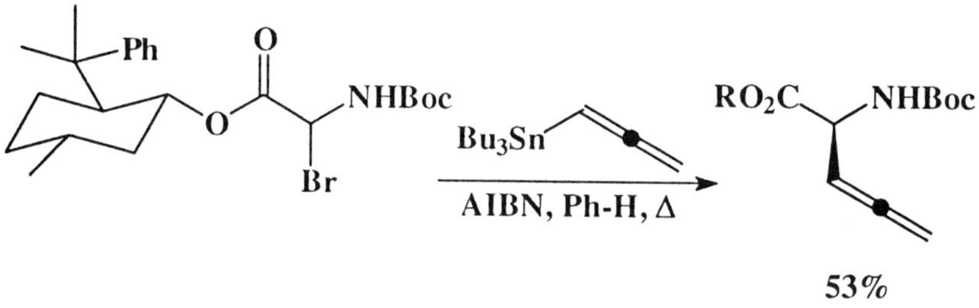

[Reaction of 8-phenylmenthyl α-bromo-α-(NHBoc)acetate with Bu₃Sn-CH=C=CH₂, AIBN, Ph-H, Δ → RO₂C-CH(NHBoc)-CH=C=CH₂, 53%]

VI.A.7-15 Cardillo, G. et al., *SL*, 1131; Nunami, K. et al., *JOC*, **60**, 6776.

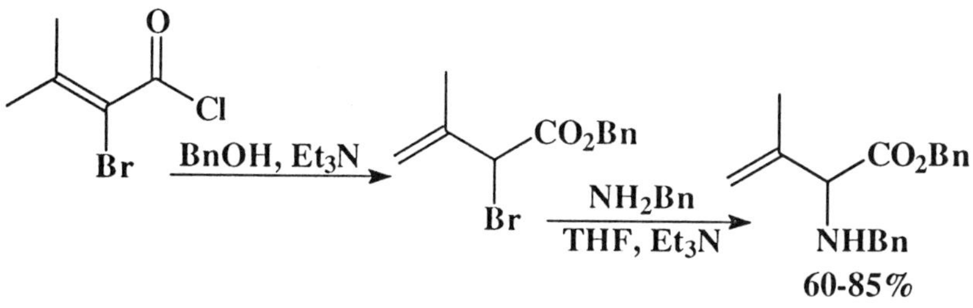

[Reaction: (CH₃)₂C=C(Br)-C(O)Cl + BnOH, Et₃N → CH₂=C(CH₃)-CH(Br)-CO₂Bn; then NH₂Bn, THF, Et₃N → CH₂=C(CH₃)-CH(NHBn)-CO₂Bn, 60-85%]

VI.A.7-16 Longobardo, L. et al., *T*, **51**, 12337.

Synthesis of Enantiopure N- and C- Protected homo-β-Amino Acids by Directed Homologation of α-Amino Acids.

VI.A.7-17 Williams, J.M.J. et al., *TA*, **6**, 1515; Pedregal, C. et al., *TL*, **36**, 7697.

$$R^1\diagup\diagdown\diagdown_{OAc}^{R^2} \xrightarrow[\text{BSA, CsOAc, THF}]{\underset{N}{\overset{CO_2R^3}{\diagup}}\overset{Ph}{\diagdown}\text{Ph},\ [Pd(allyl)Cl]_2,\ Ph_3P} R^1\diagup\diagdown\underset{R^2}{\diagdown}\underset{N}{\overset{CO_2R^3}{\diagdown}}\overset{Ph}{\diagdown}\text{Ph} \quad 68\text{-}96\%$$

VI.A.7-18 Moody, C.J. et al., *SL*, 921; Hegedus, L.S. et al., *JACS*, **117**, 3697.

$$\underset{N_2}{\overset{EtO_2C\diagdown\ \diagup PO_3Et_2}{\diagdown\diagup}} \xrightarrow[\text{Rh}_2(OAc)_4,\ \Delta]{\text{RNHCOR', Ph-Me}} \underset{R}{\overset{EtO_2C\diagdown\ \diagup PO_3Et_2}{\underset{\underset{O}{\overset{\|}{C}}}{N}}}R' \quad 40\text{-}79\%$$

VI.A.7-19 Kazmaier, U. and Grandel, R., *SL*, 945.

$$\underset{ZHN}{\overset{R}{\diagdown}}\underset{CO_2{}^tBu}{\diagup} \xrightarrow[\text{2: TiCl}_2(O^iPr)_3]{1:\ R'CHO,\ LDA} \underset{R}{\overset{OH}{R'\diagdown\diagup CO_2{}^tBu}}\underset{NHZ}{} + \underset{R}{\overset{OH}{R'\diagdown\diagup CO_2{}^tBu}}\underset{NHZ}{}$$

40-87%
anti:syn = 3-32:1

VI.A.7-20 Wijkmans, J.C.H.M. et al., *TL*, **36**, 4643; Carpino, L.A. and El-Fahan, A., *JACS*, **117**, 5401.

CF$_3$-NO$_2$-PyBOP: A New and Highly Efficient Coupling Reagent for N-Methyl Amino Acids.

VI.A.7-21 Renil, M. and Meldal, M., *TL*, **36**, 4647.

Synthesis and Application of a PEGA Polymeric Support for High Capacity Continuous Flow Solid-Phase Peptide Synthesis.

VI.A.7-22 Choi, D. and Kohn, H., *TL*, **36**, 7371; Collis, M.P. and Perlmutter, P., *TL*, **36**, 7133; Perez, M. and Pleixats, R., *T*, **51**, 8355; Davies, S.G. et al., *TA*, **6**, 165 and *CC*, 1109; Sewald, N., *LA*, 925; Enders, D. et al., *SL*, 369.

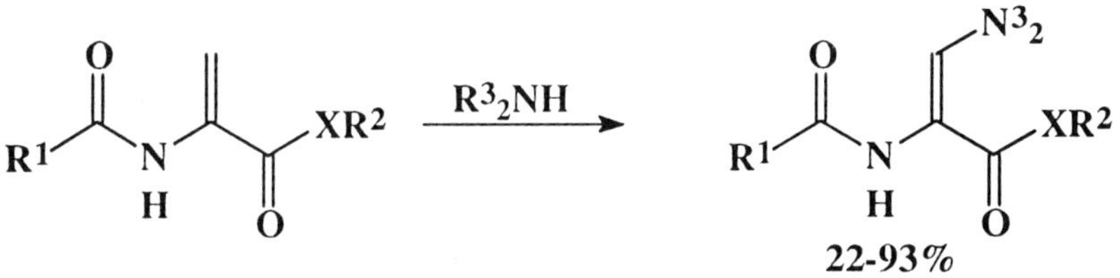

<chemical reaction scheme>

22-93%

VI.A.7-23 Hanessian, S. and Yang, R.Y., *SL*, 633.

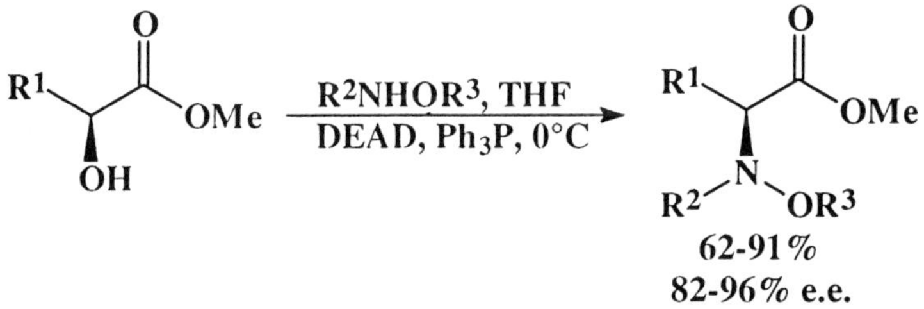

<chemical reaction scheme>

62-91%
82-96% e.e.

VI.A.7-24 Ye, B. and Burke, T.R., Jr., *TL*, **36**, 4733.

L-O-(2-Malonyl)tyrosine (L-OMT) a New Phosphotyrosyl Mimic Suitably Protected for Solid-Phase Synthesis of Signal Transduction Inhibitory Peptides.

VI.A.8. Azides

VI.A.8-1 Van de Weghe, P. and Collin, J., *TL*, **36**, 1649; Crotti, P. et al., *T*, **51**, 10601; Yamamoto, Y. et al., *CC*, 1021; Fujiwara, M. et al., *TL*, **36**, 4849; Jacobsen, E.N. et al., *JACS*, **117**, 5897; Valpuesta, M. et al., *TL*, **36**, 4781.

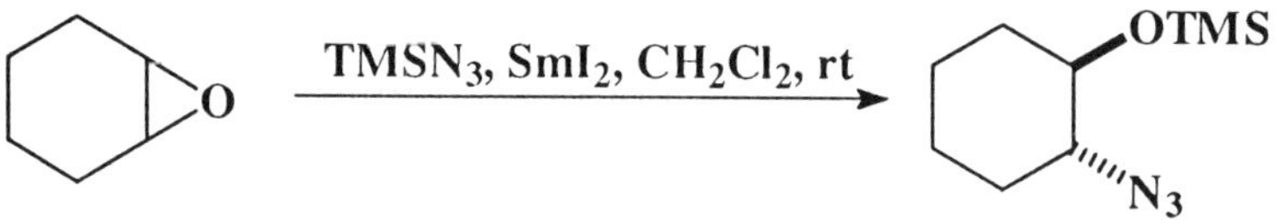

VI.A.8-2 Trost, B.M. and Pulley, S.R., *TL*, **36**, 8737.

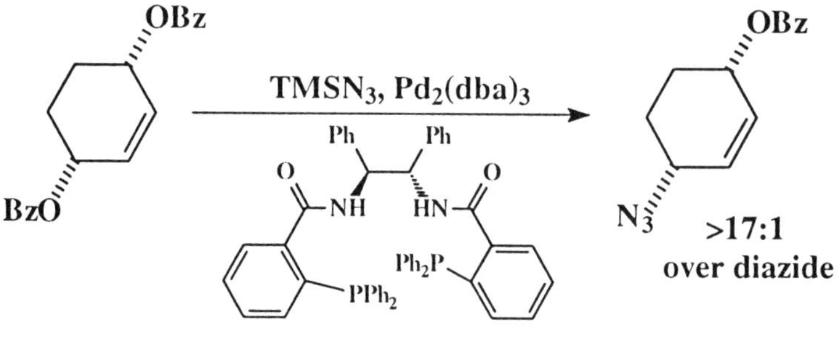

VI.A.8-3 Takaya, H. et al., *S*, 376.

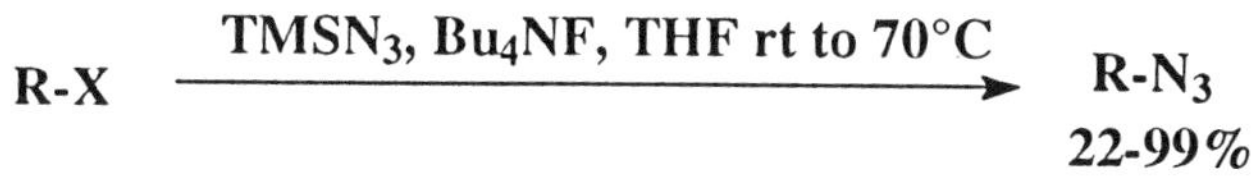

$$\text{R-X} \xrightarrow{\text{TMSN}_3, \text{Bu}_4\text{NF}, \text{THF rt to 70°C}} \text{R-N}_3$$
$$22\text{-}99\%$$

VI.A.8-4 Kirschning, A. et al., *SL*, 767; Guy, A. et al., *BSF*, **132**, 59.

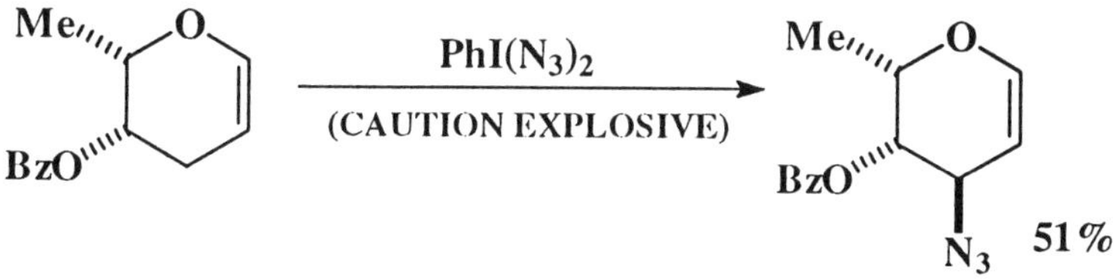

[Reaction: 2-methyl-3-benzoyloxy-3,6-dihydro-2H-pyran with PhI(N$_3$)$_2$ (CAUTION EXPLOSIVE) gives the corresponding 4-azido dihydropyran, 51%]

VI.A.8-5 Scheigetz, J. et al., *OPP*, **27**, 637.

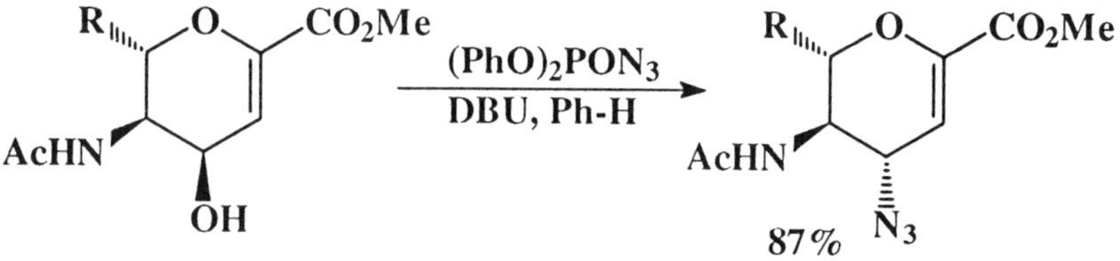

[Reaction: 4-hydroxy-3-acetamido dihydropyran-2-carboxylate with (PhO)$_2$PON$_3$, DBU, Ph-H gives 4-azido product, 87%]

VI.A.8-6 Nishiguchi, I. et al., *TL*, **36**, 7483.

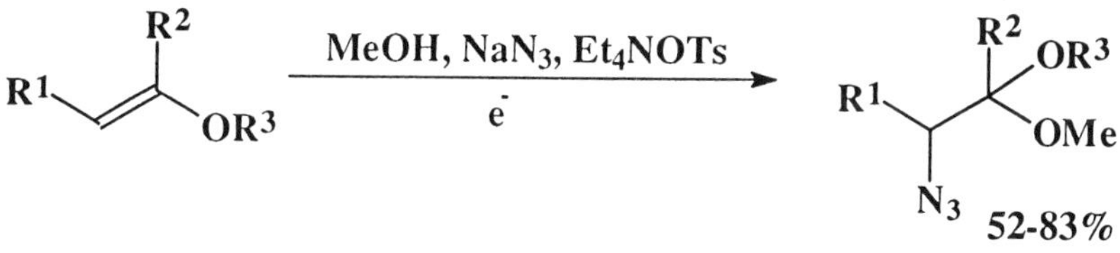

[Reaction: R^{1}CH=C(R^2)OR^3 with MeOH, NaN$_3$, Et$_4$NOTs, e$^-$ gives R^{1}CH(N$_3$)C(R^2)(OR^3)(OMe), 52-83%]

VI.A.8-7 Magnus, P. et al., *CC*, 263.

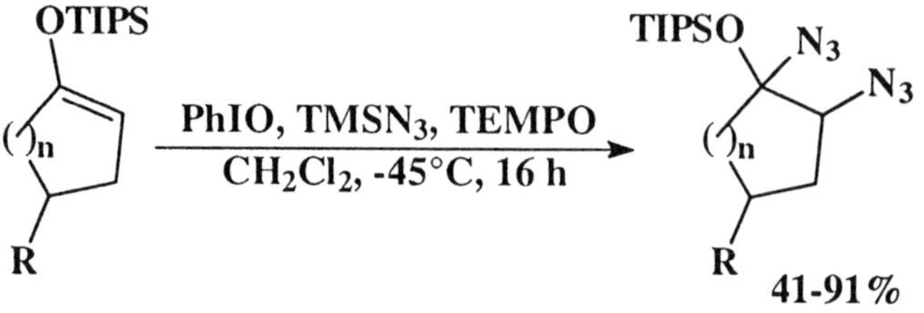

VI.A.8-8 Vankar, Y.D. et al., *TL*, 36, 6751.

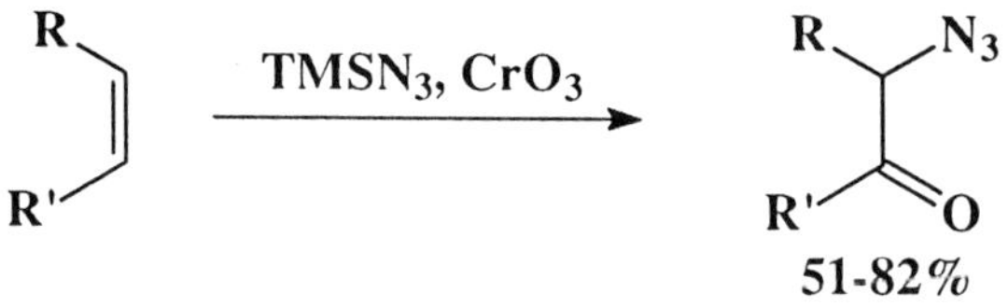

VI.A.8-9 Elmorsy, S.S., *TL*, 36, 1341.

$$\text{ArCHO} \xrightarrow[\text{CH}_2\text{Cl}_2,\ 0°\text{C}]{\text{SiCl}_4,\ \text{NaN}_3,\ \text{MnO}_2} \text{ArCON}_3$$

VI.A.8-10 Zhdankin, V.V. et al., *SL*, 1081.

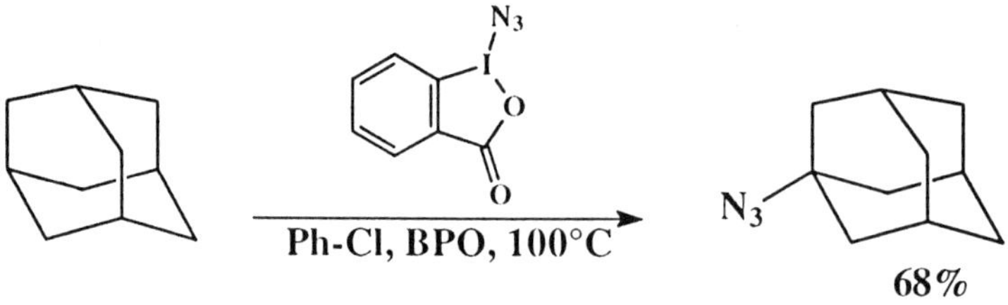

VI.A.9. Esters

(see also: I.G.2, IV.D, V.C.)

VI.A.9-1 McGhee, W. and Riley, D., *JOC*, **60**, 6205.

$$\text{R-Cl} \xrightarrow{\text{R'-OH, CO}_2\text{, base}} \text{R-O-C(=O)-O-R'}$$

76-97%

VI.A.9-2 Tsunoda, T. et al., *TL*, **36**, 2529 and 2531; Barrett, A.G.M., Koike, N. and Procopiou, P.A., *CC*, 1403; Dodge, J.A. et al., *OS*, **73**, 110.

$$\text{R-CH(OH)-R'} \xrightarrow[\text{Bu}_3\text{P, C}_6\text{H}_6\text{, 60°C}]{\substack{p\text{-MeOC}_6\text{H}_4\text{CO}_2\text{H} \\ \text{Me}_2\text{NCON=NCONMe}_2}} \text{R-CH(OC(=O)C}_6\text{H}_4\text{OMe-}p\text{)-R'}$$

40-100%

VI.A.9-3 Nicolosi, G. et al., *TL*, **36**, 6545; Jeromin, G.E. and Welsch, V., *TL*, **36**, 6663; Lin, G. and Liu, H.C., *TL*, **36**, 6067; Ogasawara, K. et al., *CPB*, **43**, 1585; Akita, H. et al., *CPB*, **43**, 1111; Hongo, H. et al., *CPB*, **43**, 1254; Kim, M.J. et al., *TL*, **36**, 6253; Lautens, M. et al., *TL*, **36**, 4185; Kang, S.K. et al., *TA*, **6**, 97; Okahata, Y. et al., *JOC*, **60**, 2244; Reinhoudt, D.N. et al., *JCS(P1)*, 2899; Johnson, C.R. and Bis, S.J., *JOC*, **60**, 615; Ogasawara, K. et al., *S*, 187; Harradon, B. and Valverde, S., *SL*, 599.

cyclohexadiene-diol + CH$_2$=CH-OAc $\xrightarrow{\text{lipase, }t\text{BME}}$ mono-OAc product (82%, 90% e.e.) + di-OAc product (4%)

VI.A.9-4 Yamamoto, H. et al., *JACS*, **117**, 4413.

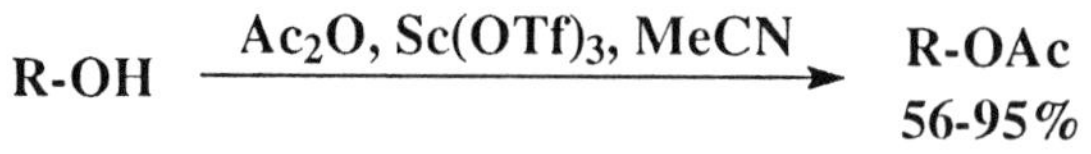
R-OH
Ac2O, Sc(OTf)3, MeCN
R-OAc
56-95%

VI.A.9-5 Chandrasekaran, S. et al., *SL*, 329.

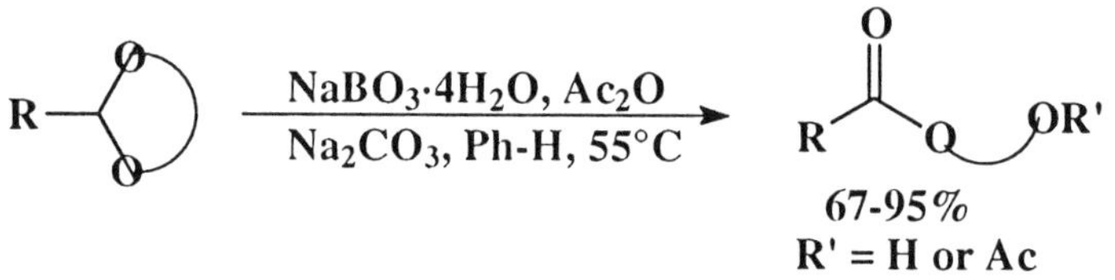
R
O
O
NaBO3·4H2O, Ac2O
Na2CO3, Ph-H, 55°C
O
R
O
OR'
67-95%
R' = H or Ac

VI.A.9-6 Ohta, S. et al., *H*, **41**, 1683.

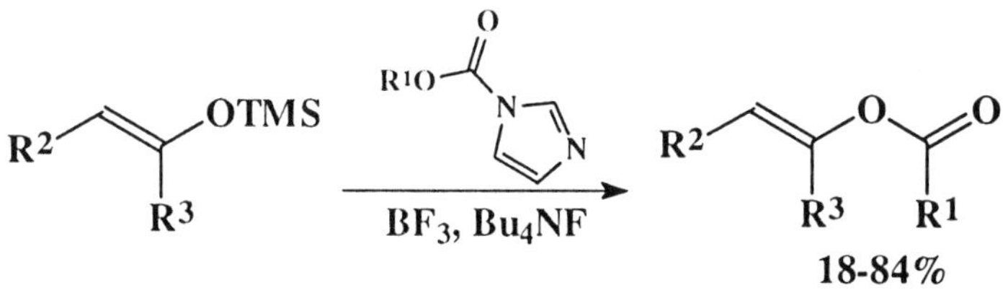
R2
OTMS
R3
O
R1O
N
N
BF3, Bu4NF
R2
O
O
R3
R1
18-84%

VI.A.9-7 Kita, Y. et al., *CC*, 2319.

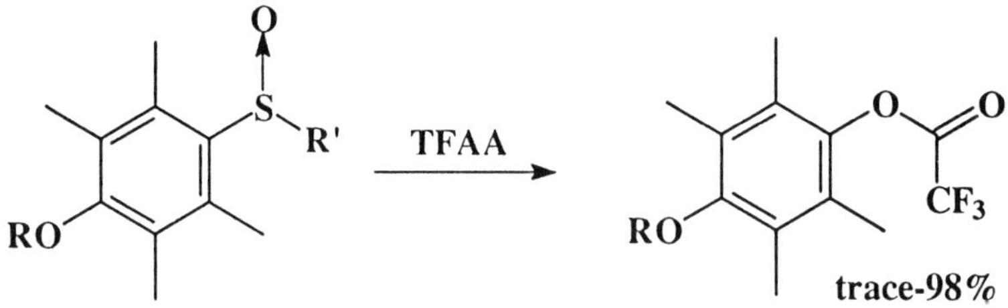
O
S
R'
RO
TFAA
O
O
CF3
RO
trace-98%

VI.A.9-8 Bloodworth, A.J. and Shah, A., *TL*, **36**, 7551.

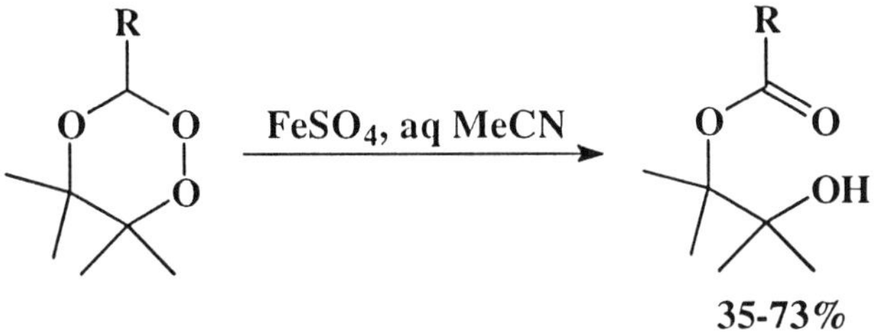

[Structure: 2-R-4,4,5,5-tetramethyl-1,3-dioxolane-type trioxane] →(FeSO$_4$, aq MeCN)→ [ring-opened hydroxy ester] 35-73%

VI.A.9-9 Hidai, M. et al., *TL*, **36**, 5585.

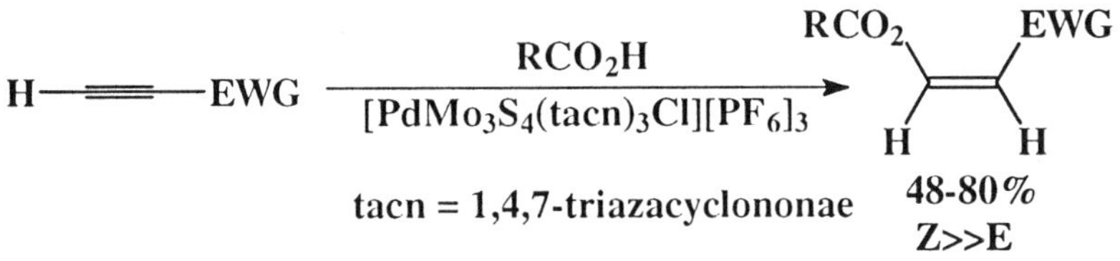

$$H\text{—}\!\equiv\!\text{—}EWG \xrightarrow[{[PdMo_3S_4(tacn)_3Cl][PF_6]_3}]{RCO_2H} \begin{array}{c} RCO_2 \quad EWG \\ \diagup\!=\!\diagdown \\ H \quad\quad H \end{array}$$

tacn = 1,4,7-triazacyclononae   48-80%
Z>>E

VI.A.9-10 Barba, F. et al., *JOC*, **60**, 5658; Charette, A.B. et al., *JOC*, **60**, 6888.

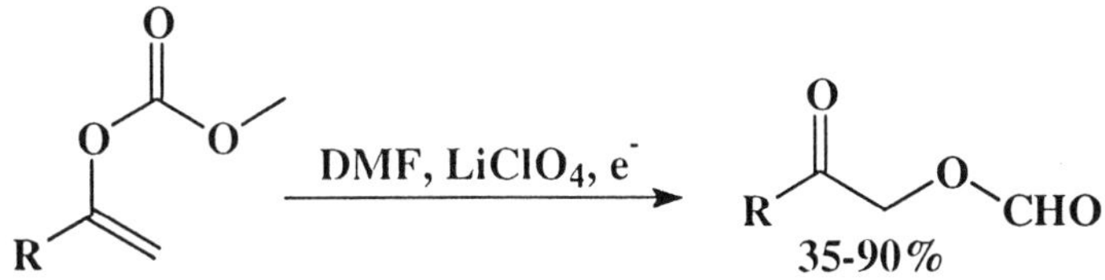

[vinyl methyl carbonate] →(DMF, LiClO$_4$, e$^-$)→ R-C(=O)-CH$_2$-O-CHO   35-90%

VI.A.9-11 Zacharie, B. et al., *JOC*, **60**, 7072.

$$RCO_2H \xrightarrow{R'\text{-}OH,\ EEDQ,\ rt\ or\ \Delta} RCO_2R'$$
56-95%

VI.A.9-12 Suemune, H. et al., *TL*, **36**, 7259.

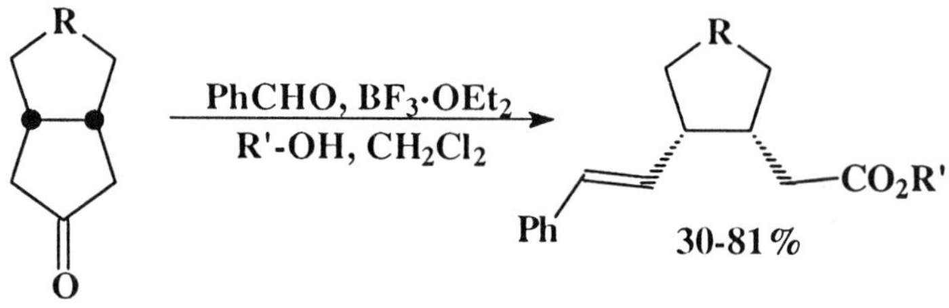

$$\text{bicyclic ketone} \xrightarrow[\text{R'-OH, CH}_2\text{Cl}_2]{\text{PhCHO, BF}_3\cdot\text{OEt}_2} \text{product}$$

30-81%

VI.A.9-13 Ubukata, M. et al., *BCJ*, **68**, 282.

$$\text{ArCHO} \xrightarrow{\text{Zn dust, AcOH}} \text{ArCH}_2\text{OAc}$$

92-95%

VI.A.9-14 Black, T.H. et al., *SC*, **25**, 479.

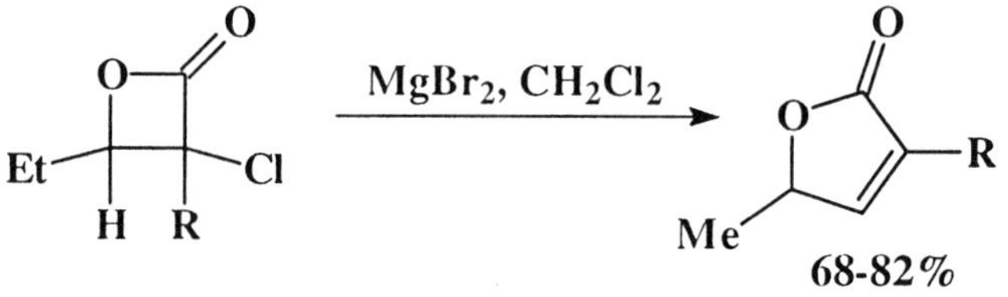

$$\text{β-lactone} \xrightarrow{\text{MgBr}_2, \text{CH}_2\text{Cl}_2} \text{butenolide}$$

68-82%

VI.A.10. Ethers

VI.A.10-1 Castro-Palomino, J.C. and Schmidt, R.R., *TL*, **36**, 5343.

N-Tetrachlorophthaloyl Protected Trichloroacetimidate of Glucosamine as Glycosyl Donor in Oligosaccharide Synthesis.

VI.A.10-2 Yamamoto, T. et al., *OPP*, **27**, 99.

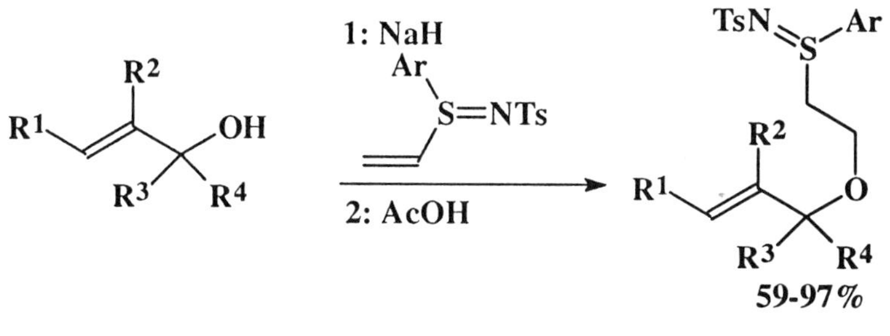

VI.A.10-3 Dujardin, G. et al., *TL*, **36**, 1653.

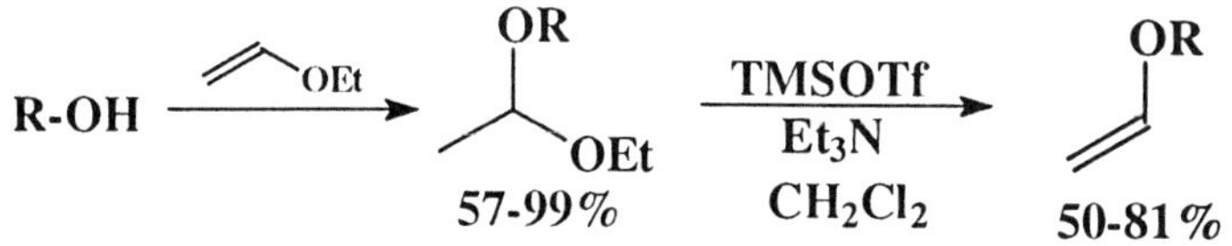

VI.A.10-4 D'Angeli, F. et al., *JOC*, **60**, 4013.

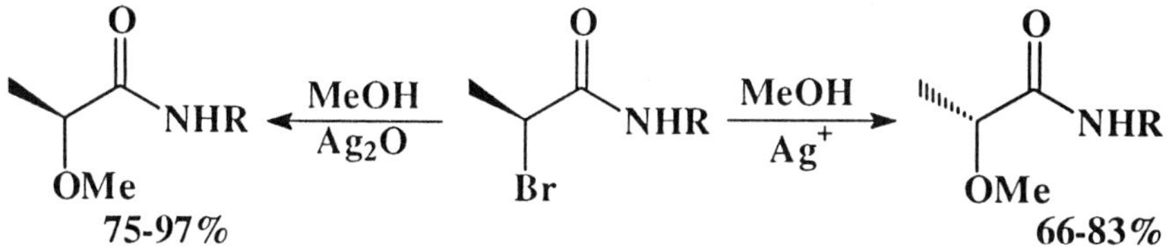

VI.A.10-5 Sakamaki, H. et al., *BCJ*, **68**, 3491

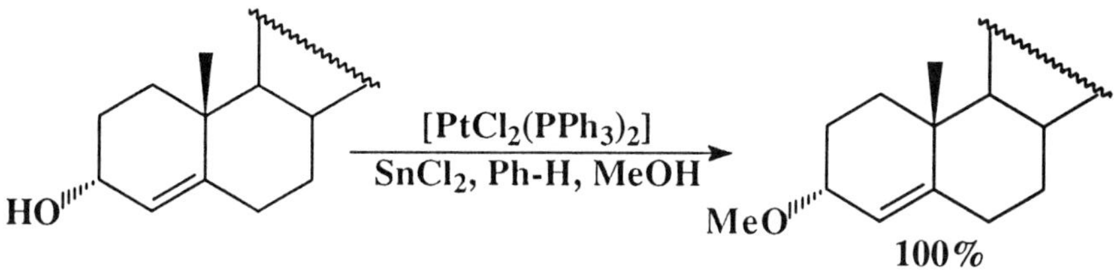

VI.A.10-6 Piancatelli, G. et al., *TL*, **36**, 2679.

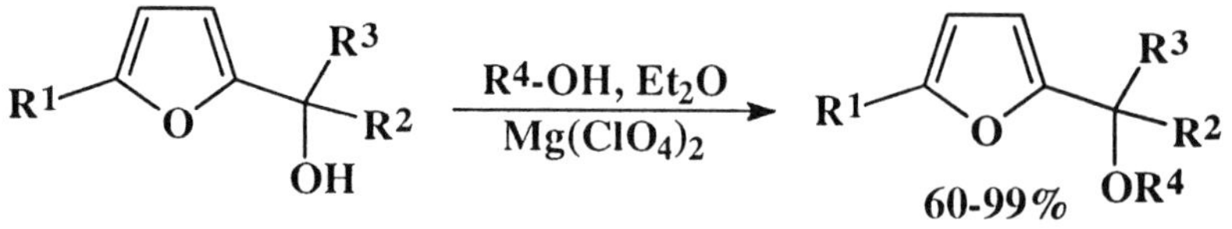

[Furan with R1 on ring, substituent C(R3)(R2)OH converted via R4-OH, Et2O, Mg(ClO4)2 to furan with C(R3)(R2)OR4, 60-99%]

VI.A.10-7 Mann, I.S. et al., *S*, 707; Pellon, R.F. et al., *SC*, **25**, 1077; Pearson, A.J. and Lee, K., *JOC*, **60**, 7153; Jung, M.E. and Starkey, L.S., *TL*, **36**, 7363; Yeager, G.W. and Schissel, D.N., *S*, 28; Davies, S.G. and Hume, W.H., *CC*, 251; Anufrier, V.P. and Novikov, V.L., *TL*, **36**, 2515; Salunkhe, M.M. et al., *BSB*, **103**, 691 (1994); Rano, T.A. and Chapman, K.T., *TL*, **36**, 3789.

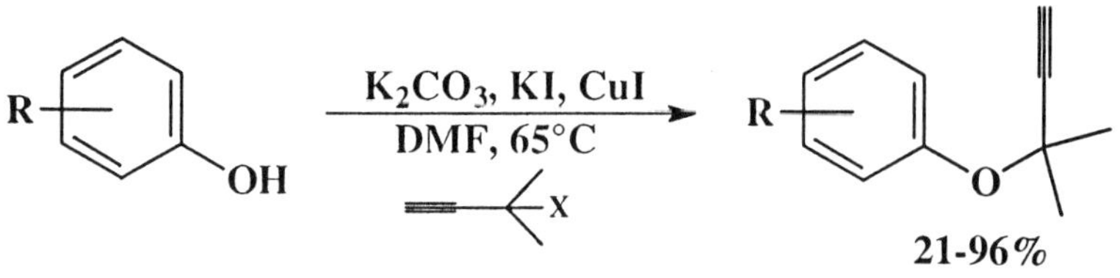

[R-substituted phenol + propargyl halide, K2CO3, KI, CuI, DMF, 65°C → aryl propargyl ether, 21-96%]

VI.A.10-8 Blechert, S. et al., *T*, **51**, 5781.

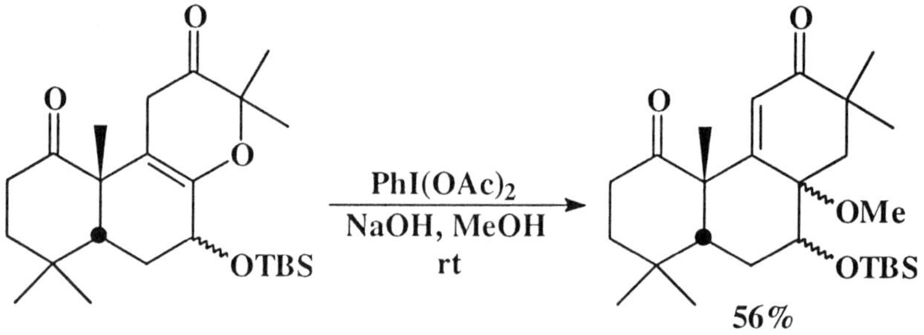

[Tricyclic diketone with OTBS treated with PhI(OAc)2, NaOH, MeOH, rt → product with OMe and OTBS, 56%]

VI.A.10-9 Palumbo, G. et al., *SL*, 1274.

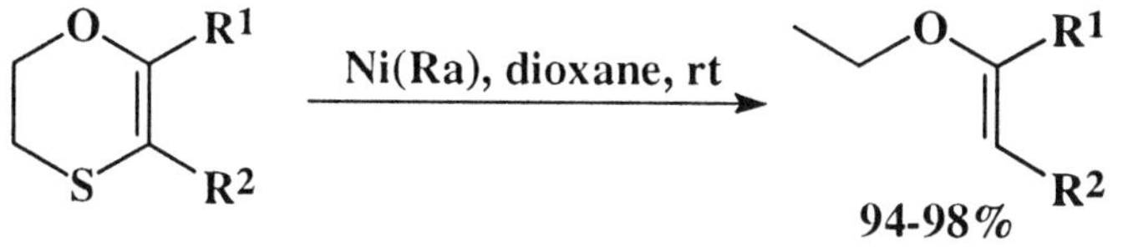

[Reaction: 2,3-disubstituted 5,6-dihydro-1,4-oxathiine + Ni(Ra), dioxane, rt → ethyl enol ether product, 94-98%]

VI.A.10-10 Moody, C.J. et al., *JOC*, **60**, 4449; Shi, G. et al., *T*, **51**, 5011; see also: Lemaire, M. et al., *TL*, **36**, 4235.

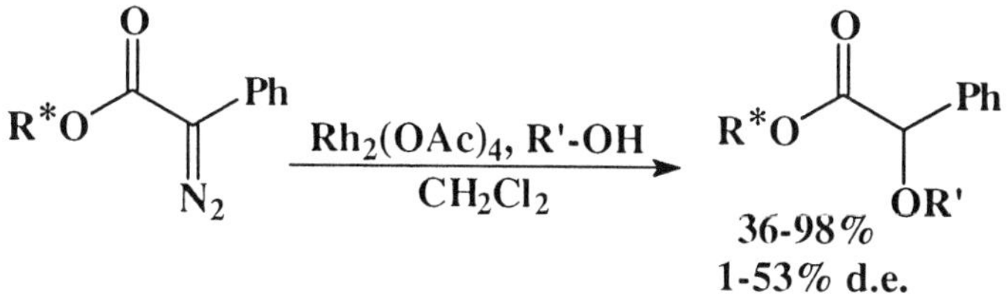

[Reaction: R*O-C(=O)-C(N$_2$)-Ph + Rh$_2$(OAc)$_4$, R'-OH, CH$_2$Cl$_2$ → R*O-C(=O)-CH(OR')-Ph, 36-98%, 1-53% d.e.]

VI.A.10-11 Sinou, D. et al., *OM*, **14**, 4585.

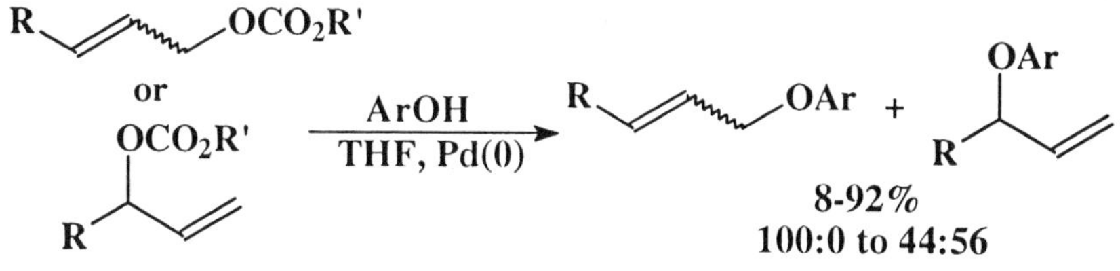

[Reaction: R-CH=CH-CH$_2$-OCO$_2$R' or R-CH(OCO$_2$R')-CH=CH$_2$ + ArOH, THF, Pd(0) → R-CH=CH-CH$_2$-OAr + R-CH(OAr)-CH=CH$_2$, 8-92%, 100:0 to 44:56]

VI.A.11. Halides

VI.A.11-1 Cammidge, A.N. et al., *TL*, **36**, 8685.

Iodine Monochloride Can Act as a Chlorinating Agent.

VI.A.11-2 Snyder, D.C., *JOC*, **60**, 2638; Choi, D. and Kohn, H., *TL*, **36**, 7011; Dubac, J. et al., *BSF*, **132**, 522; Carlsen, P.H.J. et al., *ACS*, **49**, 701; Ravindranathan, T. et al., *TL*, **36**, 609; Zupan, M. et al., *BCJ*, **68**, 1655; Motherwell, W.B. et al., *CC*, 1241; Cabrera, I. and Appel, W.K. *T*, **51**, 10205; Shellhamer, D.F. et al., *JCS(P2)*, 861; Vorbruggen, H. and Bennua-Skalmowski, B., *TL*, **36**, 2611; DeShong, P. et al., *JACS*, **117**, 5166.

$$\text{R-OH} + \text{TMSCl} \xrightarrow{\text{DMSO}} \text{R-Cl} \quad 0\text{-}96\%$$

VI.A.11-3 Hlasta, D.J. et al., *SL*, 423; Miethchen, R. et al., *LA*, 1717.

$$\text{RX-H} \xrightarrow{\text{POMCl}} \text{RX}\frown\text{O}_2\text{C}^t\text{Bu} \xrightarrow[\text{AcOH}]{\text{HBr}} \text{RX}\frown\text{Br}$$
60-97%   75-98%

VI.A.11-4 Oriyama, T. et al., *SL*, 1004.

$$\text{R}\overset{O}{\triangle}\text{OR'} \xrightarrow[\text{2: AcX}]{\text{1: TMSX, SnX}_2} \text{R}\underset{X}{\overset{OAc}{\wedge\wedge}}\text{OR'}$$

X = Cl, Br   68-100% major isomer

VI.A.11-5 Amouroux, R. et al., *SC*, **25**, 613; Ranu, B.C. and Bhar, S., *JOC*, **60**, 745; see also: Hara, S., Yoneda, N. et al., *TL*, **36**, 6511.

$$\underset{R}{\overset{}{\square}}_O\text{-Y} \xrightarrow{\text{AcCl, NaI, MeCN}} \text{I}\underset{}{\overset{R}{\wedge}}\wedge\underset{\text{OAc}}{\overset{}{\text{Y}}}$$

82-88%

VI.A.11-6 Percy, J.M. et al., *T*, **51**, 10289.

$$CF_3-CH_2-OH \xrightarrow[\text{2: Et}_2\text{NCOCl}]{\text{1: NaH, THF}} CF_3-CH_2-O_2CNEt_2 \xrightarrow[\text{2: E}^+]{\text{1: LDA, THF, -78°C}} \underset{F}{\overset{F}{>}}C=C\underset{E}{\overset{O_2CNEt_2}{<}} \quad 66\text{-}92\%$$

VI.A.11-7 Shen, Y. and Liao, Q., *JCR(S)*, 424; Kuroboshi, M., Hiyama, T. et al., *TL*, **36**, 563; Chambers, R.D. et al., *T*, **51**, 13167; Baldwin, J.E. et al., *TL*, **36**, 7761; Zard, S.Z. et al., *T*, **51**, 2573 and 2585; Chen, Q., *JFC*, **72**, 241.

$$Ph_3P=C\underset{R}{\overset{R'}{<}} \xrightarrow[\text{2: -78°C to rt}]{\text{1: TFAA, THF, -78°C} \atop \text{dithiane-Li}} \text{(1,3-dithian-2-yl)}C(R')=C(R)CF_3 \quad 73\text{-}92\%$$

VI.A.11-8 Shi, G. et al., *JOC*, **60**, 6608.

$$Ar-I + \underset{Bu_3Sn}{\overset{F}{>}}C=C\underset{CO_2Et}{\overset{OMe}{<}} \xrightarrow{Pd(PPh_3)_4, CuI, DMF} \underset{Ar}{\overset{F}{>}}C=C\underset{CO_2Et}{\overset{OMe}{<}} \quad 50\text{-}95\%$$

VI.A.11-9 Rousseau, G. and Brunel, Y., *TL*, **36**, 2619.

$$R-\!\!\equiv\!\!-H \xrightarrow[\text{CH}_2\text{Cl}_2, \text{rt}]{(\text{collidine})_2{}^+PF_6{}^-} R-\!\!\equiv\!\!-I \quad 61\text{-}86\%$$

VI.A.11-10 Brunei, Y. and Rousseau, G., *TL*, **36**, 8217; Orito, K. et al., *S*, 1273; D'Auria, M. and Mauriello, G. *TL*, **36**, 4883; Skulski, L. et al., *S*, 926; Chambers, R.D. et al., *CC*, 17, 19, 21 and 177; Clark, J.H. and Wails, D., *JFC*, **70**, 201; Carreno, M.C., Garcia Ruano, J.L. et al., *JOC*, **60**, 5328.

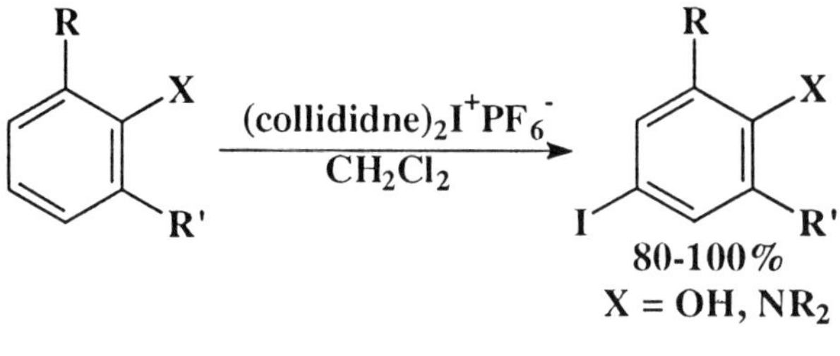

$$\text{ArH} \xrightarrow{\text{(collididne)}_2\text{I}^+\text{PF}_6^-}{\text{CH}_2\text{Cl}_2} \text{ArI}$$

80-100%
X = OH, NR$_2$

VI.A.11-11 Poss, A.J. and Shia, G.A., *TL*, **36**, 4721.

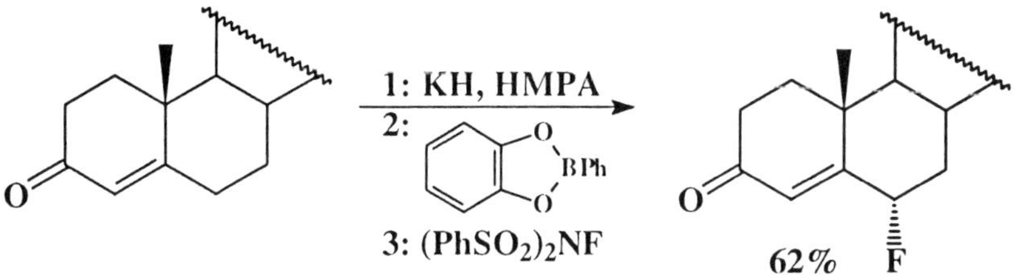

1: KH, HMPA
2: (benzodioxaborole-BPh)
3: (PhSO$_2$)$_2$NF

62%

VI.A.11-12 Simonet, J. et al., *TL*, **36**, 3851; Hiyama, T. et al., *TL*, **36**, 8243; Fuchigami, T. et al., *JOC*, **60**, 3459.

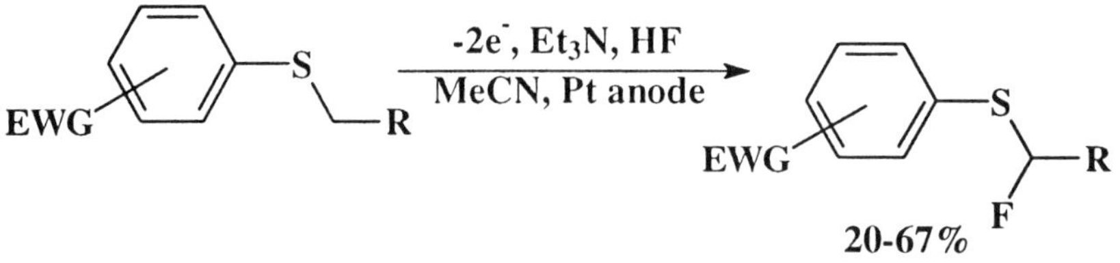

$$\text{EWG-Ar-S-CH}_2\text{-R} \xrightarrow[\text{MeCN, Pt anode}]{-2e^-,\ \text{Et}_3\text{N, HF}} \text{EWG-Ar-S-CHF-R}$$

20-67%

VI.A.11-13 Davis, F.A. et al., *JOC*, **60**, 4730; Taguchi, T. et al., *JOC*, **60**, 7161; Raina, S. and Singh, V.K., *T*, **51**, 2467; Pirrung, M.C. et al., *JOC*, **60**, 2112.

$$R\text{-}CH_2\text{-}C(=O)\text{-}Z \quad \xrightarrow[\text{2:}\ \text{(benzene-1,2-disulfonimide-NF)}]{\text{1: Base}} \quad R\text{-}CHF\text{-}C(=O)\text{-}Z$$

Z = R, OR

25-95%

VI.A.11-14 Shi, G. and Cai, W., *JOC*, **60**, 6289; DeBuyck, L. and Esprit, B., *BSB*, **104**, 499; Oshima, K. et al., *CL*, 461; Ducep, J.B. et al., *TL*, **36**, 5007.

$$R\text{-}OH + CF_3\text{-}C(=O)\text{-}CO_2Et \quad \xrightarrow[\text{2: } SOCl_2, pyr]{\text{1: Ph-H}}_{\text{Ph-H}} \quad RO\text{-}CCl(CF_3)\text{-}CO_2Et$$

65-80%

$$\xrightarrow[\text{2: Ph-H, }\Delta]{\text{1: Zn, CuI, DMF}} \quad R\text{-}CF_2\text{-}C(=O)\text{-}CO_2Et$$

60-86%

VI.A.11-15 Kuroboshi, M. et al., *SL*, 987 and *TL*, **36**, 6271.

$$R\text{-}C(=O)\text{-}R' \quad \xrightarrow[\substack{THF,\ Et_2O \\ -130°C}]{CFBr_3,\ BuLi} \quad R'\text{-}C(OH)(R)\text{-}CFBr_2$$

37-96%

VI.A.11-16 Cardillo, G., Tomasini, C. et al., *TA*, **6**, 1957; Duhamel, P. et al., *TA*, **6**, 1919.

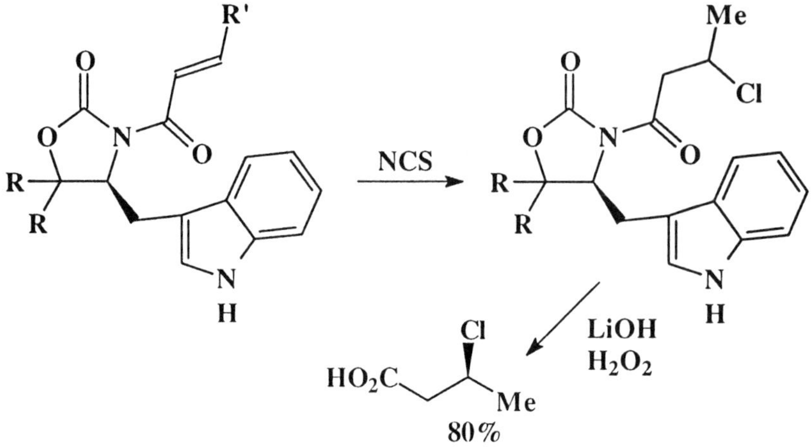

VI.A.11-17 Fujisawa, T. et al., *JFC*, **71**, 9; Kuroboshi, M. et al., *TL*, **36**, 6121.

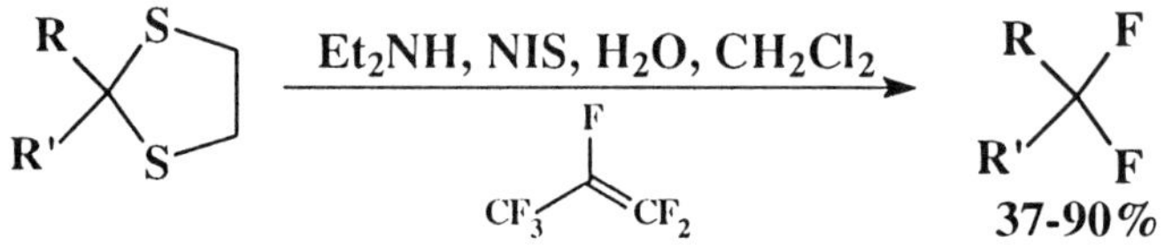

VI.A.11-18 Makosza, M. et al., *G*, **125**, 601.

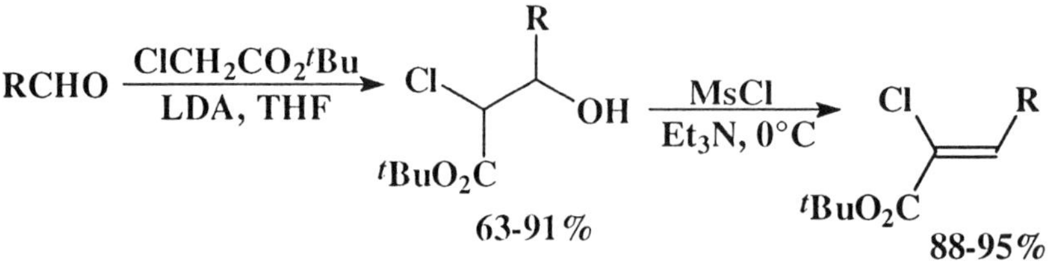

VI.A.11-19 Campos, P.J. et al., *TL*, **36**, 5257; Sha, C.K. and Huang, S.J., *TL*, **36**, 6927.

$$\underset{R \quad R'}{\text{MeO}\diagup\hspace{-0.5em}=\hspace{-0.5em}\diagdown\text{O}} \xrightarrow[\text{CH}_2\text{Cl}_2]{\text{IPy}_2\text{BF}_4,\ \text{CF}_3\text{SO}_3\text{H}} \underset{\underset{54\text{-}65\%}{R \quad R'}}{\text{MeO}\diagup\overset{\text{I}}{\hspace{-0.2em}=\hspace{-0.2em}}\diagdown\text{O}}$$

VI.A.11-20 Kress, M.H. and Kishi, Y., *TL*, **36**, 4583; Duhamel, L. et al., *CC*, 563; Kabalka, G.W., Pagni, R.M. et al., *JOM*, **487**, 35; **see also:** Brinon, M.C. et al., *OPPI*, **26**, 75; Amaresh, R.R. and Perumal, P.T., *TL*, **36**, 7287.

[Reaction: 2-hydroxy-3-methyl-6,6-dimethylcyclohex-2-enone → 3-halo-2-methyl-6,6-dimethylcyclohex-2-enone]

1: ᶦBuOH, PTSA
2: PI₃ or PBr₃

X = Br 67%
X = I 36%

VI.A.12. Nitriles and Imines

VI.A.12-1 Kende, A.S. and Liu, K., *TL*, **36**, 4035.

$$\text{RCOCF}_3 \xrightarrow[\text{2: }^t\text{BuOK}]{\text{1: MeAlClNH}_2} \text{R-CN}$$

0-92%

best for Ar and 3° aliphatic

VI.A.12-2 Miyashita, A. et al., *CPB*, **43**, 174.

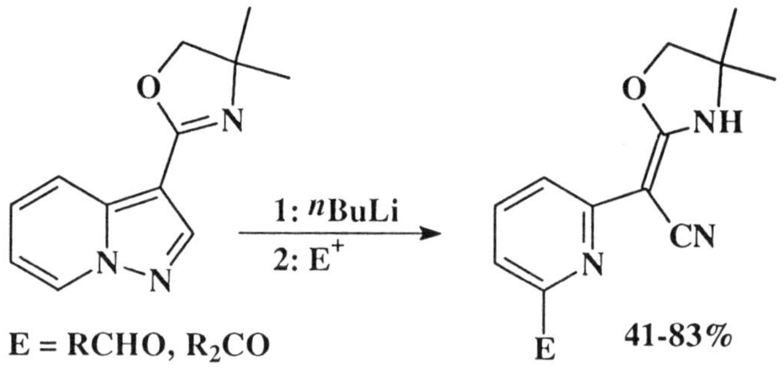

E = RCHO, R₂CO

41-83%

VI.A.12-3 Zhdankin, V.V. et al., *TL*, **36**, 7975; Cossy, J. et al., *S*, 1368.

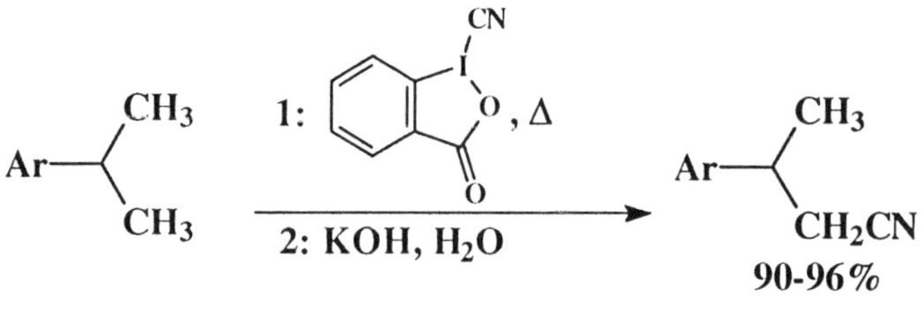

90-96%

VI.A.12-4 Enders, D. et al., *T*, **51**, 10699.

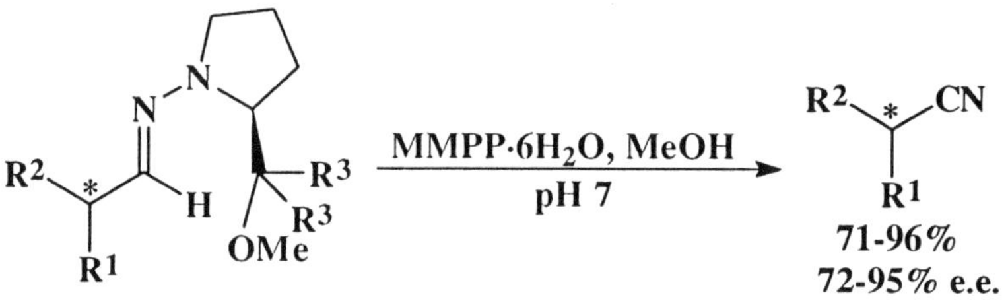

71-96%
72-95% e.e.

VI.A.12-5 Otsubo, T., Ogura, F. et al., *JCR(S)*, 152.

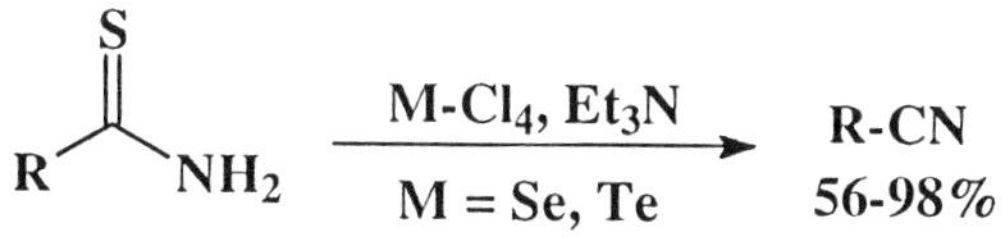

$$\text{R-C(=S)-NH}_2 \xrightarrow[M = Se, Te]{M\text{-}Cl_4,\ Et_3N} \text{R-CN} \quad 56\text{-}98\%$$

VI.A.12-6 Elmorsy, S.S. et al., *TL*, **36**, 2639.

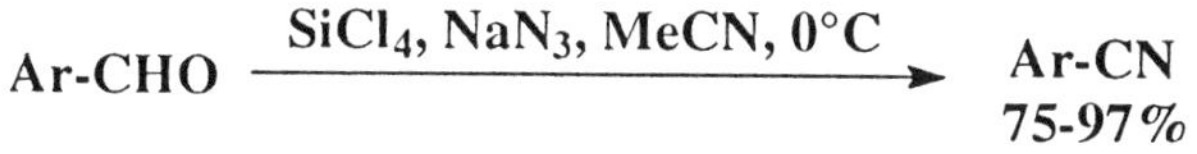

$$\text{Ar-CHO} \xrightarrow{SiCl_4,\ NaN_3,\ MeCN,\ 0°C} \text{Ar-CN} \quad 75\text{-}97\%$$

VI.A.12-7 Selnick, H.G. et al., *SC*, **25**, 3255.

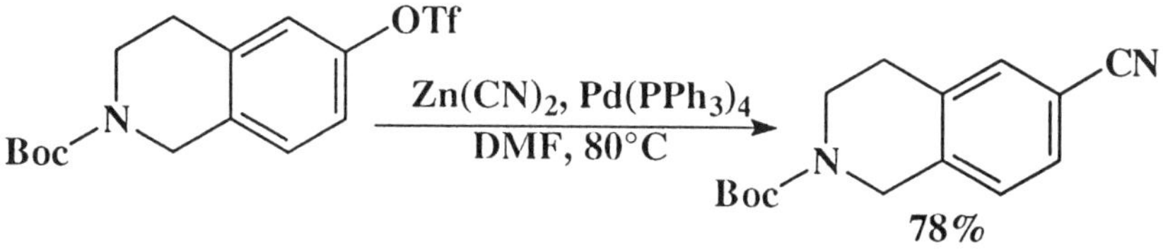

Boc-tetrahydroisoquinoline-OTf $\xrightarrow{Zn(CN)_2,\ Pd(PPh_3)_4,\ DMF,\ 80°C}$ Boc-tetrahydroisoquinoline-CN 78%

VI.A.12-8 Heldrich, F.J. et al., *JOC*, **60**, 2948.

$$\text{Ar-Li} \xrightarrow{TsCN} \text{Ar-CN} \quad 34\text{-}78\%$$

VI.A.12-9 Morris, J. and Wishka, D.G., *JOC*, **60**, 2642.

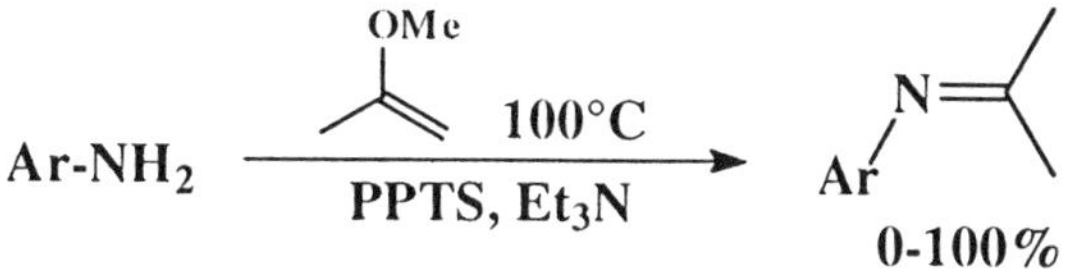

$$\text{Ar-NH}_2 \xrightarrow[PPTS,\ Et_3N]{CH_2=C(OMe)CH_3,\ 100°C} \text{Ar-N=C(CH}_3)_2 \quad 0\text{-}100\%$$

VI.A.12-10 Chakraborty, T.K. et al., *T*, **51**, 9179.

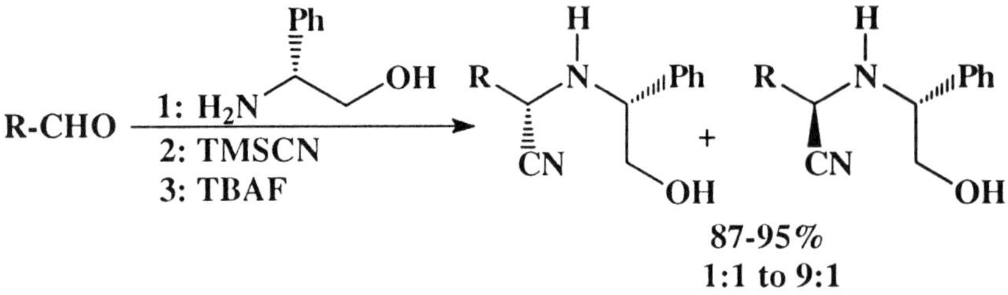

R-CHO → [1: H₂N-CH(Ph)-CH₂OH; 2: TMSCN; 3: TBAF] → R-CH(CN)-NH-CH(Ph)-CH₂OH + R-CH(CN)-NH-CH(Ph)-CH₂OH

87-95%
1:1 to 9:1

VI.A.12-11 Ratcliffe, A.J. and Warner, I., *TL*, **36**, 3881.

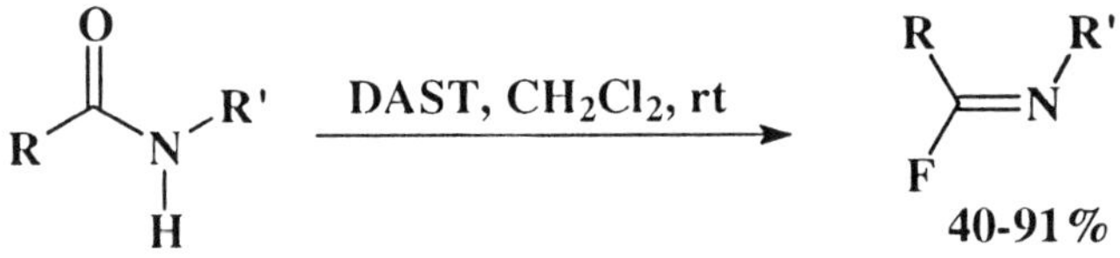

R-C(=O)-N(H)-R' → [DAST, CH₂Cl₂, rt] → R-CF=N-R'

40-91%

VI.A.13. Other N-Containing Functional Groups

VI.A.13-1 Pelletier, J.C. and Hesson, D.P., *SL*, 1141.

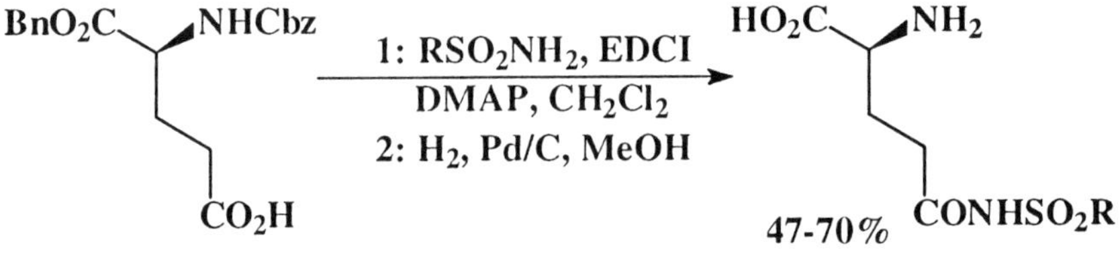

BnO₂C-CH(NHCbz)-CH₂-CH₂-CO₂H → [1: RSO₂NH₂, EDCI, DMAP, CH₂Cl₂; 2: H₂, Pd/C, MeOH] → HO₂C-CH(NH₂)-CH₂-CH₂-CONHSO₂R

47-70%

VI.A.13-2 Suzuki, H. et al., *BCJ*, **68**, 1535 and *S*, 1353; Gigante, B. et al., *JOC*, **60**, 3445.

Aromatic Nitration Under Neutral Conditions Using Nitrogen Dioxide and Ozone as the Nitrating Agent. Application to Aromatic Acetals and Acylal.

VI.A.13-3 Vankar, Y.D. et al., *TL*, **36**, 7149 and 4861; Curran, T.T. et al., *TL*, **36**, 4761; Hata, E. et al., *BCJ*, **68**, 3629.

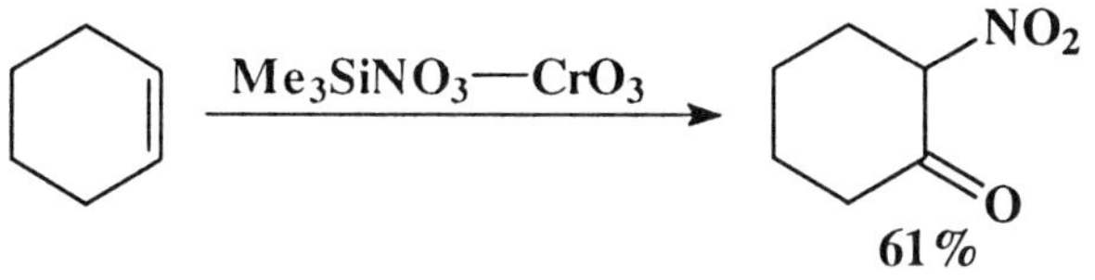

cyclohexene $\xrightarrow{Me_3SiNO_3-CrO_3}$ 2-nitrocyclohexanone, 61%

VI.A.13-4 Iranpoor, N. and Salehi, P., *T*, **51**, 909.

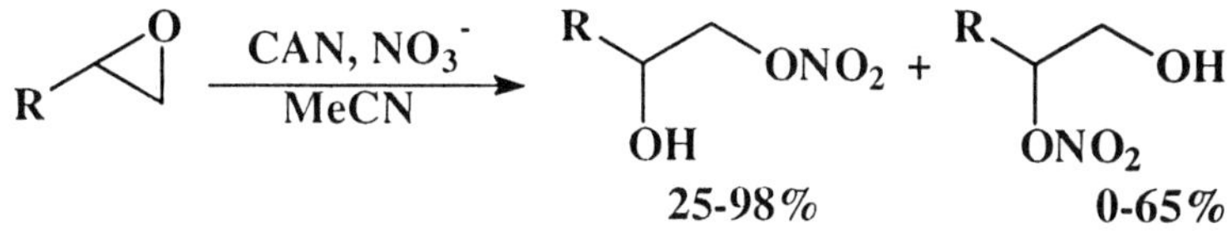

$R\text{-epoxide} \xrightarrow{\text{CAN, NO}_3^-}_{\text{MeCN}}$ R-CH(OH)-CH$_2$-ONO$_2$ (25-98%) + R-CH(ONO$_2$)-CH$_2$-OH (0-65%)

VI.A.13-5 Shen, Y. et al., *JFC*, **73**, 161.

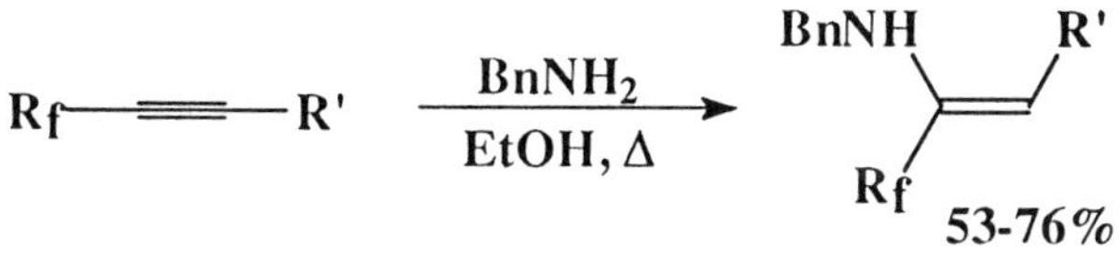

$R_f-\equiv-R' \xrightarrow{\text{BnNH}_2}_{\text{EtOH, }\Delta}$ (BnNH)(R$_f$)C=CH(R'), 53-76%

VI.A.13-6 Murphy, J.A. et al., *TL*, **36**, 323.

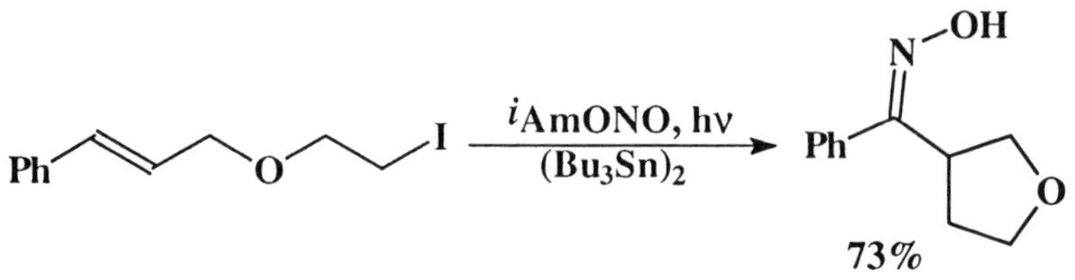

Ph−CH=CH−CH₂−O−CH₂CH₂−I $\xrightarrow[\text{(Bu}_3\text{Sn)}_2]{i\text{AmONO, h}\nu}$ Ph−C(=N−OH)−(tetrahydrofuran-3-yl)

73%

VI.A.13-7 Pirrung, M.C. and Chau, J.H., *JOC*, **60**, 8084.

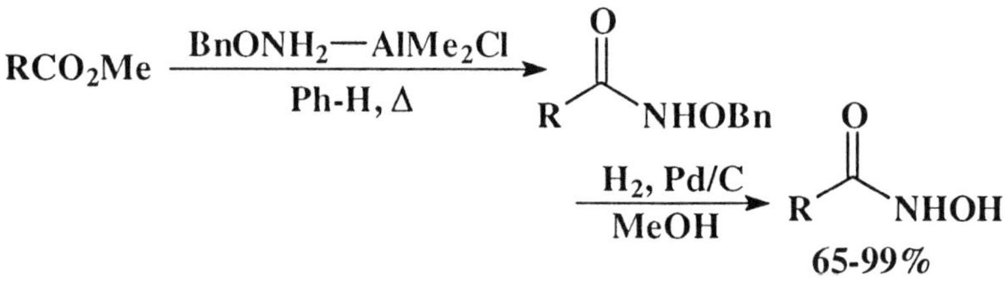

$RCO_2Me \xrightarrow[\text{Ph-H, }\Delta]{\text{BnONH}_2\text{—AlMe}_2\text{Cl}}$ R−C(=O)−NHOBn $\xrightarrow[\text{MeOH}]{\text{H}_2\text{, Pd/C}}$ R−C(=O)−NHOH

65-99%

VI.A.13-8 Kumaran, G. and Kulkarni, H., *SC*, **25**, 3735.

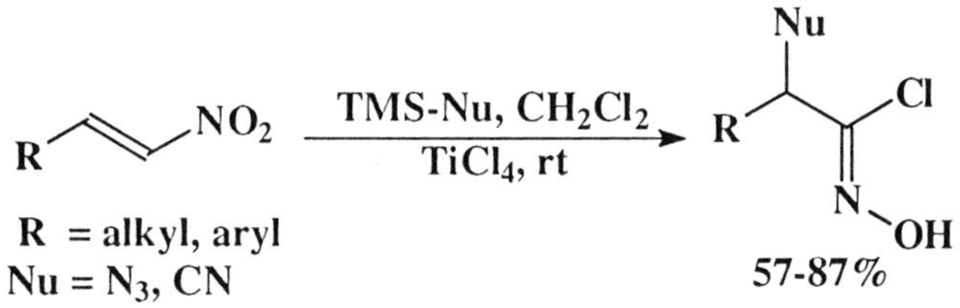

R−CH=CH−NO₂ $\xrightarrow[\text{TiCl}_4\text{, rt}]{\text{TMS-Nu, CH}_2\text{Cl}_2}$ R−CH(Nu)−C(Cl)=N−OH

R = alkyl, aryl
Nu = N₃, CN

57-87%

VI.A.13-9 Ko, S.Y. et al., *SL*, 815.

$R^1R^2CH−C(=NBoc)−N(H)(Boc) \xrightarrow{R^3\text{-X, NaH, DMF}} R^1R^2CH−C(=NBoc)−N(R^3)(Boc)$

50-95%

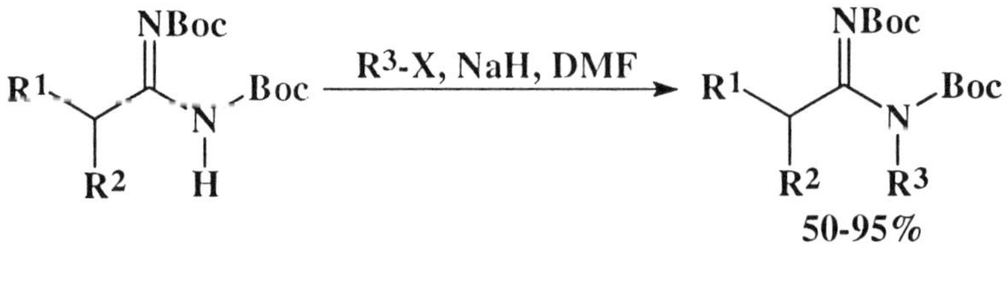

VI.A.13-10 Merino, P. et al., *TL*, **36**, 6949.

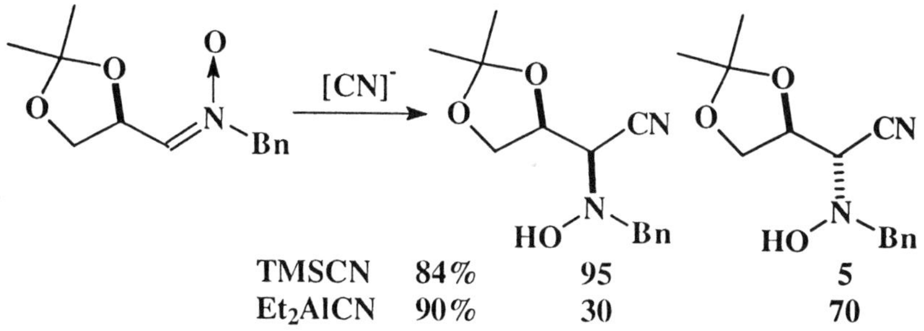

O
N
Bn
[CN]⁻
CN
HO
N
Bn
TMSCN 84% 95 5
Et2AlCN 90% 30 70

VI.A.13-11 Procter, G. et al., *TL*, **36**, 7535.

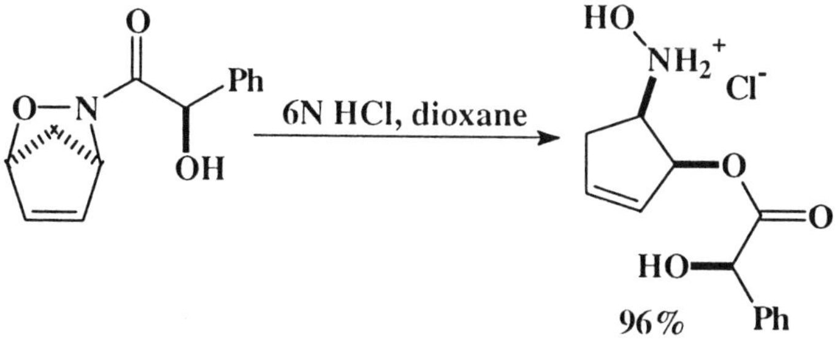

O
Ph
O—N
OH
6N HCl, dioxane
HO
NH2+
Cl-
O
HO
Ph
96%

VI.A.13-12 Dauherser, R.L. et al., *OS*, **73**, 134.

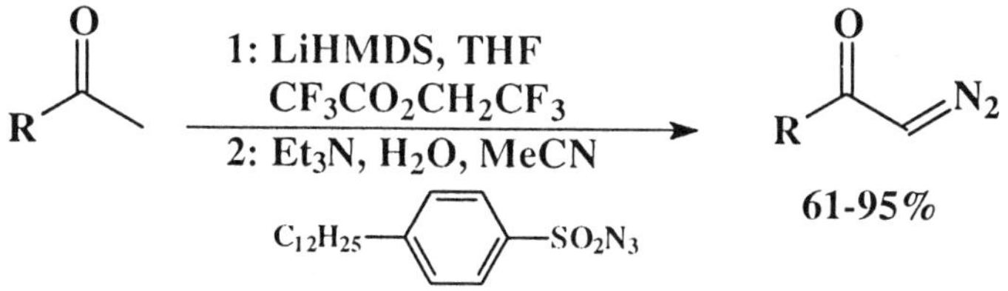

O
R
1: LiHMDS, THF
CF3CO2CH2CF3
2: Et3N, H2O, MeCN
C12H25
SO2N3
N2
61-95%

VI.A.13-13 Moss, R.A. et al., *TL*, **36**, 8761.

$$R\text{-CN} \xrightarrow[\text{2: H}_2\text{O, SiO}_2]{\text{1: MeAlClNH}_2,\ \text{Ph-Me, 80°C}} \underset{27\text{-}70\%}{\overset{\text{NH}}{R\underset{\text{NH}_2}{\bigsqcup}}}$$

VI.A.13-14 Taber, D.F. et al., *JOC*, **60**, 1093 and 2283; Korneev, S. and Richter, C., *S*, 1248.

Substrate: R–CH(CO$_2$R′)–C(=O)–Ph

$$\xrightarrow[\text{CH}_2\text{Cl}_2,\ 0°\text{C to rt}]{\text{DBU},\ p\text{-NO}_2\text{-PhSO}_2\text{N}_3}$$

Product: R–C(=N$_2$)–CO$_2$R′, 80-97%

VI.A.13-15 Knölker, H.J. et al., *AG(E)*, **34**, 2497.

$$R\text{-NH}_2 \xrightarrow{(\text{Boc})_2\text{O, DMAP, rt}} R\text{-N=C=O} \quad 41\text{-}99\%$$

VI.B. Additions to Alkenes and Alkynes

VI.B-1 Piancatelli, G. et al., *TL*, **36**, 1929; Tomoda, S. et al., *TL*, **36**, 5219; Back, T.G. and Wehrli, D., *TL*, **36**, 4737; Kato, S. et al., *OM*, **14**, 4975.

MeO$_2$C–CH=CH–CO$_2$Me $\xrightarrow[\text{CH}_2\text{Cl}_2]{\text{PhSeCl, ZnCl}_2}$ PhSe–CH(CO$_2$Me)–CHCl–CO$_2$Me, 98%

VI.B-2 White, J.D. et al., *JACS*, **117**, 5612.

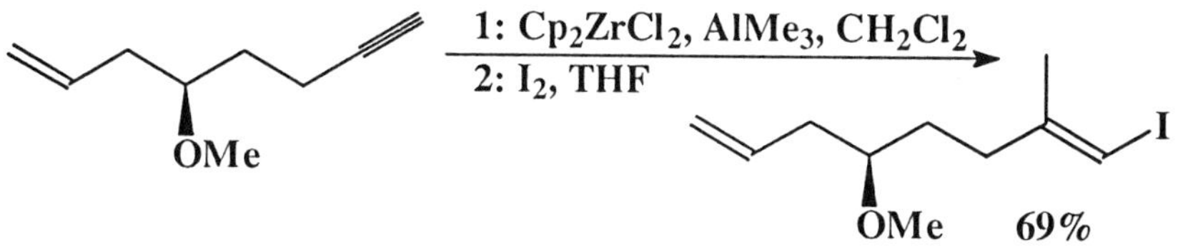

[Reaction scheme: terminal alkene-alkyne with OMe stereocenter → 1: Cp$_2$ZrCl$_2$, AlMe$_3$, CH$_2$Cl$_2$; 2: I$_2$, THF → vinyl iodide product, 69%]

VI.B-3 Sekiya, A. et al., *CC*, 1891.

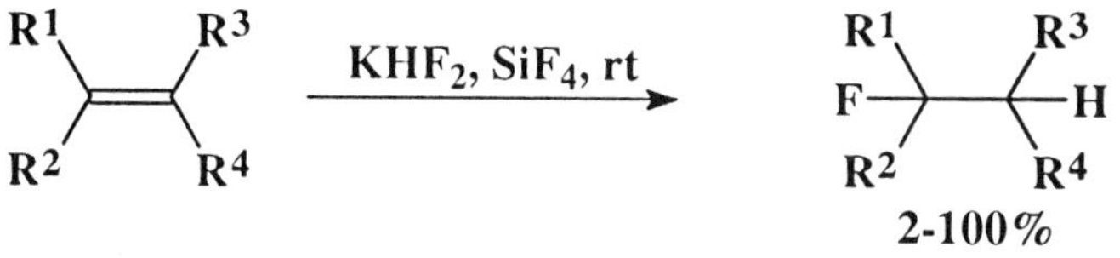

[Alkene R^{1}R^{2}C=CR^{3}R^4 → KHF$_2$, SiF$_4$, rt → fluorohydrogenation product, 2-100%]

VI.B-4 Andres, D.F. et al., *T*, **51**, 2605; Sato, M. et al., *TL*, **36**, 6705; Kuroboshi, M. and Hiyama, T., *BCJ*, **68**, 1799; Dolenc, D. and Sket, B., *SL*, 327; Zefirov, N.S. et al., *S*, 1359

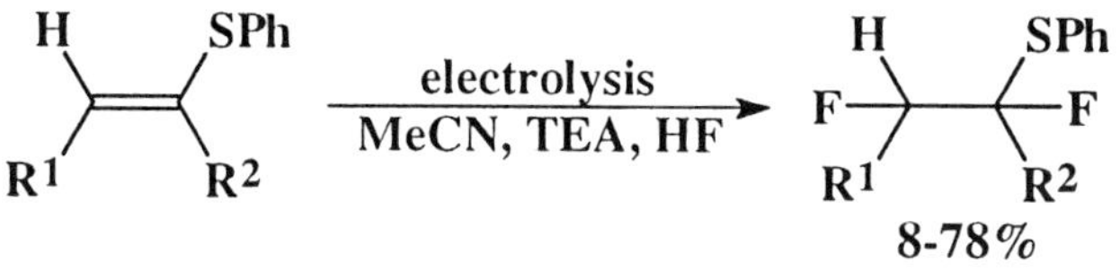

[Vinyl sulfide (H, SPh, R^1, R^2) → electrolysis, MeCN, TEA, HF → difluoride product, 8-78%]

VI.B-5 Stavber, S. et al., *TL*, **36**, 6769.

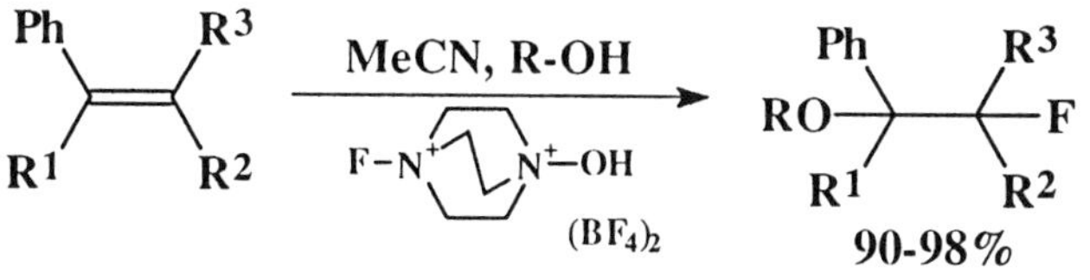

[Styrene derivative (Ph, R^3, R^1, R^2) → MeCN, R-OH, F-N$^+$(DABCO)N$^+$-OH (BF$_4$)$_2$ → alkoxyfluorination product, 90-98%]

VI.B-6 Burton, D.J. et al., *JOC*, **60**, 6798, 5570 and *JFC*, **70**, 135.

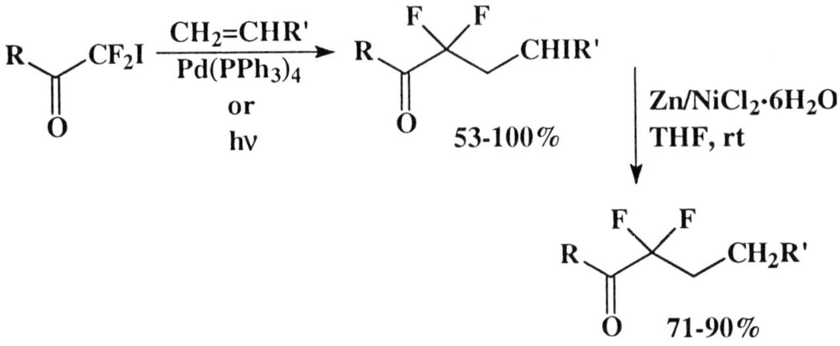

$$R-C(O)-CF_2I \xrightarrow[\text{or } h\nu]{\underset{Pd(PPh_3)_4}{CH_2=CHR'}} R-C(O)-CF_2-CHIR' \; (53\text{-}100\%) \xrightarrow[\text{THF, rt}]{Zn/NiCl_2\cdot 6H_2O} R-C(O)-CF_2-CH_2R' \; (71\text{-}90\%)$$

VI.B-7 Chan, W. et al., *TL*, **36**, 715.

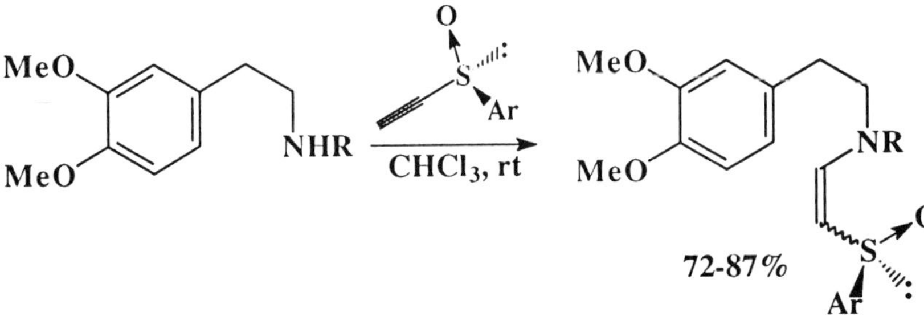

3,4-(MeO)₂C₆H₃CH₂CH₂NHR + CH≡C-S(O)Ar → 3,4-(MeO)₂C₆H₃CH₂CH₂-N(R)-CH=CH-S(O)Ar (CHCl₃, rt; 72-87%)

VI.B-8 Kuno, H. et al., *H*, **41**, 523.

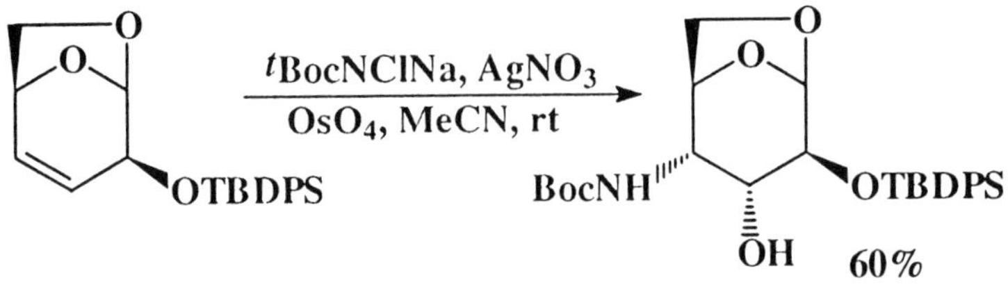

[1,6-anhydro-2-OTBDPS glycal] $\xrightarrow[\text{OsO}_4, \text{MeCN, rt}]{t\text{BocNClNa, AgNO}_3}$ [BocNH, OH, OTBDPS 1,6-anhydropyranose] (60%)

VI.B-9 Dixneuf, P.H. et al., *JOC*, **60**, 7247

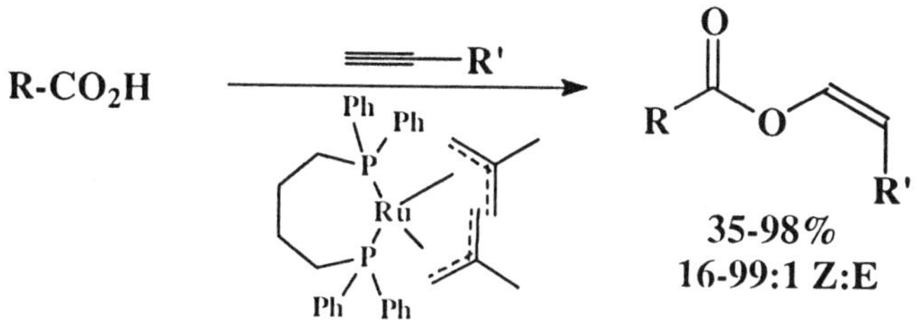

R-CO$_2$H → (with HC≡C-R', Ru catalyst with Ph$_2$P(CH$_2$)$_3$PPh$_2$ ligand) → R-C(O)-O-CH=CH-R'

35-98%
16-99:1 Z:E

VI.B-10 Huang, W. et al., *JFC*, **70**, 5.

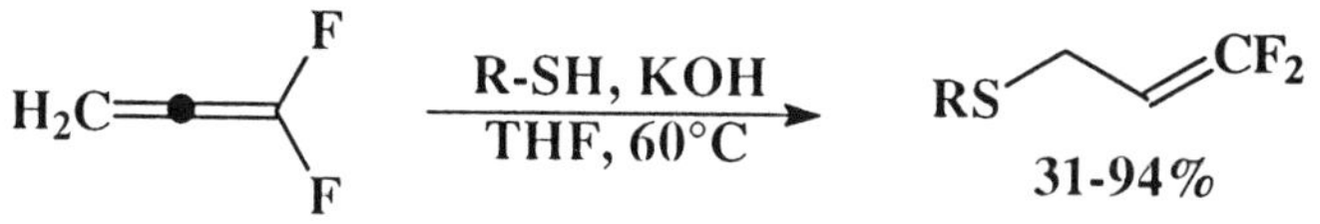

H$_2$C=C=CF$_2$ + R-SH, KOH, THF, 60°C → RS-CH$_2$-CH=CF$_2$

31-94%

VI.C. Nucleotides, Etc.

VI.C-1 Ducharme, Y. and Harrison, K.A., *TL*, **36**, 6643.

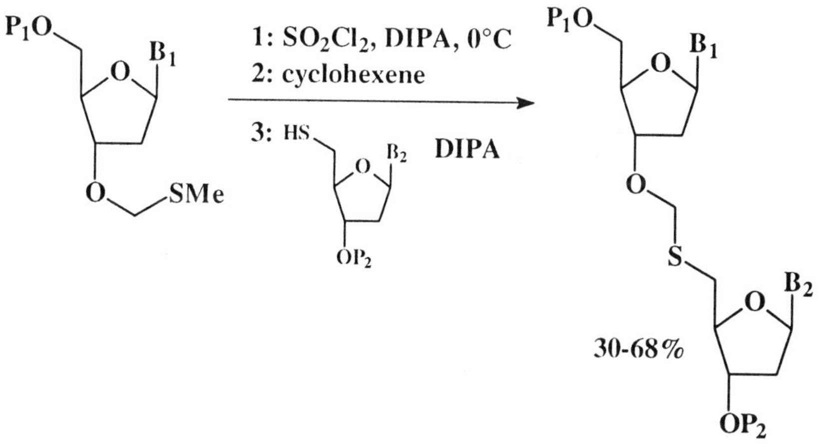

1: SO$_2$Cl$_2$, DIPA, 0°C
2: cyclohexene
3: HS-CH$_2$-(sugar with B$_2$, OP$_2$), DIPA

30-68%

VI.C-2 Ravikumar, V.T. et al., *TL*, **36**, 6587.

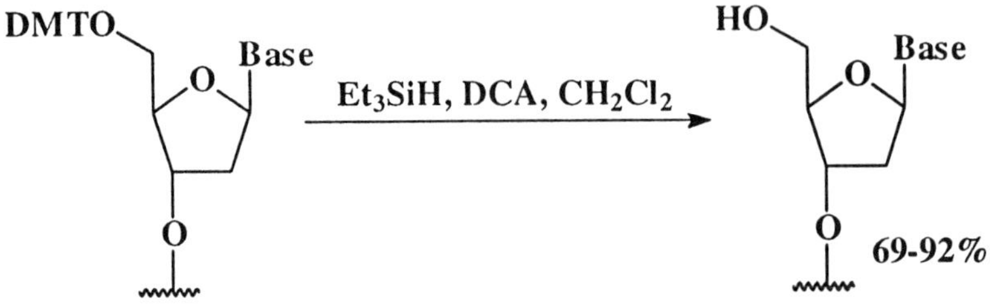

VI.C-3 Hanessian, S. et al., *TL*, **36**, 5865; Kurihara, T. et al., *CPB*, **43**, 152; Chaudhuri, N.C. and Kool, E.T., *TL*, **36**, 1795; Vorbruggen, H. et al., *TL*, **36**, 7845.

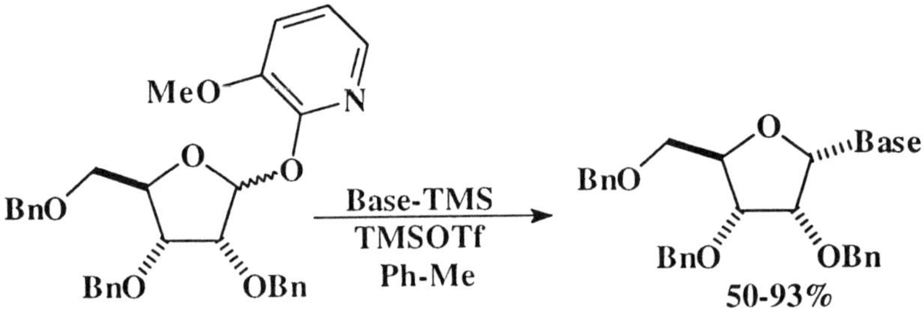

VI.C-4 Dahl, O. et al., *TL*, **36**, 6127; Lonnberg, H. et al., *JOC*, **60**, 2205; Bergstrom, D.E. et al., *JACS*, **117**, 1201.

New Solid Phase Synthesis of Oligodeoxythymidine Phosphorodithioates by a Modified HOBt Method.

VI.C-5 Chu, C.K. et al., *JOC*, **60**, 5236.

Asymmetric Synthesis of (1'S,2'R)-Cyclopropyl Carbocyclic Nucleosides.

VI.C-6 Chu, C.K. et al., *JOC*, **60**, 1546.

Synthesis of l-Dioxolane Nucleosides and Related Chemistry.

VI.D. Phosphorus, Selenium and Tellurium Compounds

VI.D-1 Berkowitz, D.B. and Sloss, D.G., *JOC*, **60**, 7047; Lequeux, T.P. and Percy, J.M., *SL*, 361; Nair, H.K. and Burton, D.J., *TL*, **36**, 347.

Diallyl (Lithiodifluoromethyl)-phosphonate: A New Reagent for the Introduction of the (Difluoromethylene)phosphonate Functionality.

VI.D-2 Shibasaki, M. et al., *JOC*, **60**, 6656; Panunzio, M. et al., *SL*, 461.

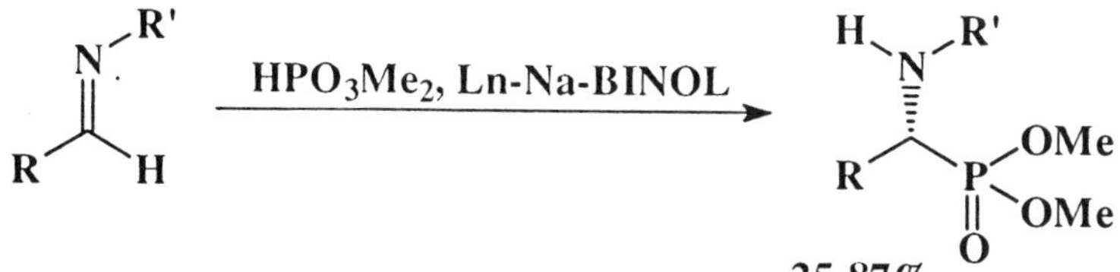

$$R\text{-}CH=N\text{-}R' \xrightarrow{HPO_3Me_2,\ Ln\text{-}Na\text{-}BINOL} R\text{-}CH(NHR')\text{-}P(O)(OMe)_2$$

25-87%
38-96% e.e.

VI.D-3 Kieczykowski, G., Jobson, R.B. et al., *JOC*, **60**, 8310.

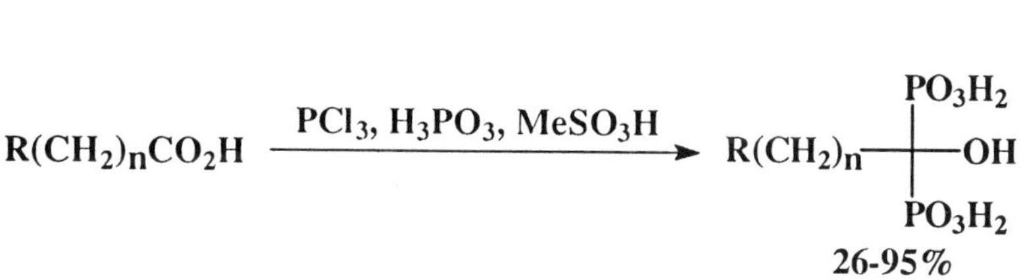

$$R(CH_2)_nCO_2H \xrightarrow{PCl_3,\ H_3PO_3,\ MeSO_3H} R(CH_2)_n\text{-}C(PO_3H_2)(OH)(PO_3H_2)$$

26-95%

VI.D-4 Salomon, C.J. and Breuer, E., *TL*, **36**, 6759.

$$R-\overset{O}{\underset{O^iPr}{\overset{\|}{P}}}-O^iPr \xrightarrow[\text{2: NaOH, MeOH}]{\text{1: TMSBr}} R-\overset{O}{\underset{ONa}{\overset{\|}{P}}}-OH$$

69-96%

VI.D-5 Stowell, J.K. and Widlanski, T.S., *TL*, **36**, 1825; Oza, V.B. and Corcoran, R.C., *JOC*, **60**, 3680; Saady, M. et al., *SL*, 643; **for thiol see:** Watanabe, Y. et al., *S*, 1243.

$$\text{R-OH} + \text{P(OR')}_3 \xrightarrow{I_2,\ \text{pyr}} RO-\overset{O}{\underset{OR'}{\overset{\|}{P}}}-OR'$$

98-99%

VI.D-6 Bhongle, N. and Tang, J.Y., *TL*, **36**, 6803.

[Reaction scheme: DMTO-protected nucleoside with HO and R substituents treated with HPO$_3$H$_2$, Et$_3$N, MeCN, (Cl$_3$CO)$_2$C=O to give H-phosphonate product, HNEt$_3^+$ salt]

33-76%

VI.D-7 Salama, P. and Bernard, C., *TL*, **36**, 5711; Bryce, M.R. et al., *S*, 1521; Ming-De, R., Wei-Qiang, F., et al., *JOM*, **485**, 19.

$$\text{R-SeCN} \xrightarrow[\text{2: O}_2]{\text{1: LiEt}_3\text{BH or DIBAL}} \text{R-SeSe-R}$$

72-97%

USEFUL SYNTHETIC PREPARATIONS

VI.D-8 Paulmier, C. et al., *TL*, **36**, 6453

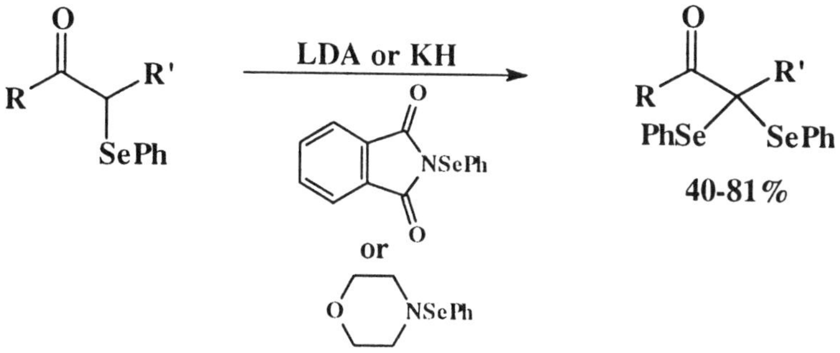

[Reaction: R-C(=O)-CH(R')(SePh) with LDA or KH, and either N-(phenylseleno)phthalimide or N-(phenylseleno)morpholine-2,6-dione, gives R-C(=O)-C(R')(SePh)(SePh), 40-81%]

VI.D-9 Ward, A.D. and Cooper, M.A., *TL*, **36**, 2327; Lee, D.H. and Kim, Y.H., *SL*, 349.

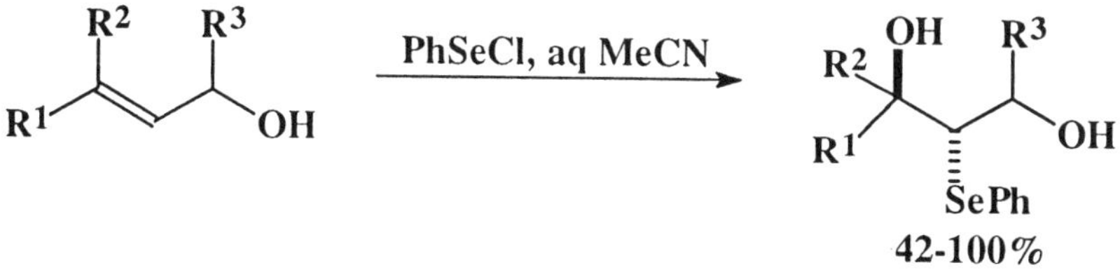

[Reaction: allylic alcohol with R^1, R^2, R^3 substituents + PhSeCl, aq MeCN → diol with SePh group, 42-100%]

VI.D-10 Silveira, C.C. et al., *TL*, **36**, 7361.

[Reaction: Me-C(=O)(OEt)(OEt) with 1: LDA, 2: PhTeBr, 3: RCOR' → R,R'-C=C(TePh)(TePh), 16-94%]

VI.D-11 Oh, D.Y. et al., *TL*, **36**, 1503.

$$R\text{—}\!\!\equiv\!\!\text{—}R' \quad \xrightarrow{\text{Cp}_2\text{Zr(H)Cl}}_{\text{PhTeI, THF}} \quad \underset{\substack{\text{PhTe} \quad \text{H} \\ 60\text{-}77\%}}{\overset{R \quad R'}{\diagdown\!\!=\!\!\diagup}}$$

VI.E. Silicon Compounds

VI.E-1 Yoshida, J., Isoe, S., et al., *OM*, **14**, 567.

$$R_3\text{SiH} \quad \xrightarrow{\text{CuF}_2\cdot 2\text{H}_2\text{O, CCl}_4, \Delta} \quad \underset{63\text{-}85\%}{R_3\text{SiF}}$$

VI.E-2 Cushman, M. et al., *JOC*, **60**, 5905.

[Reaction: aryl ethyl ketone with $Me_2{}^i PrSi$ group $\xrightarrow{n\text{Bu}_4\text{NF, THF, rt}}$ phenol product with $Me_2{}^i PrSi$ group, 50%]

VI.E-3 Davis, J.T. et al., *TL*, **36**, 7395.

[Reaction: $Me\text{-NH-C(O)-Me}$ $\xrightarrow[\text{2: H}_2\text{O}]{\text{1: TMSOTf, Et}_3\text{N}}$ $Me\text{-NH-C(O)-CH}_2\text{-SiMe}_3$, 85%]

VI.E-4 Vaughan, A. and Singer, R.D., *TL*, **36**, 5683.

$$R\text{-CH=CH-C(O)-}R' \xrightarrow[\text{THF, -78°C}]{\text{PhMe}_2\text{SiZn, Me}_2\text{Li}} \text{PhMe}_2\text{Si-CHR-CH}_2\text{-C(O)-}R'$$
40-96%

VI.E-5 Roberts, B.P. and Dang, H.S., *TL*, **36**, 2875; Hayashi, T. et al., *CC*, 1533; Gulinski, J. et al., *JOM*, **499**, 173; Michalska, Z.M. et al., *JOM*, **496**, 19; Hiyama, T. et al., *JOM*, **499**, 167.

$$R\text{-CH=CH}_2 \xrightarrow[\substack{\text{di-}^t\text{butylhyponitrite} \\ ^t\text{dodecanethiol}}]{\text{Et}_3\text{SiH, 60°C}} R\text{-CH}_2\text{-CH}_2\text{-SiEt}_3$$
28-85%

VI.E-6 Takeuchi, R. et al., *JOC*, **60**, 3045; Esteruelas, M.A. et al., *JOM*, **487**, 143; Hofmann, P. et al., *JOM*, **490**, 51.

$$\text{HC≡C-CR}R'(\text{OH}) \xrightarrow[\text{[Rh(COD)}_2\text{]BF}_4]{\text{HSiEt}_3, \text{PPh}_3} \text{Et}_3\text{Si-CH=CH-CR}R'(\text{OH})$$
84-95%

VI.E-7 Zheng, G.Z. and Chan, T.H., *OM*, **14**, 70.

$$R^2\text{-CH=CH-C(O)-}R^3 \xrightarrow[\text{HSiR}_2R^1]{(\text{Ph}_3\text{P})_4\text{RhH}} R^2\text{-CH}_2\text{-CH=C(OSiR}_2R^1)\text{-}R^3$$
73-96%

VI.E-8 Hatanaka, Y. et al., *TL*, **36**, 2769.

$$R-\equiv-H \quad \xrightarrow[120°C]{R_3SiCl,\ Zn,\ MeCN} \quad R-\equiv-SiR_3 \quad 32\text{-}98\%$$

VI.E-9 Tsuji, Y. et al., *JACS*, **117**, 9815.

$$\underset{R^2}{\overset{R^1}{\diagup\!\!\!=\!\!\!\diagdown}} \quad \xrightarrow[R^4Me_2SiSiMe_2R^5,\ 80°C]{R^3COCl,\ Pd(dba)_2,\ Ph\text{-}Me} \quad R^3\text{-}C(R^1)=C(R^2)\text{-}SiMe_2R^5 \quad 40\text{-}95\%$$

VI.E-10 Ricci, A. et al., *S*, 92; Kise, N., Yoshida, J. et al., *TL*, **36**, 8839; see also: Piers, E. and Lemieux, R., *OM*, **14**, 5011.

$$R\text{-}C(=O)\text{-}Cl \quad \xrightarrow[THF,\ -20°C\ to\ rt]{(PhMe_2Si)_2CuCN(ZnCl)_2} \quad R\text{-}C(=O)\text{-}SiMe_2Ph$$

VI.E-11 Ishino, Y. et al., *CL*, 829.

$$R\text{-}C(=O)\text{-}R' \quad \xrightarrow{TMSCl,\ Mg,\ DMF} \quad \underset{R\ \ R'}{Me_3Si\text{-}C\text{-}OSiMe_3} \quad 14\text{-}82\%$$

VI.F. Sulfur Compounds

VI.F-1 Bianchini, C. et al., *OM*, **14**, 4858.

Rhodium Assisted Transformations of Substituted Thiophenes into Butadienyl Methyl Sulfides.

VI.F-2 Dwyer, O., *SL*, 1163.

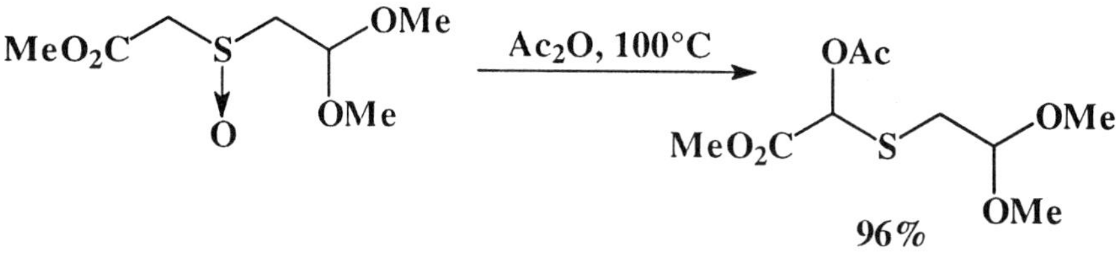

$$MeO_2C\text{-}S(O)\text{-}CH_2\text{-}CH(OMe)_2 \xrightarrow{Ac_2O, 100°C} MeO_2C\text{-}CH(OAc)\text{-}S\text{-}CH_2\text{-}CH(OMe)_2 \quad 96\%$$

VI.F-3 Harano, K. et al., *JCS(P2)*, 1155.

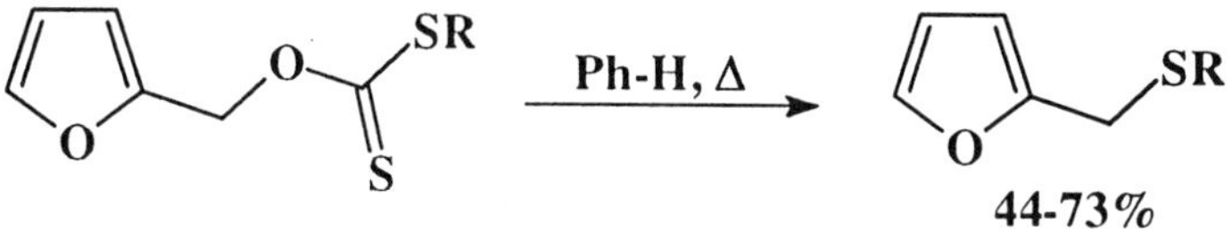

$$\text{furfuryl-O-C(=S)-SR} \xrightarrow{Ph\text{-}H, \Delta} \text{furfuryl-SR} \quad 44\text{-}73\%$$

VI.F-4 Biehl, E.R. and Zhao, H., *SC*, **25**, 4063.

$$Ar\text{-}CH_2\text{-}CN \xrightarrow[\text{2: PhOTs}]{\text{1: }n\text{BuLi, Et}_2O} Ar\text{-}CH(CN)\text{-}SO_2\text{-}C_6H_4\text{-}Me \quad 34\text{-}77\%$$

VI.F-5 Suzuki, H. and Abe, H., *TL*, **36**, 6239; Trost, B.M. et al., *JACS*, **117**, 9662.

$$\text{Ar-X} + \text{Ar'SO}_2\text{Na} \xrightarrow[\Delta]{\text{CuI, DMF}} \text{Ar-SO}_2\text{Ar'}$$
$$58\text{-}94\%$$

VI.F-6 Llera, J.M. et al., *S*, 761.

[sugar tosylate] $\xrightarrow{\text{1: MeMgI} \atop \text{2: TFA, aq MeCN}}$ Me—S(=O)—Tol

80%

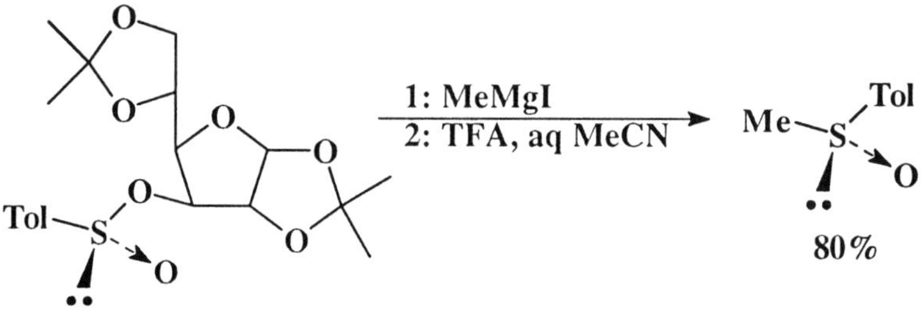

VI.F-7 Choi, J. and Yoon, N.M., *SL*, 1073 and *JOC*, **60**, 3266; Iranpoor, N. et al., *OPPI*, **27**, 216; Chandrasekaran, S. et al., *JOC*, **60**, 7142.

$$\text{R-SAc} \xrightarrow[\text{2: rt, 3-9 h}]{\text{1: BER, Ni(OAc)}_2\text{, MeOH, }\Delta} \text{R-SS-R}$$
$$91\text{-}97\%$$

VI.F-8 Ortar, G. et al., *TL*, **36**, 4133; Takagi, K. et al., *JOC*, **60**, 6552.

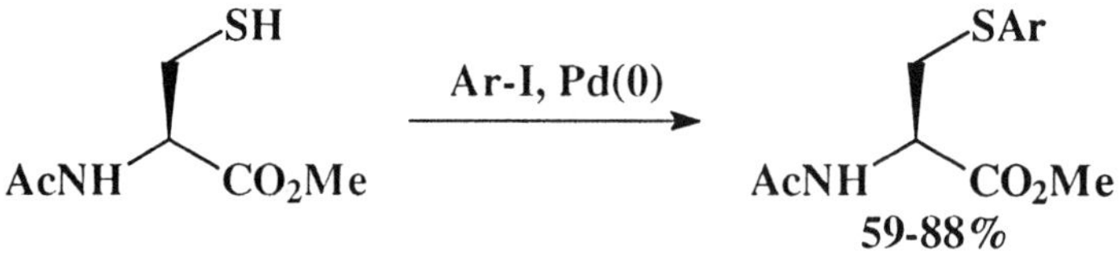

AcNH-CH(CH$_2$SH)-CO$_2$Me $\xrightarrow{\text{Ar-I, Pd(0)}}$ AcNH-CH(CH$_2$SAr)-CO$_2$Me

59-88%

VI.F-9 Still, I.W.J. et al., *TL*, **36**, 2949 and 4361.

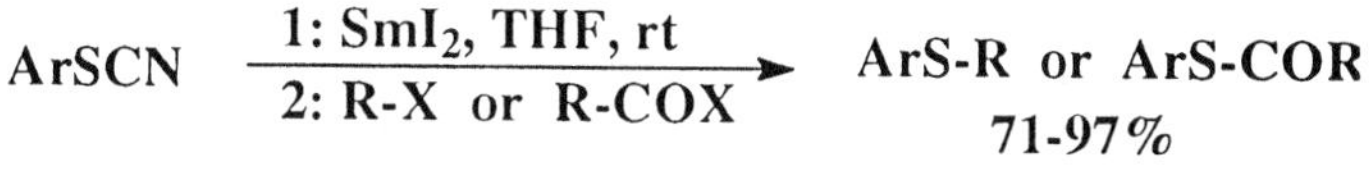

$$\text{ArSCN} \xrightarrow[\text{2: R-X or R-COX}]{\text{1: SmI}_2,\text{ THF, rt}} \text{ArS-R or ArS-COR} \quad 71\text{-}97\%$$

VI.F-10 Kita, Y. et al., *JOC*, **60**, 7144.

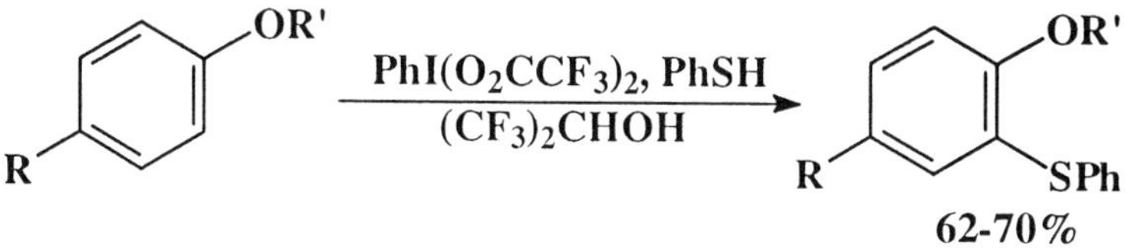

[Reaction: 4-R-C6H4-OR' with PhI(O2CCF3)2, PhSH / (CF3)2CHOH → 2-SPh-4-R-C6H3-OR', 62-70%]

VI.F-11 Masaki, Y. and Miura, T., *T*, **51**, 10477.

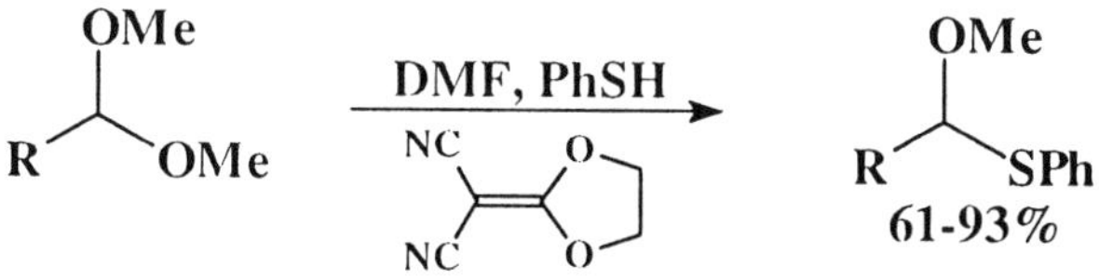

[Reaction: R-CH(OMe)2 with DMF, PhSH, and (NC)2C=C(O-CH2-CH2-O) → R-CH(OMe)(SPh), 61-93%]

VI.F-12 Katritzky, A.R. et al., *OPPI*, **27**, 361; **see also:** Murai, T., Kato, S. et al., *JOC*, **60**, 2942.

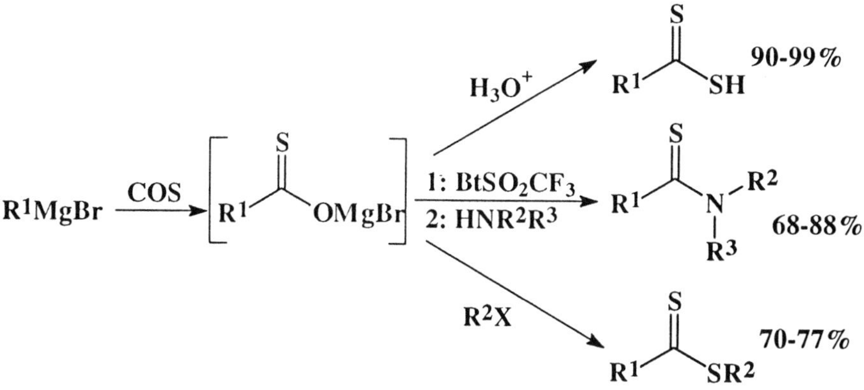

[Reaction: R¹MgBr + COS → R¹C(=S)OMgBr, then:
- H₃O⁺ → R¹C(=S)SH, 90-99%
- 1: BtSO₂CF₃, 2: HNR²R³ → R¹C(=S)NR²R³, 68-88%
- R²X → R¹C(=S)SR², 70-77%]

VI.F-13 Tingoli, M. et al., *SL*, 1129.

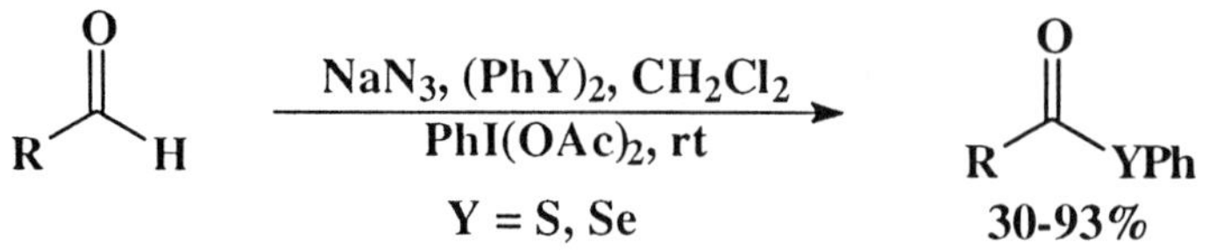
O
R
H
NaN3, (PhY)2, CH2Cl2
PhI(OAc)2, rt
Y = S, Se
O
R
YPh
30-93%

VI.F-14 Leung, M. et al., *JCR(S)*, 478

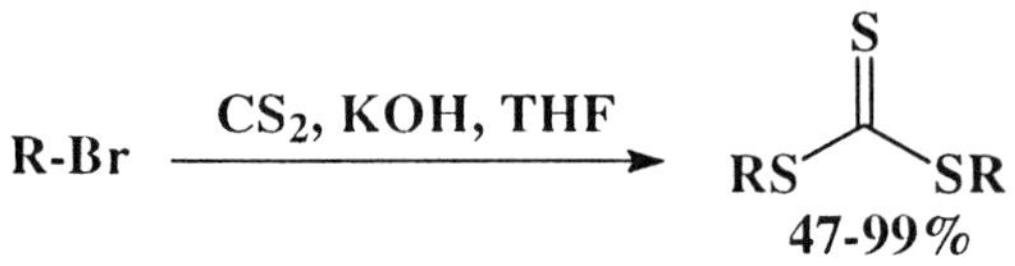
R-Br
CS2, KOH, THF
S
RS
SR
47-99%

VI.F-15 Kita, Y. et al., *TL*, **36**, 109.

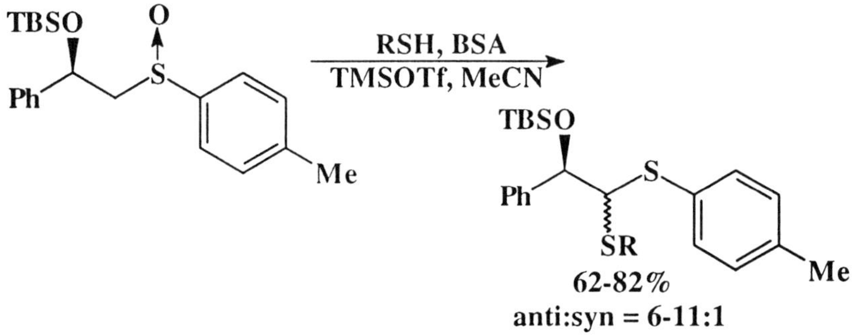
TBSO
O
Ph
S
Me
RSH, BSA
TMSOTf, MeCN
TBSO
Ph
S
SR
Me
62-82%
anti:syn = 6-11:1

VI.F-16 Villemin, D. et al., *SC*, **25**, 2311.

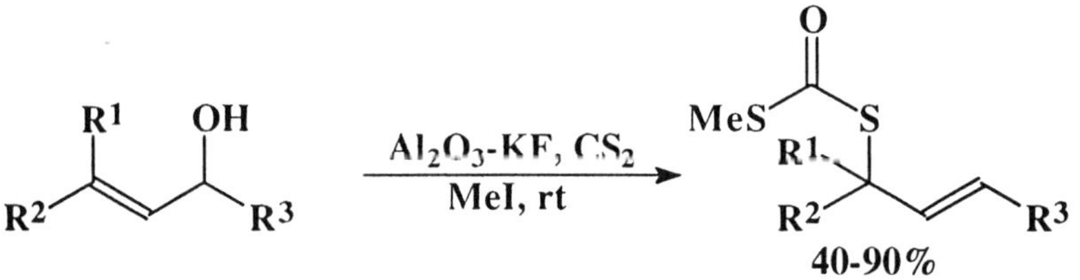
R1
OH
R2
R3
Al2O3-KF, CS2
MeI, rt
O
MeS
S
R1
R2
R3
40-90%

VI.F-17 Rayner, C.M. et al., *SL*, 1275.

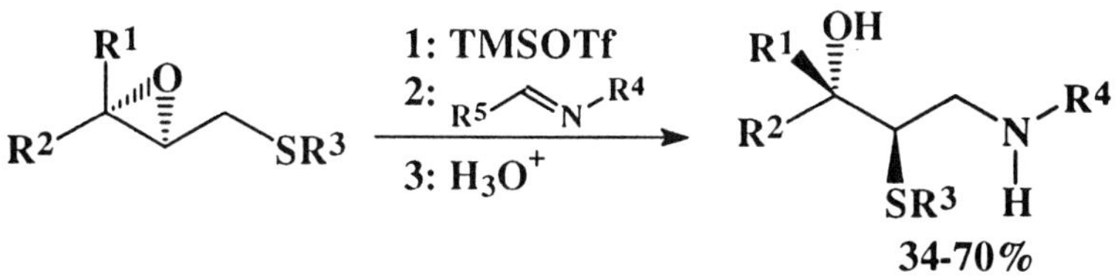

VI.F-18 Tomioka, K. et al., *JOC*, **60**, 6188.

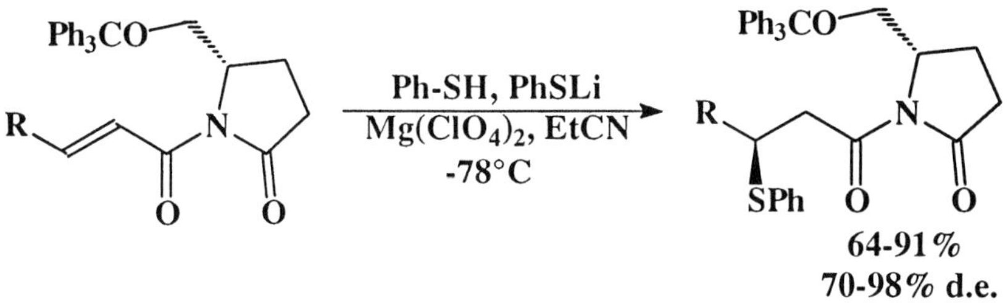

VI.F-19 Balenkova, E.S. et al., *SL*, 1133.

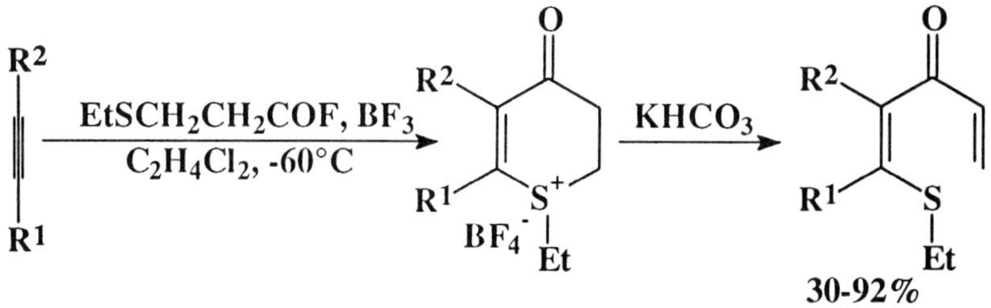

VI.F-20 Baudin, J.B. et al., *BSF*, **132**, 739 and 754.

$$R^1\underset{OH}{\overset{R^2}{C}}-C\equiv C-R^3 \xrightarrow[Et_2O, -78°C \text{ to rt}]{ClSNR_2, Et_3N} R^2\underset{R^1}{\overset{R^3}{C}}=C=C\underset{\overset{\downarrow}{O}}{\overset{S-NR_2}{}} \quad 48\text{-}96\%$$

VI.G. Tin Compounds

VI.G-1 Kim, S. and Kim, K.H., *TL*, **36**, 3725.

$$R\text{-}ZrCP_2Cl \xrightarrow[40°C]{Bu_3SnOEt, THF} R\text{-}SnBu_3 \quad 73\text{-}82\%$$

R = alkenyl, alkynyl, allyl

VI.G-2 Hodgson, D.M. et al., *T*, **51**, 3713; Cliff, M.D. and Pyne, S.G., *TL*, **36**, 763.

$$RCHO \xrightarrow[LiI, DMF, THF, rt]{Bu_3SnCHBr_2, CrCl_2} R\text{-}CH=CH\text{-}SnBu_3 \quad 53\text{-}63\%$$

VI.G-3 Fouquet, E. et al., *BSF*, **132**, 590.

$$\underset{Br}{\overset{R}{\diagdown}}C=C\underset{}{\overset{CO_2Et}{\diagup}} \xrightarrow[CH_2Cl_2, Et_2O]{SnCl_2, LiBr} \underset{SnCl_2Br}{\overset{R}{\diagdown}}C=C\underset{}{\overset{CO_2Et}{\diagup}} \quad 0\text{-}94\%$$

VI.G-4 Merlic, C.A. and Albaneze, J., *TL*, **36**, 1007 and 1011.

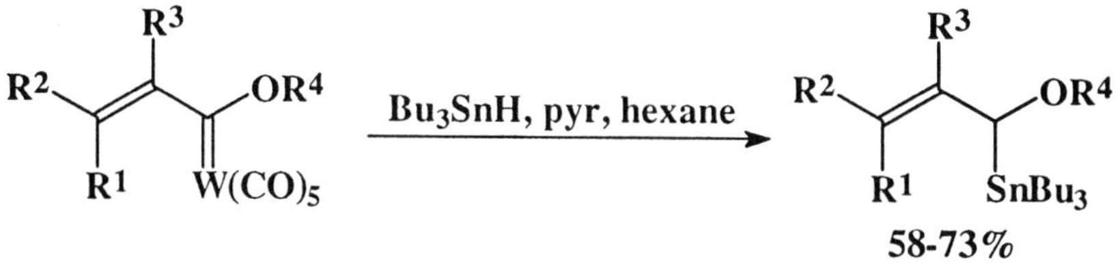

$$\underset{R^1}{\overset{R^3}{R^2}}\!\!\!=\!\!\!\underset{W(CO)_5}{\overset{OR^4}{}} \xrightarrow{Bu_3SnH,\ pyr,\ hexane} \underset{R^1}{\overset{R^3}{R^2}}\!\!\!=\!\!\!\underset{SnBu_3}{\overset{OR^4}{}}$$

58-73%

VI.G-5 Quintard, J.P. et al., *TL*, **36**, 389; Yamamoto, Y. et al., *CC*, 2405.

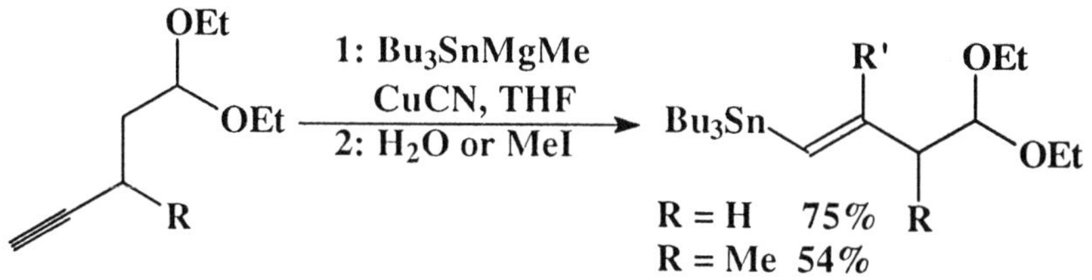

$$\text{(alkyne-CH}_2\text{-CH(R)-CH}_2\text{-CH(OEt)}_2) \xrightarrow[\text{2: H}_2\text{O or MeI}]{\text{1: Bu}_3\text{SnMgMe, CuCN, THF}} Bu_3Sn\!\!-\!\!\overset{R'}{=}\!\!-CH(R)\!-\!CH(OEt)_2$$

R = H   75%
R = Me   54%

VII
REVIEWS

VII.A   Techniques

VII.A-1 Misiti, D. et al., *ACR*, **28**, 163.

   Review: "Organic Stereochemistry and Conformational Analysis from Enantioselective Chromatography and Dynamic Nuclear Magnetic Resonance Measurements."

VII.A-2 Moore, P.B., *ACR*, **28**, 251.

   Review: "Determination of RNA Conformation by Nuclear Magnetic Resonance."

VII.A-3 Otting, G. and Liepinsh, E., *ACR*, **28**, 171.

   Review: "Protein Hydration Viewed by High Resolution NMR Spectroscopy: Implication for Magnetic Resonance Contrast."

VII.A-4 Jarowicki, K. and Kocienski, P., *COS*, **2**, 315.

   Review: "Protecting Groups."

VII.A-5 Shinkai, S. et al., *TL*, **36**, 4825.

Screening of Fluorescent Boronic Acids for Sugar Sensing Which Show a Large Fluorescence Change

VII.A-6 Strauss, C.R. et al., *AJC*, **48**, 1665 and *JOC*, **60**, 2456.

    Review: "Developments in Microwave Assisted Organic Chemistry."

VII.A-7 Caddick, S., *T*, **51**, 10403.

    Review: "Microwave Assisted Organic Reactions."

VII.A-8 Edvardsen, O., *ACS*, **49**, 344.

    Using the World-Wide Computer Network, Internet in Chemical Sciences

---

VII.A-9 Ayadin, M. and Soumillion, J.Ph., *TL*, **36**, 4615.

    Photosensitizers Covalently Anchored to the Silica Surface: Modulation of the Excited State Efficiency Through Electron Transfer from the Linking Arm or from the Surface

---

VII.A-10 Sharpless, K.B. et al., *AG(E)*, **34**, 1059.

    Review: "Ligand-Accelerated Catalysis."

VII.A-11 Azerad, R., *BSF*, **132**, 17.

    Review: "Application of Biocatalysts in Organic Chemistry."

VII.A-12 Rucker, C., *CRV*, **95**, 1009.

    Review: "The Triisopropyl Group in Organic Chemistry: Just a Protective Group, or More?"

VII.A-13 Schmalz, H.-G., *AG(E)*, **34**, 1833.

Review: "Catalytic Ring-Closing Metathesis: A New, Powerful Technique for Carbon-Carbon Coupling in Organic Synthesis."

VII.A-14 Zenkevich, I.G., *RJOC*, **30**, 1513 (1994).

Calculation of the Boiling Points of Organic Compounds by Structural Analogy

VII.B Asymmetric Synthesis and Molecular Recognition

VII.B-1 *RTC*, **114**, issues 4 and 5.

Special Issue: "Chirality."

VII.B-2 Bailey, P.D., *CC*, 1797.

On the Self-replication of Chirality

VII.B-3 Kagan, H.B., *RTC*, **114**, 203.

Is there a Preferred Expression for the Composition of a Mixture of Enantiomers?

VII.B-4 Feringa, B.L. et al., *RTC*, **114**, 115.

Review: "New Methodologies for Enantiomeric Excess (ee) Determination Based on Phosphorus NMR."

VII.B-5 Nagasawa, K. et al., *CPB*, **43**, 344.

N-Coumarinyl-L-proline, a Novel Chiral Derivatizing Agent for ^{1}H-NMR Determination of Enantiomeric Purities of Alcohols and Amines

---

VII.B-6 Hamilton, A.D., guest ed., *T*, **51**, 343-648.

Symposium:
In-Print   "Molecular Recognition."
No. 56

VII.B-7 Konig, B., *JPR*, **337**, 339.

Review: "Molecular Recognition. The Principle and Recent Chemical Examples."

VII.B-8 Seel, C., *TCC*, **175**, 102.

Review: "Molecular Recognition of Organic Acids and Anions - Receptor Models for Carboxylates, Amino Acids, and Nucleotides."

VII.B-9 Takeuchi, Y. et al., *T*, **51**, 8665.

The CH / π Interaction: Significance in Molecular Recognition

---

VII.B-10 Murakami, Y. et al., *TCC*, **175**, 134.

Review: "Molecular Recognition by Large Hydrophobic Cavities Embedded in Synthetic Bilayer Membranes."

VII.B-11 Dowden, J. et al., *COS*, **2**, 289.

> Review: "Synthetic Developments in Host-Guest Chemistry."

VII.B-12 Sherman, J.C., *T*, **51**, 3395.

> Review: "Carceplexes and Hemicarceplexes: Molecular Encapsulation - From Hours to Forever."

VII.B-13 Gutsche, C.D., *AA*, **28**, 3.

> Review: "Calixarenes."

VII.B-14 Stoddart, J.F. et al., *G*, **125**, 431.

> Review: "Self-Assembling Catenanes and Rotaxanes."

VII.B-15 Amabilino, D.B. and Stoddart, J.F. et al., *CRV*, **95**, 2725.

> Note: "Interlocked and Intertwined Structures and Superstructures."

VII.B-16 Lawrence, D.S. et al., *CRV*, **95**, 2229.

> Review: "Self-Assembling Supramolecular Complexes."

VII.B-17 Izatt, R.M. et al., *CRV*, **95**, 2529.

> Review: "Thermodynamic and Kinetic Data for Macrocycle Interaction with Cations, Anions, and Neutral Molecules."

VII.B-18 Popov, K.I. et al., *RCR*, **64**, 939.

Note: "Bifunctional Complexones."

VII.B-19 Jacques, J., *BSF*, **132**, 353.

Review: "Breve Prehistoire de la Synthese Asymetrique."

VII.B-20 Wills, M., *CSR*, **24**, 177.

Lecture: "Recent Developments in Asymmetric Synthesis."

VII.B-21 Jones, G.B. and Chapman, B.J., *S*, 475.

Review: "π-Stacking Effects in Asymmetric Synthesis."

VII.B-22 Ward, R.S., *TA*, **6**, 1475.

Review: "Dynamic Kinetic Resolution."

VII.B-23 Noyori, R. et al., *BCJ*, **68**, 36.

Account: "Stereoselective Organic Synthesis *via* Dynamic Kinetic Resolution."

VII.B-24 Nunami, K. et al., *TL*, **36**, 6251.

Dynamic Kinetic Resolution Utilizing a Chiral Auxiliary by Stereoselective S_N2 Alkylation with Malonic Ester Enolate

VII.B-25   Toke, L. et al., *TL*, **36**, 5951.

   Note: "Asymmetric Michael Reaction. Deracemization of Enolate by Chiral Crown Ether."

VII.B-26   Mortreux, A. et al., *CRV*, **95**, 2485.

   Review: "Asymmetric Hydroformylation."

VII.B-27   Gladiali, S., *TA*, **6**, 1453.

   Review: "Recent Advances in Enantioselective Hydroformylation."

VII.B-28   Bernardi, A., *G*, **125**, 539.

   Review: "Stereoselective Conjugate Addition of Enolates to α,β-Unsaturated Carbonyl Compounds."

VII.B-29   Johansson, A., *COS*, **2**, 393.

   Review: "Methods for the Asymmetric Preparation of Amines."

VII.B-30   Feldman, K.S., *SL*, 217.

   Account: "The Oxygenation of Vinylcyclopropanes as an Entry into Stereoselective 1,3-Diol Synthesis."

VII.B-31   Brown, H.C. and Ramachandran, P.V., *JOM*, **500**, 1.

   Review: "Versatile α-Pinene-based Borane Reagents for Asymmetric Synthesis."

VII.B-32 Carreno, M.C. *CRV*, **95**, 1717.

Review: "Applications of Sulfoxides to Asymmetric Synthesis of Biologically Active Compounds."

VII.B-33 Mori, K., *SL*, 1097.

Biochemical Methods in Enantioselective Synthesis of Bioactive Natural Products

---

VII.B-34 Alexakis, A. et al., *S*, 1038.

Feature Article: "Chiral Aminal Templates: Diastereoselective Addition of Hydrazones; An Asymmetric Synthesis of α-Amino Acids."

VII.B-35 Studer, A. and Seebach, D., *L*, 217.

Enantioselective Synthesis of α-Branched α-Amino Acids with Bulky Substituents

---

VII.B-36 Yashima, E. and Okamoto, Y., *BCJ*, **68**, 3289.

Review: "Chiral Discrimination on Polysaccharide Derivatives."

VII.B-37 Lee, Y.C. and Lee, R.T., *ACR*, **28**, 321.

Review: "Carbohydrate-Protein Interactions: Basis of Glycobiology."

VII.B-38 Wong, C.-H. et al., *AG(E)*, **34**, 412 and 521.

Reviews: "Enzymes in Organic Synthesis: Application to the Problem of Carbohydrate Recognition."

VII.B-39 Breslow, R., *ACR*, **28**, 146.

Review: "Biomimetic Chemistry and Artificial Enzymes. Catalysis by Design."

VII.B-40 Brady, P. and Levy, E.G., *CI(L)*, 18.

Review: Enzyme Mimics

VII.B-41 Furstoss, R. et al., *BSF*, **132**, 769.

Review: "Epoxides Enantiopurs: Obtention par Voie Chimique ou par Voie Enzymatique."

VII.B-42 Brunner, H., *JOM*, **500**, 39.

Review: "Dendrizymes: Expanded Ligands for Enantioselective Catalysis."

VII.B-43 Witholt, B. et al., *RTC*, **114**, 139.

Review: "Enantioselective Oxidation by Non-heme Iron Mono-oxygenases from Pseudomonas."

VII.B-44 Caldwell, J., *CI(L)*, 176.

Review: "Chiral Pharmacology and the Regulation of New Drugs."

VII.C Reactions

VII.C-1 Bunce, R.A., *T*, **51**, 13103.

Review: "Recent Advances in the Use of Tandem Reactions for Organic Synthesis."

VII.C-2 Tietze, L., *CI(L)*, 453.

Review: "Domino Reactions in Organic Synthesis."

VII.C-3 Mori, T. and Suzuki, H., *SL*, 383.

Ozone-mediated Nitration of Aromatic Compounds with Lower Oxides of Nitrogen (The Kyodai-Nitration)

VII.C-4 Weis, C.D. and Newkome, G.R., *S*, 1053.

Review: "Reduction of Nitro-substituted Tertiary Alkanes."

VII.C-5 Carboni, B. and Vaultier, M., *BSF*, **132**, 1003.

Review: "Useful Synthetic Transformations *via* Organoboranes. I. Amination Reactions."

VII.C-6 Gerasimova, T.N. and Kolchina, E.F., *RCR*, **64**, 133.

Review: "The Smiles Rearrangement of *o*-Aminophenyl Ethers."

VII.C-7 Bakulev, V.A., *RCR*, **64**, 99.

Review: "1,6-Electrocyclic Reactions."

VII.C-8 Mathies, R.A. et al., *ACR*, **28**, 493.

Review: "Resonance Raman View of Pericyclic Photochemical Ring-opening Reactions: Beyond the Woodward-Hoffmann Rules."

VII.C-9 Weinreb, S.M. and Borzilleri, R.M., *S*, 347.

Review: "Imino Ene Reactions in Organic Synthesis."

VII.C-10 Cabri, W. and Candiani, I., *ACR*, **28**, 2.

Review: "Recent Developments and New Perspectives in the Heck Reaction."

VII.C-11 Lund, H. et al., *ACR*, **28**, 313.

Review: "On Electron Transfer in Aliphatic Nucleophilic Substitution."

VII.C-12 Grubbs, R.H. et al., *ACR*, **28**, 446.

Review: "Ring-closing Metathesis and Related Processes in Organic Synthesis."

VII.D Reactive Intermediates

VII.D-1 Knyazev, V.N. and Drozd, V.N., *RJOC*, **31**, 1.

Review: "Anionic σ-Complexes in Organic Synthesis."

VII.D-2 Mitchell, A.S. and Russell, R.A., *T*, **51**, 5207.

Review: "Annulation Reactions with Stabilized Phthalide Anions."

VII.D-3 Borodkin, G.I. and Shubin, V.G., *RCR*, **64**, 627.

Review: "Rearrangements of Cationic Organic σ- and π-Complexes."

VII.D-4 Bailey, P.D. et al., *COS*, **2**, 173.

Review: "α-Cation Equivalents of Amino Acids."

VII.D-5 Koval', I.V., *RCR*, **64**, 141.

Review: "S-Cationoid Reagents in Organic Synthesis."

VII.D-6 Richard, J.P., *T*, **51**, 1535.

Review: "A Consideration of the Barrier for Carbocation-Nucleophile Combination Reactions."

VII.D-7 Laube, T., *ACR*, **28**, 399.

Review: "X-Ray Crystal Structures of Carbocations Stabilized by Bridging or Hyperconjugation."

VII.D-8 Miller, D.J. and Moody, C.J., *T*, **51**, 10811.

Review: "Synthetic Applications of the OH Insertion Reactions of Carbenes and Carbenoids Derived from Diazocarbonyl and Related Diazo Compounds."

VII.D-9 Zuev, P.S. and Sheridan, R.S., *T*, **51**, 11337.

Review: "Organic Polycarbenes: Generation, Characterization and Chemistry."

VII.D-10 Platz, M.S., *ACR*, **28**, 487.

Review: "Comparison of Phenylcarbene and Phenylnitrene."

VII.D-11 van Andel-Scheffer, P.J.M. and Barendrecht, E., *RTC*, **114**, 259.

Review: "Review on the Electrochemistry of Solvated Electrons. Its Use in Hydrogenation of Monobenzenoids."

VII.D-12 Hill, C.L., *SL*, 127.

Account: "Introduction of Functionality into Unactivated Carbon-Hydrogen Bonds. Catalytic Generation and Non-conventional Utilization of Organic Radicals."

VII.D-13 Sinev, M.Yu. et al., *RCR*, **64**, 349.

Review: "Heterogeneous Free-radical Reactions in Oxidation Processes."

VII.D-14 Schafer, H.J. et al., *S*, 1432.

Feature Article: "Radical Tandem Cyclizations by Anodic Decarboxylation of Carboxylic Acids."

VII.D-15 Murphy, J.A. et al., *JCS(P1)*, 623.

Feature Article: "Tetrathiafulvalene: a Catalyst for Sequential Radical-polar Reactions."

VII.D-16 Giese, B. et al., *TL*, **36**, 7639.

Note: "Interplay Between Polar and Steric Effects on the Stereoselectivity of Enolate Radicals."

VII.D-17 Curran, D.P. et al., *JCS(P1)*, 3049.

Keynote Article: "Unimolecular Chain Transfer (UMCT) Reactions: Concepts, Preliminary Results with Silicon Hydrides, and Future Potential."

VII.D-18 Nixon, J.F., *CSR*, **24**, 319.

Review: "Phospha-alkynes, RCP: New Building Blocks in Inorganic and Organometallic Chemistry."

VII.D-19 Tidwell, T.T., *ACR*, **28**, 265.

Review: "New Tricks from an Old Dog: Bisketenes after 90 Years."

VII.D-20 Houk, K.N. et al., *ACR*, **28**, 81.

Review: "Pericyclic Reaction Transition States: Passions and Punctilios, 1935-1995."

VII.E. Organo- metallics and metalloids

VII.E-1 Najera, C. and Yus, M., *OPP*, **27**, 383.

Review: "Acyl Main Group Metals and Metaloid Derivatives in Organic Synthesis."

VII.E-2 Tremont, S.J. et al., *CRV*, **95**, 381.

Review: "Functionalization of Polymers by Metal-mediated Processes."

VII.E-3 Geiger, W.E., *ACR*, **28**, 351.

Review: "Deducing Structures of 19-Electron Complexes from Studies of Metal Polyolefin Radicals."

VII.E-4 Bergman, R.G., *ACR*, **28**, 154.

Review: "Selective Intermolecular Carbon-Hydrogen Bond Activation by Synthetic Metal Complexes in Homogeneous Solution."

VII.E-5 Casson, S. and Kocienski, P., *COS*, **2**, 19.

Review: "The Hydrometallation, Carbometallation, and Metallation of Heteroalkynes."

VII.E-6 Engel, P.F. and Pfeffer, M., *CRV*, **95**, 2281.

Review: "Carbon-carbon and Carbon-Heteroatom Coupling Reactions of Metallacarbynes."

VII.E-7 Bickelhaupt, F. et al., *CRV*, **95**, 2405.

Review: "Intramolecular Coordination in Organometallic Compounds of Groups 2, 12, and 13."

VII.E-8 Hidai, M. and Mizobe, Y., *CRV*, **95**, 1115.

Review: "Recent Advances in the Chemistry of Dinitrogen Complexes."

VII.E-9 Raston, C.L. et al., *JOM*, **502**, 35.

Polymer-supported Magnesium Anthracene: Application in the Synthesis of Benzylic Grignard Reagents

VII.E-10 Dzhemilev, U.M. et al., *JOM*, **491**, 1.

Review: "Some Novelties in the Chemistry of Organomagnesium Compounds with Zirconium Complexes."

VII.E-11 Simonazzi, T. and Giannini, U., *G*, **124**, 933 (1994).

Review: "Forty Years of Development in Ziegler-Natta Catalysis: From Innovations to Industrial Realities."

VII.E-12 Hwu, J. R. and Patel, H.V., *SL*, 989.

Recent Development of Novel Organic Reactions Controlled by Silicon

VII.E-13 White, J.M., *AJC*, **48**, 1227.

Review: "Reactivity and Ground State Effects of Silicon in Organic Chemistry."

VII.E-14 Auner, N., *JPR*, **337**, 79.

Review: "Organosilicon Chemistry: From Molecules to Materials."

VII.E-15 Michl, J., ed., *CRV*, **95**, 1135-1674.

Reviews: "Silicon Chemistry."

VII.E-16 Zybill, C.E. and Liu, C., *SL*, 687.

Review: "Metal Silicon Multiple Bonds: New Building Blocks for Organic Synthesis."

VII.E-17 Hojo, F. and Ando, W., *SL*, 880.

Review: "Synthesis and Structure of Polysilacyclic Alkynes and Allenes."

VII.E-18 Vorbruggen, H., *ACR*, **28**, 509.

Review: "Adventures in Silicon Organic Chemistry."

VII.E-19 Konig, B., *JPR*, **337**, 251.

The Reagent: "Low Valent Titanium: A Versatile Reagent for Deoxygenation and Carbonyl Coupling."

VII.E-20 Lamberth, C., *JPR*, **336**, 632 (1994).

The Reagent: "Tebbe's Reagent: $Cp_2TiCH_2AlClMe_2$."

VII.E-21 Kumar, P., Kumar, R. and Pandey, B., *SL*, 289.

Oxidative Organic Transformations Catalyzed by Titanium- and Vanadium-silicate Molecular Sieves

---

VII.E-22 Hegedus, L.S., *ACR*, **28**, 299.

Review: "Synthesis of Amino Acids and Peptides Using Chromium Carbene Complex Photochemistry."

VII.E-23 Knolker, H.-J., *JPR*, **337**, 75.

The Reagent: "Manganese Dioxide, A Versatile Oxidizing Reagent."

VII.E-24 Canty, A.J. and van Koten, G., *ACR*, **28**, 406.

Review: "Mechanisms of d^8 Organometallic Reactions Involving Electrophiles and Intramolecular Assistance by Nucleophiles."

VII.E-25 Charette, A.B. and Marcoux, J.-F., *SL*, 1197.

The Asymmetric Cyclopropanation of Acyclic Allylic Alcohols: Efficient Stereocontrol with Iodomethylzinc Reagents

---

VII.E-26 Knochel, P., *SL*, 393.

Stereoselective Reactions Mediated by Functionalized Diorganozincs

---

VII.E-27 Boland, W. and Pantke, S., *JPR*, **336**, 714 (1994).

The Reagent: "(Z)-Selective Reduction of Conjugated Alkynes with Zn (Cu / Ag)."

VII.E-28 Klumpp, G.W. et al., *SL*, 1.

Account: "Preparation of Carbocyclic and Heterocyclic Compounds by the Use of an Allylzinc and an Allylpalladium in Tandem."

VII.E-29 Frost, C.G. and Williams, J.M.J., *COS*, **2**, 65.

Review: "Catalytic Applications of Transition Metals in Organic Synthesis."

VII.E-30 Chiusoli, G.P. et al., *JOM*, **500**, 69.

Review: "Transition Metal-catalysed Organic Reactions Promoted by Chelating or Metallacycle-forming Substrates."

VII.E-31 Blagg, J., *COS*, **2**, 43.

Review: "Stoichiometric Organotransition Metal Complexes in Organic Synthesis."

VII.E-32 Kauffmann, T., *S*, 745.

Review: "High Selectivity Induced by Neighbouring-Group Effects in C-C Bond Forming Reactions with Organotransition Metal Reagents."

VII.E-33 Green, M.L.H. and Ng, D.K.P., *CRV*, **95**, 439.

Review: "Cycloheptatriene and -enyl Complexes of the Early Transition Metals."

VII.E-34 Recatto, C.A., *AA*, **28**, 85.

Review: "The Intermediacy of Transition-Metal Silicon-Bonded Complexes: Recent Developments."

VII.E-35 Ishikawa, M. and Naka, A., *SL*, 794.

Review: "Thermolysis, Photolysis, and Transition Metal-Catalyzed Reactions of 3,4-Benzo-1,1,2,2-Tetraethyl-1,2-disilacyclobut-3-ene."

VII.E-36 Mukaiyama, T. and Yamada, T., *BCJ*, **68**, 17.

Account: "Recent Advances in Aerobic Oxygenation."

VII.E-37 Hanzawa, Y., Ito, H. and Taguchi, T., *SL*, 299.

Formation of Carbon-Carbon Bonds Using Zirconocene-Butene Complex ("Cp_2Zr") as a Synthetic Tool

---

VII.E-38 George, S.M., ed., *CRV*, **95**, 475-788.

Reviews: "Heterogeneous Catalysis."

VII.E-39 Krylov, O.V. and Matyshak, V.A., *RCR*, **64**, 61.

Review: "Intermediates and Mechanisms of Heterogeneous Catalytic Reactions. Reactions Involving Hydrogen and the Monoxides of Carbon and Nitrogen."

VII.E-40 Krylov, O.V. and Matyshak, V.A., *RCR*, **64**, 167.

Review: "Intermediates and Mechanisms of Heterogeneous Catalytic Reactions. Oxidation Reactions Involving Molecular Oxygen and Sulfur."

VII.E-41 Krylov, O.V. and Mamedov, A.Kh., *RCR*, **64**, 877.

Review: "Heterogeneous Catalytic Reactions of Carbon Dioxide."

VII.E-42 Sul'man, E.M., *RCR*, **63**, 923 (1994).

Review: "Selective Hydrogenation of Unsaturated Ketones and Acetylene Alcohols."

VII.E-43 Belikov, V.M. et al., *RJOC*, **31**, 194.

Survey: "Labile Metal Complexes in Asymmetric Hydrogenation."

VII.E-44 Savel'ev, S.R. and Noskova, N.F., *RCR*, **63**, 937 (1994).

Review: "Metal-complex Catalysts in the Hydrogenation of Unsaturated Glycerides of Natural Oils."

VII.E-45 Noyori, R. et al., *CRV*, **95**, 259.

Review: "Homogeneous Hydrogenation of Carbon Dioxide."

VII.E-46 Cabeza, J.A. et al., *SL*, 579.

Carbonyl Metal Clusters as Homogeneous Catalysts: Hydrogenation of Alkynes Mediated by Hydridotriruthenium Clusters Containing Bridged N-Donor Ligands

---

VII.E-47 Trost, B.M., *AG(E)*, **34**, 259.

Review: "Atom Economy - A Challenge for Organic Synthesis: Homogeneous Catalysis Leads the Way."

VII.E-48 Miyaura, N. and Suzuki, A., *CRV*, **95**, 2457.

Review: "Palladium-catalyzed Cross-Coupling Reactions of Organoboron Compounds."

VII.E-49 Rossi, R. et al., *OPP*, **27**, 127.

Review: "Palladium and / or Copper-mediated Cross-Coupling Reactions Between 1-Alkynes and Vinyl, Aryl, 1-Alkynyl, 1,2-Propadienyl, Propargyl and Allylic Halides or Related Compounds."

VII.E-50 Ryashentseva, M.A., *RCR*, **64**, 967.

Review: "Dehydrogenating Properties of Supported Low-percentage Palladium-containing Catalysts."

VII.E-51 Heumann, A. and Reglier, M., *T*, **51**, 975.

Review: "The Stereochemistry of Palladium-catalysed Cyclisation Reactions. Part B: Addition to π-Allyl Intermediates."

VII.E-52 Anderson, G.K., *SL*, 681.

Review: "Novel Bonding Modes in Monomeric and Dimeric Palladium and Platinum Complexes with Cyclopentadienyl Ligands."

VII.E-53 Cintas, P., *SL*, 1087.

Synthetic Organoindium Chemistry: What Makes Indium So Appealing?

VII.E-54 Freedman, L.D. and Doak, G.O., *JOM*, **486**, 1 and **496**, 137.

Reviews: "Antimony. Annual Review Covering the Years 1991 and 1993."

VII.E-55 Sadekov, I.D. and Minkin, V.I., *RCR*, **64**, 491.

Review: "Specific Features of the Reactivity of Organo-Tellurium Compounds."

VII.E-56 Holloway, C.E. and Melnik, M., *JOM*, **495**, 1.

Review: "Mercury Organometallic Compounds. Classification and Analysis of Crystallographic and Structural Data."

VII.E-57 Doak, G.O. and Freedman, L.D., *JOM*, **485**, 1 and **496**, 1.

Reviews: "Bismuth. Annual Reviews Covering the Years 1991 and 1993."

VII.E-58 Alexander, V., *CRV*, **95**, 273.

    Review: "Design and Synthesis of Macrocyclic Ligands and their Complexes of Lanthanides and Actinides."

VII.E-59 Marshman, R.W., *AA*, **28**, 77.

    Review: "Rare Earth Triflates in Organic Synthesis."

VII.F. Halogen Compounds and Halogenation

    (see also: VI.A.11.)

VII.F-1 Spargo, P.L., *COS*, **2**, 85.

    Review: "Organic Halides."

VII.F-2 Benneche, T., *S*, 1.

    Review: "Monohaloethers in Organic Synthesis."

VII.F-3 Percy, J.M., *COS*, **2**, 251.

    Review: "Recent Advances in Organofluorine Chemistry."

VII.F-4 Peters, D. and Miethchen, R., *JPR*, **337**, 615.

    Review: "Applications of Ultrasound in the Synthesis of Organofluorine Compounds."

VII.F-5 Tatlow, J.C., *JFC*, **75**, 7.

Review: "Cyclic and Bicyclic Polyfluoroalkanes and -alkenes."

VII.F-6 Silvester, M.J., *AA*, **28**, 45.

Review: "Polyfluorinated Alkenes, Alkynes, and Allenes."

VII.F-7 McClinton, M.A., *AA*, **28**, 31.

Review: "Triethylamine Tris(Hydrogen Fluoride): Applications in Synthesis."

VII.F-8 Prakash, O. et al., *COS*, **2**, 121.

Review: "Hypervalent Iodine in Organic Synthesis: α-Functionalization of Carbonyl Compounds."

VII.F-9 Prakash, O., *AA*, **28**, 63.

Review: "Organo Iodine(III) and Thallium(III) Reagents in Organic Synthesis: Useful Methodologies Based on Oxidative Rearrangements."

VII.F-10 Zefirov, N.S., *RJOC*, **30**, 341 (1994).

Review: "Reaction of Iodosofluorosulfate with Alkenes."

VII.G Natural Products

VII.G-1 Paquette, L., *CSR*, **24**, 9.

> Centenary Lecture: "Bridgehead Unsaturation in Compounds of Nature: A Proper Forum for Unleashing the Potential of Organic Synthesis."

VII.G-2 Magnuson, S.R., *T*, **51**, 2167.

> Review: "Two-Dimensional Synthesis and its Use in Natural Product Synthesis."

VII.G-3 Cha, J.K. and Kim, N.-S., *CRV*, **95**, 1761.

> Review: "Acyclic Stereocontrol Induced by Allylic Alkoxy Groups. Synthetic Applications of Stereoselective Dihydroxylation in Natural Product Synthesis."

VII.G-4 Winkler, J.D. et al., *CRV*, **95**, 2003.

> Review: "[2+2] Photocycloaddition / Fragmentation Strategies for the Synthesis of Natural and Unnatural Products."

VII.G-5 Dussault, P., *SL*, 997.

> The Peroxide Changes Everything: New Methodology for the Synthesis of Peroxide-containing Natural Products

---

VII.G-6 Ishmuratov, G.Yu. et al., *RCR*, **64**, 541.

> Review: "Ozonolysis of Unsaturated Compounds in the Synthesis of Insect Pheromones and Juvenoids."

VII.G-7 Gloer, J.B., *ACR*, **28**, 343.

Review: "Antiinsectan Natural Products from Fungal Sclerotia."

VII.G-8 Fletcher, M.T. and Kitching, W., *CRV*, **95**, 789.

Review: "Chemistry of Fruit Flies."

VII.G-9 Rodriguez, A.D., *T*, **51**, 4571.

Review: "The Natural Products Chemistry of West Indian Gorgonian Octocorals."

VII.G-10 Gill, M., *AJC*, **48**, 1.

Review: "Pigments of Australasian *Dermocybe* Toadstools."

VII.G-11 Bendall, J.G. and Cambie, R.C., *AJC*, **48**, 883.

Review: "Totarol: a Non-conventional Diterpenoid."

VII.G-12 Zhuzbaev, B.T. et al., *RCR*, **64**, 187.

Review: "Approaches to the Total Synthesis of Sesquiterpenoids of the Guaiane Series."

VII.G-13 Zhu, G.-D. and Okamura, W.H., *CRV*, **95**, 1877.

Review: "Synthesis of Vitamin D (Calciferol)."

VII.G-14 Lund, E. and Bjorkhem, I., *ACR*, **28**, 241.

Review: "Role of Oxysterols in the Regulation of Cholesterol Homeostasis: A Critical Evaluation."

VII.G-15 Royles, B.J.L., *CRV*, **95**, 1981.

Review: "Naturally Occurring Tetramic Acids: Structure, Isolation, and Synthesis."

VII.G-16 Class, Y.J. and DeShong, P., *CRV*, **95**, 1843.

Review: "The Pseudomonic Acids."

VII.G-17 Hua, D.H. and Saha, S., *RTC*, **114**, 341.

Review: "Gilvocarcins."

VII.G-18 Wipf, P. et al., *S*, 1549.

Feature Article: "Synthesis of (-)-LL-CC10037α and Related Manumycin-type Epoxyquinols."

VII.G-19 Hugel, H.M., *OPP*, **27**, 1.

Review: "Synthesis and Chemistry of Melatonin and of Related Compounds."

VII.G-20 Schmidt, R.R. et al., *S*, 868.

Feature Article: "Sphingosines - an Oxa-Cope Rearrangement Route for their Synthesis."

VII.G-21 Kiddle, J.J., *CRV*, **95**, 2189.

> Review: "Quebrachitol: A Versatile Building Block in the Construction of Naturally Occurring Bioactive Materials."

VII.G-22 Martin, J.D. et al., *CRV*, **95**, 1953.

> Review: "Useful Designs in the Synthesis of *Trans*-Fused Polyether Toxins."

VII.G-23 Norcross, R.D. and Paterson, I., *CRV*, **95**, 2041.

> Review: "Total Synthesis of Bioactive Marine Macrolides."

VII.G-24 Rychnovsky, S.D., *CRV*, **95**, 2021.

> Review: "Oxo Polyene Macrolide Antibiotics."

VII.G-25 Lowe, C. and Vederas, J.C., *OPP*, **27**, 305.

> Review: "Naturally Occurring β-Lactones: Occurrence, Synthesis and Properties."

VII.G-26 Hoppe, R. and Scharf, H.-D., *S*, 1447.

> Review: "Annonaceous Acetogenins - Synthetic Approaches Towards a Novel Class of Natural Products."

VII.G-27 Figadcrc, B., *ACR*, **28**, 359.

> Review: "Syntheses of Acetogenins from Annonaceae: A New Class of Bioactive Polyketides."

VII.G-28 Nishizawa, M. and Yamada, H., *SL*, 785.

Review: "Novel Synthetic Approaches into Intensely Sweet Glycosides: Baiyunoside and Osladin."

VII.G-29 Toyokuni, T. and Singhal, A.K., *CSR*, **24**, 231.

Review: "Synthetic Carbohydrate Vaccines Based on Tumour-Associated Antigens."

VII.G-30 Miftakhov, M.S. et al., *RCR*, **63**, 869 (1994).

Review: "Levoglucosenone: The Properties, Reactions, and Use in Fine Organic Synthesis."

VII.G-31 Timoshchuk, V.A., *RCR*, **64**, 675.

Review: "Uronic Acids: Synthesis and Reactions."

VII.G-32 Casiraghi, G., Zanardi, F., Rassu, G. and Spanu, P., *CRV*, **95**, 1677.

Review: "Stereoselective Approaches to Bioactive Carbohydrates and Alkaloids - With a Focus on Recent Syntheses Drawing from the Chiral Pool."

VII.G-33 Roberts, S.M. et al., *JCS(P1)*, 2203.

Keynote Article: "Enzymatic Esterification and De-esterification of Carbohydrates: Synthesis of a Naturally Occurring Rhamnopyranoside of *p*-Hydroxybenzaldehyde and a Systematic Investigation of Lipase-catalysed Acylation of Selected Arylpyranosides."

VII.G-34 Wong, C.-H. et al., *JCS(P1)*, 967.

    Keynote Article: "Enzymes in Organic Synthesis: Oxido Reductions."

VII.G-35 Gani, D. and Wilkie, J., *CSR*, **24**, 55.

    Review: "Stereochemical, Mechanistic, and Structural Features of Enzyme-catalysed Phosphate Monoester Hydrolyses."

VII.G-36 Theil, F., *CRV*, **95**, 2203.

    Review: "Lipase-supported Synthesis of Biologically Active Compounds."

VII.G-37 Kenyon, G.L., *ACR*, **28**, 178.

    Review: "Mandelate Racemase: Structure-Function Studies of a Pseudosymmetric Enzyme."

VII.G-38 Silverman, R.B., *ACR*, **28**, 335.

    Review: "Radical Ideas About Monoamine Oxidase."

VII.G-39 Mikhalkin, A.P., *RCR*, **64**, 259.

    Review: "The Synthesis, Properties, and Applications of N-Acyl-α-amino acids."

VII.G-40 Wipf, P., *CRV*, **95**, 2115.

    Review: "Synthetic Studies of Biologically Active Marine Cyclopeptides."

VII.G-41 Rama Rao, A.V. et al., *CRV*, **95**, 2135.

Review: "Studies Directed Toward the Synthesis of Vancomycin and Related Cyclic Peptides."

VII.G-42 Schneider, J.P. and Kelly, J.W., *CRV*, **95**, 2169.

Review: "Templates that Induce α-Helical, β-Sheet, and Loop Conformations."

VII.G-43 Knapp, S., *CRV*, **95**, 1859.

Note: "Synthesis of Complex Nucleoside Antibiotics."

VII.G-44 Jenkins, G.N. and Turner, N.J., *CSR*, **24**, 169.

Review: "The Biosynthesis of Carbocyclic Nucleosides."

VII.G-45 Liotta, D.C. et al., *S*, 1465.

Review: "Nitrogen Glycosylation Reactions Involving Pyrimidine and Purine Nucleoside Bases with Furanoside Sugars."

VII.G-46 Skoblov, Yu.S., Korolev, A.E. and Maslova, R.N., *RCR*, **64**, 799.

Review: "Synthesis of Nucleoside 5'-Triphosphates Labelled with Radioactive Phosphorus Isotopes."

VII.G-47 Moser, H.E. et al., *ACR*, **28**, 366.

Review: "Antisense Oligonucleotides."

VII.G-48 Favre, A. and Fourrey, J.-L., *ACR*, **28**, 375.

Review: "Structural Probing of Small Endonucleolytic Ribozymes in Solution Using Thio-substituted Nucleobases as Intrinsic Photolabels."

VII.G-49 Brown, T., *AA*, **28**, 15.

Review: "Mismatches and Mutagenic Lesions in Nucleic Acids."

VII.G-50 Kibayashi, C. and Aoyagi, S., *SL*, 873.

Review: "Nitrogenous Natural Products Synthesis *via* N-acylnitroso Diels-Alder Methodology."

VII.G-51 Dehmlow, E.V., *JPR*, **337**, 167.

Review: "The Epibatidine Competition: Synthetic Work on a Novel Natural Analgetic."

VII.G-52 Danishefsky, S.J. and Schkeryantz, J.M., *SL*, 475.

Account: "Chemical Explorations Driven by an Enchantment with Mitomycinoids - A Twenty Year Account."

VII.G-53 Heathcock, C.H. et al., *SL*, 467.

Progress Toward the Synthesis of Sarain A

VII.H.   Others

VII.H-1   Fleming, S., *T*, **51**, 12479.

>   Review: "Chemical Reagents in Photoaffinity Labeling."

VII.H-2   Ogawa, M. and Kuroda, K., *CRV*, **95**, 399.

>   Review: "Photofunctions of Intercalation Compounds."

VII.H-3   Kisch, H., *JPR*, **336**, 635 (1994).

>   Review: "Preparative Photoreactions Catalyzed by Semiconductor Powders."

VII.H-4   Budyka, M.F. and Alfimov, M.V., *RCR*, **64**, 705.

>   Review: "Photochemical Reactions of Complexes of Aromatic Amines with Polyhalomethanes."

VII.H-5   Maia, A. et al., *G*, **125**, 583.

>   Review: "Cyclophosphazenic Polypodands as Powerful Cation Complexing Agents, Efficient Phase-Transfer Catalysts and Anion Activators."

VII.H-6   Menger, F.M. and Gabrielson, K.D., *AG(E)*, **34**, 2091.

>   Review: "Cytomimetic Organic Chemistry: Early Developments."

VII.H-7   Perrin, C.L., *T*, **51**, 11901.

>   Review: "Reverse Anomeric Effect: Fact or Fiction?"

VII.H-8 Ardoin, N. and Astruc, D., *BSF*, **132**, 875.

>   Review: "Molecular Trees: From Syntheses Towards Applications."

VII.H-9 Roxburgh, C.J., *T*, **51**, 9767.

>   **The Synthesis of Large Ring Compounds**

VII.H-10 Marchand, A.P., *AA*, **28**, 95.

>   Review: "Polycyclic Cage Compounds: Reagents, Substrates, and Materials for the 21st Century."

VII.H-11 Crabtree, R.H., *CRV*, **95**, 987.

>   Review: "Aspects of Methane Chemistry."

VII.H-12 Harvey, J.N. and Viehe, H., *JPR*, **337**, 253.

>   Review: "Electronegativity Effects in Organic Synthesis: Differences in Stability of Isomeric Alkanes."

VII.H-13 Cousins, R.P.C., *COS*, **2**, 441.

>   Review: "Saturated and Unsaturated Hydrocarbons."

VII.H-14 Lerman, B.M., *RCR*, **64**, 1.

>   Review: "Skeletal and Polycyclic Sterically Hindered Alkenes."

VII.H-15 Stadnichuk, M.D. and Voropaeva, T.I., *RCR*, **64**, 25.

Review: "Silicon-containing Alka-1,3-dienes and their Functional Derivatives in Organic Synthesis."

VII.H-16 Hall, H.K., Jr. and Padias, A.B., *AA*, **28**, 37.

Review: "Spontaneous Polymerizations Can Occur During Cycloaddition Reactions of Olefins and Dienes."

VII.H-17 Vinogradova, S.V. et al., *RCR*, **63**, 833 (1994).

Review: "Polyarylates. Synthesis and Properties."

VII.H-18 Arsalani, N. and Geckeler, K.E., *JPR*, **337**, 1.

Review: "Conducting Isopolymers: Preparation, Properties and Applications."

VII.H-19 Kukharev, B.F. et al., *RCR*, **64**, 523.

Review: "The Vinyl Ethers of Aminoalcohols and their Derivatives."

VII.H-20 Ley, S.V. et al., *COS*, **2**, 365.

Review: "Dispiroketals: A New Functional Group for Organic Synthesis."

VII.H-21 McCullough, K.J., *COS*, **2**, 225.

Review: "Synthesis and Use of Cyclic Peroxides."

VII.H-22 Steel, P.G. *COS*, **2**, 151.

Review: "Aldehydes and Ketones."

VII.H-23 Brunet, J.-J. and Chauvin, R., *CSR*, **24**, 89.

Review: "Synthesis of Diarylketones Through Carbonylative Coupling."

VII.H-24 Aresta, M., *G*, **125**, 509.

Review: "Enzymatic *versus* Chemical Carbon Dioxide Utilization. Part 1. The Role of Metal Centres in Carboxylation Reactions."

VII.H-25 Luning, U., *TCC*, **175**, 58.

Review: "Concave Acids and Bases."

VII.H-26 Harrison, T. and Laduwahetty, T., *COS*, **2**, 107.

Review: "Carboxylic Acids and Esters."

VII.H-27 Benetti, S. et al., *CRV*, **95**, 1065.

Review: "Mastering β-Keto Esters."

VII.H-28 Robertson, G., *COS*, **2**, 357.

Review: "Nitro and Related Compounds."

VII.H-29 Cho, B.P. *OPP*, **27**, 243.

  Review: "Recent Progress in the Synthesis of Nitropolyarenes."

VII.H-30 North, M., *COS*, **2**, 269.

  Review: "Amines and Amides."

VII.H-31 Zelenin, K., *OPP*, **27**, 519.

  Review: "Recent Advances in the Reactions of Hydrazines and Hydroxylamines with α,β-Unsaturated and β-Dicarbonyl Compounds."

VII.H-32 Bakibaev, A.A. and Shtrykova, V.V., *RCR*, **64**, 929.

  Review: "Isoureas: Synthesis, Properties, and Applications."

VII.H-33 Zandomeneghi, M. et al., *G*, **124**, 525 (1994).

  Review: "Chemistry and Photochemistry of Synthetic Molecules in Proteins."

VII.H-34 Rayner, C.M., *COS*, **2**, 409.

  Review: "Synthesis of Thiols, Sulfides, Sulfoxides and Sulfones."

VII.H-35 Koval', I.V., *RCR*, **64**, 731.

  Review: "Sulfenyl Chlorides in Organic Synthesis."

VII.H-36 Zefirov, N.S. et al., *RJOC*, **30**, 496 (1994).

Review: "Vinyl Esters of Sulfonic and Sulfuric Acids."

VII.H-37 Markovskii, L.N. et al., *RJOC*, **31**, 139.

Review: "Sulfinimides."

VII.H-38 Muzart, J., *S*, 1325.

Review: Sodium Perborate and Sodium Percarbonate in Organic Synthesis."

VII.H-39 Dyker, G., *JPR*, **337**, 162.

The Reagent: "Dimethyldioxirane - A Highly Reactive and Selective Oxidizing Agent."

VII.H-40 Becker, H.G.O., *JPR*, **337**, 690.

The Reagent: "HOCl (in the Form of NaOCl, LiOCl, KOCl, $Ca(OCl)_2$) - A Superior Oxidant for Alcohols."

VII.G-41 Heller, A., *ACR*, **28**, 503.

Review: "Chemistry and Applications of Photocatalytic Oxidation of Thin Organic Films."

VII.H-42 Kantlehner, W., *JPR*, **337**, 418.

The Reagent: "Brederick's Reagent: t-Butylaminal ester (t-Butoxy-N,N,N',N'-tetramethylmethane diamine)."

VII.H-43 El-Khawaga, A.M. and Hoffman, H.M.R., *JPR*, **337**, 332.

The Reagent: "N,O-Bis(trimethylsilyl)acetamide (BSA): A Mild Silyl Transfer Reagent."

VII.H-44 Mientchen, R. and Rentsch, D., *JPR*, **337**, 422.

The Reagent: "Chloral / DCC - Reagent for Stereospecific Rearrangements and New Protecting Group Techniques in Carbohydrate Chemistry."

VII.H-45 Bracher, F. and Litz, T., *JPR*, **337**, 516.

The Reagent: "Bis(trichloromethyl)carbonate - Triphosgene."

VII.H-46 Flohr, A. and Waldmann, H., *JPR*, **337**, 609.

The Reagent: "$LiClO_4$ and Organic Solvents - A Powerful Combination."

VII.H-47 Whitesides, G.M. et al., *ACR*, **28**, 37.

Review: "Noncovalent Synthesis: Using Physical-Organic Chemistry to Make Aggregates."

VII.H-48 Toda, F., *ACR*, **28**, 480.

Review: "Solid State Organic Chemistry: Efficient Reactions, Remarkable Yields, and Stereoselectivity."

VII.H-49 Aunir, D., *ACR*, **28**, 328.

Review: "Organic Chemistry Within Ceramic Matrices: Doped Sol-Gel Materials."

VIII
SELECTED TOPICAL AREAS

VIII.A. Fullerene Chemistry

VIII.A.1. Diels-Alder-type Cycloadditions

VIII.A.1-1 Gugel, A., Mullen, K. et al., *JOC*, **60**, 3307; Eguchi, S. et al., *TL*, **36**, 6899; Tomioka, H. and Yamamoto, K., *CC*, 1961.

Diels-Alder Adducts of C_{60} via o-Quinodimethanes, o-Thioquinone Methides, and Related Dienophiles.

VIII.A.1-2 Martin, N., Wudl, F., Seoane, C. et al., *TL*, **36**, 8307.

Formation of Electroactive Fullerene Adducts from Sultine via a Diels-Alder Reaction.

VIII.A.1-3 Paquette, L. A. and Graham, R. J., *JOC*, **60**, 2958.

Controlled Spacing of C_{60} Spheres with 1,4-Cyclohexadienyl Ladders by Pairwise Diels-Alder Cycloadditions.

VIII.A.1-4 Rotello, V. M. et al., *TL*, **36**, 3617.

Reversible Diels-Alder of C_{60} and a Polymer-bound Furan.

VIII.A.1-5 Mehta, G. and Viswanath, M. B., *TL*, **36**, 5631.

C_{60} Derivatives via Cycloaddition with a Cyclobutadiene Diester.

VIII.A.1-6 Iyoda, M., Sasaki, S. et al., *TL*, **36**, 579.

The [4+2] Cycloadduct of (Bicyclo[3.2.0]hepta-1,3-dienyl) Cobalt(I) Complex with C_{60}.

VIII.A.1-7 Seiler, P. et al., *HCA*, **78**, 344.

The X-Ray Crystal Structures of Diels-Alder Adducts of C_{70}.

VIII.A.2. Other Cycloadditions

VIII.A.2-1 Duczek, W. and Niclas, H.-J., *TL*, **36**, 2457; Wilson, S. R. and Lu, Q., *JOC*, **60**, 6496; Wu, S.-H. et al., *TL*, **36**, 3871.

Various 1,3-Dipolar Cycloadditions to C_{60}.

VIII.A.2-2 Luh, T.-Y. et al., *TL*, **36**, 5383.

Pd-Catalyzed [3+2] Cycloaddition of *cis*-$HOCH_2CH=CHCH_2OCO_2Et$ with C_{60}.

VIII.A.2-3 Cheng, C.-H. and Liou, K.-F., *CC*, 2473.

Phosphine-mediated [2+2] Cycloaddition of Alkynes with C_{60}.

VIII.A.2-4 Zhang, X. and Foote, C. S., *JACS*, **117**, 4271.

[2+2] Cycloaddtions of Fullerenes: $C_{62}O_3$ and $C_{72}O_3$, the First Fullerene Anhydrides.

VIII.A.2-5 Wudl, F. et al., *JOC*, **60**, 532; Wu, S.-H. et al., *CC*, 367; Wilson, S. R. et al., *TL*, **36**, 6843, 5707.

Cycloadditions Leading to Fulleroid and Methanofullerene Derivatives.

VIII.A.2-6 Kenyon, G. L., Rubin, Y. et al., *JOC*, **60**, 2954.

Sequential "Double Michael" Additions of Dienolates with C_{60}.

VIII.A.2-7 Malhotra, R. et al., *CC*, 1547.

Lattice-type Polymers from a C_{60}-2-Methylaziridine Adduct.

VIII.A.3. Photochemical Reactions

VIII.A.3-1 Schuster, D. I. et al., *JACS*, **117**, 554; Sun, Y.-P. et al., *CC*, 2225; Mikami, K., Fukuzumi, S. et al., *JACS*, **117**, 11134; Mikami, K. and Matsumoto, S., *SL*, 229.

Addition of Alcohols, Hydrocarbons, Amines or Ketene Silyl Acetals to Fullerenes via Photoinduced Electron Transfer.

VIII.A.3-2 Gan, L. et al., *TL*, **36**, 9169.

Photochemical Addition of Sarcosine Ester to C_{60}.

VIII.A.3-3 Wudl, F. et al., *JACS*, **117**, 544; *JOC*, **60**, 2618.

Photochemical Isomerization of Fulleroids to Methanofullerenes.

VIII.A.3-4 Mattay, J., Abraham, W. et al., *T*, **51**, 2543.

Fulleroaziridines via Photoaddition of Acylnitrenes to C_{60}.

VIII.A.3-5 Banks, M. R. et al., *CC*, 1171.

Photocycloadditions of N-Ethoxycarbonylazepine and C_{60}.

VIII.A.3-6 Tomioka, H. et al., *TL*, **36**, 5371.

Photolysis of *o*-Methylbenzophenone in the Presence of C_{60}; Facile Cleavage of the C-C Bond Connected to C_{60}.

VIII.A.4. Other Fullerene Chemistry

VIII.A.4-1 Hirsch, A., *S*, 895; **see also**: Hirsch, A. et al., *CC*, 2023, 2289.

Review: "Addition Reactions of Buckminsterfullerene (C_{60})."

VIII.A.4-2 Wu, S.-H. et al., *CC*, 1071.

Reaction of Sodium Alkoxides/O_2 with C_{60}; 1,3-Dioxolane Formation.

VIII.A.4-3 Luh, T.-Y. et al., *CC*, 1159.

Synthesis of Bisazafulleroids.

VIII.A.4-4 Wudl, F. et al., *JACS*, **117**, 11371.

Cyanodihydrofullerenes and Dicyanodihydrofullerene.

VIII.A.4-5 Kratschmer, W. et al., *TL*, **36**, 4971.

Synthesis of $C_{120}O$: A New Dimeric Fullerene Derivative.

VIII.A.4-6 Balaban, A. T. et al., *BSB*, **104**, 525.

"Inverse Superatoms" (Double Fullerene-Type Systems).

VIII.A.4-7 Drovetskaya, T. and Reed, C. A., *TL*, **36**, 7971.

Synthesis of a Fullerene Porphyrin Conjugate.

VIII.A.4-8 Rubin, Y. et al., *JOC*, **60**, 8330.

Regioselectivity in $^1O_2$ Ene Reaction of Cyclohexeno-C_{60}.

VIII.A.4-9 Orfanopoulos, M. and Kambourakis, S., *TL*, **36**, 435.

Chemical Evidence of $^1O_2$ Production from C_{60} and C_{70} in Aqueous and Other Polar Media.

VIII.A.4-10 Li, J. et al., *TL*, **36**, 431.

A C_{60}-Derivatized Dipeptide.

VIII.A.4-11 Wennerstrom, O. et al., *TL*, **36**, 597.

A Gas Phase Container for C60; a γ-Cyclodextrin Dimer

VIII.A.4-12 Naganshima, H. et al., *JOC*, **60**, 4966.

Chlorosilanes and Silyltriflates Containing C_{60} as a Partial Structure.

VIII.A.4-13 Freiser, B. S. et al., *JACS*, **117**, 1177.

Metallocyclic C_{60} Derivatives via Gas-Phase Reactions.

VIII.A.4-14 Diedrich, F. et al., *HCA*, **78**, 1673.

Synthesis of Fullerene Bis, Tris and Tetrakis-Adducts and Chiroptical Properties of bis-Adducts with Chiral Addends.

VIII.A.4-15 Nogami, T. et al., *CC*, 1841.

Fullerene Spin Label. A C_{60} Substituted TEMPO Radical.

VIII.A.4-16 Rosseinsky, M. J. et al., *CC*, 2131.

$(NH_3)_6Na_3C_{60}$: A Body-Centered Cubic C_{60}^{3-} Compound.

VIII.A.4-17 Huang, Z.-E. et al., *CC*, 1553.

Isomerically Pure Organo[60]fullerenes from C_{60}^{2-} Salt.

VIII.A.4-18 Rabideau, P. W. et al., *JOC*, **60**, 7015.

Carbon Frameworks Represented on the C_{60} Surface.

VIII.A.4-19 Balen, A. L. et al., *CC*, 2287.

Characterization of C_{60}-Piperazine Reaction Products.

VIII.A.4-20 Gross, M., Diedrich, F. et al., *HCA*, **78**, 1334.

Electrochemistry of Mono- through Hexakis-adducts of C_{60}.

VIII.A.4-21 Tsuji, T. et al., *CC*, 1769.

Reaction of C_{60} with Cyclopent-2-enone Acetals: Chiral C_{60} Derivatives.

VIII.A.4-22 Gugel, A., Mullen, K. et al., *T*, **51**, 9927.

Covalent Attachment in Close Proximity to the C_{60} Core. Broad Synthetic Approach to Stable Fullerene Derivatives.

VIII.A.4-23 Yoshida, Z. et al., *JOC*, **60**, 5372.

Intramolecular Charge Transfer Interaction in a 1,3-Diphenyl-2-Pyrazoline Ring Fused C_{60}.

VIII.A.4-24 Hirobe, M. et al., *CC*, 1537.

Oxidation of C_{60} by Cytochrome P450 Chemical Models.

VIII.A.4-25 Cardin, D. J. et al., *JOM*, **491**, 169.

New C_{60} π-Bonded Ni, Pd, and Pt Organometallic Complexes with Triorganophosphite Ligands.

VIII.A.4-26 Kosevich, M. V. et al., *CC*, 1281; Rubin, Y. et al., *JOC*, **60**, 6353; Ruelle, P. et al., *CC*, 1161.

On Aqueous Colloidal Fullerene Solutions, Reversible Solubilization of Fullerenes and the Unexpected Size of C_{60} in Solution.

VIII.A.4-27 Birkett, P. R. et al., *CC*, 1869.

A bis-Lactone Derivative of C_{70} with an Eleven Atom Orifice.

VIII.A.4-28 Terrones, H. et al., *CSR*, **24**, 341.

Review: "Beyond C_{60}: Graphite Structures for the Future."

VIII.B. Taxol and Related Taxane Chemistry

VIII.B-1 Danishefsky, S. J. et al., *AG(E)*, **34**, 1723; Nicolaou, K. C. and Guy, R. K., *AG(E)*, **34**, 2079; Nicolaou, K. C. et al., *JACS*, **117**, 624, 634, 645, 653.

Total Syntheses of Taxol.

VIII.B-2 Magnus, P. et al., *CC*, 1933, *TL*, **36**, 5331; *CC*, 1935, *TL*, **36**, 5327.

Taxane A-Ring Formation via Aldol Reactions and Introduction of the C-1 Hydroxyl Group; Taxol B-Ring Formation via Semi-Pinacol Rearrangement, and B-C Ring Formation via [5+2]-Pyrilium Ylide-Alkene Cyclization, Ring Expansion.

VIII.B-3 Winkler, J. D. et al., *TL*, **36**, 2211.

Taxol A-Ring Synthon from R-(+)-Verbenone.

VIII.B-4 Crich, D. and Natarajan, S., *CC*, 85.

Sulfone Anion Cyclization Approach to a Taxane AB-Ring Segment.

VIII.B-5 Wender, P. A. et al., *TL*, **36**, 4939.

Towards the Synthesis of Taxol and its Analogs. Incorporation of Non-Aromatic C-Rings in the Pinene Pathway.

VIII.B-6 Young, W. B. et al., *TL*, **36**, 4963; *JACS*, **117**, 5228.

Transformation of a Baccatin III-Steroidal Hybrid; Synthesis of C-Aryl Taxanes via Intramolecular Heck reaction.

VIII.B-7 Banwell, M.G. et al., *CC*, 1395.

Cyclohexannulated [5.3.1] Propellanes as Precursors to the ABC Ring System of Paclitaxel (Taxol).

VIII.B-8 Gueritte-Voegelein, F. et al., *T*, **51**, 1985.

Baccatin III Derivatives: Reduction of C-11, C-12 Double Bonds.

VIII.B-9 Kingston, D. G. I. et al., *T*, **51**, 12963; Chen, S.-H. et al., *TL*, **36**, 8933.

Facile AB Ring Cleavage Reactions of Taxoids; An Interesting C-Ring Contraction of Taxol.

VIII.B-10 Georg, G. I. et al., *TL*, **36**, 8909.

Stereoselective Synthesis of 10-Deacetoxy-11,12-Epoxypaclitaxel.

VIII.B-11 Hoemann, M. Z. et al., *JOC*, **60**, 2918.

13-Epi-Taxol Synthesis via Transannular Borohydride Delivery.

VIII.C. Enediyne and Dienediyne Chemistry

VIII.C-1 Danishefsky, S. J. et al., *AG(E)*, **34**, 1721; Danishefsky, S. J. et al., *JACS*, **117**, 5720, 5750.

Total Syntheses of (±)-Dynemicin A and Calicheamicin.

VIII.C-2   Maier, M. E., *SL*, 13.

Account: "Design of Enediyne Prodrugs".

VIII.C-3   Toshima, K. et al., *JACS*, **117**, 4822, 10825.

Enediyne-sulfide/Dienediyne Systems Related to Neocarzinostatin

---

VIII.C-4   Clardy, J., Schreiber, S. L. et al., *JACS*, **117**, 211.

Stereochemical and Conformational Effects on the Cycloaromatization of Dynemicin A-Related Molecules.

VIII.C-5   Magnus, P. et al., *TL*, **36**, 4539.

Unusual Rearrangement of the Azabicyclo[7.3.1]enediyne Dynemicin Core Structure.

VIII.C-6   Bruckner, R. et al., *TL*, **36**, 5167.

First 6-Membered/10-Membered Ring Analogues of the Dienediyne Core of the Neocarzinostatin Chromophore.

VIII. D.   Total Syntheses of Selected Natural Products

(see also VIII.B, VIII.C)

VIII.D-1   Boger, D. L. and Takahashi, K., *JACS*, **117**, 12452.

Total Synthesis of Tropoloisoquinolines.

VIII.D-2 Boger, D. L. et al., *JACS*, **117**, 11839.

Total Synthesis of Fredericamycin A.

VIII.D-3 Overman, L. E. et al., *JACS*, **117**, 5776.

Asymmetric Total Syntheses of (-) and (+) Strychnine and the Wieland-Gumlich Aldehyde.

VIII.D-4 Kuehne, M. E. et al., *JOC*, **60**, 1864.

Total Syntheses of Lagunamine, Isolagunamine, Condylocarpine, and Isocondylocarpine.

VIII.D-5 Danishefsky, S. J. and Randolph, J. T., *JACS*, **117**, 5693.

First Synthesis of a Digitalis Saponin.

VIII.D-6 Smith, A. B., III et al., *JACS*, **117**, 5407.

Total Synthesis of Rapamycin and Demethoxyrapamycin.

VIII.D-7 Wipf, P. et al., *JACS*, **117**, 11106.

Asymmetric Total Synthesis of the Stemona Alkaloid (-)-Stenine.

VIII.D-8 Smith, A. B., III et al., *JACS*, **117**, 10755.

Total Synthesis of (-)-Furaquinocin C.

VIII.D-9 Suzuki, K. et al., *JACS*, **117**, 10757.

Total Synthesis of (±)-Furaquinocin D.

VIII.D-10 Smith, A. B., III et al., *JACS*, **117**, 10777.

Total Synthesis of (+)-Trienomycins A and F.

VIII.D-11 Danishefsky, S. J. et al., *JACS*, **117**, 7840.

Total Synthesis of a Human Breast Tumor Associated Antigen.

VIII.D-12 Nicolaou, K. C. et al., *JACS*, **117**, 1171, 1173.

Total Synthesis of Brevitoxin B.

VIII.D.13 Rapoport, H. et al., *JOC*, **60**, 2683.

Synthesis of Azabicyclo Intermediates for Enantiospecific Synthesis of (+) and (-)-Epibatidine and Analogues.

VIII.E. Combinatorial Chemistry

VIII.E-1 Rohr, J., *AG(E)*, **34**, 881.

Review: "Combinatorial Biosynthesis - An Approach in the Near Future?"

VIII.E-2 Lowe, G., *CSR*, **24**, 309.

Review: "Combinatorial Chemistry"

VIII.E-3 Yan, B. et al., *JOC*, **60**, 5736.

Infrared Spectrum of a Single Resin Bead for Real-Time Monitoring of Solid-Phase Reactions

---

VIII.E-4 Shapiro, M.J. et al., *TL*, **36**, 5311; see also: Shapiro, M. J., Stokes, J.P. et al., *JOC*, **60**, 2650.

Structure Determination in Combinatorial Chemistry: Utilization of Magic Angle Spinning HMQC and TOCSY NMR Spectra in the Structure Determination of Wang-Bound Lysine

---

VIII.E-5 Youngquist, R.S., Keough, T. et al., *JACS*, **117**, 3900; see also: Bradley, M. et al., *JOC*, **60**, 2652 and *CC*, 2163.

Generation and Screening of Combinatorial Peptide Libraries Designed for Rapid Sequencing by Mass Spectrometry

---

VIII.E-6 Henderson, I., Ohlmeyer, M.H.J. et al., *JACS*, **117**, 5588.

Synthesis of a Small Molecule Combinatorial Library Encoded with Molecular Tags

---

VIII.E-7 Moran, E.J., Armstrong, R.W. et al., *JACS*, **117**, 10787.

Radio Frequency Tag Encoded Combinatorial Libraries

SELECTED TOPICAL AREAS 427

VIII.E-8 Tartar, A. et al., *JACS*, **117**, 5405.

Orthogonal Combinatorial Chemical Libraries

VIII.E-9 Hamilton, A.D. et al., *JACS*, **117**, 11610; **see also:** Burger, M.T. and Still, W.C., *JOC*, **60**, 7382; Voyer, N. and Lamothe, J., *T*, **51**, 9241; Gasparini, F. et al., *JOC*, **60**, 4314.

A Combinatorial Library Approach to Artificial Receptor Design

---

VIII.E-10 Terrett, N.K. et al., *T*, **51**, 8135.

Combinatorial Synthesis - The Design of Compound Libraries and Their Application to Drug Discovery

---

VIII.E-11 Martin, E.J. et al., *JMC*, **38**, 1431.

Measuring Diversity: Experimental Design of Combinatorial Libraries for Drug Discovery

---

VIII.E-12 Young, S.S. and Hawkins, D.M., *JMC*, **38**, 2784.

Analysis of a 2^9 Full Factorial Chemical Library

VIII.E-13 Davis, P.W. et al., *JMC*, **38**, 4363.

Drug Leads from Combinatorial Phosphodiester Libraries

VIII.E-14 Campbell, D.A. et al., *JACS*, **117**, 5381.

A Transition State Analogue Inhibitor Combinatorial Library

VIII.E-15 Pirrung, M.C. and Chen, J., *JACS*, **117**, 1240.

Preparation and Screening against Acetylchloinesterase of a Non-Peptide "Indexed" Combinatorial Library

VIII.E-16 Ellman, J.A. and Kick, E.K., *JMC*, **38**, 1427.

Expedient Method for the Solid-Phase Synthesis of Aspartic Acid Protease Inhibitors toward the Generation of Libraries

VIII.E-17 Goebel, M. and Ugi, I., *TL*, **36**, 6043; Keating, T.A. and Armstrong, R.W., *JACS*, **117**, 7842.

Beyond Peptide and Nucleic Acid Combinatorial Libraries - Applying Unions of Multicomponent Reactions Towards the Generation of Carbohydrate Combinatorial Libraries

VIII.E-18 Mihara, H., Aoyagi, H. et al., *TL*, **36**, 4837; **for other peptide libraries, see also:** Martinez, J. et al., *TL*, **36**, 7871; Giralt, E. et al., *JOC*, **60**, 7575; Rich, D.H. et al., *JACS*, **117**, 7279.

Preparation of Peptide Mixtures by Solid Phase Synthesis and Cyclization Cleavage with Oxime Resin

VIII.E-19 Ho, G.-J. et al., *JOC*, **60**, 3569; **see also:** Carpino, L.A. et al., *JOC*, **60**, 3561.

Carbodiimide-Mediated Amide Formation in a Two-Phase System. A High Yield and Low-Racemization Procedure for Peptide Synthesis

VIII.E-20 Burgess, K. et al., *AG(E)*, **34**, 907; **for other peptidomimetics, see also:** Panek, J.S. et al., *JOC*, **60**, 7714; Luthman, K. et al., *JOC*, **60**, 3112.

Solid-Phase Syntheses of Unnatural Biopolymers Containing Repeating Urea Units

VIII.E-21 Wessel, H.P. et al., *CC*, 2425; see also: Danishefsky, S.J. et al., *JACS*, **117**, 5712.

Novel Oligosaccharide Mimetics by Solid-Phase Synthesis

VIII.E-22 Meldal, M. et al., *JCS(P1)*, 2883.

Synthesis of Aliphatic O-Dimannosyl Amino Acid Building Blocks for Solid-Phase Assembly of Glycopeptide Libraries

VIII.E-23 Ellman, J.A. et al., *JOC*, **60**, 5742 and *JACS*, **117**, 3306; Goff, D.A. and Zuckerman, R. N., *JOC*, **60**, 5744.

Solid-Phase Synthesis of 1,4-Benzodiazepine-2,5-diones

VIII.E-24 Plunkett, M. J. and Ellman, J. A., *JOC*, **60**, 6006.

A Silicon-Based Linker for Traceless Solid-Phase Synthesis

VIII.E-25 Gallop, M.A. et al., *JACS*, **117**, 7029; see also: Liu, G. and Ellman, J.A., *JOC*, **60**, 7712; Bray, A.M. et al., *TL*, **36**, 5081.

Combinatorial Organic Syntheses of Functionalized Pyrrolidines

VIII.E-26 Wipf, P. and Cunningham, A., *TL*, **36**, 7819; **for other heterocyclic libraries see:** Goff, D.A. and Zuckerman, R. N., *JOC*, **60**, 5748; Dankwardt, S.M., Newman, S.R., Kstenansky, J.L., *TL*, **36**, 4923; Holmes, C.P. et al., *JOC*, **60**, 7328; Kaljuste, K. and Unden, A., *TL*, **36**, 9211; Laronze, J.-Y. et al., *TL*, **36**, 2057; Zaragoza, F., *TL*, **36**, 8677; Ley, S.V. et al., *SL*, 1017; Green, J., *JOC*, **60**, 4287.

Solid Phase Biginelli Dihydropyrimidine Synthesis

VIII.E-27 Kurth, M.J., Schore, N.E. et al., *JOC*, **60**, 4204 and 4196.

Polymer-Supported Synthesis of Cyclic Ethers

VIII.E-28 Rano, T.A., Chapman, K.T., *TL*, **36**, 3789; Krchnak, V. et al., *TL*, **36**, 6193.

Solid Phase Synthesis of Ethers via the Mitsunobu Reaction

VIII.E-29 Jones, G.B. et al., *CC*, 1791.

Cyclic Enediynes via Intramolecular Carbenoid Coupling

VIII.E-30 Forman, F.W. and Sucholeiki, I., *JOC*, **60**, 523; **for Heck reaction, see also:** Zhou, P. et al., *TL*, **36**, 4567.

Solid-Phase Synthesis of Biaryls via the Stille Reaction

VIII.E-31 Hauske, J.R. et al., *JACS*, **117**, 11590.

Pd-Mediated Macrocyclization on Solid Support

VIII.E-32 Huang, W. and Kalivretenos, A.G., *TL*, **36**, 9113.

Lactams via Cyclization Using Polymer Bound HOBT

VIII.E-33 Johnson, C.R., Zhang, B., *TL*, **36**, 9253.

Solid Phase Synthesis of Alkenes Using the Horner-Wadsworth-Emmons Reaction and Monitoring by Gel Phase ^{31}P NMR

VIII.E-34 Yoo, D.J. and Greenberg, M.M., *JOC*, **60**, 3358.

Synthesis of Oligonucleotides Using Photolabile Solid Phase Synthesis Supports

VIII.E-35 Holmes, C.P. and Jones, D.G., *JOC*, **60**, 2318; **for base-labile linker, see:** Albericio, F. et al., *T*, **51**, 1449.

***o*-Nitrobenzyl Photolabile Linker for Solid Phase Synthesis**

VIII.E-36 Carpino, L.A. et al., *JOC*, **60**, 7718; **see also:** Chan, W. C., Bycroft, B.W. et al., *CC*, 2209.

Carboxylic Acid and Carboxamide Protective Groups Based on the Exceptional Stabilization of the Cyclopropylmethyl Cation

VIII.E-37 Adamczyk, M. et al., *TL*, **36**, 8345.

Preparation of Hapten Active Esters via Solid Supported EDAC

VIII.E-38 Kurth, M.J. et al., *JOC*, **60**, 7375; **see also:** Sherrington, D.C. and Deleuze, H., *JCS(P2)*, 2217.

Suspension Copolymerization as a Route to Trityl-Functionalized Polystyrene Polymers

AUTHOR INDEX

AUTHOR INDEX

Abe, H. - 282
Abiko, A. - 274
Abraham, W. - 416
Achiwa, K. - 89, 180, 190, 254, 312, 326
Adam, W. - 154, 169, 289
Adamczyk, M. - 236, 430
Adams, R.D. - 290
Adger, B. - 178
Afonso, C.A.M. - 327
Agami, C. - 276
Agbossou, F. - 180, 181
Aggarwal, V.K. - 94, 205
Agosta, W.C. - 323
Akamanchi, K. - G. - 181
Akermark, B. - 238
Akita, H. - 16, 337
Al-Thebeiti, M.S. - 121
Albericio, F. - 298, 430
Alcaide, B. - 73, 233
Alexakis, A. - 129, 381
Alexander, P. - 289
Alexander, V. - 397
Alfimov, M.V. - 407
Alper, H. - 138, 139, 140, 142, 172, 186, 190, 191, 267, 281, 289
Alvarez-Builla, J. - 158, 185
Amouroux, R. - 344
Amri, H. - 73
Anderson, G.K. - 396
Anderson, J.C. - 124, 147
Anderson, W.K. - 149
Andersson, P.G. - 10, 232
Ando, K. - 65
Ando, W. - 390
Andres, D.F. - 357
Andrews, M.B. - 309
Andrus, M. - B. - 163
Angle, S.R. - 224
Annunziata, R. - 273
Anselme, J.-P. - 284
Antonioletti, R. - 228
Anufrier, V.P. - 342
Arcadi, A. - 219
Aresta, M. - 410
Arjona, O. - 68, 171
Armstrong, A. - 171
Armstrong, R.W. - 426, 428

Arnaud, C. - 178
Asami, M. - 72
Asensio, G. - 169
Ashe, A.J. - 287
Aso, K. - 269
Astruc, D. - 408
Aube, J. - 213
Aumann, R. - 110
Auner, N. - 390
Aunir, D. - 413
Aurich, H.G. - 274
Aurrecoechea, J.M. - 63, 83
Azerad, R. - 294, 314, 375
Azzena, U. - 14, 220
Baba, A. - 43
Bach, T., 207
Back, T.G. - 95, 356
Backvall, J.-E. - 16, 78, 143, 171
Baik, W. - 188
Baiker, A. - 170
Bailey, P.D. - 376, 385
Bailey, T.R. - 81, 124
Bailey, W.F. - 83, 304
Bakibaev, A.A. - 411
Baklouti, A. - 69
Bakulev, V.A. - 383
Balaban, A. - 418
Baldessari, A. - 314
Baldwin, J.E. - 83, 102, 345
Baldwin, Jack E. - 135
Balen, A.L. - 419
Balenkova, E.S. - 371
Balicki, R. - 187
Ballini, R. - 72
Balme, G. - 10
Bandgar, B.P. - 295
Banks, M.R. - 204, 417
Banwell, M.G. - 422
Barba, F. - 339
Barbachyn, M.R. - 125
Barbry, D. - 187
Barendrecht, E. - 386
Barlos, K. - 331
Barluenga, J. - 92, 95, 97, 105, 205, 233, 281
Barnes, K.D. - 235
Barrero, A.F. - 145
Barrett, A.G.M. - 21, 124, 337

Bartoli, G. - 75
Barton, D.H.R. - 312
Bartroli, J. - 24
Baruah, J.B. - 131
Basavaiah, D. - 21, 36, 77, 314
Bashir-Hashemi, A. - 115
Bates, R.W. - 48, 86, 232
Baudin, J.B. - 372
Beau, J.M. - 169
Beck, G. - 182
Becker, H.G.O. - 412
Beckwith, L.J. - 261
Beebe, T.R. - 157
Begue, J.-P. - 66
Beifuss, U. - 245
Beletskaya, I.P. - 125, 138
Belikov, V.M. - 394
Bellassoued, M. - 65
Beller, M. - 81
Belzner, J. - 286
Benaglia, M. - 161
Benati, L. - 202
Benetti, S. - 410
Benneche, T. - 397
Bennetau, B. - 130
Bennett, F. - 79
Bennett, S.M. - 77
Berens, U. - 310
Bergamini, F. - 109
Bergbreiter, D. - E. - 189
Bergman, R.G. - 388
Bergmeier, S.C. - 75
Bergstrom, D.E. - 360
Berkowitz, D.B. - 361
Bernardi, A. - 380
Bernath, G. - 176
Bertozzi, S. - 142
Bertrand, G. - 287
Bertz, S.H. - 53
Beugelmans, R. - 72
Bhakuni, D.S. - 105
Bhattacharyya, P. - 296
Bhattacharyya, S. - 186, 193, 325
Bhongle, N. - 362
Bianchini, C. - 367
Bickelhaupt, F. - 389
Biehl, E.R. - 367

Bienayme, H. - 148
Binger, P. - 109
Birkett, P. - R. - 420
Bjorkhem, I. - 401
Black, T.H. - 75, 340
Blackstock, S.C. - 114
Blagg, J. - 392
Blase, F.R. - 30
Blechert, S. - 144, 232, 250, 342
Bloch, R. - 68
Bloodworth, A.J. - 339
Blunt, J.W. - 78
Bodalski, R. - 65
Boger, D.L. - 289, 423, 424
Bohmer, V. - 122
Boland, W. - 145, 391
Bolm, C. - 10, 46, 178
Bonardi, A. - 213
Bonnet-Delpon, D. - 234
Booker-Milburn, K.I. - 152
Boons, G.J. - 309
Bordwell, F.G. - 299
Borodkin, G.I. - 385
Borschberg, H.-J. - 294
Borthakur, N. - 321
Bosch, J. - 129, 294
Bosnich, B. - 100
Bourguignon, J.J. - 266, 324
Bousquet, C. - 169
Bovicelli, P. - 159
Bowman, W.R. - 233
Boyd, R. - 172
Boyd, V.L. - 328
Bozell, J.J. - 175
Bracher, F. - 134, 413
Bradley, M. - 426
Brady, P. - 382
Branchaud, B.P. - 255
Brandi, A. - 273
Braun, M. - 10, 37, 210
Braverman, S. - 230
Bray, A.M. - 429
Bremner, J.B. - 249
Breslow, R. - 382
Breuer, E. - 362
Brik, M.E. - 166, 292
Brinon, M.C. - 349
Brown, R.F.C. - 112

AUTHOR INDEX

Brown, H.C. - 135, 136, 202, 205, 380
Brown, J.M. - 172, 190
Brown, T. - 406
Brückner, R. - 317, 423
Bruga, A. - 311
Brummond, K.M. - 140
Brunet, J.-J. - 138, 410
Brunker, H.-G. - 160
Brunner, H. - 181, 382
Bryce, M.R. - 362
Buchwald, S.L. - 44, 142, 185, 325
Budyka, M.F. - 407
Bullock, R. - M. - 193
Bulman Page, P.C. - 1
Bumagin, N.A. - 81, 124
Bunce, R.A. - 47, 383
Buone, G. - 95
Buonora, P.T. - 25
Burger, K. - 21
Burgess, K. - 428
Burke, M.J. - 182, 190
Burke, T.R., Jr. - 334
Burns, C.J. - 290
Burton, D.J. - 69, 85, 358, 361
Buszek, K.R. - 20, 103
Butsugan, Y. - 17, 79
Buttaglia, A. - 211
Bycroft, B.W. - 430
Byers, J.H. - 62
Cabeza, J.A. - 395
Cabrera, I. - 344
Cabri, W. - 384
Cacchi, S. - 81, 139
Caddick, S. - 261, 375
Cahiez, G. - 35
Caine, D. - 95
Cainelli, G. - 210
Caldwell, J. - 382
Cambie, R.C. - 400
Cameron, D.W. - 295
Cameron, J.F. - 298
Cammidge, A.N. - 343
Campbell, D.A. - 427
Campbell, J.B. - 247
Campos, P.J. - 349
Camps, P. - 45

Canty, A.J. - 391
Capperucci, A. - 283
Carboni, B. - 273, 383
Cardillo, G. - 331, 348
Cardin, D. - J. - 420
Carless, H. - A. - J 172
Carlier, P.R. - 21
Carlsen, P.H.J. - 157, 344
Carpentier, J.-F. - 181
Carpino, L.A. - 301, 333, 428, 430
Carreira, E.M. - 25
Carreno, M.C. - 105, 107, 346, 381
Carretero, J.C. - 81, 100, 232, 273
Carroll, F. - I. - 175
Casiraghi, G. - 403
Casson, S. - 388
Castedo, L. - 124
Castro-Palomino, J.C. - 340
Casuscelli, F. - 273
Cataviela, C. - 94
Cave, C. - 49
Caze, C. - 180
Cazes, B. - 137, 325
Cha, J.S. - 183, 185
Cha, J.K. - 93, 221, 399
Chakraborty, T.K. - 352
Chambers, R.D. - 345, 346
Chambus, R.J. - 74
Chan, A.S.C. - 45, 141, 187
Chan, T.-H. - 40
Chan, T.H. - 365
Chan, W. - 358
Chan, W.C. - 430
Chandrasekaran, S. - 189, 321, 338, 368
Chandrasekhar, S. - 74, 316
Chang, B.H. - 310
Chang, S.-Y. - 62
Chapuis, C. - 98
Charette, A.B. - 33, 90, 339, 391
Chatgilialoglu, C. - 196
Chau, T.-Y. - 183
Chen, B.C. - 161
Chen, C. - 285
Chen, C.-L. - 162

Chen, L. - 330
Chen, L.-C. - 238
Chen, Q. - 345
Chen, S.-H. - 422
Chen, Z.-C. - 263
Cheng, C.-H. - 220, 415
Chi, K.-W. - 173
Chiacchio, V. - 274
Chiara, J.L. - 45
Chieffi, A. - 79
Chiusoli, G.P. - 392
Cho, B.R. - 197, 411
Chong, J.M. - 207
Choo, D.J. - 27
Chou, S.-S.P. - 99
Choudary, B. - M. - 164
Chow, H.-F. - 84
Chow, Y.L. - 120, 216
Chu, C.K. - 360, 361
Chu-Moyer, M.Y. - 326
Chung, J.Y. - 189
Chung, Y.K. - 137
Ciganek, E. - 156
Cinquini, M. - 210
Cintas, P. - 396
Ciufolini, M.A. - 243, 301
Clardy, J. - 423
Clark, J.H. - 123, 346
Clark, P.D. - 230
Claver, C. - 141
Clive, D.L.J. - 61, 148, 196
Cohen, T. - 33, 51, 184
Coldham, I. - 232, 234, 240
Collignon, N. - 146
Collin, J. - 334
Collins, S. - 40, 98
Collman, J. - P. - 169
Collum, D.B. - 127
Colonna, S. - 167
Comins, D.L. - 250
Concellon, J.M. - 92, 205
Condon-Gueugnot, S. - 132
Cook, C.E. - 60
Cook, J.M. - 164, 249, 290
Coote, S.J. - 307
Corcoran, R.C. - 362
Corey, E.J. - 89, 148, 159, 171, 182

Corley, E.G. - 32
Cosford, N.D.R. - 86
Cossy, J. - 44, 116, 119, 157, 350
Costa, M. - 142
Couture, A. - 279
Couty, F. - 168, 276
Cozzi, F. - 210
Cozzi, P.G. - 42
Crabtree, R.H. - 408
Craig, D. - 100, 103
Craney, C.L. - 314
Creary, X. - 210
Crich, D. - 421
Crimmins, M.T. - 55
Crisp, G.T. - 211
Crooks, P.A. - 275
Crotti, P. - 334
Crowe, W.E. - 77
Cunico, R.F. - 83
Curci, R. - 168
Curran, D.P. - 59, 77, 152, 387
Curran, T.T. - 353
Cushman, M. - 364
Czarnik, A.W. - 158
D'Angeli, F. - 341
d'Angelo, J. - 130
D'Annibale, A. - 209
D'Auria, M. - 108, 346
Dabdoub, M.J. - 79
Dahl, O. - 360
Dai, L.-X. - 42
Dai, W.-M. - 100
Daily, W.P. - 88
Dalton, H. - 172
Damon, R.E. - 294
Danheiser, R.L. - 115, 133
Danion, D. - 204
Danishefsky, S.J. - 240, 406, 421, 422, 424, 425, 428
Dankwardt, S.M. - 429
Dar, W.M. - 304
Darabantu, M. - 291
Darensbourg, D.J. - 190
Das, N.B. - 36
Das, S. - 254
Dauben, W.G. - 90
Dauherser, R.L. - 355
Davies, I.W. - 106

AUTHOR INDEX

Davies, S.G. - 5, 208, 333, 342
Davis, F.A. - 203, 347
Davis, J.T. - 364
Davis, P.W. - 427
de Araujo, M.A. - 86
De Clerc, P.J. - 101, 102
De Jeso, B. - 322
De Kimpe, N. - 206, 232
de Lera, A.R. - 135
de March, P. - 296
de Meijere, A. - 97, 101, 110, 138
DeBuyck, L. - 347
Dechoux, L. - 231
Decicco, C.P. - 4, 267
Degl'Innocenti, A. - 283, 327
Dehmlow, E.V. - 406
DeKeukeleire, D. - 117
Demailly, G. - 65
DeMico, A. - 254
Demnitz, F. - W. - 177
Demonceau, A. - 89
DeNinno, M.P. - 195
Denmark, S.E. - 27, 31, 52, 90, 146, 255, 277
Denyer, C.V. - 186
Deryagina, E.N. - 288
Descotes, G. - 192
DeShong, P. - 344, 401
Deslongchamps, P. - 47, 102
Dewan, S.K. - 324
DeZiel, R. - 225
Diederich, F. - 86, 419
Dieter, R.K. - 127
Dillon, M.P. - 19
DiMare, M. - 98, 325
DiSanto, R. - 45
Dittami, J.P. - 211
Dittmer, D.C. - 69
Dixneuf, P.H. - 228, 322, 359
Doak, G.O. - 396
Dodge, J.A. - 305, 337
Dolbier, W.R., Jr. - 215
Dominguez, E. - 269
Donnelly, D.M.X. - 127
Dorrow, R.L. - 327
Dotz, K.H. - 132
Dowd, P. - 62

Dowden, J. - 378
Doyle, M.P. - 89, 209, 216
Dragovich, P.S. - 199
Draper, W. - 103
Drozd, V.N. - 235
Dubac, J. - 344
Ducep, J.B. - 347
Ducharme, Y. - 359
Duchene, A. - 55
Duczek, W. - 415
Duhamel, L. - 349
Duhamel, P. - 348
Dujardin, G. - 341
Dumanovic, D. - 291
Dunach, E. - 160, 229, 305
Dussault, P.H. - 271, 399
Dwyer, O. - 367
Dyker, G. - 93, 412
Dykes, G. - 222
Dzhemilev, U.M. - 389
Eapen, K.C. - 319
Eberbach, W. - 228
Ebert, G.W. - 125
Eddine, J.J. - 12
Edstrom, E.D. - 138
Edvardsen, O. - 375
Effenberger, F. - 46, 204
Eguchi, S. - 113, 155, 270
Einhorn, C. - 35
El-Khawaga, A.M. - 413
Elguero, J. - 292
Ellman, J. - A. - 429
Ellman, J.A. - 428, 429
Elmorsy, S.S. - 284, 336, 351
Emslie, N.D. - 50
Enders, D. - 31, 49, 146, 333, 350
Engler, T.A. - 229, 237
Engman, L. - 223
Enholm, E.J. - 24, 59, 144, 200, 318
Erikson, M. - 148
Erker, G. - 259
Ernst, R.D. - 40
Espenson, J.H. - 204
Espinosa, A. - 272
Essassi, E.M. - 289
Esteruelas, M.A. - 365

Evans, D.A. - 28
Evans, P.A. - 35, 175, 214, 223
Eynde, J.J.V. - 243
Fairlie, D.P. - 256
Falck, J.R. - 4, 11, 19, 274, 309
Falk, H. - 314
Fallis, A.G. - 63, 100
Fan, B.T. - 117
Fang, J.-M. - 180
Feldman, K.S. - 234, 380
Fell, B. - 142
Ferezou, J.P. - 87
Feringa, B.L. - 98, 376
Ferraz, H.M.C. - 232
Figadere, B. - 303, 402
Figueredo, M. - 273, 296
Filiminov, V. - D 173
Finet, J.-P. - 127
Finn, M.G. - 134
Firouzabadi, H. - 183
Fisera, L. - 107, 273
Fishwick, C.W.G. - 234
Fitjer, L. - 152
Fleming, I. - 177
Fleming, S.A. - 108, 407
Flemming, S. - 52
Florent, J.-C. - 147
Foces-Foces, C. - 248
Font, J. - 273
Foote, C. - S. - 415
Foote, C.S. - 153
Forsyth C.J. - 140
Fort, Y. - 191
Fouquet, E. - 61, 372
Fourrey, J.-L. - 406
Francke, W. - 260
Fraser-Reid, B. - 89, 155, 300, 309
Freedman, L.D. - 396
Freiser, B. - S. - 418
Friedrichsen, W. - 248
Frigerio, M. - 159
Frost, C.G. - 392
Fu, G.C. - 45
Fuchigami, T. - 346
Fuchikami, T. - 41, 185
Fuchs, P.L. - 306
Fuji, K. - 7, 52, 84

Fujii, N. - 330
Fujii, T. - 249
Fujisawa, T. - 98, 186, 348
Fujiwara, M. - 334
Fukumoto, K. - 50, 88, 171, 212, 241
Fukuyama, T. - 299
Fukuzawa, S. - 20, 38
Fukuzumi, S. - 416
Funabiki, K. - 269
Furin, G.G. - 292
Furstner, A. - 137, 236
Furstoss, R. - 382
Furukawa, N. - 114, 118
Gage, J.R. - 325
Gaggero, N. - 167
Gagnon, R. - 178
Galatsis, P. - 225
Gallagher, T. - 182
Gallop, M.A. - 429
Gan, L. - 416
Ganem, B. - 116
Garcia Ruano, J.L. - 346
Gardiner, J.M. - 266
Gareau, Y. - 198, 272
Gasparini, F. - 427
Gawley, R.E. - 13
Geckeler, K.E. - 409
Geiger, W.E. - 388
Genet, J.-P. - 136, 182, 206, 266, 299
Georg, G.I. - 303, 422
George, S.M. - 393
Gerasimova, T.N. - 383
Gerlach, U. - 200
Gesson, J.-P. - 146
Ghelfi, F. - 64, 71
Ghosez, L. - 95, 155, 244
Ghosh, A. - K. - 180
Ghosh, S. - 152
Gibbs, R.A. - 82
Giese, B. - 387
Gigante, B. - 295, 353
Gilbertson, S.R. - 273
Gilchrist, T.L. - 234, 290
Giles, R.G.F. - 132
Gilheany, D.C. - 169
Gill, M. - 400

Gillaspy, M.L. - 325
Giovanni, R. - 198
Giralt, E. - 428
Girijavallabhan, V.M. - 79
Girreser, V. - 321
Giumanini, A.G. - 266
Gladfellow, W.L. - 142
Gladiali, S. - 141, 380
Gladysz, J.A. - 54
Gloer, J.B. - 400
Goddarrd, J.D. - 73
Goff, D.A. - 429
Goneshpure, P.A. - 162
Gooding, O.W. - 231
Goodman, M. - 329
Gotor, V. - 46
Gotteland, J.P. - 315
Gree, R.L. - 258
Green, J. - 429
Green, M.L.H. - 392
Greenberg, M.M. - 430
Greene, A.E. - 87
Grieco, P.A. - 95, 96
Griesbeck, A.G. - 116
Grigg, R. - 209, 234, 238, 261
Grignon-Dubois, M. - 188
Grimmett, M.R. - 291
Grissom, J.W. - 134
Grivas, S. - 199
Gros, E.G. - 296
Gross, M. - 419
Groundwater, P.W. - 238
Grubbs, R.H. - 328, 384
Guanti, G. - 153
Guarna, A. - 184
Gueritte-Voegelein, F. - 422
Gugel, A. - 414, 420
Guibe, F. - 302
Guile, J.W. - 127
Guillaume, M. - 267
Guindon, Y. - 19
Guingant, A. - 281
Gulinski, J. - 365
Gung, B.W. - 26
Gupton, J.T. - 243
Gutsche, C.D. - 378
Guy, A. - 335
Haddad, M. - 324

Haddad, N. - 108
Haider, N. - 96
Haley, M.M. - 71
Hall, H.K., Jr. - 409
Halterman, R.L. - 137
Hamelin, J. - 214
Hamilton, A.D. - 377, 427
Hamilton, R. - 300
Hammerschmidt, F. - 314
Hamon, D.P.G. - 331
Hanack, M. - 216
Hanaoka, M. - 137, 252
Handel, H. - 31
Hanessian, S. - 90, 333, 360
Hansen, H.-J. - 125
Hansen, M.M. - 299
Hara, S. - 344
Harada, T. - 91
Harano, K. - 367
Harayama, T. - 282
Hardinger, S.A. - 109
Harmata, M. - 111
Haroutounian, S.A. - 297
Harradon, B. - 337
Harrison, T. - 290, 410
Harrowen, D.C. - 230
Hart, D.J. - 76
Hartwig, J.F. - 325
Harvey, R.G. - 120
Hashimoto, S. - 129, 309
Hashimoto, Y. - 31, 209
Hassner, A. - 259
Hata, E. - 353
Hatanaka, M. - 67
Hatanaka, Y. - 57, 366
Hatem, J.M. - 63
Hauske, J.R. - 430
Hay, A.S. - 270
Hayashi, T. - 365
Haynes, R.K. - 99
Heathcock, C.H. - 23, 406
Hegedus, L.S. - 138, 234, 332, 391
Heimgartner, H. - 264
Heldrich, F.J. - 351
Heller, A. - 412
Hellwinkel, D. - 229
Helmchen, G. - 10

Henderson, I. - 426
Heron, B.M. - 291
Herrmann, W.A. - 81
Hesse, M. - 202, 214, 299
Heumann, A. - 395
Heuschmann, M. - 31
Hewson, A.T. - 273
Heyde, S.G. - 176
Hibino, S. - 124, 138
Hidai, M. - 339, 389
Hiemstra, H. - 299
Higashiyama, K. - 327
Hill, C.L. - 169, 386
Himbert, G. - 101
Hioki, H. - 64
Hirama, M. - 21, 241
Hirobe, M. - 420
Hirota, T. - 247
Hirsch, A. - 417
Hitchcock, S.A. - 125
Hiyama, T. - 17, 182, 345, 346, 365
Hlasta, D.J. - 344
Ho, G.-J. - 428
Hoberg, J.O. - 272
Hodgson, D.M. - 82, 372
Hoemann, M. - Z. - 422
Hoffmann, H.M.R. - 219, 258, 413
Hoffmann, M.G. - 264
Hoffmann, R.W. - 20
Hofmann, P. - 365
Holloway, C.E. - 396
Holmes, C.P. - 429, 430
Holy, A. - 289
Hon, Y.S. - 319
Hong, W. - S. - 200
Hongo, H. - 337
Hoornaert, G.J. - 99
Horiguchi, Y. - 171
Horton, D. - 213
Hoshino, O. - 196
Hosokawa, T. - 310
Hosomi, A. - 44, 80
Hou, X.-L. - 42
Houk, K.N. - 387
Hoveyda, A.H. - 15
Hoye, T.R. - 92

Hu, C.-M. - 263, 273
Hua, D.H. - 401
Huang, W. - 197, 359, 430
Huang, X. - 67
Huang, Y.-Z. - 32, 33, 35, 55
Huang, Z.-E. - 419
Hudlicky, T. - 101, 173
Hugel, H.M. - 401
Hughes, D.L. - 66
Huisgen, R. - 287
Hwu, J.R. - 3, 175, 389
Ibata, T. - 325
Ibuka, T. - 330
Iddon, B. - 291
Ihikura, M. - 240
Ikeda, M. - 208, 212
Ikeda, S. - 56, 87
Ila, H. - 55, 133
Imagawa, K. - 167
Imai, T. - 316
Imanishi, T. - 187
Inamoto, T. - 190
Inanaga, J. - 83
Ingold, K.V. - 314
Iqbal, J. - 9, 162, 163, 320
Iranpoor, N. - 353, 368
Iseki, K. - 4
Ishibashi, H. - 208
Ishida, A. - 193
Ishihara, T. - 22
Ishii, Y. - 144, 159, 163
Ishikawa, M. - 393
Ishikawa, T. - 245
Ishikura, M. - 137
Ishino, Y. - 216, 366
Ishmuratov, G.Y. - 399
Isobe, M. - 86
Isoe, S. - 364
Ito, H. - 393
Ito, Y. - 48, 181, 182, 277, 315
Iwao, M. - 239
Iwasaki, T. - 133
Iwasawa, N. - 141
Iwath, C. - 104
Iyer, S. - 81, 181
Iyoda, M. - 415
Izatt, R.M. - 378
Jackson, R.F.W. - 16, 141, 170

AUTHOR INDEX

Jackson, W.R. - 268
Jacobi, P.A. - 112, 211
Jacobsen, E.J. - 268
Jacobsen, E.N. - 169, 203, 334
Jacques, J. - 379
James, B.R. - 186
Jarowicki, K. - 374
Jaszberenyi, J.C. - 60
Jefford, C.W. - 235
Jeminet, G. - 311
Jemmis, E.D. - 114
Jeromin, G.E. - 337
Jobson, R.B. - 361
Jochims, J.C. - 285
Johansson, A. - 380
Johnson, A.P. - 65
Johnson, C.R. - 241, 337, 430
Johnson, D.K. - 15
Jommi, G. - 12
Jonczyk, A. - 93, 248
Jones, D.W. - 105
Jones, G.B. - 379, 429
Jorda, E. - 169
Jorgensen, K.A. - 252, 272
Joseph, S.J. - 250
Joullie, M.M. - 276
Julia, M. - 126
Jung, I.N. - 17
Jung, M.E. - 152, 169, 342
Jung, S.H. - 102
Junjappa, H. - 55, 133
Jurczak, J. - 98
Juvvik, P. - 324
Kabalka, G.W. - 135, 136, 315, 323, 349
Kabbara, J. - 52
Kacsmarek, L. - 187
Kagan, H.B. - 167, 180, 376
Kahn, M. - 298
Kahne, D. - 303
Kajimoto, T. - 29, 231
Kakiuchi, K. - 156
Kalck, P. - 310
Kalinin, A.V. - 209
Kalivretenos, A.G. - 106, 430
Kamur, A. - 160
Kanemasa, S. - 48, 273
Kanematsu, K. - 104, 146

Kang, H.-Y. - 200
Kang, J. - 90
Kang, S.-K. - 15, 39, 128, 194, 337
Kanno, H. - 5
Kantlehner, W. - 412
Karanewsky, D.S. - 121
Karp, G.M. - 86
Kashimura, S. - 44, 45
Kasmai, H.S. - 157
Kato, S. - 259, 356, 369
Katritzky, A.R. - 13, 34, 90, 227, 235, 239, 293, 320, 321, 369
Katsuki, T. - 89, 90, 169, 180
Katz, T.J. - 174, 286
Kauffmann, T. - 392
Kawai, Y. - 184, 192
Kawase, M. - 265
Kazmaier, U. - 146, 332
Keana, J.F.W. - 160, 327
Keck, G.E. - 106, 197, 199
Kelarev, V.I. - 293
Kelly, J.W. - 405
Kende, A.S. - 100, 263, 349
Kenyon, G.L. - 404, 416
Keough, T. - 426
Kerr, K.J. - 137
Kerr, M.A. - 96, 189
Kerr, W.R. - 137
Ketcha, D.M. - 124
Khadilkar, B.M. - 243
Khan, R.H. - 297
Khripach, V.A. - 72
Khumtaveeporn, K. - 289
Kibayashi, C. - 406
Kiddle, J.J. - 402
Kieczykowski, G. - 361
Kilburn, J.D. - 61
Kim, K. - 69
Kim, M.J. - 337
Kim, S. - 372
Kim, S.-W. - 47
Kim, T.H. - 12
Kim, Y.H. - 9, 37, 305
Kingston, D. - G. - I. - 422
Kirihata, M. - 277
Kirms, L.M. - 85
Kirschke, K. - 305

Kirschning, A. - 159, 335
Kisch, H. - 407
Kise, N. - 5, 328, 366
Kiselyov, A.S. - 243, 247
Kishi, Y. - 349
Kita, Y. - 209, 319, 338, 369, 370
Kitahara, T. - 102
Kitajima, H. - 314
Kitamura, T. - 99
Kitching, W. - 400
Kiyama, R. - 243
Kiyooka, S. - 29, 44
Klix, R.C. - 34
Kloestra, K.R. - 74
Klumpp, G.W. - 392
Knapp, S. - 405
Knight, D.W. - 324
Knochel, P. - 35, 36, 138, 144, 315, 391
Knolker, H.-J. - 130, 140, 177, 232, 356, 391
Knyazev, V.N. - 384
Ko, S.Y. - 316, 354
Kobayashi, K. - 311
Kobayashi, S. - 25, 26, 42, 90, 104, 120, 150, 293, 313
Kobayashi, T. - 235
Kobayashi, Y. - 137
Kochi, J.K. - 167
Kocienski, P.J. - 215
Kocovsky, P. - 39
Kodomari, M. - 123
Koga, H. - 138
Koga, K. - 206
Kohn, H. - 333, 344
Kohra, S. - 275
Koldobskii, G.I. - 293
Kollar, L. - 138
Komatsu, N. - 296
Kondo, K. - 303
Konig, B. - 377, 390
Kool, E.T. - 360
Koreeda, M. - 310
Korneev, S. - 356
Korolev, A.E. - 405
Kosevich, M.V. - 420
Koshechko, G. - 45

Koshelev, V.N. - 293
Koster, H. - 306
Kosugi, M. - 127
Kotsuki, H. - 195
Koval', I.V. - 385, 411
Krafft, M.E. - 137, 148
Kratschmer, W. - 417
Kraus, G.A. - 270
Krchnak, V. - 429
Krief, A. - 33
Kristinsson, H. - 265
Kropp, P.J. - 122
Krylov, O.V. - 393, 394
Kucera, M. - 314
Kudryatsev, K.V. - 176
Kuehne, M.E. - 424
Kukharev, B.F. - 409
Kukic, I. - 197
Kumar, P. - 169, 295, 391
Kumar, R. - 169, 391
Kumaran, G. - 354
Kundig, E.P. - 57
Kuno, H. - 358
Kurasawa, Y. - 291, 292
Kurihara, T. - 360
Kuroboshi, M. - 345, 347, 348, 357
Kuroda, K. - 407
Kurosawa, H. - 84
Kurth, M.J. - 429, 430
Kusumoto, T. - 3
Laduwahetty, T. - 290
Lahuerta, P. - 89
Lai, G. - 85
Lamaire, M. - 181
Lamberth, C. - 390
Landais, Y. - 225
Landry, D.W. - 222
Langa, F. - 120, 321
Larina, L.I. - 292
Larock, R.C. - 80, 125, 175, 246
Laronze, J.-Y. - 429
Laschat, S. - 103, 244
Laszlo, P. - 157
Lau, C.K. - 130
Laube, T. - 385
Laude, B. - 283
Laurent, A.J. - 204

Lautens, M. - 90, 109, 337
Lavallee, J.-F. - 7
Lawrence, D.S. - 378
Lawrence, N.J. - 65
Lazzaroni, R. - 142
Leblanc, Y. - 325
LeCorre, M. - 280
Ledderhose, S. - 245
Lee, A.S.Y. - 303
Lee, D.H. - 363
Lee, E. - 64, 233, 253
Lee, K.-J. - 284
Lee, W.K. - 188
Lee, Y.R. - 224
Lee, Y.C. - 381
Lee, Y.S. - 261
Lefker, B.A. - 325
Legros, J.-Y. - 10
Lejczak, B. - 184
Lellouche, J.-P. - 275
Lemaire, M. - 10, 343
LeMerrer, Y. - 226
Lemoult, S.C. - 220
Leonard, J. - 54
Leonard, N.J. - 308
Lerman, B.M. - 408
Lete, E. - 245, 249
Leung, M. - 370
Lewis, N.J. - 245
Ley, S.V. - 53, 409, 429
Li, C.-J. - 40
Li, J. - 418
Liao, H.-Y. - 220
Lightner, D.A. - 162
Lin, G. - 231, 337
Lin, L.C., 175
Lindermann, R.J. - 15, 170
Ling, K.-Q. - 161
Linstrumelle, G. - 80, 192
Liotta, D.C. - 405
Liou, K.-F. - 415
Lipshutz, B.H. - 56, 225
Litvinov, V.P. - 292
Liu, H.-J. - 100
Liu, W. - 329
Livinghouse, T. - 242
Llera, J.M. - 368
Lohrag, B.B. - 257

Longobardo, L. - 332
Lonnberg, H. - 360
Love, B.E. - 248
Lowe, C. - 402
Lowe, G. - 426
Lowinger, T.B. - 240
Lu, Q. - 415
Lu, T.-J. - 180, 273, 296
Lu, X. - 81, 215
Luche, J.L. - 35, 318
Luh, T.-Y. - 103, 114, 415, 417
Lund, H. - 384
Luning, U. - 410
Luthman, K. - 428
Luxen, A. - 328
Luzzio, F.A. - 326
Machiguchi, T. - 73
Magedov, I.V. - 235
Magee, T.V. - 77
Magnus, P. - 73, 328, 336, 421, 423
Magnuson, S.R. - 399
Maguire, A.R. - 71
Maia, A. - 407
Maier, M.E. - 39, 218, 423
Maiorana, S. - 167, 274
Majetich, G. - 42, 121
Makosza, M. - 36, 348
Makra, F. - 134
Malacria, M. - 10, 134
Malanga, C. - 35, 70, 151, 323
Malhotra, R. - 416
Malleron, J.-L. - 151
Mamedov, A.K. - 394
Manchand, P.S. - 56
Manhas, M.S. - 209
Mann, I.S. - 342
Mann, J. - 110
Manta, E. - 176
March, D.R. - 244
Marchand, A.P. - 264, 408
Marchese, G. - 35
Marchetti, M. - 142
Marco, J.L. - 236, 243
Marek, I. - 16, 76, 92, 223
Marinelli, F. - 219
Marko, I.E. - 171
Markovskii, L.N. - 412

Marshall, J.A. - 43, 222
Marshman, R.W. - 397
Marson, C.M. - 261, 282
Martin, E.J. - 427
Martin, J.D. - 402
Martin, N. - 236, 243, 414
Martin, O.R. - 241
Martin, S.F. - 89, 145, 257
Martinez, J. - 428
Masaki, Y. - 168, 316
Maslova, R.N. - 405
Masson, S. - 65
Masuyama, Y. - 42, 326
Matano, Y. - 127, 203
Mateos, A.F. - 22, 75, 89
Mathies, R.A. - 384
Mathieu, R. - 181
Matsubara, S. - 74
Matsuda, I. - 140
Matsumoto, K. - 234, 314
Matsumoto, M. - 89
Matsumura, Y. - 328
Matsushita, Y. - 171
Mattay, J. - 108, 204, 416
Mayoral, J.A. - 97, 169
Mayr, H. - 41
McClinton, M.A. - 398
McCullough, K.J. - 409
McDonald, F.E. - 222, 226
McGhee, W. - 323, 337
McKervey, M.A. - 256
McKillop, A. - 232
Megati, S. - 134
Mehta, G. - 114, 414
Meidal, M. - 333
Meier, C. - 181
Meier, H. - 106, 207
Meinwald, J. - 127
Meldal, M. - 428
Melikian, G. - 227
Mellor, J.M. - 212, 244, 271
Menger, F.M. - 407
Menichetti, S. - 282
Merino, P. - 355
Merlic, C.A. - 373
Merour, J.Y. - 125
Merz, A. - 237
Messeguer, A. - 169

Meth-Cohn, O. - 245, 313
Metz, P. - 100
Metzner, P. - 167
Meyers, A.I. - 108, 170, 176, 204, 234, 241
Michalska, Z.M. - 365
Michl, J. - 390
Midura, W.H. - 88
Mientchen, R. - 413
Miethchen, R. - 344
Miftakhov, M.S. - 403
Mihara, H. - 428
Mikami, K. - 27, 43, 83, 252, 416
Mikhalkin, A.P. - 404
Miller, M.J. - 264
Miller, R.A. - 191
Miller, R.D. - 325
Miller, W.H. - 128
Minami, N. - 122
Minami, T. - 10
Ming-De, R. - 362
Minkin, V.I. - 396
Mioskowski, C. - 274, 307
Miranda, M.A. - 119
Misiti, D. - 374
Mitani, M. - 51
Mitchell, D. - 193
Miura, M. - 139, 210
Miura, T. - 369
Miura, Y. - 124
Miyano, S. - 52, 125
Miyashi, T. - 115
Miyashita, A. - 350
Miyaura, N. - 137, 151, 395
Mizuno, K. - 49
Mochida, K. - 1
Mock, W.L. - 294
Mohr, P. - 90, 251
Mohri, K. - 325
Moise, C. - 40
Molander, G.A. - 36, 63, 111, 188
Molina, P. - 126, 231, 243, 248, 265, 270
Momose, T. - 184, 241, 313
Monflier, E. - 142
Monterrey, I.M.G. - 260

Montgomery, J. - 65
Monti, H. - 41
Moody, C.J. - 31, 262, 332, 343, 385
Moore, A.N.J. - 314
Moore, H.W. - 113, 134, 145, 255
Moore, P.B. - 374
Mootoo, D.R. - 225
Moran, E.J. - 426
Mori, K. - 314, 381
Mori, M. - 76, 87, 232
Mori, N. - 37
Morimoto, T. - 190
Moriwake, T. - 135
Moroder, L. - 206
Morris, J. - 24, 351
Morrow, G.W. - 195
Mortier, J. - 130
Mortreux, A. - 380
Moser, H.E. - 405
Moskovkina, T.V. - 228
Moss, R.A. - 356
Mosset, P. - 40
Motherwell, W.B. - 91, 108, 344
Mukai, C. - 137
Mukaiyama, T. - 74, 393
Mukherjee, D. - 64
Mullen, K. - 414, 420
Mulzer, J. - 131
Munro, M.H.G. - 78
Murahashi, S.-I. - 74, 157, 162, 310
Murai, A. - 102, 251
Murai, S. - 64, 77, 78, 128, 142, 257
Murai, T. - 369
Murakami, Y. - 300, 377
Murata, S. - 257
Murayama, T. - 207
Murphy, J.A. - 58, 238, 354, 387
Murray, R.W. - 164
Muzart, J. - 162, 163, 412
Myers, A.G. - 330, 331
Naaso, F. - 65
Naganshima, H. - 418
Nagao, Y. - 49
Nagaraju, S. - 149

Nagasaka, T. - 86
Nagasawa, K. - 377
Nagata, T. - 169
Nair, V. - 94
Naito, T. - 45, 212
Najera, C. - 388
Nakagawa, M. - 318
Nakai, T. - 2, 50, 146
Nakajima, M. - 126
Nakajima, T. - 153
Nakamura, E. - 16
Nakamura, H. - 127
Nakamura, K. - 184, 315
Nakamura, S. - 331
Nakamuram, E. - 108
Nakanishi, S. - 9
Nakata, T. - 313
Nakatami, M. - 97
Nakatani, K. - 113
Nantz, M.H. - 169
Naoshima, Y. - 184
Narasaka, K. - 2, 123, 126, 321
Narasaka, N. - 246
Narasimhan, S. - 185
Naso, F. - 83
Natsume, M. - 121
Neckers, D.C. - 60
Nedelec, J.Y. - 19
Negishi, E. - 81, 213, 217
Nesi, R. - 96
Newkome, G.R. - 383
Nichols, D.E. - 89
Nicolaou, K.C. - 197, 421, 425
Nicolosi, G. - 337
Nikam, S.S. - 307
Nishida, A. - 58, 62
Nishida, M. - 58
Nishigaichi, Y. - 43
Nishiguchi, I. - 160, 335
Nishiguchi, T. - 296, 306
Nishikubo, T. - 271
Nishinaga, A. - 175
Nishino, H. - 119
Nishio, T. - 279
Nishiyama, H. - 89
Nishizawa, M. - 403
Nitta, M. - 258
Nixon, J.F. - 387

Node, M. - 50, 184
Nogami, T. - 419
Norman, B.H. - 6
Normant, J.-F. - 16, 76, 92, 223, 315
North, H. - 290
North, J.T. - 255
North, M. - 31, 411
Noskova, N.F. - 394
Novak, L. - 316
Noyori, R. - 35, 181, 182, 379, 394
Nozoe, T. - 73, 96
Nubbemeyer, U. - 149
Nuemann, R. - 169
Nunami, K. - 279, 331, 379
Nussbauer, P. - 65
Nyitrai, J. - 208
O'Callaghan, C.N. - 247
O'Donnell, M.J. - 10
O'Neil, I.A. - 166
Obrecht, D. - 237
Ocafrain, M. - 140
Ochiai, M. - 90
Oda, K. - 115
Oda, M. - 71
Oehlschlager, A.C. - 38, 82
Ogasawara, K. - 87, 234, 238, 314, 337
Ogashi, S. - 84
Ogasuwara, K. - 158
Ogawa, A. - 140
Ogawa, M. - 407
Ogura, F. - 351
Ogura, K. - 218
Oh, D.Y. - 326, 364
Ohba, M. - 4
Ohira, S. - 74
Ohlmeyer, M.H.J. - 426
Ohmizu, H. - 133
Ohmori, H. - 46, 317
Ohta, A. - 37
Ohta, S. - 338
Ojima, I. - 140, 141, 289
Okada, Y. - 297
Okahata, Y. - 337
Okamoto, Y. - 381
Okamura, W.H. - 400

Okazaki, R. - 288
Oku, A. - 91
Okuma, K. - 67, 259
Olsson, T. - 148
Ong, C.W. - 228
Oppolzer, W. - 253
Orena, M. - 212
Orfanopoulos, M. - 418
Orito, K. - 167, 346
Oriyama, T. - 226, 303, 344
Ortar, G. - 368
Oshima, K. - 23, 37, 156, 182, 259, 347
Ostrovskii, V.A. - 293
Ostrowski, S. - 269
Otera, J. - 8, 40, 50, 88, 168, 324
Otsubo, T. - 351
Ottenheijm, H.C.J. - 235
Otting, G. - 374
Ovasaka, T.V. - 186
Overman, L.E. - 152, 258, 289, 424
Ozaki, S. - 212
Paddon-Row, M.N. - 94
Padron, J.I. - 303
Padwa, A. - 113, 132, 224, 228, 242, 262
Pagni, R.M. - 349
Paine, R.T. - 290
Pais, G.C.G. - 169
Pak, C.S. - 70
Paley, R.S. - 82
Palomo, C. - 215, 330
Palumbo, G. - 343
Pandey, B. - 169, 391
Panek, J.S. - 41, 140, 428
Pantke, S. - 391
Panunzio, M. - 361
Paolucci, C. - 232
Papagni, A. - 167
Paquette, L.A. - 32, 105, 137, 145, 148, 314, 399, 414
Paradkar, V.M. - 312
Parish, E.J. - 168
Park, H. - 102, 261
Park, K. K. - 189
Park, T.K. - 101
Parker, K.A. - 195

AUTHOR INDEX

Parkins, A.W. - 323
Parsons, A.F. - 68
Parsons, P.J. - 156
Pasta, P. - 167
Patel, H.V. - 189
Paterson, I. - 402
Patonay, T. - 256
Pattenden, G. - 62
Patzel, M. - 234, 293
Paulmier, C. - 363
Payack, J.F. - 66
Pazni, R.M. - 323
Pearson, A.J. - 137, 342
Pearson, W.H. - 324
Pedregal, C. - 332
Pedro, J.R. - 190, 201
Pelletier, J.C. - 352
Pellicciari, R. - 179
Pellissier, H. - 18, 41
Pellon, R.F. - 342
Penades, S. - 304
Penner-Hahn, J.E. - 53
Percec, V. - 125, 135
Percy, J.M. - 32, 345, 361, 397
Perez-Prieto, J. - 89
Periasamy, M. - 78, 137, 138
Perlmutter, P. - 21, 225, 333
Perrin, C.L. - 407
Perumal, P.T. - 349
Petasis, N.A. - 66
Pete, J.-P. - 108
Peters, D. - 397
Petrini, M. - 165, 198
Petrov, V.A. - 207
Pfaltz, A. - 8, 10, 89, 182
Pfeffer, M. - 388
Pfleiderer, W. - 308
Phillion, D.P. - 322
Piancatelli, G. - 254, 342, 356
Picard, C. - 214
Picialli, V. - 173
Piers, E. - 56, 90, 366
Pietikainen, P. - 169
Pilli, R.A. - 241
Pindar, U. - 96
Pirrung, M.C. - 224, 298, 347, 354, 427
Piva, O. - 151, 302

Platz, M.S. - 386
Pleixats, R. - 333
Pletcher, D. - 45
Plumet, J. - 68, 171
Pneumatikakis, G. - 310
Polt, R. - 311
Pons, J.-M. - 215, 293
Popov, K.I. - 379
Porta, D. - 45
Porta, O. - 329
Porter, N.A. - 59
Poss, A.J. - 346
Potacek, M. - 247
Poulter, C.D. - 216
Powell, D.W. - 243
Prakash, O. - 176, 398
Praly, J.-P. - 278
Prasad, K. - 298
Prato, M. - 268
Pratt, A.J. - 98
Pregosin, P.S. - 10
Procopiou, P.A. - 337
Procter, G. - 4, 36, 218, 355
Proctor, G.R. - 260
Pyne, S.G. - 273, 372
Quallich, G. - J. - 181
Quast, H. - 67
Quayle, P. - 80, 82, 132, 224
Quinkert, G. - 100
Quintard, J.P. - 373
Quintela, J.M. - 112, 245
Rabideau, P.W. - 419
Raclemacher, P. - 114
Radner, F. - 201
Rae, D.R. - 51
Raimondi, L. - 273
Ram, R.N. - 302
Rama Rao, A.V. - 405
Ramana, M.M.V. - 121
Ramig, K. - 200
Rano, T.A. - 342, 429
Ranu, B.C. - 36, 305, 344
Rapoport, H. - 328, 425
Rassu, G. - 403
Raston, C.L. - 389
Ratcliffe, A.J. - 352
Ravikumar, V.T. - 360

Ravindranathan, T. - 166, 169, 318, 344
Rawal, V.H. - 153
Ray, S. - 122
Raymond, J.-L. - 169
Rayner, C.M. - 311, 330, 371, 411
Recatto, C.A. - 393
Reding M.T. - 185
Reed, C. A. - 418
Reetz, M.T. - 53, 174
Reglier, M. - 395
Rehberg, G.M. - 278
Reinhoudt, D.N. - 337
Reissig, H.-U. - 92, 101, 104, 292
Renaud, P. - 11
Rentsch, D. - 413
Resnati, G. - 159
Reuther, W. - 166
Ricci, A. - 366
Rich, D.H. - 428
Richard, J.P. - 385
Rieke, R.D. - 17, 34, 55, 125, 213, 220, 318
Rigby, J.H. - 111, 114
Righetti, P. - 255
Roberts, B.P. - 365
Roberts, S.M. - 167, 170, 403
Robertson, G. - 410
Robl, J.L. - 121
Rock, M.H. - 14, 325
Rodrigues, J.A.R. - 248
Rodriguez, A.D. - 400
Rodriguez, J. - 51, 74
Rohr, J. - 426
Romero, J.R. - 3
Romo, D. - 78, 215
Ronchetti, F. - 314
Rose-Munch, F. - 129
Rosseinsky, M.J. - 419
Rossi, R. - 82, 395
Rotello, V.M. - 414
Roth, G.P. - 124
Roush, W.R. - 94, 135
Rousseau, G. - 258, 345, 346
Roxburgh, C.J. - 408
Roy, S.C. - 223

Royles, B.J.L. - 401
Rozen, S. - 179
Ruano, J.L.G. - 100, 105
Rubin, Y. - 416, 418, 420
Rucker, C. - 375
Ruelle, P. - 420
Russell, R.A. - 385
Ryashentseva, M.A. - 395
Rychnovsky, S.D. - 57, 149, 226, 402
Ryu, E.K. - 166, 277
Ryu, I. - 139
Saady, M. - 362
Saba, A. - 89
Sabata, S. - 184
Sadekov, I.D. - 396
Sahin, C. - 152
Saigo, K. - 209
Saito, K. - 111, 285
Sajiki, H. - 191
Sakai, K. - 314
Sakamaki, H. - 341
Sakamoto, T. - 239
Saksena, A.K. - 225
Saladino, R. - 161
Salama, P. - 362
Salunkhe, M.M. - 7, 179, 342
Sammakia, T. - 97
Sammes, P.G. - 293
Samsoniya, Sh.A. - 293
Sanabria, R. - 297
Sanchez, M.E.L. - 170
Sandhu, J.S. - 324
Sankaraman, S. - 49
Sano, H. - 265
Santelli, M. - 18, 41
Sard, H. - 256
Sartori, G. - 122, 123
Sasaki, K. - 82, 160
Sasaki, S. - 226, 415
Sato, F. - 39, 40, 57, 82, 91, 137, 217, 327
Sato, M. - 357
Sato, R. - 288
Sato, T. - 40, 93
Sato, Y. - 56
Satoh, T. - 74, 86, 198
Satori, G. - 122

AUTHOR INDEX

Saulnier, M.G. - 240
Savel'ev, S.R. - 394
Sawamura, M. - 48
Scettri, A. - 218
Schafer, H.J. - 7, 152, 386
Scharbert, B. - 170
Scharf, H.-D. - 402
Schaumann, E. - 225, 226
Scheeren, H.W. - 106, 249, 273
Scheffer, J.R. - 118
Scheigetz, J. - 335
Schick, H. - 215
Schiesser, C.H. - 288
Schmalz, H.-G. - 63, 130, 376
Schmidt, R.R. - 401
Schmitt, A. - 198
Schmittel, M. - 133
Schore, N.E. - 429
Schreiber, S.L. - 423
Schultz, A.G. - 6, 227
Schultz, M. - 161
Schummer, D. - 136
Schuster, D.I. - 416
Schwan, A.L. - 73, 167
Schwartz, J. - 70, 183
Sckurai, H. - 287
Scott, A.I. - 82
Scott, W.J. - 128
Scrivant, A. - 138
Seebach, D. - 6, 10, 55, 98, 206, 301, 381
Seel, C. - 377
Seiler, P. - 415
Sekiguchi, A. - 287
Sekiya, A. - 357
Selnick, H.G. - 351
Semmelhack, M.F. - 155, 223
Sen, S.E. - 326
Senanayake, C.H. - 324
Sengupta, S. - 81
Senning, A. - 292
Seoane, C. - 236, 243, 414
Sewald, N. - 333
Sha, C.-K. - 105, 349
Shannon, P.V.R. - 238
Shapiro, M.J. - 426
Sharpless, K.B. - 170, 326, 375
Shea, K.J. - 101

Shellhamer, D.F. - 344
Shen, Y. - 345, 353
Sheradsky, T. - 233
Sheridan, J.B. - 111
Sheridan, R.S. - 386
Sherman, J.C. - 378
Sherrington, D.C. - 430
Shi, G. - 10, 343, 345, 347
Shi, M. - 170
Shi, X. - 146
Shibasaki, M. - 10, 27, 28, 29, 128, 309, 361
Shibata, I. - 186
Shibuya, K. - 194
Shibuya, M. - 221
Shibuya, S. - 146, 223, 260
Shieh, W.-C. - 180
Shim, S.C. - 217
Shimizu, T. - 313
Shin, S.C. - 132
Shinkai, S. - 374
Shioiri, T. - 12, 27
Shipman, M. - 290, 318
Shishido, K. - 331
Shono, T. - 44, 45
Shtrykova, V.V. - 411
Shubin, V.G. - 385
Shudo, K. - 122
Shum, W. - 316
Sibi, M.P. - 24, 58, 171, 318, 322
Sijbesma, R.P. - 294
Sikorski, J.A. - 243
Silveira, C.C. - 363
Silverman, R.B. - 404
Silvester, M.J. - 398
Sim, T. - 190
Simonazzi, T. - 389
Simonet, J. - 346
Simpkins, N.S. - 23
Simpson, G.W. - 273
Sinay, P. - 154
Sinev, M.Y. - 386
Singaram, B. - 177, 202
Singer, R.D. - 365
Singh, V. - 118
Singh, V.K. - 316, 347
Singhal, A.K. - 403
Singleton, D.A. - 104

Sinha, S.C. - 226
Sinibaldi, M.E. - 238
Sinou, D. - 15, 343
Skarzewski, J. - 74
Sket, B. - 357
Skoblov, Y.S. - 405
Skowronska, A. - 96
Skulski, L. - 346
Slomcyznska, U. - 298
Smerz, A.K. - 169
Smith III, A.B. - 145, 424, 425
Smith, K. - 13
Snider, B.B. - 241
Snieckus, V. - 239
Snyder, D.C. - 344
Snyder, J.K. - 249
Snyder, J.P. - 53
Soai, K. - 35
Soderberg, B.C. - 60, 138
Soderquist, J.A. - 136
Solladie, G. - 68, 241
Solladie-Cavallo, A. - 205
Somei, M. - 96
Somfai, P. - 240
Somsak, L. - 278
Sonoda, N. - 139, 140
Sorgi, K.L. - 151
Soumillion, J.P. - 375
South, M.S. - 267
Spagnolo, P. - 327
Spargo, P.L. - 397
Speckamp, W.N. - 299
Spek, A.L. - 169
Speranza, G. - 184
Srebnik, M. - 39, 78, 136, 325
Srikrishna, A. - 120, 149, 193, 195, 303, 306
Srinivasan, P.C. - 105
Stadnichuk, M.D. - 409
Stavber, S. - 357
Steel, P.G. - 410
Stephan, E. - 176
Stephenson, G.R. - 139, 232
Stetinova, J. - 227
Stevenson, P.J. - 98
Stickley, S. - H 159
Still, I.W.J. - 187, 288, 307, 369
Still, W.C. - 427

Stoddart, J.F. - 378
Stoermer, M.J. - 256
Stoner, E.J. - 194
Stoodley, R.J. - 253
Stork, G. - 98
Straub, T.S. - 170
Strauss, C.R. - 375
Streith, J. - 250
Strukul, G. - 170
Suarez, A.R. - 167
Suau, R. - 150
Subramanyam, C. - 65, 263
Sucholeiki, I. - 429
Sudalai, A. - 163, 165, 166, 169
Suemune, H. - 314, 340
Suffert, J. - 87
Sugihara, T. - 81
Suginome, H. - 319
Sul'man, E.M. - 394
Sulaun, J. - 329
Sulikowski, G.A. - 94, 182
Sun, Y.-P. - 416
Suryawanshi, S.N. - 105
Suzuki, A. - 395
Suzuki, H. - 127, 203, 247, 296, 353, 368, 383
Suzuki, K. - 43, 93, 99, 109, 152, 220, 425
Szarek, W.A. - 303
Taber, D.F. - 64, 104, 143, 224, 315, 356
Tado, M. - 229
Tafesh, A.M. - 189
Tagliavini, E. - 42
Taguchi, T. - 26, 101, 347, 393
Takacs, J.M. - 147, 255
Takagi, K. - 368
Takahashi, M. - 280
Takahashi, S. - 213
Takahashi, T. - 142, 144
Takai, K. - 66, 135, 143
Takaki, K. - 245
Takaya, H. - 189, 190, 335
Takayama, H. - 152
Takeda, K. - 22, 302
Takeda, T. - 33, 82, 92, 199
Takeshita, H. - 43, 96, 117, 150
Takeuchi, R. - 365

Takeuchi, Y. - 377
Tamaru, Y. - 276
Tamura, Y. - 36, 92, 141
Tanabe, Y. - 131, 286
Tanaka, M. - 126
Tanaka, T. - 77
Tani, K. - 37
Tani, S. - 32
Tartar, A. - 427
Tasaka, A. - 316
Tashiro, M. - 101, 192
Tassignon, P.S.G. - 158
Tatlock, J.H. - 319
Tatlow, J.C. - 398
Taylor, E.C. - 269
Taylor, P.C. - 205
Taylor, R.J.K. - 255
Taylor, S.K. - 219
Tellier, F. - 69
Tenaglia, A. - 108
Tennant, G. - 245
Tereshenko, A.B. - 177
Terrett, N.K. - 427
Terrones, H. - 420
Theil, F. - 404
Thomas, E.J. - 42
Thompson, A.S. - 32
Tidwell, T.T. - 387
Tiecco, M. - 273
Tietze, L.F. - 41, 128, 383
Tillyer, R. - D 181
Timoshchuk, V.A. - 403
Tingoli, M. - 370
Tipping, A.E. - 107
Tiripicchio, A. - 142
Toda, F. - 108, 413
Toda, T. - 279
Toke, L. - 234, 380
Tokmakov, G.P. - 258
Tokoroyama, T. - 66
Tomasini, C. - 348
Tominaga, Y. - 247, 275
Tomioka, H. - 257, 414, 417
Tomioka, K. - 54, 371
Tomoda, S. - 356
Torii, S. - 162, 174, 200
Toshima, K. - 310, 423
Toyokuni, T. - 403

Trehan, S. - 47
Tremont, S.J. - 388
Trivedi, G.K. - 65
Trofimov, B.A. - 154
Trost, B.M. - 10, 11, 76, 77, 110, 217, 368, 395
Tschoen, D.M. - 190
Tso, H.H. - 14, 98
Tsuge, O. - 106
Tsui, Y.-M. - 62
Tsuji, T. - 419
Tsuji, Y. - 18, 366
Tsukayama, M. - 254
Tsunoda, T. - 337
Tundo, P. - 196
Turner, N.J. - 28, 405
Turos, E. - 280
Tyrrell, E. - 2
Ubasawa, M. - 325
Ubukata, M. - 340
Ueda, I. - 228
Ueki, M. - 194
Uemura, M. - 10, 124, 135
Uemura, S. - 84, 136, 137, 150, 181, 219, 296
Uenishi, J. - 4
Ugi, I.K. - 208, 276, 428
Uguen, D. - 30, 302
Umani-Ronchi, A. - 180
Unden, A. - 429
Undheim, K. - 38
Uneyama, K. - 60, 186
Urban, E. - 53
Utimoto, K. - 23, 37, 156, 182, 259
Uyehara, T. - 152
Vaccaro, W. - 209
Valpuesta, M. - 334
van Andel-Scheffer, P.J.M. - 386
van Bekkum, H. - 183, 305
van der Gen, A. - 65
van Koten, G. - 16, 210, 391
van Leeuwen, P.W.N.M. - 142
Vanden Eynde, J.J. - 123
Vankar, Y.D. - 336, 353
Vasella, A. - 85, 284
Vatele, J.-M. - 149

Vaultier, M. - 137
Vazquez, J.T. - 303
Vedejs, E. - 135
Vederas, J.C. - 402
Veinberg, G.A. - 165
Venturello, P. - 33
Veretenov, A.L. - 137
Veronese, A.C. - 247
Vicker, N. - 256
Vieche, H.G. - 230
Viehe, H.G. - 149, 169, 228, 408
Vilarrasa, J. - 308
Villemin, D. - 318, 370
Vinogradova, S.V. - 409
Vivona, N. - 285, 291
Voelter, W. - 297, 309
Vorbruggen, H. - 344, 360, 390
Voyer, N. - 427
Vysotskii, V.I. - 228
Waegell, B. - 169
Wagner, P.J. - 108
Wakamatsu, T. - 126, 220
Wakefield, B.J. - 243
Waldmann, H. - 294, 309, 413
Walker, M.A. - 320
Walkup, R.D. - 223
Wallace, T.W. - 240
Walters, M.A. - 99
Walton, J.C. - 60
Wandrey, C. - 180
Wang, K.K. - 84
Ward, A.D. - 244, 363
Ward, D.E. - 61
Ward, R.S. - 379
Warkentin, J. - 221, 246
Warner, P.M. - 88
Warren, S. - 24, 70, 170
Wasserman, H.H. - 51, 319
Wassmundt, F.W. - 201, 229
Watanabe, Y. - 131, 231, 269, 362
Watson, K.G. - 174
Waymouth, R.M. - 143
Weavers, R.T. - 218
Webb, K.S. - 166, 179
Webster, F.X. - 146
Wei-Qiang, F. - 362
Weinreb, S.M. - 44, 384

Welker, M.E. - 105
Weller, D.J. - 293
Wender, P.A. - 85, 101, 104, 421
Wennerstrom, O. - 418
Wenshun, H. - 306
Wessel, H.P. - 428
Wessig, P. - 285
West, F.G. - 40, 252
Westermann, B. - 152
White, J.D. - 154, 357
White, J.M. - 389
Whitesides, G.M. - 413
Whiting, A. - 136, 242
Widdowson, D.A. - 230
Widlanski, T.S. - 362
Wiemer, D.F. - 128
Wiggall, K.J. - 246
Wightman, R.H. - 195
Wijkmans, J.C.H.M. - 333
Wilkie, J. - 404
Williams, J.M. - 322
Williams, J.M.J. - 10, 332
Williamson, N.M. - 244
Wills, M. - 379
Wilson, S. - R. - 415, 416
Winkler, J.D. - 107, 399, 421
Winterfeldt, E. - 96
Wipf, P. - 252, 278, 401, 404, 424, 429
Wirth, T. - 35
Witholt, B. - 382
Wladislaw, B. - 79
Wong, C.-H. - 28, 29, 231, 381, 404
Wu, S.-H. - 42, 416, 417
Wudl, F. - 414, 416, 417
Wulff, W.D. - 127, 132, 138, 244
Wunsch, B. - 81, 248
Wyler, H. - 253
Yadav, V.K. - 170
Yahiro, H. - 160
Yamada, K. - 65
Yamada, T. - 393
Yamaguchi, M. - 86, 123
Yamamoto, H. - 14, 26, 27, 52, 148, 215, 255, 317, 338
Yamamoto, K. - 78
Yamamoto, T. - 276, 341

AUTHOR INDEX

Yamamoto, Y. - 10, 25, 42, 97, 207, 295, 334, 373
Yamanaka, H. - 269, 326
Yamata, T. - 120
Yan, B. - 426
Yan, T.-H. - 24
Yanada, R. - 190, 323
Yang, C.O. - 178
Yang, D. - 169
Yang, T.-K. - 141
Yangida, S. - 160
Yasuda, M. - 119
Yeager, G.W. - 342
Yeh, M.-C.P. - 236
Yeung, L.-L. - 99
Yi, K.Y. - 124
Yokoyama, M. - 235
Yokozawa, T. - 18
Yoneda, N. - 344
Yoon, M. - 190
Yoon, N.M. - 32, 368
Yoshida, J. - 364, 366
Yoshida, Z. - 420
Yoshihara, K. - 297
Yoshii, E. - 59
Young, S.S. - 427
Young, W.B. - 421
Youngquist, R.S. - 426
Yuan, C.Y. - 30
Yus, M. - 33, 91, 388
Yusupova, L. - 233
Zacharie, B. - 339
Zandomeneghi, M. - 411
Zanirato, P. - 283
Zaragoza, F. - 262, 429
Zard, S.Z. - 88, 233, 237, 284, 345
Zard, S.Z., 272
Zecchi, G. - 283, 294
Zefirov, N.S. - 357, 398, 412
Zehnder, M. - 10
Zelenin, K. - 411
Zenkevich, I.G. - 376
Zercher, C.K. - 296
Zhang, C. - 117
Zhang, X. - 35, 415
Zhao, K. - 225
Zhdankin, V.V. - 336, 350
Zhou, P. - 429
Zhou, W.S. - 171
Zhuzbaev, B.T. - 400
Ziegler, F.E. - 116
Ziegler, T. - 304, 309
Zimmerman, K. - 306
Zoretic, P.A. - 8
Zuev, P.S. - 386
Zupan, M. - 344
Zwanenburg, B. - 165, 180, 230
Zybill, C.E. - 390